21世纪物理规划教材

基础课系列

电磁学通论

A General Course in Electromagnetism

钟锡华 编著

北京大学出版社
PEKING UNIVERSITY PRESS

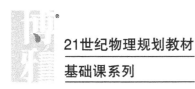

图书在版编目(CIP)数据

电磁学通论/钟锡华编著.—北京:北京大学出版社,2014.10
(21世纪物理规划教材.基础课系列)
ISBN 978-7-301-24636-8

Ⅰ.①电… Ⅱ.①钟… Ⅲ.①电磁学—高等学校—教材 Ⅳ.①O441

中国版本图书馆CIP数据核字(2014)第185283号

书　　　名:电磁学通论
著作责任者:钟锡华　编著
责 任 编 辑:顾卫宇
标 准 书 号:ISBN 978-7-301-24636-8/O·0994
出 版 发 行:北京大学出版社
地　　　址:北京市海淀区成府路205号　100871
网　　　址:http://www.pup.cn
新 浪 微 博:@北京大学出版社
电 子 信 箱:zpup@pup.cn
电　　　话:邮购部 62752015　发行部 62750672　理科编辑部 62752021　出版部 62754962
印　刷　者:北京虎彩文化传播有限公司
经　销　者:新华书店
787mm×960mm　16开本　27.75印张　623千字
2014年10月第1版　2024年10月第6次印刷
定　　　价:75.00元

序

四度积淀

始于 2010 年秋，作者应邀为西安交通大学物理试验班讲授电磁学和光学，至今已届三载. 当初之所以爽快地应承去讲授电磁学，缘于此前本人曾先后三个时期，在北大物理系讲授该课程：上世纪 60 年代中期，为电子学系和地球物理系 63 级、64 级讲授电磁学，那是在本人留校任教跟随赵凯华先生辅导三遍电磁学之后；改革开放新时期，为物理系 76 级、80 级和 84 级讲授电磁学；新世纪初期 2003 年、2004 年和 2005 年，讲授 3 学分电磁学，其对象为电子信息科学系、元培班和物理系的自由选课者.

这八遍讲授电磁学所积淀的学识和经验，在 2004 年已集成于一个比较成熟的课堂展示稿，共 360 页，有手稿复印本和电子版两种形式与学生见面. 就凭借这课堂展示稿，我满怀信心轻装上阵，为西安交大 09 级物理试验班，开讲了电磁学. 在物理试验班又四度讲课，其间有充裕时间作进一步的思考和研究，使该课程内容得以相当的充实、扩展和提高. 正是以先前的电磁学课堂展示稿为蓝本，吸纳近三年所积淀的学识和材料，写就了眼前这本《电磁学通论》.

之前，我曾与杭州大学潘仲麟教授合著了一本《电磁学教学随笔》，审校了他们的一本译作《电磁学原理及应用》，其原作者为 P. 洛兰和 D. 科逊. 随笔一书约 31 万字，交由成都科技大学出版社于 1990 年面世，书中收录了我为北京电大星期讲座所讲授的 10 篇文稿和两篇论文. 此书前言中写了这样一段话：尽管有着长期讲授电磁学的经历，笔者只敢以随笔的格调，将淀积下来的一些学识经验和材料付印出版，谨在电磁学教学及其研究这方五彩缤纷的百花苑中，献上一簇小花，在这部雄伟的交响组曲中，伴上几首小曲；平实升华，无奇有新意，这一直是我在大学物理教学过程中所追求的目标之一. 如今时隔二十三年，斗转星移物非人是，小花壮大枝干坚挺，小曲变乐章，随笔成通论，而平实升华无奇有新意的境界依然执著追求.

概貌新颜

通论一书内容八章，有 57 小节共 333 段落.

单看章目，似众人一面，并无特色. 这从一个方面说明，经典电磁学作为相对成熟的一门基础课程，其篇章结构是相当稳定的，这稳定源于其合理，既合乎电磁学发展的历史轨迹，又合乎人们对科学的认知规律，那就是从电到磁、从静态到动态，直到变化电磁场的相互作用而激发电磁波.

紧随第 1 章静电场之后，即论述静电场中的导体和电介质，这样的安排使产生电场的源电荷其来源和机制显得更为鲜活和多样. 须知在实际静电问题中,极少有电荷分布事先被给定的,除非纯粹的习题演练;空腔导体的静电屏蔽效应、真空或介质电容器的性能,乃是静电学的一重要应用,及早予以介绍是合宜的. 紧随第 4 章恒定磁场,即来论述磁介质是自然合理的一种安排,使电流及其磁效应的机制显得更多样更实在;这也为随后电磁感应一章奠定了物质基础,凡基于电磁感应原理而制成的器件,其内部几乎均含铁芯这种高磁导率的软磁材料. 值得一提的是第 3 章稳恒电流场和直流电路,本书显著地加强了对于电流场的论述,而直流电路之篇幅仅占全章五分之一,这固然因为在理工类高校中普遍设有电子技术课程,更是考虑到,认识并掌握电流场的多样性及其描述方式和基本规律,包括电荷守恒律的积分方程和微分方程,对学好整个电磁学具有全局意义.

浏览小节名目,始显些许新意. 比如,电偶极子在外场中,静电场的散度与旋度,静电场的边值关系与余弦型球面电荷的电场,导体问题若干实例及其典型意义,电流场运动学关系,导电介质中电流动力学方程,旋转带电体的磁场与正弦型球面电流的磁场,磁矢势与 AB 效应,永磁体的磁场,磁荷观点的静磁学理论,有源小环流或无源小环流与外磁场的相互作用能,超导电性,线性稳定电路的本征讯号,谐振电路及其 Q 值. 稍细翻阅本书 333 段落,则将看到更多的新名目,比如,第 1 章中对库仑定律的进一步阐释,从电偶极子到电四极矩与电八极矩,对求解三类高度对称性静电场的评述;又比如在第 8 章,位移电流的内涵与极化电流密度,自由磁荷存在时的麦克斯韦方程组,自由磁流与其电场关系的左手定则,偶极振子的辐射场,电磁场动量密度与光压和光镊;等等不一而足,星罗棋布,恕不赘列,读者自会鉴赏.

诚然,这些新篇目表观上,为本书增光添彩彰显新颜,但是,电磁学通论作为一本基础课程的教材,其大部分内容是常规的,如何将这类常规内容写出新水平需探索. 这种新水平应当主要体现于其论述阐释更为深刻富有思想性,或其分析推演更为简捷有独到之处,或其物理图象更为丰富清晰. 这也正是撰写本书过程中作者用心倾力之所在.

心力所至

完成初稿回头看,本书内容有几个方面乃作者用心着力之处,在此特作简要介绍.

● **散度旋度贯穿全书.** 电磁场作为一种矢量场,其空间分布规律集中地体现于其通量定理和环路定理,这两个定理的积分方程是普遍的,适用于任意形貌的闭合曲面和闭合环路;将其积分区域收缩为一个点,即一个体积元或一个面元,便分别得到通量定理的微分表示即散度方程,和环路定理的微分表示即旋度方程,比如,对于静电场 $\nabla\cdot\boldsymbol{E}=\rho/\varepsilon_0$, $\nabla\times\boldsymbol{E}=0$;这一处理方式等价于导出数学场论课中论证的高斯公式和斯托克斯公式,本书完成此举用时不到 50 分钟.

不要等待,不必埋怨. 磨刀不误砍柴工,此后便驾轻就熟,一路前行,先后得到($\boldsymbol{E},\boldsymbol{D},\boldsymbol{P},\boldsymbol{J},\boldsymbol{B},\boldsymbol{H},\boldsymbol{M}$)的散度方程或旋度方程,且不时地予以应用. 比如,用以证明电场或磁场方向一致的无源区间,必为均匀场区;用以导出线性均匀介质体内,极化体电荷 ρ' 与自由体电荷 ρ_0 之间一个简单的比例关系,磁化体电流 $\boldsymbol{j}'$ 与传导体电流 $\boldsymbol{j}_0$ 之间一个简单的比例关系,据此进而得到 $\rho'=0$, $\boldsymbol{j}'=0$,当 $\rho_0=0$,或 $\boldsymbol{j}_0=0$;用以导出普遍情形下电荷守恒律的微分方程,这一条对最终引入位移电流的假设至关重要;用以证明交变情形下极化体电流密度 $\boldsymbol{j}_{\mathrm{p}}=\partial\boldsymbol{P}/\partial t$;还有,麦克斯韦提出电磁场方程组的最初理论形式,就是散度方程和旋度方程即矢量微分方程,等等.

● **边值关系大有作为.** 本书情有独钟于场之边值关系,即面电荷两侧或面电流两侧其电磁场的连续性,包括法向分量之边值关系和切向分量之边值关系.场边值关系的理论地位勿容置疑,它与体内散度方程和旋度方程之地位平等,两者皆由普遍的场通量定理和环路定理导出.体内场微分方程之最终定解,必须满足场边值关系,凡不符合边值关系的解必定有误,凭借场边值关系可以对定解的正误作出可靠的判断;某些场合单凭场边值关系,就能求解场,或由一侧之场导出另一侧之场,乃至一个区间的场分布.

总之,在经典电磁学课程中,场边值关系的应用大有作为,这类应用大大扩展了人们分析场和求解场空间分布的能力;培养勤于且善于应用场边值关系,分析求解电磁场问题的习惯和能力,应是电磁学课程的一个基本教学目标,通论一书如是为之.全书先后论及场边值关系及其图象和应用的段落,总计 31 处.

● **两个新典型——余弦型球面电荷与正弦型球面电流.** 本书格外欣赏这种具有轴对称性的面电荷分布或面电流分布,即其面电荷密度函数为 $\sigma(\theta)=\sigma_0\cos\theta$,其面电流密度函数为 $i(\theta)=i_0\sin\theta$.这两者的典型意义体现在以下两个方面.

第一,求解其全空间电磁场分布的过程中之每一环节,均用到相当基本的定理和方法,先由场叠加原理积分运算求得其轴上为一均匀场,再据场通量定理判定其轴外球壳内为一均匀场,最后由场边值关系推定其球壳外部为一偶极场,且确定了其等效偶极矩.可见培植这两个新典型,具有明显的教学价值.

第二,存在多种实际场合,出现如此面电荷分布或面电流分布.比如,驻极介质球、均匀外电场中的导体球或介质球,驻极球置于均匀介质中,等等皆出现余弦型球面电荷.又比如,永磁球,旋转均匀带电球壳,均匀外磁场中的介质球,均匀外磁场中的超导球,等等皆出现正弦型球面电流.可见,熟悉这两种典型及其场分布特点——球内为均匀场、球外为偶极场,具有较为广泛的实用价值.基于这两种典型,还可以开发出一批有价值的新题目.

● **特设讨论题.** 全书设有讨论题 32 道,非均匀地分布在八章.比如在第一章中,讨论一种非球对称的 r^2 反比律径向场的通量性质,讨论无源空间电势分布无极值,等等;又比如在第 8 章中,讨论电容器区域的位移电流和电磁场,进而考量若计及内部介质的磁导率 μ_{r} 和电导率 σ,其结果有何变化;讨论恒定载流导体周边的电磁能流及相应的能量传输速度,并与体内焦耳热功率数值作一比较,等等.

这批讨论题品种各异,系课程内容的一种深化和延伸,颇有分量,其题意是开放型的,一般给出某种提示或中间结果,不提供详细题解.这类讨论题特别适用于小班讨论课,对引导学生活跃思想深入思考,互相切磋,甚有裨益.书中设计这样一批讨论题,是作者的一个尝试,在西安交大物理试验班的教学实践,取得了相当良好的效果.围绕讨论题,学生们课前准备，查阅文献资料，课上活跃，积极上台，其间不时有质疑和争辩，有时还引申出其他有价值的问题，课堂气氛之热度出乎预料.

● **每题有题首、五成系新编.** 全书八章拟有习题 218 道，其中五成系新编. 确切说它们是自编的，并非作者从手头其他书籍中拿来的；这一百多道习题萌生于写书过程中，再经反复斟酌方才敲定，尤其针对正文中的新意和重点，在新编题目中作出了强烈呼应. 每道习题冠以题首，以点明该题的主旨，便于读者一目了然，快速浏览而作出选择. 正文写毕便着手习题编创，历时一百天终于搁笔，可谓用心良苦，此乃创作个性使然，希冀在电磁学习题这片万花苑中，增添些许花色品种，如是则欣然喜之.

一本教科书，宛如一个人. 初次见面，观其外表和举止；接触多了，知其作风和性格；深入交往，方能度其气质和品格，作者衷心期望广大读者对通论一书给予评论、批判和指正.

鸣　谢

本书动笔始于 2011 年 6 月 28 日，两年来一直得到西安交通大学理学院领导的支持和关怀，李福利教授、张胜利教授、张淳民教授、邱复生教授、高宏教授和肖国宏副教授，给予了特别关照，提供了十分良好的工作条件和生活条件，使作者得以身体健康精神饱满头脑清爽地专注于写作，这对写好六十万字的一本书至关重要. 在此作者向他们表示深深的谢意和敬意. 同时感谢青年教师左兆宇博士和王文慧博士，先后作为我的助手辅导电磁学课程，他们工作勤奋虚心好学，很好地完成了教学环节中的各项工作，为全面提高本课程教学质量作出了可贵贡献. 还要感谢北京大学教材建设委员会给予本教材建设立项的支持，感谢北京大学出版社编辑辛勤而细致的工作，使本书得以适时面世.

本书写作于西安交大专家公寓，这是一座质朴精巧的四层小楼，既清静又明净，恰似作者的心境和笔境. 谨以此书，献给西安交通大学物理试验班. 今年适逢母校物理系建立 100 周年纪念，谨以此书敬贺北京大学物理系百年华诞.

钟锡华

2013 年 8 月处暑

目　录

电磁学课程导言

1　电磁学历史纪要与本书篇章结构

经典电磁学理论形成的历史进程，起始于1785年库仑确定了电荷间及磁极间的相互作用定律，完成于1864年麦克斯韦建立了电磁场动力学方程组，历时八十年．其间具有里程碑意义的两个重大事件是：1820年奥斯特实验揭示了电流的磁效应，进而形成了磁的电学说，即一切磁性源于电荷的运动，从而实现了电与磁的统一；1831年法拉第发现感应电流，进而形成了电磁感应定律，从而揭示了在变化情形下电与磁相互激励的场景．1831年这一年也正是麦克斯韦(James Clerk Maxwell)，这位19世纪伟大的英国物理学家出生之年，而法拉第(Michael Faraday)时年40岁．

本课程的篇章结构如下：

第1章　静电场	第5章　磁介质
第2章　静电场中的导体和电介质	第6章　电磁感应
第3章　恒定电流场　直流电路	第7章　交流电路
第4章　恒定磁场	第8章　麦克斯韦电磁理论

可见，其主要内容为“场”，还有“路”．其理论体系基本上遵循电磁学发展的历史轨迹，从电场到磁场，从恒定场到交变场，直到电磁波，最后总结为电磁场方程组．这是一个典型的归纳型理论体系，明显地区别于经典牛顿力学体系之为一个典型的演绎型理论体系．关于“路”，从直流电路到交流电路，还有磁路，我们不仅要学习到这些电路中有关电压分配、电流分配和能量转化的各种定理，更要注重从“场”的观点来理解“路”，练就一种在场的背景下看待路的眼光．比如，电路中的电流，它是电路中的电场推动电路中的自由电荷作定向运动所致．那么，可引出的思考有：电路中导线表面是否会有电荷积累；导线外侧是否存在电场；还有，电路中的导线其走向一变，则电流走向即刻随之变化，即导线总是引导电流使自己成为电流管，这是依靠什么机制来实现的；等等．这类实际问题均涉及场与路的相互作用，通过本课程的学习，这些问题均能得以清晰的说明．

2 面对一种新的研究对象——空间分布的矢量场

作为电磁学理论研究主要对象的电场与磁场，是一种空间分布的矢量场，表示为 $\boldsymbol{E}(x,y,z)$ 与 $\boldsymbol{B}(x,y,z)$. 与先前学习过的力学研究对象是离散的质点、质点组或刚体相比较，它们是一种崭新的客体. 本来三维空间分布的标量场函数已经显得较为复杂，比如，气象学中经常打交道的是温度场 $t(x,y,z)$，气压场 $\rho(x,y,z)$，它们是标量场；而矢量场要比标量场显得更为复杂，比如，大气风场和大气环流场 $\boldsymbol{v}(x,y,z)$，就是一种矢量场.

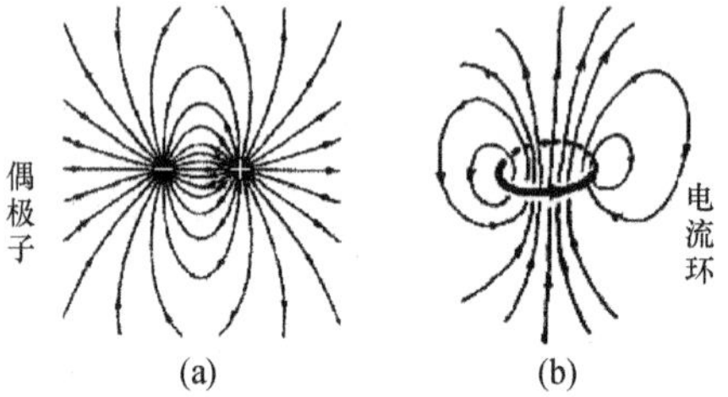

图 1 两个典型的电场和磁场的空间图象. (a)电场图象 $\boldsymbol{E}(x,y,z)$；(b) 磁场图象 $\boldsymbol{B}(x,y,z)$

一矢量场其空间分布的规律，体现在其随空间逐点变化的关系上，亦即沿三个正交方向的空间变化率及其关系上；而一个矢量本身就有三个分量，各自沿三个正交方向上均有空间变化率. 这样一来，对于一矢量场就有 9 个空间变化率及其相互关系有待研究. 对此，以电场 $\boldsymbol{E}$ 为例给予图解如下，

$$\boldsymbol{E}(x,y,z) \rightarrow \begin{cases} E_x(x,y,z), \\ E_y(x,y,z), \\ E_z(x,y,z) \end{cases} \rightarrow \begin{pmatrix} \dfrac{\partial E_x}{\partial x} & \dfrac{\partial E_x}{\partial y} & \dfrac{\partial E_x}{\partial z} \\ \dfrac{\partial E_y}{\partial x} & \dfrac{\partial E_y}{\partial y} & \dfrac{\partial E_y}{\partial z} \\ \dfrac{\partial E_z}{\partial x} & \dfrac{\partial E_z}{\partial y} & \dfrac{\partial E_z}{\partial z} \end{pmatrix}$$

研究矢量场的理论目标，就是揭示该矢量场这 9 个变元的内在关系，从而由空间一处的场导出另一处的场. 这反映在数学上，就是研究一矢量场的通量定理和环路定理，即

$$\text{通量定理} \oiint \boldsymbol{E}\cdot \mathrm{d}\boldsymbol{S} = ? \qquad \text{环路定理} \oint \boldsymbol{E}\cdot \mathrm{d}\boldsymbol{l} = ?$$

对应的微分方程为

$$\text{散度方程}\ \nabla\cdot\boldsymbol{E} = ? \qquad \text{旋度方程}\ \nabla\times\boldsymbol{E} = ?$$

这两个定理结合一起才能全面地反映一个矢量场的性质. 因此，对于磁场 $\boldsymbol{B}(\boldsymbol{r})$，我们依然去探求：

$$\oiint \boldsymbol{B}\cdot \mathrm{d}\boldsymbol{S} = ? \qquad \oint \boldsymbol{B}\cdot \mathrm{d}\boldsymbol{l} = ?$$

$$\nabla\cdot\boldsymbol{B} = ? \qquad \nabla\times\boldsymbol{B} = ?$$

以上这些数学符号的明确意义在此课程导言中均无需明了，它们将在随后的篇章中详加论述. 目前急于将它们开列出来，旨在引导人们意识到面对空间矢量场这样一种新的研究对象，必须要有一种新的眼光、一种新的数学语言及其新的理论形式，给予分析和表述.

3 经典电磁学系宏观电磁学

本课程学习的经典电磁学属于宏观电磁学，这是相对于量子电动力学(QED)而言的. 我们知道，物体的电性即存在所谓带电体，其上荷电均来自组成物质的分子和原子内部的电性. 原子和分子的尺度为纳米(nm)量级，故以 nm 尺度来审视，物质的荷电量是离散的不连续的. 然而，在经典电磁学中，在论述导体或电介质身上的带电状态时，一直采用电荷连续分布的概念，这是怎么回事？这里关系到实验上的观测尺度和理论上的分析精度. 从实验上看，即便探测电性的传感器其探针尺度及位移精度达到甚小的微米(μm)量级，$1\ \mu m = 10^3\ nm$，那么这探针尖端也覆盖了 10^6 个原子、分子或离子，故其观测到的是平均场或平均电荷量，不会显示电荷分布在微观上的不连续性. 这是宏观电磁学的一层含义，即，在宏观尺度上考量物质的荷电状态，相应地采用体电荷分布、面电荷分布等术语给予描述.

宏观电磁学的另一层含义与带电粒子的波粒二象性相关. 我们知道，电磁学要研究的基本问题有两方面，一方面研究电荷电流产生电磁场的规律，另一方面研究电荷电流所受电磁力的规律及其运动的规律. 经典电磁学在处理后一方面问题，诸如电子回旋加速器、电子感应加速器、阴极射线管、显像管、电子显微镜，等等场合的电子运动行为时，均忽略了电子或带电粒子的波动性，而采用经典粒子的概念，并用经典牛顿力学方程，来描述电子或带电粒子在电磁力作用下的运动行为. 这样处理的结果却与实验观测相符，这又是怎么回事？原来对于电子这类轻粒子，当其运动范围在宏观尺度，比如米(m)量级，则其波动性是次要的，而粒子性是显要的，其行为可以用经典粒子的语言描述之；正如电磁场和电磁波，当其存在于宏观尺度的空间范围，则其粒子性即其光子性是次要的，而波动性是显要的，其行为可以用经典波动的语言描述之. 这些结论，可以由正宗的量子电动力学的理论导出，也可以用单粒子波包及其寿命的经典图象给以诠释. ①

总之，宏观电磁学采用经典粒子概念，来考量带电粒子在电磁场中的运动；采用经典波场概念，去看待电磁场和电磁波. 这在宏观尺度上是正确的. 本课程始终如是为之.

---

① 可参阅钟锡华,《现代光学基础》,北京大学出版社,2012 年第二版,9.5 节,波包的展宽,441 页.

1

静 电 场

讲授视频：关于库仑力正比于电量的问题

本 章 概 述

由库仑定律得到点电荷的静电场，并将它选定为一般静电场的基元场；基于这基元场和场强叠加原理，确立了静电场的通量定理和环路定理，以及相应的静电场散度方程和旋度方程；求解了一系列典型电荷分布时的空间场强分布和电势分布，特别关注这些典型结果所显示的静电场的种种个性. 本章最后，饶有兴趣地讨论了余弦型球面电荷的电场，由其内部的均匀场，应用静电场边值关系导出其外部为偶极场；继点电荷、电偶极子之后，余弦型球面电荷分布乃又一个重要典型，它在静电导体、电介质和磁介质场合一再出现，应当给予重视. 本章是《电磁学通论》的首章，读者从中不仅学习到静电场的基本规律和众多典型结果，而且感悟到与场打交道时，应当具备的认识眼光、分析能力和相应的数理方法.

1.1 物质的电性

· 物质的电性与电中性概念　　· 几种起电方式

● 物质的电性与电中性概念

宏观物质的电性源于微观上原子的电性，图 1.1 描绘出原子电性的粗略图象. 其中，原子核带正电，其电量 $q_+ = +Ze$；环绕于核外的电子带负电，其电量为 $q_- = -Ze$. 这里，Z 为原子序数，它只能取整数值，e 为基元电量，即一个电子的荷电量. 整个原子是电中性的，即 $Ze+(-Ze)=0$.

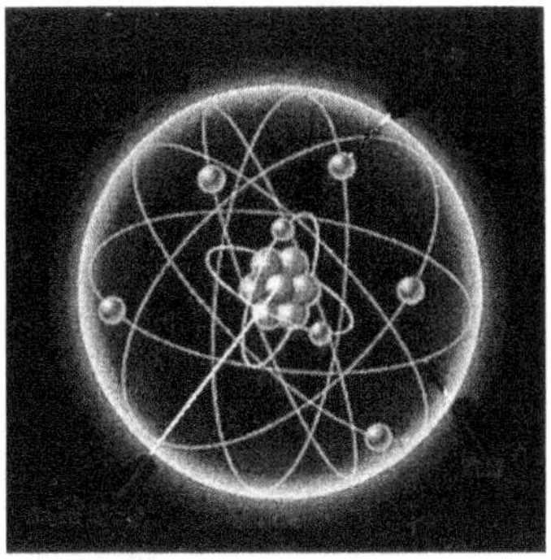

图 1.1 原子的电性

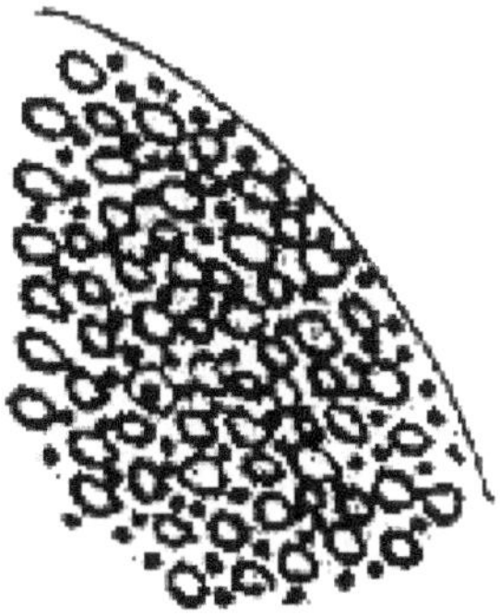

图 1.2 考察介质中的电性

物质，亦即电磁学中常说的介质，它是由大量的原子按一定秩序或规则凝聚而成的，如图 1.2 所示. 以宏观的眼光看，在体积元 ΔV 中，含有正电量 Δq_+，且含负电量 Δq_-. 不妨在此引入体电荷密度 ρ_+，ρ_-，来描述 ΔV 处介质的电性，

$$\rho_+ = \frac{\Delta q_+}{\Delta V} \quad (\Delta V \to 0), \qquad \rho_- = \frac{\Delta q_-}{\Delta V} \quad (\Delta V \to 0).$$

若 $\rho_+ + \rho_- = 0$，表明此处介质呈现电中性；若 $\rho_+ + \rho_- \neq 0$，表明此处介质的电中性遭到破坏，呈现带电状态或荷电性. 这里的体积元 ΔV，可以取在介质体内，也可以推移至介质表面层，宏观电磁学忽略这 nm 尺度的表面层厚度，随之以面电荷密度 $\sigma = \dfrac{\Delta q}{\Delta S}$ 替代体电荷密度 ρ，来描述介质表面的带电状态.

以上关于介质电中性或荷电性的描述，其中有一点值得注意，即，若介质体内呈现电中性，只是表明其内部含有两种等量异号的电荷，在电量的代数和中恰巧彼此抵消为零；这并不意味着，在任何场合这两者 Δq_+，Δq_- 的电磁效应总是彼此抵消的. 比如，在外电场作用下两者位移方向是相反的；在外磁场作用下，运动的自由电荷 Δq_- 将受到一个洛伦兹力，而不动的 Δq_+ 并未直接受到此种力. 当然这些事情将在以后相关章节中详加论述. 类似以上复杂情况的出现，说到底其根源在于物质世界存在着两种符号相反的电荷，即正电荷与负电荷. 而在力学中，如质量，惯性质量，引力质量或物质的量，总是正号的，从未说起负质量. 难以想象若同时存在有正质量与负质量，像正电荷与负电荷那样，这物理世界将是怎样的一幅图景.

- **几种起电方式**

凡使物体或介质不再维持电中性而带电的手段，统称为起电. 常见的起电方式有以下几种.

(1) 摩擦起电——摩擦双方电子交换的不对等

这是人类最早发现的电现象. 约在公元前600年就有人记述了摩擦后的琥珀能吸引轻小物体的现象. 如今通行的带电、电符等观念和术语,就源于先哲们对摩擦起电现象的观察和感悟. 进而,人们发现经摩擦而带电的物体之间,有或吸引或排斥两种相反的作用力,意识到应有两种相反的带电状态,于是用正、负两种符号对符电性加以区别,即所谓正电荷与负电荷. 当用丝绸布摩擦玻璃棒时,规定丝绸布带上了负电荷,玻璃棒带上了正电荷;当用毛皮摩擦硬橡胶时,毛皮带上了正电荷,而硬橡胶带上了负电荷,如图1.3(a)所示. 从近代物理眼光看,摩擦起电的微观动力学机制还是比较复杂的,理应归于现代表面物理的研究课题. 粗略地看,摩擦双方在不停地交换电子,但其迁移交换电子的量是不对等的,以致宏观后果是一方缺失电子而带正电,另一方多余电子而带负电.

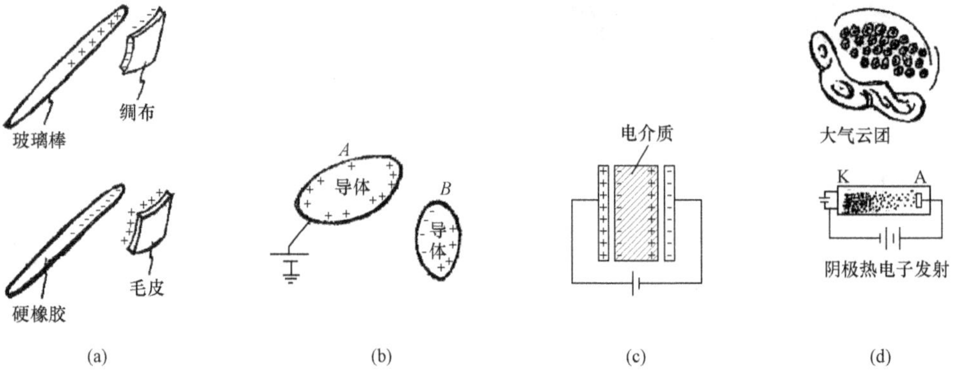

图1.3　几种起电方式

(2) 导体感应起电——自由电荷的重新分布

如图1.3(b)所示,当原本不带电的导体 B 接近已带电的导体 A 时,在后者电力的作用下导体 B 体内的自由电荷发生迁移,最终集聚于表面层,以致其一部分表面带上正的面电荷,另一部分表面带上负的面电荷. 这是一种所谓感应起电的方式,虽然此时导体 B 上的总电量依然为零.

(3) 介质极化起电——束缚电荷的有序取向

如图1.3(c)所示,当一个由绝缘材料制成的介质板进入业已被充电的电容器时,在后者电力作用下,介质分子原本处于束缚态的正电荷与负电荷发生了相反方向的位移,即所谓极化,最终导致介质表面分别带上符号相反的面电荷.

关于导体的感应和介质的极化这类物事,将在本课程第2章详加论述.

(4) 空间电荷——不依附于导体或介质

如图1.3(d)所示,在大气团中经常出现带电的离子团,大气雷电现象就是这种正、负离子团之间高电压放电所致. 而宇宙射线也给大气送来各种带电粒子. 还有,在电真空器件,诸如阴极射线管、电子显像管、X射线管中,存在着大量的电子,有时被人们称为电子云. 这类离子团和电子云的存在,不像自由电荷那样依附于导体,也不像极化电荷那样依附于介质,它们独立地存在于空间,故被称为空间电荷,作为一种带电状态,它也是电磁学研究的一个重要对象.

1.2　库仑定律

- 库仑定律
- 对库仑定律的进一步阐释
- 库仑定律成立条件和适用范围
- 四个重要物理常数

● 库仑定律

(a)

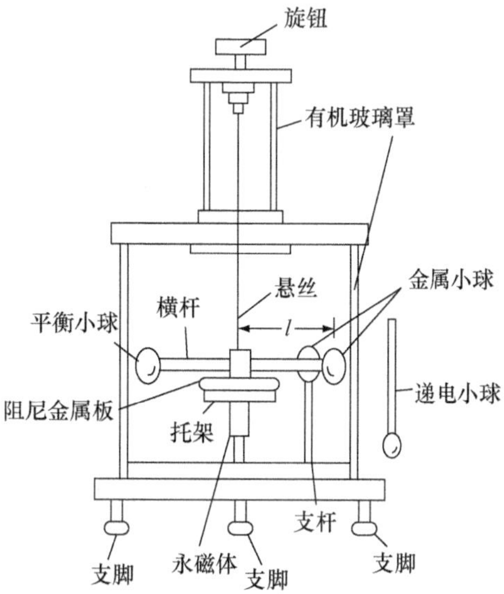

(b)

图 1.4　库仑扭秤实验装置(a)与结构(b)

在扭秤实验研究(图 1.4)的基础上,法国物理学家库仑(C. A. de Coulomb)于 1785 年建立了相对静止的两个点电荷之间相互作用力的规律. 参见图 1.5,两个点电荷其电量分别为 q_1 与 q_2,彼此相距为 r,设 q_2 相对 q_1 的位矢为 $\boldsymbol{r}_{12}$,则点电荷 q_1 施于 q_2 的电力 $\boldsymbol{F}_{12}$ 遵从以下关系:

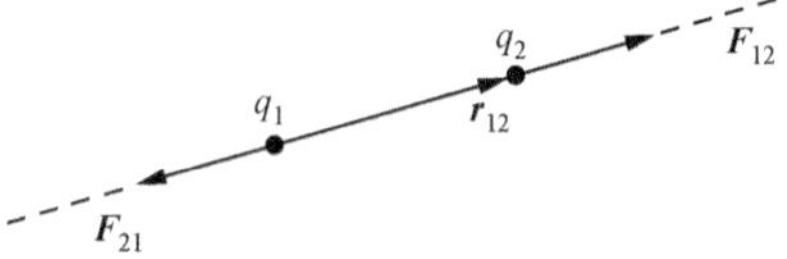

图 1.5　说明库仑定律

$\boldsymbol{F}_{12} \propto q_1, q_2$,　与电量成正比;

$$\boldsymbol{F}_{12} \propto \frac{1}{r^2}, \quad \text{与距离平方成反比——平方反比律；}$$

$$\boldsymbol{F}_{12} /\!/ \boldsymbol{r}_{12}, \quad \text{当 } q_1, q_2 \text{ 同号，即同号电荷相斥；}$$

$$\boldsymbol{F}_{12} /\!/ (-\boldsymbol{r}_{12}), \quad \text{当 } q_1, q_2 \text{ 异号，即异号电荷相吸.}$$

这些关系被概括为一个表达式，即库仑定律的数学表达式

$$\boldsymbol{F}_{12} = k_e \frac{q_1 q_2}{r^2} \hat{\boldsymbol{r}}_{12}, \tag{1.1}$$

这里，$\hat{\boldsymbol{r}}_{12}$为位矢 $\boldsymbol{r}_{12}$方向上的单位矢量. 库仑力表达式(1.1)中的比例常数 k_e 只能由实验来确定. 该式中涉及三个物理量，即力 F、距离 r 和电量 q. 当这三者的单位已被认定，比如两个各有 1 库仑(C)电量的点电荷，彼此相距 1 米(m)，此时其库仑力究竟为多少牛顿(N)的力，这只能由实验来测定，从而便确定了 k_e 值. 从这个意义上说，比例常数 k_e 的数值和单位，取决于所选择的单位制. 在不同单位制中，k_e 将有不同的数值与单位.

在现今普遍采用的国际单位制即 SI 制中，与电磁学直接相关的基本单位有四个，即，长度单位“米”，质量单位“千克”，时间单位“秒”，和电流单位“安培”. 故取各单位的英语词头，也简称为 MKSA 制. 值得注意的是，在 MKSA 制中，库仑定律的表达式写成以下形式

$$\boldsymbol{F} = \frac{1}{4\pi\varepsilon_0} \cdot \frac{q_1 q_2}{r^2} \hat{\boldsymbol{r}}, \quad \text{即} \quad k_e = \frac{1}{4\pi\varepsilon_0}, \tag{1.1'}$$

在比例常数中竟引入一个无理数 π，一时令人费解. 也许现今凭借电脑的巨大运算能力，人们对含 π 的数值演算也并不发怵了. 若是联想到圆周长为 $2\pi R$，圆面积为 πR^2，球面积为 $4\pi R^2$，闭合面对其内一点的立体角为 4π，也许在与这些几何量相关的电学问题中，可能出现消 π 的结果. 确实如此，表达式(1.1′)的优越性将在随后学习的电磁场规律表达式、电容器的电容量公式中，才能体现出来.

这里，ε_0 称为真空介电常数或真空电容率，其数值与单位已被高精确度地认定为

$$\varepsilon_0 = 8.854\,187\,817\,62\cdots \times 10^{-12}\ \text{F/m(法拉 / 米)},$$

相应的比例常数 k_e 随之确定为

$$k_e = 8.987\,551\,79\cdots \times 10^9\ \text{m/F},$$

在一般的数值演算中可取其近似值，

$$k_e = 8.99 \times 10^9\ \text{m/F}.$$

在 MKSA 制中，电量 q 的单位为库仑，也简称库，符号为 C. 1 库仑电量定义为 1 安培电流在 1 秒时间内通过的电量，即

$$1\,\text{C} = 1\,\text{A} \cdot \text{s}.$$

1 C 电量是一个很大的荷电量. 比如，各带 1 C 的两个点电荷，相距 1 m 时的库仑力为 8.99×10^9 N(牛顿)，这相当于 10 个 10 万吨级航母的重量. 另一方面看，物体内存的负电量或正电量的数值都是很大的，一般约为 10^5 C/cm^3 量级，这是因为原子的线度实在太小了，而使其数目巨大之故，尽管其基元电量即电子电量仅为 1.6×10^{-19} C.

● 对库仑定律的进一步阐释

库仑定律作为人类首次定量表达的电相互作用的规律，在电磁学发展史上具有特别重要意义，此后人类对电现象的研究便从定性观察的水平，就提升到定量分析的研究轨道上来. 库仑定律是静电学理论赖以建立和发展的巨大基石. 以下从科学思想和科学方法的角度，对库仑定律作进一步的阐述和诠释.

(1) 关于库仑力正比于电量的问题

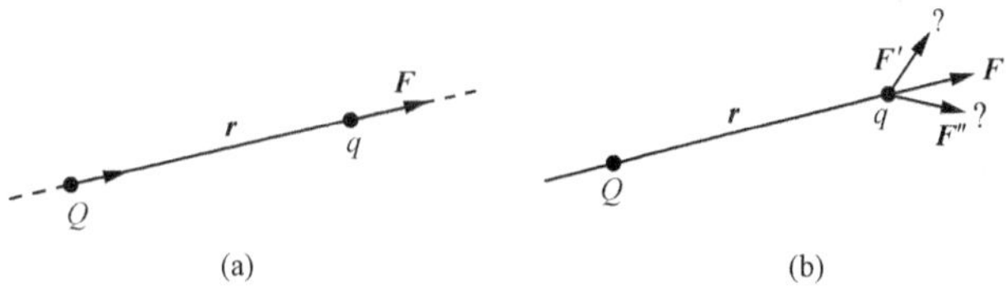

图 1.6 (a) 讨论库仑力正比于电量；(b) 说明库仑力必然为径向力

这是定义，而不是定律，因为它不是实验结果，实验上无法验证这一点. 试图验证库仑力 $F\propto Q\cdot q$ 的实验方案可拟如图 1.6(a)，保持源电荷 Q 值不变，在距离为 r 处先后放置试探电荷 q_1 与 q_2，分别测得库仑力 F_1 与 F_2 的数值，尔后对实验数据予以分析，审视

$$\frac{F_1}{F_2}=\frac{q_1}{q_2}\text{ 是否成立 .}$$

显然这实验设计有赖于电量 q 的比值事先已被给定. 然而，在库仑定律之前未曾有过关于电量 q 的任何一个物理规律或物理公式，正是库仑定律让电量 q 作为一个角色首次亮相. 换句话说，在库仑定律建立之前，电量 q 的度量事宜尚未触及. 也许，另有一个实验方案可以事先给出电量 q_1/q_2 比值. 比如，先让一个金属球带电，尔后取来一个完全相同的电中性的金属球与其接触再分开，于是理所当然地认为各带一半电量，不妨再取来一个完全相同的不带电的金属球作类似的操作，于是又获得一个金属球带上一半电量的一半. 如此，便获得电量 q_1/q_2 比值为 2,4,8,…. 这个实验方案的症结在于“完全相同，电量对半”. 从实验物理学的眼光看，完全相同的半径，完全相同的材质，完全理想的球面形，等等，是不可能实现的，它们必定有误差. 可是，从库仑定律建立至今的 250 年间，却未曾有过一位实验物理学家指明这误差范围，也未曾有过一篇为进一步减少这误差而提高精度的研究报告. 解脱上述诸多疑惑和困境的出路在于，不是从电量比值 q_1/q_2 来审视库仑力之比值 F_1/F_2，倒是由库仑力之比值来度量即定义电量之比值，即

$$\frac{F_1}{F_2}\longrightarrow\frac{q_1}{q_2}=\frac{F_1}{F_2},$$

这是允许的，也是可行的，这是一种科学的思维方式. 当然，这里还有一个选择的自由. 选择库仑力正比于电量这样一种线性关系是最简单也是最明智的. 若选择两者为非线性关系也是允许的，比如令 $F_1/F_2=q_1^3/q_2^3$. 但由此带来极大的理论形式上的麻烦和理论推进上的艰难. 其麻烦之一是，电量 q 就不能作为一个代数量，而随意地拆分和并合. 比如，1.5 C 电

量就不可以看作(1.0C+0.5C)，因为此时 1.5C 受力 F 不等于 1.0C 受力 F_1 与 0.5C 受力 F_2 之和：

$$\frac{F}{F_1}=\frac{(1.5)^3}{(1.0)^3}=3.4,\quad \frac{F}{F_2}=\frac{(1.5)^3}{(0.5)^3}=27,\quad 故\ F\neq F_1+F_2.$$

综上所述，库仑定律表达式所显示的库仑力正比于电量之关系，是定义而不是实验结果，它同时解决了电量的度量问题，且表明，库仑力与电量的线性关系，电量作为一个代数量可以作加减运算，以及库仑力满足叠加原理可以作合成或分解，这三件事息息相关一并成立，从而成功地推动静电学理论向前顺畅发展.

(2) 关于库仑力为径向力的问题

库仑力的空间特性之一是：其方向沿两个点电荷的连线方向即径向方向，称其为径向力. 这一点无需由实验证认，它是点模型及其对称性制约下的逻辑必然. 凡是点模型，比如点电荷、质点，其表观无形貌，其内部无结构，从空间不同方向观测是无法辨认其差别的. 这就是说，一个点源在无实物空间中所产生的任何物理效应或物理特性，皆呈现空间各向同性，亦即球对称性. 以目前讨论的静电力为例，这种球对称性表现为两方面，一是在以点源 Q 为中心的同一球面上，试探电荷 q 所受库仑力的数值是相等的；二是，各处库仑力的方向必然沿其矢径方向，不可能出现与矢径方向正交的横向力，亦即不可能出现偏离矢径方向的力，如图 1.6(b)所示. 须知，两个点电荷连线的矢径方向是唯一的，而横方向是不唯一的，且有无穷多个横方向. 任何横向力或横向分力的存在，都将违背点模型规定下的球对称性要求，当然也违背了物理结果的唯一性要求，即物理结果的确定性要求.

(3) 库仑力遵从距离平方反比律

这一条规律只能由实验来证认. 诚如上所述，在点模型及其对称性要求下，库仑力具有球对称性，就数值而言其函数形式可表达为

$$F(\theta,\varphi,r)=F(r)\propto\frac{1}{r^n}. \tag{1.2}$$

在此并不排斥 $n=1.98, 2.06, 3, 4, 5, \cdots$ 取值. 这里涉及的两个物理量，力 F 和距离 r，其定义和度量事宜在力学中均已解决. 故，库仑力与距离的定量关系只能靠实验来揭示. 即便在电量 q 的度量尚未明确的情形下，测定 F-r 定量关系的实验依然可以进行. 库仑扭秤实验的核心价值就在于确定了 $n=2$，即库仑力遵从距离平方反比律，这是库仑定律的一项伟大贡献.

既然是实验，就必有误差. 因此将 $F(r)$ 写成以下形式更为恰当，

$$F(r)\propto\frac{1}{r^{2+\delta}}. \tag{1.3}$$

这里，反映 r^2 反比律正确程度的误差值 δ 究竟为多少，这一点从当初到现今的近 250 年间，一直为人们所关注，并且不时有报告给出新结果，参见表 1.1.

表 1.1

年代	$\|\delta\|$
1772	2×10^{-2}
1785	
1870	5×10^{-5}
1936	3×10^{-9}
1971	3×10^{-16}
2003	(由光学静质量 m_0 上限为 1.2×10^{-51} g 可换算出 δ 值)

人们如此较真偏差 δ 值，是因为它可能并非单纯的实验误差，它也许内涵规律性的偏差，即库仑力真的并非准确地遵从 r^2 反比律. 如是，这将导致光子的静质量 m_0 不为零. 若 $m_0\neq0$，即便它很小，也将导致光或电磁波在真空中的传播速度并非为一常数，且与频率有关，$c(\omega)$，这被称作“真空色散”. 由现代天体物理学的观测获悉，一颗最著名的存在于蟹状星云中心的脉冲星，作为辐射源它发射的射电脉冲与可见光脉冲，到达地球竟有时差 $\Delta t=1.27$ s. 真空色散模型可以用来说明这时差 Δt 存在的合理性，并推算出光子可能的非零静质量 m_0 的上限为 10^{-43} g. 我国一批青年学者在武汉市珞珈山深洞中，凭借当代高精尖的光电子技术，重做类似的扭秤实验，大大提高了对 δ 的测量精度，并由此换算出光子非零静质量的上限为 1.2×10^{-51} g①. 总之，光子静质量是零还是非零(to be or not to be)，是物理世界中一件非同寻常的大事，不可等闲视之.

回头看，当年库仑不顾实验上的偏差，而断然确定 $n=2$，是凭借一种什么理由或观念，是否受到了此前 100 年牛顿引力定律的启迪和引导，这尚可待考. 不过，从纯科学的眼光看，牛顿当年确立万有引力遵从距离平方反比律，是经多年草算行星运动，以与开普勒三定律保持一致，才得以完成的. 换句话说，牛顿发现万有引力定律是以当时现成的有关行星运动的天文观测结果为依据的. 相比之下库仑就没有那么幸运，可见库仑发现电力遵从距离平方反比律的意义之伟大.

• 库仑定律成立条件和适用范围

在观测者参考系中，两个静止电荷之间的相互作用力遵从库仑定律. 不过这里强调的静止条件可以放宽些. 如图 1.7 所示，若 q_1 静止而 q_2 运动，则 q_1 施于 q_2 的电力依然是(1.1)式给出的库仑力，但 q_2 施于 q_1 的电力就不是一个单纯的库仑力，其中还含有运动电荷 q_2 所产生的变化磁场施于 q_1 的电力.

库仑定律的成立与电荷种类无关. 不论导体中的自由电荷或介质中的极化电荷或空间电荷，其相互作用的电力皆遵从库仑定律. 换句话说，库仑定律中出现的电荷 q_1 和 q_2，不涉及电荷的来源与机制，与电荷的身份无关. 本章基于库仑定律而导出的静电场基本规律，一

① 这是 2003 年用动态扭秤调制实验的结果，2006 年公布的数据为 1.5×10^{-52} g.

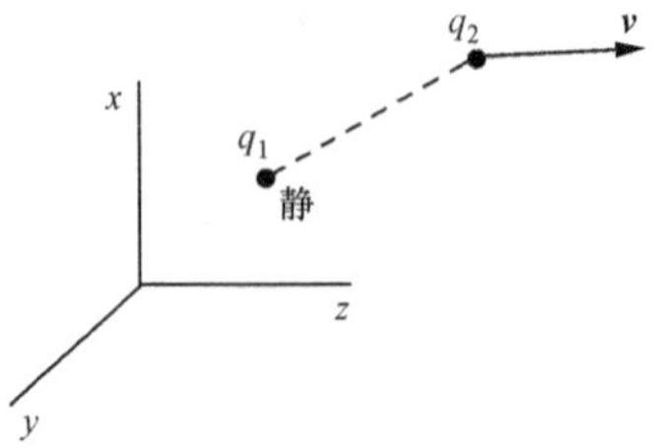

图 1.7 讨论库仑定律成立条件

概适用于导体静电学和介质静电学.

物理实验和地球物理实验的结果表明，在两个点电荷之间距离的数量级位于 10^{-15}—10^{9} cm 的广大范围内，库仑定律是极为精确的. 此空间范围正是原子核内尺度至地球尺度.

● 四个重要物理常数

电磁学中常见四个物理常数，在此一并予以介绍. 我们首先见到的是出现于库仑定律(1.1′)式中那个 ε_0，称其为真空介电常数，其值已被准确认定，它与另外两个物理常数，即真空中光速 c 和真空磁导率 μ_0 之间有一个确定的关系. 自 1983 年第 17 次国际计量大会以后，c 值和 μ_0 值已作为规定值而通用. 从麦克斯韦电磁场方程组出发，可以在理论上导出真空中电磁波传播速度公式为

$$c = \frac{1}{\sqrt{\varepsilon_0 \mu_0}}, \quad 或 \quad \varepsilon_0 \mu_0 c^2 = 1, \tag{1.4}$$

它表明这三个物理常数 ε_0，μ_0 和 c 中只有两个是独立的. 故由 c 和 μ_0 的规定值，再根据(1.4)式就可以无限准确地推算出 ε_0 值. 兹将 c 值、μ_0 值、ε_0 值和基元电荷即电子电量 e 值，以及其它几个基本物理常数，一并列于表 1.2，以备查考.

表 1.2 基本物理常数①

物理量	符号	数值	单位
阿伏伽德罗常数	N_A	$6.022\,141\,79(30) \times 10^{23}$	mol^{-1}
真空中光速	c	$2.99\,792\,458 \times 10^{8}$	$m \cdot s^{-1}$
真空介电常数 $1/\mu_0 c^2$	ε_0	$8.854\,187\,817 \times 10^{-12}$	$A \cdot s \cdot V^{-1} \cdot m^{-1}$
真空磁导率	μ_0	$4\pi \times 10^{-7} = 12.566\,370\,614 \times 10^{-7}$	$N \cdot A^{-2}$
法拉第常数	F	$96\,485.339\,9(24)$	$C \cdot mol^{-1}$
电子电荷	e	$1.602\,176\,487(40) \times 10^{-19}$	C
普朗克常数	h	$6.626\,068\,96(33) \times 10^{-34}$	$J \cdot s$
		$4.135\,667\,33(10) \times 10^{-15}$	$eV \cdot s$

① 国际科技数据委员会(CODATA)推荐值，Mohr P J，Taylor B N，Newell D B. Rev. Mod. Phys. 80，633(2008).

（续表）

物理量	符号	数值	单位
约化普朗克常数 $h/2\pi$	$\hbar$	$1.054\,571\,628(53)\times10^{-34}$	J·s
		$6.582\,118\,99(16)\times10^{-16}$	eV·s
玻尔兹曼常数 R/N_A	k	$1.380\,6504(24)\times10^{-23}$	$J\cdot K^{-1}$
磁通量子 $h/2e$	Φ_0	$2.067\,833\,636(81)\times10^{-15}$	Wb
电子质量	m_e	$9.109\,382\,15(45)\times10^{-31}$	kg
		$0.510\,998\,910(13)$	MeV/c^2
电子荷质比	$-e/m_e$	$-1.758\,820\,150(44)\times10^{11}$	$C\cdot kg^{-1}$
原子质量单位 $m(^{12}C)/12$	u	$1.660\,538\,782(83)\times10^{-27}$	kg
		$931.494\,028(23)$	MeV/c^2
质子质量	m_p	$1.672\,621\,637(83)\times10^{-27}$	kg
		$938.272\,013(23)$	MeV/c^2
质子与电子质量比	m_p/m_e	$1\,836.152\,672\,47(80)$	
中子质量	m_n	$1.674\,927\,211(84)\times10^{-27}$	kg
		$939.565\,346(23)$	MeV/c^2
摩尔气体常量	R	$8.314\,472(15)$	$J\cdot mol^{-1}\cdot K^{-1}$
电子磁矩	μ_e	$-928.476\,377(23)\times10^{-26}$	$J\cdot T^{-1}$
		$-1.001\,159\,652\,181\,11(74)$	μ_B
质子磁矩	μ_p	$1.410\,606\,662(37)\times10^{-26}$	$J\cdot T^{-1}$
		$2.792\,847\,356(23)$	μ_N
中子磁矩	μ_n	$-0.966\,236\,41(23)\times10^{-26}$	$J\cdot T^{-1}$
		$-1.913\,042\,73(45)$	μ_N
牛顿万有引力常数	G	$6.674\,28(67)\times10^{-11}$	$m^3\cdot kg^{-1}\cdot s^{-2}$

1.3 电场强度矢量 场强叠加原理

- 电场概念
- 静电场的基元场——点电荷产生的场强
- 电偶极子的场强 偶极矩 $\boldsymbol{p}$
- 带电圆环轴线上的场强
- 电场强度矢量 $\boldsymbol{E}(\boldsymbol{r})$
- 场强叠加原理
- 长直带电细线的场强

● 电场概念

带电体周围的空间存在电场，这电场空间的基本属性是，进入这空间的其他电荷将受到该电场施予的一个电力. 换言之，电荷与电荷之间的相互作用，是依靠电场来传递的，是以库仑力来体现的. 这是近代物理学对库仑力内在机制的一个诠释. 历史上，对相隔一定距离的两个电荷之间有相互作用力这一现象的说明，先后曾有几种观点，从借助假想的“以太”作为弹性媒质的近距作用观点，到法拉第的力线图象，就已经十分接近近代物理学中场的概念了.其实,场这一词语,在数学中早有通用,所谓标量场、矢量场、温度场、密度场、流速场等等,早有一套关于空间分布的三元函数的场论公式,而本课程开始介绍的电场,与今后将要学习的磁场、电磁场、光场和量子场等等,均系物理场.物理场具有物质性,有其运动变化的动力学规律,而不仅是一种空间分布函数的单纯描述.

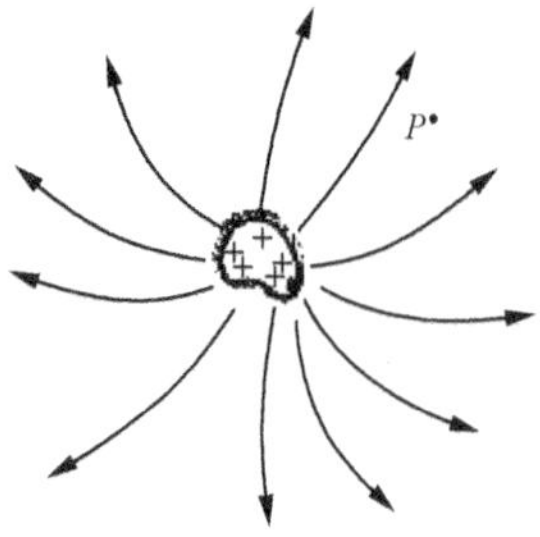

图 1.8　带电体周围空间的电场图象

- **电场强度矢量 $\boldsymbol{E}(\boldsymbol{r})$**

让我们着手定量描述电场.如图 1.8,场点 P 处引入试探电荷 q_0,电场施予 q_0 的库仑力为 F,则定义该处的电场强度矢量为

$$\boldsymbol{E}(P)=\frac{\boldsymbol{F}}{q_0(P)}, \tag{1.4}$$

约定对物理量加"[ ]"表示其单位,有

$$[E]=\mathrm{V/m}(\text{伏特 / 米}),$$

即,该处电场强度矢量定义为单位正电荷在该处所受到的库仑力,它反映了电场的空间分布 $\boldsymbol{E}(x,y,z)$,简称其为场强.若某一区域场强方向一致且数值相等,则称为均匀场.

- **静电场的基元场——点电荷产生的场强**

根据库仑定律(1.1)式,试探电荷 q_0 受力为

$$\boldsymbol{F}(\boldsymbol{r})=k_{\mathrm{e}}\frac{qq_0}{r^2}\hat{\boldsymbol{r}}\quad(\text{以源电荷 } q \text{ 为参考点}),$$

除以 q_0,便得到点电荷 q 产生的场强公式为

$$\boldsymbol{E}(\boldsymbol{r})=k_{\mathrm{e}}\frac{q}{r^2}\hat{\boldsymbol{r}}. \tag{1.5}$$

正是因为库仑力正比于 q,q_0,以致场强公式中不出现 q_0,纯净地反映了源电荷产生的电场的空间分布.凡是 1.1 节中阐述过的库仑力场所有空间特点,均在(1.5)式中得以保留,即,点电荷的场强 $\boldsymbol{E}(\boldsymbol{r})$沿矢径方向,系有心力场,具有球对称性,且遵从距离平方反比律,如图 1.9 所示.值得提出的是,点电荷产生的电场,是各式各样电荷分布产生的复杂静电场的基元场;普遍情形下静电场的基本性质源于这基元场.

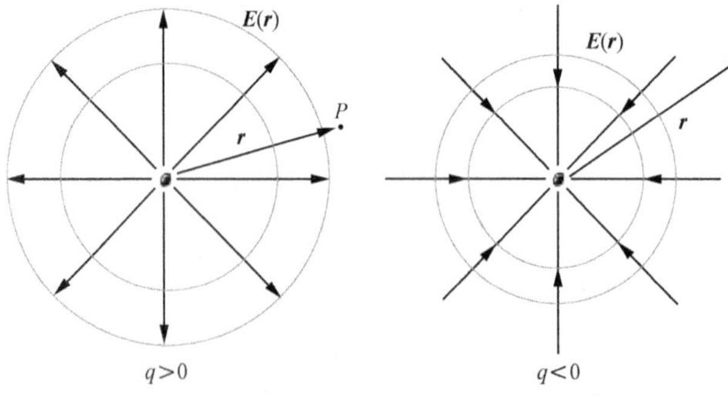

图 1.9　点电荷产生的电场及其场线图象

● 场强叠加原理

如图 1.10 所示，空间存在多个点电荷即点电荷组($q_1, q_2, \cdots, q_n$)，各自在同一场点贡献的场强分别为 $q_1 \to \boldsymbol{E}_1(P)$，$q_2 \to \boldsymbol{E}_2(P)$，$\cdots$，$q_n \to \boldsymbol{E}_n(P)$，那么，点电荷组($q_1, q_2, \cdots, q_n$)$\to \boldsymbol{E}(P)$，它与 $\boldsymbol{E}_i(P)$是一种什么关系，这是一个十分重要的问题. 在一般情形下，

$$\boldsymbol{E}(P) = \boldsymbol{E}_1(P) + \boldsymbol{E}_2(P) + \cdots + \boldsymbol{E}_n(P),$$

或写成

$$\boldsymbol{E}(P) = \sum_{i=1}^{n} \boldsymbol{E}_i(P). \tag{1.6}$$

即，总场强等于各分场强的线性叠加，称其为场强叠加原理，或者说，一般情形下电场强度矢量满足叠加原理. 如果场强值过于巨大，或电场空间存在非线性介质，则场强不满足叠加原理. 本课程涉及的电场理论，均是在场强叠加原理成立的基础上建立起来的.

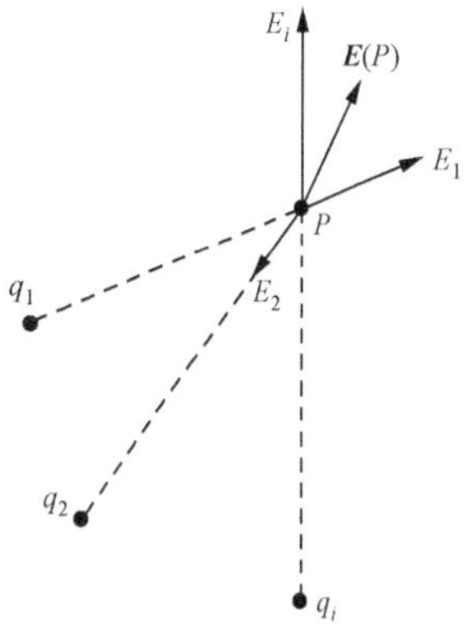

图 1.10 场强叠加原理

应用叠加原理求解具体的场强分布问题时，有几点事宜值得注意. (1) 应当注意到场强 $\boldsymbol{E}$ 的矢量性，亦即方向性. 矢量叠加要比标量叠加显得复杂. (2) 常常采用坐标分量叠加形式来表达总场强的结果，比如

$$E_x = \sum_i E_{ix}, \quad E_y = \sum_i E_{iy}, \quad E_z = \sum_i E_{iz}. \tag{1.7}$$

(3) 对场强空间分布的对称性分析，有助于简约演算负担. 比如，总场强某一方向的分量，由于对称性而等于零，则可以免去这一分量的具体叠加或积分演算.

● 电偶极子的场强 偶极矩 $\boldsymbol{p}$

电偶极子指称带电等量异号且相距很近的一对点电荷所构成的体系，用($\pm q, l$)示之. 这里所谓距离 l 很小，是与场点 P 的距离 r 相比较而言的，即，$r \gg l$. 偶极子模型是电磁学中一个重要的研究对象. 这里先讨论其在远处产生的场(远场).

注意到电偶极子及其电场的轴对称性，其对称轴为($-q$)与(q)的连线，于是求解三维空间的场强问题，就简化为求解二维平面上的场强分布. 为此可以取直角坐标系求解 $\boldsymbol{E}(x, y)$，也可以取极坐标系求解 $\boldsymbol{E}(r, \theta)$. 这里我们选取极坐标系为之，如图 1.11(a)所示，主要参量为：

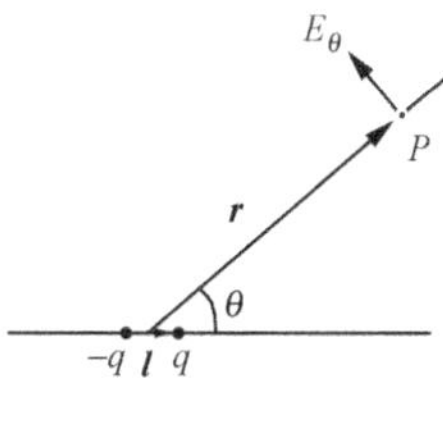

(a)

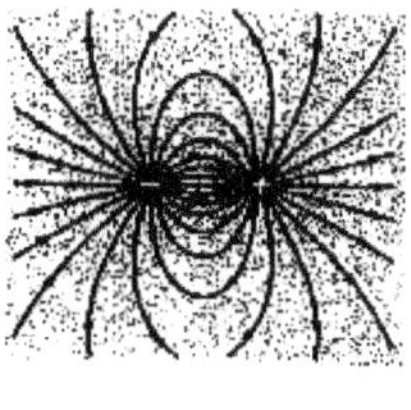

(b)

图 1.11 电偶极子. (a) 求解 $\boldsymbol{E}(r, \theta)$；(b)场线图象

场点 $P(r,\theta)$；

场强 $\boldsymbol{E}(r,\theta)$：径向分量 $E_r(r,\theta)$，横向分量 $E_\theta(r,\theta)$.

（1）延长线上. 此时，场点为 $P(r,0)$，则 $E_\theta(r,0)=0$，试演算：

$$E_r(r,0)=E_1+E_2=k_e\left(\frac{q}{\left(r-\frac{l}{2}\right)^2}+\frac{-q}{\left(r+\frac{l}{2}\right)^2}\right)$$

$$=k_e q\left(\frac{1}{\left(r-\frac{l}{2}\right)^2}-\frac{1}{\left(r+\frac{l}{2}\right)^2}\right)$$

$$\approx k_e q\frac{1}{r^2}\left(\frac{1}{1-\frac{l}{r}}-\frac{1}{1+\frac{l}{r}}\right)\quad\left(\text{泰勒级数展开，仅保留一级小量}\frac{l}{r}\right)$$

$$\approx k_e q\frac{1}{r^2}\left(2\frac{l}{r}\right)=k_e\frac{2p}{r^3},\quad(\text{这里 } p\equiv ql)$$

于是，延长线上电偶极子的场强 $\boldsymbol{E}(r,0)$：$E_\theta=0$，$E_r=k_e\dfrac{2p}{r^3}\propto r^{-3}$，$p$.

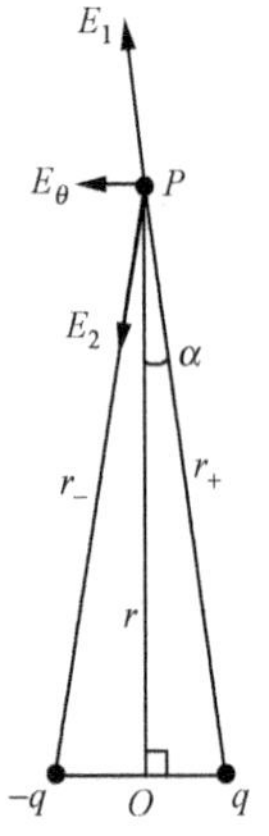

图 1.12　中垂线上的场强

（2）中垂线上. 此时场点为 $P\left(r,\frac{\pi}{2}\right)$，则 $E_r\left(r,\frac{\pi}{2}\right)=0$，试演算（参见图 1.12）：

$$E_\theta\left(r,\frac{\pi}{2}\right)=2E_{1\theta}=2E_1\sin\alpha=2k_e\frac{q}{r_+^2}\cdot\frac{l/2}{r_+}$$

$$\approx k_e\frac{p}{r^3}\propto r^{-3},p,$$

于是，中垂线上电偶极子的场强

$$\boldsymbol{E}\left(r,\frac{\pi}{2}\right):\ E_r=0,\quad E_\theta=k_e\frac{p}{r^3}.$$

（3）场点位置任意，即 $P(r,\theta)$. 此时，应用场强叠加原理和 $l\ll r$ 条件下的近似计算可以得到以下结果，

$$\begin{cases}E_r(r,\theta)=k_e\dfrac{2p\cos\theta}{r^3},\\ E_\theta(r,\theta)=k_e\dfrac{p\sin\theta}{r^3}.\end{cases}\tag{1.8}$$

目前若采用场强矢量叠加导出以上公式较为麻烦，留待今后基于电势标量叠加得到此结果. 可以将(1.8)式改写为直角坐标形式，取$(-q,q)$连线为 x 轴，其中垂线为 y 轴，坐标原点设在中点，于是，

$$r^2=x^2+y^2,\quad\cos\theta=\frac{x}{r},\quad\sin\theta=\frac{y}{r},$$

且 $E_x(x,y)=E_r\cos\theta-E_\theta\sin\theta,\quad E_y(x,y)=E_r\sin\theta+E_\theta\cos\theta,$

代入(1.8)式,最终得到如下结果,

$$\begin{cases}E_x(x,y)=k_e p\,\dfrac{2x^2-y^2}{(x^2+y^2)^{5/2}};\\[2ex] E_y(x,y)=k_e p\,\dfrac{3xy}{(x^2+y^2)^{5/2}}.\end{cases}\tag{1.8′}$$

(4) 电偶极子远场的两个特点值得强调.一是其场强 $E\propto p$, $p\equiv ql$.在电偶极子的所有电学性质,包括今后遇到的问题,诸如它在外场中受力、力矩、与外场的相互作用能,等等结果中,q 与 l 两者宛如一个原子团,总是以乘积(ql)形式出现.为此定义电偶极子的电偶极矩为

$$\boldsymbol{p}=q\boldsymbol{l},\tag{1.9}$$

这里,偶极间距矢量 $\boldsymbol{l}$ 方向约定为($-q$)指向(q).电偶极矩 $\boldsymbol{p}$ 是电偶极子这一特殊带电系的一个特征量.二是其场强 $E\propto 1/r^3$,即呈现 r^3 反比关系,故其场强随距离而减少要比库仑力的 r^2 反比律显得更快.

(5) 电四极子和电八极子.在核物理学的研究中将出现电四极子模型、电八极子模型,如图 1.13(a)、(b)、(c)所示,用以近似地反映核内电荷分布的不均匀性,比如,将一个局域非均匀的电荷分布,看作一个均匀的电荷分布再叠加一个偶极子,或叠加一个四极子,如图 1.13(d)、(e).

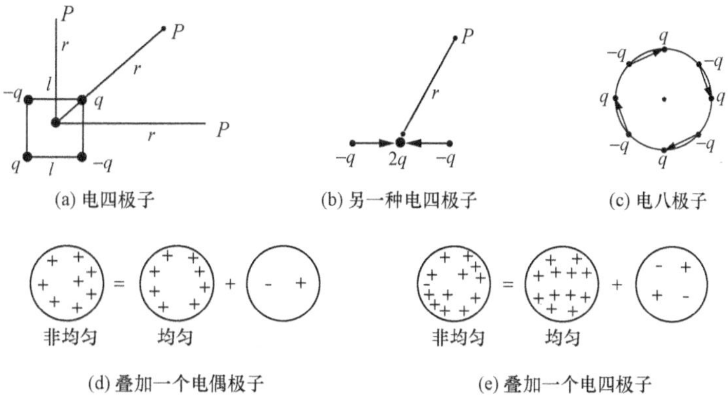

图 1.13 电多极子

$$\text{电四极子 } E\propto\frac{p'}{r^4},\quad \text{电四极矩 } p'=2ql^2,\tag{1.9′}$$

$$\text{电八极子 } E\propto\frac{p''}{r^5},\quad \text{电八极矩 } p''=3ql^3.\tag{1.9″}$$

如果说,库仑力遵从 r^2 反比律是长程力的话,则电力呈现 r^5 反比关系就是一种短程力.比如,当距离增加 1 倍,则前者力减少为 1/4,而后者力减少为 1/32,如图 1.14 所示.

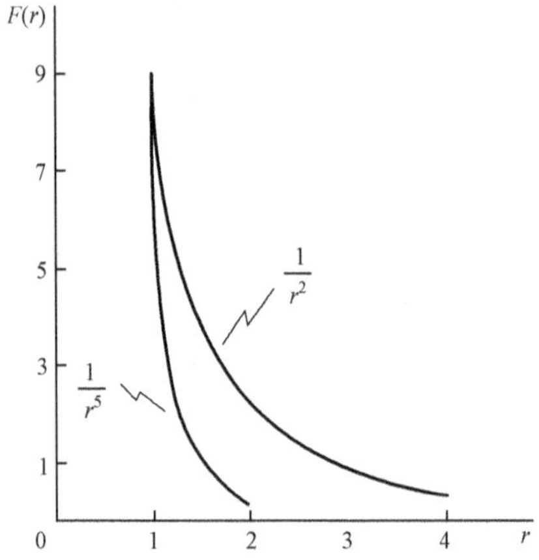

图 1.14 长程力与短程力

● **长直带电细线产生的场强**

如图 1.15 所示，一均匀带电的直线，长为 $2l$，其线电荷密度为 η(C/m). 注意到此带电直线及其场强的轴对称性，于是求三维空间的场强分布就简化为二维平面即纸面上的场强 $\boldsymbol{E}$ 分布. 设场点 P 与带电线距离为 h，并以 h 线为参考来标定 P 点指向带电线的两个端点 a，b 的方向角为 θ_1，θ_2. 取其上线元$(x, x+\mathrm{d}x)$，对应的方向角为$(\theta, \theta+\mathrm{d}\theta)$，含电量 $\mathrm{d}q=\eta\mathrm{d}x$，它在场点贡献的场强为 $\mathrm{d}\boldsymbol{E}$，其两个正交分量为

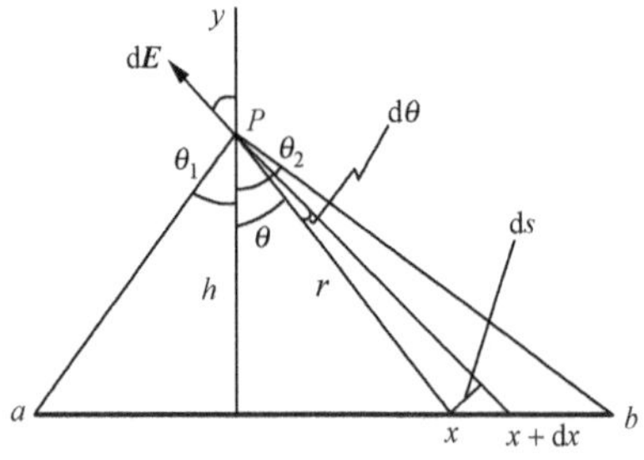

图 1.15 长直带电细线

$$\mathrm{d}E_x = \mathrm{d}E\cdot(-\sin\theta),\quad \mathrm{d}E_y = \mathrm{d}E\cdot\cos\theta,$$

且

$$\mathrm{d}E = k_e\frac{\mathrm{d}q}{r^2} = k_e\eta\frac{\mathrm{d}x}{r^2}.$$

借助图中显示的几何三角关系：

$$r = \frac{h}{\cos\theta},\quad \mathrm{d}x = \frac{\mathrm{d}s}{\cos\theta},\quad \mathrm{d}s = r\mathrm{d}\theta,$$

便可以用角变量 θ 来表达这两个正交分量，

$$\mathrm{d}E_x = -k_e\eta\frac{1}{h}\sin\theta,\quad \mathrm{d}E_y = k_e\eta\frac{1}{h}\cos\theta,$$

再积分最终得到均匀带电直线的场强公式为

$$E_x = \int_a^b \mathrm{d}E_x = -k_e\eta\frac{1}{h}\int_{-\theta_1}^{\theta_2}\sin\theta\mathrm{d}\theta = k_e\eta\frac{1}{h}(\cos\theta_2 - \cos\theta_1), \tag{1.10}$$

$$E_y = \int_a^b \mathrm{d}E_y = k_e\eta\frac{1}{h}\int_{-\theta_1}^{\theta_2}\cos\theta\mathrm{d}\theta = k_e\eta\frac{1}{h}(\sin\theta_2 + \sin\theta_1). \tag{1.10$'$}$$

讨论：当带电线无限长，则 $\theta_1 \to \frac{\pi}{2}$，$\theta_2 \to \frac{\pi}{2}$，于是

$$E_x = 0, \quad E_y = k_e\frac{2\eta}{h} \propto \frac{1}{h}, \tag{1.10$''$}$$

这表明此时场强方向与带电线正交，其数值与距离一次方成反比，它随距离增加而减弱要比基元场缓慢些. 无限长带电线的实际背景是，带电线很长且考量的场区仅限于靠近带电线，并远离端点的中部，则可采用(1.10″)式近似考量此区域的场强.

● 均匀带电圆环轴线上的场强

如图 1.16，一个半径为 R 的圆环，均匀带电量为 Q. 考量到该带电圆环及其场强的轴对称性，其对称轴为通过圆心且垂直圆平面的直线，设其为 x 轴，正是因为这轴对称性，致使轴上场强 $E(x)$ 必定沿轴向，它不可能有垂直对称轴的横向场，即

$$E_y(x) = 0, \quad E_x(x) = \int \mathrm{d}E_x,$$

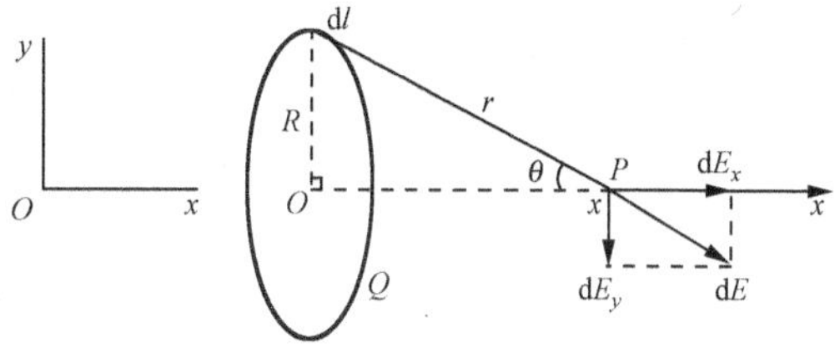

图 1.16 均匀带电圆环

这里，$\mathrm{d}E_x$ 是圆环上任意带电线元 $\eta\mathrm{d}l$ 在 P 点贡献的场强 $\mathrm{d}E$ 的轴向分量，即

$$\mathrm{d}E_x = \mathrm{d}E \cdot \cos\theta = k_e\frac{\eta\mathrm{d}l}{r^2}\cdot\frac{x}{r},$$

$$\eta = \frac{Q}{2\pi R}, \quad r^2 = x^2 + R^2.$$

最后，积分求得均匀带电圆环轴线上的场强公式为

$$E(x) = E_x(x) = k_e\frac{Qx}{2\pi R r^3}\cdot\int_0^{2\pi R}\mathrm{d}l = k_e\frac{Qx}{(x^2+R^2)^{3/2}}. \tag{1.11}$$

讨论：

(1) 当 $x=0$，则 $E=0$，四面八方的带电线元在圆心的场强恰巧彼此抵消；当 $x \gg R$，即远场区，则

$$E(x) \approx k_e\frac{Q}{x^2},$$

这相当于一个点电荷 Q 位于圆心处所产生的场强. 由此可见,当 $x\in(0,\infty)$,则对应 x 的两端取值有 $E:0\to0$,故其间 $E(x)$ 必定出现一个极值,即当 $x=x_0$ 时,$E(x_0)$ 为一个极大值 E_M.

(2) 关于均匀带电圆环轴外场强的积分运算相对复杂,不能给出如上述那样简单的解析函数的表达式. 这一点要复杂于电偶极子的场和均匀带电直线的场,这三者相同的是均具有轴对称性.

1.4　静电场的通量定理

- 概述——静电场理论的目标　　• 电通量概念　　• 静电场的通量定理
- 讨论——一个非球对称 r^2 反比律径向场的通量性质
- 讨论——求出某些非闭合面的电通量

● 概述——静电场理论的目标

基于静电场的基元场和场强叠加原理,便可以写出任意电荷分布时,空间场强分布的积分表达式,

$$\boldsymbol{E}(\boldsymbol{r})=k_e\iiint\limits_{(V_0)}\frac{\rho\hat{\boldsymbol{r}}'}{r'^2}\mathrm{d}V=k_e\iiint\limits_{(V_0)}\frac{\rho\boldsymbol{r}'}{r'^3}\mathrm{d}V,\tag{1.12}$$

$$\boldsymbol{r}'=\boldsymbol{r}-\boldsymbol{r}_0.$$

参见图 1.17,这里,$\rho\mathrm{d}V$ 为带电体积元,其位矢为 $\boldsymbol{r}_0$,而场点 P 的位矢为 $\boldsymbol{r}$,场点相对积分元 $\mathrm{d}V$ 的位矢为 $\boldsymbol{r}'$,故出现于以上积分式中,$\boldsymbol{r}'=\boldsymbol{r}-\boldsymbol{r}_0$,在积分过程中位矢 $\boldsymbol{r}$ 不变,而积分变量为 $\boldsymbol{r}_0$. 这(1.12)式仅仅是场强分布的一种形式表示. 在各种场合下,其积分运算是否能顺利进行下去,有待具体分析. 一般情况下这积分运算总是相当艰难,常常令人无法操作.

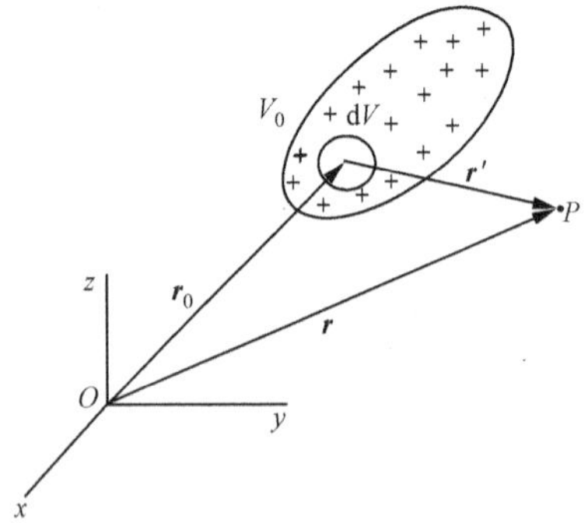

图 1.17　任意电荷分布的场强积分表达式

即便上述积分运算无原则上的数学困难,那也不是静电场理论的发展方向. 静电场理论的目标是,探求各式各样的那些静电场的共性,即,静电场 $\boldsymbol{E}(\boldsymbol{r})$ 所遵从的基本规律——通量定理和环路定理,参见图 1.18,本节首先建立静电场的通量定理.

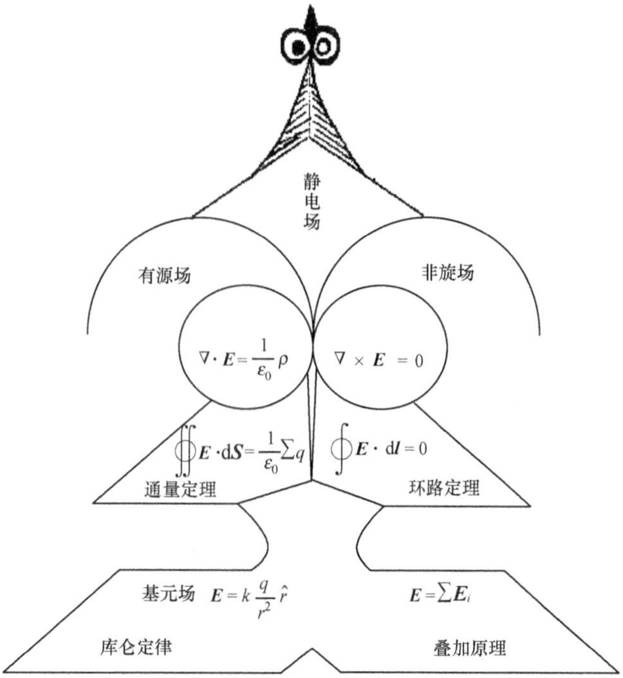

图 1.18 静电场理论框架

- **电通量概念**

在电场空间中，通过面元 d$\boldsymbol{S}$ 的电通量 dΦ，定义为该处场强 $\boldsymbol{E}$ 与 d$\boldsymbol{S}$ 的标积，即

$$d\Phi = \boldsymbol{E}\cdot d\boldsymbol{S} = E\cos\theta dS, \tag{1.13}$$

可见，电通量 dΦ 可取正值或负值，如图 1.19(a)所示，

当 $\theta<\pi/2$，$d\Phi>0$；当 $\theta=\pi/2$，$d\Phi=0$；当 $\theta>\pi/2$，$d\Phi<0$.

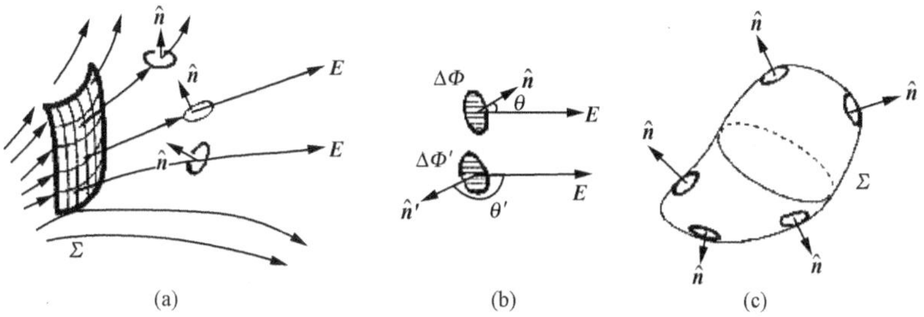

图 1.19 电通量概念

于是，通过任意宏观曲面 Σ 的电通量被表达为

$$\Phi = \iint_{(\Sigma)} d\Phi = \iint_{(\Sigma)} \boldsymbol{E}\cdot d\boldsymbol{S}. \tag{1.13′}$$

在此需要说明的是，对于孤立面元或非闭合曲面，其法线有两种自由选择，如图

1.19(b)所示；显然，$d\Phi>0$，而 $d\Phi'<0$，且 $d\Phi=-d\Phi'$. 不过，对于闭合曲面而言，人们普遍约定，取其外法线为其上面元的方向，如图 1.19(c)所示，在此约定下，一闭合曲面的总电通量

$$\Phi=\oiint_{(\Sigma)}\boldsymbol{E}\cdot d\boldsymbol{S}, \tag{1.13''}$$

其数值为正或负或零，就有了明确的物理图象，如果我们采用场线这种几何语言的话，如图 1.20 所示. 究竟什么条件下，造成这三种状态，正是静电场通量定理要回答的问题.

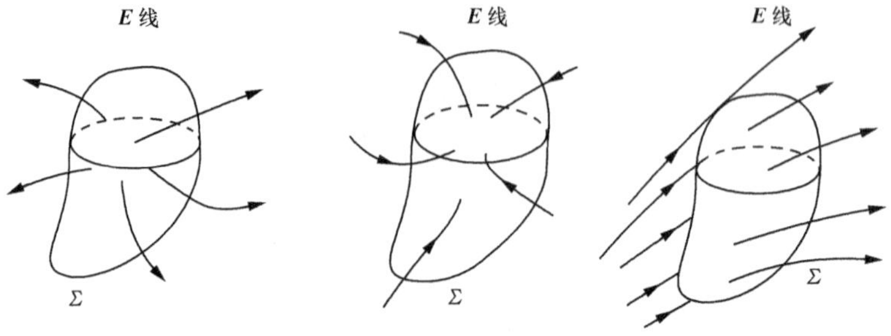

图 1.20 闭合面电通量为正或负或零的场线图象

从上述电通量的最初定义看，电通量的物理量意义并不那么直观. 而在流体力学中，讨论流速场$\boldsymbol{v}(x,y,z)$的通量

$$\varphi=\iint_{(\Sigma)}\boldsymbol{v}\cdot d\boldsymbol{S},$$

其物理意义相对直观，即，流场通量是单位时间通过 Σ 面流量的立方数(m^3/s). 对于静电场 $\boldsymbol{E}(x,y,z)$，人们亦可用一系列离散的带箭头的场线，来形象地显示 $\boldsymbol{E}$ 空间分布的粗略图象，这自然是有好处的. 场线上任意点的切线方向指示该点场强方向，场线密集处表示该局域场强数值大，场线稀疏处表示该局域场强数值弱. 从这个角度看，电通量 Φ 的几何意义是，通过 Σ 面 $\boldsymbol{E}$ 的场线数.

其实，对于一个新的陌生的物理量的认识，最好的途径是，进一步关注它具有何种性质，它遵从什么规律，它与先前熟悉的物理量有何关系，打交道多了，也就感悟到这新物理量的品性了. 电通量的物理意义首先体现在下面即将学习的静电场通量定理中.

- **静电场的通量定理**

静电场通量定理也常称为静电场高斯定理，其数学表达式为

$$\oiint_{(\Sigma)}\boldsymbol{E}\cdot d\boldsymbol{S}=\frac{1}{\varepsilon_0}\sum_{(面内)}q_i, \quad 或 \quad \oiint_{(\Sigma)}\boldsymbol{E}\cdot d\boldsymbol{S}=\frac{1}{\varepsilon_0}\iiint_{(V)}\rho dV. \tag{1.14}$$

其语言表述为，静电场对任意闭合曲面所贡献的电通量等于面内所有电荷之和，再除以恒定常数 ε_0(在 MKSA 制中). 以下分两步证明此定理.

(1) 单一点电荷情形. 试选取闭合曲面为一球面，它以点电荷 q 为球心，则 q 产生的基

元场对半径为 r_1 的球面 Σ_1 贡献的电通量为

$$\oiint_{(\Sigma_1)} \boldsymbol{E}\cdot \mathrm{d}\boldsymbol{S} = k_e \oiint_{(\Sigma_1)} \frac{q\hat{\boldsymbol{r}}}{r_1^2}\cdot \mathrm{d}\boldsymbol{S} = k_e \frac{q}{r_1^2}\oiint_{(\Sigma_1)} \hat{\boldsymbol{r}}\cdot \mathrm{d}\boldsymbol{S}$$

$$= k_e \frac{q}{r_1^2}\oiint_{(\Sigma_1)} \mathrm{d}S = k_e \frac{q}{r_1^2}(4\pi r_1^2)$$

$$= 4\pi k_e q \quad \text{(任意单位制)}$$

$$= \frac{1}{\varepsilon_0} q. \quad \text{(MKSA 制)}$$

值得特别注意的是，这电通量与闭合球面的半径值无关，大球面与小球面的电通量值是相同的，甚至当 $r\to\infty$ 时，虽然场强 $E\to 0$，其电通量既不等于零，也不趋向无穷大，而是一个定数，

$$\oiint_{(r\to\infty)} \boldsymbol{E}\cdot \mathrm{d}\boldsymbol{S} = \frac{1}{\varepsilon_0} q.$$

这一结果源于其基元场 $E\propto \frac{1}{r^2}$，且 $\boldsymbol{E}/\!/(\pm\hat{\boldsymbol{r}})$. ①

再考察闭合面 Σ 为包围 q 的任意曲面时的电通量，如图 1.21(b)所示，其中 Σ_0 为辅助球面，它以 q 点为球心. 在立体角元 $\mathrm{d}\Omega$ 范围内，分别截取了两个面元 $\mathrm{d}\boldsymbol{S}_1$ 和 $\mathrm{d}\boldsymbol{S}_2$，两者虽然距离有远近，面积有大小，或取向有正斜，但它俩对 q 点所张的立体角元 $\mathrm{d}\Omega$ 是相同的，即

$$\mathrm{d}\Omega = \frac{\mathrm{d}S_1}{r_1^2}, \quad \text{或} \quad \mathrm{d}\Omega = \frac{\mathrm{d}S_2\cdot\cos\theta}{r_2^2} = \frac{\hat{\boldsymbol{r}}\cdot \mathrm{d}\boldsymbol{S}_2}{r_2{}^2},$$

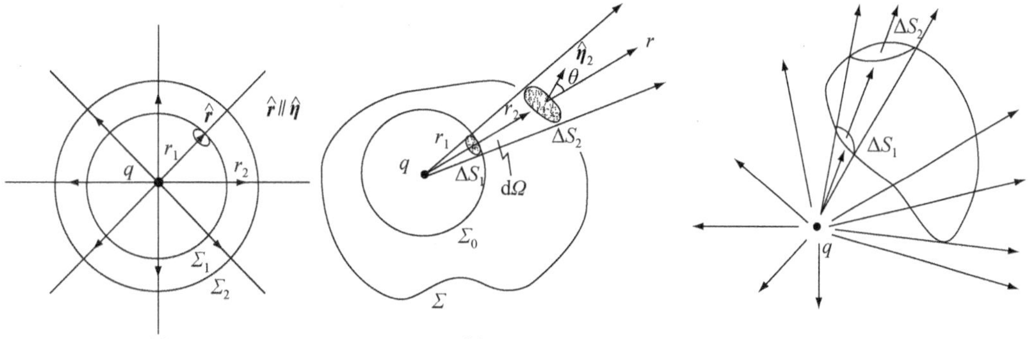

图 1.21 证明静电场的通量定理——单一点电荷情形

立体角元 $\mathrm{d}\Omega$ 与$(\boldsymbol{r},\mathrm{d}\boldsymbol{S})$的关系被普遍地表示为

$$\mathrm{d}\Omega = \frac{\hat{\boldsymbol{r}}\cdot \mathrm{d}\boldsymbol{S}}{r^2}, \tag{1.15}$$

于是，基元场通过 $\mathrm{d}\boldsymbol{S}_1$ 和 $\mathrm{d}\boldsymbol{S}_2$ 的电通量分别表示为

$$\mathrm{d}\Phi_1 = k_e \frac{q\hat{\boldsymbol{r}}}{r_1^2}\cdot \mathrm{d}\boldsymbol{S}_1 = k_e q\cdot \mathrm{d}\Omega,$$

① 这里，$\boldsymbol{E}/\!/(\pm\hat{\boldsymbol{r}})$条件不被强调也罢，因为凡球对称的矢量场必为径向场，不过，该条件在证明 $\boldsymbol{E}$ 通量定理中是必要的.

$$d\Phi_2 = k_e \frac{q\hat{r}}{r_2^2} \cdot dS_2 = k_e q \cdot d\Omega,$$

故

$$d\Phi_1 = d\Phi_2.$$

这表明，在以 q 点为顶点的同一立体角元中，基元场对其内任意面元所贡献的电通量是等值的. 由此及彼，扩展到整个闭合面，

$$\Phi_1 = \oiint_{(\Sigma_0)} d\Phi_1 = k_e q \oiint_{(\Sigma_0)} d\Omega = k_e q \cdot 4\pi = \frac{1}{\varepsilon_0} q,$$

$$\Phi_2 = \oiint_{(\Sigma_0)} d\Phi_2 = k_e q \oiint_{(\Sigma_0)} d\Omega = k_e q \cdot 4\pi = \frac{1}{\varepsilon_0} q.$$

这表明，通过包围点电荷 q 的任意闭合面的电通量均为 q/ε_0，与闭合曲面的形状和面积无关.

若点电荷在闭合曲面外部，如图 1.21(c)所示，仿照上述借助立体角元去规划的方法，在同一 $d\Omega$ 范围内截取闭合面上一对面元 $d\boldsymbol{S}_1$ 和 $d\boldsymbol{S}_2$. 考虑到 $d\boldsymbol{S}_1$ 的外法线方向与场强 $\boldsymbol{E}$ 之夹角为钝角，故

$$d\Phi_1' = -k_e q d\Omega, \quad d\Omega = \frac{dS_1 \cdot |\cos\theta_1|}{r_1^2},$$

$$d\Phi_2' = k_e q d\Omega, \quad d\Omega = \frac{dS_2 \cdot \cos\theta_2}{r_2^2},$$

即

$$(d\Phi_1' + d\Phi_2') = 0.$$

换句话说，此时相同数值的电通量从 $d\boldsymbol{S}_1$ 流入(负值)，又从 $d\boldsymbol{S}_2$ 流出(正值)，其代数和为零. 进而扩展到整个闭合面 Σ，其电通量为零. 总之，闭合面外部的点电荷对此闭合面贡献的电通量为零，虽然这点电荷在此闭合面各处的场强 $\boldsymbol{E}$ 显然不为零.

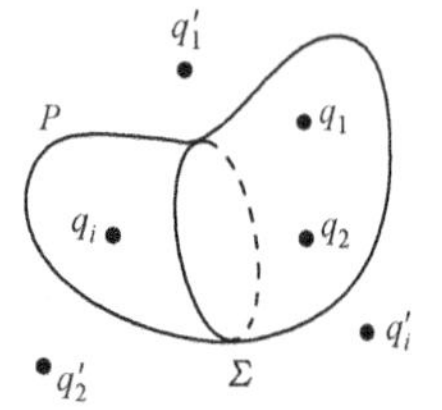

图 1.22 闭合面将点电荷组分为内、外两部分

(2) 点电荷组或电荷连续分布的情形.

如图 1.22 所示，待考察电通量的闭合面 Σ 将点电荷组分为两部分，$(q_1, q_2, \cdots, q_n)$ 在其内部，$(q_1', q_2', \cdots, q_m')$ 在其外部. 内部每个点电荷 q_i 对 Σ 贡献的电通量为 q_i/ε_0，而外部所有电荷对 Σ 贡献的电通量均为零. 故

$$\oiint_{(\Sigma)} \boldsymbol{E} \cdot d\boldsymbol{S} = \frac{1}{\varepsilon_0} \sum_{(内)} q_i.$$

应当注意到，这里的 $\boldsymbol{E}$ 是指总场强，它是内部电荷$(q_1, q_2, \cdots, q_n)$产生的场强 $\boldsymbol{E}_{in}(P)$与外部电荷$(q_1', q_2', \cdots, q_m')$产生的场强 $\boldsymbol{E}_{out}(P)$之叠加，即

$$\boldsymbol{E}(p) = \boldsymbol{E}_{in}(P) + \boldsymbol{E}_{out}(P), \tag{1.16}$$

当然，我们也可以写出这两部分的场强通量表达式，

$$\oiint_{(\Sigma)} \boldsymbol{E}_{in} \cdot d\boldsymbol{S} = \frac{1}{\varepsilon_0} \sum_{(内)} q_i, \quad \oiint_{(\Sigma)} \boldsymbol{E}_{out} \cdot d\boldsymbol{S} = 0. \tag{1.17}$$

也许有个疑问，若一点电荷正巧位于闭合面上，那该怎么处理. 这涉及点模型的适用范围. 当考察者沿着闭合面接近那个电荷时，其形貌和大小便呈现出来，即其点模型不再成立，应当如实的回归到其体电荷的带电状态，比如，它是一个带电小球，其带电量被分割在 Σ 面

内和面外两部分，等等，这是确定无疑的.

由点电荷组表达的通量定理可以自然地过渡到体电荷分布的情形：

$$\oint\!\!\!\oint_{(\Sigma)} \boldsymbol{E}\cdot \mathrm{d}\boldsymbol{S} = \frac{1}{\varepsilon_0}\iiint_{(V)}\rho \mathrm{d}V,$$

其体积分区域 V 正是 Σ 面所包围的容积，$\rho(x,y,z)$ 为体电荷密度函数.

至此，静电场通量定理(1.14)式已得到充分的证明. 它是静电场的基本规律之一，其理论地位和应用价值，可以从下面随即讨论的一类问题中得以初步体现. 这类问题是，应用静电场通量定理求解高度对称性的场强分布.

● 【讨论】 一个非球对称 r^2 反比律径向场的通量性质

让我们研究一个特殊的矢量场 $\boldsymbol{A}(\boldsymbol{r})=K\sin\theta\cdot\dfrac{\hat{\boldsymbol{r}}}{r^2}$，其中，$\theta$ 角为场点位矢 $\boldsymbol{r}$ 与 z 轴之夹角，K 为比例常数，参见图 1.23.

(1) 试分析该矢量场对闭合球面的通量是否与球面半径有关，即

$$\oint\!\!\!\oint_{(\Sigma_1)} \boldsymbol{A}\cdot \mathrm{d}\boldsymbol{S} = \oint\!\!\!\oint_{(\Sigma_2)} \boldsymbol{A}\cdot \mathrm{d}\boldsymbol{S}$$

是否成立，其中 Σ_1，Σ_2 分别系半径为 r_1，r_2 的球面.

(2) 进一步给出该矢量场对包围原点的任意闭合面 Σ 的通量表达式 $\oint\!\!\!\oint_{(\Sigma)} \boldsymbol{A}\cdot \mathrm{d}\boldsymbol{S}=?$

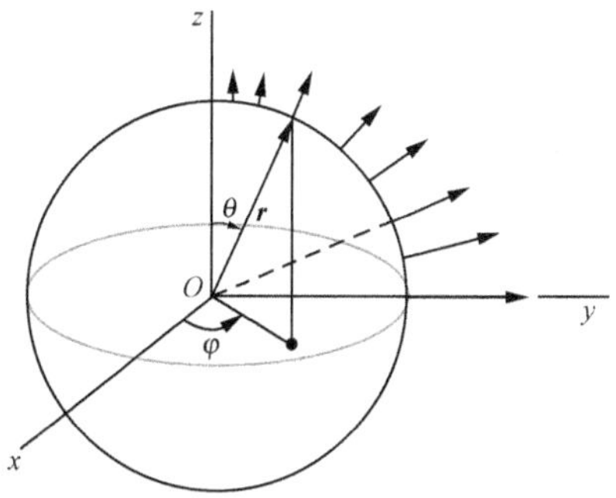

图 1.23 一个特殊的矢量场

提示：球面元的面积公式为 $\mathrm{d}S=r^2\sin\theta\mathrm{d}\theta\mathrm{d}\varphi$.

结论：

(1) 该矢量场贡献于闭合球面的通量与球面半径无关.

(2) $\oint\!\!\!\oint_{(\Sigma)} \boldsymbol{A}\cdot \mathrm{d}\boldsymbol{S} = \pi^2 K$.

● 【讨论】 求出某些非闭合面的电通量

(1) 试求出电偶极子中垂面 Σ_0 上的电通量 Φ_0，参见图 1.24(a).

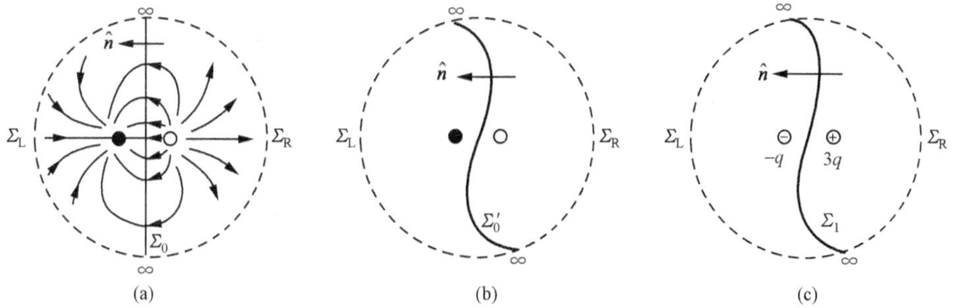

图 1.24 求出非闭合面 Σ_0，Σ_0' 和 Σ_1 的电通量

(2) 试求出电偶极子在曲面 Σ_0' 上的电通量 Φ_0'，参见图 1.24(b).

(3) 试求出非等量且异号的两个点电荷在中曲面 Σ_1 上的电通量 Φ_1，参见图 1.24(c).

提示：距离电荷区无限远处的场强总为零，而无限远处闭合球面的电通量 Φ 却不一定为零. 对无限远的观测者而言，任何有限电荷区均可以被看成一个"点"，即区内电荷分布的形态不可分辨. 这等效点电荷的电量 q_e 等于电荷区内所有电荷的代数和，$q_e=\sum q_i$. 对于本题还要考量到"无限远的各向同性"，即无限远处左半球面 Σ_L 的电通量 Φ_L 等于右半球面 Σ_R 的电通量 Φ_R，$\Phi_L=\Phi_R$.

结论：

$$\Phi_0=\frac{q}{\varepsilon_0},\quad \Phi_0'=\Phi_0=\frac{q}{\varepsilon_0},\quad \Phi_1=\frac{2q}{\varepsilon_0}.$$

1.5　三类高度对称性的静电场

·球对称性　　·高度轴对称性　　·高度平面对称性　　·评述

● 球对称性

(1)均匀带电球壳(参量：Q,R). 如图 1.25(a)所示，一个半径为 R 的球壳上均匀带电，其总电量为 Q. 经分析确认，这个具有球对称性的带电体其产生的场强 $\boldsymbol{E}(\boldsymbol{r})$ 也必然具有球对称性，其具体含义是，在同一球面上各点 E 值相等，即 E 值与方位角(θ,φ)无关，仅是距离 r 的函数 $E(r)$；场强 $\boldsymbol{E}$ 的方向沿矢径 $\boldsymbol{r}$，即 $\boldsymbol{E}/\!/\boldsymbol{r}$，凡是球对称的矢量场必定为径向场，其绝无横向分量. 于是，通过场点 P 且半径为 r 的闭合球面电通量就被简化为

$$\oint\!\!\!\oint_{(\Sigma)}\boldsymbol{E}\cdot d\boldsymbol{S}=\oint\!\!\!\oint_{(\Sigma)}E(r)dS=E(r)\oint\!\!\!\oint_{(\Sigma)}dS=4\pi r^2E(r),$$

而另一方面，静电场通量定理表明

$$\oint\!\!\!\oint\boldsymbol{E}\cdot d\boldsymbol{S}=\frac{1}{\varepsilon_0}\sum_{(\text{内})}q_i=\begin{cases}Q/\varepsilon_0, & \text{当 } r>R;\\ 0, & \text{当 } r<R.\end{cases}$$

让以上关于电通量的两个等式的右端相等，并考虑到场强的方向性，最终求得均匀带电球壳的场强公式为

$$\begin{cases}\text{当 } r>R, & \boldsymbol{E}(\boldsymbol{r})=\dfrac{1}{4\pi\varepsilon_0}\cdot\dfrac{Q}{r^2}\hat{\boldsymbol{r}};\\ \text{当 } r<R, & \boldsymbol{E}(\boldsymbol{r})=0.\end{cases}\tag{1.18}$$

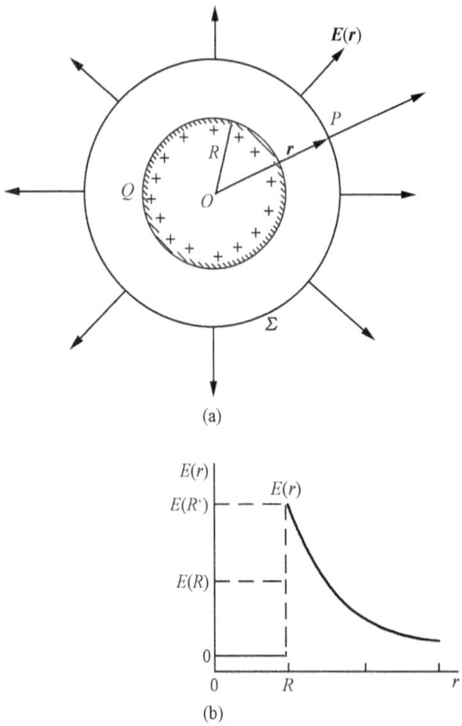

图 1.25　均匀带电球壳的场强

场强 $E(r)$ 函数曲线如图 1.25(b)所示. 它在球壳外部的场强变化，如同将全部电量 Q 集中于球心那个点电荷产生的场，也呈现 r^2 反比律；而在球壳内部，各处的场强均为零. 值得注意的是，经球壳表面，场强有了突变，$E(R^+)=Q/(4\pi\varepsilon_0 R^2)$，而 $E(R^-)=0$. 今后我们将多次看到，凡是经面电荷处其场强不连续，或场强数值有突变，或场强方向有突变. 如果要问，球壳表面的场强究竟为多少？这个问题并非没有意义. 经深入分析，可以导出球壳表面上的场强

$$\boldsymbol{E}(R)=\frac{1}{2}\boldsymbol{E}(R^+)=\frac{\sigma}{2\varepsilon_0}\hat{\boldsymbol{r}},\quad \sigma=\frac{Q}{4\pi R^2}. \tag{1.18$'$}$$

这里尚须说明一点，求解均匀带电球壳的场强，还可以采用另一种方法，即，以 $\overline{OP}$ 连线为轴，将球壳分割为一系列带电圆环，再利用先前已得出的带电圆环轴线上的场强公式(1.11)式，然后进行积分运算，最终得出了与(1.18)式一致的结果. 相比之下，这里结合对称性而应用静电场通量定理，求解途径显得更为简明.

(2) 均匀带电球体(Q,R). 如图 1.26(a)所示，此场合下的场强 $\boldsymbol{E}(\boldsymbol{r})$ 与均匀带电球壳一样具有球对称性，其区别是，在 $r\leqslant R$ 的闭合球面内，含有电量

$$q=\frac{r^3}{R^3}\cdot Q,$$

于是，由球对称性得知，通过场点且半径为 r 的球面的电通量为

$$\oiint_{(\Sigma)}\boldsymbol{E}\cdot d\boldsymbol{S}=4\pi r^2\cdot E(r).$$

由静电场通量定理得知

$$\oiint_{(\Sigma)}\boldsymbol{E}\cdot d\boldsymbol{S}=\begin{cases}\dfrac{1}{\varepsilon_0}\cdot Q, & \text{当 } r\geqslant R;\\[2mm] \dfrac{1}{\varepsilon_0}\dfrac{r^3}{R^3}Q, & \text{当 } r\leqslant R.\end{cases}$$

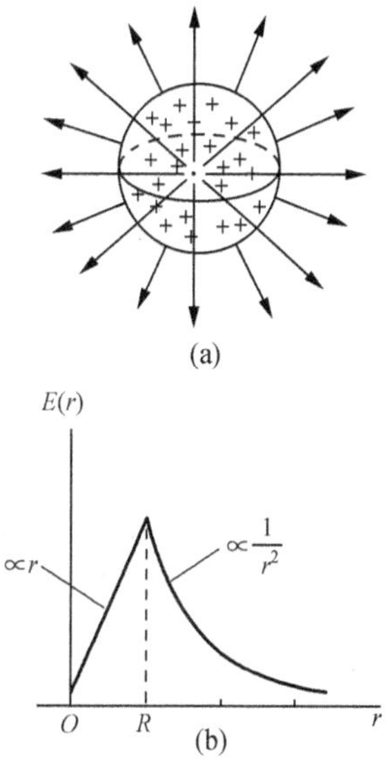

图 1.26　均匀带电球体的场强

让两者相等，最终得到均匀带电球体的场强公式为

$$\begin{cases}\text{当 } r\geqslant R, & \boldsymbol{E}(\boldsymbol{r})=\dfrac{1}{4\pi\varepsilon_0}\cdot\dfrac{Q}{r^2}\hat{\boldsymbol{r}}\propto\dfrac{1}{r^2};\\[2mm] \text{当 } r\leqslant R, & \boldsymbol{E}(\boldsymbol{r})=\dfrac{1}{4\pi\varepsilon_0}\cdot\dfrac{Q}{R^3}r\hat{\boldsymbol{r}}\propto r.\end{cases} \tag{1.19}$$

其 $E(r)$ 函数曲线如图 1.26(b)所示，在 $r=R$ 两侧场强是连续的，并无突变，须知此时球体表面是不带电的，即其表面的面电荷密度为零. $E(r)$ 变化的一个令人注目的特点是，其体内场强 $E(r)\propto r$，即，其场强随场点至球心距离而线性增加，而在球心处场强为零.

● **高度轴对称性**

这里将涉及三种特殊的电荷分布，即，均匀带电无限长细线、均匀带电无限长圆筒和均匀带电无限长圆柱体. 以无限长带电细线为例，如图 1.27 所示，它产生的场强具有高度的轴

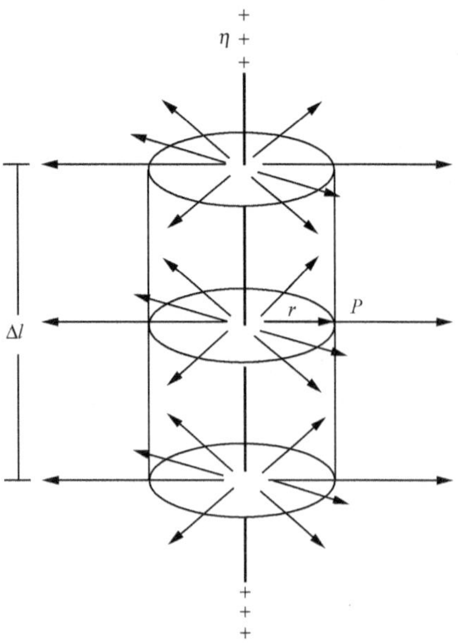

图 1.27　无限长均匀带电细线的场强具有高度轴对称性

对称性,其含义有两点.一是,在轴距为 r 的柱面上各点场强数值相等,即场强 E 与场点位置高度和转角无关,仅是轴距 r 的函数 $E(r)$,换言之,这场强具有以细线为轴的旋转对称性和沿轴线方向的平移对称性.二是,这场强 $\boldsymbol{E}$ 方向沿轴距矢量 $\boldsymbol{r}$ 方向,这也是一种径向场.不过,从单纯的旋转轴对称性和沿轴平移对称性考量,并不排除存在横向场的可能性;只是就目前均匀带电无限长细线而言,针对场点 P 的细线上半段与下半段的两个场强矢量的合成必定垂直轴线即平行轴距 $\boldsymbol{r}$;或者从另一角度审视,若存在横向场,则违背静电场的环路定理,这将在下一节讨论.总之,这三种特殊的电荷分布,其产生的场强 $\boldsymbol{E}(\boldsymbol{r})$ 均具有旋转轴对称性,沿轴平移对称性和径向性,我们称其为高度轴对称性.

其实,我们对于轴对称的电场并不陌生,电偶极子、均匀带电有限长细线和均匀带电圆环的电场均具有轴对称性,从而彼时将求解三维空间的场 $\boldsymbol{E}(x,y,z)$ 简化为求解二维平面的场 $\boldsymbol{E}(x,y)$.然而,这三种场合,其场强不具有平移对称性,即,与轴线距离相等的各场点,其场强值并不相等,且场强方向与轴距方向也并不一致.这种仅有旋转对称性,而不具备平移对称性和径向性,可称为低度轴对称性.

让我们着手求解均匀带电无限长细线的场强分布.设其线电荷密度为 η(C/m).过场点 P 作一个半径为 r 的圆柱面,其上底与下底之间距离为 Δl 可长可短.考虑到其场强 $\boldsymbol{E}(\boldsymbol{r})$ 的高度轴对称性,该闭合圆柱面 Σ 的电通量为

$$\oiint_{(\Sigma)} \boldsymbol{E}\cdot \mathrm{d}\boldsymbol{S} = \oiint_{(\text{底面})} \boldsymbol{E}\cdot \mathrm{d}\boldsymbol{S} + \oiint_{(\text{柱面})} \boldsymbol{E}\cdot \mathrm{d}\boldsymbol{S} = 0 + E(r)\cdot 2\pi r\Delta l,$$

又,静电场通量定理表明

$$\oiint_{(\Sigma)} \boldsymbol{E}\cdot \mathrm{d}\boldsymbol{l} = \frac{1}{\varepsilon_0}\eta\Delta l,$$

让两者相等,并注意到场强的方向,最终求得均匀带电无限长细线的场强公式为

$$\boldsymbol{E}(\boldsymbol{r}) = \frac{1}{4\pi\varepsilon_0}\cdot\frac{2\eta}{r}\hat{\boldsymbol{r}} \propto \frac{1}{r}. \tag{1.20}$$

仿照上述的分析和推演,结合高度轴对称性和静电场通量定理,不难得到,均匀带电无限长带电圆筒的场强公式为

$$\begin{cases} \text{当 } r > R, & \boldsymbol{E}(\boldsymbol{r}) = \dfrac{1}{\varepsilon_0}\cdot\dfrac{\sigma R}{r}\hat{\boldsymbol{r}} \propto \dfrac{1}{r}; \\ \text{当 } r < R, & \boldsymbol{E}(\boldsymbol{r}) = 0. \end{cases} \tag{1.21}$$

这里，σ 指面电荷密度（C/m^2），R 指带电圆筒半径，位矢 $\boldsymbol{r}$ 依然指轴距矢量，参见图 1.28(a). 均匀带电无限长圆柱的场强公式为

$$\begin{cases} \text{当 } r \geqslant R, \quad \boldsymbol{E}(\boldsymbol{r}) = \dfrac{1}{2\varepsilon_0} \cdot \dfrac{\rho R^2}{r} \hat{\boldsymbol{r}} \propto \dfrac{1}{r}; \\ \text{当 } r \leqslant R, \quad \boldsymbol{E}(\boldsymbol{r}) = \dfrac{1}{2\varepsilon_0} \cdot \rho r \hat{\boldsymbol{r}} \propto r. \end{cases} \tag{1.22}$$

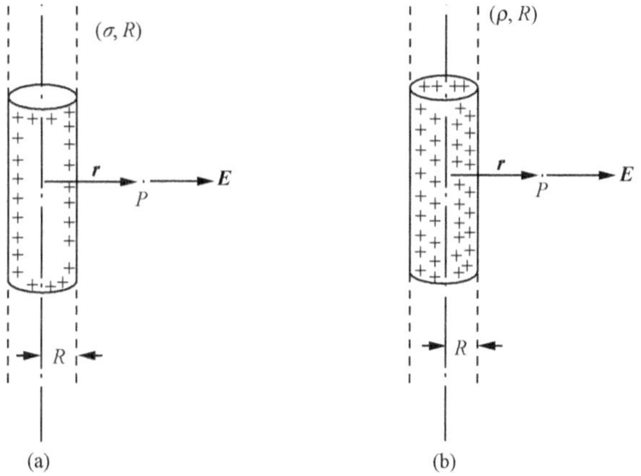

图 1.28 无限长均匀带电.(a) 空心圆筒;(b) 实心圆柱

这里，ρ 指体电荷密度（C/m^3），参见图 1.28(b).

- **高度平面对称性**

如图 1.29(a)所示. 一个无限大的均匀带电平面，其产生的场强 $\boldsymbol{E}$ 具有以下对称性. 一是，从场点 P 看该平面的带电状态，四面八方均是一样的，因为它无边界；换言之，过 P 点向该平面作垂线其垂足为 O，则以 $\overline{OP}$ 为轴该场强具有旋转对称性，故 $\boldsymbol{E}$ 沿轴线方向，即 $\boldsymbol{E}$ 垂直带电平面. 二是，在与带电平面距离 r 相同的平面上，各点场强数值相等，即，$E=E(r)$，这

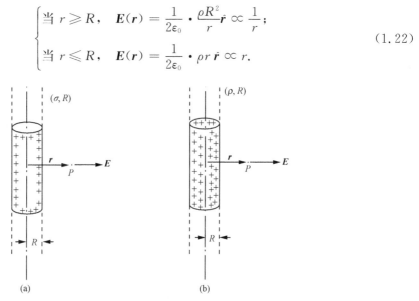

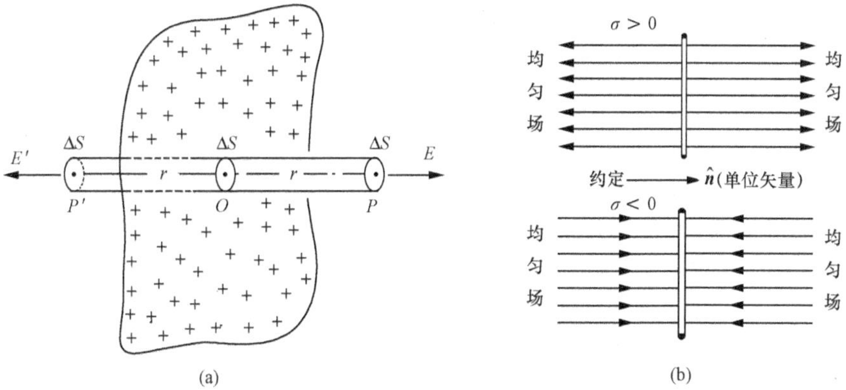

图 1.29 无限大均匀带电平面(a)及其产生的均匀场(b)

是一种平移平面对称性. 三是,左侧空间与右侧空间的两个场强 $\boldsymbol{E}$ 互为镜像对称,其镜面为带电平面. 这三个对称性导致无限大均匀带电平面的场线是一组平行线,如图 1.28(b)所示.

让我们应用通量定理求出这场强的数值. 作一个细长的柱面作为闭合面考察其电通量,其两个端面分别以 P 点、P' 点为中心,且面积均为面元 ΔS,而其侧面的法线方向与场强 $\boldsymbol{E}$ 正交,见图 1.29(a). 于是,其电通量表示为

$$\oiint_{(\Sigma)} \boldsymbol{E} \cdot \mathrm{d}\boldsymbol{S} = \iint_{(\text{侧面})} \boldsymbol{E} \cdot \mathrm{d}\boldsymbol{S} + \iint_{(\text{左端})} \boldsymbol{E} \cdot \mathrm{d}\boldsymbol{S} + \iint_{(\text{右端})} \boldsymbol{E} \cdot \mathrm{d}\boldsymbol{S}$$

$$= 0 + E'\Delta S + E\Delta S = 2E \cdot \Delta S,$$

又,静电场通量定理表明

$$\oiint_{(\Sigma)} \boldsymbol{E} \cdot \mathrm{d}\boldsymbol{S} = \frac{1}{\varepsilon_0}(\sigma \cdot \Delta S),$$

让两者相等,并注意到场强的方向,最终求得无限大均匀带电平面的场强公式

$$\begin{cases} \text{右半空间}, \quad \boldsymbol{E} = \dfrac{\sigma}{2\varepsilon_0}\hat{\boldsymbol{n}}; \\ \text{左半空间}, \quad \boldsymbol{E} = -\dfrac{\sigma}{2\varepsilon_0}\hat{\boldsymbol{n}}. \end{cases} \tag{1.23}$$

这里,σ 表示面电荷密度,带电平面法线方向 $\hat{\boldsymbol{n}}$ 约定为从左侧指向右侧. 公式(1.23)表明,此场强 $\boldsymbol{E}$ 与面距 r 无关,左半空间和右半空间各自皆为均匀场,只是经过带电平面时场强方向倒转而发生突变,而恰在带电平面上各点场强 $E=0$. 还有一点值得提出,(1.23)式对 $\boldsymbol{E}$ 方向的表示,既适用于 $\sigma>0$ 情形,也适用于 $\sigma<0$ 情形. 在 σ 的正负号未知或待定情形时,如此表示总是无误的.

- **评述**

(1) 凭借高度对称性而应用静电场通量定理,我们成功地求解了相应电场的空间分布. 如果场强没有这类高度对称性,单凭通量定理是不可能求解电场的,这并非此场合通量定理不成立. 原本通量定理并不单独承担求解场强空间分布的任务,它与环路定理一起才全面反映了一个矢量场的性质.

(2) 在三类高度对称性中,球对称因其无边界而显示出其对称程度最高、最实际,因而它也更完美. 而高度轴对称性尚须无限长的理想条件予以保证. 若是有限长或有限大,则,对于带电细线就有两个端点,对于带电圆筒就有两个端环,对于带电圆柱就有两个端面,对于带电平面就有一圈周边,这些边界点、线、面的存在,将导致其附近区域的场线发生弯曲而失去了高度对称性,参见图 1.30(a),这种现象俗称边缘效应. 然而,若观测的场强区域限于中间范围且靠近带电者,则其观测结果十分接近理想条件下的结论,如图 1.30(a)所示. 这正是本节主题即高度对称性的场强公式(1.18)—(1.23)式其应用价值所在. 比如,一根长约 100 cm 的均匀带电细线,在其中间范围——轴向约 10 cm,径向约 10 cm 的区间中,其实际场强就十分接近(1.20)式给出的结果,并未受到边缘效应的影响.

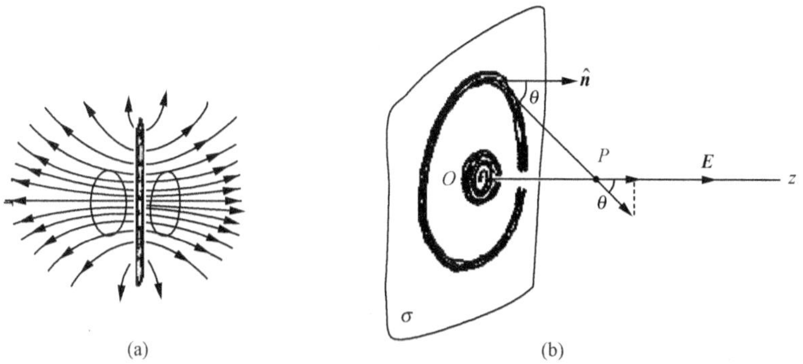

图 1.30 有限大带电平面的边缘效应(a)与正中效应(b)

(3) 其实，对于无限大均匀带电平面，其场强 $\boldsymbol{E}(P)$ 主要来自场点 P 所正视的那个中心区域电荷的贡献，而外围的电荷面积虽然很大，因其距离远，更由于其倾角 θ 大故倾斜因子 $\cos\theta$ 小，而对 $\boldsymbol{E}(P)$ 的贡献反而是小的，尤其当场点靠近带电面时这种"正中效应"更为明显，参见图 1.30(b). 对此不妨作一个颇有意义的定量考察. 如图 1.30(b)所示，设场点正视的中心为 O 点，一个半径为 R 的带电圆片对 P 点产生的场强，可以借助带电圆环公式(1.11)再积分而求得，

$$E(z)=\int_0^R \mathrm{d}E=k_e\int_0^R \frac{z\mathrm{d}q}{(r^2+z^2)^{3/2}}=k_e\int_0^R \frac{z\cdot 2\pi r\sigma}{(r^2+z^2)^{3/2}}\mathrm{d}r,$$

其积分结果为

$$\text{当 } z>0,\quad E(z)=\frac{\sigma}{2\varepsilon_0}\left(1-\frac{z}{\sqrt{R^2+z^2}}\right). \tag{1.24}$$

这是均匀带电圆片在轴上的场强公式，它也是一个重要公式. 据此考察几个颇有意思的特例：

$$\begin{cases}\text{当 } R\to\infty, & \boldsymbol{E}(z)=\dfrac{\sigma}{2\varepsilon_0}\hat{\boldsymbol{n}},\ \text{这在预料之中；}\\[2ex] \text{当 } z\to 0, & \boldsymbol{E}(0^+)\to\dfrac{\sigma}{2\varepsilon_0}\hat{\boldsymbol{n}},\ \text{这有点意外；}\\[2ex] \text{当 } z=0, & \boldsymbol{E}(0)=\dfrac{1}{2}(\boldsymbol{E}(0^+)+\boldsymbol{E}(0^-))=0,\ \text{这似乎费解.}\end{cases}$$

这表明，即使从宏观眼光看带电面元 $\sigma\Delta S$ 甚小，对于无限靠近它的场点而言，它却可以被看作无限大，它产生的场强值为 $\sigma/2\varepsilon_0$. 对于 $z=0$ 处，要格外小心，其两侧的场强方向相反，不可以取 $z=0$ 代入(1.24)得到 $E=\sigma/2\varepsilon_0$ 的结果，这明显违背由简单分析而得到的结论，那就是 $E(0)=0$. 为更加具体地感受"正中效应"在场点靠近带电面元时显得更为明显，以下再作几个数值计算. 令比值 $K=E(z)/E_0$，这里 E_0 为无限大带电平面产生的场强，即 $E_0=\sigma/2\varepsilon_0$. 据(1.24)式

$$K=\left(1-\frac{z}{\sqrt{R^2+z^2}}\right),$$

$$
\begin{cases}
\text{当 } z = R, & K = \left(1 - \dfrac{1}{\sqrt{2}}\right) \approx 30\%; \\
\text{当 } z = \dfrac{R}{2}, & K = \left(1 - \dfrac{1}{\sqrt{5}}\right) \approx 55\%; \\
\text{当 } z = \dfrac{R}{4}, & K = \left(1 - \dfrac{1}{\sqrt{17}}\right) \approx 76\%; \\
\text{当 } z = \dfrac{R}{10}, & K = \left(1 - \dfrac{1}{\sqrt{101}}\right) \approx 90\%.
\end{cases}
$$

以上数值结果可以从另一角度给予理解，即保持场点位置 z 不变，而改变带电圆片的半径 R，试看场强 $E(z)$ 的变化特点. 比如，

当 $R=z$ 时，$E(z)=0.30E_0$；

当 $R=10z$ 时，$E(z)=0.90E_0$.

这表明，当带电圆片的半径扩大为 10 倍，其带电量增加为 100 倍时，相应的场强仅增强为 3 倍. 这正是"正中效应"的体现.

1.6 静电场的环路定理 电势场

- 静电场环路定理
- 基元电势场 电势叠加原理
- 电偶极子的电势场
- 由电势场 $U(\boldsymbol{r})$ 导出场强 $\boldsymbol{E}(\boldsymbol{r})$
- 讨论——无源空间电势分布无极值
- 静电场的势函数——电势 $U(\boldsymbol{r})$
- 球对称的电势场
- 零电势面为球面的情形
- 电偶极子的场强公式由其电势场导出

● 静电场环路定理

让我们考察静电场力做功的性质. 首先讨论单一点电荷情形，如图 1.31(a)所示. 试搬运一单位正电荷从 a 点沿路径 l 到达 b 点，这基元静电场力 $\boldsymbol{E}_1(\boldsymbol{r})$ 所做的功为

$$\int_{a\,(l)}^{b} \boldsymbol{E}_1 \cdot \mathrm{d}\boldsymbol{l} = k_e \int_{a\,(l)}^{b} \frac{q}{r^2} \hat{\boldsymbol{r}} \cdot \mathrm{d}\boldsymbol{l},$$

注意到其中

$$\hat{\boldsymbol{r}} \cdot \mathrm{d}\boldsymbol{l} = \mathrm{d}r, \tag{1.25}$$

参见图 1.31(b)，这是一个将微分位移 $\mathrm{d}\boldsymbol{l}$ 放大了的图，以便看清 $\hat{\boldsymbol{r}} \cdot \mathrm{d}\boldsymbol{l}$ 恰等于场点距离 r 的增量 $\mathrm{d}r$，当然，这 $\mathrm{d}r$ 可正可负或为零. 于是，上述路径积分被简化为

$$\int_{a\,(l)}^{b} \boldsymbol{E}_1 \cdot \mathrm{d}\boldsymbol{l} = k_e q \int_{a\,(l)}^{b} \frac{1}{r^2} \hat{\boldsymbol{r}} \cdot \mathrm{d}\boldsymbol{l} = k_e q \int_{a\,(l)}^{b} \frac{1}{r^2} \mathrm{d}r = k_e q \left(\frac{1}{r_a} - \frac{1}{r_b} \right). \tag{1.26}$$

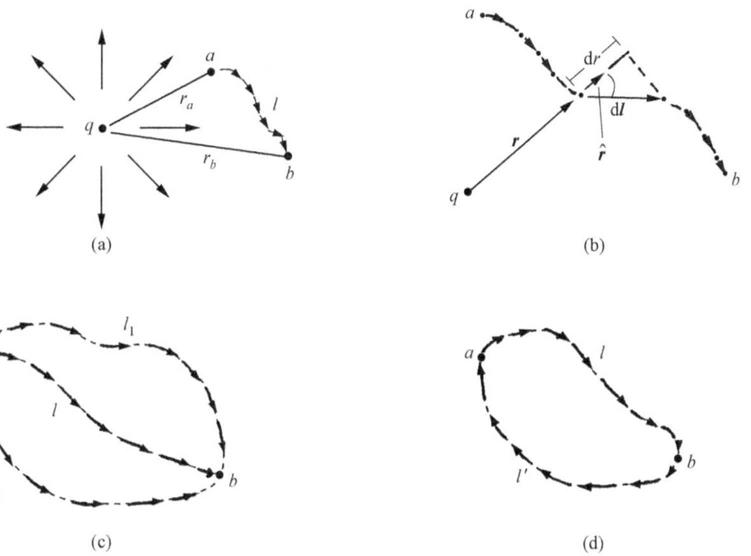

图 1.31 导出静电场环路定理

这是一个具有重要意义的结果,它表明基元静电场即库仑场的路径积分值与路径形态无关,仅决定于其起点和终点的位置——起点和终点分别与源电荷的距离 r_a,r_b. 就具体结果而言,(1.26)式表明,当终点距离远于起点,$r_b > r_a$,且 $q>0$,则库仑力做正功;反之,当终点距离近于起点,$r_b < r_a$,且 $q>0$,则库仑力做负功.

若从 a 点出发沿不同路径 l_1,l_2 和 l 而到达 b 点如图 1.31(c)所示,则三者的场强路径积分值无异,即

$$\int_{(l)a}^{b} \boldsymbol{E}_1 \cdot \mathrm{d}\boldsymbol{l} = \int_{(l_1)a}^{b} \boldsymbol{E}_1 \cdot \mathrm{d}\boldsymbol{l} = \int_{(l_2)a}^{b} \boldsymbol{E}_1 \cdot \mathrm{d}\boldsymbol{l},$$

这可以等价地表述为

$$\oint \boldsymbol{E}_1 \cdot \mathrm{d}\boldsymbol{l} = 0, \tag{1.27}$$

即,基元静电场沿任意闭合环路的积分值恒等于零. 对此证明如下,参见图 1.31(d),从 a 点到 b 点. 沿上路径设为 l,沿下路径设为 l',于是,

$$\int_{(l)a}^{b} \boldsymbol{E}_1 \cdot \mathrm{d}\boldsymbol{l} = \int_{(l')a}^{b} \boldsymbol{E}_1 \cdot \mathrm{d}\boldsymbol{l},$$

即

$$\int_{(l)a}^{b} \boldsymbol{E}_1 \cdot \mathrm{d}\boldsymbol{l} - \int_{(l')a}^{b} \boldsymbol{E}_1 \cdot \mathrm{d}\boldsymbol{l} = 0,$$

$$\int_{(l)a}^{b} \boldsymbol{E}_1 \cdot \mathrm{d}\boldsymbol{l} + \int_{(l')b}^{a} \boldsymbol{E}_1 \cdot \mathrm{d}\boldsymbol{l} = 0,$$

$$\oint \boldsymbol{E}_1 \cdot \mathrm{d}\boldsymbol{l} = 0.$$

将以上论述推广到任意点电荷组的情形. 设点电荷组为(q_1,q_2,…,q_n),它们将产生一

个复杂的静电场 $\boldsymbol{E}(\boldsymbol{r})$，它满足场强叠加原理，

$$\boldsymbol{E}(\boldsymbol{r})=\sum \boldsymbol{E}_i,\quad i=1,2,\cdots,n.$$

于是其闭合环路的积分为

$$\oint \boldsymbol{E}\cdot \mathrm{d}\boldsymbol{l}=\oint\left(\sum \boldsymbol{E}_i\right)\cdot \mathrm{d}\boldsymbol{l}=\sum\left(\oint \boldsymbol{E}_i\cdot \mathrm{d}\boldsymbol{l}\right)=\sum(0),$$

即

$$\oint \boldsymbol{E}\cdot \mathrm{d}\boldsymbol{l}=0. \tag{1.28}$$

这就是静电场环路定理的数学表达式，其表述为，任意静电场的环路积分值恒等于零. 静电场是一个保守力场，如同万有引力场也是一个保守力场.

回过头看，静电场为保守力场这一点，根源于其基元场是一个球对称径向场或称之为中心力场，即

$$\boldsymbol{E}_1(\boldsymbol{r})\propto \frac{1}{r^2}\hat{\boldsymbol{r}}\propto \hat{\boldsymbol{r}},$$

这里，$1/r^2$ 并非必要条件. 泛论之，设某矢量场 $\boldsymbol{A}(\boldsymbol{r})$ 为一球对称的径向场，

$$\boldsymbol{A}(\boldsymbol{r})=f(r)\hat{\boldsymbol{r}}, \tag{1.29}$$

则 $\boldsymbol{A}$ 场的环路积分值必为零，

$$\oint \boldsymbol{A}\cdot \mathrm{d}\boldsymbol{l}=0,\qquad \text{当 } f(r)=\frac{1}{r^2},\frac{1}{r^3},\frac{1}{r^n},\text{或其它球函数.}$$

• 静电场的势函数——电势 $U(\boldsymbol{r})$

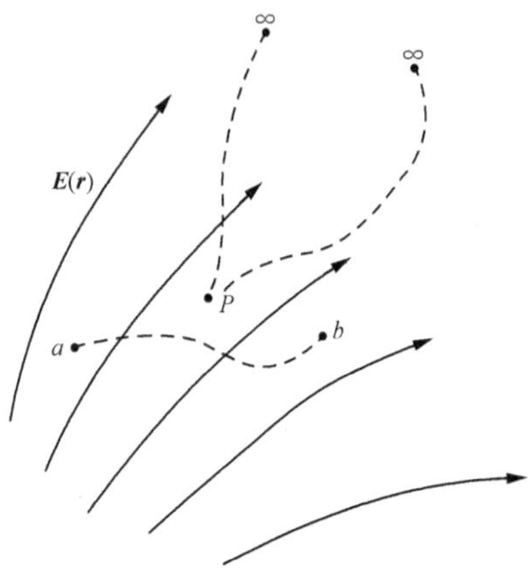

图 1.32　定义电势差和电势

鉴于静电场是一保守力场，其场强 $\boldsymbol{E}$ 的路径积分值与起点和终点位置直接对应，而与路径形态无关，从而人们可以引入一个势函数 $U(\boldsymbol{r})$ 来反映静电场，这势函数简称为电势，先前也曾称其为电位. 参见图 1.32，定义静电场中任意两点的电势差为

$$U(a)-U(b)=\int_a^b \boldsymbol{E}\cdot \mathrm{d}\boldsymbol{l}, \tag{1.30}$$

即，静电场中两点之电势差定义为搬运单位正电荷，从一点到另一点过程中电场力所做的功. 值得注意的是，以上定义式中的场强线积分无需标明具体路径 l，因为该积分值与路径无关，这一点正是引入势函数的物理基础.

如果要问静电场中每一场点的电势值 $U(P)$，则这涉及电势零点位置的选择. 通常选择无穷远处为电势零点，如同在引力场中选择无穷远处为引力势能零点. 于是，静电场中任意场点的电势定义为

$$U(P)=\int_P^{\infty} \boldsymbol{E}\cdot \mathrm{d}\boldsymbol{l},\quad \text{选择 } U(\infty)=0, \tag{1.31}$$

即,任意场点的电势定义为,搬运单位正电荷从该点至无穷远处过程中静电场力所做的功.其功若正,则该点电势 $U(P)>0$;其功若负,则该点电势 $U(P)<0$.这里,对于无穷远处作为电势零点的选择,尚需稍加说明.所谓无穷远总是相对一个参考系的原点而言的,对于有限电荷区,人们总是自然地在其中选择一处为参考系的原点,从而使得无穷远处的场强为零,不论沿着何种方向到达无穷远,其场强均为零;这就意味着在无穷远区域中的任意两点之间是等电势的,即选择无穷远处某一处电势为零,则其它所有点的电势均为零,这就保证了定义式(1.31)在概念上是自洽的.

在 MKSA 国际单位制中,电势或电势差的单位为

$$[U]=\text{焦耳}/\text{库仑(J/C)},\quad \text{即“伏特”(V),也简称“伏”.}$$

因为电势是场强的线积分值,故导出场强 E 在 MKSA 制中的单位为

$$[E]=\text{伏特}/\text{米(V/m)}.$$

通过以上关于势函数、电势和电势差的论述,对于静电场我们有了一个新认识,即,面对一个静电场,其中每一场点有一场强 $\boldsymbol{E}(\boldsymbol{r})$,同时有一势函数 $U(\boldsymbol{r})$;场强 $\boldsymbol{E}(\boldsymbol{r})$ 是一个矢量场,电势场 $U(\boldsymbol{r})$ 是一个标量场也称为标量势;两者反映或刻画了同一个静电场,电势的定义式(1.31)表达了两者的一种关系.

- **基元电势场　电势叠加原理**

其实,点电荷产生的电势场公式已含在(1.26)式中,令 $r_b=\infty$, $r_a=r$,便得到基元电势场公式,

$$U(\boldsymbol{r})=k_e\frac{q}{r},\quad \text{或}\quad U(\boldsymbol{r})=\frac{1}{4\pi\varepsilon_0}\cdot\frac{q}{r}.\tag{1.32}$$

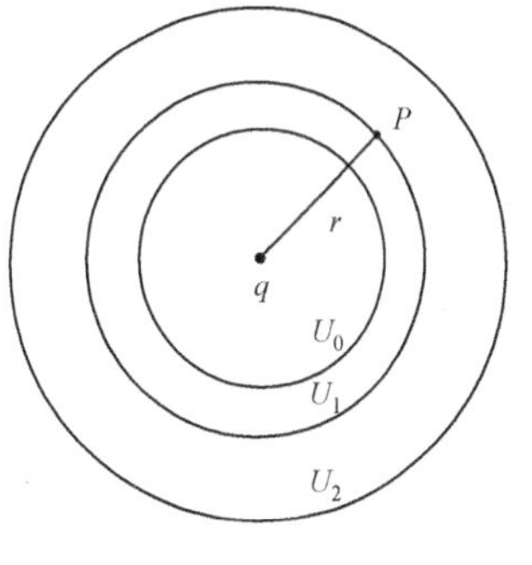

图 1.33　基元电势场的空间等势面

显然,这基元电势场具有球对称性,它以 r 一次方反比律随距离 r 增加而减少(绝对值);距离源电荷为 r 的球面上各点等电势,即,其在三维空间中的等势面为一系列同心球面,如图 1.33 所示.

任意点电荷组或电荷分布时的总电势 $U(P)$,等于各个点电荷或元电荷在该处产生的分电势 $U_i(P)$ 的线性叠加,即,电势满足叠加原理,

$$U(P)=\sum U_i(P),\quad i=1,2,\cdots,n.\tag{1.33}$$

其理论根据是场强 $\boldsymbol{E}$ 满足叠加原理:

$$U(P)=\int_P^\infty \boldsymbol{E}\cdot d\boldsymbol{l}=\int_P^\infty\left(\sum \boldsymbol{E}_i\right)\cdot d\boldsymbol{l}=\sum\left(\int_P^\infty \boldsymbol{E}_i\cdot d\boldsymbol{l}\right)=\sum U_i(P).$$

对于点电荷组,(1.33)式展示为

$$U(P)=\frac{1}{4\pi\varepsilon_0}\sum\frac{q_i}{r_i},\tag{1.33'}$$

对于电荷连续分布的体电荷区,(1.33)式展示为

$$U(\boldsymbol{r}) = \frac{1}{4\pi\varepsilon_0}\iiint_{(V_0)} \frac{\rho}{r'} \mathrm{d}V, \tag{1.33''}$$

这里，$\boldsymbol{r}'=\boldsymbol{r}-\boldsymbol{r}_0$，$\boldsymbol{r}$ 为场点 P 的位矢，$\boldsymbol{r}_0$ 为元电荷 $\rho\mathrm{d}\tau$ 的位矢，$\boldsymbol{r}'$为场点相对元电荷的位矢，参见图 1.17.

于是，人们就有了两种途径可能求出空间电势场：

(1) 由场强线积分求出电势场

$$U(P) = \int_P^{\infty} \boldsymbol{E} \cdot \mathrm{d}\boldsymbol{l},$$

当 $\boldsymbol{E}(\boldsymbol{r})$已知或易知，这里的积分路径可自由选择.

(2) 由电势叠加原理求出电势场

$$U(P) = \sum U_i(P),$$

当 $U_i(P)$已知或易知.

这两种途径在随后讨论的几个典型问题中均得以体现.

● 球对称的电势场

(1) 均匀带电球壳的电势场.　如图 1.34(a)，一个均匀带电球壳(Q,R)，其电势场可由其场强 $\boldsymbol{E}(\boldsymbol{r})$的线积分求得，而其 $\boldsymbol{E}(\boldsymbol{r})$公式已由 1.5 节(1.18)式给出，这积分结果为

$$\begin{cases} 当\ r \geqslant R, \quad U(r) = \dfrac{1}{4\pi\varepsilon_0} \cdot \dfrac{Q}{r}; \\ 当\ r \leqslant R, \quad U(r) = \dfrac{1}{4\pi\varepsilon_0} \cdot \dfrac{Q}{R}. \end{cases} \tag{1.34}$$

值得注意的是，在这球壳内部 $\boldsymbol{E}=0$，故其内部是一个等电势区域，但勿以为该区域的电势为零；经球壳表面时，两侧电势值是相等的，并无突变，虽然这表面电荷两侧场强 $\boldsymbol{E}$ 有突变.

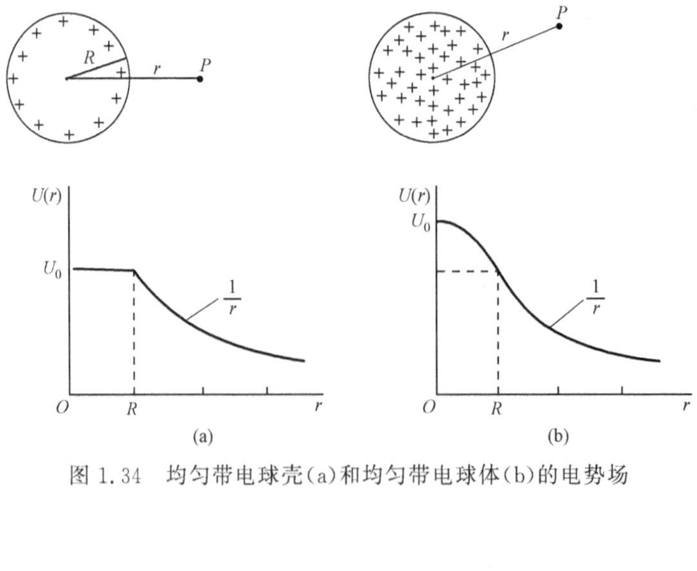

图 1.34　均匀带电球壳(a)和均匀带电球体(b)的电势场

(2) 均匀带电球体的电势场. 如图 1.34(b)所示,一个均匀带电球体(Q,R),其电势场同样地可由其场强的线积分求得,因为其 $\boldsymbol{E}(\boldsymbol{r})$公式已由 1.5 节(1.19)式给出,这积分结果为

$$\begin{cases}\text{当 } r \geqslant R, \quad U(r) = \dfrac{1}{4\pi\varepsilon_0} \cdot \dfrac{Q}{r}; \\ \text{当 } r \leqslant R, \quad U(r) = \dfrac{1}{4\pi\varepsilon_0} \cdot \dfrac{1}{2}(R^2 - r^2)\dfrac{Q}{R^3} + \dfrac{1}{4\pi\varepsilon_0} \cdot \dfrac{Q}{R}.\end{cases} \tag{1.35}$$

其中第一项是 $r \to R$ 区间积分所贡献,第二项是 $R \to \infty$ 区间积分所贡献. 值得注意的是,在球心即 $r=0$ 处其电势值 U_0 为最高,设 $Q>0$,虽然此处场强为零,

$$U_0 = \frac{1}{4\pi\varepsilon_0} \cdot \frac{3Q}{2R}. \tag{1.35$'$}$$

(3) 同心且均匀带电球壳的电势场. 如图 1.35(a)所示,两个同心且均匀带电的球壳(q_1,R_1)和(q_2,R_2),其电势场虽然可以由 $\boldsymbol{E}$ 的分区线积分求出,但借助单球壳的电势场,再应用电势叠加原理求解,则显得较为简明,其结果为:

$$U(P) = U_1(P) + U_2(P),$$

$$\begin{cases}\text{当 } r \geqslant R_2, & U(r) = k_e \cdot \dfrac{q_1 + q_2}{r}; \\ \text{当 } R_2 \geqslant r \geqslant R_1, & U(r) = k_e \cdot \dfrac{q_1}{r} + k_e \cdot \dfrac{q_2}{R_2}; \\ \text{当 } r \leqslant R_1, & U(r) = k_e \cdot \dfrac{q_1}{R_1} + k_e \cdot \dfrac{q_2}{R_2}.\end{cases} \tag{1.36}$$

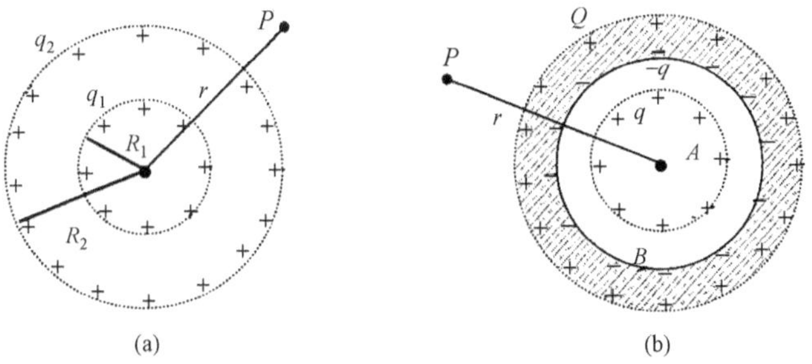

图 1.35 均匀带电且同心的球壳的电势场

图 1.35(b)显示的是三个同心且均匀带电的球壳(q,R_1),($-q$,R_2)和(Q,R_3),这一情形将不时地出现于导体静电学中. 同样地直接借用单球壳的电势公式,并应用电势叠加原理求解,其结果为:

$$U(P) = U_1(P) + U_2(P) + U_3(P),$$

$$
\begin{cases}
\text{当 } r \geqslant R_3, & U(r) = k_e \dfrac{Q}{r}; \\
\text{当 } R_2 \leqslant r \leqslant R_3, & U(r) = k_e \cdot \dfrac{Q}{R_3}; \quad \text{（等势区）} \\
\text{当 } R_1 \leqslant r \leqslant R_2, & U(r) = k_e \cdot \dfrac{q}{r} + k_e \cdot \dfrac{(-q)}{R_2} + k_e \cdot \dfrac{Q}{R_3}; \\
\text{当 } r \leqslant R_1, & U(r) = k_e \cdot \dfrac{q}{R_1} + k_e \cdot \dfrac{(-q)}{R_2} + k_e \cdot \dfrac{Q}{R_3}. \quad \text{（等势区）}
\end{cases}
\tag{1.37}
$$

值得注意的是，以上结果中两个等电势区之间的电势差为

$$(U_A - U_B) = k_e q\left(\frac{1}{R_1} - \frac{1}{R_2}\right), \tag{1.37'}$$

它与(Q,R_3)无关.

● **电偶极子的电势场**

如图1.36(a)，一电偶极子的电场具有轴对称性，于是我们可以选择一平面极坐标(r,θ)来标定场点位置，即$P(r,\theta)$. 该点电势等于电荷q贡献的电势U_+与电荷$-q$贡献的电势U_-之叠加，

$$U(P) = U_+(P) + U_-(P) = k_e \frac{q}{r_+} + k_e \frac{(-q)}{r_-} = k_e q\left(\frac{1}{r_+} - \frac{1}{r_-}\right)$$

$$= k_e q \frac{r_- - r_+}{r_+ \cdot r_-},$$

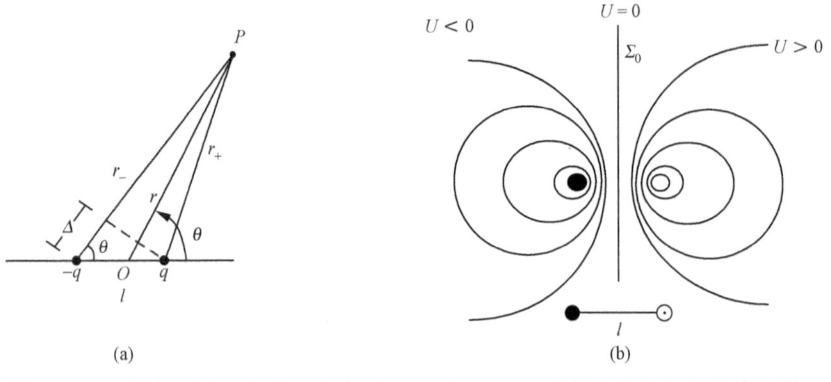

图1.36　电偶极子的电势场.(a) 导出$U(r,\theta)$;(b) 一对等量异号电荷的等势线

注意到偶极子模型的基本特点为$r \gg l$，故取以下近似计算是合适的，

$$r_+ \cdot r_- \approx r^2, \quad r_- - r_+ = \Delta \approx l\cos\theta,$$

最后得电偶极子的电势场公式为

$$U(r,\theta) = k_e \frac{p\cos\theta}{r^2}. \quad \text{（偶极矩 } p = ql\text{）} \tag{1.38}$$

这表明电偶极子的电势遵循r^2反比律，这是预料中的事，因为其场强$\boldsymbol{E}$遵循r^3反比

律，正如点电荷的电势遵循 r 反比律，因为它的场强遵循 r^2 反比律. 图 1.36(b)显示了一对等量异号点电荷的等势图，它在平面中显示为一系列等势线，再绕 $\boldsymbol{l}$ 轴旋转成为一系列等势面，而中垂面 Σ_0 为 $U=0$ 的等势面. 这一系列等势线中，只有远场的等势线轨迹满足(1.38)式给出的函数关系，而近场 $U(r,\theta)$ 函数形式要重新推导.

● **零电势面为球面的情形**

有意思的是，对于两个非等量而异号的点电荷，其零等势面 Σ_0 变为一个特定的球面，在二维平面上它为一特定的圆周，如图 1.37 所示. 这 q 与 $(-q')$ 间距为 d，并令 $q'/q=K<1$，经推导获得以下结果，

$$x_c=\frac{d}{1-K^2},\quad R=Kx_c. \tag{1.38'}$$

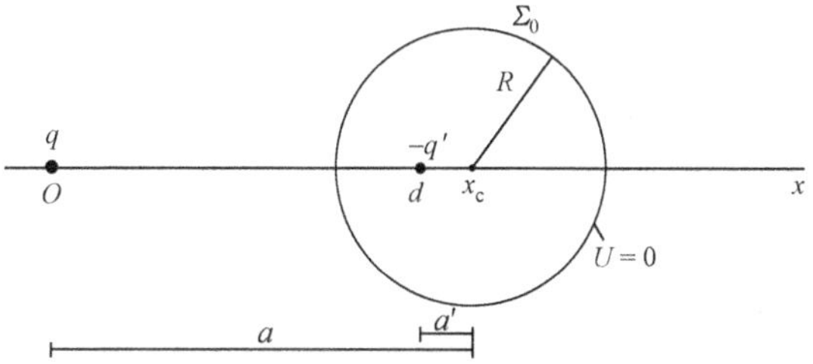

图 1.37 非等量异号点电荷的等势线为一圆周

这里，x_c 为该零电势圆周中心与那个大数值电量 q 的距离，R 为该圆周的半径. 本图的实际尺寸是按 $K=1/3$ 准确绘制的.

反过来，若已知 (q,R,a)，这里 a 为电量 q 与零电势球心的距离，则由(1.2)式推导出两个等式，

$$aa'=R^2,\quad q'=\frac{a'}{R}q. \tag{1.38''}$$

这里 a' 为像电荷 $(-q')$ 与球心之距离. 该式将成为导体静电学中电像法的一个基本算式.

● **由电势场 $U(\boldsymbol{r})$ 导出场强 $\boldsymbol{E}(\boldsymbol{r})$**

既然电势场 $U(\boldsymbol{r})$ 和场强 $\boldsymbol{E}(\boldsymbol{r})$ 描述的是同一个静电场，这两者之间必有一个确定的定量关系. 先前给出的场强线积分求得电势场的表达式，反映了这两者的一种关系. 反过来，若已知电势场必然可以导出场强，且可预料其定量关系将以微分形式示之. 如图 1.38(a)，静电场空间中有一系列等势面，现选取任意两个邻近的等势面，其电势分别为 U 和 $U+\Delta U$，从 U 面上 a 点，沿任意 $\boldsymbol{l}$ 方向位移 Δl 到达 b 点，考察其场强线积分，

$$\int_a^b \boldsymbol{E}\cdot \mathrm{d}\boldsymbol{l}=U(a)-U(b)=U-(U+\Delta U)=-\Delta U,$$

即

$$\int_a^b \boldsymbol{E}_l\cdot \mathrm{d}\boldsymbol{l}=-\Delta U,$$

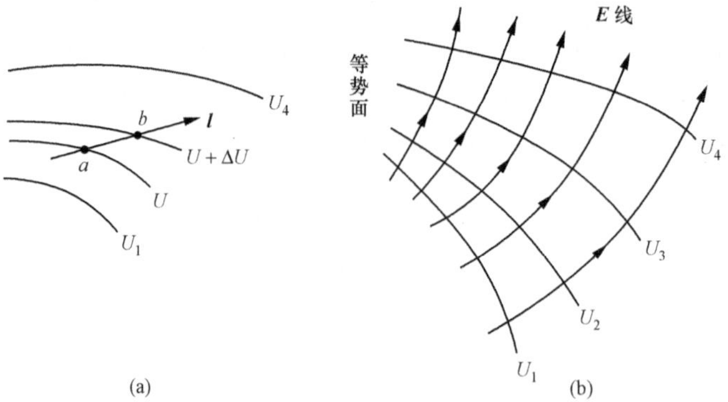

图 1.38 (a) 由电势场导出场强；(b) 电场线与等势面处处正交

将上式过渡到微分位移，即，在 a，b 两点无限接近的条件下，

$$\Delta l \to 0, \quad \Delta U \to 0, \quad \int_a^b \boldsymbol{E} \cdot \mathrm{d}\boldsymbol{l} \to E_l \Delta l,$$

于是得到微分关系式

$$E_l \Delta l = -\Delta U, \quad 即 \quad E_l = -\frac{\Delta U}{\Delta l}.$$

考虑到空间电势场 $U(\boldsymbol{r})$ 是三维的，而位移 Δl 是一维的，并尊重数学微积分学的符号定则，这里采用偏微商 $\partial U/\partial l$ 表示上式，

$$E_l = -\frac{\partial U}{\partial l}, \tag{1.39}$$

这表明，场强在任意方向的分量，等于电势场在该方向微商之负值.

那么，在 $Oxyz$ 正交直角坐标系中，由电势场 $U(x,y,z)$ 便可导出场强 $\boldsymbol{E}(x,y,z)$ 的三个正交分量，

$$\begin{cases} E_x = -\dfrac{\partial U}{\partial x}, \\ E_y = -\dfrac{\partial U}{\partial y}, \\ E_z = -\dfrac{\partial U}{\partial z}, \end{cases} \tag{1.39$'$}$$

或引入三个基矢 $(\boldsymbol{i},\boldsymbol{j},\boldsymbol{k})$ 而将上式写成一个矢量表达式，

$$\boldsymbol{E}(x,y,z) = -\left(\frac{\partial U}{\partial x}\boldsymbol{i} + \frac{\partial U}{\partial y}\boldsymbol{j} + \frac{\partial U}{\partial z}\boldsymbol{k}\right). \tag{1.39$''$}$$

在此不妨引入一个劈形算符 ∇，它定义为

$$\nabla \equiv \left(\frac{\partial}{\partial x}\boldsymbol{i} + \frac{\partial}{\partial y}\boldsymbol{j} + \frac{\partial}{\partial z}\boldsymbol{k}\right), \tag{1.40}$$

可见该算符既具有偏微商的运算功能，又具标定方向的功能. 简言之，算符 ∇ 具有微商性和矢量性的双重功能. 它在数学场论中普遍使用. 比如，一个标量场 $u(x,y,z)$，其沿三个正交

方向分别有三个空间变化率，$\left(\dfrac{\partial u}{\partial x},\dfrac{\partial u}{\partial y},\dfrac{\partial u}{\partial z}\right)$，以此构成一个新矢量，

$$\left(\frac{\partial u}{\partial x}\boldsymbol{i}+\frac{\partial u}{\partial y}\boldsymbol{j}+\frac{\partial u}{\partial z}\boldsymbol{k}\right),$$

称这新矢量为该标量场的梯度，用浓缩符号 ∇u 示之. 即标量场的梯度表达为

$$\nabla u=\left(\frac{\partial}{\partial x}\boldsymbol{i}+\frac{\partial}{\partial y}\boldsymbol{j}+\frac{\partial}{\partial z}\boldsymbol{k}\right)u.$$

据此，反映场强 $\boldsymbol{E}$ 与电势 U 关系的(1.39″)式，便可浓缩为一个简明的表达式

$$\boldsymbol{E}=-\nabla U. \qquad (1.40')$$

用数学中的场论语言表述为，静电场强等于电势场的负梯度.

总之，上述三个公式明确地给出了由电势场导出场强的定量表达式. 这是一个由标量场导出对应的矢量场的问题.

从空间图象的几何观念上说，人们见到一个曲面就会想到其上每一点有一个法线，这法线方向是唯一的，而与这法线正交的切线方向是不唯一的，其自由度为二维. 对于一个等势面，其上每一点切线方向的微分位移皆在等势面上，故 $\Delta U=0$. 则根据(1.39)式，场强的切向分量皆为零，即，场强 $\boldsymbol{E}(P)$ 沿等势面在该处的法线方向 $\hat{\boldsymbol{n}}$，

$$\boldsymbol{E}=-\frac{\partial U}{\partial n}\hat{\boldsymbol{n}}, \qquad (1.40'')$$

其中“－”号表明，当 $\Delta U<0$，则 $\boldsymbol{E}/\!/\hat{\boldsymbol{n}}$；当 $\Delta U>0$，则 $\boldsymbol{E}/\!/(-\hat{\boldsymbol{n}})$. 简言之，电场线与等势面处处正交，且指向电势降落的方向. 图 1.38(b)显示了一系列等势面与一簇电场线的正交关系. 该图还显示了左侧等势面较为密集，而右侧等势面较为疏散；在这密集区域，$\partial U/\partial n$ 值较大，在那疏散区域，$\partial U/\partial n$ 值较小. 普遍而言，在等势面相对密集区域，场强 E 值相对增强.

对于场强 $\boldsymbol{E}(\boldsymbol{r})$ 与电势场 $U(\boldsymbol{r})$ 的关系，尚需要说明一点. 从认识顺序或教学顺序上看，是先引入 $\boldsymbol{E}$ 描述静电场，尔后引入 U 描述静电场. 其实，因为电势场是个标量场，这对于定量计算是有相当方便之处的，况且空间等势面的形态和取值，是可以由实验测定的，或可以由人们调控的，先有了等势面图，尔后再描绘相应的电场线图才是准确的. 总之，从实验测定和数理方法的角度来评价，电势场的地位和价值决不低于场强，如果不说前者高于后者的话.

- **电偶极子的场强公式由其电势场导出**

电偶极子的电势场 $U(r,\theta)$ 已经由(1.38)式给出，于是其场强的径向分量 E_r 和横向分量 E_θ，如图 1.39，便可以由(1.39)式求出电势之偏微商而得到，即

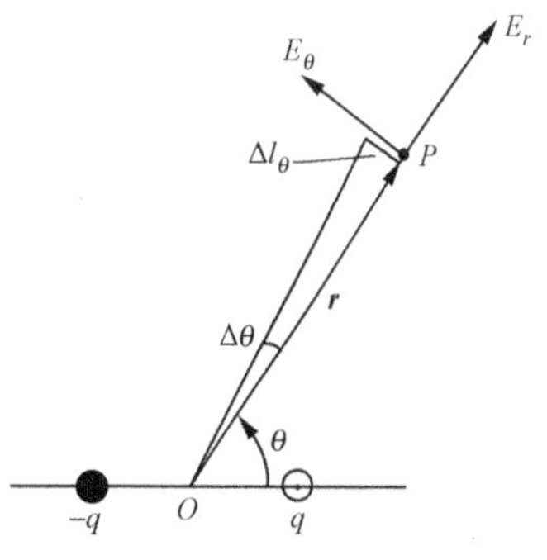

图 1.39 由电偶极子的 $U(r,\theta)$ 导出其 $\boldsymbol{E}(r,\theta)$

$$\begin{cases} E_r(r,\theta)=-\dfrac{\partial U}{\partial r}=k_e\dfrac{2p\cos\theta}{r^3}, \\ E_\theta(r,\theta)=-\dfrac{\partial U}{\partial l_\theta}=-\dfrac{\partial U}{r\partial\theta}=k_e\dfrac{p\sin\theta}{r^3}, \end{cases}$$

且

$$\frac{E_\theta}{E_r}=\frac{1}{2}\tan\theta. \tag{1.41}$$

这正是先前给出的(1.8)式.在上述推演中值得注意的是,沿横向的微分位移 $\Delta l_\theta=r\Delta\theta$,不可以误算为 $E_\theta=-\partial U/\partial\theta$.

● **【讨论】 无源空间中电势分布无极值**

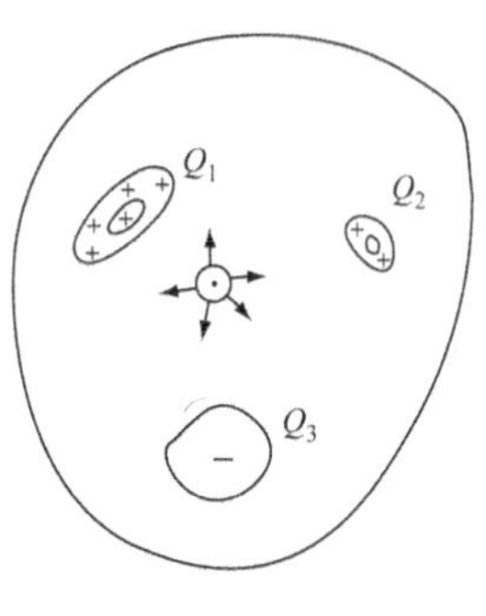

图 1.40 证明无源空间中电势分布无极值

参见图 1.40,若干离散的带电体在空间产生了一个复杂的静电场,我们将不存在电荷的区域简称为无源空间.试证明,在无源空间中电势分布无极值.

提示:选择反证法为佳.

证明:若此区域中某处电势为极大值,这意味着其电势值大于邻近四周各点的电势.如是,则根据场强 $\boldsymbol{E}$ 方向总是指向电势降落方向这一性质,就有一簇 $\boldsymbol{E}$ 场线从该处散出,如图 1.40 所示,于是一个包围该处的闭合面其电通量 $\Phi>0$,又根据静电场通量定理,此处必有一正电荷,这与无源空间的实况矛盾.究其推理过程,问题出在设某处电势为极大值的前提设定.同理,可以反证无源空间中不可能出现电势为极小值的情况,由此可以推定,全空间电势场的极值只可能出现在带电体上.

1.7 电偶极子在外场中

- 单一点电荷在外场中的电势能
- 电偶极子在外场中的电势能
- 电偶极子在外场中受力和力矩
- 用电势能表达电偶极子受力
- 讨论——两个电偶极子间的电力

电偶极子是电磁学中一个重要研究对象.它自身产生的静电场,即其场强公式和电势公式均已导出,本节讨论它在外电场中的势能、所受力和力矩,并得到若干重要公式.

● **单一点电荷在外场中的电势能**

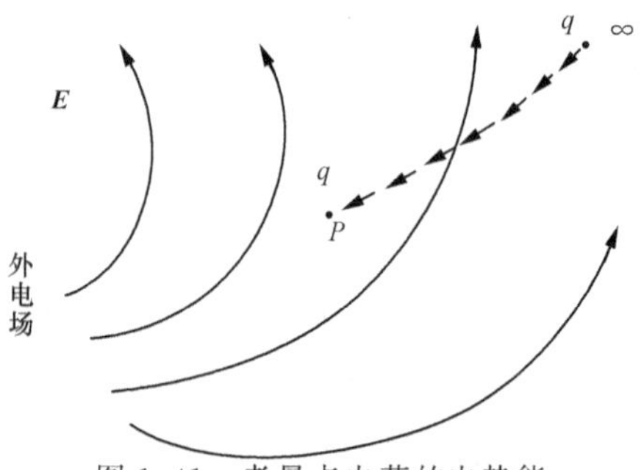

图 1.41 考量点电荷的电势能

如图 1.41,在已经存在的电场区域中,引入一个点电荷 q 于 P 处,则在库仑力 $\boldsymbol{F}=q\boldsymbol{E}$ 作用下该电荷 q 被加速,从而获得一个动能.如果 q 是个自由电荷的话,它将带着越来越大的动能而趋向无穷远或其它带电体.换言之,q 在 P 点具有一势能,上述运动过程就是一个势能转化为动能的过程.可以采取这样一种方式考量这电势能 $W(P)$,试搬运一点电荷 q 从无穷远至 P 处,克服或反抗库仑力所做的功 A,正是 q 在 P 处的电势能,即

$$W(P)=A=\int_{\infty}^{P}(-q\boldsymbol{E})\cdot\mathrm{d}\boldsymbol{l}=-q\int_{\infty}^{P}\boldsymbol{E}\cdot\mathrm{d}\boldsymbol{l}=q\int_{P}^{\infty}\boldsymbol{E}\cdot\mathrm{d}\boldsymbol{l}=qU(P).$$

其结论是,点电荷在外电场中具有电势能,它等于点电荷量与该处电势之乘积,

$$W(P)=qU(P).\tag{1.42}$$

当然这电势 $U(P)$ 不包括点电荷 q 的贡献,它是外电场的电势场.

比如,医疗上常用的 X 光机,其核心部件是一个 X 射线管,其中热电子阴极发射的电子束,在阳极直流高压的作用下,以一定动能冲击阳极板,而发射出波长极短的 X 射线.设某 X 射线管的直流高压 U_+ 为三万伏,即其阳极板与阴极之电势差为 30 kV,据此可以估算出达到阳极板的电子动能 E_k,它等于电子($-e$)从阴极至阳极的电势能之降落,最终得到一简明结果,

$$E_\mathrm{k}=eU_+=3\times10^4\ \mathrm{eV}.\qquad(\text{三万电子伏})$$

这里,eV(电子伏)是原子世界和粒子物理学中常用的一个能量辅助单位.它与 J(焦耳)的定量关系为

$$\mathrm{eV}\approx1.6\times10^{-19}\ \mathrm{J}.\tag{1.42$'$}$$

● 电偶极子在外场中的电势能

如图 1.42(a)所示,一电偶极子其偶极矩为 $\boldsymbol{p}$,处于均匀外场 $\boldsymbol{E}$ 中,则其电势能 W_p 等于两极点电荷的电势能之代数和,即

$$W_\mathrm{p}=(-qU_a)+qU_b=-q(U_a-U_b)=-q\int_a^b\boldsymbol{E}\cdot\mathrm{d}\boldsymbol{l}=-q\boldsymbol{E}\cdot\boldsymbol{l}=-\boldsymbol{p}\cdot\boldsymbol{E},$$

于是,最终得到一电偶极子在外场中的电势能公式,

$$W_\mathrm{p}=-\boldsymbol{p}\cdot\boldsymbol{E},\quad\text{或}\quad W_\mathrm{p}=-pE\cos\theta.\tag{1.43}$$

由此可见,当偶极矩平行于外场,$\boldsymbol{p}/\!/\boldsymbol{E}$,$\theta=0$,$W_\mathrm{p}=-pE$,其电势能最低,此系稳定平衡状态;当偶极矩反平行于外场,$\boldsymbol{p}/\!/(-\boldsymbol{E})$,$\theta=\pi$,$W_\mathrm{p}=+pE$,其电势能最高,此乃非稳定平衡状态.总之,在外场作用下,电偶极子有着顺向外电场的运动趋势.

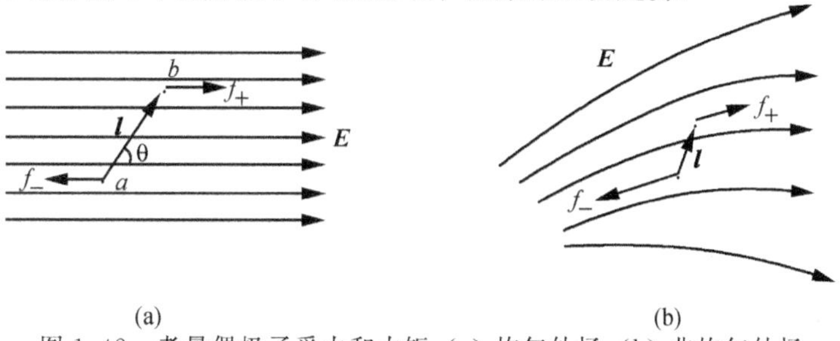

图 1.42 考量偶极子受力和力矩.(a) 均匀外场;(b) 非均匀外场

值得指出的一点是，(1.43)式也适用于非均匀外场的情形，这是因为偶极子模型中的偶极间距 l 很小，以致上述 $\boldsymbol{E}$ 的线积分过程中，依然可以将 $\boldsymbol{E}$ 看为一常矢量，这是个很好的近似考量. 简言之，在非均匀外场中，偶极子的电势能近似公式为

$$W_{\mathrm{p}} \approx -\boldsymbol{p} \cdot \boldsymbol{E}. \tag{1.43'}$$

● 电偶极子在外电场中受力和力矩

在均匀外场中，电偶极子的两极所受库仑力 $\boldsymbol{f}_+$ 和 $\boldsymbol{f}_-$，其数值相等而方向相反，故其合力为零，

$$\boldsymbol{F} = \boldsymbol{f}_+ + \boldsymbol{f}_- = 0.$$

然而，这电偶极子所受力矩一般不为零，这是一个力偶矩 $\boldsymbol{M}$. 如图 1.42(a)，试选 a 点为参考点，则力 $\boldsymbol{f}_-$ 贡献的力矩为零，于是，

$$\boldsymbol{M} = \boldsymbol{M}_+ = \boldsymbol{l} \times \boldsymbol{f}_+ = \boldsymbol{l} \times (q\boldsymbol{E}) = q\boldsymbol{l} \times \boldsymbol{E} = \boldsymbol{p} \times \boldsymbol{E},$$

即，电偶极子在均匀外场中所受力矩的公式为

$$\boldsymbol{M} = \boldsymbol{p} \times \boldsymbol{E}. \quad (M = pE \sin\theta) \tag{1.44}$$

基于同样的近似考量，在非均匀外场中，电偶极子所受力矩的近似公式为

$$\boldsymbol{M} \approx \boldsymbol{p} \times \boldsymbol{E}. \tag{1.44'}$$

由此可见，当偶极矩 $\boldsymbol{p} /\!/ \boldsymbol{E}$ 或 $\boldsymbol{p} /\!/ (-\boldsymbol{E})$，即 $\theta=0$ 或 π，则力矩 $\boldsymbol{M}=0$，然而，前者是稳定平衡态，后者是非稳定平衡态. 这是因为根据叉乘(矢积)的右手螺旋定向规则，沿($\boldsymbol{p}\times\boldsymbol{E}$)方向的 $\boldsymbol{M}$ 总是使偶极矩转向外场 $\boldsymbol{E}$ 方向. 这里采用力矩语言，与前述采用电势能语言所得结论无异. 一旦偶极矩受到某种短暂微扰而偏离 $\boldsymbol{E}$ 方向，它将受到恢复力矩 $\boldsymbol{M}$ 作用，以致有一回复到 $\boldsymbol{E}$ 方向的转动趋势，最终表现为一个振荡，在小角 θ 近似条件下表现为一个简谐振动，有其特定的本征角频率 ω_0.

● 用电势能表达电偶极子的受力

如图 1.42(b)所示，处于非均匀外场中的电偶极子其两极受力分别为 $\boldsymbol{f}_+$ 和 $\boldsymbol{f}_-$，它们数值不等，其方向也非相反，故其合力不为零，且可预料这合力与外场在这局域的空间变化率有关，此时若取合力为零的近似就不合时宜了. 以下采用电势能概念表达电偶极子的受力.

先讨论点电荷情形. 让我们重温三个相关公式，

$$\boldsymbol{f} = q\boldsymbol{E}, \quad \boldsymbol{E} = -\nabla U, \quad W = qU.$$

于是，

$$\boldsymbol{f} = -\nabla W. \tag{1.45}$$

即点电荷所受库仑力等于其电势能的负梯度. 其实这是一切保守力场皆具有的一个性质.

将上式推广到点电荷组($q_1, q_2, \cdots, q_n$)情形，即点电荷组在外场中所受合力为

$$\boldsymbol{F} = -\nabla W, \quad W = \sum W_i = \sum q_i U_i^*. \tag{1.45'}$$

这里，W 为该点电荷组在外场中总电势能，U_i^* 是除点电荷组外的电场在 q_i 处的电势.

将上式应用于特殊的点电荷组——电偶极子，并注意到其在外场中的电势能公式$W_p = -\boldsymbol{p}\cdot\boldsymbol{E}$，最终得到电偶极子在非均匀外场中的受力公式，

$$\boldsymbol{F} = \nabla(\boldsymbol{p}\cdot\boldsymbol{E}). \tag{1.46}$$

试将这一浓缩的表达式展开以显示其内容，

$$F_x = \frac{\partial(\boldsymbol{p}\cdot\boldsymbol{E})}{\partial x},\quad F_y = \frac{\partial(\boldsymbol{p}\cdot\boldsymbol{E})}{\partial y},\quad F_z = \frac{\partial(\boldsymbol{p}\cdot\boldsymbol{E})}{\partial z}. \tag{1.46$'$}$$

注意到

$$\boldsymbol{p}\cdot\boldsymbol{E} = p_xE_x + p_yE_y + p_zE_z.$$

于是

$$\begin{cases} F_x = p_x\dfrac{\partial E_x}{\partial x} + p_y\dfrac{\partial E_y}{\partial x} + p_z\dfrac{\partial E_z}{\partial x}, \\ F_y = p_x\dfrac{\partial E_x}{\partial y} + p_y\dfrac{\partial E_y}{\partial y} + p_z\dfrac{\partial E_z}{\partial y}, \\ F_z = p_x\dfrac{\partial E_x}{\partial z} + p_y\dfrac{\partial E_y}{\partial z} + p_z\dfrac{\partial E_z}{\partial z}. \end{cases} \tag{1.46$''$}$$

可见，分力 F_x 与电场 $\boldsymbol{E}$ 的三个分量沿 x 方向的空间变化率均有关，对于 F_y 和 F_z 也如是.

然而，采用(1.46″)式求解电偶极子在外场中受力的途径，并非唯一的选择，虽然它是普遍适用的，在某些特定场合，或许有更为直截了当的求解途径，尤其当外场 $\boldsymbol{E}(\boldsymbol{r})$ 比较单纯且有某种对称性的情形. 在随后的讨论题中可以体现这一点.

综上所述，电偶极子在非均匀场中，不仅受一力矩而转动，且受一个力而平动；其转动趋势依然为使其偶极矩顺向外场，即 $\boldsymbol{p}/\!/\boldsymbol{E}$，而其平动趋势沿其电势能降落的方向，即趋向电场线较为密集的区域.

●【讨论】 两个电偶极子间的电力

如图 1.43 所示，有两个电偶极子，其偶极矩分别为 $\boldsymbol{p}_1$ 与 $\boldsymbol{p}_2$，彼此相距 R 甚远. 对于图(a)，$\boldsymbol{p}_1/\!/\boldsymbol{p}_2$，且共轴；对于图(b)，$\boldsymbol{p}_1/\!/\boldsymbol{p}_2$，且与轴正交. 试针对这两种情况，分别求出 $\boldsymbol{p}_1$ 产生的电场施于 $\boldsymbol{p}_2$ 的电力 $\boldsymbol{F}_{12}$.

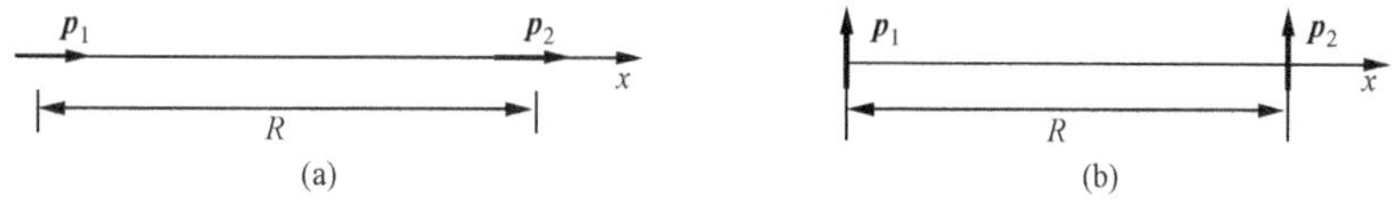

图 1.43 讨论两个电偶极子间的相互作用力

提示：有几种方式求解本题，均需用到一个电偶极子产生的场强公式或电势公式；可考虑应用功能原理——场力做功等于电势能的降落；在二维平面(xy)中分析.

结果：

对于情形(a)，$\boldsymbol{F}_{12} = -k_e\dfrac{6p_1p_2}{R^4}\hat{\boldsymbol{x}}$，吸引力；

对于情形(b)，$\boldsymbol{F}_{12} = k_e\dfrac{3p_1p_2}{R^4}\hat{\boldsymbol{x}}$，排斥力.

1.8 静电场的散度与旋度

- 静电场的积分方程
- 静电场的散度
- 静电场的旋度
- 小结——泊松方程与拉普拉斯方程
- 讨论 1——论证场强一致的无源区域是一个均匀场区
- 讨论 2——试以点电荷产生的基元场 $\boldsymbol{E}_0$, U_0 为对象,原始地考量其$\nabla\cdot\boldsymbol{E}_0$, $\nabla\times\boldsymbol{E}_0$ 和∇U_0

● 静电场的积分方程

静电场遵从的两条基本规律,即其通量定理和环路定理,均以积分形式表达,

$$\oiint_{(\Sigma)}\boldsymbol{E}\cdot\mathrm{d}\boldsymbol{S}=\frac{1}{\varepsilon_0}\iiint_{(V)}\rho\mathrm{d}V,\quad \oint_{(L)}\boldsymbol{E}\cdot\mathrm{d}\boldsymbol{l}=0. \tag{1.47}$$

若用场线语言表述,则静电场中不存在闭合的 $\boldsymbol{E}$ 场线. 试想若有闭合的 $\boldsymbol{E}$ 线,则沿这条闭合 $\boldsymbol{E}$ 线的环路积分值必定不为零,这违背了静电场的环路定理. 换言之,$\boldsymbol{E}$ 场线总是有起点与终点的,总是有头有尾的. 而静电场通量定理表明,$\boldsymbol{E}$ 场线起始于正电荷区,终止于负电荷区. 由此可见,这两条定理亦即(1.47)式显示的两个积分方程携手全面地刻画了静电场的品性.

值得指出的一点是,上述两个积分方程适用于任意形状的闭合曲面 Σ 和闭合环路 L. 若将这 Σ 或 L 无限收缩而逼近一场点,则由这积分方程可以导出静电场的微分方程,这微分方程也是两个,即所谓散度方程和旋度方程,它们充分地显示了静电场 $\boldsymbol{E}(\boldsymbol{r})$ 在空间逐点变化所遵从的关系. 这正是本节的主题.

● 静电场的散度

借助数学场论中的高斯公式:对于任意矢量场 $\boldsymbol{A}(\boldsymbol{r})$ 或 $\boldsymbol{A}(x,y,z)$,有

$$\oiint_{(\Sigma)}\boldsymbol{A}\cdot\mathrm{d}\boldsymbol{S}=\iiint_{(V)}(\nabla\cdot\boldsymbol{A})\mathrm{d}V, \tag{1.48}$$

这里,劈形算符的定义已在 1.6 节引入,即

$$\nabla=\frac{\partial}{\partial x}\boldsymbol{i}+\frac{\partial}{\partial y}\boldsymbol{j}+\frac{\partial}{\partial z}\boldsymbol{k},$$

$$\nabla\cdot\boldsymbol{A}=\frac{\partial A_x}{\partial x}+\frac{\partial A_y}{\partial y}+\frac{\partial A_z}{\partial z}. \tag{1.48'}$$

人们常直称$\nabla\cdot\boldsymbol{A}$ 为矢量场的散度(divergency). 换言之,高斯公式表明,一个矢量场的闭合面通量等于其散度的体积分,其积分区域 V 为那个闭合面 Σ 所包围的容积. 将场论高斯公式应用于静电场,有

$$\oiint_{(\Sigma)}\boldsymbol{E}\cdot\mathrm{d}\boldsymbol{S}=\iiint_{(V)}(\nabla\cdot\boldsymbol{E})\mathrm{d}V,$$

以此联立物理上的静电场通量定理(1.47)式,遂得

$$\nabla \cdot \boldsymbol{E} = \frac{1}{\varepsilon_0}\rho, \tag{1.49}$$

称其为静电场的散度方程,它是静电场通量定理的微分形式.它表明了静电场强的三个正交分量 $E_x(x,y,z)$, $E_y(x,y,z)$和 $E_z(x,y,z)$分别沿三个基矢方向的空间变化率之间有一个确定的互相制约关系,即

$$\frac{\partial E_x}{\partial x} + \frac{\partial E_y}{\partial y} + \frac{\partial E_z}{\partial z} = \frac{1}{\varepsilon_0}\rho(x,y,z). \tag{1.49$'$}$$

凡某处体电荷密度 $\rho=0$,则该处散度$\nabla \cdot \boldsymbol{E}=0$,虽然此处场强 $\boldsymbol{E}$ 并非为零.对于那些由局域电荷产生的电场,它在广大的无源空间中,散度皆为零.这里最典型的实例就是由点电荷产生的基元场,它仅在源电荷所在点有散度,除此点以外的全空间,其散度皆为零.反过来考量,凡散度不为零的区域,必存在源电荷;这些源电荷的存在,影响到广大无源空间的电场分布.从这个意义上,人们常称静电场是一个有源场,或一个有散场.在静电场的全空间里,必将存在一个散度不为零的源电荷.

最后,在这里似应提及一点,在数学场论中采取了另一种方式引入一矢量场的散度 $\mathrm{div}\,\boldsymbol{A}$,它被定义为单位体积的通量值,即通量的体密度,

$$\mathrm{div}\,\boldsymbol{A} = \lim_{\Delta V\to 0}\frac{\oiint \boldsymbol{A}\cdot \mathrm{d}\boldsymbol{S}}{\Delta V}, \tag{1.50}$$

尔后,围绕场点做一个小小长方体,其边长为$(\Delta x,\Delta y,\Delta z)$,即体积元 $\Delta V=\Delta x\Delta y\Delta z$,接着致力于计算这长方体的三对六面的通量值,可以预料这计算过程中仅保留线性项而忽略二阶小量.其计算结果为

法线指向$\pm x$ 轴的一对平面的通量, $(\Delta\Phi_1+\Delta\Phi_2)=\dfrac{\partial A_x}{\partial x}\Delta x(\Delta y\Delta z)$;

法线指向$\pm y$ 轴的一对平面的通量,$(\Delta\Phi_3+\Delta\Phi_4)=\dfrac{\partial A_y}{\partial y}\Delta y(\Delta z\Delta x)$;

法线指向$\pm z$ 轴的一对平面的通量,$(\Delta\Phi_5+\Delta\Phi_6)=\dfrac{\partial A_z}{\partial z}\Delta z(\Delta x\Delta y)$.

于是,

$$\oiint_{(\Delta\Sigma)} \boldsymbol{A}\cdot \mathrm{d}\boldsymbol{S} = \left(\frac{\partial A_x}{\partial x}+\frac{\partial A_y}{\partial y}+\frac{\partial A_z}{\partial z}\right)\Delta V,$$

代入定义式(1.50)而消除 ΔV,获得关于散度的一个计算公式,

$$\mathrm{div}\,A = \left(\frac{\partial A_x}{\partial x}+\frac{\partial A_y}{\partial y}+\frac{\partial A_z}{\partial z}\right) = \nabla\cdot \boldsymbol{A}. \tag{1.50$'$}$$

这一逻辑推演至少有一个好处,它给出了散度 $\mathrm{div}\,\boldsymbol{A}$ 或$\nabla\cdot\boldsymbol{A}$ 一鲜明的几何图象.多一种联系总是多一种思路.散度值可正可负.散度为正,宛如喷池中的泉眼,有场线从此冒出;散度为负,如同浴室中的地漏,有场线向此聚汇.

有了上述关于散度的几何意义,就不难证明场论中的高斯公式(1.48)式.如图 1.44 所示,一宏观闭合曲面 Σ,其所包围的容积 V 被切割为无数个体积元 ΔV.每个体积元也有一

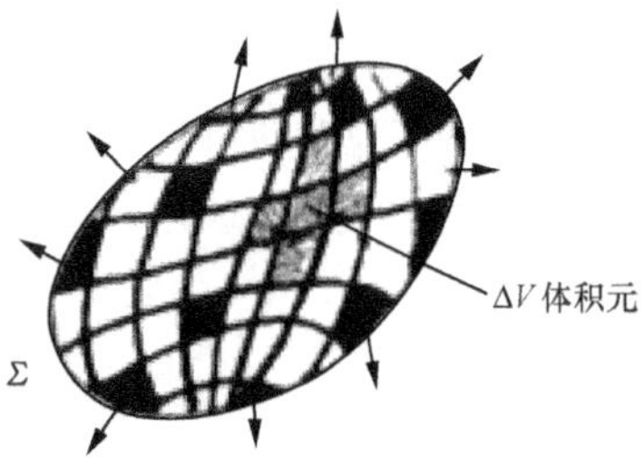

图1.44　紧邻效应使体内所有体积元的通量彼此抵消,只剩表面元的通量

个闭合表面 ΔΣ,按散度的定义,其通量表示为

$$\oiint_{(\Delta\Sigma)} \boldsymbol{A}\cdot d\boldsymbol{S} = (\nabla\cdot A)dV.$$

值得注意的是,这其中每个体积元的六面,均有与其紧密贴近的其它六个体积元,于是,V 内部所有体积元的面通量,因这种"紧邻效应"而彼此抵消,最终未能抵消的净通量,就是紧挨宏观表面 Σ 的那些体积元所贡献的,正是它们提供了宏观曲面 Σ 的通量,即

$$\iiint_{(V)}\left(\oiint_{(\Delta\Sigma)} \boldsymbol{A}\cdot d\boldsymbol{S}\right) = \oiint_{(\Sigma)} \boldsymbol{A}\cdot d\boldsymbol{S},$$

又,

$$\iiint_{(V)}\oiint_{(\Delta\Sigma)} \boldsymbol{A}\cdot d\boldsymbol{S} = \iiint_{(V)}(\nabla\cdot\boldsymbol{A})dV,$$

遂得

$$\oiint_{(\Sigma)} \boldsymbol{A}\cdot d\boldsymbol{S} = \iiint_{(V)}(\nabla\cdot\boldsymbol{A})dV.$$

这就导出了数学场论中的高斯公式,它将一个矢量场的二维面积分,转化为其散度标量场的体积分.

- **静电场的旋度**

借助数学场论中的斯托克斯公式:对于任意矢量场 $\boldsymbol{A}(x,y,z)$,有

$$\oint_{(L)} \boldsymbol{A}\cdot d\boldsymbol{l} = \iint_{(\Sigma)}(\nabla\times\boldsymbol{A})\cdot d\boldsymbol{S}, \tag{1.51}$$

这里 Σ 是以闭合环路 L 为边界的任意曲面,人们常直称 $\nabla\times\boldsymbol{A}$ 为矢量场 $\boldsymbol{A}$ 的旋度(rotation).旋度是个矢量场,其具体含义为

$$\nabla\times\boldsymbol{A} = \begin{vmatrix} \boldsymbol{i} & \boldsymbol{j} & \boldsymbol{k} \\ \dfrac{\partial}{\partial x} & \dfrac{\partial}{\partial y} & \dfrac{\partial}{\partial z} \\ A_x & A_y & A_z \end{vmatrix}$$

$$= \left(\frac{\partial A_z}{\partial y} - \frac{\partial A_y}{\partial z}\right)\boldsymbol{i} + \left(\frac{\partial A_x}{\partial z} - \frac{\partial A_z}{\partial x}\right)\boldsymbol{j} + \left(\frac{\partial A_y}{\partial x} - \frac{\partial A_x}{\partial y}\right)\boldsymbol{k}, \tag{1.51'}$$

兹将其应用于静电场,有

$$\oint_{(L)} \boldsymbol{E}\cdot d\boldsymbol{l} = \iint_{(\Sigma)}(\nabla\times\boldsymbol{E})\cdot d\boldsymbol{S},$$

以此联立物理上的静电场环路定理(1.47)式,遂得

$$\nabla\times\boldsymbol{E} = 0_v \tag{1.52}$$

称其为静电场的旋度方程,它是静电场环路定理的微分形式.静电场的旋度恒为零,故常称

静电场为非旋场.这也意味着其旋度的三个分量恒为零,即

$$\left(\frac{\partial E_z}{\partial y}-\frac{\partial E_y}{\partial z}\right)=0,\quad \left(\frac{\partial E_x}{\partial z}-\frac{\partial E_z}{\partial x}\right)=0,\quad \left(\frac{\partial E_y}{\partial x}-\frac{\partial E_x}{\partial y}\right)=0, \tag{1.52'}$$

该式鲜明地显示了静电场强 $\boldsymbol{E}$ 的其他六个空间变化率之间的相互制约关系.

最后顺便说明一点,在数学场论中采取另一种方式,引入一矢量场的旋度 $\mathrm{rot}\,\boldsymbol{A}$,它系一个矢量,其三个正交分量被定义为

$$\begin{cases}(\mathrm{rot}\,\boldsymbol{A})_x=\lim\limits_{\Delta S\to 0}\dfrac{\oint_{(l_x)}\boldsymbol{A}\cdot\mathrm{d}\boldsymbol{l}}{\Delta S},\\ (\mathrm{rot}\,\boldsymbol{A})_y=\lim\limits_{\Delta S\to 0}\dfrac{\oint_{(l_y)}\boldsymbol{A}\cdot\mathrm{d}\boldsymbol{l}}{\Delta S},\\ (\mathrm{rot}\,\boldsymbol{A})_z=\lim\limits_{\Delta S\to 0}\dfrac{\oint_{(l_z)}\boldsymbol{A}\cdot\mathrm{d}\boldsymbol{l}}{\Delta S}.\end{cases} \tag{1.52''}$$

这里,围绕场点的小环路 l_x 的环绕方向,按右手螺旋定则令其指向基矢 $\boldsymbol{i}$;小环路 l_y 与 l_z 的环绕方向分别指向基矢 $\boldsymbol{j}$ 与 $\boldsymbol{k}$;ΔS 系以小环路为边界的面元之面积;故这三个小环路所对应的三个面元,其法线方向正是 $\boldsymbol{i},\boldsymbol{j},\boldsymbol{k}$. 可见,定义式(1.52″)给出了旋度的几何意义,即,一矢量场的旋度反映了该场点邻近环量的面密度——单位面积的环路积分值(环量).当然,这里的情况要比先前述及的散度和通量的情况复杂,因为环量是与面元方向有关的,其环量面密度因方向而异,旋度 $\mathrm{rot}\,\boldsymbol{A}$ 正是反映了这一点.经微分数学推演得到以下结果,

$$\oint_{(l_x)}\boldsymbol{A}\cdot\mathrm{d}\boldsymbol{l}=\left(\frac{\partial A_z}{\partial y}-\frac{\partial A_y}{\partial z}\right)\Delta y\Delta z,\quad (\Delta S=\Delta y\Delta z)$$

故

$$(\mathrm{rot}\,\boldsymbol{A})_x=\left(\frac{\partial A_z}{\partial y}-\frac{\partial A_y}{\partial z}\right),$$

以此类推,得

$$(\mathrm{rot}\,\boldsymbol{A})_y=\left(\frac{\partial A_x}{\partial z}-\frac{\partial A_z}{\partial x}\right),\quad (\mathrm{rot}\,\boldsymbol{A})_z=\left(\frac{\partial A_y}{\partial x}-\frac{\partial A_x}{\partial y}\right),$$

即

$$\mathrm{rot}\,\boldsymbol{A}=\left(\frac{\partial A_z}{\partial y}-\frac{\partial A_y}{\partial z}\right)\boldsymbol{i}+\left(\frac{\partial A_x}{\partial z}-\frac{\partial A_z}{\partial x}\right)\boldsymbol{j}+\left(\frac{\partial A_y}{\partial x}-\frac{\partial A_x}{\partial y}\right)\boldsymbol{k}=\nabla\times\boldsymbol{A}.$$

以上数学场论中关于旋度的逻辑推演,至少有一个优点,它给出了旋度 $\mathrm{rot}\,\boldsymbol{A}$ 一个鲜明的几何图象,同时它将旋度的定义式与旋度的计算式区分开来,即 $\mathrm{rot}\,\boldsymbol{A}=\nabla\times\boldsymbol{A}$. 以此为基础,可以顺理成章导出斯托克斯公式,对此本课程不予论证.但有一点值得指出,一个大环路 $\boldsymbol{A}$ 场的环量,等于其内部所有面元的小环量之和,这是"紧邻效应"所致,即,内部这些小环量彼此抵消,而未被抵消的仅是那些紧贴 L 边界的面元之部分线段的贡献,它们一段段串接起来,正是宏观闭合回路的环量.

● 小结——泊松方程与拉普拉斯方程

本章主题乃致力于研究静电场所遵从的基本规律，兹将其结果归集于下.

积分形式	微分形式	定性
$\oiint_{(\Sigma)} \boldsymbol{E}\cdot \mathrm{d}\boldsymbol{S}=\frac{1}{\varepsilon_0}\iiint_{(V)}\rho \mathrm{d}V$	$\nabla\cdot\boldsymbol{E}=\frac{1}{\varepsilon_0}\rho$	有源场
$\oint \boldsymbol{E}\cdot \mathrm{d}\boldsymbol{l}=0$	$\nabla\times\boldsymbol{E}=0$	非旋场

这四个方程均以场强 $\boldsymbol{E}$ 为对象，然而静电场是一个非旋场亦即保守场，可用标量势即电势场 U 作等价描述之，于是，可以将表中的两个微分方程结合为一个以 U 为对象的微分方程，

$$\begin{cases}\nabla\cdot\boldsymbol{E}=\dfrac{1}{\varepsilon_0}\rho,\\ \nabla\times\boldsymbol{E}=0,\quad 有\ \boldsymbol{E}=-\nabla U,\end{cases}$$

得

$$\nabla^2 U=-\frac{1}{\varepsilon_0}\rho, \tag{1.53}$$

其中算符

$$\nabla^2=\nabla\cdot\nabla=\frac{\partial^2}{\partial x^2}+\frac{\partial^2}{\partial y^2}+\frac{\partial^2}{\partial z^2}.$$

称方程(1.53)为泊松方程，它是一个二阶偏微商方程. 若在无源空间，处处体电荷密度 ρ 为零，于是有

$$\nabla^2 U=0,$$

即

$$\frac{\partial^2 U}{\partial x^2}+\frac{\partial^2 U}{\partial y^2}+\frac{\partial^2 U}{\partial z^2}=0, \tag{1.53$'$}$$

它就是著名的拉普拉斯方程. 通常源电荷区是局域的，在广大无源空间中，电势场遵从拉普拉斯方程. 虽然，不同的源电荷分布，就有相应不同的电势场，但其方程都是一样的. 这表明，无源空间的边界状态是至关重要的，拉普拉斯方程结合边界条件，才能最终定解电势场，这就是所谓“无源空间边值定解”. 兴起于十九世纪后半叶的英国剑桥学派，致力于研究各类边条件下，求解拉普拉斯方程的各种数学方法，从而创立了一个数学物理方法的研究方向，以及相应的一门数学物理方法课程.

●【讨论 1】 论证场强方向一致的无源区域是一个均匀场区

如图 1.45 所示，在一无源即无电荷区域中，存在电场 $\boldsymbol{E}$，其方向保持一致，试论证其数值亦必定相等，即此区域为一均匀场区. 并进一步思考，是否存在某种电荷区，其中 $\boldsymbol{E}$ 场线方向一致而数值不等，即此区域为一非均匀场区.

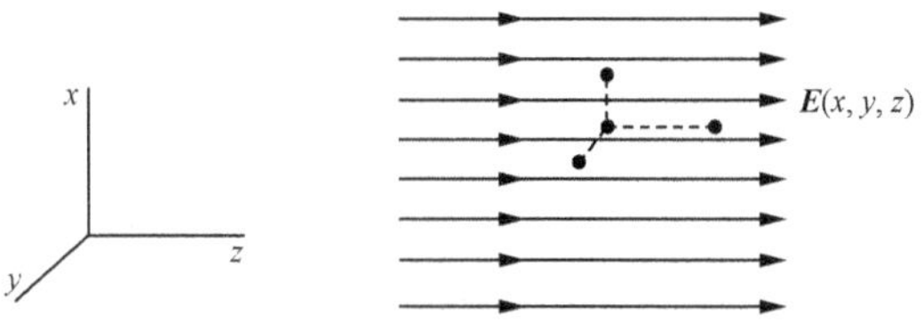

图 1.45 一个 $\boldsymbol{E}$ 方向一致的无源区域

提示：可采取静电场的积分方程或微分方程证之.

论证之一：

这里试取静电场微分方程证之. 设该场强 $\boldsymbol{E}(x,y,z)$ 方向沿 z 轴，即

$$E_x = 0,\quad E_y = 0,\quad E_z = E_0(x,y,z).$$

据无源区域 $\rho=0$，故其散度方程简化为

$$\nabla\cdot\boldsymbol{E} = 0,\quad 即\quad \frac{\partial E_x}{\partial x}+\frac{\partial E_y}{\partial y}+\frac{\partial E_z}{\partial z}=0,$$

因 $E_x=E_y=0$，得

$$\frac{\partial E_z}{\partial z}=0,\quad 即\quad \frac{\partial E_0}{\partial z}=0,$$

这表明该场强 $\boldsymbol{E}_0$ 沿纵轴 z 轴保持为一常数，但它有可能随 (x,y) 而变，即 $\boldsymbol{E}_0(x,y,z)\rightarrow\boldsymbol{E}_0(x,y)$. 进一步应用其旋度方程，

$$\frac{\partial E_z}{\partial y}-\frac{\partial E_y}{\partial z}=0,\quad \frac{\partial E_x}{\partial z}-\frac{\partial E_z}{\partial x}=0,\quad \frac{\partial E_y}{\partial x}-\frac{\partial E_x}{\partial y}=0,$$

注意到头两个方程中，含 E_y 和 E_x 的偏微商项为零，立刻得到

$$\frac{\partial E_0}{\partial x}=0,\quad \frac{\partial E_0}{\partial y}=0.$$

这表明该场强 $\boldsymbol{E}_0$ 沿横向也保持不变，与 (x,y) 无关. 综上两方面，$\boldsymbol{E}_0(x,y,z)$ 与 (x,y,z) 无关，恒为一常数，且方向一致，即 $\boldsymbol{E}_0$ 场是一均匀场.

● **【讨论 2】 试以点电荷产生的基元场 $\boldsymbol{E}_0$, U_0 为对象，原始地考量其 $\nabla\cdot\boldsymbol{E}_0$, $\nabla\times\boldsymbol{E}_0$ 和 ∇U_0**

提示：

要学会善于与 $\dfrac{1}{r}$，$\dfrac{\hat{\boldsymbol{r}}}{r^2}$ 等空间函数打交道；

将 $\dfrac{\hat{\boldsymbol{r}}}{r^2}$ 改写为 $\dfrac{\boldsymbol{r}}{r^3}$ 进行偏微商运算是合宜的；

注意到 $\boldsymbol{r}=x\boldsymbol{i}+y\boldsymbol{j}+z\boldsymbol{k}$，$r^2=x^2+y^2+z^2$.

结果提要：

$$\nabla\cdot\left(\frac{\boldsymbol{r}}{r^3}\right)=\frac{(3r^3-3r^3)}{r^6}=\begin{cases}0, & 当\ r\neq 0;\\ \infty, & 当\ r=0.\end{cases}$$

$$\nabla\left(\frac{1}{r}\right)=-\frac{\boldsymbol{r}}{r^3},\quad 即\quad \nabla\left(\frac{1}{r}\right)=-\frac{\hat{\boldsymbol{r}}}{r^2}.$$

1.9　静电场的边值关系　余弦型球面电荷的电场

· 静电场的边值关系
· 余弦型球面电荷的电场——球内系均匀场而球外系偶极场
· 结语

● 静电场的边值关系

先前已有数例表明，经面电荷($\Delta S,\sigma$)电场 $\boldsymbol{E}$ 要突变，即，面元两侧无限靠近面元的两点1和2，其场强 $\boldsymbol{E}_1$ 与 $\boldsymbol{E}_2$ 是不相同的，或者数值不等，或者方向有异. 而静电场的通量定理和环路定理及其积分表达式，是普遍成立的，将其应用于面电荷的两侧，便可得到反映那电场突变规律的边值关系.

参见图1.46(a)，在 ΔS 处做一个小小扁盒子像药片一样，其两个底面分居两侧，面积为 ΔS，其间隔即盒子厚度 $d\to 0$，应用 $\boldsymbol{E}$ 通量定理于此盒状闭合面，便可得 $\boldsymbol{E}$ 法向分量的边值关系. 再参见图1.46(b)，在 ΔS 处做一个狭长矩形框，其长边分居两侧，长度为 Δl，其短边为 $d\to 0$，应用 $\boldsymbol{E}$ 环路定理于此矩形回路，便可得到 $\boldsymbol{E}$ 切向分量的边值关系. 兹将这两条边值关系归结如下：

$$E_{2n}-E_{1n}=\frac{1}{\varepsilon_0}\sigma,\tag{1.54}$$

$$E_{2t}-E_{1t}=0.\tag{1.54'}$$

静电场边值关系是静电场空间分布规律在界面的一种体现，它与无界面空间中静电场的散度和旋度方程具有同等的理论地位，且有着许多重要应用. 在下面即将讨论的余弦型球面电荷的电场问题中，就能看到这边值关系的应用，由球内电场而成功地求出球外电场. 又及，在第2章2.8节，还将结合电介质界面情形，对这边值关系作进一步阐述.

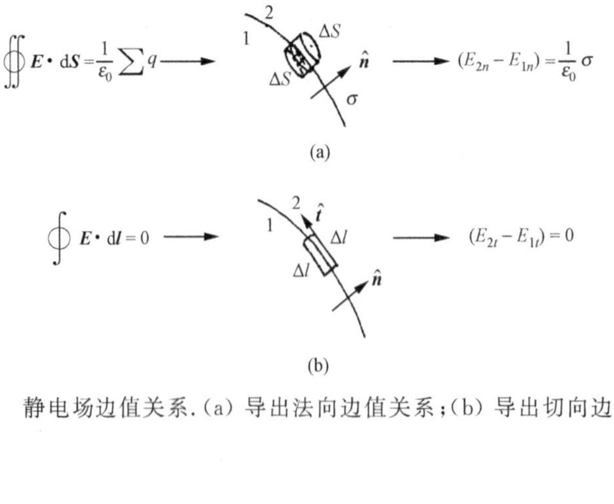

图1.46　静电场边值关系.(a) 导出法向边值关系；(b) 导出切向边值关系

- **余弦型球面电荷的电场——球内系均匀场而球外系偶极场**

一半径为 R 的球面上分布有面电荷，其密度函数具有轴对称性，其对称轴设为 z 轴，且面电荷密度函数呈余弦型，

$$\sigma(\theta)=K\cos\theta,\quad [K]=\mathrm{C/m^2},\tag{1.55}$$

称其为余弦型球面电荷，它是一种十分典型而重要的电荷分布. 以下按先易后难之顺序，逐步求解它在球心、轴上、球内和球外的电场.

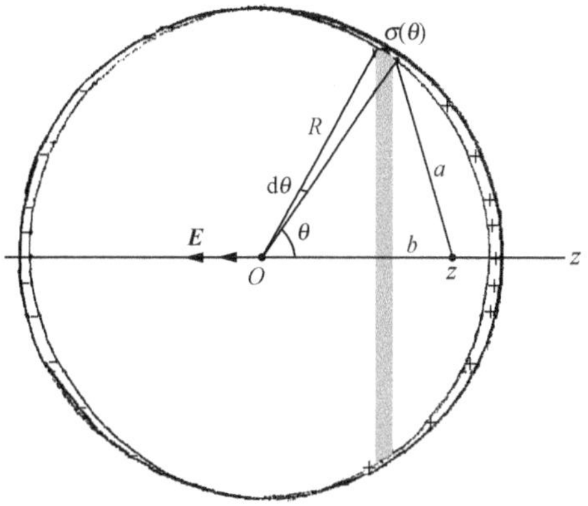

图 1.47 分割球面以积分求解轴上电场 $\boldsymbol{E}$

(1) 球心电场 $\boldsymbol{E}_0$

参见图 1.47，注意图中标出的几个几何参量 (R,θ,a,b). 对于球心 O 处，情形最为简单，各球面元上电荷距离球心皆为 R. 取 θ 角为变量，θ—$\theta+\mathrm{d}\theta$ 环带上所含电量为

$$\mathrm{d}Q=\sigma(\theta)\mathrm{d}S=K\cos\theta(2\pi R\sin\theta\cdot R\mathrm{d}\theta),$$

它对球心贡献的场强 $\mathrm{d}\boldsymbol{E}$，其方向沿$(-\hat{z})$，数值为

$$\mathrm{d}E=k_e\frac{\mathrm{d}Q\cdot\cos\theta}{R^2}=k_eK\frac{2\pi R^2\ \cos^2\theta\sin\theta}{R^2}\mathrm{d}\theta,$$

于是，整个球面电荷在球心的场强为

$$E_0=\int_0^\pi\mathrm{d}E=k_eK2\pi\int_0^\pi\cos^2\theta\cdot\sin\theta\mathrm{d}\theta$$
$$=-k_eK2\pi\int_0^\pi\cos^2\theta\mathrm{d}(\cos\theta)=k_eK\frac{4\pi}{3},$$

计及 $\boldsymbol{E}_0/\!/(-\hat{z})$，最终表达球心处的场强为

$$\boldsymbol{E}_0=-\frac{1}{3\varepsilon_0}K\hat{z}.\quad\left(\text{代入 } k_e=\frac{1}{4\pi\varepsilon_0}\right)\tag{1.55$'$}$$

(2) 轴上电场 $\boldsymbol{E}(z)$ 或电势 $U(z)$，$z\in(-R,R)$

参见图 1.47，注意到其中的几何关系，

$$a^2=R^2+z^2-2Rz\cos\theta,\quad b=z-R\cos\theta,$$

且借用带电圆环在轴线上的场强公式，得 θ—$\theta+\mathrm{d}\theta$ 球面环带在 z 点的场强为

$$\mathrm{d}E=k_e\frac{\mathrm{d}Q}{a^2}\cdot\frac{b}{a}=k_eK\frac{2\pi R^2\ \sin\theta\cos\theta(z-R\cos\theta)}{(R^2+z^2-2Rz\cos)^{3/2}}\mathrm{d}\theta,$$

于是，总场强 $\boldsymbol{E}(z)$ 方向沿 $-\hat{z}$，数值的积分表达式为

$$E(z)=\int_0^\pi\mathrm{d}E=k_eK2\pi R^2\int_0^\pi\frac{\sin\theta\cos\theta(z-R\cos\theta)}{(R^2+z^2-2Rz\cos)^{3/2}}\mathrm{d}\theta.$$

对这积分式的进一步演算，以求得 $\boldsymbol{E}(z)$ 的最终结果，留给读者自己完成. 至此不妨转而求解轴上电势分布 $U(z)$，也许其演算要简单些，具体推演如下.

环带$(\theta$—$\theta+\mathrm{d}\theta)$所含电量 $\mathrm{d}Q$ 及其在场点贡献的电势 $\mathrm{d}U$ 分别为

$$dQ = K2\pi R^2 \cos\theta \sin\theta d\theta, \quad dU = k_e \frac{dQ}{a},$$

于是，

$$U(z) = \int_0^\pi dU = k_e K 2\pi R^2 \int_0^\pi \frac{\cos\theta \sin\theta}{(R^2 + z^2 - 2Rz\cos\theta)^{1/2}} d\theta.$$

先作变量替换：令

$$u = A - B\cos\theta, \quad A \equiv R^2 + z^2, \quad B \equiv 2Rz,$$

于是
$$\cos\theta = \frac{A}{B} - \frac{u}{B}, \quad d\cos\theta = -\frac{1}{B}du, \quad \sin\theta\, d\theta = -d\cos\theta,$$

积分式改换为

$$\int_{(0)}^{(\pi)} \frac{A-u}{B^2 u^{1/2}} du = \frac{A}{B^2}\int_{(0)}^{(\pi)} u^{-1/2} du - \frac{1}{B^2}\int_{(0)}^{(\pi)} u^{1/2} du,$$

这里
$$(0) = A - B, \quad (\pi) = A + B.$$

其积分结果为

$$\begin{aligned}\int_{(0)}^{(\pi)} \frac{A-u}{B^2 u^{1/2}} du &= \frac{A}{B^2} 2(\sqrt{A+B} - \sqrt{A-B}) - \frac{2}{3B^2}((A+B)^{3/2} - (A-B)^{3/2}) \\ &= \frac{2}{3R^2} z;\end{aligned}$$

$$U(z) = k_e \frac{4\pi}{3} K z.$$

这表明余弦型球面电荷，在轴上的电势分布 $U(z)$ 呈线性变化. 注意到这轴上的场强 $\boldsymbol{E}(z)$ 之方向仅沿 z 轴，故根据 $\boldsymbol{E}$ 等于 U 的负梯度公式(1.39′)，

$$\boldsymbol{E}(z) = -\frac{\partial U}{\partial z}\hat{z} = -k_e \frac{4\pi}{3} K\hat{z}, \quad 或 \quad E(z) = -\frac{1}{3\varepsilon_0} K\hat{z}. \tag{1.55″}$$

可见，这轴上的场强 $\boldsymbol{E}$ 竟是一个常矢量，系一维均匀场.

(3) 球壳内电场 $\boldsymbol{E}(\boldsymbol{r})$

一个轴对称的场强被表达为 $\boldsymbol{E}(r,\theta)$，与 φ 无关，且已证认在对称轴上 $\boldsymbol{E}$ 为常矢量，据此可进一步推定其轴外 $\boldsymbol{E}$ 线为一簇平行线. 拟可采取反证法，如图 1.48(a)、(b)所示，若近轴 $\boldsymbol{E}$ 线有弯曲，或枕形弯曲，或桶形弯曲，那么在近轴范围内以直径为中心轴，作一闭合面 Σ，其一底面 ΔS_0 含球心，其侧面由 $\boldsymbol{E}$ 线围成，其另一端面 ΔS，或 $\Delta S > \Delta S_0$(枕形)，或 $\Delta S < \Delta S_0$(桶形)；再应用 $\boldsymbol{E}$ 之通量定理，因目前球内无电荷，故电通量 $\Phi(\Sigma) = 0$，则 $\Phi(\Delta S) = \Phi(\Delta S_0)$，便可推定 ΔS 大者 $E < E_0$，或 ΔS 小者 $E > E_0$，这均与中心轴线上 $\boldsymbol{E}$ 为常数有冲突；如此反证的结论是，近轴 $\boldsymbol{E}$ 线不可能弯曲；进而，由近及远微分推移，如图(c)和图(d)所示，确认其球内 $\boldsymbol{E}$ 线是一簇平行线. 又及，在 1.8 节中，作为一个讨论题业已证明，电场 $\boldsymbol{E}$ 线方向一致的无源空间，必定系一均匀电场区.

综上所述，余弦型球面电荷在球壳内的电场为一均匀场，且为

$$\boldsymbol{E}(\boldsymbol{r}) = -\frac{1}{3\varepsilon_0} K\hat{z} \quad (r < R). \tag{1.56}$$

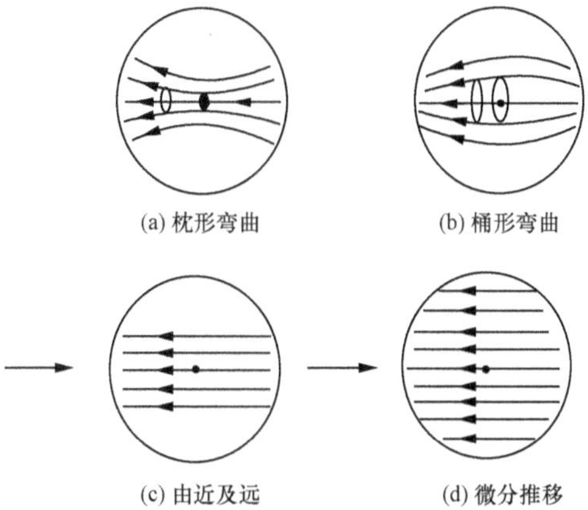

(a) 枕形弯曲 (b) 桶形弯曲

(c) 由近及远 (d) 微分推移

图 1.48 推定轴外 $\boldsymbol{E}$ 线为一簇平行线

(4) 球壳外电场 $\boldsymbol{E}(r,\theta)$

基于球内均匀电场 $\boldsymbol{E}_\mathrm{i}$ 和球面电荷 $\sigma(\theta)$，应用电场边值关系，必定可以推定球壳外侧即 $r=R^+$ 面的电场. 参见图 1.49(a)，选定 (R,θ) 处面元，其两侧场点被标以 1，2，球面元的法向 $\hat{\boldsymbol{n}}$ 恰巧与位矢方向 $\boldsymbol{r}$ 一致. 先对内侧电场 $\boldsymbol{E}_\mathrm{i}$ 作正交分解，其法向分量 E_{1n} 和切向分量 E_{1t} 分别为

$$E_{1n}=-E_\mathrm{i}\cos\theta=-\frac{1}{3\varepsilon_0}K\cos\theta,\quad E_{1t}=E_\mathrm{i}\sin\theta=\frac{1}{3\varepsilon_0}K\sin\theta.$$

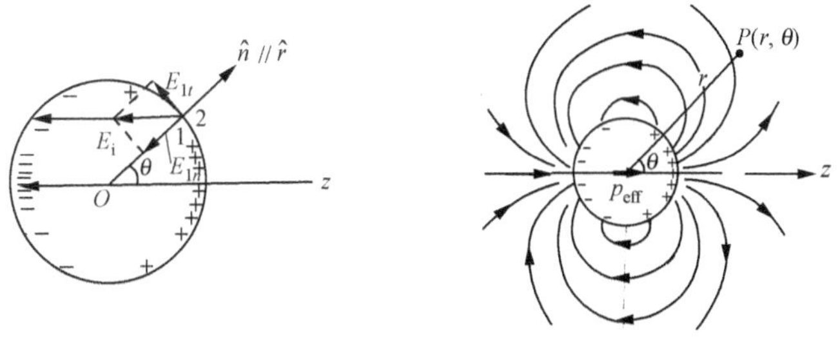

(a) (b)

图 1.49 (a) 导出球壳外侧电场；(b) 一余弦型球面电荷在球壳外为一偶极场

根据那边值关系(1.54)、(1.54′)，得到 $\boldsymbol{E}_2$ 的两个正交分量为

$$E_{2n}(R^+,\theta)=\frac{1}{\varepsilon_0}\sigma+E_{1n}=\frac{2}{3\varepsilon_0}K\cos\theta,$$

$$E_{2t}(R^+,\theta)=E_{1t}=\frac{1}{3\varepsilon_0}K\sin\theta.$$

注意到球面元的两个正交分量 $(\hat{\boldsymbol{n}},\hat{\boldsymbol{t}})$ 一致于极坐标系的两个正交基矢 $(\hat{\boldsymbol{e}}_r,\hat{\boldsymbol{e}}_\theta)$，故以上两个正交分量可写成

$$
\begin{aligned}
E_r(R^+,\theta) &= \frac{K}{3\varepsilon_0}2\cos\theta \propto 2\cos\theta, \\
E_\theta(R^+,\theta) &= \frac{K}{3\varepsilon_0}\sin\theta \propto \sin\theta.
\end{aligned} \tag{1.57}
$$

在确定半径的球面上，该电场的两个分量 E_r 和 E_θ 随方位角而变化的特点，雷同于电偶极子 $\boldsymbol{p}$ 产生的电场(1.41)式，

$$
E_r(r,\theta) = k_e\,\frac{2p\cos\theta}{r^3}, \quad E_\theta(r,\theta) = k_e\,\frac{p\sin\theta}{r^3}.
$$

为使此说更加明朗，特对(1.57)式作如下改写，

$$
\begin{aligned}
E_r(R^+,\theta) &= k_e\left(\frac{4\pi}{3}R^3K\right)\frac{2\cos\theta}{R^3} = k_e\,\frac{2p_{\text{eff}}\cos\theta}{R^3}, \\
E_\theta(R^+,\theta) &= k_e\left(\frac{4\pi}{3}R^3K\right)\frac{\sin\theta}{R^3} = k_e\,\frac{p_{\text{eff}}\sin\theta}{R^3};
\end{aligned} \tag{1.57$'$}
$$

这里定义出一个位于球心的等效偶极矩

$$
\boldsymbol{p}_{\text{eff}} = (VK)\hat{\boldsymbol{z}}, \quad V = \frac{4\pi}{3}R^3. \text{①} \tag{1.57$''$}
$$

这表明一余弦型球面电荷在球壳外侧的电场 $\boldsymbol{E}(R^+,\theta)$ 为一偶极子产生的电场. 推而广之，球壳外整个空间中的电场 $\boldsymbol{E}(r,\theta)$ 为一偶极场，如图 1.49(b)所示，

$$
E_r(r,\theta) = k_e\,\frac{2p_{\text{eff}}\cos\theta}{r^3}, \quad E_\theta(r,\theta) = k_e\,\frac{p_{\text{eff}}\sin\theta}{r^3} \quad (r > R). \tag{1.57$'''$}
$$

这一结果既满足球外无源空间的拉普拉斯方程，又满足 $r=R^+$ 面的边值关系(边界条件)，可断定它是正确的，即便它是唯一正确之解尚未被证明.

● 结语

对于余弦型球面电荷 $\sigma(\theta)=K\cos\theta$ 产生的电场，经以上推演和论述，所得主要结论有两条：

第一，球壳内系一均匀电场，

$$
\boldsymbol{E} = -\frac{1}{3\varepsilon_0}K\hat{\boldsymbol{z}} \quad (r < R). \tag{1.58}
$$

第二，球壳外部系一偶极场，

$$
E_r(r,\theta) = k_e\,\frac{2p_{\text{eff}}\cos\theta}{r^3}, \quad 或 \quad E_r(r,\theta) = \frac{2}{3\varepsilon_0}(R^3K)\,\frac{\cos\theta}{r^3}, \tag{1.58$'$}
$$

$$
E_\theta(r,\theta) = k_e\,\frac{p_{\text{eff}}\sin\theta}{r^3}, \quad 或 \quad E_\theta(r,\theta) = \frac{1}{3\varepsilon_0}(R^3K)\,\frac{\sin\theta}{r^3} \quad (r > R).
$$

---

① 对于这个等效偶极矩，实无必要追问其电量($\pm q$)与极矩 l 各为多少；甚至可以认为其 $l\to 0$，且 $q\to\infty$，而其乘积为定值，$ql=\frac{4\pi}{3}R^3K$.

最后说明，在宏观电磁学中这余弦型球面电荷及其电场是一个重要典型，它在电介质静电学和磁介质静磁学中有着直接的应用. 一均匀极化的介质球，其表面将出现一余弦型极化面电荷；一均匀磁化的介质球，其表面将出现一余弦型磁化面磁荷；在均匀外场中的导体球，也将在其表面出现一余弦型自由电荷. 届时将直接引用这里(1.58)式或(1.58′)式，而快捷地给出相应结果.

顺便提及，一余弦型球面电荷还可以由如下一种物理模型而获得. 一个半径为 R 的电中性球体，被看作两个带电等量异号球体的叠加，其中一个均匀电荷体密度为 ρ_+，另一个为 ρ_-，且 $(\rho_+ + \rho_-) = 0$；再让 ρ_+ 球体相对 ρ_- 球体向右作一微分位移 $\boldsymbol{l}$，于是，出现了未被抵消的球面电荷分布 $\sigma(\theta)$，且可证明 $\sigma(\theta) = \rho_+ l\cos\theta$.

习　题

1.1　原子中的库仑力

氢原子(H)是最简单的一种原子，也是宇宙起源最初生成的一种原子，它由一个质子(p)作为原子核和一个核外环绕电子(e)所组成，它俩电荷异号而数值相等，为 $\pm e = \pm 1.6\times10^{-19}$ C(库仑)，而两者质量相差悬殊，电子质量 $m_e = 9.11\times11^{-31}$ kg，质子质量 $m_p = 1.67\times10^{-27}$ kg，即 $m_p/m_e \approx 1830$ 倍.

处于基态的氢原子，其电子的经典轨道半径 $r_0 = 5.29\times10^{-2}$ nm.

(1) 求出氢核质子施予电子的库仑力 F_C；

(2) 同时，质子与电子之间还有一个万有引力即牛顿引力 F_G，经计算获知，这引力远远小于库仑力，其比值 $F_G/F_C \approx 4\times10^{-40}$，试对此比值给予审核(须知，万有引力常量 $G = 6.67\times10^{-11}$ N·m²/kg²).

说明：库仑定律是宏观电磁学首个实验定律，本题将它应用于原子世界，并非仅仅出于教学上的演练；空间小尺度的物理实验和大尺度的地球物理实验均表明，库仑定律适用的空间尺度 r 相当宽广，从小于原子核尺度的 10^{-15} cm 至地球尺度 10^9 cm. 本题还涉及电子和质子相对于轨道半径 r_0 而言，其点模型是否成立的问题，须知质子或电子是有尺度的，其经典尺度 $a \approx 10^{-13}$ cm，可见 $a \ll r_0 = 5.29\times10^{-9}$ cm，点模型成立.

1.2　超短脉冲光抓拍核外电子运行图象

德国马普量子光学研究所于 2008 年，研制成功阿秒级超短光脉冲，其脉冲宽度即闪光时间 $\tau = 80$ as，1 as(阿秒) $= 10^{-18}$ s(秒)，其进一步的目标是将 τ 压缩为 24 as，因为氢原子中的电子从一端到另一端的时间约为 24 as. 对此，我们不妨作以下定量考察.

(1) 算出氢原子核外电子的运动速率 v，设 $r_0 = 5.3\times10^{-2}$ nm.

(2) 算出相应的运行周期 T. 若要抓拍到这电子运行图象，试问光脉冲的闪光时间 τ 应被压缩在何值 τ_0 以下，即 τ 满足 $\tau \leqslant \tau_0$.

1.3　库仑力与谐振动

如本题图(a)所示，有两个位置固定的点电荷 (Q, Q)，相距 $2a$，其中点置放一个自由点电荷 q，兹考量 q 在中点即平衡点 O 处的稳定性问题.

(1) 若 q 离开 O 处沿 x 轴有一微位移 x，即 $x \ll a$，它是否受到一个线性恢复力 $F(x) \propto (-x)$？ 如是，

求出相应谐振动的角频率 ω_x.

若 q 沿 y 轴有一微偏移 y，即 $y\ll a$，它是否受到一个线性恢复力 $F(y)\propto(-y)$？如否，则表明，相对 y 方向的运动而言，中点是个非稳定平衡位置.

(2) 若将 q 换为 $(-q)$，即与 (Q,Q) 异号，如本题图(b)，试分两个正交方向讨论牛顿引力 $F(x)$，$F(y)$ 的性质；如果它们系线性恢复力，给出相应谐振动的角频率 ω_y 或 ω_x.

(3) 若将电量换为质量，如本题图(c)，试分两个正交方向讨论牛顿引力 $F(x)$，$F(y)$ 的性质；如果它们系线性恢复力，给出相应谐振动的角频率 ω_y 或 ω_x.

联想：电世界有两种符号的电量，而质量世界仅有一种符号的惯性质量即正质量；同号电符相斥、异号电符相吸，而同号质量却相吸. 这般联想亦蛮有意思，至少表明电世界更为丰富多彩.

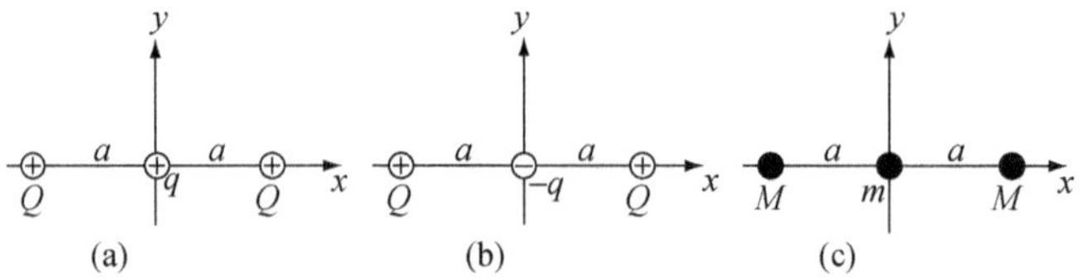

习题 1.3 图

1.4　密立根实验

电子所带的电荷量(基元电荷 $-e$)最先是由密立根通过油滴实验测出的. 密立根设计的实验装置如本题图所示. 一个很小的带电油滴在电场 $\boldsymbol{E}$ 内. 调节 $\boldsymbol{E}$，使作用在油滴上的电场力与油滴所受的重力平衡. 如果油滴的半径为 1.64×10^{-4} cm，在平衡时，$E=1.92\times10^{5}$ N/C，求油滴上的电荷，已知油的密度为 0.851 g/cm^3.

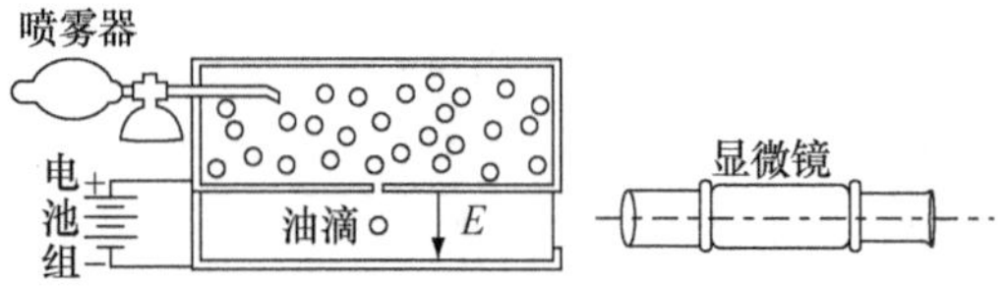

习题 1.4 图

1.5　基元电荷实验数据

在早期(1911 年)的一连串实验中，密立根在不同时刻观察单个油滴上呈现的电荷，其测量结果(绝对值)如下：

6.568×10^{-19} C	13.13×10^{-19} C	19.71×10^{-19} C
8.204×10^{-19} C	16.48×10^{-19} C	22.89×10^{-19} C
11.50×10^{-19} C	18.08×10^{-19} C	26.13×10^{-19} C

根据这些数据，可以推得基元电荷 e 的数值为多少？

1.6　电偶极子在库仑力场中

把偶极矩为 $\boldsymbol{p}=q\boldsymbol{l}$ 的电偶极子放在点电荷 Q 的电场内，P 的中心 O 到 Q 的距离为 $r(r\gg l)$. 分别求：

(1) $\boldsymbol{p}/\!/\overrightarrow{QO}$;

(2) $\boldsymbol{p}\perp\overrightarrow{QO}$

时，偶极子所受的力 $\boldsymbol{F}$ 和力矩 $\boldsymbol{M}$.

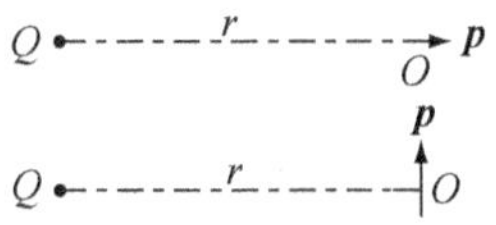

习题 1.6 图

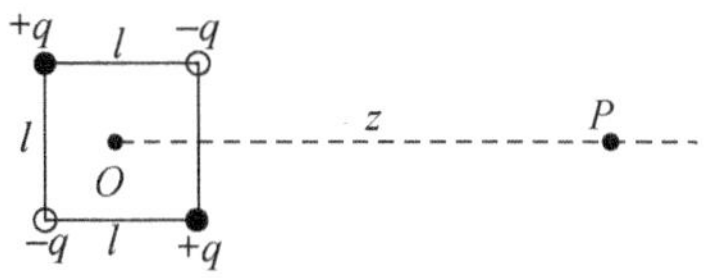

习题 1.7 图

1.7　电四极子

本题图中所示的是一种电四极子，设 q 和 l 都已知，图中 P 点到电四极子中心 O 的距离为 $z(z\gg l)$，$\overrightarrow{OP}$与正方形的一对边平行，求 P 点的电场强度 $\boldsymbol{E}(z)$.

1.8　一对共轴异号带电圆环

如本题图示，一对共轴带电圆环，相距 $2a$，均匀带有异号电量$(q,-q)$. 兹考察其轴上总电场 $\boldsymbol{E}(z)$的均匀性.

(1) 试给出电场 $\boldsymbol{E}(z)$的函数表达式，并粗略而正确地画出 $\boldsymbol{E}(z)$曲线.

(2) 由对称性分析可知，电场 $\boldsymbol{E}(z)$在 $z=0$ 处为一极值，或极大或极小；为了获得电场在 O 点左右一段区间的最好均匀性，其间距应当恰好，设其为 $2a_0$，以满足二阶导数 $\mathrm{d}^2\boldsymbol{E}/\mathrm{d}z^2=0$. 试求出 a_0 值与圆环半径 R 之关系.

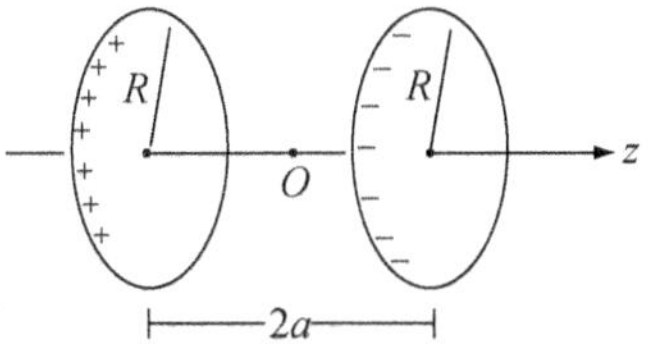

习题 1.8 图

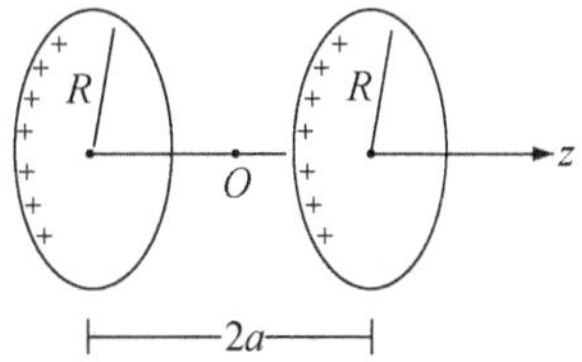

习题 1.9 图

1.9　一对共轴同号带电圆环

如本题图示，一对共轴带电圆环，相距 $2a$，均匀带电(q,q)，兹考量其轴上 O 点左右一段区间电场 $\boldsymbol{E}(z)$的线性范围.

(1) 试给出电场 $\boldsymbol{E}(z)$的函数表达式，并粗略而正确地画出 $\boldsymbol{E}(z)$曲线.

(2) 由定性分析可知，$\boldsymbol{E}(z)$在原点 O 为零值，在右侧为负值，在左侧为正值；在 z 值较小时，场强 $\boldsymbol{E}(z)$呈现线性变化，可表示为 $\boldsymbol{E}(z)=kz$. 试求出线性系数 k 作为 a,R,q 的函数式.

1.10　一对共轴异号带电圆盘

如本题图示，一对共轴带电圆盘，相距 $2a$，均匀带有异号电量，面电荷密度为$(\sigma,-\sigma)$，兹考察其轴上电场 $\boldsymbol{E}(z)$的均匀性.

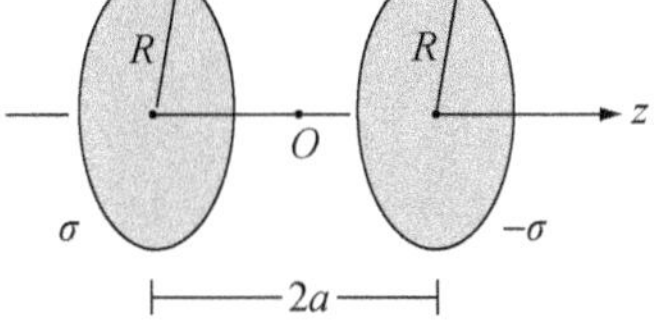

习题 1.10 图

(1) 试给出场强 $\boldsymbol{E}(z)$的函数表达式，并粗略而正确地画出 $\boldsymbol{E}(z)$曲线.

(2) 由对称性分析可知，电场 $\boldsymbol{E}(z)$在 $z=0$ 处为一极值，或极大值或极小值；为了获得电场 $\boldsymbol{E}$ 在 O 点左右一段区间的最好均匀性，其间距应当恰好，设其为 $2a_0$. 试求出 a_0 值与圆盘半径 R 之关系.

提示：令$(\mathrm{d}^2\boldsymbol{E}/\mathrm{d}z^2)_{z=0}=0$.

1.11　有厚度带电平板的电场

如本题图示，一平板厚度为d，面积S很大，即$d\ll\sqrt{S}$，均匀带电，其体电荷密度为ρ.

(1) 求平板内部场强分布$\boldsymbol{E}(x)$，$x\in\left(-\dfrac{d}{2},\dfrac{d}{2}\right)$，并画出$\boldsymbol{E}(x)$曲线；

(2) 求平板外部近场区域场强分布$\boldsymbol{E}(x)$，$|x|\in\left(\dfrac{d}{2},x_0\right)$，这里$x_0$为近场距离，即$x_0\ll\sqrt{S}$，许可忽略边缘效应，视其为无限大带电平板.

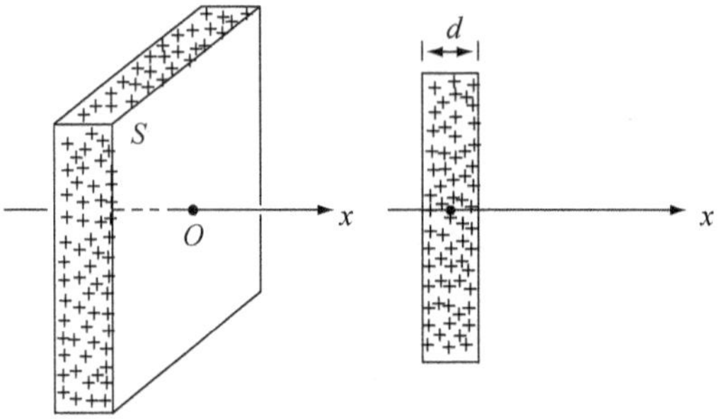

习题 1.11 图

1.12　等离子体振荡频率

在一矩形空间中存在一团等离子体，其正离子电量体密度为ρ_+，负电子电量体密度为ρ_-且$\rho_++\rho_-=0$，即处处呈现电中性，经常由于某种偶然的外部电场的微扰，或由于热运动的涨落，致使离子团与电子云之间发生相对微小位移x，出现了一对等量异号的薄薄电荷层，如本题图示. 这一对电荷层凭借自身库仑场力的作用，彼此吸引、逐渐变薄，再反向错开，如此循环反复而形成一电荷分布的振荡现象，相应地有一振荡角频率ω_p，称其为等离子体振荡(角)频率.

(1) 注意到离子质量远大于电子，采取一个稍为简化的模型，设定离子团不动，仅考量电子云相对于离子团的振荡. 试证明，等离子体振荡角频率公式为

$$\omega_p=\sqrt{\frac{ne^2}{2\varepsilon_0 m_e}},\quad (\mathrm{rad/s})$$

这里，n为电子数密度$(1/\mathrm{m}^3)$，e为电子电量，m_e为电子质量.

提示：在电子层中隔离出任一体积元$\Delta V=(x\cdot\Delta S)$，考量正离子层施予$\Delta V$的库仑场力$\Delta F$，并注意到$\Delta V$中所含电子质量$\Delta m=nm_e(x\cdot\Delta S)\propto x(t)$，它系一变质量.

(2) 设电子数密度$n=5\times10^{27}/\mathrm{m}^3$，计算角频率$\omega_p$值为多少(rad/s)，相应的频率$f_p$为多少(Hz)?

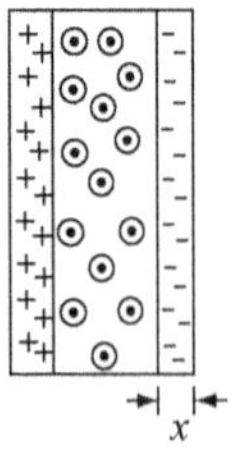

习题 1.12 图

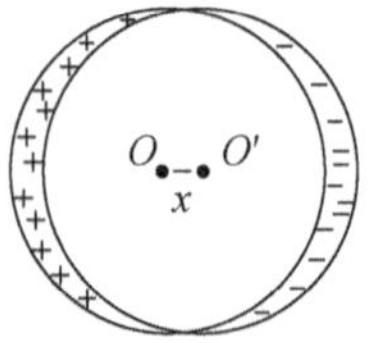

习题 1.13 图

1.13　等离子体振荡频率

在一球形空间中存在等离子体，其正离子电量体密度为ρ_+，其负电子电量体密度为ρ_-，且$\rho_++\rho_-=$

0,处处呈现电中性;设其电子数密度为 $n(1/\mathrm{m}^3)$,则 $\rho_-=-ne$.经常由于某种偶然因素,比如无规热运动引起的涨落或外界电场的微扰,致使球状离子团与球状电子云之间发生相对微小位移设为 x,出现了一对等量异号的球面电荷分布,如本题图示.注意到这电子云球心 O',既是其质量中心,也是其电量中心,它在正离子球的电场作用下,受到一吸引力,始终具有指向离子球中心 O 的运动趋势,而形成电荷振荡,相应地有一个振荡角频率 ω_p,称其为等离体振荡频率.

考虑到离子质量远大于电子,采取一个稍为简化的模型,即设定离子球不动,仅考量电子球中心 O' 相对离子球中心 O 的振动.试证明,球状等离子体振荡频率公式为

$$\omega_\mathrm{p}=\sqrt{\frac{ne^2}{3\varepsilon_0 m_\mathrm{e}}},\quad (\mathrm{rad/s})$$

这里,n 为电子数密度$(1/\mathrm{m}^3)$,m_e 为电子质量.

提示:可直接借用均匀带电球体的场强公式(1.19),

$$\boldsymbol{E}(\boldsymbol{r})=\frac{1}{3\varepsilon_0}\rho\boldsymbol{r}\quad (r\leqslant R);$$

并注意到电子球中心 O',是其电量中心也是其质心位置.

说明:本题和上一题分别采用两种模型,即方盒状等离子体和球状等离子体,导出其振荡频率 ω_p 公式.两者系数稍有差别,一者为 $1/\sqrt{2}\approx 0.7$,另者为 $1/\sqrt{3}\approx 0.6$,这不大关紧,并不影响 ω_p 的数量级.一般干脆取其系数为1,将 ω_p 公式写成

$$\omega_\mathrm{p}=\sqrt{\frac{ne^2}{\varepsilon_0 m_\mathrm{e}}};\quad (\mathrm{rad/s})$$

等离子体振荡频率 ω_p 作为一个特征频率,在光学和等离子体物理学中时有出现.

1.14　核外电子云的电场

根据量子理论,氢原子中心是个带正电 e 的原子核,可看成点电荷,外面是带负电的电子云.在正常状态下核外电子处在 s 态,电子云的电荷密度分布呈现球对称:

$$\rho_\mathrm{e}(r)=-\frac{e}{\pi a_\mathrm{B}^3}\mathrm{e}^{-2r/a_\mathrm{B}},$$

式中 a_B 为一常量,它相当于经典原子模型中电子圆形轨道的半径,称为玻尔半径.求原子内的电场分布 $E(r)$.

1.15　地球表面近地区的电场

实验表明:在靠近地面处有相当强的电场,$\boldsymbol{E}$ 垂直于地面向下,大小约为 100 V/m;在离地面 1.5 km 高的地方,$\boldsymbol{E}$ 也是垂直于地面向下,大小约为 25 V/m.

(1) 试计算从地面到 1.5 km 高度大气中电荷的平均体密度;

(2) 如果地球上的电荷全部均匀分布在表面,求地面上电荷的面密度.

1.16　线电荷沿线的电场

一段长度为 $2l$ 的线电荷,均匀带电,其线电荷密度为 $\eta(\mathrm{C/m})$,沿电荷线设定 x 轴,原点为电荷线的中点.试求沿线的电场分布 $E(x)$和电势分布 $U(x)$.

1.17　带电圆环的电场

如本题图,一半径为 R 的均匀带电圆环,电荷总量为 $q(q>0)$.

(1) 求轴线上的场强 $E(z)$;

(2) 画出 E-z 曲线;

(3) 轴线上什么地方场强最大?其值多少?

(4) 求轴线上电势 $U(z)$ 的分布；

(5) 画出 U-z 曲线；

(6) 轴线上什么地方电势最高？其值多少？

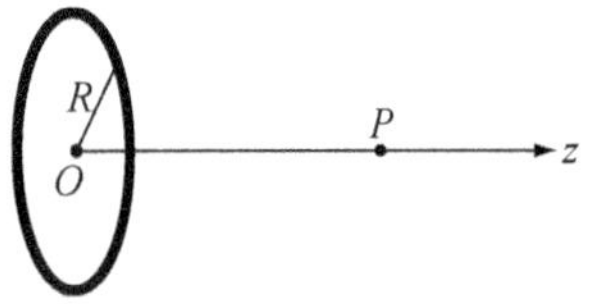

习题 1.17 图

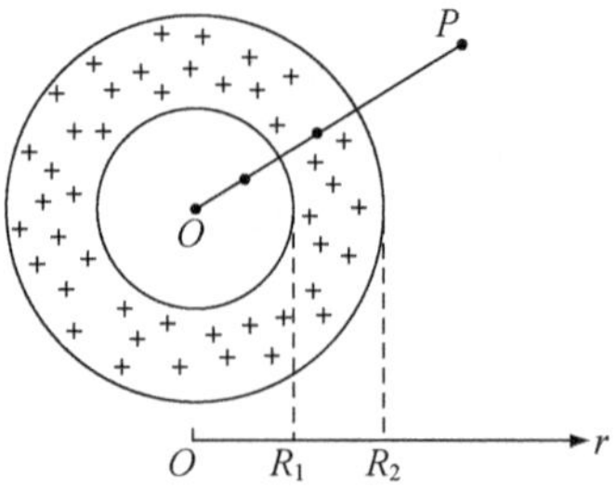

习题 1.18 图

1.18　空心球状离子团的电场

一离子团形成一空心球状的电荷区，如本题图示，其体电荷密度为 ρ 且均匀.

(1) 求空间场强分布 $E(r)$；

(2) 求空间电势分布 $U(r)$.

1.19　雷电的能量

在夏季雷雨中，通常一次闪电时两点间的电势差约为 100 MV，通过的电量约为 30 C. 问一次闪电消耗的能量是多少？如果用这些能量去烧水，能把多少水从 0℃加热到 100℃？

1.20　氢原子的电离能

在氢原子中，正常状态下电子到质子的距离为 5.29×10^{-11} m，已知氢原子核(质子)和电子带电各为 $\pm e=\pm1.60\times10^{-19}$ C. 把氢原子中的电子从正常状态下拉开到无穷远处所需的能量，叫做氢原子的电离能. 求此电离能是多少 eV?

1.21　轻核聚变与热核反应

轻原子核，如氢及其同位素氘、氚的原子核，结合成为较重原子核的过程，叫做核聚变. 核聚变过程可以释放出大量能量. 例如，四个氢原子核结合成一个氦原子核(α 粒子)时，可释放出 28 MeV 的能量. 这类核聚变就是太阳发光、发热的能量来源. 如果我们能在地球上实现核聚变，就可以得到非常丰富的能源. 实现核聚变的困难在于原子核都带正电，互相排斥，在一般情况下不能互相靠近而发生结合. 只有在温度非常高时，热运动的速度非常大，才能冲破库仑排斥力的壁垒，碰到一起发生结合，这叫做热核反应. 根据统计物理学，绝对温度为 T 时，粒子的平均平动动能为

$$\frac{1}{2}m\overline{v^2}=\frac{3}{2}kT,$$

式中 $k=1.38\times10^{-23}$ J/K，叫做玻尔兹曼常量. 已知质子质量 $m_p=1.67\times10^{-27}$ kg，电荷 $e=1.60\times10^{-19}$ C，半径的数量级为 10^{-15} m. 试计算：

(1) 一个质子以多少动能(以 eV 表示)方能从很远的地方达到能与另一个质子接触的距离？

(2) 平均热运动动能达到此数值时，对应温度 T 为多少(K)？

1.22　点电荷电势场的特点

点电荷 q 产生的电势场 $U_0(P)=k_e q/r$，是一般电势场的基元场，它与周围电势场 $U(P')$ 之间存在一个有趣的关系，即平均场关系：以 P 点为中心作一个半径为 a 的球面 Σ，Σ 面上各点电势 $U(P')$ 有一个分布，其电势平均值 $\overline{U}$ 为

$$\overline{U}(4\pi a^2) = \oiint_{(\Sigma)} U(P')\mathrm{d}S, \quad (\mathrm{d}S\text{ 为球面元})$$

可以证明，这平均电势恰巧等于球心的电势，即

$$\overline{U} = U(P) = k_e \frac{q}{(a+b)}.$$

试证明之.

提示：以 q 点为顶点，以 r 为半径规划一个圆锥，将球面 Σ 分割为一系列环带，环带上各点是等电势的，可以化简求 $\overline{U}$ 的积分运算，并注意到环带面积 dS 正是球帽面积对 r 的微分，参见本题图(b)，$r\in(b, b+2a)$.

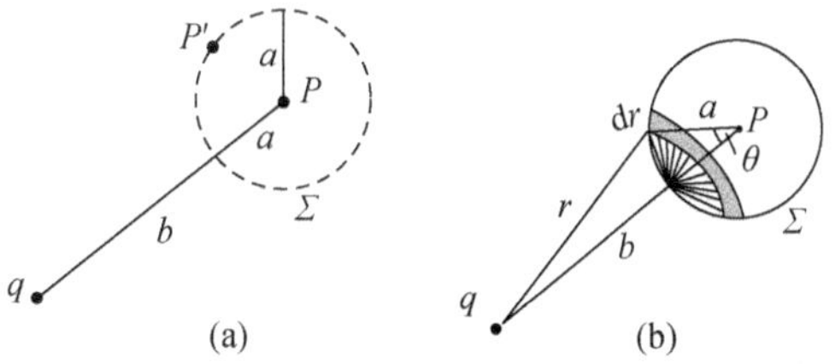

习题 1.22 图

1.23　电四极子的电势场

一个电四极子如本题图示，兹考量其所在平面的电势场. 为此取一极坐标，原点设定在电四极子的几何中心 O 处，极轴取为水平 x 轴，场点位置表示为 $P(r,\theta)$.

(1) 试证明，在 $r\gg l$ 远场区，电势场为

$$U(r,\theta) = k_e \frac{3ql^2 \sin\theta\cos\theta}{r^3};$$

(2) 进一步求出其场强 $\boldsymbol{E}(r,\theta)$ 的两个正交分量 $E_r(r,\theta)$ 和 $E_\theta(r,\theta)$.

提示：一种推导方法是，将这电四极子视为两个方向相反的电偶极矩 $\boldsymbol{p}_1$，$\boldsymbol{p}_2$ 之和，且两者相对位移 l；直接借用单个电偶极矩的电势场公式(1.38)，作相减运算，并作恰当近似.

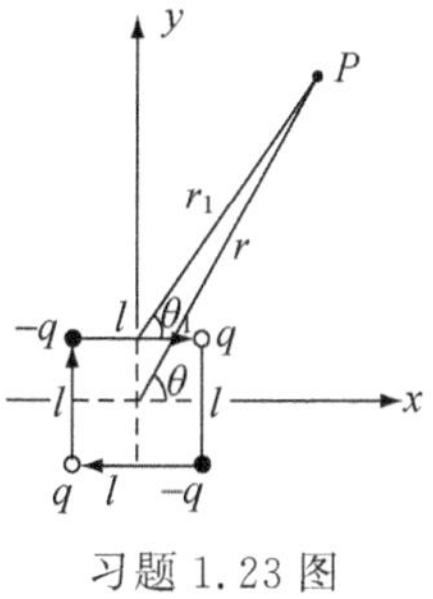

习题 1.23 图

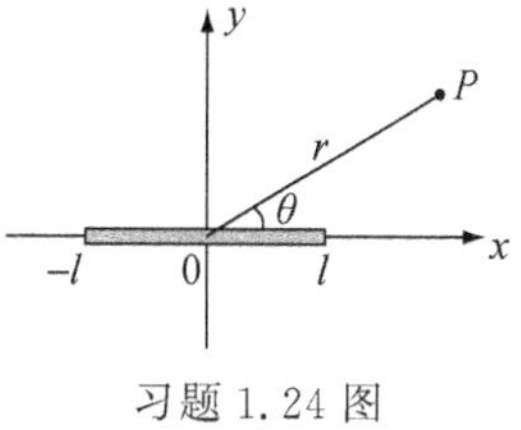

习题 1.24 图

1.24　一段线电荷的电势场

如本题图示，一段长度为 $2l$ 的线电荷，均匀带电，其线电荷密度为 η(C/m)，取平面极坐标，其极轴设为 x 轴，原点设在中点 O.

(1) 求其电势场 $U(r,\theta)$；

(2) 求其场强的两个正交分量，$E_r(r,\theta)$ 和 $E_\theta(r,\theta)$.

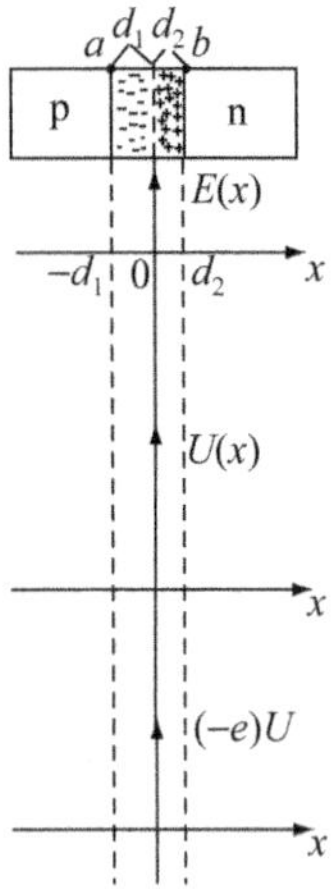

习题 1.25 图

1.25 半导体pn结区的势垒

p型半导体其自由载流子为带正电的空穴，n型半导体其自由载流子为电子，当然，孤立情形下这本征半导体其体内均为电中性.当两者密接时，便在交界面两侧，因热扩散而出现电子交换的不等量，使p型一侧出现过多电子而带上负电，n型一侧因缺失电子而带上正电，最终在交界面附近形成一个电偶极层，被称为pn结，如本图示. pn结区厚度甚薄，一般约在1—10^2 μm量级，即 $d_1, d_2 \ll \sqrt{S}$，这里 S 为结区横截面积，如此可将pn结近似地视为无限大有厚度的带电平板，来考量结区电场分布.

这种突变结具有单向导电性，而制成晶体二极管，这源于pn结区左右两个端面之间存在电势差 $\Delta U \equiv (U_a - U_b)$，人们形象地称这种电势陡变为势垒，相应地电子的电势能也有个陡变 $(-e)\Delta U$.

设左侧负电层(n区)厚度为 d_1，电荷体密度为 ρ_- 且近似均匀；右侧正电层(p区)厚度为 d_2，电荷体密度为 ρ_+ 且近似均匀；并注意到两区电荷代数和为零，即 $\rho_+ d_2 + \rho_- d_1 = 0$.

(1) 求结区电场分布 $E(x)$，x 轴原点设为交界面，即 $x \in (-d_1, d_2)$，并描出 $E(x)$ 曲线；

(2) 求结区电势分布 $U(x)$，并画出 $U(x)$ 曲线，设电势零点在 a 处，即 $U_a = 0$；

(3) 进而画出电子势能曲线 $(-e)U(x)$.

提示：拟应分区求解场强 $E(x)$ 分布，便不易出现正负号方面的错乱，即：n区，$-d_1 \leqslant x \leqslant 0$，$E(x) = ?$ p区，$0 \leqslant x \leqslant d_2$，$E(x) = ?$

1.26 库仑力与地球引力

(1) 计算刚好能够与地球对电子的万有引力相平衡的电场强度；

(2) 如果该电场是由放置在第一个电子下面的第二个电子所产生的，那么两电子间的距离应多少？

电子的电荷是 -1.6×10^{-19}C，它的质量是 9.1×10^{-31}kg.

1.27 从石英中分离出磷酸盐

压碎的磷酸盐矿石，是磷酸盐和石英颗粒的混合体.如果振动该混合体，则石英带负电而磷酸盐带正电，因此，磷酸盐能被分离出来，如本题图示.

如果它们至少必须分离100 mm，粒子通过的垂直距离 h 的最小值必须多大？

设 $E = 5 \times 10^5$V/m，电荷率等于 10^{-5}C/kg.

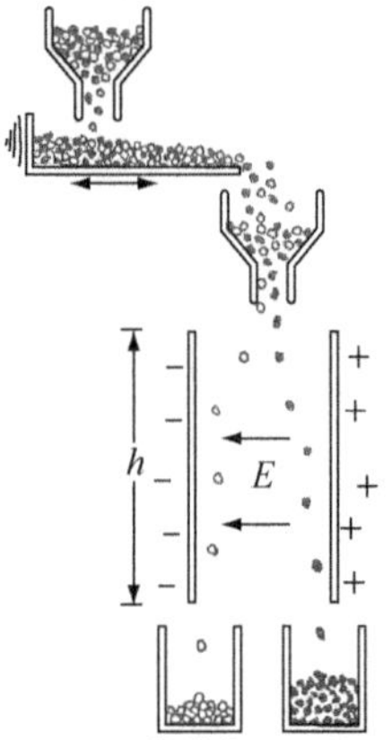

习题 1.27 图

1.28 卢瑟福的α粒子散射实验

1906年，卢瑟福在具有历史意义的实验中，论证了原子中有一个核，且给出了原子核的大小.他观察了具有动能 7.68×10^6 eV 的α粒子，正面去轰击金核，结果被排斥回来. α粒子电量 q 为 $2 \times 1.6 \times 10^{-19}$ C，金核电量 Q 为 $79 \times 1.6 \times 10^{-19}$ C.兹考量一个简单情形，即粒子正碰金核，回答以下问题：

(1) α粒子最接近金核的距离 r_m 为多少？此时可将金核近似地看作一个静止不动的点电荷；

(2) 相应的最大库仑排斥力 F_M 为多少？

(3) 相应的最大加速度 a_M 为多少？α粒子的质量 m_α 约为4倍质子质量，即 $4 \times 1.7 \times 10^{-27}$kg.

1.29 卢瑟福的α粒子散射实验

在放射性研究方面成绩卓著的卢瑟福(E. Rutherford，1871—1937)，在1898年发现了放射性现象中的α射线和β射线，十年以后他认证了α射线是一氦离子束即 He^{2+} 束.随后，他致力于α粒子束的散射实验研究，用能量巨大的 α 粒子束，去轰击极薄的金箔，由闪锌屏记录被散射粒子的角分布，其结果令人惊奇，发现了大角度散射的存在，参见本题图，φ 为散射角，b 为入射粒子初始位置与基线之距离. 经过缜密思考和反复核算，卢瑟福于 1911 年提出了行星式的原子结构模型——原子中的全部正电荷和绝大部分质量集中于一小球，其直径要比原子直径小很多. 世称此为卢瑟福有核模型，尊称卢瑟福为原子物理学之父.

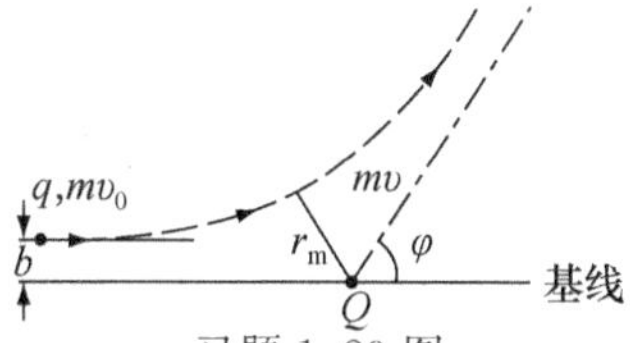

习题 1.29 图

这是一个带正电 q 的粒子，在一个带正电 Q 的核子所产生的库仑场中，作有心运动的问题，且核子质量 $M \gg m$(粒子质量)，可以作 M 不动的近似处理. 由力学理论知悉，两体有心运动，满足能量守恒方程和角动量守恒方程；本场合粒子能量等于动能 W_k 与电势能 W_e 之和，而电势能 $W_e = k_e qQ/r$，这里 $k_e \equiv 1/4\pi\varepsilon_0$.

(1) 试证明，粒子运动的双曲线轨道与核子 Q 之最短距离 r_m 公式为

$$r_m = k_e \frac{qQ}{mv_0^2}\left(1 + \sqrt{1 + \frac{bmv_0^2}{k_e qQ}}\right).$$

提示：入射粒子初始位置甚远，故初始电势能为零；最短距离时位矢 $\boldsymbol{r}_m$ 与轨道正交.

(2) 根据库仑斥力作用下的牛顿运动方程，并借助解析几何学中关于双曲线的知识，可以导出瞄准距离 b 作为粒子初始动能($mv_0^2/2$)，电量(q,Q)和散射角 φ 的函数关系为

$$b = k_e \frac{qQ}{mv_0^2}\cot(\varphi/2).$$

设，α 粒子入射能量为 7.68 MeV(兆电子伏)，散射角 φ 为 112°，试求出瞄准距离 b 值. α 粒子 $q=2e$，金核 $Q=79e$.

(3) 按以上数据，试算出最短距离 r_m 值，和对应的最小动能值 W_{km}.

提示：可将(1)中 r_m 公式改写为以下形式，也许便于演算，

$$r_m = k_e \frac{qQ}{mv_0^2}\left(1 + \frac{1}{\sin(\varphi/2)}\right).$$

1.30　真空二极管——空间运动电荷区

一真空二极管的主体结构如本题图示，其中 A 为热阴极，被贴近的电阻丝烤热而发射电子，俗称热电子发射；K 为阳极，在 K 与 A 之间接上直流电源或几十伏或几百伏；热阴极发射的电子，在阳极电场的拉引下作定向运动，射向阳极而形成电流.

在真空二极管空间中，运动电荷的定态分布是这样形成的：若无外电场驱使，那些从热阴极逸出的电子，便滞留在阴极附近，越积越多，从而排斥后续逸出的热电子，使它们部分返回，如此相互作用，最终使发射和回流达到一动态平衡，于是，在阴极附近便形成一团电荷密度 ρ_- 稳定分布的电子云. 一旦在 K，A 之间接上直流电压，打破了原有平衡，电子云被驱散，自由电子在外电场作用下被加速，纷纷朝向阳极而运动，同时阴极作为电子源又不断输送电子，而形成新的动态平衡；这平衡态的标志是，空间电荷密度分布 $\rho_-(x)$ 与时间 t 无关、电荷运动速率分布 $v(x)$ 与 t 无关，且 $\rho_-(x) \cdot v(x) = j_0$(常数)，与位置 x 无关，这里 j_0 就是电流密度(A/m^2). ρv= 常数，表明当二极管空间中通过各横截面积的电流相等时，空间电荷区才处于一定态. 定性看，$v(x)$ 随 x 增加而增加，即越靠近阳极，自由电子运动速率越大，这是因为它们被加速的路程更长；$\rho_-(x)$ 随 x 增加而减少，即越靠近阴极，自由电子数密度越大，这是因为自由电子是从阴极发射

出来而向阳极方向疏散的. 参见本题图.

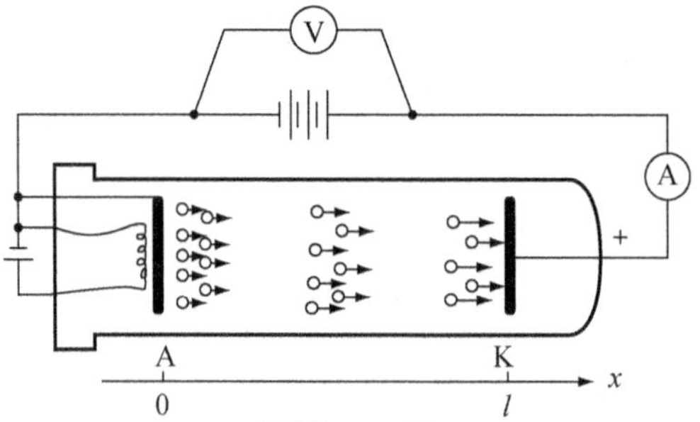

习题 1.30 图

设阳极 K 与阴极 A 之间纵向距离为 l,两者之间的电压为 U_0,阴极电势为零;在若干合理的近似考量下,真空二极管中空间电荷密度分布为

$$\rho_-(x)=-\frac{4\varepsilon_0 U_0}{9l^{4/3}\cdot x^{2/3}}.$$

(1) 当 $U_0=300$ V, $l=20$ mm,试算出接近阳极处的电荷密度 ρ_0(C/m^3)以及相应的电子数密度 n_0(1/m^3);并评估这 n_0 值是否表明此处自由电子气相当稀薄.

(2) 利用静电场泊松方程,导出电势函数 $U(x)$. 提示: 解泊松方程最终定解时,必然要用到边界条件,目前为 $U(0)=0$ 和 $U(l)=U_0$.

(3) 考虑到真空二极管中,自由电子气甚为稀薄,忽略电子与电子间的相互碰撞,于是单电子的加速单纯地由电势场 $U(x)$决定. 试导出电子运动速率 $v(x)$函数式,其中间距 l、电压 U_0 以及电子电量和质量(e, m)必以参量而出现.

(4) 审视你所得速率 $v(x)$函数与电荷密度 $\rho_-(x)$函数之乘积,是否为一常数,此举旨在考核以上理论处理的自洽性.

(5) 电真空二极管作为电子线路中的一个元件,人们关注其外部的伏安特性,即外加的阳极电压 U 与总电流之关系 $U(I)$或 $I(U)$,两者均可由电表直接测出. 试证明,真空二极管的伏安关系为

$$I=KU^{3/2}.\quad (K\text{ 为常数})$$

2

静电场中的导体　电介质

讲授视频：给定导体电势求出空间电势场

本章概述

在第1章中确立的静电场基本规律是普遍的，它的成立与电荷的来源和机制无关. 正如本书开头导言中所述，源电荷通常来自金属导体上的自由电荷和绝缘介质上的极化电荷，当然还有一种空间电荷，它不依赖任何载体. 另一方面，当导体或介质进入业已存在的电场（外场），它们身上出现的自由电荷或极化电荷又将影响全空间的电场分布. 那么，在外场作用下，导体或电介质身上将有怎样的电荷分布，进而如何求得最终的电场分布，正是本章主题. 换言之，本章论述的内容系导体与静电场的相互作用，以及电介质与静电场的相互作用. 无论从理论上或实用上看，研究这种相互作用是静电学必须面对的问题.

2.1　导体静电平衡条件

- 导体中自由电子气概念
- 导体达到静电平衡的过程描述
- 导体静电平衡特性
- 几点说明
- 讨论——导体表面处的场强和导体表面受力面密度

● 导体中自由电子气概念

诸如金、银、铜、铁、锡、铝和各种合金之类，都称为导体，它们良好的导电性，源自其体内存在大量的自由电荷. 一个电中性原子，其处于壳层结构的核外电子中，那些内层电子在核的库仑场作用下，处于紧束缚态，与核构成一个原子实而带正电，如图 2.1(a)所示；那些外层电子处于弱束缚态，而最外层的电子更易脱离库仑场的束缚，表现为一个相当活跃的角色，参与同其它原子的化学作用，故称它们为价电子，对于一个原子这价电子也许一个或几个. 当大量的金属原子按一定秩序构成一个晶格，而成为一个金属块时，这大量的价电子就不属于各个单一原子，而属于整个金属块，它们在规则排列的原子实所形成的平均周期势场中，作共有化运动，自由自在无拘无束而成为自由电荷，真像一团气体那样，充满了整个金属块，如图 2.1(b)所示. 这就是经典电子论关于金属导体中的自由电子气概念. 当然，就中性金属块而言，其体内的体电荷密度依然为零，即 $\rho=\rho_+ +\rho_- =0$，其中 ρ_+ 系原子实提供，ρ_- 系自由电子气提供.

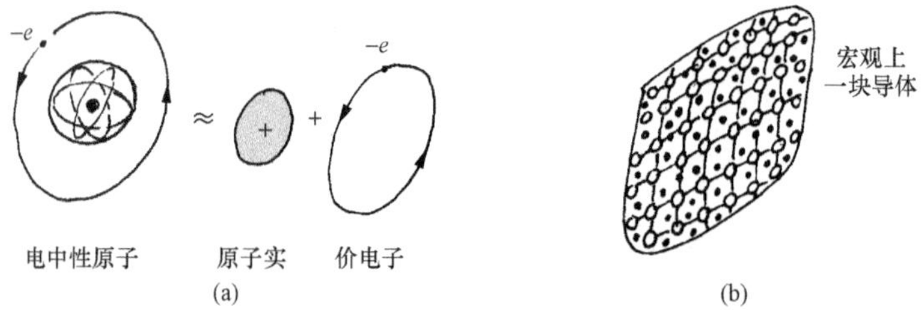

图 2.1　金属导电模型

(a) 一个电中性原子看成一原子实加上外层价电子；

(b) 原子实构成一块宏观导体的晶格，体内充满自由电子气

● 导体达到静电平衡的过程描述

参见图 2.2，当一个中性导体进入一外场 $\boldsymbol{E}_0$ 空间，则其体内的自由电荷将在外电场力推动下作定向迁移，而汇集于导体表面层，其部分表面由于积累了一些自由电荷而带上负

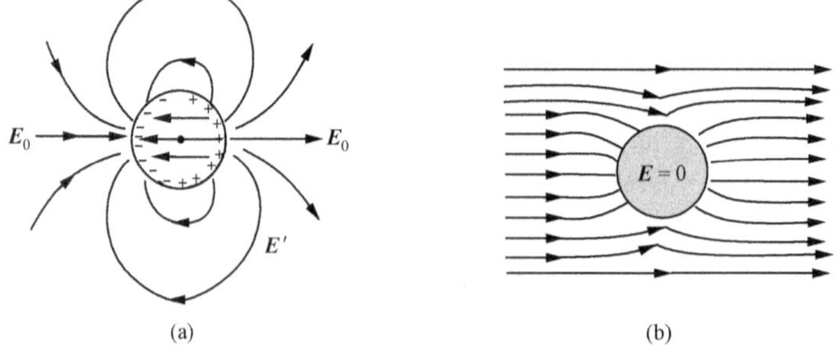

图 2.2　一个电中性导体球进入一均匀外场

(a) 导体球表面出现的自由电荷产生的附加场 E'；(b) 达到静电平衡后导体外部场强图象

电，必有另一部分表面由于缺失了一些自由电荷而带上正电；这种新出现的电荷分布也将产生一新的电场称之为附加场 $\boldsymbol{E}'$；值得注意的是，在导体内部这 $\boldsymbol{E}'$ 场方向总是大体上与外场 $\boldsymbol{E}_0$ 相反，以致体内总场 $\boldsymbol{E}$(内)$=\boldsymbol{E}_0$(内)$+\boldsymbol{E}'$(内) 变弱了，但在初始阶段这总场 $\boldsymbol{E}$(内)不为零；体内自由电荷在这非零总场的继续推动下，再迁移积累而使 $\boldsymbol{E}'$(内)得以加强，进一步削弱总场，直至体内总场 $\boldsymbol{E}$(内)$=0$，至此自由电荷不再迁移，表面电荷分布不再改变，过程完结，导体处于静电平衡状态.

以上关于导体达到静电平衡的过程描述，其要点归结如下：

在外场 $\boldsymbol{E}_0$ 作用下 → 体内自由电荷定向迁移 → 自由电荷重新分布 → 产生附加场 $\boldsymbol{E}'$ → 在导体内部 $\boldsymbol{E}'$ 场反抗外场 $\boldsymbol{E}_0$ → 最终总场 $\boldsymbol{E}$(内)$=\boldsymbol{E}_0$(内)$+\boldsymbol{E}'$(内)$=0$ → 过程终止.

对此尚有两点说明.(1) 这个达到静电平衡过程的响应时间是很短的，约 $\tau=10^{-4}$ s 量级.(2) 在导体外部，由外场 $\boldsymbol{E}_0$(外)和附加场 $\boldsymbol{E}'$(外)叠加而成的总场 $\boldsymbol{E}$(外)，一般呈现复杂的分布，这相当程度上源于附加场 $\boldsymbol{E}'$(外)的复杂性.

- **导体静电平衡特性**

达到静电平衡的导体其内部场强必定为零，即 $\boldsymbol{E}_{\text{in}}=0$，据此并结合静电场通量定理和环路定理，便可以得到如下几个推论：

(1) 静电导体是一等势体，其表面是一等势面.

(2) 静电导体内部无电荷，其体电荷密度处处为零，即 $\rho_{\text{in}}=0$.

(3) 一个带电的或电中性的导体，其电荷均分布于表面，其自由电荷面密度 σ_0 的分布，随导体表面形状和环境而变，以保证 $\boldsymbol{E}_{\text{in}}=0$，或保证其表面为一等势面.

(4) 导体表面外侧的场强 $\boldsymbol{E}_{\text{os}}$，其方向与表面正交，其数值与该处面电荷密度 σ_0 之间有一确定的比例关系，

$$\boldsymbol{E}_{\text{os}}=\frac{1}{\varepsilon_0}\sigma_0\hat{\boldsymbol{n}}. \tag{2.1}$$

这里，$\hat{\boldsymbol{n}}$ 表示该面元外法线方向的单位矢量.

这几条连同 $\boldsymbol{E}_{\text{in}}=0$，被统称为导体静电平衡特性或导体静电平衡条件，意即：若导体处于静电平衡状态，必将同时具备这几条性质；若其中一条不被满足，则该导体尚未达到静电平衡状态.以上几条特性均基于 $\boldsymbol{E}_{\text{in}}=0$ 而导出，其逻辑推理过程在此不作详细说明，留给读者自己去完成.对于第(2)条特性，若采用静电场散度方程 $\nabla\cdot\boldsymbol{E}=\dfrac{\rho}{\varepsilon_0}$，便可得之，因为 $\boldsymbol{E}_{\text{in}}=0$，故体内处处 $\nabla\cdot\boldsymbol{E}_{\text{in}}=0$，遂得体内处处 $\rho_{\text{in}}=0$.

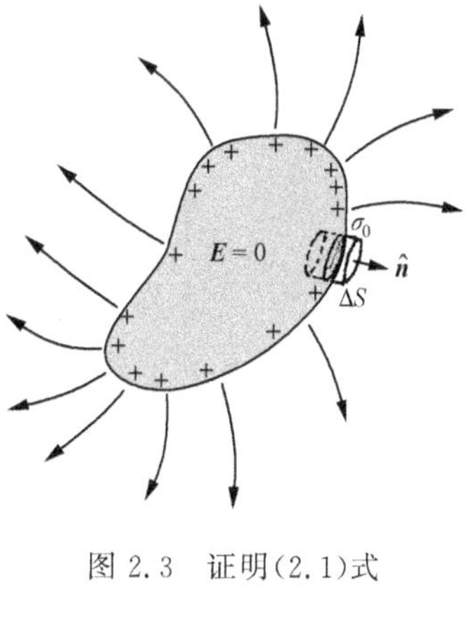

图 2.3 证明(2.1)式

为了证明第(4)条特性，在表面元 ΔS 两侧作一个甚薄扁盒子($\Delta\Sigma$)，如图 2.3 所示，其内、外两侧的底面积均为 ΔS，而两者间隔无限靠近，接着对这扁盒子($\Delta\Sigma$)应用通量定理，

$$\oiint_{(\Delta\Sigma)} \boldsymbol{E}\cdot \mathrm{d}\boldsymbol{S} = \iint_{(\text{侧面})} \boldsymbol{E}\cdot \mathrm{d}\boldsymbol{S} + \iint_{(\text{内}\Delta S)} \boldsymbol{E}\cdot \mathrm{d}\boldsymbol{S} + \iint_{(\text{外}\Delta S)} \boldsymbol{E}\cdot \mathrm{d}\boldsymbol{S}$$

$$= 0 + 0 + E_{\mathrm{os}}\cdot \Delta S = \frac{1}{\varepsilon_0}(\sigma_0 \Delta S),$$

遂得 $E_{\mathrm{os}}=\sigma_0/\varepsilon_0$，并注意到其方向沿 $\hat{\boldsymbol{n}}$ 方向——这是因为导体表面是一等势面，统一地表达为(2.1)式. 对于 $\sigma_0>0$，或 $\sigma_0<0$，该式均适用.

● 几点说明

对于导体静电平衡特性或平衡条件，兹作几点说明.

(1) 在这一系列平衡特性中，$\boldsymbol{E}_{\mathrm{in}}=0$ 是根本，它是无条件成立的，即，它的成立与导体形状、大小、带电量以及与四周环境皆无关. 它是凭借导体自身自由电荷的重新分布而得以实现的.

(2) 导体静电问题相当灵活，这是因为在导体与静电场相互作用过程中扮演主角的是自由电荷. 导体表面的电荷分布是不能事先人为给定的，虽然其总电量可以事先给定.

(3) 导体静电问题活而不乱，静电平衡特性、通量定理和环路定理，这三者的结合是解决导体静电问题的理论基础.

(4) 叠加原理和唯一性定理，也是解决导体静电问题的两个有力工具. 所谓静电导体的唯一性定理，可简单地表述为，在给定条件下，满足导体 $\boldsymbol{E}_{\mathrm{in}}=0$ 的面电荷分布是唯一的，不可能有两种不同的面电荷分布皆满足平衡条件.

● 【讨论】 导体表面处的场强和导体表面受力面密度

凡经过面电荷处其两侧场强 $\boldsymbol{E}$ 将有突变，这一点我们是熟悉的，就目前静电导体表面而言，亦是如此. 那么，在导体表面元($\Delta S,\sigma_0$)处是否存在场强 $\boldsymbol{E}_{\mathrm{s}}$？ 参见图 2.4(a). 这个问题不仅有概念意义，且有实用意义，它涉及这表面元所受静电力. 须知，任何电荷所受电力只能是其它电荷产生的电场即外场施予的，一电荷的场不可能使自身受力，况且目前 $\Delta q=\sigma_0\Delta S$ 在自身所在处的场强为零。如果求得在($\Delta S,\sigma_0$)处的 $\boldsymbol{E}_{\mathrm{s}}$ 不为零，则这 $\boldsymbol{E}_{\mathrm{s}}$ 必定是外场，于是该面元受力为 $\Delta f=(\sigma_0\Delta S)\boldsymbol{E}_{\mathrm{s}}$.

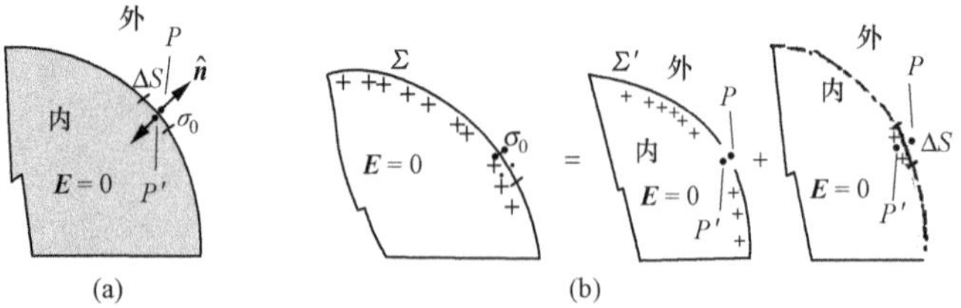

图 2.4　分析静电导体表面处的场强及其受力

提示：参见图 2.4(b)，将导体宏观表面 Σ 分解为两部分，$\Sigma=\Sigma'+\Delta S$，其中 ΔS 为考察的面元，Σ'为抠除 ΔS 后留下来的所有导体表面；对 ΔS 两侧场点 P 与 P'分别应用叠加原理：

$$\boldsymbol{E}(P,\Sigma)=\boldsymbol{E}(P,\Sigma')+\boldsymbol{E}(P,\Delta S)=\frac{\sigma_0}{\varepsilon_0}\hat{\boldsymbol{n}},$$

$$\boldsymbol{E}(P',\Sigma)=\boldsymbol{E}(P',\Sigma')+\boldsymbol{E}(P',\Delta S)=0,$$

并注意到

$$\boldsymbol{E}(P,\Delta S)=\frac{\sigma_0}{2\varepsilon_0}\hat{\boldsymbol{n}},\quad \boldsymbol{E}(P',\Delta S)=-\frac{\sigma_0}{2\varepsilon_0}\hat{\boldsymbol{n}},\quad \boldsymbol{E}(P,\Sigma')=\boldsymbol{E}(P',\Sigma');$$

且认定，对于Σ'连同其面电荷分布而言，P点与P'点的区分已无意义，场强$\boldsymbol{E}$在无源空间的分布总是连续的，故以上所示场强$\boldsymbol{E}(P,\Sigma')$也就是所考察面元$\Delta S$处的场强$\boldsymbol{E}_s$.

结果：

(1) 导体表面元$(\Delta S,\sigma_0)$处的场强公式为

$$\boldsymbol{E}_s=\frac{\sigma_0}{2\varepsilon_0}\hat{\boldsymbol{n}}. \tag{2.2}$$

它正是除$(\Delta S,\sigma_0)$外其它所有导体的面电荷分布在该面元处的场强，尽管其它所有面电荷分布可能很复杂，但它们产生的场$\boldsymbol{E}_s$与σ_0之间却是一个简单的比例关系，这是多么奇妙.

(2) 导体表面元$(\Delta S,\sigma_0)$所受电力为

$$\Delta \boldsymbol{f}=\frac{\sigma_0^2}{2\varepsilon_0}\hat{\boldsymbol{n}}\cdot\Delta S,$$

故其受力面密度为

$$\frac{\Delta \boldsymbol{f}}{\Delta S}=\frac{\sigma_0^2}{2\varepsilon_0}\hat{\boldsymbol{n}}. \tag{2.2'}$$

无论$\sigma_0>0$，或$\sigma_0<0$，这面元受力总是沿$\hat{\boldsymbol{n}}$方向即它总是扩张力，这是因为$\Delta\boldsymbol{f}\propto\sigma_0^2\hat{\boldsymbol{n}}$，系平方效应.

2.2 若干实例及其典型意义

- 给定导体电势求出空间电势场
- 给定导体总电量求出面电荷分布
- 半定量分析——中性导体进入一均匀场所带来的变化
- 半定量分析——中性导体接近一带电导体所引起的变化
- 单一导体表面不可能出现异号电荷

● 给定导体电势求出空间电势场

参见图2.5，一个导体球连接一直流电源，以维持自身的电势值为U_0，试求出全空间的电势场$U(r)$.

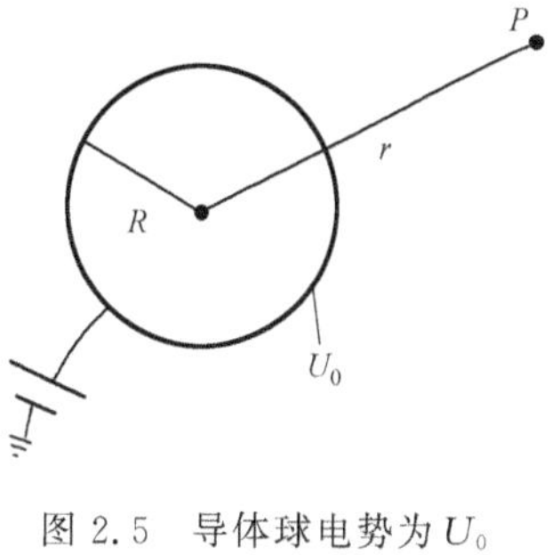

图2.5 导体球电势为U_0

设此时分布于导体球表面的总电量为Q_0，由球对称可知这Q_0均匀分布于此球面，遂可借用均匀带电球壳的电势场公式，

$$\text{当 } r \geqslant R, \quad U(r) = k_e \frac{Q_0}{r},$$

其中并未事先给定的电量 Q_0，可由边界条件

$$U(R) = U_0, \quad \text{即} \quad k_e \frac{Q_0}{R} = U_0$$

求出

$$Q_0 = \frac{R}{k_e} U_0,$$

最终得本题全空间电势场为

$$\begin{cases} \text{当 } r \geqslant R, & U(r) = \dfrac{R}{r} U_0; \\ \text{当 } r \leqslant R, & U(r) = U_0. \end{cases} \tag{2.3}$$

这是一个质朴的例子，却体现了导体静电问题中无源空间边值定解这一重要物事. 当然，若是其它非球形导体，则求解由该导体电势值 U_0 所决定的空间电势场 $U(\boldsymbol{r})$，在数学上可能变得相当复杂，这时人们求助于数学物理方法，可以获得几类特定边界的定解.

- **给定导体总电量求出面电荷分布**

参见图 2.6(a)，两个面积很大的平行平板导体 A 和 B，分别被充以电量 Q_A 和 Q_B，面积均为 S，试求出其四个表面的面电荷密度(σ_1，σ_2)和(σ_3，σ_4).

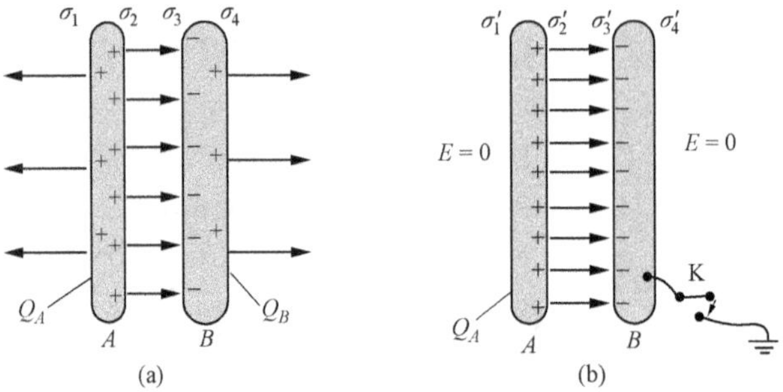

图 2.6　(a) 给定总电量求电荷分布；(b) 一导体板接地求电荷重新分布

由导体静电平衡条件可知，这四个面电荷取值必然要使两个导体板内部场强为零，即

$$\text{为满足 } E(A) = 0, \quad \text{有 } \sigma_1 - (\sigma_2 + \sigma_3 + \sigma_4) = 0; \tag{1}$$

$$\text{为满足 } E(B) = 0, \quad \text{有} (\sigma_1 + \sigma_2 + \sigma_3) - \sigma_4 = 0. \tag{2}$$

再由孤立导体电荷守恒律，有

$$(\sigma_1 + \sigma_2) = \sigma_A, \quad \sigma_A = \frac{Q_A}{S}; \tag{3}$$

$$(\sigma_3 + \sigma_4) = \sigma_B, \quad \sigma_B = \frac{Q_B}{S}. \tag{4}$$

可见，有四个未知数且有四个独立方程，其解是唯一的.

可以由方程(1)和(2),先得到两个重要关系式,

$$(\sigma_1 - \sigma_4) = 0, \quad 即 \quad \sigma_1 = \sigma_4; \tag{2.4}$$

$$(\sigma_2 + \sigma_3) = 0, \quad 即 \quad \sigma_2 = -\sigma_3. \tag{2.4$'$}$$

这表明,两个面积很大且平行放置的导体板,其外侧两个面电荷 σ_1 与 σ_4 总是等量同号,其内侧两个面电荷 σ_2 与 σ_3 总是等量异号,必如此方能达到静电平衡,这与充电量 Q_A 和 Q_B 数值无关.

再结合方程(3)和(4),最后求出面电荷密度值分别为

$$\sigma_1 = \frac{\sigma_A + \sigma_B}{2} = \sigma_4, \quad \sigma_2 = \frac{\sigma_A - \sigma_B}{2} = -\sigma_3. \tag{2.4$''$}$$

这是一个质朴的例子,却体现了导体静电问题中一个重要定理,即,唯一性定理.虽然在导体问题中,电荷分布是不能人为地事先被给定,但在总电量给定条件下,满足静电平衡条件的电荷分布是唯一的,原则上它们可以由平衡条件以及其它关系而求得.

进一步讨论,若将右边导体板 B 接地以使其电势与远处大地等电势,即 $U_B=0$,参见图 2.6(b),试求此时的面电荷(σ_1',σ_2')和(σ_3',σ_4').据 $U_B=0$,可以作出判断 $\sigma_4'=0$;若 $\sigma_4'\neq 0$,则在右侧空间存在场强,以致 $U_B \neq U_{右}(\infty)=0$,这不符合接地条件.接着可以确定 $\sigma_1'=\sigma_4'=0$,而作为孤立导体的 A 板,其电荷量是守恒的,故 $\sigma_2'=\sigma_A=Q_A/S$.然而,作为非孤立导体的 B 板,其电荷量是不守恒的,但 $\sigma_3'=-\sigma_2'$ 必须被满足,这是 B 板通过接地导线与大地交换电量而自动实现的.换言之,一个导体一旦接地,则它在接地前所给定的电量一概作罢,不足为凭,其电量分布由零电势条件及其它平衡条件予以确定,其解总是存在且唯一.以上逻辑推理过程不妨归结如下:

$$U_B = 0 \to \sigma_4' = 0 \to \sigma_1' = 0 \to \sigma_2' = \frac{Q_A}{S} \to \sigma_3' = -\sigma_2'.$$

此时,两个导体板之间的电势差是确定无疑的,

$$U_{AB} = \frac{\sigma_A}{\varepsilon_0} d. \quad (d\ 为两板之间距)$$

这里不免令人生疑,若据左半空间 $E=0$,可得左半空间为一等势区,即 $U_{左}(\infty)=U_A\neq 0$;而右半空间 $E=0$,它也是一等势区,即 $U_{右}(\infty)=U_B=0$;于是

$$U_{左}(\infty) - U_{右}(\infty) = U_{AB} = \frac{\sigma_A}{\varepsilon_0} d,$$

这就与一直认定的无穷远处为电势零点的理论设定相冲突,左、右两侧无穷远处之间竟有一确定的电势差.须知,"无穷远"即 $r\to\infty$ 是有方向性的,取球坐标(θ,φ,r)更易说清这一点.无穷远的电势场被表示为 $U(\theta,\varphi,\infty)$,在源电荷分布于局域的一般情况下,$U(\theta,\varphi,\infty)$ 与 (θ,φ) 无关,表现为各向同性,沿任何方向的无穷远处均可设定为电势零点.而目前无限大均匀带电平面的假想模型,将全空间分割为左半空间与右半空间,其间还有一个厚度为 d 的无限大电场空间,致使电势场 $U(\theta,\varphi,\infty)$ 失去了各向同性,主要表现为 $U_{左}(\infty)\neq U_{右}(\infty)$.简言之,这一非常关系源于无限大带电面模型,若回归到有限大带电平面的实际情况,那上述这类理论上的矛盾或冲突就不复存在.

● 半定量分析——中性导体进入一均匀场所带来的变化

如图 2.7 所示，一对平行导体板 A 和 B，其上均匀分布的面电荷设为(σ_0，$-\sigma_0$)，它产生了一均匀场 $\boldsymbol{E}_0$，现有一中性导体小块进入这 $\boldsymbol{E}_0$ 场区，它将引致整个场空间的场强变化和电势变化. 试：(1) 粗略而正确地描绘出空间 $\boldsymbol{E}$ 场线图象和空间等势线图象，(2) 比较场强 E_e、E_f 和 E_0 三者数值之大小(排序).

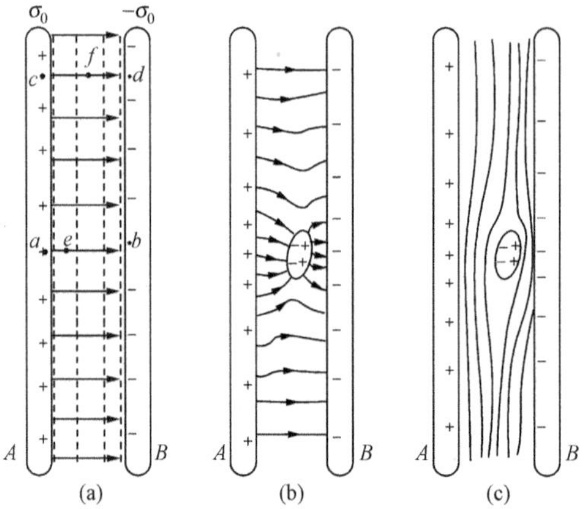

图 2.7　(a)一对带电平板导体产生一均匀场，其等势面为一系列平行平面；(b)进入该场的中性导体小块改变了空间场线图象；(c)改变了的空间等势面图象 注意(a)中几个特定场点 a,b,c,d,e 和 f，待分析用

进入 $\boldsymbol{E}_0$ 场的导体块其自由电荷发生迁移，以致其一侧面带负电而另一侧面带正电，从而产生一附加场以抵消体内的 $\boldsymbol{E}_0$ 场，使自己成为一个等势体，其表面为一个新的等势面，当然此时导体板 A 或 B 其表面依然为一个等势面. 于是，出现了这样一幅图景，空间等势面形态从 A 板处的平面型开始，向右逐渐弯曲，直至导体块那等势面与导体块表面吻合，如图 2.7(c)所示. 若用 $\boldsymbol{E}$ 场线描述，则所有 $\boldsymbol{E}$ 场线必须与平板 A 或 B 处处正交，且在导体块附近的 $\boldsymbol{E}$ 场线发生明显的弯曲，与导体块表面成正交，而在远离导体块的区域 $\boldsymbol{E}$ 场线趋于平行，成为一个均匀场区，如图 2.7(b)所示.

此时，一对平行导体板上接近导体块的 a，b 两点之电势差与远离导体块的 c，d 两点之电势差，依然相等即 $U_{ab}=U_{cd}$，然而 $a\rightarrow b$ 场强 $\boldsymbol{E}$ 积分路径中，有一段在导体块内部 $\boldsymbol{E}=0$，故有效积分路径长度要短于 $c\rightarrow d$ 积分路径长度，故 $E_e>E_f$. 另一方面，根据导体表面外侧场强 $E\propto\sigma$ 性质，得 $\sigma_a>\sigma_c$，即导体板 A 在 a 处及其四周的面电荷密度大于远处导体板 A 在 c 处及其四周的面电荷密度. 换言之，原有均匀分布的 σ_0，有了导体块以后变得不均匀了，此时 σ_0 值具有平均面电荷的意义，故 $\sigma_a>\sigma_0>\sigma_c$，进而判定 $E_e>E_0>E_f$.

当然，也可采取其它方式和眼光分析此题. 不过，以上分析思路和逻辑推理是最可靠的，因为它充分应用了导体静电平衡特性. 本题虽然简朴，其结果却表明了一个具有普遍意义的重要物事，即，一旦有一导体进入电场，即便它是不带电的，也将引起空间等势面形态发生显著变化，似有牵一发而动全身之效应，这里，起决定性作用的是导体的形状、大小、位置及其电势值.在电子光学领域,比如电子显像管和电子显微镜的设计,其核心问题是关于电极组作为一导体系其形状、大小、布局以及电势取值的选择,这将直接决定着运行于其间的电子径迹、偏转和聚焦,这是一项专门的学问,参见图 2.8.

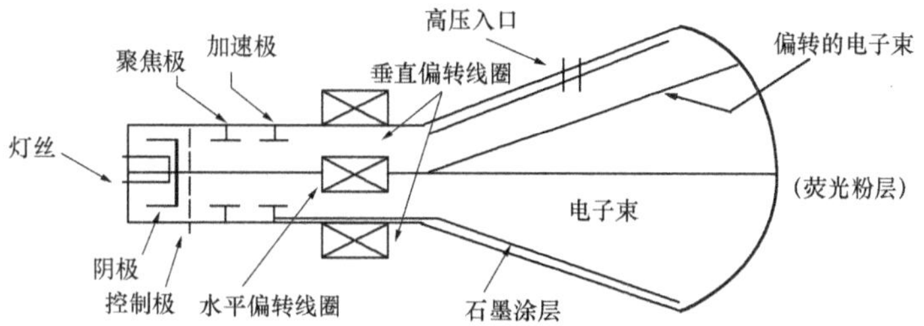

图 2.8 一电子显像管的内部结构

- **半定量分析——中性导体接近一带电导体所引起的变化**

如图 2.9 所示,一导体球 A 带有电量 Q,其产生的电场线为球对称辐射状.现将一个中性导体块 B 从远处移近导体球 A,这将引起整个空间电场的变化.试:(1) 粗略而正确地描绘出空间电场线图象和等势线图象;(2) 比较电势 U_A,U_B,$U_{地}$ 和 U_A^0 这四者数值之大小(排序),这里 U_A^0 为球 A 原先电势.

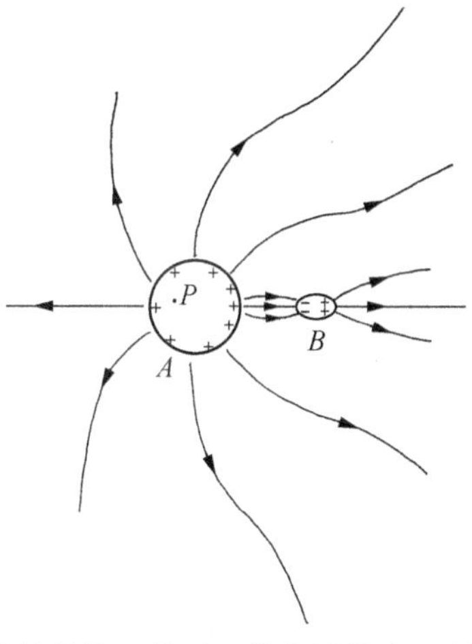

图 2.9 一中性导体 B 接近一带电导体球 A 所造成的电场

以下分析中关于正、负、左、右的措词皆以 $Q_A>0$ 为前提.在 Q_A 产生的电场力驱动下,B 块中自由电荷的迁移所造成的面电荷积累$(-q,q)$,只可能是左负右正,唯此方能反抗外场以至体内 $\boldsymbol{E}_B=0$,另一方面,这新出现的电荷分布$(-q,q)$反过来影响 A 球上原本均匀的电荷分布,其趋势是左边的部分正电荷向右边迁移,亦即向 B 块方向迁移,否则 A 球若依然保持电荷均匀分布,由于$(-q,q)$的存在其内部的场强就不为零了,这是不满足静电平衡条件的.据以上分析所得两者面电荷的重新分布,可粗略而正确的描绘出空间电场线图象,如图 2.9 中带箭头的曲线.再根据导体 A 或 B 皆为等势体,以及电场线处处与等势面正交,可粗略地描绘出二维等势线，如图 2.9 中那些粗黑的闭合曲线.

根据电场线 $\boldsymbol{E}$ 方向总是指向电势降落方向这一性质，立马可以判断出电势 $U_A > U_B > U_{地} = 0$. 考虑眼下电势 U_A 与原先电势 U_A^0 数值大小之比较，就是考量 A 球电量右迁和$(-q, q)$出现对 A 球电势之影响，为此选择位于 A 球左侧的场点 P 作为考察对象是明智的，显然那正电量右迁引致 P 点电势增量 $\Delta U_1(P) < 0$，而$(-q, q)$出现引致 P 点电势增量 $\Delta U_2(P) < 0$，综合这两个负效应，得

$$\Delta U = U_A - U_A^0 = (\Delta U_1(P) + \Delta U_2(P)) < 0,$$

即

$$U_A^0 > U_A.$$

最终得那四个电势值之排序为

$$U_A^0 > U_A > U_B > 0.$$

此结果表明，一个不带电的中性导体靠近一个带正电的导体，则将导致后者电势降低，而自身的电势提升为正. 特别值得注意的是，当一个中性导体比如人体，接近一个高压比如 20 万伏的静电器，虽然它并未直接触摸后者，但它已处于高电势比如 1 万伏，这将招致人身安全危险. 远离高压带电体或高压电器，应当成为人们的一个安全须知.

- **单一导体表面不可能出现异号电荷分布**

单一导体指称其周围无其他带电体的导体，如图 2.10 所示. 如果一个单一导体被充以电量 Q 设为正值，则其上面电荷分布与曲率半径有关，曲率半径越小之处其面电荷密度越大，如图 2.10(a)所示. 在表面凹陷处即曲率半径为负之处，其面电荷密度甚小，但绝不可能出现异号电荷，如图 2.10(b)所示. 试普遍地论证：单一导体表面不可能出现异号电荷.

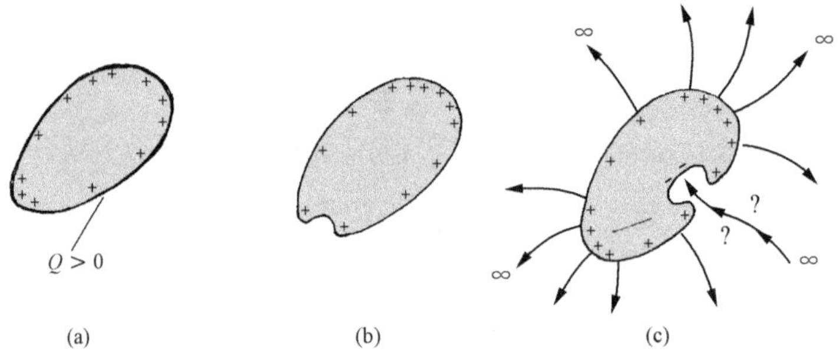

图 2.10　单一导体表面电荷分布特征及不可能出现异号电荷的证明

如果出现异号电荷，比如在凹陷处出现负电荷如图 2.10(c)所示，那将产生怎样的场景？拟可采取电场线语言分析之，这导体表面正电处发出的电场线，不可能终止于自身上的负电荷，这将违背静电场环路定理，也违背了导体是一等势体这条静电平衡条件，故这些电场线只可能射向无穷远，这表明带上正电量的单一导体之电势为正. 再看凹陷处的负电荷，与其相联系的电场线只有一条来路，即来自无穷远，如是，则表明该导体之电势为负. 以上两个推证，各自言之有理，其结论却自相矛盾，这源于其前提设定不正确. 从而反证了单一导体表面不可能出现异号电荷，即便在表面凹陷处也无异号电荷. 这个结论将应用于随后对唯一性定理的证明.

最后，对导体表面尖端放电效应稍加详细说明. 诚如前述，单一导体表面曲率半径越小处，则其表面电荷密度越大，因而其外侧场强 $\boldsymbol{E}$ 就越强，以致其数值超过周围介质比如空气的击穿场强. 一旦周围空气被击穿即被电离，就有异号电荷比如负离子，流向该处，从而中和了其上的电荷，或者说，导体表面尖端处易于最先放电，使其上感应电荷的积累受限，亦即其电势受限. 这就是人们常说的导体尖端放电原理或尖端放电效应. 高大建筑物顶层装有一避雷针，以防止在雷电天气时被雷击，其依据的就是尖端放电原理. 安装于建筑物最高处的避雷针是一个有尖头的金属体，且通过一条长长的粗导线直下地面，并深埋于地下，以保证它可靠的接地，为尖端放电所产生的大电流提供了一通道，从而维护了建筑物的安全. 图 2.11 展示了几种建筑物安装的避雷针，以及美国人本杰明·富兰克林的肖像，他最先提出避雷针的设想.

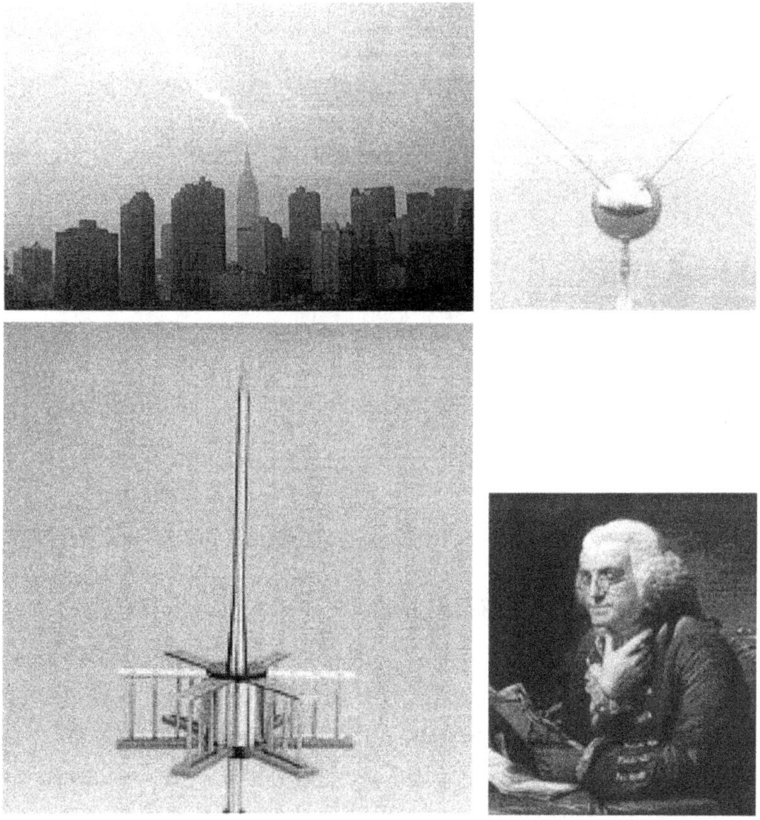

图 2.11

2.3　空腔导体　静电屏蔽

- 一类空腔导体的静电特性
- 静电屏蔽的第一种含义
- 静电高压起电
- 二类空腔导体的静电特性
- 静电屏蔽的第二种含义
- 关于导体静电平衡的唯一性定理

· 讨论——导体身上是否有足够的自由电量以实现静电屏蔽

· 讨论——试估算导体达到静电平衡的响应时间

● 一类空腔导体的静电特性

这里标称“一类”空腔导体,是指其空腔内没有电荷或其它带电体,如图 2.12(a)所示,设其腔体内表面为 Σ_i,其外表面为 Σ_s,其空腔区域为 V_0. 当这空腔导体被充以电量 Q,且达到静电平衡后,则它具有以下三点特性:

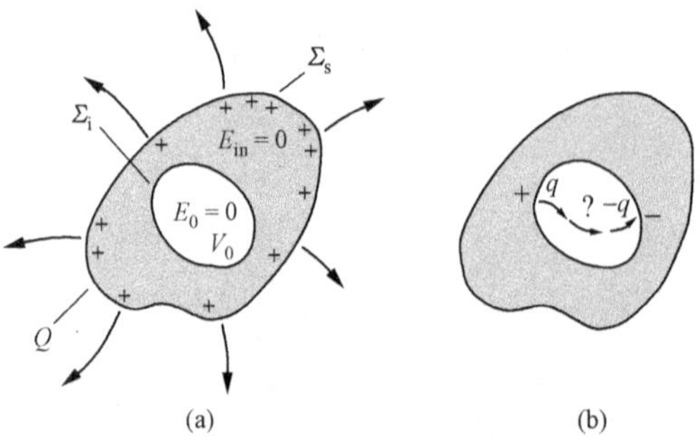

图 2.12 一类空腔导体. (a) 平衡特性; (b) 反证其内表面无电荷

(1) 内表面不带电,其上面电荷密度处处为零,即

$$\sigma_i = 0.$$

(2) 全部电量分布于其外表面 Σ_s,即

$$\sigma_s \neq 0, \quad 且 \quad \oint_{(\Sigma_s)} \sigma_s \mathrm{d}S = Q.$$

(3) 在空腔 V_0 区域,场强 $\boldsymbol{E}_0$ 恒为零,即

$$\boldsymbol{E}_0 = 0.$$

当然,先前已确定的有关静电导体的所有平衡条件,目前仍一概成立. 兹对特性(1)给予论证如下.

若腔壁 Σ_i 上部分表面带电量为 q,则其另一部分表面必带电$(-q)$,这是因为腔体内部电场 $\boldsymbol{E}_{in}=0$,故腔体内任何一个将腔壁包围其中的闭合面其电通量为零,而据静电通量定理,其内部电荷之代数和为零,$q+(-q)=0$ 满足这一要求,如图 2.12(b)所示. 虽然存在$(q,-q)$不违背这一方面的通量定理,可是正电荷 q 的存在,必定从此处发出电场线,这也是通量定理的一种形象表述,这些电场线不可能中断于无源空间 V_0,它们将继续延伸而终止于对方$(-q)$处;显然,沿这些电场线的场强积分值不为零,这意味着其头尾两点之间存在电势场,这违背了静电导体是一个等势体这一平衡条件. 于是,其结论是一类空腔导体其内表面处处无电荷.

对于其特性(2)和(3)的论证,留给读者自己完成. 通常总是反证法思辩之,即,若其中一条特性不被满足,则必有或违背静电场通量定理,或违背静电场环路定理,或违背静电导体应具备的平衡条件.

● 静电屏蔽的第一种含义

在一类空腔导体内部，不仅导体中场强 $\boldsymbol{E}_{in}=0$，且腔内 $\boldsymbol{E}_0=0$，这是依赖其外表面 Σ_s 上面电荷的特定分布(σ_s 分布)来实现的，这与无空腔的实心导体无异. 换言之，若在实心导体中挖除一个空腔，不论其空腔大小、形状和位置如何，不会改变面电荷 σ_s 分布. 即便这空腔导体外部有了其它带电体比如 q_A，如图 2.13(a)所示，这将立刻引起面电荷 σ_s 的重新分布，以保证 Σ_s 所包围的区域中总场强为零，即

$$\left.\begin{aligned}(q_A)&\rightarrow \boldsymbol{E}_1(P)\neq 0,\\(\sigma_s\ \text{分布})&\rightarrow \boldsymbol{E}_2(P)=-\boldsymbol{E}_1(P),\end{aligned}\right\}\boldsymbol{E}_0(P)=\boldsymbol{E}_1(P)+\boldsymbol{E}_2(P)=0.$$

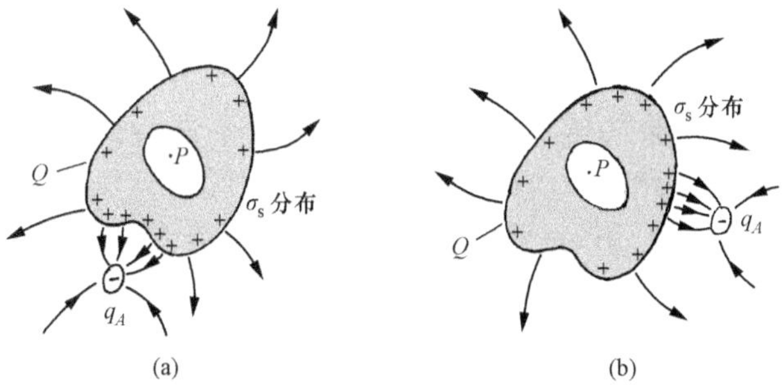

图 2.13 一类空腔导体的静电屏蔽效应

如果外部电荷 q_A 移动至另一处如图 2.13(b)所示，则，面电荷立即响应一个新的分布，以完全抵消 q_A 产生的场强，而依然保证 $\boldsymbol{E}_0=0$，且 $\boldsymbol{E}_{in}=0$. 这一图景宛如老鹰抓小鸡，表面 Σ_s 上大量的自由电荷扮演一群母鸡的角色，总能完全抵挡住 q_A 这只老鹰的侵袭.

简言之，一类空腔导体通过自身外表面自由电荷的重新分布，而屏蔽了空间其它带电体对空腔内部场强的影响，使总场强为零得以保证. 所谓外部不影响内部，就是这个内容，此乃静电屏蔽这一流行术语的第一种含义.

如果用一金属罩罩住电场中不存在电荷的某局部空间，则该空间中将不再有电场. 这个起屏蔽作用的金属罩称为法拉第罩.

● 静电高压起电

如何使一个导体获得足够高的电势，即所谓静电高压起电，是导体静电学中的一个实用问题. 而上述一类空腔内表面无电荷这特性，为获得静电高压提供了一个实际途径. 参见图 2.14(a)，不断地向一空腔导体内表面一次次传送电量 q，于是这空腔导体表面就一次次获得电量 q，持续地积累最终获得大电量、高电势. 这里，那个传送者金属小球是从一静电起电机中获得小电量 q. 假如，那个携带电量 q 的小球直接地与空腔导体外表面接触，以试图将 q 转移到导体身上，如图 2.14(b)所示，即便是一次次不断地传送，也不可能使其外表面持续地积累电量，这是因为与外表面接触的小球，作为联合表面的一部分，它也将分配到少许电量而带回. 换言之，此种方式下这空腔导体表面所能积累的最高电量是受限的，即它有一个

饱和值 Q_M. 设小球与大球直接密合时,大球分到电量百分比为 p,则大球外表面的饱和值满足以下方程,

$$p(Q_M + q) = Q_M, \quad 得 \quad Q_M = \frac{p}{1-p}q. \tag{2.5}$$

比如,令 $p=90\%$,则 $Q_M=9q$;$p=95\%$,则 $Q_M=19q$.

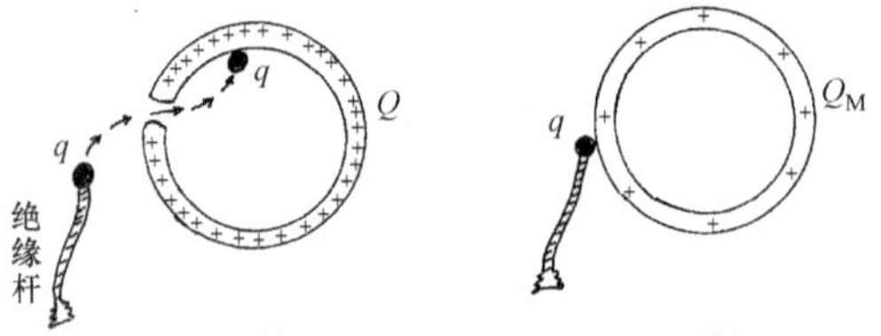

图 2.14 (a) 静电高压起电原理 ;(b) 说明从外表面输送电量只能获得低压

从这个角度看,严格闭合的球腔,等效于其 $p\to 100\%$,故 $Q_M\to\infty$. 当然为使小球进入空腔提供通道,实际上的空腔导体非严密闭合而开有一个小孔. 这使其最大电量及相应的最高电势受到了一定程度的限制. 不过,静电高压球的最高电势 U_M 值,主要受限于其周围空气的击穿场强 E_M. 对于干冷空气,$E_M\approx 3\ \mathrm{kV/mm}$.

某一科技馆有一个静电高压球(帽)(参考图 2.15),观其半径(R)约为 15 cm,便可估算出其所能获得的最高电势值 U_M:据

图 2.15 某科技馆的静电高压装置(图取自 http://www.shxstm.org.cn/cykj/show.asp?id=27)

当今科技馆中常用的静电高压装置为范德格拉夫起电机,它由美国工程师范德格拉夫发明于 20 世纪 30 年代. 它有五个主要部分:一个大的金属球壳位于顶部;一个高压绝缘柱壳支于地面,以托起金属球壳;一个由橡胶布条制成的传送带,运行于柱壳中轴附近,自下而上至球壳中心区;两个尖端导体分别针对着传送带的上方与下方;一个约 2 万伏的直流高压电源置于主结构的一侧. 在直流电源作用下,位于下方的那个导体尖端便放电,将电荷溅射在传送带上,向上输运至上方导体尖端,而将这些电荷直接导入球壳内表面;如此循环往复,一次次注入电荷内表面,再迁移到球壳外表面,以致球壳电量不断积累,其电势不断提升,可达几十万伏乃至几百万伏. 其最高电势值 U_M 取决于顶部球壳半径 R 和空气击穿场强 E_d,即 $U_M=RE_d$. 在科学研究中,范德格拉夫起电机可作为静电加速器,用来加速带电粒子,以获得低能离子束或电子束,而应用于当今微电子技术.

$$U(R)=\frac{1}{4\pi\varepsilon_0}\cdot\frac{Q}{R},\quad Q=4\pi R^2\sigma_0,$$

$$E(R^+)=\frac{1}{\varepsilon_0}\sigma_0,\quad 令\quad E(R^+)=E_M,$$

求得
$$U_M=RE_M.\tag{2.5'}$$
以 $R\approx15$ cm，$E_M\approx3\times10^3$ V/mm 代入，得 $U_M\approx450$ kV，即 45 万伏. 在夏日湿热空气中，会发现 U_M 值显著下降，以致该科技馆原计划表演的高压静电实验多有失灵，这是因为水蒸气的击穿场强 E'_M 值明显地小于纯净空气的 E_M 值，温湿空气 E'_M 值约为 2 kV/mm.

● 二类空腔导体的静电特性

第二类空腔导体指称其空腔内有电荷或带电体，如图 2.16(a)所示. 其导体外壳有厚度，设这外壳内表面为 Σ_i，其外表面为 Σ_s，而腔内有电荷 q. 当这导体壳被充以电量 Q，则达到静电平衡以后，这类空腔导体具有以下特性.

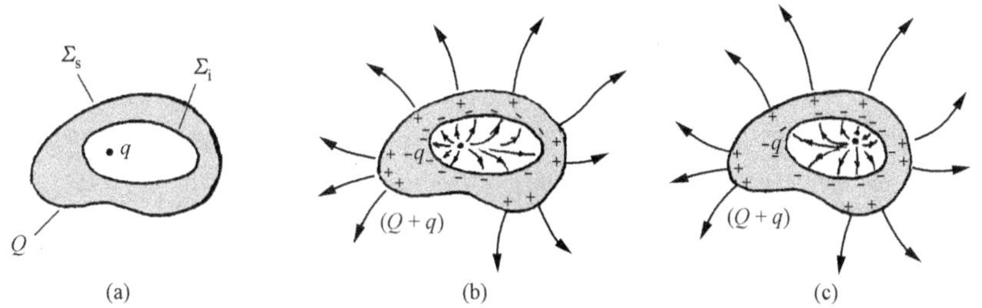

图 2.16 第二类空腔导体的静电平衡特性

(1) 导体壳内表面 Σ_i 带有电量 $-q$，相应地外表面 Σ_s 带有电量 $Q+q$. 这是壳内场强必为零、静电场通量定理和电荷守恒定理导致的结果.

(2) 内表面 Σ_i 上 $-q$ 电量的面分布与腔内带电体 q 的位置有关，如图 2.16(b)所示；当腔内 q 的位置有变动，则牵动 $-q$ 电量的面分布，从而牵动腔内电场的分布，如图 2.16(c)所示.

(3) 导体壳外表面 Σ_s 上电荷 $Q+q$ 的面分布，在导体内部包括空腔区域所贡献的电场为零，这一结论与空腔内无电荷的一类空腔导体无异，也与无空腔的实心导体无异，即

$$(Q+q)\ 分布\rightarrow \boldsymbol{E}_1(P)=0\quad(场点\ P\ 在壳内).\tag{2.6}$$

(4) 腔内电荷 q 与导体壳内表面 $-q$ 分布，共同决定腔内电场和腔外电场，即

$$(q,-q\ 分布)\rightarrow \boldsymbol{E}_2(腔内)，一般较为复杂；$$

$$(q,-q\ 分布)\rightarrow \boldsymbol{E}_2(腔外)=0.\tag{2.6'}$$

这(2.6′)结论是(2.6)式的一个推论. 表观上看，眼下有三部分源电荷，即 q，$-q$ 分布和 $Q+q$ 分布，应用场强叠加原理于导体壳内任意场点 P，并设 q，$-q$ 分布的贡献为 $\boldsymbol{E}_2(P)$，$Q+q$ 分布的贡献为 $\boldsymbol{E}_1(P)$，则

$$\boldsymbol{E}_1(P)+\boldsymbol{E}_2(P)=\boldsymbol{E}_{in}(P);$$

且
$$\boldsymbol{E}_{in}(P)=0\quad(这是普遍的导体静电平衡特性),$$

结合(2.6)式 $\boldsymbol{E}_1(P)=0$,遂得

$$\boldsymbol{E}_2(P)=0.$$

图 2.17 显示了以上电荷分布的叠加,以及相应的场强叠加,即

$$(q,-q,(Q+q))=(0,0,(Q+q))+(q,-q,0),$$

$$\boldsymbol{E}_{\text{in}}(P)=\boldsymbol{E}_1(P)+\boldsymbol{E}_2(P).$$

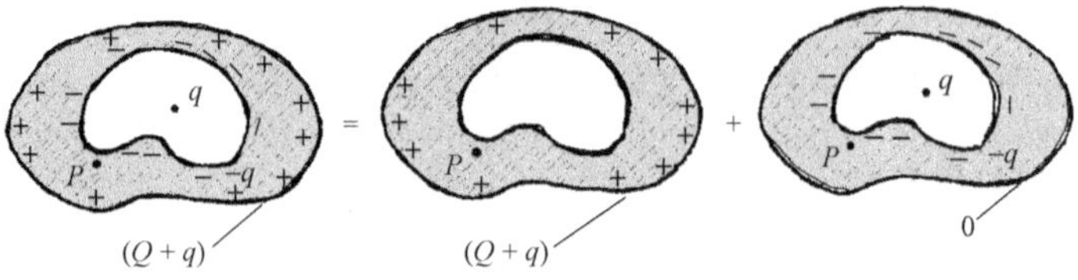

图 2.17 第二类空腔导体电荷分布的分解与叠加

- **静电屏蔽的第二种含义**

在上述第二类空腔导体的静电特性中,最值得关注的一点是,当空腔内存在电荷 q,则导体壳的内表面 Σ_i 便感应到一个$(-q)$电荷的面分布,以抵消电荷 q 在腔外产生的电场;当电荷 q 的位置和数值有所变动,则内表面立即策应一个新的电荷分布,依然使 q,$(-q)$分布在腔外的场强为零,简言之,第二类空腔导体凭借其内表面 Σ_i 自由电荷的分布或重新分布,而屏蔽了腔内带电体及其变化对腔外空间电场的影响. 所谓内部不影响外部,就是这个内容,此乃静电屏蔽这一流行术语的第二种含义.

不过,对于腔内电荷 q 的数值变化招致的影响,尚需说明一点. 设其电量 q 改变为 $q'=(q+\Delta q)$,则腔内电场 $\boldsymbol{E}$ 线形态不变,而其数值 E 处处按倍率 q'/q 有所增减. 然而,此时导体壳外表面 Σ_s 的带电量由$(Q+q)$改变为$(Q+q)+\Delta q$,从而使外部空间的场强 $\boldsymbol{E}$ 和电势 U 发生相应的改变,这种改变不仅体现在 E 值或 U 值有所增减,还可能招致场强 $\boldsymbol{E}$ 方向的改变,当腔外存在其它带电体时就是这样. 为了消除内部对外部的这一方面的影响,通常采取接地方式,将导体壳接地以维持其为零电势,便可彻底实现腔内电荷 q 的位置变动和数值变化对外部空间的零效应.

以上对于两类空腔导体的两种静电屏蔽效应的论述,展现了这样一幅图景,一个其体内场强为零的闭合导体壳,将全空间分割为两部分,即壳内空间与壳外空间,两者彼此隔离,互不影响或互不干扰. 这对电磁测量实验,特别对精密电磁测量实验尤其重要. 1959 年落成的北京大学物理大楼,其北楼诸多实验室的四周墙体中,均嵌入铁丝网以起屏蔽作用,既消除了本实验的电磁测量对其它实验室的影响,也消除了其外实验室的电场测量对本实验室的影响,而嵌于墙体中的铁丝网其接地条件自然得到了良好保证.

- **关于导体静电平衡的唯一性定理**

自从开始研究导体静电学问题以来,已多次提到这唯一性定理,这里对它作全面的理论说明和证明.

关于导体静电问题，有两种基本提法：

(1) 给定各个导体的电量，求出空间的电场 $\boldsymbol{E}(\boldsymbol{r})$ 和 $U(\boldsymbol{r})$.

(2) 给定各个导体的电势，求出空间的电场 $\boldsymbol{E}(\boldsymbol{r})$ 和 $U(\boldsymbol{r})$.

相应的唯一性定理可以有两种表述：

(1) 当导体系中各导体的电量被给定，则满足导体平衡条件的电荷分布是唯一的，从而空间电场分布也是唯一的.

(2) 当导体系中各导体的电势被给定，则满足导体平衡条件的各电量分布是唯一的，从而空间电场分布也是唯一的.

现以单一导体为对象，证明唯一性定理的第一种表述，参见图 2.18. 给定该导体总电量为 Q，假定它有两个不同的面电荷分布 $\sigma_1(P)$ 与 $\sigma_2(P)$，均能使该导体分别处于平衡态(Ⅰ)与平衡态(Ⅱ)，即

$$\sigma_1(P) \neq \sigma_2(P), \quad 且 \quad \oiint_{(\Sigma)} \sigma_1 \mathrm{d}S = \oiint_{(\Sigma)} \sigma_2 \mathrm{d}S = Q,$$

$$\sigma_1(P) \rightarrow 平衡态(Ⅰ), \quad \sigma_2(P) \rightarrow 平衡态(Ⅱ).$$

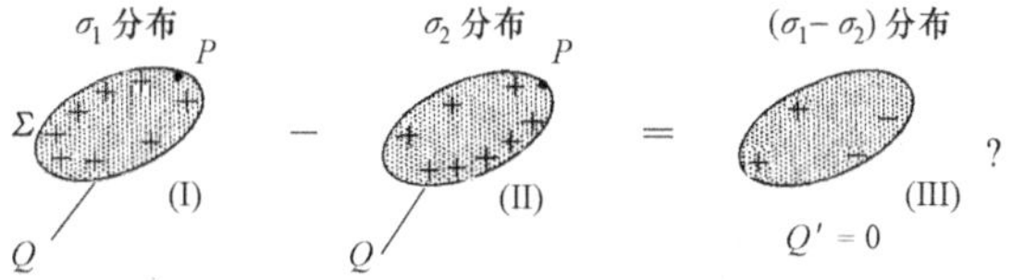

图 2.18 用减法证明——不可能存在两种不同的面电荷分布皆满足平衡条件

那么，这两个平衡态的相减(这也是一种叠加方式)，其结果理应是一个新的平衡态，设其为(Ⅲ)，即

$$(Ⅰ)态 - (Ⅱ)态 = (Ⅲ)态, \quad 系一新平衡态； \quad (推论一)$$

相应的新的面电荷分布为 $\sigma_3(P)$，它应满足

$$\sigma_3(P) = \sigma_1(P) - \sigma_2(P),$$

且

$$\oiint_{(\Sigma)} \sigma_3 \mathrm{d}S = \oiint_{(\Sigma)} (\sigma_1 - \sigma_2) \mathrm{d}S = \oiint_{(\Sigma)} \sigma_1 \mathrm{d}S - \oiint_{(\Sigma)} \sigma_2 \mathrm{d}S$$

$$= Q - Q = 0,$$

这势必导致

$$该导体部分表面 \sigma_3(P) > 0, \quad 另一部分表面 \sigma_3(P') < 0. \quad (推论二)$$

然而，先前 2.2 节已证明了，单一导体表面不可能出现异号电荷，这表明以上推论一与推论二是不相容的，或是自相矛盾的，可是，两者均是以 $\sigma_1(P) \neq \sigma_2(P)$ 为前提的逻辑必然. 这就反证了唯一性定理的第一种表述. 其实，这一论证方式可以推广到两个导体或多个导体的情形. 比如，对于各自总电量为零的两个导体，不可能出现“(+，−)；(++，−−)”电荷分布，即，各导体身上也不可能出现异号电荷分布，否则必违背导体静电平衡条件.

当然，同任何数学上或物理上的唯一性定理一样，导体静电唯一性定理仅指明其解是唯一的，并不回答这唯一解是什么，这有赖于导体平衡条件及其它相关的物理定理而求得，说

到底,这要凭借关于无源空间电势的拉普拉斯方程和导体边界条件来定解. 当然,也可以凭借经验和对称性分析而给出一试探解,看其是否满足导体内部 $\boldsymbol{E}_{\text{in}}=0$,如是,则这试探解是唯一正确的解. 我们对于第二类空腔导体屏蔽效应的论述,就是采取了这一思维方式。

•【讨论】 导体身上是否有足够的自由电量以实现静电屏蔽

诚如前述,空腔导体通过其表面自由电荷的分布或重新分布以产生静电屏蔽效应,那么,当腔外或腔内存在带有巨大电量的荷电体时,导体身上是否有足够的自由电量,可以被调动起来以抵消前者的电场. 为此,首先让我们估算金属内存的自由电量的体密度 ρ_0 (C/cm^3),对于金、银、铜、铁和铝,其摩尔质量为

Au 196.97 g;　Ag 107.87 g;　Cu 63.55 g;　Fe 55.85 g;　Al 26.98 g.

取其平均值约为
$$m_{\text{mol}}\approx 100\ \text{g/mol},$$
而上述一般金属的比重约为
$$\rho\approx 10\ \text{g/cm}^3,$$
两者之比值就是一般金属在 1 cm^3 体积中所含 mol 数,即 mol 数体密度为
$$\rho_{\text{mol}}=\frac{\rho}{m_{\text{mol}}}\approx 0.1\ \text{mol/cm}^3.$$
据 1 mol 质量所含原子数 N_{A} 为一常量,$N_{\text{A}}\approx 6\times10^{23}$ 个,即使一个金属原子仅提供一个自由电子其电量 $e=1.6\times10^{-19}$ C,则得到一般金属所含自由电量的体密度(数量级)为
$$\begin{aligned}\rho_0&=eN_{\text{A}}\rho_{\text{mol}}=(1.6\times10^{-19})\times(6\times10^{23})\times(0.1)\ \text{C/cm}^3\\&=10^4\ \text{C/cm}^3.\end{aligned}\tag{2.7}$$

这是一个很大的电量体密度值. 试用曾计算过的静电高压金属球为例以作比较,一个半径为 $R=15$ cm 的金属球,所能获得的最高电压 $U_{\text{M}}=45$ 万伏,则其表面总电量为
$$Q_0=\frac{RU_{\text{M}}}{k_{\text{e}}}=\frac{0.15\times4.5\times10^5}{8.99\times10^9}\text{C}\approx 7.5\times10^{-6}\ \text{C};$$
而这静电高压球体中含有自由电量为
$$\Delta Q_0=\rho_0\Delta V=\rho_0(4\pi R^2\Delta R)\approx 1.7\times10^7\ \text{C},\quad(\text{设厚度 }\Delta R=6\ \text{mm})$$
两者之比值竟达
$$\frac{\Delta Q_0}{Q_0}\approx 2\times10^{12}.\tag{2.7′}$$

如此巨大的比值,给出了一个令人宽慰的结论:导体内存足够的自由电量可用以实现静电屏蔽.

•【讨论】 试估算导体达到静电平衡的响应时间

这个问题的实际意义是,对于变化的外电场,导体屏蔽效应在多高的频段以上将要失灵,虽然它对静电屏蔽是完全的. 诚如前述,空腔导体是通过其表面自由电荷的分布或重新分布来实现静电屏蔽的,而自由电荷的分布及其调整是需要时间的,因为自由电荷的迁移速

度$\boldsymbol{v}$是有限的.当腔外或腔内的带电体反复不断地变更其位置或带电量时,就有可能出现自由电荷跟不上作及时调整,以致不能屏蔽外电场,或不能完全屏蔽外电场.设导体尺寸及其几何线度为l,自由电荷从导体这一侧漂移到另一侧的时间τ,则合理地被定义为导体上自由电荷对电场变化的响应时间,即

$$\tau = \frac{l}{v}. \tag{2.8}$$

现在让我们专注于估算导体中自由电子的定向迁移速度$\boldsymbol{v}$.这可以凭借以下三个公式:

$$\boldsymbol{v} = \mu \boldsymbol{E}, \quad \boldsymbol{j} = \sigma \boldsymbol{E}, \quad \boldsymbol{j} = ne\boldsymbol{v}, \tag{2.8$'$}$$

这三个公式将在下一章电流场中导出.这里,各物理量为

金属中自由电子迁移速度$\boldsymbol{v}$,自由电子迁移率μ,体电流密度矢量$\boldsymbol{j}$,

自由电子数密度n,电子电量e,即金属中自由电量体密度$\rho_0 = ne$.

于是,由(2.8′)三个公式得到一个估算金属中自由电子迁移率公式,

$$\mu = \frac{\sigma}{ne} = \frac{\sigma}{\rho_0}. \tag{2.9}$$

其中,电导率σ是一个可观测量,常温下一般金属σ在$10^6 \sim 10^8/(\Omega \cdot \mathrm{m})$,现取$\sigma$为$10^7/(\Omega \cdot \mathrm{m})$,而上一段讨论题中已估算出$\rho_0$为$10^4\ \mathrm{C/cm^3}$,即$\rho_0 = 10^{10}\ \mathrm{C/m^3}$,代入而得

$$\mu \approx 10^{-3}\ \mathrm{m^2/V \cdot s}. \tag{2.9$'$}$$

为了估算出v值,还需选取场强E值.在此先将$v = \mu E$代入关于响应时间τ的(2.8)式,得到了一个颇具有意义的反比律公式

$$\tau E = \frac{l}{\mu}. \tag{2.10}$$

以$l = 30\ \mathrm{cm} = 0.3\ \mathrm{m}$,$\mu = 10^{-3}\ \mathrm{m^2/V \cdot s}$代入,得

$$\tau E = 300\ \mathrm{V \cdot s/m}. \tag{2.10$'$}$$

比如,取场强E为一个较大值,$E_{\mathrm{M}} \approx 3\ \mathrm{kV/mm}$,即干空气的击穿场强,得

$$\tau \approx 10^{-4}\ \mathrm{s}. \tag{2.11}$$

响应时间的倒数$1/\tau$具有特定频率f_{M}的意义,即

$$f_{\mathrm{M}} \equiv \frac{1}{\tau} \approx 10\ \mathrm{kHz}. \tag{2.11$'$}$$

姑且称f_{M}为导体动电屏蔽的截止频率,意指当外电场变化频率$f > f_{\mathrm{M}}$时,空腔导体的屏蔽效应将失灵,或者说,对这频段以上的电信号,空腔导体的屏蔽是不完全的.

最后,似应申明一点,以上对那响应时间τ的估算方式也许不是唯一的方式,可能有更简洁且其结果更可靠的方式为之,这是一个值得进一步讨论的问题.若从电磁场理论的高度认识,当一个交变的电磁波入射于空腔导体,将出现电磁波在金属表面的高反射,以及电磁波进入金属体内的趋肤效应,这类内容本课程不予深究.不过,通过以上讨论认识到.空腔导体对静电屏蔽是完全的,而对动电屏蔽是不完全的.如果认为,外电场变化的频率越高,则此时导体屏蔽效应越弱,这也未必正确.比如,金属片对于光波是不透明的,而光频段约为10^{14} Hz.明确地说,以上对于导体达到静电平衡的响应时间的考虑,以及相联系的对于空腔

导体屏蔽效应失灵的截止频率的估算，适用于低频段．而系统地考量空腔导体的频率特性，从低频长波到射频微波，乃至超高频光波，是一个颇有价值的研究课题．

2.4 电容器 电容

· 电容器 电容
· 三种简单电容器的电容公式
· 电容器的并联和串联
· 电容器储能公式
· 电容概念的扩展

● 电容器 电容

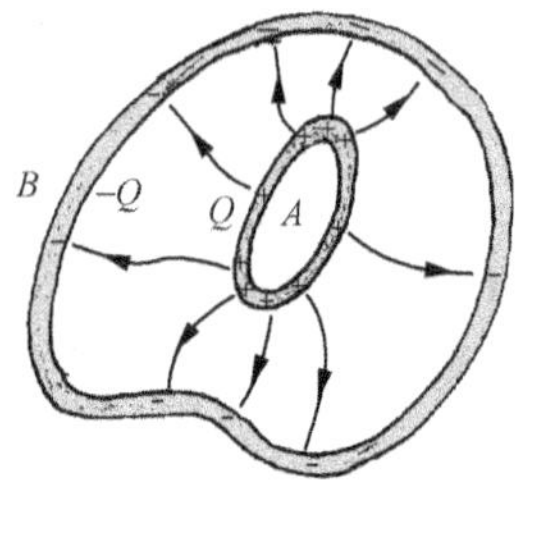

图 2.19 电容器的一般结构

电容器是一种特殊的空腔导体，它由两个导体壳组成，内导体壳 A 被外导体壳 B 所包围，其间存在一个空间 V_0，如图2.19所示．当 A 被充以电量 Q，则 B 内表面感应了一个电量 $(-Q)$，于是，在 V_0 区域中形成一个独立的电场空间．在 A,B 形状、大小和间隔给定的条件下，这电场 $\boldsymbol{E}$ 的形态随之被确定，而其数值正比于电量，即 $E \propto Q$，因此，导体壳 A 与 B 之电势差 $U_{AB} \propto Q$，或者说，电容器极板电量 $Q \propto U_{AB}$，实际上通常将一直流电源的正、负极分别接在这电容器的两极板 A 与 B，以提供一电势差 U_{AB}．在此引入一个比例常数 C 而将上述正比关系写成一等式，即

$$Q = CU_{AB}, \quad 或 \quad C = \frac{Q}{U_{AB}}. \tag{2.12}$$

这比例常数 C 称为电容，(2.12)式给出了电容的定义式，即，电容器的电容定义为，产生两极板间之单位电势差所需的电量．可以预料，按(2.12)式导出的各种电容器的电容公式中，必然包含极板形状、大小和间隔等结构参数．

关于电容 C 的单位和符号说明如下：

$$[C] = \frac{[Q]}{[U]} = \frac{库仑}{伏特},$$

称为“法拉”，记作 F，即

$$1\,\mathrm{F} = 1\,\frac{\mathrm{C}}{\mathrm{V}}.$$

电容 1 F 是一个很大的电容值．比如，地球作为一个导体球形电容器，其电容 $C \approx 7.1 \times 10^{-4}$ F．常用的辅助单位有

$$微法\ \mu\mathrm{F},\ 1\,\mu\mathrm{F} = 10^{-6}\,\mathrm{F}; \quad 皮法\ \mathrm{pF},\quad 1\,\mathrm{pF} = 10^{-6}\,\mu\mathrm{F} = 10^{-12}\,\mathrm{F}.$$

电容 C 作为电容器的一个性能参数，其物理意义可以从定义式中获得初步认识．当电压 U_{AB} 给定，电容 C 值越大，则其极板上的电量越多，故电容 C 反映了该电容器储存电量的能力．电容器是电工学中一个重要电器件，尤其在交流电路和电子线路中，它更是一个非常活跃、有着多方面功能的基本元件，届时将大大丰富我们对电容器及其电容物理意义的认识．

● 三种简单电容器的电容公式

(1) 同心球壳电容器，如图 2.20(a)所示，其电容公式为

$$C = 4\pi\varepsilon_0 \frac{R \cdot r}{R - r}. \tag{2.13}$$

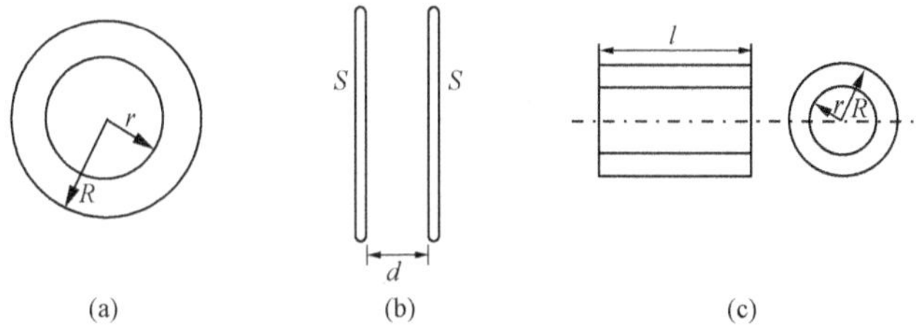

图 2.20 三种简单电容器

(a) 同心球壳电容器；(b) 平行板电容器；(c) 共轴圆筒电容器

若令 $R \to \infty$，便得到单一导体球壳的电容公式为

$$C = 4\pi\varepsilon_0 \cdot r. \tag{2.13$'$}$$

(2) 平行板电容器，如图 2.20(b)所示，其电容公式为

$$C = \varepsilon_0 \frac{S}{d}. \quad (d \ll \sqrt{S}) \tag{2.14}$$

这里 d 为两个平行导体平板之间距，S 为导体板的面积. 其电容公式(2.14)，是凭借无限大均匀带电面的场强公式而得到的，故当 $d \ll \sqrt{S}$ 得以满足时，这实际平行板电容器的电容就接近于(2.14)式给出的结果，姑且称(2.14)式为理想平行板电容器的电容公式.

(3) 共轴圆筒电容器，如图 2.20(c)，其电容公式为

$$C = 2\pi\varepsilon_0 \frac{l}{\ln(R/r)}, \quad (l \gg R) \tag{2.15}$$

这里，r 为内筒的外径，R 为外筒的内径，两者的轴向长度为 l. 其电容公式(2.15)，是凭借无限长均匀带电圆筒的场强公式而得到的，故在 $l \gg R$ 条件下的实际电容值，就比较接近(2.15)式给出的结果. 姑且称(2.15)式为理想共轴圆筒电容器的电容公式.

以上三个电容公式的导出，留给读者自己完成. 其推导的基本思路是，给定电容器的一个极板的电量 Q，求出其场强分布及相应的电势差 U_{AB}，它必然正比于 Q，从而在电容定义式 $C = Q/U_{AB}$ 中电量 Q 被消除，仅保留决定电势差的若干结构因子，诸如 R, r, l, d 和 S 等几何参数.

● 电容器的并联和串联

作为一种电器件，电容器的性能指标有两个，一是其电容 C，二是其耐压 U_M. 当电容器两个极板间的电势差即电压过高，以致其内部空腔的场强超过空气或介质的击穿场强时，该电容器将被击穿而造成短路，使电路无法正常工作. 在选购和使用电容器时，必须考量其所能承受的最高电压值 U_M，在电容器的商标中也必定标明其电容 C 和耐压 U_M 这两个主要的

性能参数.

当实验室中单个电容器的电容值过小,拟可将两个或多个电容器并联,拟增加总电容,如图 2.21(a)所示.在此电容器并联电路中,这多个电容器的电压是共同的,皆为 U,而它们各自所带电量分别为

$$Q_1 = C_1U,\quad Q_2 = C_2U,\quad \cdots,\quad Q_n = C_nU,$$

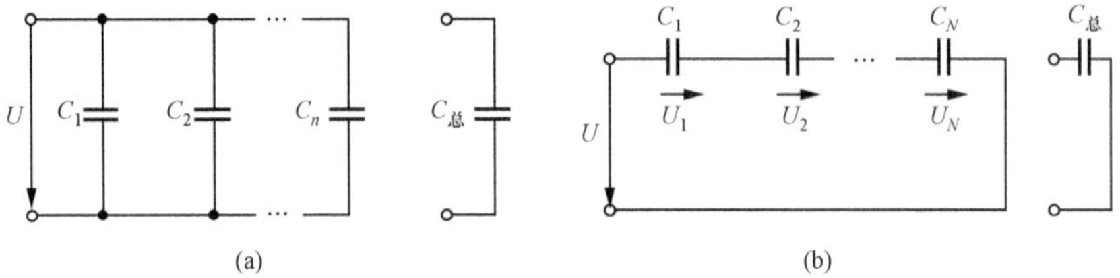

图 2.21　电容器的组合.(a) 并联;(b) 串联

故这并联电容器件所带总电量为

$$Q_{\text{tot}} = Q_1 + Q_2 + \cdots + Q_n = (C_1 + C_2 + \cdots + C_n)U,$$

其相应的等效电容或总电容为

$$C_{\text{tot}} = \frac{Q_{\text{tot}}}{U} = (C_1 + C_2 + \cdots + C_n). \tag{2.16}$$

即,并联电容器的总电容等于各分电容之和.

当实验室中单个电容器的耐压值过小,拟可将两个或多个电容器串联,以提高总耐压,如图 2.21(b)所示.在此电容器串联电路中,这多个电容器所带的电量是共同的,均为 $(Q,-Q)$,而总电压 U_{tot} 等于各分电压之和,即

$$U_{\text{tot}} = U_1 + U_2 + \cdots + U_n,$$

且
$$U_1 = \frac{Q}{C_1},\quad U_2 = \frac{Q}{C_2},\quad \cdots,\quad U_n = \frac{Q}{C_n},$$

于是

$$U_{\text{tot}} = \left(\frac{1}{C_1} + \frac{1}{C_2} + \cdots + \frac{1}{C_n}\right)Q,$$

相应的其等效电容或总电容 C_{tot} 满足以下方程,

$$\frac{1}{C_{\text{tot}}} = \frac{U_{\text{tot}}}{Q} = \left(\frac{1}{C_1} + \frac{1}{C_2} + \cdots + \frac{1}{C_n}\right). \tag{2.17}$$

即,串联电容器的总电容之倒数等于各分电容倒数值之和,其结果是总电容值减少了,比其中最小的电容值还要小,而其耐压值却提高了.

- **电容器储能公式**

电容器是一个存储电量的元件,也是一个集中电场的元件.从能量角度考量,无论积累电量 $(Q,-Q)$ 或是建立电场,均需要从外部输入能量,这一任务通常由一个外接直流电源来承担.拟可采取搬运电荷而做功的方式,导出电容器储能公式.

参见图 2.22，试搬运电荷 $\mathrm{d}q$ 从负极 B 至正极 A，而克服电场力做功为

$$\mathrm{d}A=-\int_B^A(\mathrm{d}q\cdot\boldsymbol{E})\cdot\mathrm{d}\boldsymbol{l}=\mathrm{d}q\cdot\int_A^B\boldsymbol{E}\cdot\mathrm{d}\boldsymbol{l}=u_{AB}\,\mathrm{d}q,$$

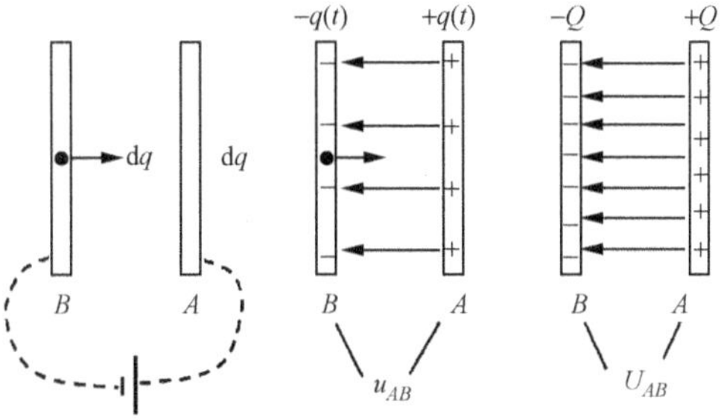

图 2.22 导出电容器储能公式

这里，u_{AB} 系建立电场过程中任意中间态的电势差，此时它对应的极板电量为$(q,-q)$. 值得注意的是，电容 C 是一个集中反映电容器结构参量的特征常数，它与极板电量的多少无关，也与极板间的电压大小无关. 换言之，特定结构的电容器有特定的电容 C 值，它在极板电量积累过程中保持不变. 故

$$u_{AB}(t)=\frac{q(t)}{C},$$

于是，那元功 $\mathrm{d}A$ 改写为

$$\mathrm{d}A=\frac{1}{C}q\,\mathrm{d}q,$$

那么，在这全过程中，搬运电荷而造成终态$(Q,-Q)$所做的总功为

$$A=\int\mathrm{d}A=\int_0^Q\frac{1}{C}q\,\mathrm{d}q=\frac{1}{2}\cdot\frac{Q^2}{C},$$

这也正是电容器储能的数值. 即，电容器储能公式为

$$W_c=\frac{1}{2}\frac{Q^2}{C},\quad 或\quad W_c=\frac{1}{2}CU_{AB}^2,\quad 或\quad W_c=\frac{1}{2}QU_{AB}.\tag{2.18}$$

例题 一平行板电容器，其极板面积为 $100\ \mathrm{cm}^2$，两极板间距为 0.1 mm，耐压 200 V，试求出其最大储能. 首先算出其电容

$$C=\varepsilon_0\frac{S}{d}=(8.85\times10^{-12})\times\frac{100\times10^{-4}}{0.1\times10^{-3}}\ \mathrm{F}$$
$$=8.85\times10^{-10}\ \mathrm{F}=885\ \mathrm{pF}.$$

代入(2.18)式，并取其中电压值为耐压值 U_M，得此电容器的最大储能为

$$W_c=\frac{1}{2}CU_M^2=\frac{1}{2}\times(8.85\times10^{-10})\times(200)^2\ \mathrm{J}$$
$$\approx17\times10^{-6}\ \mathrm{J}=17\ \mu\mathrm{J}.$$

最后尚需强调指出，基于功能原理而得到的电容器储能公式是普遍成立的，它适用于任何结构的电容器，既适用于那三种闭合式的理想电容器，亦适用于开放式的实际电容器，这是因为在储能公式(2.18)中并未限定电容 C 的具体样式. 这一点倒给予人们一种启发，拟

可以通过测量一电容器储能的方式,而得到其电容 C 值,当电压 U_{AB} 已知.

- **电容器概念的扩展**

在此之前,我们总是以电容器件为先导,而引出电容 C 这一物理量,其实,电容概念并不局限于电容器. 对于完全开放的多个导体构成的导体系,其中任意两个导体之间均可以引入电容一量,用以反映两者带电量$(Q,-Q)$与其电势差 U_{AB} 彼此响应的程度. 可如此考量的物理基础是导体静电平衡条件、唯一性定理和叠加原理,使得导体系中任一导体的电势 U_i 与各导体带电量$(Q_1,Q_2,\cdots,Q_n)$之间呈现为一简单的线性关系.

对此说明如下,参见图 2.23(a),该导体系中有 A,B 和 C 三个导体,其带电量以(Q_A,Q_B,Q_C)形式示之,根据导体静电平衡条件和唯一性定理,以及叠加原理,可以写出

$$\text{当}(Q,0,0),\quad \text{有 } U'_{AB}\propto Q,\quad \text{写成 } U'_{AB}=K_1Q;$$

$$\text{当}(0,-Q,0),\quad \text{有 } U''_{AB}\propto(-Q),\quad \text{写成 } U''_{AB}=K_2Q;$$

$$\text{当}(Q,-Q,0),\quad \text{有 } U_{AB}=(U'_{AB}+U''_{AB})=(K_1+K_2)Q\propto Q.$$

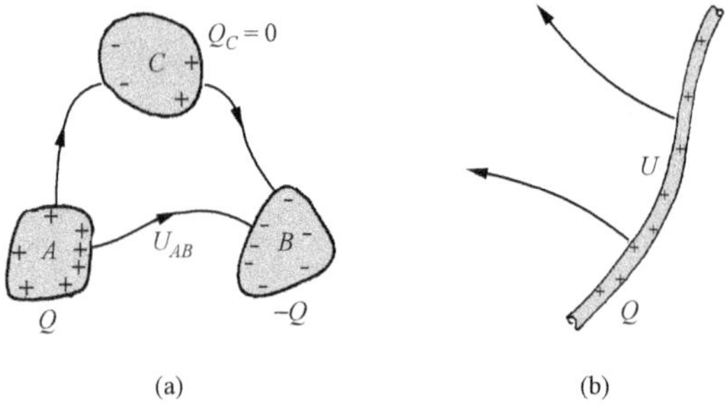

图 2.23　广义的电容概念

(a) 导体系中电容系数 C_{AB};(b) 一段带电导线的电容 C_0

可见,电势差 U_{AB} 与电量 Q 之间呈正比关系,有理由在此引入电容或称之为电容系数 C_{AB},它定义为

$$C_{AB}=\frac{Q}{U_{AB}}. \tag{2.19}$$

即,导体系中两个特定导体之间的电容定义为,在其它导体带电量为零条件下,造成这两者之单位电势差所需的电量值. 可以预料,这电容值决定于导体系中各导体的形状、大小和相对位置,并非仅仅决定于 A,B 两者的几何参量,第三者的存在及其身上出现的感应电荷必然影响着电势差 U_{AB}. 由此可见,开放式导体系中各个电容系数的确定,远比闭合式理想电容器电容公式的导出要困难. 相对简单的两个典型如图 2.24 所示.

(1) 半径相等的两个导体球的电容公式为

$$C=2\pi\varepsilon_0\cdot\frac{1}{K}, \tag{2.19'}$$

$$K\approx\left(\frac{1}{R}-\frac{1}{d}\right)\left(1-\frac{R^4}{d^2(d^2-R^2)}\right)-\frac{1}{d}\left(1+\frac{R^2}{d^2-2R^2}-\frac{R^2}{d^2-R^2}\right);$$ ①

① 精确求解双导体球的电容确非易事,拟可采取反复运用电镜像法而逐级逼近,这里给出的 K 式是初级近似结果.

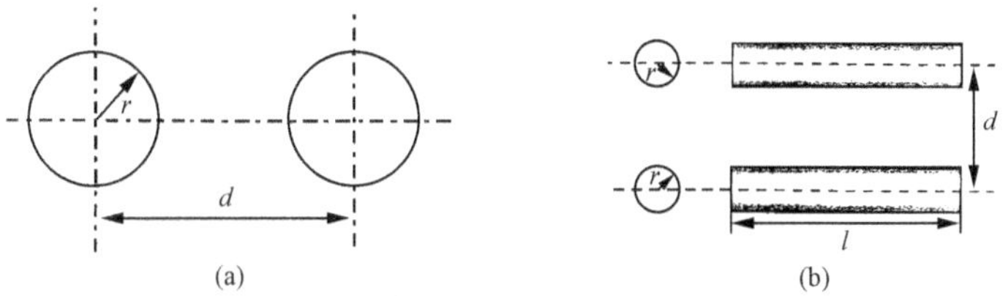

图 2.24　(a) 半径相等的两个导体球之电容；(b) 半径相等的双导线之电容

当 $d \gg R$，忽略 $(R/d)^2$ 项，

$$K \approx \frac{1}{R} - 2\frac{1}{d}, \quad C \approx 2\pi\varepsilon_0 R\left(1 + 2\frac{R}{d}\right).$$

(2) 半径相等的双导线之电容公式为

$$C = \pi\varepsilon_0 \frac{l}{\ln(d/r)}, \quad l \gg d \gg r. \tag{2.19''}$$

导出(2.19′)式的计算方法较为繁复，本课程不予深究. 对于(2.19″)式，在 $l \gg d \gg r$ 条件下，可以凭借无限长均匀带电圆筒的场强公式(1.21)而导出.

对于单一导体或一段导线，如图 2.23(b)所示，其表面积累的电量 Q 与其电势 U 值之间显然也是一种正比关系，即 $Q \propto U$，据此定义其电容为

$$C_0 = \frac{Q}{U}. \tag{2.20}$$

综上所述，电容概念并不受限于闭合式电容器，它广泛地存在于任意导体系中. 这种广义电容概念自有其认识价值，比如在电子线路的分析中时而提及的分布电容，指的就是上述的双导线之电容或单导线之电容.

2.5　电介质的极化　极化强度矢量

- 介质极化图象
- 分子的极性
- 介质的极化机制
- 极化强度矢量 $\boldsymbol{P}$
- 极化强度矢量与极化电荷的关系
- 介质表面极化面电荷密度公式
- 极化强度矢量场的散度方程
- 均匀极化的介质球及其电场

● 介质极化图象

这里所谓的电介质，指称置于电场中的绝缘物质，诸如陶瓷、玻璃、聚乙烯、环氧树脂、橡胶、云母、大理石，还有干木材、松香、纸、石蜡、煤油、硅和变压器油，等等. 它们的导电性能极弱，其体内没有多少自由电荷，其体内各分子中的电子处于束缚态. 然而，当这类介质体进入电场后仍将改变空间电场分布，正如图 2.25 所示. 我们已知悉，当一导体置于外电场 $\boldsymbol{E}_0$ 中，凭借其自身的自由电荷分布而产生一附加电场，以完全抵消体内的外电场，致使体内电场

$\boldsymbol{E}_{内}=0$. 当一介质球置于外电场中，也将产生一附加电场以削弱体内的外电场，但其体内的总电场一般不为零，$\boldsymbol{E}_{内}\neq 0$；这附加电场是由介质体表面的束缚电荷所产生的，而这表面束缚电荷源于外场作用下介质的极化，或者说，介质表面出现束缚电荷乃是介质极化的一种宏观后果.

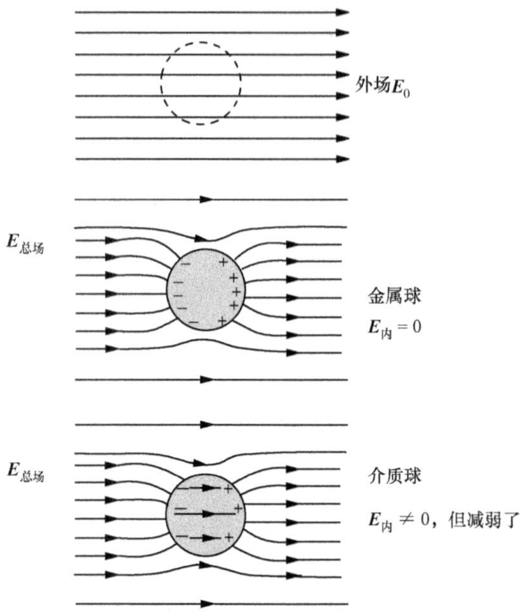

图 2.25 介质极化图象(与导体比较)

● 分子的极性

我们知道，物质的分子由原子组成. 对于双原子分子或多原子分子而言，那些原子间通过化学键而彼此联系，且各自处于不同方位而形成了分子结构，一个分子中的各个原子均具有电性，虽然整个分子系电中性. 其中丢失电子的原子呈现正电性，而夺得电子的原子呈现负电性，相应地在一个分子中有一正电中心与一负电中心，如同质点组有个质心那样. 据此将介质分子划分为两类，一类为无极分子，其正电中心与负电中心重合；另一类为有极分子，其正电中心与负电中心分离，形成了一个偶极矩 $\boldsymbol{p}_{子}$，称其为分子固有偶极矩. 换言之，分子固有偶极矩 $\boldsymbol{p}_{子}=0$ 的分子为无极分子，$\boldsymbol{p}_{子}\neq 0$ 的分子为有极分子. 比如，四氯化碳 CCl_4 为无极分子，其四个 Cl^- 原子构成一个正三角四面体，而一个 C 原子恰巧位于那四面体的几何中心，因而其正、负电中心是重合的，如图 2.26(a)所示；而水 H_2O 分子为有极分子，其两个 H^+ 原子与一个 O^{2-} 原子构成一个特定的三角形，显然其正、负电中心是有间距的，如图 2.26(b)所示. 有极分子固有偶极矩 $\boldsymbol{p}_{子}$ 数量级，按 $\boldsymbol{p}_{子}=ql$，选取 $q\approx 10\,e$，$l=1$ nm(分子尺度)，估算为 $p_{子}=10^{-27}$ C·m.

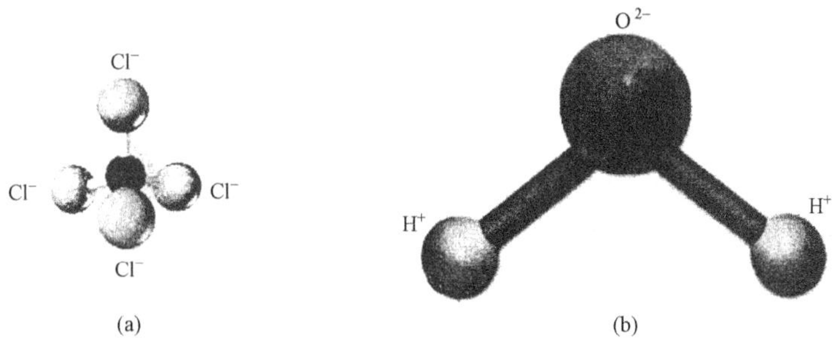

图 2.26 (a) 无极分子 CCl_4;(b) 有极分子 H_2O

- **介质的极化机制**

由上述两类分子分别凝聚而成的介质,在外电场作用下的响应机制是不同的.

先看无外场时的情形,参见图 2.27,在介质体内任一体积元 ΔV 中,含有大量分子.对于有极分子组成的介质,虽然其中每个分子具有偶极矩 $\boldsymbol{p}_{子}$,由于这大量分子热运动的无规性,在此体现为这大量 $\boldsymbol{p}_{子}$ 的取向是杂乱无序,且各向同性,以致其矢量和为零,即

$$\Delta V:\sum \boldsymbol{p}_{子}=0 \quad (无外场时),$$

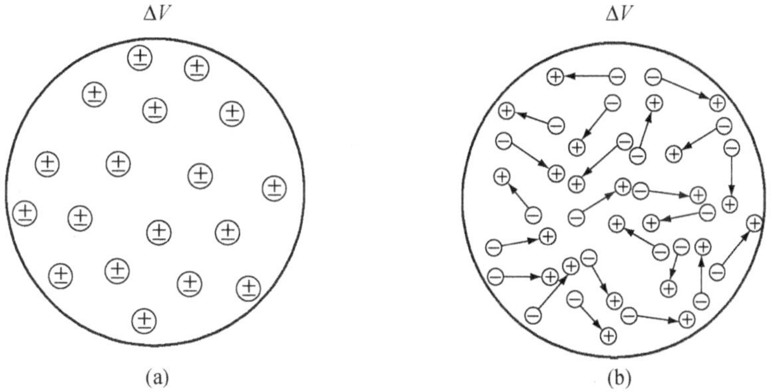

图 2.27 无外场时介质体内的分子状态

(a) 无极分子组成的介质,$\boldsymbol{p}_{子}=0$;

(b) 有极分子组成的介质,大量 $\boldsymbol{p}_{子}$ 取向的无序性,导致 $\sum\limits_{(\Delta V)}\boldsymbol{p}_{子}=0$,这里体积元 ΔV 被有意地放大

显然此式也适用于无极分子组成的介质,其每个分子原本就无固有偶极矩.

兹讨论介质处于外场中的情形,参见图 2.28.在外电场力作用下,无极分子中的正电极与负电极将沿相反方向而位移,从而形成一偶极子,体积元 ΔV 中这大量分子偶极矩 $\boldsymbol{p}_{子}$ 的方向是一致的,故 $\sum \boldsymbol{p}_{子}\neq 0$,这一极化机制称为位移极化.而对于有极分子,在外电场力矩作用下 $\boldsymbol{p}_{子}$ 将会转动,且其转动趋势均为顺向外场,即 $\boldsymbol{p}_{子}\parallel \boldsymbol{E}$,不论 $\boldsymbol{p}_{子}$ 的最初取向如何,顺向外场的状态是电偶极子的稳定平衡状态,以致其宏观效果也是 $\sum \boldsymbol{p}_{子}\neq 0$.这一极化机制

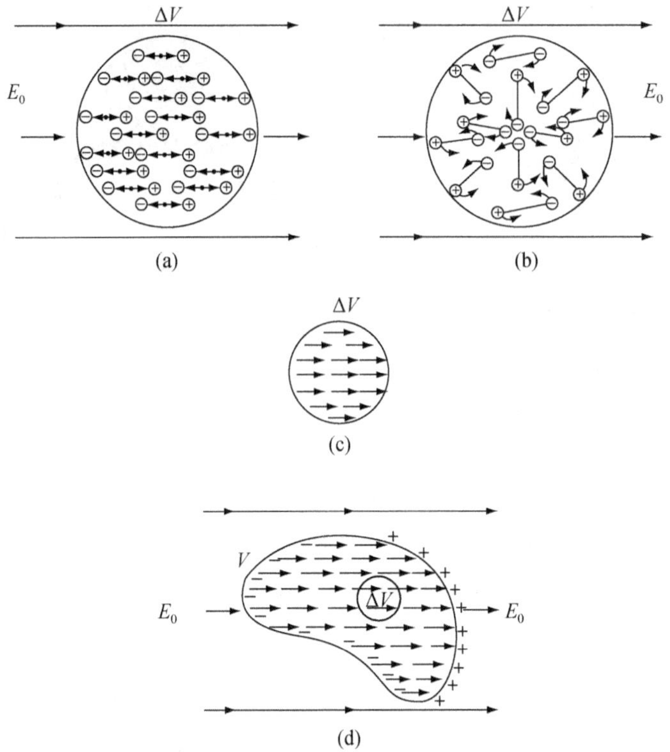

图 2.28　介质极化机制及其宏观效果

(a) 无极分子的位移极化；(b) 有极分子的取向极化；(c) 极化的两种微观机制产生相同的宏观效果——体内局域 ΔV 中出现有序取向的分子偶极矩 $\boldsymbol{p}_{子}$；(d) 介质体内极化导致介质表面出现极化电荷

称为取向极化. 总之，无极分子的位移极化与有极分子的取向极化，两者的宏观效果是一样的，即

$$\Delta V: \sum_{(\Delta V)} \boldsymbol{p}_{子} \neq 0 \quad (\text{有外场时}).$$

相应地，在局域 ΔV 中出现了分子偶极矩的有序取向，如图 2.28(c)所示. 同时，我们看到在一宏观介质体中，那大量的一定取向的分子偶极矩矢量，首尾相接，一正电极与另一负电极相重，以致电量抵消，唯有临近表面的那些 $\boldsymbol{p}_{子}$，贡献出来未被抵消的净电荷，出现于介质体的表面层，如图 2.28(d)所示. 这种场合出现的电荷称为极化电荷或束缚电荷，以区别于导体内的自由电荷. 换言之，介质体内 $\sum\limits_{(\Delta V)} \boldsymbol{p}_{子} \neq 0$，与介质表面出现极化电荷，两者互为表里.

- **极化强度矢量 $\boldsymbol{P}$**

为了定量地反映介质体内的极化状态，引入一物理量——极化强度矢量 $\boldsymbol{P}$，它定义为

$$\boldsymbol{P} = \frac{\sum \boldsymbol{p}_{子}}{\Delta V}, \quad \Delta V \to 0, \tag{2.21}$$

即,介质体内任意处的极化强度矢量,定义为该处单位体积中分子偶极矩的矢量和.它用以逐点描述介质体内各处被极化的方向和强弱.显然,真空中处处 $\boldsymbol{P}=0$.

极化强度 $\boldsymbol{P}$ 不仅是一个矢量,而且也是场点位置的函数,即 $\boldsymbol{P}(\boldsymbol{r})$ 或 $\boldsymbol{P}(x,y,z)$.换言之,在介质区域内 $\boldsymbol{P}(\boldsymbol{r})$ 也是一个矢量场.若 $\boldsymbol{P}(\boldsymbol{r})$ 与位置 $\boldsymbol{r}$ 无关而保持为一常矢量,则称其为均匀极化;若 $\boldsymbol{P}$ 的方向或数值随 $\boldsymbol{r}$ 而变化,则称其为非均匀极化,这是一般情况.在此顺便对图 2.28(d)作个交代,看起来那个介质体内各处的分子偶极矩之取向完全一致,其实这只是一个图示,以突出极化的微观图象和出现极化面电荷的定性原由,并非对其各处极化状态的精确刻画.实际上,即使在均匀外电场中,那样一个形状的介质体,其最终达到平衡的极化状态系非均匀极化.

极化强度矢量的单位为

$$[P]=\mathrm{C\cdot m/m^3}=\mathrm{C/m^2}=[\sigma].$$

即,其单位为库仑/米^2,相同于面电荷密度 σ 的单位.

最后,对极化强度矢量定义式(2.21)中的符号选择作个说明,那里之所以没有采取 $\lim\limits_{\Delta V\to 0}$ 这一纯数学上的极限符号,是基于以下的考量.如果让其分母 $\Delta V\to 0$,同时要求其分子 $\sum \boldsymbol{p}_{子}$ 中含有大数目的 $\boldsymbol{p}_{子}$,这在逻辑上是不自洽的;ΔV 应是物理上的体积元,它固然很小,但宏观小而微观大,其中含有大数目的分子.而物质分子是有线度的,而不是无穷小,其线度约为 $d\approx 0.1\ \mathrm{nm}$—$1\ \mathrm{nm}$,若取体积元 $\Delta V=1\ \mu\mathrm{m}^3$,则含有约 10^9 以上个分子;从宏观电磁学的尺度看,$1\ \mu\mathrm{m}^3$ 的体积元可以被看作一个"点",虽然它不满足 $\lim\limits_{\Delta V\to 0}$ 这一纯极限意义上的要求.鉴于此,在(2.21)定义式后缀一个条件 $\Delta V\to 0$,以示它是物理上的体积元,其实基于以上考量,将之写成 $d^3\ll\Delta V\to 0$ 可能更为恰当.

- **极化强度矢量与极化电荷的关系**

介质极化的宏观后果是在介质表面或体内出现极化电荷,两者之定量关系推导如下.

为方便以下的定量分析,在此首先引入一个分子的有效偶极矩 $\boldsymbol{p}_0$,它定义为

$$\boldsymbol{p}_0=\frac{\boldsymbol{P}}{n},\quad 或\quad \boldsymbol{P}=n\boldsymbol{p}_0,\quad 且\quad \boldsymbol{p}_0\equiv q\boldsymbol{l}_0. \tag{2.21$'$}$$

这里,n 为介质分子数的体密度($1/\mathrm{m}^3$).上式的含义是,将单位体积中的总偶极矩 $\boldsymbol{P}$ 平均分摊给每个分子,故每个分子获得的偶极矩为 $\boldsymbol{p}_0=\boldsymbol{P}/n$,称其为分子有效偶极矩;或者,反过来认识,单位体积中之总偶极矩 $\boldsymbol{P}$ 系每个分子贡献 $\boldsymbol{p}_0$ 所致,即 $\boldsymbol{P}=n\boldsymbol{p}_0$.值得注意的是,这里没有轻易地将分子有效偶极矩与分子偶极矩 $\boldsymbol{p}_{子}$ 等同视之,这是因为对于有极分子而言,其表观 $\boldsymbol{p}_{子}$ 含固有偶极矩与取向偶极矩两部分,前者因其方向上的无序,以致其矢量和为零而对 $\boldsymbol{P}$ 无贡献.换言之,分子有效偶极矩 $\boldsymbol{p}_0$ 并不等同于表观上的分子偶极矩.当然,对于无极分子而言,$\boldsymbol{p}_0$ 等同于 $\boldsymbol{p}_{子}$ 是成立的.与 $\boldsymbol{p}_0$ 对应的分子有效偶极间距为 $\boldsymbol{l}_0$,它由 $\boldsymbol{p}_0\equiv q\boldsymbol{l}_0$ 关系给出.

试考察宏观区域 V 内未被抵消的净电量 q' 与极化强度矢量场 $\boldsymbol{P}(\boldsymbol{r})$ 之关系,参见图

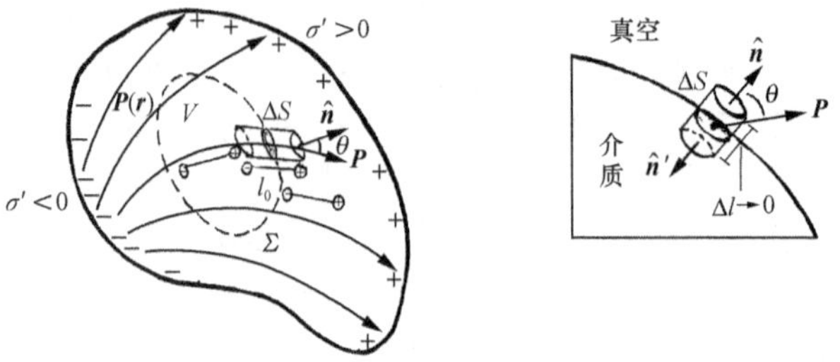

(a)　　(b)

图 2.29　分析极化强度与极化电荷之关系

(a) 导出极化强度矢量场的通量定理;(b) 导出极化面电荷公式

2.29(a).在其闭合面 Σ 上任取一面元 ΔS,此处极化强度为 $\boldsymbol{P}$;以 ΔS 为中心截面沿 $\boldsymbol{l}_0$ 方向作一小柱体 ΔV,其轴向长度为 l_0. 凡是在此 ΔV 中的分子,其有效偶极矩 $\boldsymbol{p}_0$ 均穿越面元 ΔS,而对区域 V 贡献一电量$(-q)$;此外,那些远离 Σ 面的 $\boldsymbol{p}_0$,或在外边或在里头,均无贡献净电量于 V 内. 据此计算:

小柱体积元　$\Delta V = \Delta S \cdot \cos\theta \cdot l_0 = \Delta \boldsymbol{S} \cdot \boldsymbol{l}_0$;　$(\Delta \boldsymbol{S} = \Delta S \cdot \hat{\boldsymbol{n}})$

内含分子数　$\Delta N = n\Delta V = n\Delta \boldsymbol{S} \cdot \boldsymbol{l}_0$;　($n$ 为分子数体密度)

贡献于 V 内的净电量　$\Delta q' = (-q)\Delta N = -nq\Delta \boldsymbol{S} \cdot \boldsymbol{l}_0$.

注意到,其中 $q\boldsymbol{l}_0 = \boldsymbol{p}_0$, $n\boldsymbol{p}_0 = \boldsymbol{P}$,于是

$$\Delta q' = -\boldsymbol{P} \cdot \Delta \boldsymbol{S},$$

再对整个闭合面 Σ 积分,便得区域 V 内可能存在的极化电荷总量的表达式为:

$$q' = \oint\!\!\!\oint_{(\Sigma)} (\Delta q') = -\oint\!\!\!\oint_{(\Sigma)} \boldsymbol{P} \cdot \mathrm{d}\boldsymbol{S}.$$

若以极化电荷体密度 ρ' 一量表达总电量,则

$$q' = \iiint_{(V)} \rho' \mathrm{d}V,$$

于是

$$\oint\!\!\!\oint_{(\Sigma)} \boldsymbol{P} \cdot \mathrm{d}\boldsymbol{S} = -\iiint_{(V)} \rho' \mathrm{d}V. \tag{2.22}$$

这就是极化强度矢量场与极化电荷分布之关系的普遍表达式,可称其为极化强度矢量场 $\boldsymbol{P}(\boldsymbol{r})$的通量定理. 它本身并不直接回答极化电荷 ρ' 的具体分布,这是因为在通常介质中极化强度 $\boldsymbol{P}(\boldsymbol{r})$是无法事先给定的.

关于 $\boldsymbol{P}$ 通量定理(2.22)式中的"−"号,它给出的物理图象是这样的:当闭合面的 $\boldsymbol{P}$ 通量为正值,则出去的 $\boldsymbol{p}_0$ 数多于进入的,于是留在 V 内的电量应为负值;反之,当闭合面的 $\boldsymbol{P}$ 通量为负值,则进入的 $\boldsymbol{p}_0$ 数多于出去的,显然这时积累于 V 内的电量应为正值.

- **介质表面极化面电荷密度公式**

参见图 2.29(b),在表面 ΔS 处作一个薄薄的扁盒子像药片那样,其侧面厚度 $\Delta l \to 0$,其

一底面元 ΔS 在表面外侧之真空中，其另一底面元 $\Delta S'$ 在里侧之介质中，此处的极化强度为 $\boldsymbol{P}$. 现应用极化强度通量定理于此薄扁盒子 $\Delta\Sigma$，一方面是

$$\oiint_{(\Delta\Sigma)} \boldsymbol{P}\cdot \mathrm{d}\boldsymbol{S} = \iint_{(\Delta S)} \boldsymbol{P}\cdot \mathrm{d}\boldsymbol{S} + \iint_{(侧面)} \boldsymbol{P}\cdot \mathrm{d}\boldsymbol{S} + \iint_{(\Delta S')} \boldsymbol{P}\cdot \mathrm{d}\boldsymbol{S}$$
$$= 0 + 0 + \boldsymbol{P}\cdot \Delta\boldsymbol{S}' = P_{n'}\cdot \Delta S = -P_n \cdot \Delta S.$$

这里，已经注意到 $\Delta\boldsymbol{S}'$ 的外法向 $\hat{\boldsymbol{n}}' = -\hat{\boldsymbol{n}}$，$\hat{\boldsymbol{n}}$ 为宏观界面的外法向单位矢量，故 $P_{n'} = -P_n$；另一方面，扁盒子 $\Delta\Sigma$ 所包含的极化电量为

$$\Delta q' = \sigma' \Delta S,$$

这里，σ' 为此处面元的极化面电荷密度. 而 $\boldsymbol{P}$ 通量定理表明

$$\oiint_{(\Delta\Sigma)} \boldsymbol{P}\cdot \mathrm{d}\boldsymbol{S} = -\Delta q', \quad 有 \quad -P_n \cdot \Delta S = -\sigma' \Delta S,$$

最终得到介质表面的极化面电荷密度公式为

$$\sigma' = P_n, \quad 或 \quad \sigma' = P\cos\theta, \quad 或 \quad \sigma' = \boldsymbol{P}\cdot\hat{\boldsymbol{n}}. \tag{2.23}$$

该式表明，

当 $\boldsymbol{P}$ 与 $\hat{\boldsymbol{n}}$ 之间呈锐角，$\theta < \dfrac{\pi}{2}$，则 $\sigma' > 0$；

当 $\boldsymbol{P}$ 与 $\hat{\boldsymbol{n}}$ 之间呈钝角，$\theta > \dfrac{\pi}{2}$，则 $\sigma' < 0$；

当 $\boldsymbol{P}$ 沿表面切线方向，$\theta = \dfrac{\pi}{2}$，则 $\sigma' = 0$.

公式(2.23)是介质静电学中的一个常用公式. 在下一节中，将要证明对于均匀线性介质，其体内无极化电荷，即其极化体电荷密度 $\rho' = 0$. 换言之，在此场合其宏观上的极化电荷只可能出现于介质表面，相应的面电荷密度由(2.23)式给出.

● 极化强度矢量场的散度方程

极化强度矢量的通量定理，其普遍意义还在于，可以将区域 V 无限收缩为一体积元 $\Delta V \to 0$，而导出极化场 $\boldsymbol{P}(\boldsymbol{r})$ 的散度方程. 或者借助数学场论中的高斯公式，

$$\oiint_{(\Sigma)} \boldsymbol{P}\cdot \mathrm{d}\boldsymbol{S} = \iiint_{(V)} (\nabla\cdot\boldsymbol{P})\mathrm{d}V,$$

以及 $\boldsymbol{P}(\boldsymbol{r})$ 的通量定理，

$$\oiint_{(\Sigma)} \boldsymbol{P}\cdot \mathrm{d}\boldsymbol{S} = -\iiint_{(V)} \rho' \mathrm{d}V,$$

遂得

$$\nabla\cdot\boldsymbol{P} = -\rho'. \tag{2.24}$$

称其为极化强度矢量的散度方程，也称其为极化体电荷密度公式.

这里，值得强调的一点是，反映 $\boldsymbol{P}$-σ' 关系的(2.23)式和反映 $\boldsymbol{P}$-ρ' 关系的(2.24)式均具普遍性，它们与电介质的性能无关，亦与介质处于怎样的极化状态无关，它们只是表明，有怎样的极化场就有相应的极化电荷 σ' 分布和 ρ' 分布，这两个式子相当于介质极化的运动学关系.

至于,一电介质最终处于怎样的极化状态,那是一个关于介质极化的动力学问题,这正是下一节内容的主题.

● 均匀极化的介质球及其电场

一介质球被均匀极化,且当外场撤消后仍能保持那极化状态于体内,如图 2.30(a),设其体内极化强度 $\boldsymbol{P}=\boldsymbol{P}_0$ 为一常矢量.

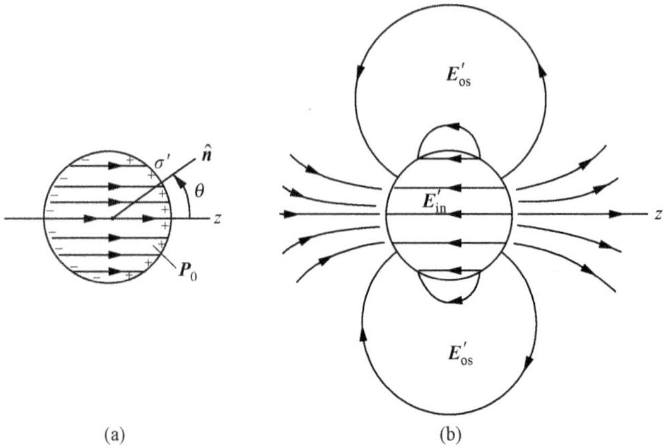

图 2.30 (a) 均匀极化的介质球;(b) 其体内的退极化场是一均匀电场

首先考量其电荷分布.众所周知,一均匀矢量场的散度处处为零,即 $\nabla\cdot\boldsymbol{P}_0=0$,据(2.24)式得 $\rho'=0$.惟有面电荷密度 σ' 分布于介质球面上,且 σ' 具轴对称性,其对称轴为 z 轴.据(2.23)式得

$$\sigma'(\theta)=P_0\cos\theta,$$

这里,θ 为该处球面矢径方向与 z 轴之夹角.如此分布的面电荷分别在内部和外部产生电场 $\boldsymbol{E}'_{\text{in}}$,$\boldsymbol{E}'_{\text{os}}$.对内部电场 $\boldsymbol{E}'_{\text{in}}$ 的计算较为简单,至少在球心处和轴上的 $\boldsymbol{E}'_{\text{in}}$ 是这样,可借助均匀带电圆环轴上场强公式(1.11),再积分而求得它,结果为

$$E'_{\text{in}}=-\frac{\boldsymbol{P}_0}{3\varepsilon_0},\quad \text{(均匀场)} \tag{2.25}$$

进而,再根据介质球体内的静电场通量定理

$$\oiint \boldsymbol{E}'_{\text{in}}\cdot \mathrm{d}\boldsymbol{S}=0,\quad (\text{因为 }\rho'=0)$$

可将轴上均匀电场延拓到轴外,即轴外电场线不可能弯曲.总之,均匀极化的介质球伴生一均匀电场于体内,其方向与极化强度 $\boldsymbol{P}_0$ 相反,故也称其为退极化场,如图 2.30(b)所示.

其球外电场 $\boldsymbol{E}'_{\text{os}}$ 较为复杂,其电场线类似于一电偶极子的情形,即,其球外电场为一偶极场,这已在 1.9 节中予以证认,只要将(1.58′)式中 K 改为 P_0 便是目前情形的结果,即,

$$E_r(r,\theta)=\frac{1}{4\pi\varepsilon_0}\cdot\frac{2P_{\text{eff}}\cos\theta}{r^3},\qquad E_\theta(r,\theta)=\frac{1}{4\pi\varepsilon_0}\cdot\frac{P_{\text{eff}}\sin\theta}{r^3}; \tag{2.25′}$$

$$\boldsymbol{P}_{\text{eff}}=\left(\frac{4\pi}{3}R^3\right)\boldsymbol{P}_0.\quad (\text{位于球心的等效偶极矩}) \tag{2.25″}$$

2.6 介质的极化规律

- 介质静电学问题全貌
- 相对介电常数
- 导体/介质界面的有效面电荷密度概念
- 讨论——均匀线性介质体内无极化电荷
- 各向同性介质的线性极化规律
- 充满介质的平行板电容器
- 驻极体与铁电体

● 介质静电学问题全貌

静电场与电介质的相互作用,可概括叙述如下:在外场 $\boldsymbol{E}_0$ 作用下介质被极化,用极化强度矢量 $\boldsymbol{P}(\boldsymbol{r})$ 描述极化状态,极化的宏观后果是出现极化电荷(σ',ρ'),极化电荷同样地按库仑定律产生电场 $\boldsymbol{E}'(\boldsymbol{r})$,总场 $\boldsymbol{E}(\boldsymbol{r})$ 由叠加原理给出 $\boldsymbol{E}=\boldsymbol{E}_0+\boldsymbol{E}'$,最终决定极化状态 $\boldsymbol{P}(\boldsymbol{r})$ 的是总电场,而不仅是外电场 $\boldsymbol{E}_0$. 对于介质体内的分子而言,其感受到的只有一个电场力,并作出极化响应,它自然不能分辨这一电场力究竟来自外电场,或来自极化电荷的场. 介质静电学问题呈现的这种团团转关系勾勒于图 2.31,这里涉及四个环节即四个双边关系,其中,$\boldsymbol{P}$-(σ',ρ')关系、(σ',ρ')-$\boldsymbol{E}'$关系、$\boldsymbol{E}$-$(\boldsymbol{E}_0,\boldsymbol{E}')$关系,业已明瞭,只留下 $\boldsymbol{P}$-$\boldsymbol{E}$ 关系尚需研究,这系介质极化的动力学问题,可以预料其结果即介质的极化规律必定依赖于介质的物性.

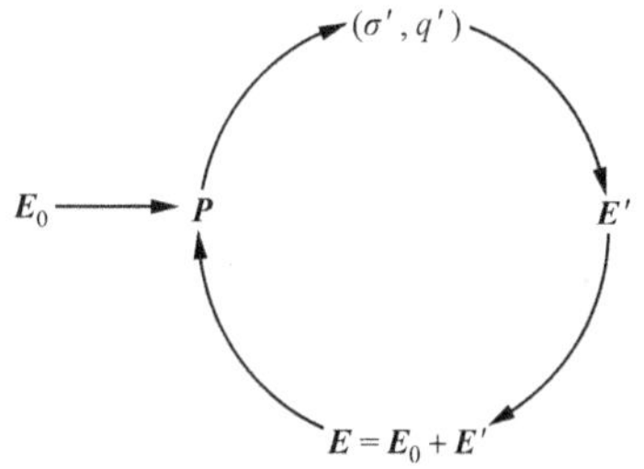

图 2.31 介质静电学概貌图

● 各向同性介质的线性极化规律

实验表明,通常的各向同性介质其极化强度 $\boldsymbol{P}$ 与场强 $\boldsymbol{E}$ 的定量关系,如图 2.32 曲线所示. 在场强 $\boldsymbol{E}$ 不是很大的一区域内,两者呈现线性关系,随后呈现非线性关系;此后场强的增加并未提升极化强度,即极化已达到饱和状态;若此时再增加场强必将击穿介质,因为 E 已超过此介质的击穿场强 E_d.

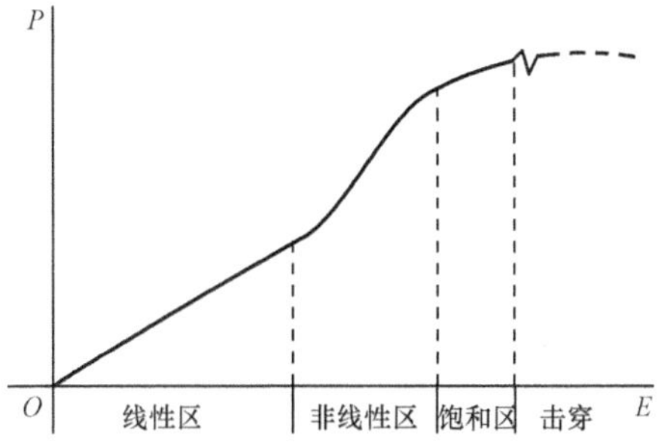

图 2.32 各向同性介质的极化性能曲线

今后若无特别声明,本课程均以各向同性介质遵循线性极化规律为对象展开讨论,即

$$\boldsymbol{P} \propto \boldsymbol{E}, \quad \text{写成} \quad \boldsymbol{P} = \chi_e \varepsilon_0 \boldsymbol{E}. \tag{2.26}$$

这里，量纲为一的系数χ_e称为电极化率，其数值因介质而异，是反映极化能力的一个性能参数. 真空的电极化率$\chi_e=0$；空气，$\chi_e=0.005$.

● 相对介电常数

在随后的介质静电学公式中，将不时地出现$(1+\chi_e)$因子，它宛如化学反应中的原子团，据此定义出介质的相对介电常数：

$$\varepsilon_r = 1 + \chi_e. \tag{2.26′}$$

显然，真空的相对介电常数$\varepsilon_r=1$；空气$\varepsilon_r \approx 1.0$. 表 2.1 列出几类常见的电解质的$\varepsilon_r$值，均为室温条件下的测量值. 注意到本表特设一备注栏目，且在若干材料名下填上了频率值，其意指该ε_r值是在这特定频率f条件下测量的. 须知，相对介电常数ε_r与频率f有关，通常情况下$\varepsilon_r(f)$随f增加而减少，在静电条件下即$f=0$时其ε_r值最大. 对此可以由介质极化机制上得以定性理解. 在交变电场作用下，对于介质的位移极化或取向极化，均出现一个响应或弛豫的问题，或者说，反复交变的分子有效偶极矩在介质中受到了一个阻力或黏滞，从而减弱了宏观上的极化强度P，以致电极化率χ_e值下降.

表 2.1　相对介电常数(室温值)

材　料	ε_r	备注
纯水	81	
硼硅玻璃	4.1～4.6	
石英玻璃	3.75	
瓷	6～7	
滑石	6～6.5	
TiO_2	78～88	
$CaTiO_3$	150～165	
$(SrBi)TiO_3$	900～1000	
聚乙烯	2.3	1 MHz
聚苯乙烯	2.45～2.65	1 MHz
有机玻璃	3.5～4.5	1 MHz
环氧树脂	3.7	1 MHz
硅橡胶	2.5	50 MHz
丁苯橡胶	4～5	800 MHz
丁腈橡胶	18	800 MHz
硬橡胶	2.5～5	50 MHz

材　料	ε_r	备注
变压器油	2.1～2.3	1 MHz
蓖麻油	4.0～4.4	1 MHz
三氧化二铝	10	1 MHz
四氧化三铁	14.2	100 MHz
氧化铜	18.1	100 MHz
硫酸钡	11.4	100 MHz
溴化银	12.2	1 MHz
氯化钠	6.12	10 kHz
金刚石	5.5	100 MHz
沥青	2.68	1 MHz
方解石(⊥光轴)	8.5	10 MHz
方解石(∥光轴)	6.08	10 kHz
石英(⊥光轴)	4.34	30 MHz
石英(∥光轴)	4.27	30 MHz
电石(⊥光轴)	7.10	10 kHz
电石(∥光轴)	6.3	10 kHz

● 充满介质的平行板电容器

对于各向同性的线性介质，其与静电场相互作用的四个双边关系均已被确立，故解决其静电问题的条件业已具备，且可预料其数学方法将是求解联立方程组．现以充满介质的平行板电容器为例演练之．

参见图 2.33(a)，给定外场 $\boldsymbol{E}_0$，或自由电荷面密度($\pm\sigma_0$)，以及相对介电常数 ε_r．试求出：(1) 总电场 $\boldsymbol{E}$、电势差 ΔU，(2) 极化强度矢量 $\boldsymbol{P}$、极化面电荷密度($\pm\sigma'$)，(3) 此介电质电容器的电容 C，并与其真空电容器的 C_0 作比较(忽略边缘效应)．

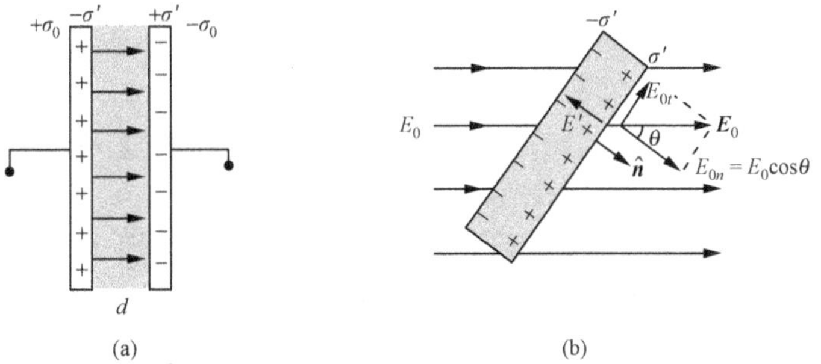

图 2.33　(a) 充满介质的平行板电容器；(b) 一介质平板斜置于均匀场中

首先，通过定性分析和对称性分析，可以确认在紧贴($\pm\sigma_0$)极板的介质表面上出现($\mp\sigma'$)极化面电荷，总场 $\boldsymbol{E}$、外电场 $\boldsymbol{E}_0$ 和附加场 $\boldsymbol{E}'$ 三者方向均沿板面法线方向，且 $\boldsymbol{P}/\!/\boldsymbol{E}/\!/\boldsymbol{E}_0/\!/(-\boldsymbol{E}')$，四者皆为均匀场．从而，可将一般情况下的联立方程组(矢量方程组)：

$$\boldsymbol{E}=\boldsymbol{E}_0+\boldsymbol{E}',\quad \sigma'\text{-}\boldsymbol{E}'\ \text{关系(待定)},$$

$$\sigma'=P_n,\quad \boldsymbol{P}=\chi_e\varepsilon_0\boldsymbol{E};$$

简化为目前情形下的标量方程组，

$$\begin{cases} E=E_0-E', & \left(E_0=\dfrac{\sigma_0}{\varepsilon_0}\right) \\ E'=\dfrac{\sigma'}{\varepsilon_0}, \\ \sigma'=P, \\ P=\chi_e\varepsilon_0 E. \end{cases}$$

这里有四个未知数(E',E,σ',P)，且有四个独立方程，故其解是存在且唯一，结果为

(1) 总场强 $E=\dfrac{E_0}{1+\chi_e}=\dfrac{\sigma_0}{\varepsilon_0\varepsilon_r}$，电势差 $\Delta U=E\cdot d=\dfrac{\sigma_0 d}{\varepsilon_0\varepsilon_r}$；

(2) 极化面电荷密度 $\sigma'=\dfrac{\chi_e\,\sigma_0}{1+\chi_e}=\dfrac{\varepsilon_r-1}{\varepsilon_r}\sigma_0$，极化强度 $P=\sigma'=\dfrac{\varepsilon_r-1}{\varepsilon_r}\sigma_0$；

(3) 介质电容器之电容

$$C\equiv\frac{Q_0}{\Delta U}=\frac{\sigma_0 S}{\Delta U}=\varepsilon_0\varepsilon_r\frac{S}{d}=\varepsilon_r C_0.$$

应说明，以上结果中某些结论具有一定的普遍性，并不受限于平行板电容器．凡是充满一种电介质的电容器，其电容值为真空电容器的 ε_r 倍，即

$$C = \varepsilon_r C_0. \tag{2.27}$$

就是说，此关系式也适用于介质球形电容器和柱形电容器. 该式为测量相对介电常数提供了一种实验方法，即可采取直流法或交流法测定电容比值 C/C_0，从而定下 ε_r 值.

介质电容器的优点有二，一是增加了电容量，二是提高了耐压. 两者均有利于提高电容器的储能和增加自由电量，当电压给定时；或者说，两者均有利于电容器的小型化. 比如，选择聚乙烯材料，其 ε_r 为 2.3，其击穿电场 E_d 为 19 kV/mm，与同样面积和间距的空气电容器相比，则聚乙烯电容器的电容值增加为 2.3 倍，尤其是耐压提高为 6 倍. 若选择二氧化钛电容器，则其电容值增加为 80 倍以上，而其耐压也提高为 9 倍.

又一例如图 2.33(b)所示，一片介质平板斜置于均匀外场 $\boldsymbol{E}_0$ 之中，此平板法线 $\hat{\boldsymbol{n}}$ 与 $\boldsymbol{E}_0$ 的夹角为 θ；给定 $\boldsymbol{E}_0$ 和 ε_r，试求出 σ'，$\boldsymbol{E}$ 和 $\boldsymbol{P}$，忽略边缘效应.

经定性分析确认，在介质板表面出现了极化面电荷($\pm\sigma'$)，如图 2.33(b)所示，虽然 σ' 值有待确定；相应的附加场 $\boldsymbol{E}' /\!/ (-\hat{\boldsymbol{n}})$. σ' 值决定于极化强度 $\boldsymbol{P}$ 的法线分量 P_n，而 P_n 决定于总场 $\boldsymbol{E}$ 的法线分量 E_n. 故有必要先将外场 $\boldsymbol{E}_0$ 作正交分解，且

$$E_{0n} = E_0 \cos\theta, \quad E_{0t} = E_0 \sin\theta.$$

据此分析，列出方程组如下，

$$\begin{cases} E_n = E_0 \cos\theta + E_n', \\ E_n' = E' = -\dfrac{\sigma'}{\varepsilon_0}, \\ \sigma' = P_n, \\ P_n = \varepsilon_0 \chi_e E_n. \end{cases}$$

求得

$$\sigma' = \frac{\varepsilon_0 \chi_e}{1+\chi_e} E_0 \cos\theta = \frac{\varepsilon_0(\varepsilon_r - 1)}{\varepsilon_r} E_0 \cos\theta;$$

$$\boldsymbol{E}(E_n, E_t): E_n = \frac{E_0 \cos\theta}{\varepsilon_r}, \quad E_t = E_0 \sin\theta.$$

$$\boldsymbol{P}(P_n, P_t): P_n = \frac{\varepsilon_0(\varepsilon_r - 1)}{\varepsilon_r} E_0 \cos\theta, \quad P_t = \varepsilon_0(\varepsilon_r - 1) E_0 \sin\theta.$$

这结果同时表明，$\boldsymbol{P}$ 方向亦即 $\boldsymbol{E}$ 方向不沿均匀外场 $\boldsymbol{E}_0$ 方向，它们与法线方向 $\hat{\boldsymbol{n}}$ 之夹角为 θ'，满足

$$\tan\theta' = \varepsilon_r \tan\theta.$$

可见 $\theta' > \theta$，这是因为附加场 $\boldsymbol{E}_n' /\!/ (-\hat{\boldsymbol{n}})$，而减弱了 $\boldsymbol{E}_0$ 的法向分量，即

$$E_n = \left(E_{0n} - \frac{\sigma'}{\varepsilon_0}\right) < E_{0n},$$

以致合成矢量 $\boldsymbol{E}$ 更偏离法线 $\hat{\boldsymbol{n}}$ 方向.

- **导体/介质界面的有效面电荷密度概念**

在介质静电问题中，常出现导体与介质密接的界面，如图 2.34 所示，其中图(a) 为电容

器极板间充满介质,图(b) 为一导体球之外空间充满介质,图(c) 为一导体球被同心介质球壳所包围,图(d) 为一导体球壳之部分表面与介质密接而介质其它表面的形状任意. 当达到静电平衡,导体表面任意面元 ΔS 处的自由电荷面密度设为 σ_0,与其密接的介质表面的极化电荷面密度为 σ',这两者之间有个确定关系,兹推导之.

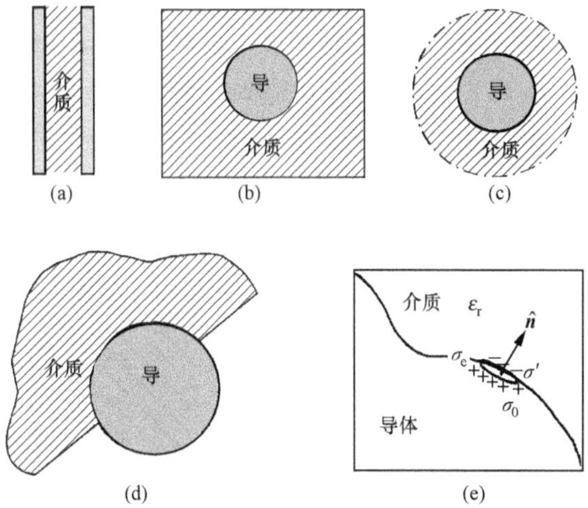

图 2.34 导体 /介质界面及其有效面电荷密度概念

即便是在有介质的情形,导体内部场强为零,导体表面为一等势面,导体外侧之场强 $\boldsymbol{E}=\sigma\hat{\boldsymbol{n}}/\varepsilon_0$,这三条平衡特性依然成立,只是这里的 σ 理应等于自由电荷 σ_0 与极化电荷 σ' 之代数和,而 $\boldsymbol{E}$ 决定了 $\boldsymbol{P}$,且 $\boldsymbol{P}$ 决定了 σ';同时注意到,此处介质面元的外法线与导体面元的外法线 $\hat{\boldsymbol{n}}$ 的方向正相反,我们尊重后者,故 σ' 与 P 关系式中应添加一个负号. 据以上分析,列出方程组如下,

$$\begin{cases} E=\dfrac{1}{\varepsilon_0}(\sigma_0+\sigma'), \\ \sigma'=-P, \\ P=\varepsilon_0\chi_e E. \end{cases}$$

解得

$$\sigma'=\frac{1-\varepsilon_r}{\varepsilon_r}\sigma_0. \tag{2.28}$$

考虑到 $\varepsilon_r>1$,故上式表明 σ' 与 σ_0 符号相反,且 $|\sigma'|<|\sigma_0|$. 从宏观电磁学眼光看,σ_0 与 σ' 两者的所有电磁效果由其代数和予以体现,因为这两者无限贴近而成为一个面元. 故在此引入有效面电荷概念,其定义为

$$\sigma_e\equiv\sigma_0+\sigma',\quad 且\quad \sigma_e=\frac{\sigma_0}{\varepsilon_r}. \tag{2.28$'$}$$

这个结果很有意思亦很有意义,它表明有效面电荷密度与自由面电荷密度之间有一个简单的比例关系,其比例系数正是与导体密接的那个介质相对介电常数 ε_r.

值得强调的一点是，关系式(2.28′)是普遍成立的，它与界面形状、周围环境、带电量及分布无关；当然它适用于各向同性的线性介质，唯有此类介质才存在相对介电常数 ε_r. 这关系式很有用，在某些高度对称性场合，凭借有效面电荷概念求解问题更为简捷，而物理图象也清晰，试看以下例题.

参见图 2.35(a)，一导体球壳四周充满介质 ε_r，这导体被充以电量 Q_0，试求其场强 $\boldsymbol{E}(\boldsymbol{r})$. 首先作定性分析，该体系具有球对称性，故自由电荷 Q_0 均匀分布于球面上，从而极化电荷 Q' 和有效电荷 Q_e 也系均匀分布，唯此才能满足导体球壳为等势面的静电平衡条件，于是，产生场强 $\boldsymbol{E}(\boldsymbol{r})$ 的源电荷就是一个有效总电量为 Q_e 的均匀带电球壳，且

$$Q_e = \frac{Q_0}{\varepsilon_r},$$

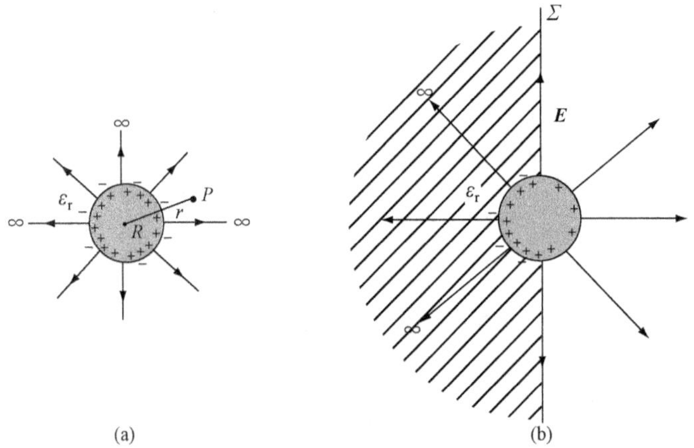

图 2.35 凭借有效面电荷密度概念解题二例

其相应的场强分布可立马被写出，

$$\begin{cases} \boldsymbol{E}(\boldsymbol{r}) = k_e \dfrac{Q_e}{r^2}\hat{\boldsymbol{r}} = k_e \dfrac{Q_0}{\varepsilon_r r^2}\hat{\boldsymbol{r}} & (r > R); \\ \boldsymbol{E}(\boldsymbol{r}) = 0 & (r < R). \end{cases}$$

对此题解尚有一点似应交代. 当 $r \to \infty$，那无限大介质球面上是有极化电荷的，其总电荷为 $-Q'$，以保持宏观介质体的总极化电量为零即电中性. 不过，分布于无限远球面上的有限电量 $-Q'$，对内部有限远处所产生的场强为零，故不予考量.

进而，若此导体球壳之一半表面的外部空间充满介质，且这介质与空气的界面为一个通过球心的平面 Σ，如图 2.35(b)所示，这导体球依然被充以电量 Q_0，试求其场强 $\boldsymbol{E}(\boldsymbol{r})$.

为保证这导体球壳是一等势面，不妨试探性地设定，有效面电荷 Q_e 依然均匀分布于球面，如是，则其电场线依然为辐射状球对称；幸好，那介质与空气的界面 Σ 是如此一个平面，这些电场线正巧掠面而过，虽然导致左侧介质极化，却没有极化面电荷 σ' 出现于界面，这就使辐射状球对称的电场线得以维持，而成为该场合的最终 $\boldsymbol{E}(\boldsymbol{r})$. 总之，本题设定有效面电荷密度 σ_e 分布均匀，在逻辑上是自洽的，是唯一正确的解. 显然，σ_e 均匀，意味着自由电荷面

密度 σ_0 非均匀,左半球面的设为 σ_{10},右半球面设为 σ_{20},且 $\sigma_e=\sigma_{10}/\varepsilon_r=\sigma_{20}$. 于是列出两个方程:

$$\begin{cases}\dfrac{\sigma_{10}}{\varepsilon_r}=\sigma_{20}, \\ (\sigma_{10}+\sigma_{20})\dfrac{S}{2}=Q_0, \quad \text{(自由电荷守恒,}S\text{ 为球壳面积)}\end{cases}$$

解得

$$\sigma_{20}=\frac{2}{\varepsilon_r+1}\cdot\frac{Q_0}{S}, \quad Q_e=\sigma_{20}S=\frac{2Q_0}{(\varepsilon_r+1)}<Q_0,$$

遂最终求出

$$r>R, \quad \boldsymbol{E}(\boldsymbol{r})=k_e\frac{Q_e}{r^2}\hat{\boldsymbol{r}}=k_e\frac{2}{(\varepsilon_r+1)}\cdot\frac{Q_0}{r^2}\hat{\boldsymbol{r}};$$

$$r<R, \quad \boldsymbol{E}(\boldsymbol{r})=0.$$

- **驻极体与铁电体**

有一种介质,它在外电场作用下被极化,而当外场撤消后其原先的极化状态依然冻结于体内,人们称此类介质为驻极体,可见驻极体的电性类似于人们所耳熟的永磁体. 当然,与冻结体内的极化强度 $\boldsymbol{P}(\boldsymbol{r})$ 相联系的极化面电荷 $\pm\sigma'$,仍将产生一附加的退极化场 $\boldsymbol{E}'$,不过对驻极体而言,这种退极化效应十分微弱,或者说,它从极化态回归到无极化平衡态的弛豫时间非常长,一般以年为单位计之. 这源于驻极体内部,原本存在着大量的自发极化区,其极化强度的量级约为 $\mu C/cm^2$,而一般线性介质就是在接近其击穿场强的作用下,它的极化强度也仅为 $10^{-3}\ \mu C/cm^2$,即前者是后者的 10^3 倍. 然而,对于驻极体或驻极态,存在一个温度上限 T_C,称为居里温度,当其所处温度高于 T_C,则驻极态不复存在.

早在 1920 年日本学者江口元太郎,将巴西棕榈蜡和松香等量混合并予以加热熔融,尔后施加直流高压提供强电场,并在此高电压持续作用下同时令其冷却,直至固化. 当电压撤除之后,发现该介质体处于一种电极化状态,这就是人类最初获得的一种驻极体. 如今已有多种物理方法可将某些特定电介质制备成驻极体,从而获得所谓的热驻极体、电驻极体、光驻极体、放射性驻极体、磁驻极体和压力驻极体. 用于制备驻极体的材质,早期选用无机物,后来热选有机物,至今又青睐无机物材料,诸如掺杂 SiO_2 和 Al_2O_3 的氧化物类,掺杂 $BaTiO_3$ 等陶瓷类和硅玻璃类.

驻极体或驻极膜,虽然不能如同电池那样作为能源或提供电流,但它可以提供静电压,因其体积小、重量轻和易集成化,而在静电效应的传输、处理和存储领域有着较为广泛的应用和美好前景,诸如电声换能器、高压电机、静电计和振动计,以及在激光聚焦系统、引爆装置、辐射剂量计、数据存储系统、空气过滤器和人造心血管系统中,均含有驻极体元件. 还有,对于生物驻极体和生物驻极态的研究,也是目前这一研究领域的一个有活力的分支,比如,早在 1950 年代骨的驻极态就被研究过,发现了人、牛、犬和啮齿类动物的各种骨骼均有很强的极化态,其强度最大的可达 $10^{-3}\ C/cm^2$. 一些驻极体材料及参数见表 2.2.

关于驻极体的问题，尚有一点提示读者注意，凡是在无外场情形下给定了介质极化强度的题目，其实际背景就是该介质为驻极体；诸如，介质片、介质棒、介质环和介质球，它们均系驻极体身上切割下来的介质元件，对于它们无相对介电常数而言，切勿轻易引入 ε_r 来考量问题.

表 2.2　若干驻极材料的性质

驻极材料分子式	居里点/K	自发极化/(μC/cm²)	熔点/℃
KH_2PO_4	123	4.7	252.6
$NH_4H_2PO_4$	147.9	4.8	190
$NaKC_4H_4O_6\cdot 4H_2O$	258	0.25	58
KH_2AsO_4	95.6	—	288
$NH_4H_2AsO_4$	216.1	—	300
$(CN_2H_6)Al(SO_4)_2\cdot 12H_2O$	473	0.35	—
$(CH_2NH_2COOH)_3H_2SO_4$	320～323	—	—

铁电体是一种非线性介质，其极化规律即 P-E 极化曲线如图 2.36 所示，表现为复杂的电滞性，称该闭合曲线为电滞回线，它类似于铁磁材料的磁滞回线. 铁电体有钛酸钡，钛酸铅，钛酸锶；钽酸锂，钽酸铅；铌酸钠. 其实，驻极材料也是一种非线性介质，其电滞回线呈现矩形.

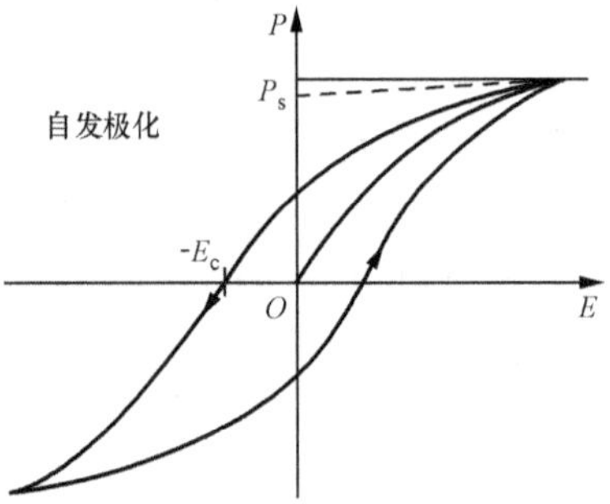

图 2.36　铁电体的电滞回线，P_s 为自发极化强度

●**【讨论】　均匀线性介质体内无极化电荷**

提示：根据以下四条——

极化强度矢量的散度方程　$\nabla\cdot\boldsymbol{P}=-\rho'$，

电场强度矢量的散度方程　$\nabla\cdot\boldsymbol{E}=\dfrac{1}{\varepsilon_0}\rho'$，

各向同性线性介质的极化规律　$\boldsymbol{P}=\varepsilon_0\chi_e\boldsymbol{E}$，

均匀介质指称其电极化率χ_e为一常数，与场点位置x,y,z无关.

最终导出

$$\rho' = 0.$$

讨论：一非均匀且线性介质其极化率函数为

$$\chi_e(x) = \chi_0(1+\alpha x),$$

试分析其极化体电荷密度$\rho'(x)$将是怎样的，设$\boldsymbol{E}$，$\boldsymbol{P}$方向沿x轴，且为$E(x)$，$P(x)$函数形式.

2.7 电位移矢量

- 引入电位移矢量$\boldsymbol{D}$
- 各向同性线性介质中$\boldsymbol{D}$与$\boldsymbol{E}$之关系
- 极化体电荷密度与有效体电荷密度概念
- 讨论——用有效面电荷概念求解多层介质电容器
- 电位移矢量的通量定理
- 有介质时静电场规律的表达式
- 多层介质电容器

• 引入电位移矢量$\boldsymbol{D}$

在介质静电学中，关于静电场的通量定理和环路定理无疑是成立的，即

$$\oiint_{(\Sigma)} \boldsymbol{E}\cdot \mathrm{d}\boldsymbol{S} = \frac{1}{\varepsilon_0}\sum_{(内)} q, \quad \oint \boldsymbol{E}\cdot \mathrm{d}\boldsymbol{l} = 0.$$

考量到电介质的存在及其身上出现的极化电荷，上式通量定理中$\sum q$可以被看为两部分，

$$\sum q = \sum q_0 + \sum q',$$

其中，$\sum q'$是闭合面所包围区域中电介质的极化电荷，$\sum q_0$是除极化电荷以外的其它电荷. 联系到极化强度矢量场的通量定理，即

$$\oiint_{(\Sigma)} \boldsymbol{P}\cdot \mathrm{d}\boldsymbol{S} = -\sum_{(内)} q',$$

可将场强$\boldsymbol{E}$通量定理中的$\sum q'$替换为极化强度$\boldsymbol{P}$的通量，

$$\oiint_{(\Sigma)} \boldsymbol{E}\cdot \mathrm{d}\boldsymbol{S} = \frac{1}{\varepsilon_0}\sum_{(内)} q_0 - \frac{1}{\varepsilon_0}\oiint \boldsymbol{P}\cdot \mathrm{d}\boldsymbol{S},$$

乘以ε_0且移项，得

$$\oiint_{(\Sigma)} (\varepsilon_0 \boldsymbol{E} + \boldsymbol{P})\cdot \mathrm{d}\boldsymbol{S} = \sum q_0.$$

注意到其中被积函数是一个由($\boldsymbol{E}$，$\boldsymbol{P}$)组合而成的物理量，由此定义出，或者说，由此发现了一个新的场量，

$$\boldsymbol{D} \equiv \varepsilon_0 \boldsymbol{E} + \boldsymbol{P}. \tag{2.29}$$

称其为电位移矢量,其单位相同于面电荷密度的单位,即

$$[D] = [P] = [\sigma] = \mathrm{C/m^2}.$$

- **电位移矢量的通量定理**

这新的场量 $\boldsymbol{D}$ 的物理意义,首先体现在其通量定理中,

$$\oiint_{(\Sigma)} \boldsymbol{D} \cdot \mathrm{d}\boldsymbol{S} = \sum_{(内)} q_0. \tag{2.30}$$

即,电位移矢量对一闭合面的通量等于这区域中所有非极化电荷的代数和. 若在这区域中仅有电介质和导体,则 $\sum q_0$ 就是该导体上自由电荷的代数和;若在这区域中仅有电介质和空间电荷,比如,一介质板被溅射上一离子层,或一介质体被一团电子云所包围,则 $\sum q_0$ 就该是这区域中空间电荷的代数和. 总之,在 $\boldsymbol{D}$ 的通量表达式中,不出现极化电荷 q',或者说,极化电荷被隐藏了. 在此不妨提及,与导体中的自由电荷相比较,极化电荷 q' 具有束缚性,它不可传导,因之不可直接测量和控制,它们总是被束缚在介质身上;一个介质体其身上所有极化电荷的代数和必定为零,其一侧带电 $q'>0$,则其另一侧必带电$(-q')$,即便从中将其对切为两块,则其每一半块依然为电中性,这一属性姑且称之为极化电荷的不可分割性. 极化电荷品性内敛与其在电位移通量定理中不被显露,两者倒亦相称.

- **各向同性线性介质中 $\boldsymbol{D}$ 与 $\boldsymbol{E}$ 之关系**

必须指出,电位移矢量的定义式(2.29)是普遍的,它不受限于电介质的性能,即它对于各向同性介质或各向异性介质,对于线性介质或非线性介质,均是成立的.

在真空中,$\boldsymbol{P}=0$,故

$$\boldsymbol{D} = \varepsilon_0 \boldsymbol{E}. \tag{2.30$'$}$$

这表明在真空中,这个新的场量 $\boldsymbol{D}$ 与人们熟悉的场强 $\boldsymbol{E}$ 之间是一个简单的正比关系,其比例系数为真空介电常数 ε_0. 在各向同性介质中,

$$\boldsymbol{P} = \chi_e \varepsilon_0 \boldsymbol{E},$$

故

$$\boldsymbol{D} = \varepsilon_0 \boldsymbol{E} + \boldsymbol{P} = (1 + \chi_e)\varepsilon_0 \boldsymbol{E},$$

即

$$\boldsymbol{D} = \varepsilon_r \varepsilon_0 \boldsymbol{E}, \tag{2.30$''$}$$

这表明在各向同性线性介质中,$\boldsymbol{D}$ 与 $\boldsymbol{E}$ 之间也是一个简单的正比关系,其比例系数中含该介质的相对介电常数 ε_r,而将全系数 $\varepsilon = \varepsilon_r \varepsilon_0$ 称为该介质的介电常数. 关系式(2.30″)不适用于非线性介质. 还有,对于各向异性的线性介质而言,其体内 $\boldsymbol{D}$ 与 $\boldsymbol{E}$ 之方向可以不一致,那里 $\boldsymbol{D}$ 与 $\boldsymbol{E}$ 之间的线性关系由一个介电张量予以刻画,而非目前的一个标量(介电常数),对此本课程不予深究.

- **有介质时静电场规律的表达式**

诚如所知,一个矢量场的空间分布规律由其通量定理和环路定理给以描述,鉴于电位移

通量定理的简明性，在介质静电学中静电场的基本规律常表达为

$$\oiint_{(\Sigma)} \boldsymbol{D} \cdot d\boldsymbol{S} = \sum_{(内)} q_0, \quad 或 \quad \oiint_{(\Sigma)} \boldsymbol{D} \cdot d\boldsymbol{S} = \iiint_{(V)} \rho_0 \, dV; \tag{2.31}$$

$$\oint \boldsymbol{E} \cdot d\boldsymbol{l} = 0;$$

且 $\boldsymbol{D} = \varepsilon_0 \boldsymbol{E} + \boldsymbol{P}$，普遍；$\boldsymbol{D} = \varepsilon_r \varepsilon_0 \boldsymbol{E}$，特殊.

将以上积分方程中的闭合面或闭合环路收缩为一个点，便得到介质体内静电场的微分方程为

$$\nabla \cdot \boldsymbol{D} = \rho_0, \quad \nabla \times \boldsymbol{E} = 0. \tag{2.31'}$$

在某些高度对称性的场合，凭借电位移通量定理(2.31)式由 $\sum q_0$ 方便地求解得 $\boldsymbol{D}(\boldsymbol{r})$，再由(2.30″)式立马求得 $\boldsymbol{E}(\boldsymbol{r})$ 和 $U(\boldsymbol{r})$；这一求解途径避开了对极化电荷 $\sum q'$ 和极化强度 $\boldsymbol{P}$ 的具体分析，显得简捷而抽象. 尽管这类例子就那么几个，这一途径还是让人们多少感受到电位移矢量 $\boldsymbol{D}$ 的一种价值.

- **极化体电荷密度与有效体电荷密度概念**

这里仍以均匀各向同性线性介质为对象，讨论介质体内极化电荷的问题. 所谓介质均匀或非均匀，特指其体内相对介电常数各处相同或不相同，若 ε_r 与场点位置 (x,y,z) 无关，则它为均匀介质，反之，则它为非均匀介质. 拟采取微分方程考量之. 据

$$\nabla \cdot \boldsymbol{D} = \rho_0, \quad \boldsymbol{D} = \varepsilon_r \varepsilon_0 \boldsymbol{E},$$

有

$$\nabla \cdot (\varepsilon_r \varepsilon_0 \boldsymbol{E}) = \rho_0,$$

注意到均匀介质，ε_r 为一常数，与 (x,y,z) 无关，有

$$\varepsilon_r \varepsilon_0 \nabla \cdot \boldsymbol{E} = \rho_0,$$

又根据场强 $\boldsymbol{E}$ 的散度方程，

$$\nabla \cdot \boldsymbol{E} = \frac{1}{\varepsilon_0}(\rho_0 + \rho'),$$

得

$$\varepsilon_r(\rho_0 + \rho') = \rho_0,$$

最后求出

$$\rho' = \frac{1-\varepsilon_r}{\varepsilon_r}\rho_0, \tag{2.32}$$

$$\rho_e \equiv \rho_0 + \rho' = \frac{\rho_0}{\varepsilon_r}. \tag{2.32'}$$

这里，ρ' 为该处极化体电荷密度，ρ_0 为该处非极化电荷体密度，对于一般电介质而言，$\rho_0 = 0$，故 $\rho' = 0$，即，不可能出现极化体电荷，而极化面电荷总是要出现的，即使该介质处于非均匀极化 $\boldsymbol{P}(x,y,z)$，也是如此，ρ' 为零. 但是，对于某些掺杂的电介质，其体内可能存在大量且离散的掺杂离子，则 ρ_0 就是局域离子电荷体密度，或看作介质中离子电荷的平均体密度，此

时介质便响应一个与 ρ_0 符号相反的极化体电荷 ρ'，以削弱 ρ_0 对外部空间的电效应，起了一个部分屏蔽作用，最终以有效体电荷密度 ρ_e 给以体现，其数值等于 ρ_0 除以 ε_r. 这个结果也可以推广到点电荷模型，当一点电荷 q 置于一均匀各向同性线性介质 ε_r 中，则其对外部的电效应由一电量为 $q_e=q/\varepsilon_r$ 的点电荷来等效.

● 多层介质电容器

先考量充满单一介质的球形电容器，如图 2.37(a)所示. 该体系具有球对称性，即 $\boldsymbol{D}(\boldsymbol{r})$ 或 $\boldsymbol{E}(\boldsymbol{r})$ 方向沿矢径 $\hat{\boldsymbol{r}}$，且数值仅与 r 有关，于是，应用电位移通量定理于半径为 r 的球面，

$$\oiint \boldsymbol{D}\cdot \mathrm{d}\boldsymbol{S}=Q_0,\quad 即\quad 4\pi r^2 D=Q_0,$$

得

$$\boldsymbol{D}(\boldsymbol{r})=\frac{1}{4\pi}\cdot\frac{Q_0}{r^2}\hat{\boldsymbol{r}},$$

$$\boldsymbol{E}(\boldsymbol{r})=\frac{\boldsymbol{D}}{\varepsilon_r\varepsilon_0}=\frac{1}{4\pi\varepsilon_0}\cdot\frac{Q_0}{\varepsilon_r r^2}\hat{\boldsymbol{r}}\quad (R_1<r<R_2).$$

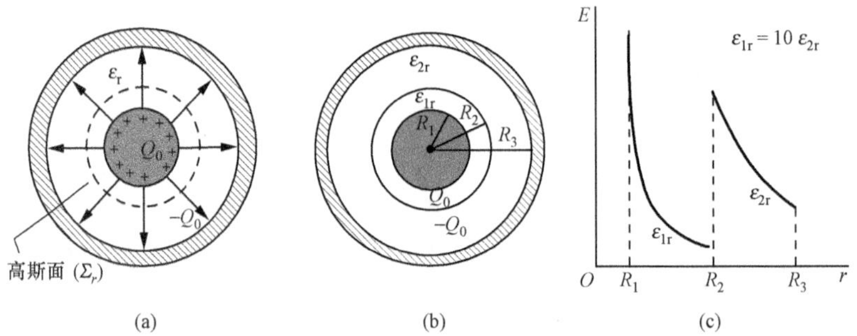

图 2.37　(a) 单介质电容器；(b) 双层介质电容器；(c) 双层介质电容器 $E(r)$曲线

为了进一步提高电容器的耐压值，可填充多层介质如图 2.37(b)所示. 其间电位移 $\boldsymbol{D}(\boldsymbol{r})$依然为

$$\boldsymbol{D}(\boldsymbol{r})=\frac{1}{4\pi}\cdot\frac{Q_0}{r^2}\hat{\boldsymbol{r}}\quad (R_1<r<R_3),$$

而对于场强 $\boldsymbol{E}(\boldsymbol{r})$应当分区求其解：

$$R_1<r<R_2,\quad \boldsymbol{E}(\boldsymbol{r})=\frac{\boldsymbol{D}}{\varepsilon_{1r}\varepsilon_0}=\frac{1}{4\pi\varepsilon_0}\cdot\frac{Q_0}{\varepsilon_{1r}r^2}\hat{\boldsymbol{r}};$$

$$R_2<r<R_3,\quad \boldsymbol{E}(\boldsymbol{r})=\frac{\boldsymbol{D}}{\varepsilon_{2r}\varepsilon_0}=\frac{1}{4\pi\varepsilon_0}\cdot\frac{Q_0}{\varepsilon_{2r}r^2}\hat{\boldsymbol{r}}.$$

相应的 $E(r)$函数曲线如图 2.37(c)所示. 可见在 $r=R_2$ 球面两侧的场强数值有个突变，这是因为介电常数 $\varepsilon_{1r}\neq\varepsilon_{2r}$，以致该球面上出现了未被抵消的极化面电荷分布. 应当选择 $\varepsilon_{2r}<\varepsilon_{1r}$，以使$(R_2,R_3)$区间中的场强值提升，致 $E(r)$曲线呈现锯齿形变化，从而使(R_1,R_3)场强线积分值增加，即提高了电压 $\Delta U=(U_1-U_3)$.

● 【讨论】 用有效面电荷概念求解多层介质电容器

试用导体/介质界面有效面电荷概念，求解多层介质电容器，参见图 2.37(b)，并给出 R_2 球面上的极化电量值. 与正文中的电位移法作比较，给出对这两种方法的评述.

提示：三个球面上的电荷分布分别为

$$R_1 \text{ 球面}: Q_0,\ Q_1' = \frac{1-\varepsilon_{1r}}{\varepsilon_{1r}}Q_0, \quad \text{即} \quad Q_e(R_1) = \frac{Q_0}{\varepsilon_{1r}};$$

$$R_2 \text{ 球面}: (-Q_1'),\ (-Q_2'), \quad \text{即} \quad Q_e(R_2) = -Q_1' + (-Q_2');$$

$$R_3 \text{ 球面}: (-Q_0),\ Q_2' = \frac{1-\varepsilon_{2r}}{\varepsilon_{2r}}(-Q_0), \quad \text{即} \quad Q_e(R_3) = \frac{(-Q_0)}{\varepsilon_{2r}}.$$

2.8 静电场的边值关系

- 边值关系的理论地位
- 静电场边值关系
- 例题——驻极体薄片
- 小结——介质静电学基本规律
- 界面两侧的物理图象
- 场边值关系包含的细致内容
- 例题——一介质球在均匀外场中
- 讨论——一驻极球在均匀介质中

● 边值关系的理论地位

在两种介质交界面之两侧，其场量 $\boldsymbol{D}$ 或 $\boldsymbol{E}$ 将有突变，这源于那界面上存在极化面电荷. 这场量的突变是有规律的，即将论述的边值关系反映了这种突变规律.

物理学上总是将电磁场的积分方程转化为微分方程来求解. 然而，对于介质分区均匀这类通常情况，场在界面处的突变，使微商运算失灵，即微分方程在边界失去意义，而代之以边值关系. 场在界面的边值关系与场在体内遵循的微分方程，两者的结合，再加上可能存在的实际边界条件，电磁场才能最终被定解. 可见，场边值关系的理论地位是与体内场之微分方程平等的，两者均由普遍的通量定理和环路定理的积分方程导出. 颇有意思的是，在某些场合单凭场边值关系就能对问题作出有效的回答，对定解的正误作出可靠的判断. 总之，理解并掌握场边值关系，在理论上和实用上都有重要意义.

● 界面两侧的物理图象

以宏观电磁学眼光看，这介质界面是一个无厚度的几何面，所谓界面两侧特指无限接近界面且分居两侧的两个场点. 参见图 2.38，设一外电场 $\boldsymbol{E}_0$ 连续地通过界面，在其作用下，左侧介质 ε_{1r} 在界面上任一处贡献极化面电荷 $\sigma_1'>0$，而右侧介质 ε_{2r} 在界面上同一处贡献极化面电荷 $\sigma_2'<0$. 因两种介质有不同的极化能力，以致此处有效面电荷密度 $\sigma_e=(\sigma_1'+\sigma_2')\neq 0$；比如当 $\varepsilon_{1r}>\varepsilon_{2r}$，则 $\sigma_e>0$. 这极化面电荷在两侧产生的附加场是反向突变的，一侧为 $\boldsymbol{E}'$，另一侧为 $-\boldsymbol{E}'$. 于是，按场强叠加原理，这两处的总场分别为 $\boldsymbol{E}_1=\boldsymbol{E}_0+(-\boldsymbol{E}')$，$\boldsymbol{E}_2=\boldsymbol{E}_0+\boldsymbol{E}'$，两者方向显然有异，即经界面场强发生偏折，或者说，界面两侧场有突变，虽然外场是连续的.

这就是,一旦出现介质界面便随之发生的物理场景.

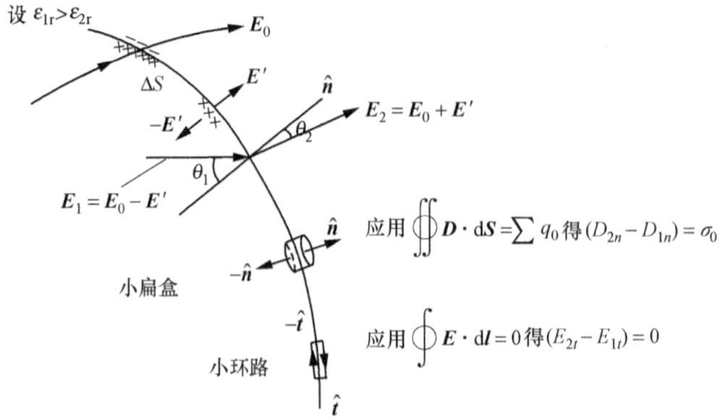

图 2.38　发生于介质界面的物理场景

为使图象清晰,图上分为五处,实指界面上同一处

- **静电场边值关系**

静电场的通量定理与环路定理的积分表达式,是普遍适用的,即使在界面处场有了突变,这两个积分方程依然有效,故可期望应用这两个积分方程来导出相应的场边值关系.

参见图 2.38 右下方的那个扁盒子,任选界面上一面元 ΔS,并以此 ΔS 为中截面沿法线方向推移,在两侧形成两个面元 ΔS_1 和 ΔS_2,而构成一个闭合且极薄的扁盒子 $\Delta\Sigma$. 应用电位移通量定理于这个扁盒子,这里约定界面法向单位矢量 $\hat{\boldsymbol{n}}$ 方向由介质 1 指向介质 2,据

$$\oiint_{(\Delta\Sigma)} \boldsymbol{D}\cdot d\boldsymbol{S}=q_0,$$

因 $\Delta\Sigma$ 厚度无限薄,可忽略其侧面的电通量,于是,

$$\oiint_{(\Delta\Sigma)} \boldsymbol{D}\cdot d\boldsymbol{S}=D_{2n}\Delta S_2-D_{1n}\Delta S_1=(D_{2n}-D_{1n})\Delta S,$$

且

$$q_0=\sigma_0\Delta S,$$

得

$$(D_{2n}-D_{1n})=\sigma_0.$$

再来看图 2.38 右下方的甚窄矩形框,任选界面上一处,在此处两侧沿界面切线方向 $\hat{\boldsymbol{t}}$ 作两段线元 Δl_1 和 Δl_2,而构成一个极窄的矩形框 ΔL,应用电场环路定理于这一矩形框,并注意到因 ΔL 极窄,可忽略其窄边的环量,于是

$$\oint \boldsymbol{E}\cdot d\boldsymbol{l}=0,$$

展开为

$$\oint_{(\Delta L)} \boldsymbol{E}\cdot d\boldsymbol{l}=(E_{2t}\Delta l_2-E_{1t}\Delta l_1)=(E_{2t}-E_{1t})\Delta l=0,$$

得

$$(E_{2t}-E_{1t})=0.$$

综上结果,静电场边值关系归结为两条:

$$\begin{cases} D_{2n} - D_{1n} = \sigma_0, \\ E_{2t} - E_{1t} = 0. \end{cases} \tag{2.33}$$

这里，σ_0 系界面上该处的非极化电荷面密度，它或是自由电荷面密度，或是空间电荷面密度. 一般情况下，$\sigma_0=0$，于是这场边值关系成为

$$\begin{cases} D_{2n} - D_{1n} = 0, \\ E_{2t} - E_{1t} = 0. \end{cases} \tag{2.33$'$}$$

该关系式常表述为，电位移 $\boldsymbol{D}$ 的法向分量连续，电场强度 $\boldsymbol{E}$ 的切向分量连续.

必须指出，静电场边值关系(2.33)式或(2.33′)式，对任何性能的电介质均适用，并不受限于各向同性介质，虽然常以(ε_{1r}，ε_{2r})为背景而建立某些相关物理图象.

- **场边值关系包含的细致内容**

现以各向同性介质为对象，进一步揭示上述场边值关系的内涵. 须知，电位移法向分量的连续，意味着场强 $\boldsymbol{E}$ 法向分量不连续(突变)，即

$$E_{2n} - E_{1n} = \frac{D_{2n}}{\varepsilon_2} - \frac{D_{1n}}{\varepsilon_1} = \left(\frac{1}{\varepsilon_2} - \frac{1}{\varepsilon_1}\right) D_n; \quad (\varepsilon = \varepsilon_r \varepsilon_0)$$

且 $$E_{2n} > E_{1n}, \quad 当 \quad \varepsilon_{2r} < \varepsilon_{1r}, \quad D_n \neq 0.$$

同理，场强切向分量的连续，意味着电位移 $\boldsymbol{D}$ 切向分量不连续(突变)，即

$$D_{2t} - D_{1t} = \varepsilon_2 E_{2t} - \varepsilon_1 E_{1t} = (\varepsilon_2 - \varepsilon_1) E_t;$$

且 $$D_{2t} < D_{1t}, \quad 当 \quad \varepsilon_{2r} < \varepsilon_{1r}, \quad E_t \neq 0.$$

一个矢量可分解为两个正交分量，若其中一分量经界面连续，而另一分量经界面不连续，则合成结果是这矢量经界面必有突变，目前讨论的场量 $\boldsymbol{D}$ 或 $\boldsymbol{E}$ 就是这样. 这突变反映在其方向上有个偏折，

$$\tan\theta_1 = \frac{E_{1t}}{E_{1n}} = \frac{E_{1t}}{D_{1n}/\varepsilon_1} = \varepsilon_1 \frac{E_{1t}}{D_{1n}},$$

$$\tan\theta_2 = \frac{E_{2t}}{E_{2n}} = \frac{E_{2t}}{D_{2n}/\varepsilon_2} = \varepsilon_2 \frac{E_{2t}}{D_{2n}},$$

结合边值关系(2.33′)式，

$$D_{2n} = D_{1n}, \quad E_{2t} = E_{1t},$$

遂得

$$\frac{\tan\theta_1}{\tan\theta_2} = \frac{\varepsilon_{1r}}{\varepsilon_{2r}}. \tag{2.33$''$}$$

且 $$\theta_1 > \theta_2, \quad 当 \quad \varepsilon_{2r} < \varepsilon_{1r}.$$

当然，这种突变也反映在 $\boldsymbol{D}$，$\boldsymbol{E}$ 的数值上，当 $\varepsilon_{2r}<\varepsilon_{1r}$，有

$$E_{2n} > E_{1n}, \quad 而 \quad E_{2t} = E_{1t}; \quad D_{2t} < D_{1t}, \quad 而 \quad D_{2n} = D_{1n};$$

得 $$E_2 > E_1, \quad D_2 < D_1.$$

这表明，此场合经界面场强 E 值变大，而电位移 D 值变小，两者数值突变竟是相反的.

综合场量 **D** 和 **E** 经界面的方向与数值突变,可以描绘出一簇场线即 **D** 线和 **E** 线,对此给出了形象化的反映,如图 2.39 所示.

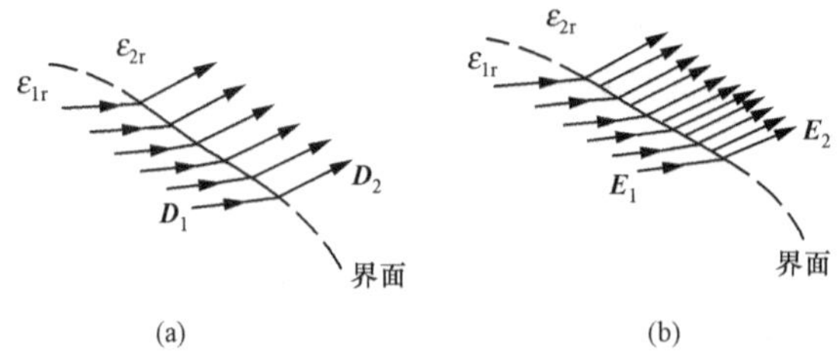

图 2.39　经界面场线的折射和疏密度的变化,设 $\varepsilon_{2r}<\varepsilon_{1r}$.(a) **D** 线;(b) **E** 线

● **例题——驻极体薄片**

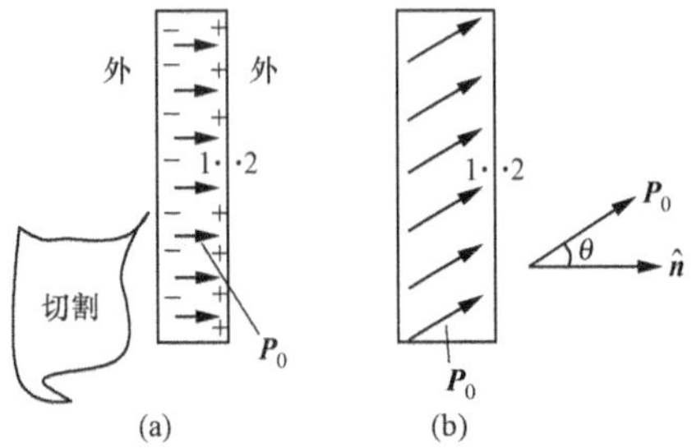

图 2.40　驻极体薄片

如图 2.40(a)所示,从一驻极体上切割下一个薄片,冻结于其中的极化强度 $\boldsymbol{P}_0$ 与两侧表面正交,试求其片内 **D** 和 **E**,(忽略边缘效应).先作一简单的定性分析,并注意图中 1、2 那两点.极化强度 $\boldsymbol{P}_0$ 导致等量异号的极化电荷 $\pm\sigma'$ 出现于两侧表面,以致片外的场 $\boldsymbol{D}_2=0,\boldsymbol{E}_2=0$;且片内 **D**,**E** 为仅有法线分量的均匀场.于是,根据边值关系给出的 D_n 连续性,得

$$D_{2n}=D_{1n}=0,\quad 即\quad \boldsymbol{D}_1=0;$$

再根据普遍的关系式 $\boldsymbol{D}_1=\varepsilon_0\boldsymbol{E}_1+\boldsymbol{P}_1$,得

$$\boldsymbol{E}_1=-\frac{\boldsymbol{P}_0}{\varepsilon_0}.$$

综上结果,此介质片内,$\boldsymbol{D}_1=0,\boldsymbol{E}_1=-\boldsymbol{P}_0/\varepsilon_0$.若问此时这驻极体薄片内是否存在电场,其答案只能是,$\boldsymbol{D}_1=0$,而 $\boldsymbol{E}_1\neq 0$.由此多少令人感受到场量 **D** 与 **E** 的区别.

再看图 2.40(b),从驻极体上斜向切割下一个薄片,其固有极化强度 $\boldsymbol{P}_0$ 与侧面法线之夹角为 θ.根据边值关系和片外 **D**=0,**E**=0,得片内的场为

$$\begin{cases}D_{1n}=0,\\ D_{1t}=P_0\sin\theta;\end{cases}\qquad \begin{cases}E_{1n}=-\dfrac{1}{\varepsilon_0}P_0\cos\theta,\\ E_{1t}=0.\end{cases}$$

其推算过程留给读者自己完成.这结果表明,片内 **D** 与 **E** 的方向并非一致,这又一次令人感受到场量 **D** 与 **E** 之区别.其实,两个场量 **D** 与 **E** 之间的所有联系和区别,均源于一基本关系式 $\boldsymbol{D}=\varepsilon_0\boldsymbol{E}+\boldsymbol{P}$,均系这一基本关系式在不同场合下的各种具体表现.

当然,本题亦可采取原始途径,由 $\boldsymbol{P}_0\rightarrow(\pm\sigma')\rightarrow\boldsymbol{E}\rightarrow\boldsymbol{D}$,求得片内的场,其结果与由边值关系得到的一致.

● 例题——一介质球在均匀外场中

如图 2.41 所示，一个各向同性线性介质球 ε_r，置于一均匀外场 $\boldsymbol{E}_0$ 之中，试求其球内电场 $\boldsymbol{E}_{in}$，以及球面外侧电场 $\boldsymbol{E}_2$.

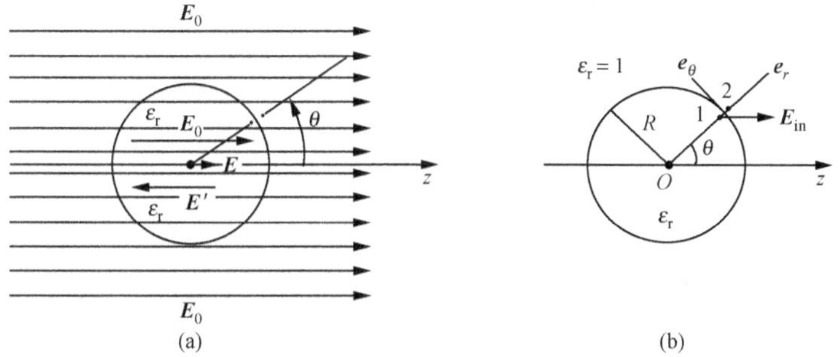

图 2.41 一介质球置于均匀外场中

首先，在外场 $\boldsymbol{E}_0$ 作用下，该介质球表面出现了轴对称分布的极化面电荷 $\sigma'(\theta)$，相应地产生一个附加场即退极化场 $\boldsymbol{E}'$，故球内总电场为 $\boldsymbol{E}_{in}=(\boldsymbol{E}_0+\boldsymbol{E}')$. 试猜想这球内的 $\boldsymbol{E}'$场是一个与 $\boldsymbol{E}_0$ 场反向的均匀场，则球内总场为

$$E_{in} = E_0 - E', \tag{①}$$

也是一个均匀场，那么它决定的极化强度

$$P = \chi_e \varepsilon_0 E_{in}, \tag{②}$$

无疑也是均匀分布的，相应的极化电荷面密度为

$$\sigma(\theta) = P\cos\theta. \tag{③}$$

曾记得上一章(1.58)式，凡是一个球面其面电荷密度按 $\sigma(\theta)=K\cos\theta$ 函数分布，这里 K 为一常数，则其在球内产生的场强必定是均匀场，且

$$\boldsymbol{E}' = -\frac{K}{3\varepsilon_0}\hat{\boldsymbol{z}} \quad (\text{目前 } K = P), \tag{④}$$

如此推理而得到的一个结论是，当初试探退极化场是一均匀场的猜想是自洽的，因而也是正确的. 于是，联立以上四个方程，最终求得这介质球体内总场为

$$\boldsymbol{E}_{in} = \frac{3}{\varepsilon_r + 2}\boldsymbol{E}_0; \quad P = \varepsilon_0\frac{3(\varepsilon_r - 1)}{\varepsilon_r + 2}E_0. \tag{2.34}$$

该式表明，$\boldsymbol{E}_{in}$值总是小于外场 $\boldsymbol{E}_0$ 值，比如，当 $\varepsilon_r=10$，则 $\boldsymbol{E}_{in}=\boldsymbol{E}_0/4$；当 $\varepsilon_r\to\infty$，则 $\boldsymbol{E}_{in}\to 0$，这相当于介质球成为一个导体球那样，其 $\boldsymbol{E}$ 内部为零；从静电学眼光看，一个充满自由电荷的导体等效于其相对介电常数为无穷大的电介质.

凭借静电场边值关系和球面内侧场强，便可求得球面外侧之场强，参见图 2.41(b)，并注意图中分居两侧的场点 1 和 2，并将 $\boldsymbol{E}_{in}$简写为 $\boldsymbol{E}_i$. 对于内侧 1 点，有

$$E_{1n} = E_i\cos\theta, \quad D_{1n} = \varepsilon_r\varepsilon_0 E_i\cos\theta; \quad E_{1t} = -E_i\sin\theta.$$

应用场边值关系(2.33′)式，得外侧 2 点的场为

$$D_{2n}=D_{1n}=\varepsilon_r\varepsilon_0E_i\cos\theta,\quad E_{2n}=\varepsilon_rE_i\cos\theta;\quad E_{2t}=E_{1t}=-E_i\sin\theta.$$

代入(2.34)式给出的 E_i 值,最终求出球面外侧的场为

$$\begin{cases}E_{2n}(R^+,\theta)=\dfrac{3\varepsilon_r}{\varepsilon_r+2}E_0\cos\theta,\\[2ex] E_{2t}(R^+,\theta)=-\dfrac{3}{\varepsilon_r+2}E_0\sin\theta.\end{cases}\tag{2.34$'$}$$

值得指出的一点是,这外侧的场强 $\boldsymbol{E}_2$ 依然是总场,其中含有均匀外场 $\boldsymbol{E}_0$ 的贡献,如果我们感兴趣于极化电荷 $\sigma'(\theta)$ 贡献的场强 $\boldsymbol{E}'$,那就要扣除 $\boldsymbol{E}_0$,即

$$\begin{cases}E'_n(R^+,\theta)=E_{2n}-E_{0n}=\dfrac{\varepsilon_r-1}{\varepsilon_r+2}E_0\cdot2\cos\theta,\\[2ex] E'_t(R^+,\theta)=E_{2t}-E_{0t}=\dfrac{\varepsilon_r-1}{\varepsilon_r+2}E_0\cdot\sin\theta.\end{cases}\tag{2.34$''$}$$

其实,引用上一章(1.58′)式,就能直接给出这介质球体外空间的电场 $\boldsymbol{E}(r,\theta)$,它应等于一偶极场 $\boldsymbol{E}'(r,\theta)$ 与均匀外场 $\boldsymbol{E}_0(r,\theta)$ 之叠加,即

$$E_r(r,\theta)=E'_r(r,\theta)+E_{0r}(r,\theta)=k_e\frac{2p_{\text{eff}}\cos\theta}{r^3}+E_0\cos\theta,\tag{2.35}$$

$$E_\theta(r,\theta)=E'_\theta(r,\theta)+E_{0\theta}(r,\theta)=k_e\frac{p_{\text{eff}}\sin\theta}{r^3}-E_0\sin\theta\quad(r>R);$$

这里,位于球心的等效偶极矩 p_{eff} 为:

$$p_{\text{eff}}=VP,\quad V=\frac{4\pi}{3}R^3,\quad P=\varepsilon_0\frac{3(\varepsilon_r-1)}{\varepsilon_r+2}E_0.\tag{2.35$'$}$$

● 小结——介质静电学基本规律

至此,关于静电场和介质静电学中的基本理论业已全面确立,兹将其基本规律的积分形式、微分形式和边值关系汇总如下,以备查考.

(1) 场的积分方程

$$\oiint_{(\Delta\Sigma)}\boldsymbol{D}\cdot\mathrm{d}\boldsymbol{S}=\sum_{(V)}q_0,\quad\oint\boldsymbol{E}\cdot\mathrm{d}\boldsymbol{l}=0,\tag{2.30}$$

$$\boldsymbol{D}=\varepsilon_0\boldsymbol{E}+\boldsymbol{P}\quad(\text{定义式});\tag{2.29}$$

$$\boldsymbol{D}=\varepsilon_0\boldsymbol{E}\quad(\text{真空中});\quad\boldsymbol{D}=\varepsilon_r\varepsilon_0\boldsymbol{E}\quad(\text{各向同性线性介质}).\tag{2.30$''$}$$

(2) 体内微分方程

$$\begin{cases}\nabla\cdot\boldsymbol{D}=\rho_0,\\ \nabla\times\boldsymbol{E}=0;\end{cases}\quad\text{或}\quad\begin{cases}\nabla\cdot\boldsymbol{D}=0,\quad\text{当}\ \rho_0=0;\\ \nabla\cdot\boldsymbol{E}=0.\end{cases}\tag{2.31$'$}$$

(3) 界面边值关系

$$\begin{cases}D_{2n}-D_{1n}=\sigma_0,\\ E_{2t}-E_{1t}=0;\end{cases}\quad\text{或}\quad\begin{cases}D_{2n}=D_{1n},\quad\text{当}\ \sigma_0=0;\\ E_{2t}=E_{1t}.\end{cases}\tag{2.33}$$

(4) 关于极化强度 $\boldsymbol{P}(\boldsymbol{r})$

$$\oiint_{(\Sigma)}\boldsymbol{P}\cdot d\boldsymbol{S}=-\iiint_{(V)}\rho' dV, \tag{2.22}$$

$$\sigma'=P\cos\theta, \tag{2.23}$$

$$\nabla\cdot\boldsymbol{P}=-\rho'. \tag{2.24}$$

(5) 关于电场强度 $\boldsymbol{E}(\boldsymbol{r})$

$$\begin{cases}\oiint_{(\Sigma)}\boldsymbol{E}\cdot d\boldsymbol{S}=\dfrac{1}{\varepsilon_0}\sum_{(V)}q \quad \left(\sum q\text{ 包括所有种类的电荷}\right), & (1.14)\\ \oint\boldsymbol{E}\cdot d\boldsymbol{l}=0. & (1.28)\end{cases}$$

$$\begin{cases}\nabla\cdot\boldsymbol{E}=\dfrac{1}{\varepsilon_0}\rho, & (1.49)\\ \nabla\times\boldsymbol{E}=0. & (1.52)\end{cases}$$

$$\begin{cases}E_{2n}-E_{1n}=\dfrac{\sigma}{\varepsilon_0},\\ E_{2t}-E_{1t}=0.\end{cases} \tag{1.54}$$

(6) 关于静电场的电势 $U(\boldsymbol{r})$

$$\boldsymbol{E}=-\nabla U,$$

$$\nabla^2U=-\frac{1}{\varepsilon_0}\rho,\quad \text{或}\quad \nabla^2U=0\ \text{(无源空间拉普拉斯方程)}. \tag{1.53}$$

•【讨论】 一驻极球在均匀介质中

一驻极球置于一均匀各向同性线性介质中,冻结于该球体的极化强度为 $\boldsymbol{P}_0$,试求出球内、球外的场强 $\boldsymbol{E}(\boldsymbol{r})$,参见图 2.42.

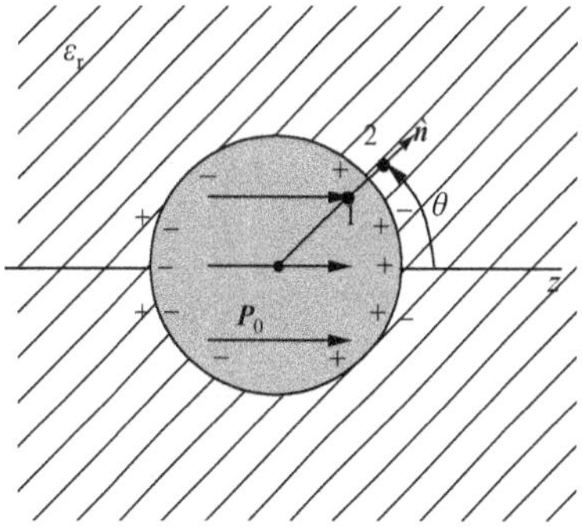

图 2.42 一驻极体球在均匀介质中

提示:拟可先考量界面的有效极化电荷面密度

$$\sigma_e=\sigma_1'+\sigma_2',$$

其中,驻极体球面上的极化电荷密度 σ_1' 由 $\boldsymbol{P}_0$ 提供而易求;介质表面即类似空腔球面上的极化电荷密度 σ_2',是否可以通过若干边值关系求出,试试看.

2.9 静电场的能量

- 静电场蕴含能量
- 电场能量密度公式
- 总静电场能
- 点电荷自能的发散
- 点电荷组的相互作用能
- 连续带电体总静电场能另一表达式
- 导体系总静电场能另一表达式
- 介质场能的物理诠释

· 讨论——一球状离子团的总静电场能

● 静电场蕴含能量

凡是存在静电场的区域必定含有能量，这是一个概念，或者说这近乎是个观念. 为了体现静电场能与电场量($\boldsymbol{E}$,$\boldsymbol{D}$)的定量关系，不妨改写先前获得的电容器储能公式(2.18)，参见图 2.43(a)，

$$W_c = \frac{1}{2}Q_0\Delta U,$$

注意到对于平行板电容器有以下关系式，

$$\Delta U = Ed,\quad Q_0 = \sigma_0 S,\quad D = \sigma_0,$$

于是

$$W_c = \frac{1}{2}DE(Sd),$$

它似表明，在电容器内部即存在电场的区域 V 内，蕴含有电场能量

$$W_c = \frac{1}{2}DEV \quad (V = Sd).$$

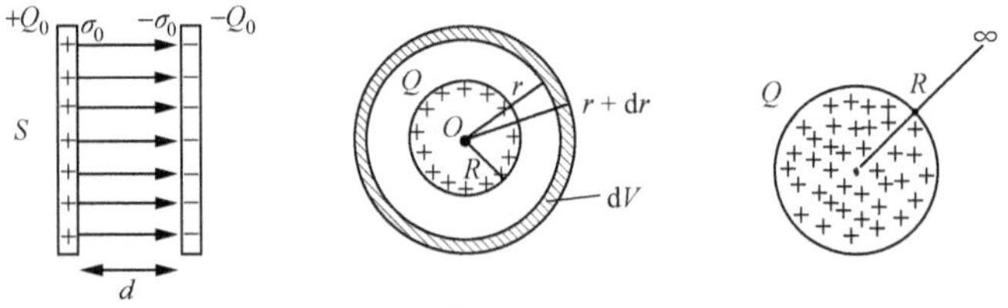

图 2.43　考量静电场能及场能密度

事实上，当初就是以搬运电荷 dq 从电容器一极到另一极而克服电场力做功而导出 W_c，那里尚未明确这 W_c 值的能量究竟在何处. 按照物理学一贯倡导的近距离作用观点，这储能定域于电场空间的看法，倒也合理.

● 电场能量密度公式

电场能量密度 w_e，定义为该处单位体积中蕴含的电场能，即

$$w_e = \lim_{\Delta V\to 0}\frac{\Delta W_e}{\Delta V},\quad (\mathrm{J/m^3}) \tag{2.36}$$

鉴于平行板电容器内部充满着均匀电场，可以直接由比值(W_e/V)得其电场能量密度公式为

$$w_e = \frac{1}{2}DE. \tag{2.36′}$$

该式具有普遍性，并不限于均匀场，它也适用于非均匀场，这一结论将在“电动力学”课程中给出. 考量到 $\boldsymbol{D}$ 与 $\boldsymbol{E}$ 的各种具体关系，(2.36′)式还可简化为

$$w_e = \frac{1}{2}\varepsilon_r\varepsilon_0 E^2 \quad (\text{各向同性线性介质});$$
$$w_e = \frac{1}{2}\varepsilon_0 E^2 \quad (\text{真空或空间电荷区}). \tag{2.36''}$$

对于各向异性介质比如晶体,其体内电位移 $\boldsymbol{D}$ 与电场强度 $\boldsymbol{E}$ 两者方向可能不一致,这场合电场能量密度公式为

$$w_e = \frac{1}{2}\boldsymbol{D}\cdot\boldsymbol{E}. \tag{2.37}$$

它是电场能量密度的普遍公式,对各向同性线性介质和各向异性的线性介质,它均适用. 然而,对于非线性介质比如铁电体而言,(2.37)式并不完全适用,应另当别论. 以上关于 w_e 的若干公式均贴切地体现了静电能定域于电场空间这一概念.

- **总静电场能**

各向同性线性介质中,任意区域 V 所蕴含的总静电能,其积分表达式为

$$W_e = \iiint_{(V)} w_e \mathrm{d}V = \frac{1}{2}\iiint_{(V)} \varepsilon_r\varepsilon_0 E^2 \mathrm{d}V. \tag{2.38}$$

将其应用于均匀带电球壳,参见图 2.43(b),令 $\varepsilon_r=1$,得其在全空间的总静电场能为

$$W_e = \frac{1}{2}\varepsilon_0\int_0^\infty E^2(r)\cdot 4\pi r^2\mathrm{d}r \qquad (\mathrm{d}V = 4\pi r^2\mathrm{d}r)$$
$$= \frac{1}{2}\varepsilon_0\int_R^\infty \left(\frac{1}{4\pi\varepsilon_0}\cdot\frac{Q}{r^2}\right)^2\cdot 4\pi r^2\mathrm{d}r, \quad (r<R\ \text{区域}\ E=0)$$

最终得:

$$W_e = \frac{1}{2}\left(\frac{Q^2}{4\pi\varepsilon_0 R}\right). \tag{2.38'}$$

对于均匀带电球体,参见图 2.43(c),令 $\varepsilon_r=1$,得其在全空间的总静电场能为

$$W_e = \frac{1}{2}\varepsilon_0\int_0^R E^2(r)\cdot 4\pi r^2\mathrm{d}r + \frac{1}{2}\varepsilon_0\int_R^\infty E^2(r)\cdot 4\pi r^2\mathrm{d}r$$
$$= \frac{1}{5}\cdot\frac{1}{2}\left(\frac{Q^2}{4\pi\varepsilon_0 R}\right) + \frac{1}{2}\left(\frac{Q^2}{4\pi\varepsilon_0 R}\right),$$

最终得:

$$W_e = \frac{3}{5}\left(\frac{Q^2}{4\pi\varepsilon_0 R}\right). \tag{2.38''}$$

由此可见,从带电球壳变为带电球体,相应的总静电能便从系数为 1/2 变为 3/5,即增加了 1/10 倍率. 这不难理解,设想将球面电荷细碎化,尔后再将它们向心挤压为一个球体电荷分布,此过程中必然要克服库仑斥力而作正功,以此正功为代价换来了总静电能的增加.

以上两式(2.38′)、(2.38″)还表明,其总静电能反比于球区半径 R. 推而广之,凡一电荷分布具有球对称的体系,其总静电场能必定反比于球区半径 R,即

$$W_e \propto \frac{Q^2}{R}. \tag{2.39}$$

- **点电荷自能的发散**

点电荷模型特指其有电量而无体积，它可被看作半径趋于零的球体电荷. 于是，按(2.38″)式得一点电荷所联系的总静电能 $W_{\text{self}}(q)$ 为

$$W_{\text{self}}(q)=\lim_{R\to 0}\left(\frac{3}{20\pi\varepsilon_0}\cdot\frac{q^2}{R}\right)\to\infty.$$

这结果表明，与点电荷相联系的总静电场能必定为无穷大，故从能量角度审视，试图通过外力做功将一体电荷挤压为一个"点"，这是不可能的，除非它自然与生俱来. 这就是所谓点电荷的自能及其发散的困惑. 不过，基于点电荷的基元场而建立的静电学理论，它所面对的实际问题是连续带电体情形，比如一体电荷分布 $\rho(\boldsymbol{r})$，就不会出现上述那类困惑. 在体积元 $\mathrm{d}V$ 中含电量 $\mathrm{d}q=\rho\mathrm{d}V$，不妨设 $\mathrm{d}V$ 半径为 a，且 $a\to 0$，这 $\mathrm{d}q$ 可以被看作一点电荷，那么，与其相联系的总静电场能为

$$\mathrm{d}W_{\text{self}}(q)=\lim_{a\to 0}\frac{3}{20\pi\varepsilon_0}\cdot\frac{(\mathrm{d}q)^2}{a}$$

$$\propto\rho^2\frac{(\mathrm{d}V)^2}{a}\propto\rho^2\frac{a^6}{a}=\rho^2a^5\to 0.$$

可见，它系 5 阶无穷小量而趋于零. 当然实际带电体可被分割为无穷多个 $\mathrm{d}q$，相联系有无穷多个 $\mathrm{d}W_{\text{self}}$，其和是确定且有限的，(2.38″) 式就是典型一例.

- **点电荷组的相互作用能**

试考量将无限远处的若干点电荷，搬移到有限远处而形成一点电荷组过程中，所做的总功 A，参见图 2.44(a)，示意为

$$[q_1/q_2/q_3/\cdots q_n]\xrightarrow{A}(q_1,q_2,q_3,\cdots,q_n).$$

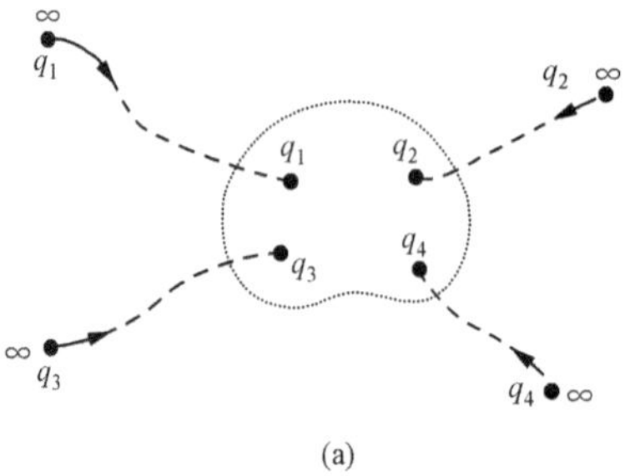

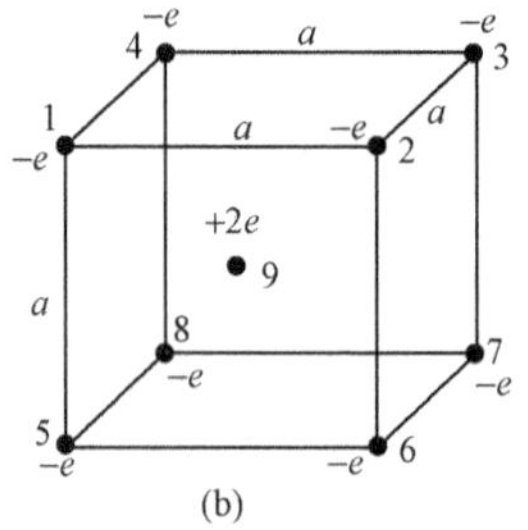

图 2.44　考量点电荷组的相互作用能

以这总功 A 为代价而换来的能量 ΔW，称为眼前该点电荷组的相互作用能. 它不包括各个点电荷 q_i 的自能 W_{si}. 如果将这些点电荷的自能包括进来，那就是当前这个点电荷组的总静电能 W_e，即

$$W_e=\Delta W+\sum W_{si},\quad i=1,2,\cdots,n,$$

这里第二项中每个点电荷的自能 W_{si} 无异于它在无限远处的自能，故求和项就是这 n 个点电荷相隔无限远因而无相互作用时的总静电能 W_o，即

$$W_o = \sum W_{si},$$

于是，一点电荷组的相互作用能被表达为

$$\Delta W = W_e - W_o. \tag{2.40}$$

该式可以作为物理学中关于一体系内部各单元之间相互作用能的一种普遍定义式，并不受限于点电荷组；即，一体系内部的相互作用能 ΔW，就是该体系当前的总能量 W_e 与各单元间无相互作用时的总能量 W_o 之差.

对于静电学中的点电荷体系，可以通过搬运电荷而做功的方式求得其相互作用能 ΔW.

先讨论双点电荷 q_1, q_2 情形：

$$\begin{cases}\text{搬运 } q_1 \to \text{ 场点 } P_1\text{，克服电场力做功} \quad A_1 = 0; \\ \text{搬运 } q_2 \to \text{ 场点 } P_2\text{，克服电场力 } q_2\boldsymbol{E}_1 \text{ 做功为}\end{cases}$$

$$A_2 = -\int_\infty^{P_2} q_2 \boldsymbol{E}_1 \cdot \mathrm{d}\boldsymbol{l} = q_2 \int_{P_2}^\infty \boldsymbol{E}_1 \cdot \mathrm{d}\boldsymbol{l} = q_2 U_1(P_2) = q_2 U_{12}.$$

故总功为 $\qquad A = A_1 + A_2 = q_2 U_{12}, \quad \text{且} \quad U_{12} = k_e \dfrac{q_1}{r_{12}}.$

或调换搬运次序：

$$\begin{cases}\text{搬运 } q_2 \to \text{ 场点 } P_2\text{，克服电场力做功} \quad A_2' = 0; \\ \text{搬运 } q_1 \to \text{ 场点 } P_1\text{，克服电场力 } q_1\boldsymbol{E}_2 \text{ 做功为}\end{cases}$$

$$A_1' = -\int_\infty^{P_1} q_1 \boldsymbol{E}_2 \cdot \mathrm{d}\boldsymbol{l} = q_1 \int_{P_1}^\infty \boldsymbol{E}_2 \cdot \mathrm{d}\boldsymbol{l} = q_1 U_2(P_1) = q_1 U_{21}.$$

故总功为 $\qquad A' = A_1' + A_2' = q_1 U_{21}, \quad \text{且} \quad U_{21} = k_e \dfrac{q_2}{r_{21}}.$

显然，$r_{12} = r_{21}$，于是 $q_1 U_{21} = q_2 U_{12}$，$A = A'$，即其总功与搬运电荷次序无关.改写总功为一个对称平等形式，

$$A = \frac{1}{2}(A + A') = \frac{1}{2} q_1 U_{21} + \frac{1}{2} q_2 U_{12},$$

即，双点电荷组的相互作用能为

$$\Delta W = \frac{1}{2} q_1 U_{21} + \frac{1}{2} q_2 U_{12}.$$

再考量三点电荷情形，与双电荷比较，它多了一份搬运 q_3 所做的功：

搬运 $q_3 \to$ 场点 P_3，克服电场力 $q_3(\boldsymbol{E}_1 + \boldsymbol{E}_2)$ 做功为

$$\begin{aligned} A_3 &= -\int_\infty^{P_3} q_3 (\boldsymbol{E}_1 + \boldsymbol{E}_2) \cdot \mathrm{d}\boldsymbol{l} = q_3 \int_{P_3}^\infty \boldsymbol{E}_1 \cdot \mathrm{d}\boldsymbol{l} + q_3 \int_{P_3}^\infty \boldsymbol{E}_2 \cdot \mathrm{d}\boldsymbol{l} \\ &= q_3 U_{13} + q_3 U_{23}, \end{aligned}$$

注意到

$$q_3U_{13}=q_3k_e\frac{q_1}{r_{13}}=q_1k_e\frac{q_3}{r_{31}}=q_1U_{31},$$

$$q_3U_{23}=q_3k_e\frac{q_2}{r_{23}}=q_2k_e\frac{q_3}{r_{32}}=q_2U_{32},$$

于是可将 A_3 式改写为更为对称形式，

$$A_3=\frac{1}{2}(q_3U_{13}+q_1U_{31}+q_3U_{23}+q_2U_{32}),$$

再加上功(A_1+A_2)，求得形成三电荷组所做总功为

$$\begin{aligned}A&=(A_1+A_2+A_3)\\&=\frac{1}{2}q_1(U_{21}+U_{31})+\frac{1}{2}q_2(U_{12}+U_{32})+\frac{1}{2}q_3(U_{13}+U_{23})\\&=\frac{1}{2}\sum q_iU_i^*,\quad i=1,2,3,\end{aligned}$$

其中 U_i^* 表示除自身 q_i 以外其它两个点电荷在 q_i 处的电势.

以上结果的数学形式可以推广到任意多个点电荷的体系，最终给出其相互作用能的表达式为

$$\Delta W=\frac{1}{2}\sum q_iU_i^*,\quad i=1,2,3,\cdots,n.\qquad(2.40')$$

这里，再一次明确 U_i^* 特指除 q_i 以外其它所有($n-1$)个点电荷在 q_i 处的电势值，不包括 q_i 在自身处的电势(该值为无限大).

例题　图 2.44(b)表示某一晶体中一个体心立方单元，有 8 个点电荷($-e$)分居这立方体的八个顶点，另有一个点电荷($+2e$)位于体心，设立方体之边长为 a，试求出这 9 个点电荷体系的相互作用能 ΔW.

注意到其中每个点电荷处于其它 8 个点电荷的电势场中，比如，

$$U_1^*=3\times k_e\frac{-e}{a}+3\times k_e\frac{-e}{\sqrt{2}a}+k_e\frac{-e}{\sqrt{3}a}+k_e\frac{2e}{\sqrt{3}a/2},$$

$$U_9^*=8\times k_e\frac{-e}{\sqrt{3}a/2};$$

于是，最终求得这体系的相互作用能为

$$\begin{aligned}\Delta W&=\frac{1}{2}\sum q_iU_i^*=8\times\frac{1}{2}(-e)U_1^*+\frac{1}{2}(2e)U_9^*\\&=\frac{1}{4\pi\varepsilon_0}\cdot\frac{e^2}{a}\left(12+\frac{12}{\sqrt{2}}-\frac{28}{\sqrt{3}}\right)\\&=0.344\frac{e^2}{\varepsilon_0 a}=6.2\,\text{eV}.\quad(\text{设 } a\approx 1\,\text{nm})\end{aligned}$$

通过上例可以意识到，点电荷体系的相互作用能具有晶体化学中结合能的意义. 若 $\Delta W>0$，则意味着该体系的凝聚需要吸收外部能量；若 $\Delta W<0$，则意味着该体系的凝聚同时向外释放能量.

● 连续带电体总静电场能另一表达式

由离散态的点电荷组相互作用能公式(2.40′)，可以十分自然地过渡到连续带电体的情形. 设空间存在一连续电荷分布，其体密度函数为 $\rho(\boldsymbol{r})$，则其所联系的总静电场能可以表达为

$$W_{\mathrm{e}}=\frac{1}{2}\iiint\rho(\boldsymbol{r})U(\boldsymbol{r})\mathrm{d}V, \tag{2.41}$$

这里无需申明被积函数中的 U 是除去该处电量 $\mathrm{d}q$ 以外的其它体电荷在此处贡献的电势，这是因为 $\mathrm{d}q$ 在自身处产生的电势为零. 对此说明如下：

$$\mathrm{d}q=\rho\mathrm{d}V\rightarrow\mathrm{d}U=\lim_{a\to0}k_{\mathrm{e}}\frac{\mathrm{d}q}{a}\propto\rho\frac{\mathrm{d}V}{a}\propto\rho\frac{a^3}{a}=\rho a^2\rightarrow0;$$

或者，考量 $\mathrm{d}q$ 的自能，

$$\mathrm{d}q\rightarrow\mathrm{d}W_{\mathrm{self}}\propto\lim_{a\to0}\frac{(\mathrm{d}q)^2}{a}\propto\rho^2\frac{(\mathrm{d}V)^2}{a}\propto\rho^2a^5\rightarrow0.$$

这里，a 为体积元 $\mathrm{d}V$ 的半径. 以上数学描写旨在说明，在一般体密度 ρ 为有限值情形下，$\mathrm{d}q$ 在自身处产生的电势 $\mathrm{d}U$ 系二阶小量而趋于零，其自能 $\mathrm{d}W_{\mathrm{self}}$ 系五阶小量而趋于零. 简言之，积分表达式(2.41)中的 U 是该处的总电势，它表达的是该连续带电体所产生的总静电场能，这总静电场能依然定域于电场空间. 故此场合，对体系的总能量与内部的相互作用能这两者的区分已失去意义，因为此时连续带电体的自能为零.

● 导体系总静电场能另一表达式

若空间存在一面电荷的连续分布，其面密度函数为 $\sigma(\boldsymbol{r})$，则其所产生的总静电场能表达式为

$$W_{\mathrm{e}}=\frac{1}{2}\iint\sigma(\boldsymbol{r})U(\boldsymbol{r})\mathrm{d}S, \tag{2.41′}$$

这里的 U 依然为该处的总电势，面元电荷 $\mathrm{d}q=\sigma\mathrm{d}S$ 在当地贡献的电势为零，即

$$\mathrm{d}q=\sigma\mathrm{d}S\rightarrow\mathrm{d}U=\lim_{a\to0}k_{\mathrm{e}}\frac{\mathrm{d}q}{a}\propto\sigma\frac{\mathrm{d}S}{a}\propto\sigma\frac{a^2}{a}=\sigma a\rightarrow0.$$

一导体系含有 n 个离散的导体，其带电量分别为$(Q_1,Q_2,\cdots,Q_n)$，注意到其中每个导体为一等势体，电势分别为$(U_1,U_2,\cdots,U_n)$. 应用(2.41′)式于这一导体系，给出了其总静电场能的表达式为

$$W_{\mathrm{e}}=\frac{1}{2}\sum Q_iU_i,\quad i=1,2,3,\cdots,n. \tag{2.41″}$$

同样地应当正确理解这 W_{e} 能量定域于这导体系产生的电场空间，不能误认为这能量储存在导体身上.

当然，给定各个导体的电量，去求解各导体的电势值也非易事，即便借助数学物理方法中某些定理和手段，一般也比预想的要复杂和困难. 不过，记住(2.41″)表达式还是有助于某

些问题的分析. 比如，在 2.2 节曾讨论过一个问题，即，一中性导体 B 接近一带电导体 A 所引起的电势 U_A 的变化. 考量到在 B 向 A 靠近过程中，出现了自由电荷重新分布相联系的电流，而这电流将产生焦耳热损耗，故这双导体系的总静电场能将减少，即

$$W_e' < W_e,$$

且　　初态　$$W_e = \frac{1}{2}Q_AU_A + \frac{1}{2}Q_BU_B = \frac{1}{2}Q_AU_A,\quad (Q_B = 0)$$

终态　$$W_e' = \frac{1}{2}Q_AU_A' + \frac{1}{2}Q_BU_B' = \frac{1}{2}Q_AU_A',$$

得　$$\frac{1}{2}Q_AU_A' < \frac{1}{2}Q_AU_A,$$

其结论是

$$U_A' < U_A，当 Q_A > 0;\quad U_A' > U_A，当 Q_A < 0.$$

● **介质场能的物理诠释**

现在回过头来，对电场能量密度公式的内涵作较为深入的揭示. 据(2.37)式并展开之，

$$w_e = \frac{1}{2}\boldsymbol{D}\cdot\boldsymbol{E} = \frac{1}{2}(\varepsilon_0\boldsymbol{E} + \boldsymbol{P})\cdot\boldsymbol{E}$$
$$= \frac{1}{2}\varepsilon_0E^2 + \frac{1}{2}\boldsymbol{P}\cdot\boldsymbol{E} = w_E + w_P,$$

这里，　$$w_E = \frac{1}{2}\varepsilon_0E^2,\quad w_P = \frac{1}{2}\boldsymbol{P}\cdot\boldsymbol{E},\tag{2.42}$$

可见，w_e 包含两项，姑且称第一项 w_E 为纯电场能量密度，称第二项 w_P 为极化场能密度. 对于无电介质的区域，比如真空或空间电荷区，电场能量密度仅有一项 w_E；在介质体内，电场能量密度中还要计及第二项 w_P. 其实，极化场能密度 w_P 这一项，正是电场力对极化分子做功所贡献的，对此详加说明如下. ①

介质体内的极化状态，由一宏观量即极化强度 $\boldsymbol{P}$ 给予描写，可以引入一微观量即分子等效偶极矩 $\boldsymbol{p}_0$ 来刻画 $\boldsymbol{P}$，

$$\boldsymbol{P} = n\boldsymbol{p}_0,\quad \boldsymbol{p}_0 = q_0\boldsymbol{l}_0,$$

这里，n 为该介质的分子数体密度，q_0 为一分子之正电中心的电量，$\boldsymbol{l}$ 为一分子正、负电中心的相对位移量. 让我们考量在体积元 ΔV 中，电场力为克服正、负电中心的束缚力在极化过程中所作的功，

位移量　$\boldsymbol{l}$　从 $0 \to \boldsymbol{l}_0$，

分子有效偶极矩　$\boldsymbol{p}_0$　从 $0 \to q_0\boldsymbol{l}_0$，

极化强度　$\boldsymbol{P}$　从 $0 \to \boldsymbol{P}_0 = nq_0\boldsymbol{l}_0$，

相应电场　$\boldsymbol{E}$　从 $0 \to \boldsymbol{E}_0 = \boldsymbol{P}_0/[\chi_e]$.

① 可参阅钟锡华：介质场能的物理诠释，《大学物理》，1985 年第 4 期。

其元功为

$$\mathrm{d}A=(n\Delta Vq_0)\boldsymbol{E}\cdot\mathrm{d}\boldsymbol{l}=\Delta V\boldsymbol{E}\cdot\mathrm{d}(nq_0\boldsymbol{l})=(\boldsymbol{E}\cdot\mathrm{d}\boldsymbol{P})\Delta V,$$

得此场合电场力元功体密度为

$$\frac{\mathrm{d}A}{\Delta V}=\boldsymbol{E}\cdot\mathrm{d}\boldsymbol{P}. \tag{2.43}$$

对于线性介质，

$$\boldsymbol{P}=[\chi_e]\boldsymbol{E},$$

故

$$\boldsymbol{E}\cdot\mathrm{d}\boldsymbol{P}=\boldsymbol{E}\cdot\mathrm{d}([\chi_e]\boldsymbol{E})=[\chi_e]\boldsymbol{E}\cdot\mathrm{d}\boldsymbol{E},$$

即

$$\boldsymbol{E}\cdot\mathrm{d}\boldsymbol{P}=\boldsymbol{P}\cdot\mathrm{d}\boldsymbol{E}, \tag{2.43$'$}$$

于是

$$\boldsymbol{E}\cdot\mathrm{d}\boldsymbol{P}=\frac{1}{2}\mathrm{d}(\boldsymbol{P}\cdot\boldsymbol{E}).$$

这里引入符号$[\chi_e]$，一是为了省事，对于各向同性介质，$[\chi_e]=\varepsilon_0\chi_e$；二是便于扩展，对于各向异性介质，$[\chi_e]$表示介电张量. 最终求得此极化全过程中电场力做功体密度公式为

$$w_A=\int_0^{l_0}\frac{\mathrm{d}A}{\Delta V}=\frac{1}{2}\int_0^{P_0}\mathrm{d}(\boldsymbol{P}\cdot\boldsymbol{E})=\frac{1}{2}\boldsymbol{P}_0\cdot\boldsymbol{E}_0, \tag{2.43$''$}$$

这里，$(\boldsymbol{P}_0,\boldsymbol{E}_0)$就是介质体内该处终态的极化强度和电场强度. 由此可见，w_A 具有与 w_P 完全相同的表达式，或者说，$w_P=w_A$.

综上所考量，极化场能密度 w_P 是极化过程中，电场力拉伸束缚电荷使之位移而做功所贡献的，它以一种弹性能的形式存储于介质体内，如同力学中克服弹性力而做功，以弹性势能形式体现之. 换言之，与无极化态相比较，被极化了的介质其体内处于一种紧张状态，相应地有了一个弹性势能，w_P 就是介质极化弹性势能体密度的一种体现. 这就是对极化场能密度 w_P 作出的一个物理诠释.

●【讨论】 一球状离子团的总静电场能

一球状离子团，其电荷体密度呈现球对称分布，即 $\rho(r)=Kr^n$.

(1) 当 $n=2$，且该离子团局限于半径为 R 的球区，试求其总静电场能.

(2) 当 $n=-2$，且 $r\in(a,\infty)$，试求其总静电场能.

习　题

2.1　平板导体面对一离子层

如本题图示，一导体平板(AB)，面积为 S，充以电量 Q；与其距离为 d 处有一介质片，其表面 C 敷有一层离子膜，这是通过离子束技术而溅射上去的，设离子层电荷面密度为 σ_C. 间距 $d\ll\sqrt{S}$，可忽略边缘效应.

(1) 求出导体板表面电荷密度 σ_A，σ_B.

(2) 求出电势差 U_{BC}.

(3) 求出导体板 B 面单位面积受到的电力 $f(\mathrm{N/m^2})$.

(4) 针对下列数据：$Q=-8.6\times10^{-4}$ C, $S=25\ \text{cm}^2$, $d=4.0$ mm, 离子层电荷密度 $\sigma_C=3.2\times10^{-4}\ \text{C/cm}^2$；算出 σ_A, σ_B, U_{BC} 和 f 值.

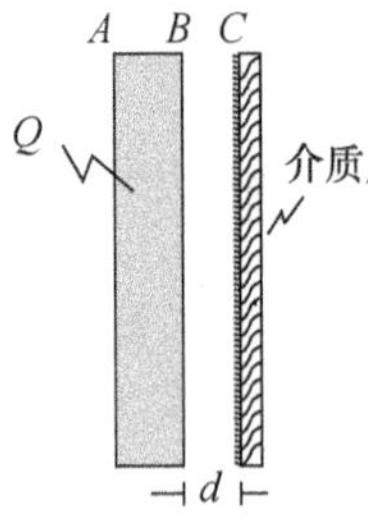

习题 2.1 图

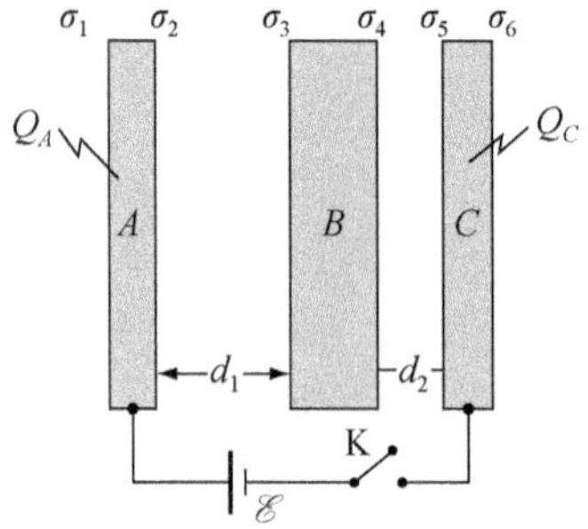

习题 2.2 图

2.2　一组平行平板导体

如本题图示，三个平行平板导体 A, B, C，其面积均为 S，相距分别为 d_1 和 d_2，且 $d_1, d_2 \ll \sqrt{S}$，可忽略边缘效应. 兹分别给 A 板和 C 板充以电量 Q_A 和 Q_C，B 板不带电即电中性.

(1) 试求出三个平板其 6 个表面的面电荷密度(σ_1,σ_2)，(σ_3,σ_4)，(σ_5,σ_6).

(2) 求电势差 U_{AB} 和 U_{BC}.

(3) 针对下列数据：$Q_A=2.0\times10^{-3}$ C，$Q_C=-4.5\times10^{-3}$ C，$d_1=8.0$ mm，$d_2=3.0$ mm，$S=100\ \text{cm}^2$；算出电势差 U_{AB} 和 U_{BC} 为多少伏(V).

(4) 合上电键 K，以维持 U_{AC} 为恒定电压 $U_0=300$ V，试求出那 6 个面之面电荷密度，求出电势差 U_{AB} 和 U_{BC}.

提示：由于有导线连接 A 板和 C 板，电荷守恒方程应对(A,C)联体而列出.

2.3　导体球面感应电荷分布

一个中性导体球置于均匀电场 $\boldsymbol{E}_0$ 之中，如本题图示，假定外场 $\boldsymbol{E}_0$ 恒定且区域甚大，可忽略边界效应.

(1) 试给出导体球感应的面电荷密度分布 $\sigma(\theta)$.

(2) 求出该导体球外电场 $\boldsymbol{E}(r,\theta)$ $(r>R)$.

(3) 求出相应的电势分布 $U(r,\theta)$ $(r\geqslant R)$；这里，选择球心 O 为电势参考点，来表达电势函数 $U(r,\theta)$.

提示：联系余弦型球面电荷及其场强分布特点.

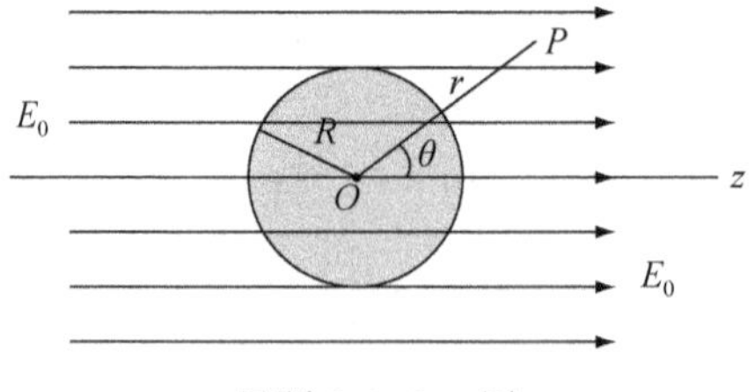

习题 2.3、2.4 图

2.4　导体球面感应电荷分布

一个带电量为 Q 的导体球置于均匀电场 $\boldsymbol{E}_0$ 之中，假定外场 $\boldsymbol{E}_0$ 恒定且区域甚大，可忽略边界效应.

(1) 试给出导体球表面电荷密度分布 $\sigma(\theta)$；

(2) 进而给出该导体球外电场 $\boldsymbol{E}(r,\theta)$，$(r>R)$.

提示：联系余弦型球面电荷及其场强分布特点.

2.5　导体球内有空腔

一电中性导体球置于均匀电场 $\boldsymbol{E}_0$ 之中，其内部出现两个空腔，一者为球形空腔且球心有一点电荷 q_1，另者为非规则空腔且内部有一点电荷 q_2. 假定外电场 $\boldsymbol{E}_0$ 恒定且区域甚大，可忽略边界效应.

(1) 试给出导体球外表面电荷分布 $\sigma(\theta)$.

(2) 求出该导体球外空间电场分布 $\boldsymbol{E}(r,\theta)$ $(r>R)$. 提示：联系余弦型球面电荷及其场强分布特点.

(3) 求出 q_1 所在空腔内的电场 $\boldsymbol{E}$ 分布.

(4) 粗略而正确地画出 q_2 所在空腔内的电场 $\boldsymbol{E}$ 线.

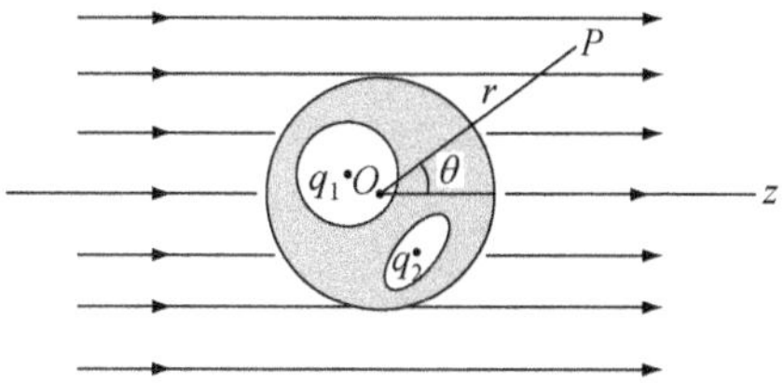

习题 2.5 图

2.6　电像法——源电荷与像电荷

导体静电学中有一个所谓电像法，它成功地用于求解在点电荷电场中存在特定形状导体时的电场分布. 电像法的基本思想是，将导体上所感应的一种非均匀电荷分布，等效于一个特定的点电荷 q'，以满足导体作为等势体的边界条件，从而方便地求出整个空间的电场分布；称 q' 为像电荷或虚电荷，称那个引起导体感应的点电荷 q 为源电荷或实电荷；源电荷与像电荷一起，既满足了导体边界条件，又未改变导体外部空间真实电荷分布，其解正确且唯一. 电像法是导体静电平衡唯一性定理的一个精彩应用. 电像法的关键是确定像电荷包括其电量和位置，这要凭借先前获悉的知识和经验.

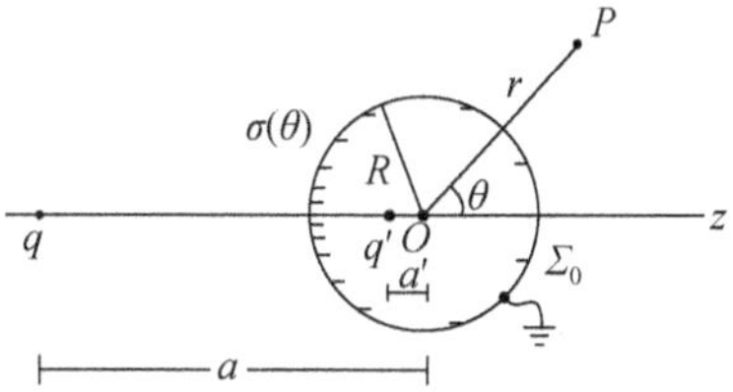

习题 2.6 图

具体说明电像法的最好方式是举例. 参见本题图示，一半径为 R 的导体球或球壳，置于点电荷 q 的电场中，导体球接地以维持其电势为零；在 q(设其为正)电场作用下，导体上出现了特定分布的负电荷分布，以保证其球面为零等势面. 由第 1 章已经获知，两个不等量且异号点电荷，其零等势面为一个球面；凭借那里(1.38″)式，便确定了目前场合的像电荷及其位置(q',a')，由以下两式给出

$$q'=-\frac{R}{a}q;\quad a'=\frac{R^2}{a}.$$

(1) 试证明，如此一对点电荷，即源电荷(q,a)和像电荷(q',a')，其零等势面正是这个导体球面.

(2) 试导出其空间电势场 $U(r,\theta)$ $(r\geqslant R)$；这里，取平面极坐标，其原点设为导体球心，极轴沿对称轴即 z 轴.

(3) 如果你有兴趣的话，还可以导出球面电荷分布 $\sigma(\theta)$；再对 $\sigma(\theta)$ 在全球面 Σ_0 上积分，而得到真实感

应电荷总量 q_0；审核这 q_0 值是否相等于像电荷 q' 值.

2.7　电像法——点电荷与导体球

如本题图示，一半径为 R 的导体球壳，充以电量 Q_0，被置于点电荷 (q,a) 之电场中，这里 a 是球心 O 至 q 的距离.

(1) 试求导体球壳的电势 U_0；

(2) 试求出空间电势场 $U(r,\theta)$ $(r\geqslant R)$. 这里，极坐标系如图示.

提示：要用到像电荷公式、电场叠加原理和电荷守恒方程.

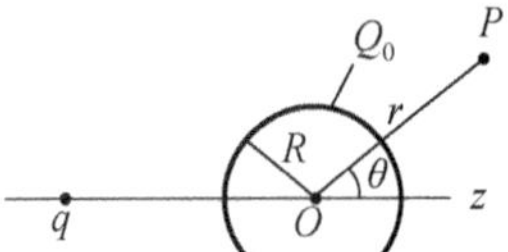

习题 2.7 图

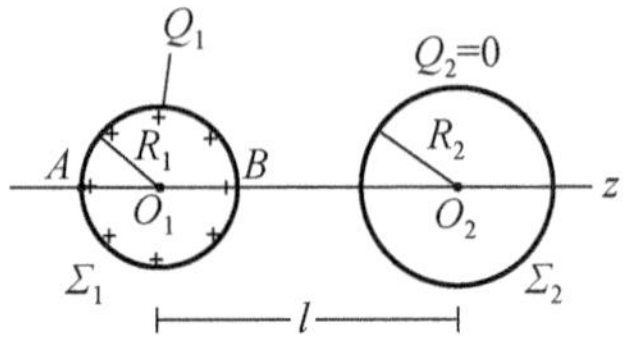

习题 2.8 图

2.8　电像法

如本题图示，有两个球壳，左边球壳 Σ_1 带电量 Q_1，均匀分布且固定不变；右边 Σ_2 为电中性的导体球壳，即 $Q_2=0$.

(1) 求两球心间的电势差 U_{12}；

(2) 求球壳 Σ_1 面上 A，B 两点间的电势差 U_{AB}.

2.9　电像法——电偶极子与导体球

如本题图示，一个半径为 R 的导体球，被置于一电偶极子的电场中；偶极子的偶极矩为 $\boldsymbol{p}$，与导体球心距离为 a，导体球接地.

(1) 试证明，为维持零电势，导体球面上非均匀分布的感应电荷，其等效的像电荷含两部分，一者为位于 a' 的像偶极矩 $\boldsymbol{p}'$，另者为位于 a' 的点电荷 $\Delta q'$，且

$$\boldsymbol{p}'=\frac{R^3}{a^3}\boldsymbol{p},\quad \Delta q'=-\frac{R}{a^2}p,\quad a'=\frac{R^2}{a}.$$

提示：借鉴习题 2.6 中那两个公式，并在偶极间距 $l\to 0$ 条件下作恰当近似，或作微分运算.

(2) 若导体球当初不接地，即一电中性导体球置于偶极场中，求其电势 U_0.

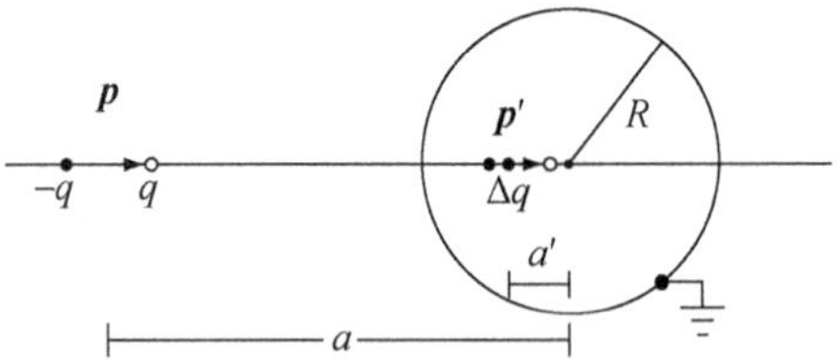

习题 2.9 图

2.10　电像法——点电荷与导体平板

如本题图(a)所示，一个面积很大的导体平板，被置于一点电荷 q 的电场中；当导体板接地，其上便感应恰当的面电荷分布，以保证 Σ_0 面为零等势面. 我们也已知悉，一对等量异号的点电荷 $(q,-q)$，其零等势面为平面，即两者连线的中垂面；据此推定目前场合的等效像电荷为 $q'=-q$，且位于与源电荷 q 镜像对称位置. 由 $(q,-q)$ 所决定的平板左半空间的电场线和等势线，如图(b)所示被画为实线；而右半空间那一组

用虚线表示的电场线和等势线，只是顺手画出，它们并非右半空间电场的真实写照.其实，右半空间无电场，$\boldsymbol{E}$(右)$=0$，因为这个空间里，无真实电荷且其左侧无限大边界电势为零；或者这样看，平板上左侧面的感应电荷完全屏蔽了源电荷在右半空间的电场.

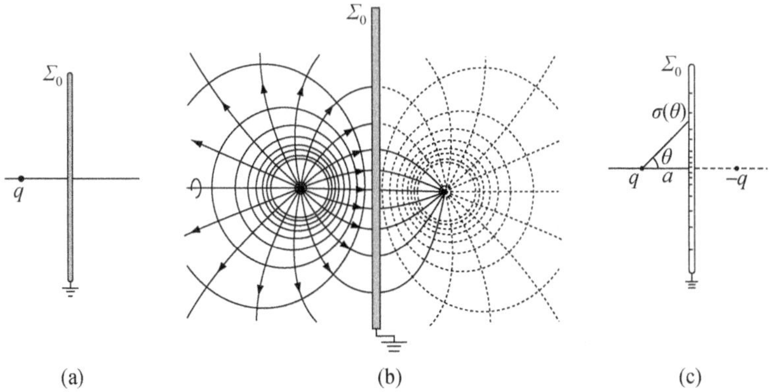

习题 2.10 图

(1) 试导出感应面电荷密度 $\sigma(\theta)$ 函数，参见图(c)；

(2) 试审核导体面板上感应电荷总量 Q_0 值是否等于 $-q$.

2.11 电像法——点电荷与直角导体板

如本题图示，一个面积很大的直角导体板，被置于点电荷 q 之电场中，且导体板接地以维持其零电势.

(1) 试确定其像电荷的个数、电量和位置.提示：应有三个像电荷；

(2) 求出三个特殊场点 P，M 和 O 处的电场 $\boldsymbol{E}(P)$，$\boldsymbol{E}(M)$ 和 $\boldsymbol{E}(O)$；

(3) 求出这三处的感应电荷面密度 $\sigma(P)$，$\sigma(M)$ 和 $\sigma(O)$.

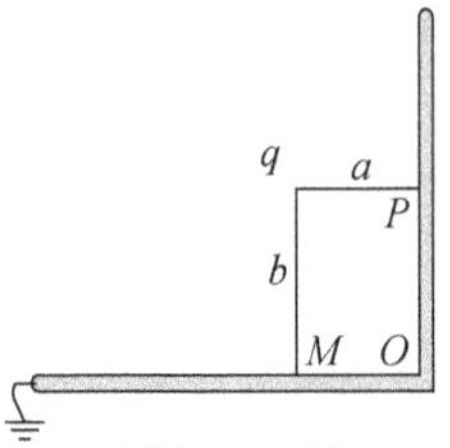

习题 2.11 图

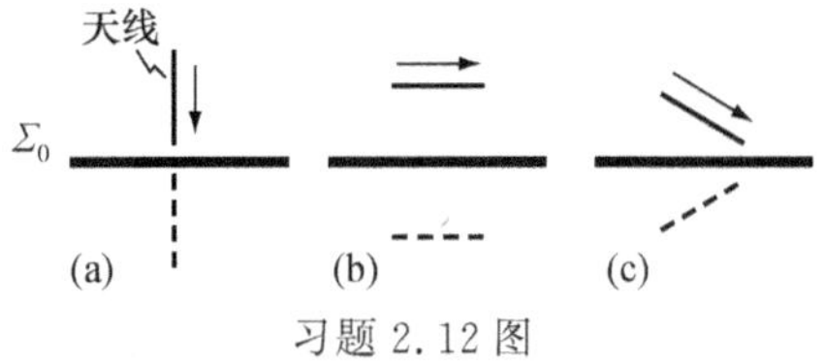

习题 2.12 图

2.12 电像法——天线的像电流

用于电磁波辐射和接收的天线，经常被安装在导体表面附近，参见本题图示，其中，平放着的 Σ_0 面表示导体平板，那段粗黑短线就是天线，其旁带箭头实线表示天线瞬时电流 $i(t)$ 之方向，Σ_0 面下方的虚线与上方天线成镜像对称.电流意味电荷流动，由于导体感应，运动于导体附近的源电荷，便伴随有像电荷及其流动，而形成像电流 $i'(t)$.

试确定图(a)、(b)和(c)显示的天线三种取向时，像电流 i' 的瞬时方向(用箭头短线表示之).

2.13 真空电容器

(1) 试导出真空平行板电容器的电容公式

$$C=\varepsilon_0\,\frac{S}{d},$$

这里，S 为极板面积，d 为两极板之间距；且 $d\ll\sqrt{S}$，可忽略边缘效应，上式才精确成立.

(2) 试导出真空圆柱形电容器的电容公式

$$C=2\pi\varepsilon_0\,\frac{l}{\ln(R/r)},$$

这里，r 为内筒半径，R 为外筒内径，l 为轴向长度；且 $l\gg R$，可忽略边缘效应，上式才精确成立.

(3) 试导出真空球形电容器的电容公式

$$C=4\pi\varepsilon_0\,\frac{rR}{R-r},$$

这里，r 为内球壳的外半径，R 为外球壳的内半径. 对于球形，无边缘畸变，故上式精确成立.

2.14　介质电容器

试证明，凡闭合型电容器中充满一种均匀线性介质，则其电容 C_r 必为其真空时电容 C_0 的 ε_r 倍，即

$$C_r=\varepsilon_r C_0.\quad(\varepsilon_r\text{ 为介质相对介电常数})$$

2.15　卷筒式介质电容器

在电气工程和电子线路中，广泛使用平行板类型的电容器. 为了使大面积极板占空缩小，常将其制成金属薄膜，其间用一层介质膜隔开，当然其两个外表面也要敷以绝缘层，最后将它们紧密卷缩为一圆筒形，其电容 C 值可用平行板电容公式计算.

(1) 设金属膜宽度 $l=30$ mm，长度 $b=1.0\times10^3$ cm，中间介质膜材料为二氧化钛，其厚度 $d=50\ \mu$m，试算出其电容为多少 μF(微法)？

(2) 将其紧密卷缩为一圆筒形，其半径 r 为多少 mm？设五个膜层的总厚度 d_0 为 100 μm.

(3) 该电容器耐压 U_M 为多少？关于二氧化钛(TiO_2)：相对介电常数 $\varepsilon_r\approx80$，击穿场强即破坏场强 $E_d\approx2.5\times10^4$ V/mm.

2.16　地球的电容

地球表面约 70%面积为海洋，而海水是导电的；地下水层和地下矿藏也是导电的. 若将地球视作一个导电球壳，其电容为多少 μF？地球半径 R 为 6370 km.

2.17　静电高压球

某科技馆有一个半径为 20 cm 的静电高压导体球，试问，若在夏日湿热空气中，它可能获得的最高电压 U_M 为多少 kV？此时它表面积累的总电量为多少 μC(微库仑)？湿热空气的击穿场强 E_d 约为 1.5 kV/mm.

2.18　偏离平行板电容器

一平行板电容器的两个极板之平行度出现了偏差，其夹角为 θ，参见本题图，极板宽为 a，长为 b，左端间距为 d. 其边缘效应可忽略的条件是

$$d\ll a,b;\quad d'\ll a,b,\quad 即\quad \theta\ll 1\ (\text{rad}).$$

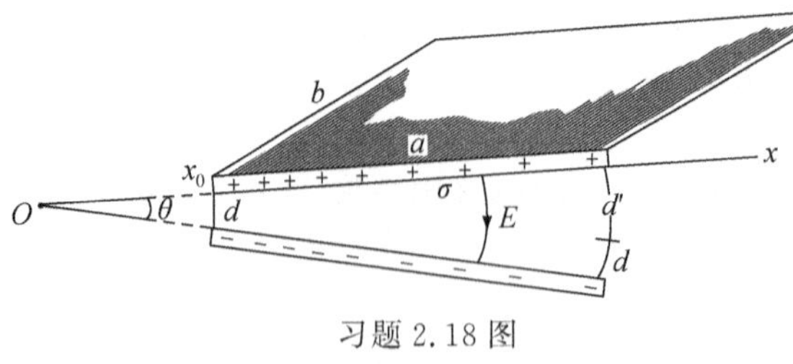

习题 2.18 图

(1) 在此近似条件下,试证明其电容为

$$C=\varepsilon_0\frac{b}{\theta}\ln\left(1+\frac{a\theta}{d}\right).$$

提示:建议给定电压 U,求 $E(x)$ 得电荷面密度 $\sigma(x)$,积分得总电量 Q;不推荐用电容并联公式推演.

(2) 设 $\theta=0.05(\mathrm{rad})\approx 2.9°$, $a=20\,\mathrm{cm}$, $b=40\,\mathrm{cm}$, $d=6.0\,\mathrm{mm}$,问该电容为多少 pF(皮法)? 并与 $\theta=0$ 的电容 C_0 作一比较.

2.19　分子偶极矩数量级

结构化学表明,水分子 H_2O 系有矩分子,其 H 和 O 间的两个化学键之夹角为 104.5°,而 H—O 之距离为 95.84 pm,约 0.1 nm.

(1) 求单个水分子偶极矩 $\boldsymbol{p}_{子}$ 值,以 C · m 为单位;

(2) 若让 1 cm³ 水的所有 $\boldsymbol{p}_{子}$ 皆规则地定向排列,其极化强度矢量 $\boldsymbol{P}$ 值为多少 mC/cm²?

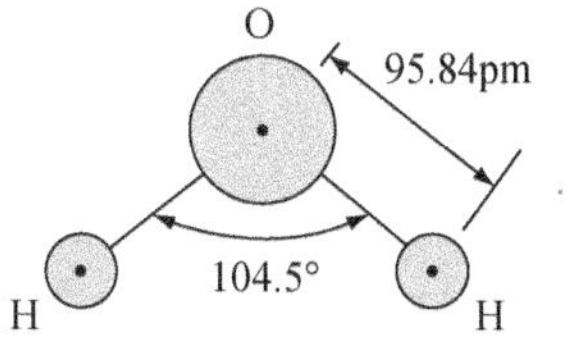

习题 2.19 图

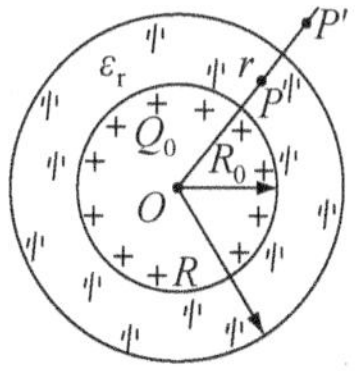

习题 2.20 图

2.20　导体球外有电介质

在半径为 R_0 的金属球之外有一层半径为 R 的均匀电介质层,见本题图.设电介质的相对介电常量为 ε_r,金属球带电量为 Q_0,求:

(1) 介质层内、外的场强分布;

(2) 介质层内、外的电势分布;

(3) 金属球的电势;

(4) 极化面电荷密度 $\sigma'(R_0)$,$\sigma'(R)$.

2.21　两平行导电板中有介质

如本题图示,给定导电板的面电荷密度 σ_0 和 $-\sigma_0$,其间插入一片介质板,其厚度为 d_0,介电常数为 ε_r.忽略边缘效应,求:

(1) 三层空间中的场强 E_1,E_0 和 E_2;

(2) 导电板间的电势差 U_{AB};

(3) 极化面电荷密度 σ'.

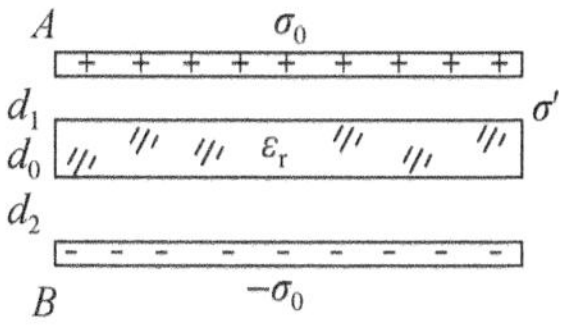

习题 2.21 图

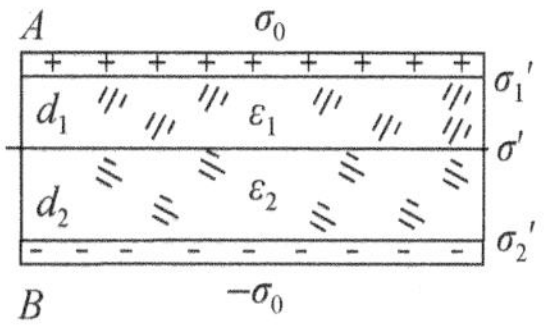

习题 2.22 图

2.22　两平行导电板中有介质

如本题图示,已知导电板上面电荷密度 $\pm\sigma_0$,其间充满两层介质,其厚度和介电常数分别为 (d_1,ε_1) 和

(d_2, ε_2). 忽略边缘效应，求：

(1) 两层空间中的场强 E_1 和 E_2；

(2) 两层介质中的极化强度 P_1 和 P_2；

(3) 导电板间的电势差 U_{AB}；

(4) 三处极化面电荷密度 σ_1'，σ_2' 和 σ'.

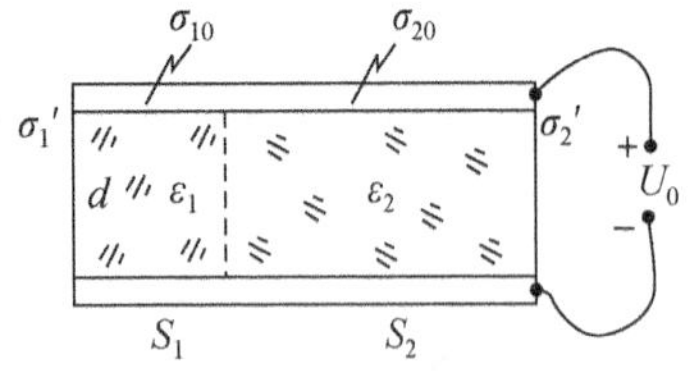

习题 2.23 图

2.23　两平行导电板中有介质

如本题图示，一对平行导电板，通过直流电源而维持其电势差恒定为 U_0，其间左、右两个空间充满两种不同介质，介电常数分别为 ε_1 和 ε_2，其与电极板密接面积分别为 S_1 和 S_2，且 $S_2 = 2S_1$，$\varepsilon_2 = 2\varepsilon_1$，极板总面积为 S_0. 忽略边缘效应，求：

(1) 电极板上总电量 $\pm Q_0$；

(2) 左、右两处界面层的自由电荷面密度和极化电荷面密度 (σ_{10}, σ_1')，(σ_{20}, σ_2').

提示：推荐采用导体/介质界面有效面电荷概念 σ_{eff} 推算将更便捷.

2.24　多层介质电容器

对于共轴圆筒电容器或同心球壳电容器，填充多层介质可使场强分布均匀化，以提高电容器耐压，如果多层介电常数 ε_r 选择恰当的话. 兹考量一个三层介质共轴圆筒电容器，如本题图示，设

$$\varepsilon_2 = \frac{1}{2}\varepsilon_1, \quad \varepsilon_3 = \frac{1}{3}\varepsilon_1;$$

$$R_1 = 2R_0, \quad R_2 = 3R_0, \quad R_3 = 4R_0.$$

(1) 求其间场强分布 $E(r)$，$r \in (R_0, R_3)$；设内筒 A 面上面电荷密度为 σ_0.

(2) 画出 $E(r)$ 曲线，看看其场强均匀性如何.

(3) 如果不断升高电压，这电容器首先在哪处被击穿？设这三种介质的破坏强度即击穿场强 E_d 值相近.

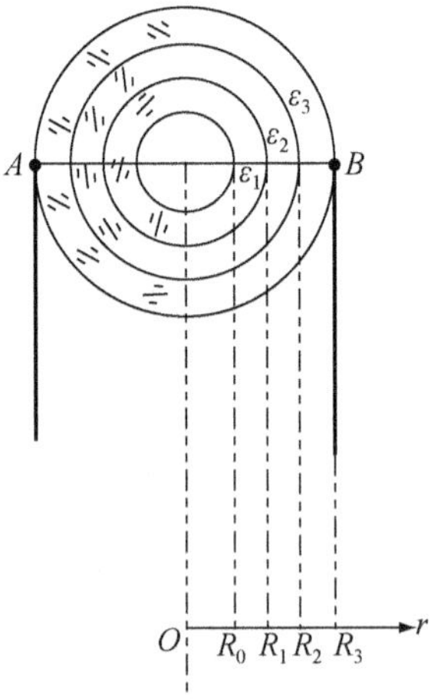

习题 2.24 图

2.25　变介电常数的介质电容器

对于共轴圆筒电容器或同心球壳电容器，其间填充多层介质可使场强均匀化，以利于提高电容器的耐压值，如果那多层介电常数 ε_r 值选择恰当的话；更有甚者，拟可填充一种 ε_r 值连续变化的介质(变介电常数介质)，使场强 $E(r)$ 值保持为一常数. 兹考量一个充以变介电常数 $\varepsilon(r)$ 的同心球壳电容器，其内壳半径为 R_1，外壳内径为 R_2，充以电量为 $\pm Q_0$.

(1) 证明，要求其间场强为一常数值 E_0 的变介电常数，应当满足

$$\varepsilon(r) = Kr^{-2}, \quad r \in (R_1, R_2),$$

并要求确定系数 K 值；

(2) 求内球壳处的极化面电荷密度 σ_1'；

(3) 求介质内部的极化体电荷密度 $\rho'(r)$.

提示：可直接应用静电场通量定理于 r—$r+\mathrm{d}r$ 球壳层.

2.26　均匀外场中的介质球腔——余弦型球面电荷

一个半径为 R、介电常数为 ε_r 的介质球，置于均匀外场 $\boldsymbol{E}_0$ 之中，其中央出现了一个半径为 R_0 的同心球形空腔，如本题图示. 忽略远场边缘效应.

(1) 求含空腔介质球表面的极化面电荷密度 $\sigma_0'(\theta)$ 和 $\sigma'(\theta)$.

提示：以余弦型球面电荷试探之，尔后联立方程、自洽定解.

(2) 求电场 $\boldsymbol{E}(r,\theta)$，$r<R_0$；求电场 $\boldsymbol{E}(r,\theta)$，$R_0<r<R$.

(3) 求电场 $\boldsymbol{E}(r,\theta)$，$r>R$.

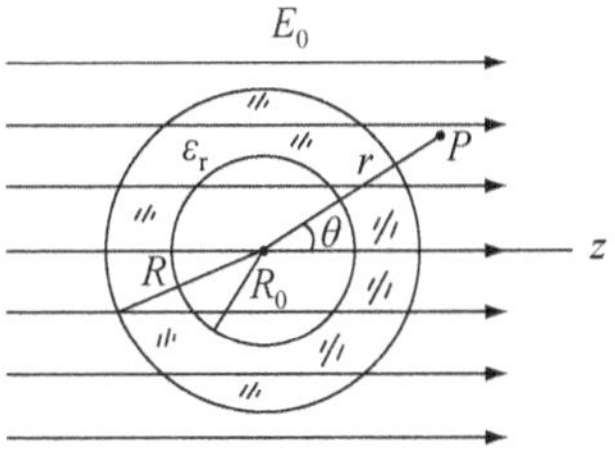

习题 2.26 图

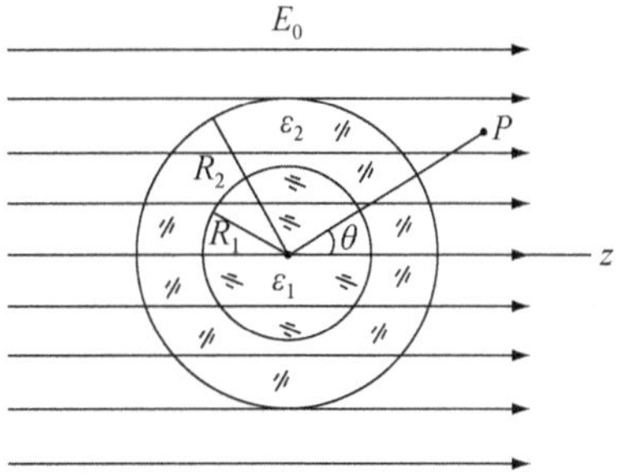

习题 2.27 图

2.27　均匀外场中的双层介质球——余弦型球面电荷

一半径为 R_1、介电常数为 ε_1 的介质球，被一个半径为 R_2、介质常数为 ε_2 的介质球壳所包围，置于均匀外场 $\boldsymbol{E}_0$ 之中. 忽略远场边缘效应.

(1) 求两处球面的极化面电荷密度 $\sigma_1'(\theta)$ 和 $\sigma_2'(\theta)$；可设 $\varepsilon_1>\varepsilon_2$.

提示：以余弦型球面电荷试探之，尔后联立方程，自洽定解.

(2) 求电场 $\boldsymbol{E}(r,\theta)$，$r<R_1$；求电场 $\boldsymbol{E}(r,\theta)$，$R_1<r<R_2$.

(3) 求电场 $\boldsymbol{E}(r,\theta)$，$r>R_2$.

2.28　驻极棒

一长度为 l 的圆柱形驻极棒，截面直径为 d，且 $l\gg d$，冻结于其中的固有极化强度为 $\boldsymbol{P}_0$ 沿轴，如本题图示.

(1) 试问，其极化面电荷出现在何处？并求出其面电荷密度 σ'；

(2) 求出中点 O 处的场强矢量 $\boldsymbol{E}_0$ 和电位移矢量 $\boldsymbol{D}_0$；

(3) 求出端面两侧 1、2 两处的电场 $(\boldsymbol{E}_1,\boldsymbol{D}_1)$ 和 $(\boldsymbol{E}_2,\boldsymbol{D}_2)$.

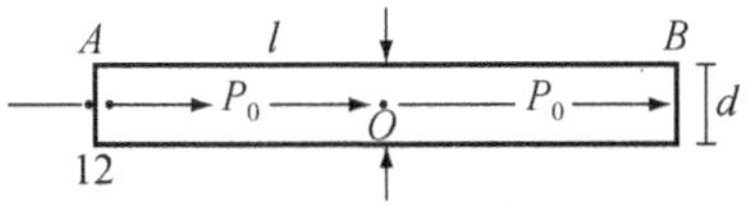

习题 2.28、2.29 图

2.29　驻极棒

参见本题图，固有极化强度为 $\boldsymbol{P}_0$ 的一细长驻极棒，其中部被锯开. 试问，至少要用多大的拉力 F，才能将它左右两段分开？可忽略远处两个端面 (A,B) 的影响. 设

$$P_0=5.0\,\mu\mathrm{C/cm^2},\quad l=20\,\mathrm{cm},\quad d=1.4\,\mathrm{cm}.$$

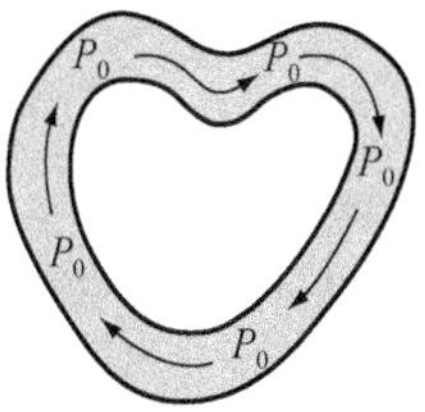

习题 2.30 图

2.30　驻极环

在历炼驻极材料的工艺流程中，最后将一细长驻极棒弯曲成一个闭合环，如本题图示，其固有极化强度 $\boldsymbol{P}_0$ 沿环线而取向，且数值均匀. 求环内电场 $\boldsymbol{E}$ 和 $\boldsymbol{D}$.

2.31　驻极球内含球形空腔

一个半径为 R、固有极化强度为 $\boldsymbol{P}_0$ 的驻极球，其内部出现了一个球形空腔，空腔半径为 r_0，其球心在 O'处，如本题图示.

(1) 求出空腔中心 O'处的场强 $\boldsymbol{E}_0'$.

(2) 求出驻极球中心 O 处的电场 $\boldsymbol{E}_0$.

(3) 试定性描述球腔外部的场强分布 $\boldsymbol{E}(\boldsymbol{r})$，注意应分别驻极球体内和体外分别给以描述.

(4) 求出图中标明的贴近空腔表面 1、2 两处的场强 $\boldsymbol{E}_1$ 和 $\boldsymbol{E}_2$；并以 $\boldsymbol{E}$ 的边值关系之眼光，审视你给出的结果.

(5) 求出与上述场强矢量 $\boldsymbol{E}$ 对应的电位移矢量 $\boldsymbol{D}$，即 $\boldsymbol{D}_0'$，$\boldsymbol{D}_0$，$\boldsymbol{D}_1$ 和 $\boldsymbol{D}_2$；并以 $\boldsymbol{D}$ 的边值关系之眼光，审视你给出的结果.

(6) 若空腔之中心 O'不在 z 轴即离轴情形，以上结果是否有变化，试逐一给出说明.

提示：凡均匀极化的介质球，必呈现余弦型球面电荷.

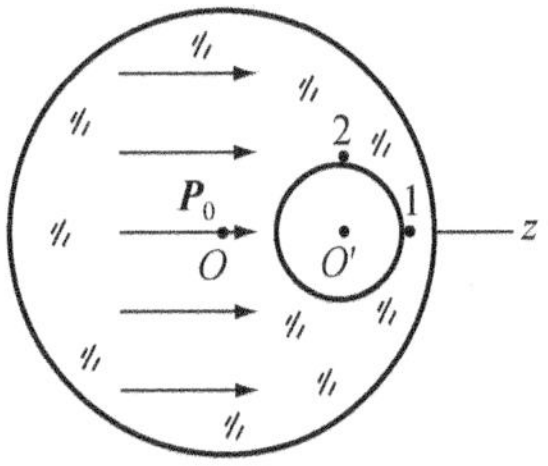

习题 2.31 图

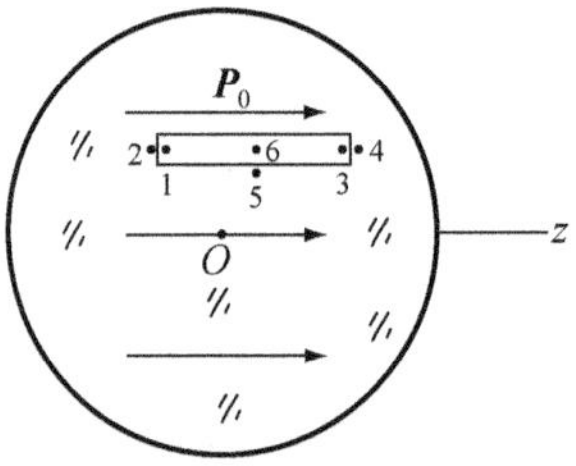

习题 2.32 图

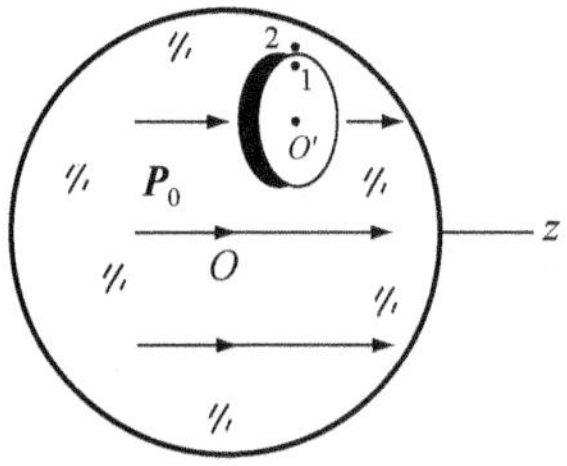

习题 2.33 图

2.32　驻极球内含管状空腔

一个半径为 R、固有极化强度为 $\boldsymbol{P}_0$ 的驻极球，其内部出现了一个细长管状空腔，其轴线平行 z 轴，如本题图示.

(1) 求出图上标明的六处的场强 $\boldsymbol{E}_i$，$i=1,\cdots,5,6$；这些结果是否满足 $\boldsymbol{E}$ 之边值关系，试审视之；

(2) 求出相应的电位移矢量 $\boldsymbol{D}_i$，$i=1,\cdots,5,6$.

2.33　驻极球内含扁平空腔

一个固有极化强度为 $\boldsymbol{P}_0$ 的驻极球，体内出现了一个扁盒状圆形空腔，其中心轴平行 z 轴，厚度为 l、半径为 r_0，且 $l \ll r_0$，如本题图示.

(1) 求出扁平空腔中心 O'处的场强 $\boldsymbol{E}_0'$.

(2) 求出紧贴空腔边缘内外两处 1、2 的场强 $\boldsymbol{E}_1$ 和 $\boldsymbol{E}_2$.

(3) 求出相应的电位移矢量 $\boldsymbol{D}_0'$，$\boldsymbol{D}_1$ 和 $\boldsymbol{D}_2$；并以边值关系审视之.

2.34　驻极球与导体球

一驻极球与一导体球并列，相距 l，冻结于驻极球的固有极化强度为 $\boldsymbol{P}_0$，而导体球电中性即其带电量 $Q_0=0$，且两球心连线沿 $\boldsymbol{P}_0$ 方向设为 z 轴，其半径分别为 R_1 和 R_2，如本题图示.

(1) 求出导体球电势 U_0. 提示：借鉴本章习题 2.9 结果.

(2) 求出驻极球表面特定两点间的电势差 U_{ba}.

(3) 试导出两球外部空间的电势场 $U(r,\theta)$；这里，极坐标原点选择在 O_1 点.

提示：该电场由四部分电荷所贡献——驻极球等效偶极矩 $\boldsymbol{p}_{\text{eff}}$，其像偶极矩 $\boldsymbol{p}'$，多余像电荷 $\Delta q'$，以及均匀分布于导体球表面的电荷 $\Delta q=-\Delta q'$；看来这 $U(r,\theta)$ 表达式之长度将是蛮长的.

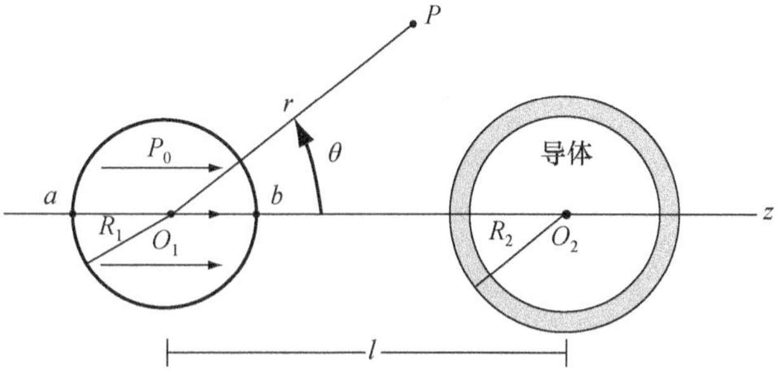

习题 2.34 图

2.35　静电能与电容器串并联

有两个电容器，其电容为 C_1 和 C_2，且 $C_1=3C_2$.

(1) 当两者串联一起连接于一直流电源时，求其储能之比值 W_1/W_2；

(2) 当两者并联一起连接于一直流电源时，求其储能之比值 W_1/W_2.

2.36　静电能与电容器并联

有两个电容器，其带电量和电容分别为($\pm Q_1$，C_1)和($\pm Q_2$，C_2)，且 $C_1=3C_2$，$Q_2=2Q_1$；现将两者正极板并接一起，两者负极板也并接一起.

(1) 试考量电容器储能增量 ΔW；这里，ΔW 等于并联时储能 W_{12} 与未并联时储能(W_1+W_2)之差，即

$$\Delta W = W_{12} - (W_1 + W_2).$$

(2) 其结果 $\Delta W<0$；你对并联时的储能亏损作何理解？

2.37　电容器极板位移时的功能关系

以平行板电容器为考量对象，如本题图示，设其极板面积为 S，初始间距为 l，通过一直流电源给它充电，已获得电量 $\pm Q_0$；然后断开电源，以维持电量不变. 现施以外力 F，克服极板间的电吸力，使极板间距缓慢增加为 $3l$.

(1) 求该电容器储能之增量，即终态与初态储能之差 $\Delta W=W'-W_0$.

(2) 求极板间的吸引力 F'；进而求出 $l\to 3l$ 过程中外力所做的功 A.

(3) 审核 $\Delta W=A$ 是否成立.

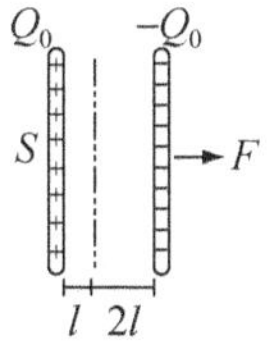

习题 2.37 图

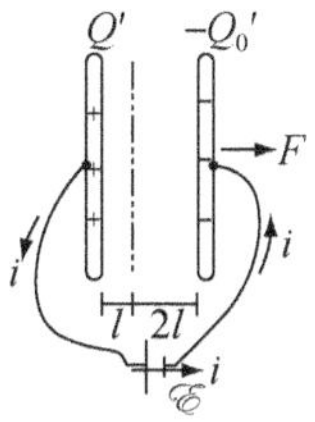

习题 2.38 图

2.38　电容器极板位移时的功能关系

以平行板电容器为考量对象. 设其极板面积为 S，初始间距为 l，连接一直流电源其电动势为 $\mathscr{E}$；现施予一个外力 F 以克服电吸力，将极板间距增加为 $3l$；在此过程中电源线不断开，以保持电容器之电压不变，$U=\mathscr{E}$. 参见本题图.

(1) 求出该电容器储能之增量 $\Delta W=W'-W_0$；这里，W' 和 W_0 系终态与初态电容器的储能.

(2) 求出此过程中外力的功 A；注意此外力为变力.

(3) 如果你的推演正确，则结果表明 $\Delta W<0$，而 $A>0$；即，外力对电容器作正功，而电容器储能却减少.对此你作何理解？

(4) 设初态极板电量为 $\pm Q_0$，终态为 $\pm Q_0'$，试求出电量增量 $\Delta Q_0=Q_0'-Q_0$；其结果 $\Delta Q_0<0$，表明此过程中电量倒流，电源被充电而吸收能量 $\Delta W_{\mathscr{E}}$；试根据方程 $\Delta W_{\mathscr{E}}=\mathscr{E}\cdot|\Delta Q_0|$，导出 $\Delta W_{\mathscr{E}}$ 表达式.

(5) 审核 $\Delta W_{\mathscr{E}}=A-\Delta W$ 是否成立？如是，则说明什么？

2.39　带电液滴的分离——静电排斥力与表面张力之间的抗衡

有不少设备利用液体的带电微粒，比如静电喷射枪用于敷漆、墨水喷射打印机和宇宙飞船中的胶体推进器.下面的讨论将使我们看到，液滴的大小取决于其荷电率 q_m，它的单位是 C/kg，即库仑/千克.

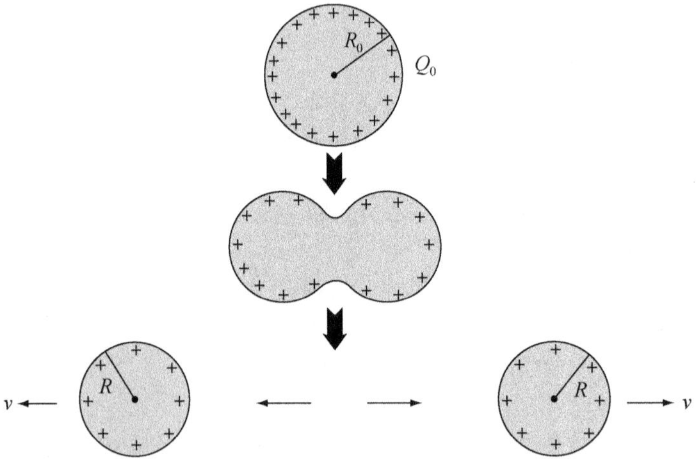

习题 2.39 图

(1) 一带电液滴的初始半径为 R_0，其表面电量为 Q_0，倘若它被分离为两个相同半径的液滴，则凭借库仑排斥力，两者开始分离，渐行渐远.试证明，这一分为二所带来的静电能改变量为

$$\Delta W_q=-0.37\frac{Q_0^2}{8\pi\varepsilon_0 R_0}\quad\text{（两液滴相隔较远时）}.$$

(2) 表面张力的抗衡.　如果单纯考量静电效应，液滴一分为二则极易发生，因为其静电能减少了，转化为液滴分离动能.然而，液滴一分为二时，其表面积增加，与此相联系的表面张力做负功，因为表面张力 $\boldsymbol{T}$ 的方向是向内的，它要抗衡表面积的扩张.或者说，液滴表面积的增加，蕴含着该系统某种热力学能量的增加，简称其为液体表面能的增加，这是不会自然发生的.

表面积增量 ΔS 与表面能增量 ΔW_S 之间有一个简单比例关系，其系数 σ_T 称为表面张力系数，即

$$\Delta W_S=\sigma_T\Delta S,\quad[\sigma_T]=\mathrm{J/m^2}\text{ 或 }\mathrm{N/m}.$$

表面张力系数 σ_T 是表征液体表面物性的重要参数，它与液态物质有关，比如，水(H_2O)在 20℃时，$\sigma_T=7.275\times10^{-2}\ \mathrm{J/m^2}$.当一个半径为 R_0 的液滴一分为二，成为两个相同半径的液滴，试证明其表面能增量为

$$\Delta W_S=+0.26\times4\pi R_0^2\sigma_T.$$

(3) 某水滴半径 R_0 为 1 μm，其荷电率 q_m 为 1.2 C/kg.试问该水滴会自行分裂吗？提示：要考量能量增量的代数和(W_q+W_S)是正值还是负值.

(4) 荷电率 q_m 为 1.2 C/kg 的稳定水滴，其最大半径 r_M 为多少(μm)？

2.40　介质板被加速

当介质体开始进入外电场，其局部先被极化，出现的极化电荷便受到外场力的牵引作用，而加速地推进到外场区中．参见本题图，外电场由两块平行导体板提供，其面电荷密度为$\pm\sigma_0$，面积S很大；一块同样面积的介质板从右侧平行地插入，厚度为d_0，其先头部分被明显极化而出现极化电荷$\pm q'$，其所受电场力之合力方向朝左，拉拽介质板向左加速，直至它完全置于外场中．

（1）导出当介质板完全置于外场时所获得的动能W_k，作为σ_0，S，d_0，ε_r的函数；这里忽略可能存在的摩擦热耗散和极化电流热耗散，故你所得W_k是介质板的最大动能．

（2）给定以下数据：σ_0为2.4×10^{-5} C/m^2，S为0.5 m^2，d_0为10 cm，$\varepsilon_r=10$；求动能W_k值为多少J（焦耳）？

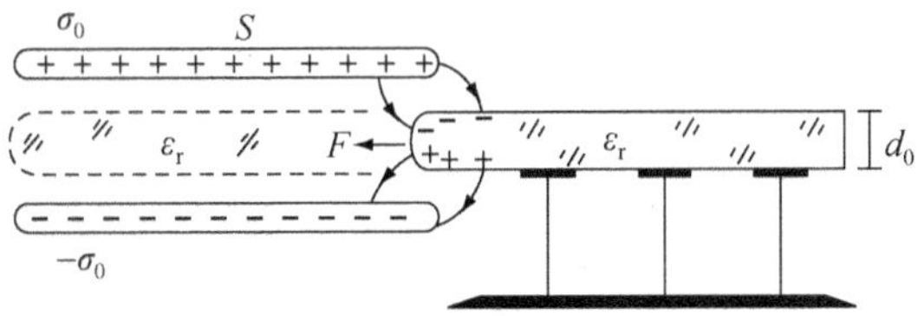

习题2.40图

3

恒定电流场　直流电路

讲授视频：
自由电子定
向运动速度

本 章 概 述

主要论述电流场，包括电流场的描述，电流场的若干运动学关系，电荷守恒律的积分形式和微分形式，恒定电流场的通量定理及其散度方程和边值关系，导电介质的电流动力学方程和金属导电的微观模型. 对于旋转带电体的电流场，及其相联系的体电流密度、面电流密度和线电流强度，给予了足够重视；对于三种热电效应或称之温差电效应，给予了详细论述；对于电阻率和迁移率及其对温度的依赖，给予了认真关注，并给出了五个技术用数据表. 直流电路一节论述了直流电桥和电势差计，以及基尔霍夫电路方程组，仅占全章篇幅五分之一.

3.1　电流场的运动学关系

- 电流场的概念
- 产生电流的条件
- 电流密度矢量 $\boldsymbol{j}$
- $\boldsymbol{j}$ 与载流子运动速度 $\boldsymbol{v}$ 之关系
- 电流强度 I 与 $\boldsymbol{j}$ 之关系
- 电荷守恒律及其定量表达式
- 稳恒电流场系无源场
- 例题——旋转带电体形成的电流场
- 讨论——不断膨胀的空间电荷所造成的电流场

• 电流场的概念

电荷的运动形成电流.

运动于导电介质体内的电荷，形成了一个三维电流场；当这电流区被局限于一薄层，则可近似于一个二维电流场；当这电流区进一步被局限于一线型回路，那就是一个一维电流场.

图 3.1(a)显示，在一个浅层电解槽中，出现的二维电流场图象. 图 3.1(b) 显示，在大地某局域中出现的三维电流场图象，地表层中充满着水土、酸液、碱液、各种污染物，乃至深藏的各种矿物，它们构成了一个复杂的非均匀导电介质区域，可以想见这三维电流场是相当复杂的. 相对而言，深层电解池中的三维电流场就较为简单. 图 3.1(c)显示的直流电路是熟为人知的，它由电阻元件、导线和直流电源三者组成一闭合回路，其电流被局限于这一线型回路.

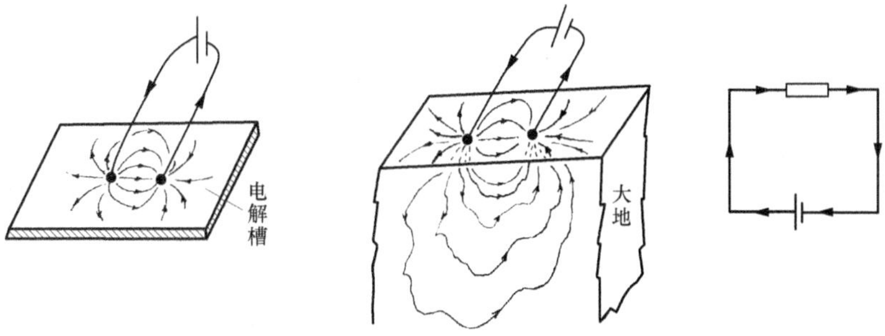

图 3.1 电流场图象. (a) 二维电流场；(b) 三维电流场；(b) 线型电流回路

自然，空间电荷的运动，同样地可以形成一个三维电流场，二维电流场或一维电流场.

还有，当一带电体运动起来，或转动或平动，也将形成电流. 比如，一带电导体球壳的转动或一驻极球体的转动，均将产生面电流及其磁效应，所不同的是，前者系自由电荷的转动，而后者系极化电荷的转动. 又比如，一个带电粒子的运动也将产生电流及其磁效应.

- **产生电流的条件**

对于静止的连续介质，当具备以下两个条件，其体内将出现电流.

(1) 介质体内存在能自由运动的电荷. 比如，金属导体中的自由电子，溶液或气体中的正、负自由离子，半导体中的电子和空穴. 它们被统称为载流子，其意为电流载体之单元. 体内存在载流子的介质统称为导电介质.

(2) 介质体内存在可驱使电荷运动的力. 人们通常将这种力区分为两类，一类为静电场力，另一类为非静电力. 在电磁世界中有多种多样的非静电力，诸如，存在于直流电源内部因化学势不同而产生的化学力，或因载流子浓度差而产生的扩散力，或因载流子温度差而产生的温差力，或磁场施于运动电荷的洛伦兹力，或因磁场变化而产生的涡旋电场力，等等.

不过以上两点对于产生电流之条件的归纳，并不能概括所有情态. 比如，绝缘介质在外场中被极化，当这外电场为交变时，则处于反复交变极化的介质体内，将出现一种极化电流及其热效应，人们据此制成微波炉用以加热食品.

● 电流密度矢量 j

电流场中各处电流的强度和方向，由电流密度这一矢量予以描述，参见图 3.2(a)，以场点 P 为中心，取一小面元 ΔS_0，其法线方向 $\hat{\boldsymbol{n}}_0$ 沿该处电流方向，这里约定其电流方向为正电荷运动的方向，或等效正电荷的运动方向. 在 Δt 时间中，考察通过 ΔS_0 的电量，设其为 Δq，则该处的电流密度定义为

$$j = \lim \frac{\Delta q}{\Delta t \Delta S_0} \quad (\Delta t \to 0,\ \Delta S_0 \to 0\ ); \tag{3.1}$$

$$\text{且} \qquad \boldsymbol{j} \mathbin{/\!/} \hat{\boldsymbol{n}}_0 .$$

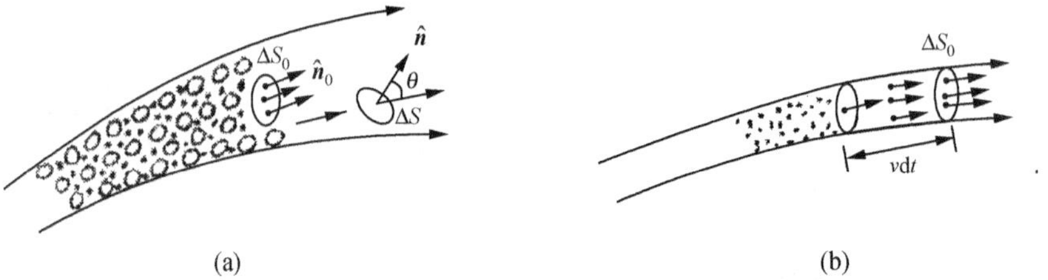

图 3.2　(a) 定义电流密度矢量；(b) 导出 $\boldsymbol{j}$ 与 $\rho\boldsymbol{v}$ 之关系

即电流密度定义为：单位时间内通过单位正截面的电量，其单位为

$$[\boldsymbol{j}] = \frac{\mathrm{A}}{\mathrm{m}^2} \quad (\text{安培} / \text{米}^2).$$

比如，对于一般绝缘载流导线而言，当其线径为 1 mm 左右，其额定电流密度约为 $10\ \mathrm{A/mm^2}$；而当其线径为 5 mm 左右，其额定电流密度降为约 $4\ \mathrm{A/mm^2}$.

人们用电流密度矢量场 $\boldsymbol{j}(P)$ 对电流场给出逐点定量描述. 对于恒定电流场，$\boldsymbol{j}(x,y,z)$ 与时刻 t 无关，它仅随空间而分布；对于非恒定电流场，其电流密度矢量场表达为 $\boldsymbol{j}(x,y,z,t)$，它不仅随空间而分布，且随时间而变化.

反过来，可以由电流密度矢量求得通过任意面元 $\Delta\boldsymbol{S}$ 的电量 Δq 值. 注意到在图 3.2(a) 中，斜面元 $\Delta\boldsymbol{S}$ 与对应的 ΔS_0 正面元之关系为

$$\Delta S_0 = \Delta S \cdot \cos\theta = \Delta\boldsymbol{S} \cdot \hat{\boldsymbol{n}}_0 ,$$

而通过斜面元 $\Delta\boldsymbol{S}$ 的电量值 Δq 等于通过正面元的电量值，而后者据(3.1)式为

$$\mathrm{d}q = j\,\mathrm{d}S_0\,\mathrm{d}t = j(\mathrm{d}\boldsymbol{S} \cdot \boldsymbol{n}_0)\,\mathrm{d}t ,$$

即

$$\mathrm{d}q = (\boldsymbol{j} \cdot \mathrm{d}\boldsymbol{S})\,\mathrm{d}t, \quad \text{或} \quad \frac{\mathrm{d}q}{\mathrm{d}t} = \boldsymbol{j} \cdot \mathrm{d}\boldsymbol{S}, \tag{3.2}$$

该式表明，单位时间中通过任意面元的电量，等于该处电流密度矢量与该面元矢量之标积(点乘).

● j 与载流子运动速度 $\boldsymbol{v}$ 之关系

在导电介质体内，充满着载流子，设其载流子数密度为 n. 载流子的定向运动形成电流，

当然其原本存在的无规热运动，不可能形成宏观上的电流. 让我们从微观上定量考察电流密度，参见图 3.2(b)，以正面元 ΔS_0 为一端面，沿载流子定向速度 $\boldsymbol{v}$ 方向，作一个长度为 Δl 的柱形小体积元 ΔV，

$$\Delta V = \Delta S_0 \cdot \Delta l, \quad 且令 \quad \Delta l = v\Delta t,$$

于是，在 Δt 时间中，这体积元 ΔV 内所包含的 ΔN 个载流子皆通过了这面元 ΔS_0，其电量为

$$\Delta q = \Delta N \cdot q_0 = n\Delta V \cdot q_0 = nq_0(\Delta S_0 v\Delta t),$$

这里，q_0 表示一个载流子的电量. 那么，按电流密度矢量的定义式(3.1)，得

$$j = \frac{\Delta q}{\Delta t \Delta S_0} = nq_0 v, \quad 且 \quad \boldsymbol{j} \parallel (q_0 \boldsymbol{v}),$$

最终表达为

$$\boldsymbol{j} = nq_0 \boldsymbol{v}, \quad 或 \quad \boldsymbol{j} = \rho_0 \boldsymbol{v}. \tag{3.3}$$

这里，$\rho_0 = nq_0$，系载流子电量体密度 (C/m³). 上式对 $q_0 > 0$，或 $q_0 < 0$ 均适用. 对于金属，其导电载流子均为自由电子$(-e)$，上式可写成

$$\boldsymbol{j} = (-e)n\boldsymbol{v}. \tag{3.3$'$}$$

对于电解液，其导电载流子同时有正离子 q_+ 与负离子 q_-，则

$$\boldsymbol{j} = \boldsymbol{j}_+ + \boldsymbol{j}_- = n_+ q_+ \boldsymbol{v}_+ + n_- q_- \boldsymbol{v}_-, \tag{3.3$''$}$$

这两项电流密度是同向的，虽然速度 $\boldsymbol{v}_+$ 与 $\boldsymbol{v}_-$ 是反向的.

对于运动的空间电荷，比如，电子云、离子团、电子束和离子束，式(3.3)依然成立，被用以表达空间电荷区内各处电流密度 $\boldsymbol{j}$ 与电荷速度 $\boldsymbol{v}$ 之关系，只要那场合的带电粒子相当密集，以致体电荷密度概念依然可取.

例题　试估算载流导体中自由电子定向运动速度（数量级），设其电流密度 $j \approx 10\ \mathrm{A/mm^2}$.

我们已知，电子电量 $e \approx 1.6 \times 10^{-19}$ C；对于一般金属，不妨选取：

比重 $\rho_m \approx 10\ \mathrm{g/cm^3}$，　摩尔质量 $M_{mol} \approx 100\ \mathrm{g/mol}$，　摩尔粒子数 $N_{mol} \approx 6 \times 10^{23}/\mathrm{mol}$，

且设一个金属原子贡献一个自由电子. 于是，其自由电子数密度为

$$n = \frac{\rho}{M_{mol}} N_{mol} \approx \frac{10}{100} \times (6 \times 10^{23})/\mathrm{cm^3} \approx 6 \times 10^{22}\mathrm{cm^{-3}},$$

相应的自由电荷体密度为

$$\rho_0 = ne = (6 \times 10^{22}) \times (1.6 \times 10^{-19})\mathrm{C/cm^3} \approx 10^4\mathrm{C/cm^3}.$$

于是，由(3.3)式得其自由电子定向运动速率为

$$v = \frac{j}{ne} = \frac{j}{\rho_0} = \frac{10\ \mathrm{A/mm^2}}{10^4\mathrm{C/cm^3}} \approx 1.0\ \mathrm{mm/s},$$

这速率接近蚂蚁爬行的速率，远小于自由电子气热运动之平均速率

$$\bar{u} \approx 10^2\mathrm{m/s}.$$

- **电流强度 I 与 j 之关系**

设想在电流场中有一任意曲面 S，在 Δt 时间通过 S 面的电量为 ΔQ，于是，定义

$$I=\lim\frac{\Delta Q}{\Delta t}=\frac{\mathrm{d}Q}{\mathrm{d}t}\quad(\Delta t\to 0)\tag{3.4}$$

为该面的电流强度，即，电流强度 I 系单位时间通过该曲面的电量，其单位为安培，$[I]=\mathrm{A}$. 在 MKSA 制中，安培是基本单位，而电量单位 C 是导出单位，1 C =1 A · s，即 1 库仑电量等于 1 安培电流在 1 秒钟内通过的电量.

显然，这电量 $\mathrm{d}Q$ 等于 S 面上大量小面元 $\mathrm{d}S$ 所通过电量 $\mathrm{d}q$ 之和，参见图 3.3(a). 再结合(3.2)式，有

$$I=\frac{\mathrm{d}Q}{\mathrm{d}t}=\frac{1}{\mathrm{d}t}\iint_{(S)}\mathrm{d}q=\frac{1}{\mathrm{d}t}\iint_{(S)}(\boldsymbol{j}\cdot\mathrm{d}\boldsymbol{S})\mathrm{d}t=\iint_{(S)}\boldsymbol{j}\cdot\mathrm{d}\boldsymbol{S},$$

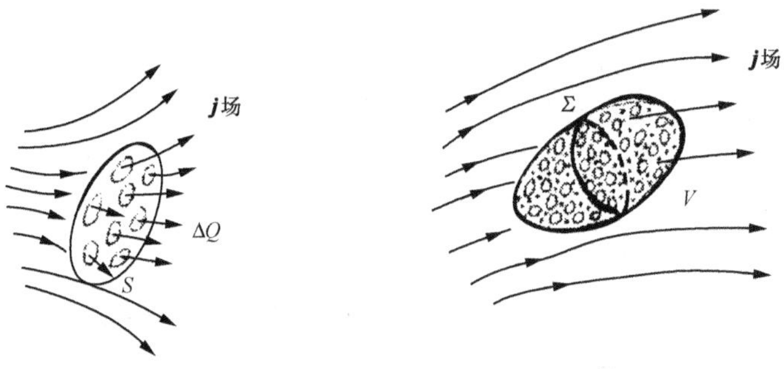

图 3.3　(a) 定义电流强度；(b) 给出电荷守恒律的表达式

最终表达电流强度与电流密度矢量之关系式为

$$I=\iint_{(S)}\boldsymbol{j}\cdot\mathrm{d}\boldsymbol{S}.\tag{3.4'}$$

比如，前已提及，一线径为 5 mm 的绝缘导线其额定电流密度为 $4\ \mathrm{A/mm^2}$，则据(3.4′)式其相应的额定电流强度约为 100 A.

其实，式(3.4′)表达的 $\boldsymbol{j}$ 与 I 的关系，完全相同于静电学中场强 $\boldsymbol{E}$ 与电通量 Φ_e 的关系，

$$\Phi_e=\iint\boldsymbol{E}\cdot\mathrm{d}\boldsymbol{S},$$

故，可以说电流强度 I 就是电流通量. 由于历史原因，习惯上称 I 为电流强度，有时更简称 I 为电流.

● 电荷守恒律及其定量表达式

电荷守恒律是物理世界的一个基本定律，其内容是，一个孤立系统的总电荷量不变，即在任何时刻，系统的正电荷与负电荷之代数和保持不变. 据此而推论，如果某区域在一物理过程中产生了电荷，那么同时必有等量异号电荷随之产生，反之亦然；如果某区域中电荷量有所增加，那么同时必有等量异号电荷进入这一区域，反之亦然. 电荷守恒律是大量实验事实的总结，故它的确立并无明确的时间. 无疑，电荷守恒律的确立有赖于对电荷的定量测定. 对此，1897 年是物理学史上值得纪念的一年：英国物理学家 J. J. 汤姆孙，对阴极射线管中的

射线进行了深入的研究，观测了阴极射线在磁场和静电场作用下的偏转，测定了阴极射线中粒子的荷质比. 他于该年作出结论：阴极射线是由比氢原子小得多的带负电的粒子即电子所组成. 由于一系列成功的实验，J. J. 汤姆孙被科学界公认为电子的发现者，1897 年也就被确定为发现电子年. 电子的发现及其荷质比的确定，为精确建立电荷守恒律提供了可靠的实验基础. 迄今为止，在一切已经发现的宏观过程和微观过程中，电荷守恒律皆成立，它对任何惯性参考系皆正确.

凭借电流通量的表达式(3.4′)，可以导出关于电荷守恒定律的定量表达式. 参见图 3.3(b)，在电流场 $\boldsymbol{j}(\boldsymbol{r})$ 中，考察一闭合 Σ 所包围的区域 V 内电量变化率 $(\mathrm{d}Q)_V/\mathrm{d}t$. 无疑，该区域内总电量的变化，是由其闭合面上电流通量不为零所致. 我们依然约定 Σ 上面元 $\mathrm{d}\boldsymbol{S}$ 的方向为其外法线方向，于是，

$$\text{当} \oiint_{(\Sigma)} \boldsymbol{j}\cdot\mathrm{d}\boldsymbol{S} > 0, \quad \text{意味着流出电量,} \quad \text{则} (\mathrm{d}Q)_V < 0;$$

$$\text{当} \oiint_{(\Sigma)} \boldsymbol{j}\cdot\mathrm{d}\boldsymbol{S} < 0, \quad \text{意味着流入电量,} \quad \text{则} (\mathrm{d}Q)_V > 0.$$

据电荷守恒律，有

$$\oiint \boldsymbol{j}\cdot\mathrm{d}\boldsymbol{S} = -\frac{(\mathrm{d}Q)_V}{\mathrm{d}t}.$$

另一方面，区域 V 内所含总电量表达为

$$(Q)_V = \iiint_{(V)} \rho\mathrm{d}V, \quad \rho = \rho_0 + \rho',$$

即其体电荷密度 ρ，等于载流子电荷体密度 ρ_0 与原子实电荷体密度 ρ' 之代数和. 于是，

$$\frac{(\mathrm{d}Q)_V}{\mathrm{d}t} = \frac{\mathrm{d}}{\mathrm{d}t}\iiint_{(V)} \rho\mathrm{d}V = \iiint_{(V)} \frac{\partial\rho}{\partial t}\mathrm{d}V,$$

最终得

$$\oiint_{(\Sigma)} \boldsymbol{j}\cdot\mathrm{d}\boldsymbol{S} = -\iiint_{(V)} \frac{\partial\rho}{\partial t}\mathrm{d}V. \tag{3.5}$$

它就是电荷守恒律的数学表达式(积分形式).

注意到导电介质体内的原子实分布不动，即 $\partial\rho'/\partial t=0$，故有

$$\frac{\partial\rho}{\partial t} = \frac{\partial\rho_0}{\partial t} + \frac{\partial\rho'}{\partial t} = \frac{\partial\rho_0}{\partial t},$$

式(3.5)也可以进一步显现为

$$\oiint_{(\Sigma)} \boldsymbol{j}\cdot\mathrm{d}\boldsymbol{S} = -\iiint_{(V)} \frac{\partial\rho_0}{\partial t}\mathrm{d}V. \tag{3.5′}$$

借助数学场论中的高斯公式

$$\oiint_{(\Sigma)} \boldsymbol{j}\cdot\mathrm{d}\boldsymbol{S} = \iiint_{(V)} (\nabla\cdot\boldsymbol{j})\,\mathrm{d}V,$$

便可由(3.5)式导出电荷守恒律的微分表达式，

$$\nabla \cdot \boldsymbol{j} + \frac{\partial \rho}{\partial t} = 0, \quad \text{或} \quad \nabla \cdot \boldsymbol{j} + \frac{\partial \rho_0}{\partial t} = 0. \tag{3.6}$$

该微分方程表明，电流场中任意处电流密度的散度与该处体电荷密度的时间变化率之和恒为零. 这是电荷守恒律支配下的必然结果.

● **稳恒电流场系无源场**

对于稳恒电流场 $\boldsymbol{j}(\boldsymbol{r})$，其相联系的电场必为静电场，而静电场相联系的电荷分布必处静止状态，即 $\rho(\boldsymbol{r})$ 与时间 t 无关，即

$$\frac{\partial \rho}{\partial t} = 0, \quad \text{或} \quad \frac{\partial \rho_0}{\partial t} = 0.$$

于是，由(3.6)式得

$$\nabla \cdot \boldsymbol{j} = 0, \quad \text{或} \quad \oint\!\!\!\oint \boldsymbol{j} \cdot \mathrm{d}\boldsymbol{S} = 0. \tag{3.7}$$

这表明在稳恒电流场中，处处散度为零. 或者说，稳恒电流场中的电流线即 $\boldsymbol{j}$ 线总是闭合的，无头无尾，形成一个闭合环路. 简言之，稳恒电流场系无源场.

至于如何造成稳恒的电流场，这是一个关于电流场的动力学问题，它正是下一节的主题. 而上述关于稳恒电流场必为无源场的结论，却为其动力学机制指明了一条途径，那就是单凭静电场是不可能形成稳恒电流场的，因为静电场线不可能是闭合的.

● **例题——旋转带电体形成的电流场**

如图 3.4(a)所示，一均匀带电圆环绕圆心轴旋转，其线电荷密度为 η(C/m)，角速度为 ω. 则它在半径为 R 的圆周上造成一线电流，其电流强度为

$$I = \eta v = \eta \omega R.$$

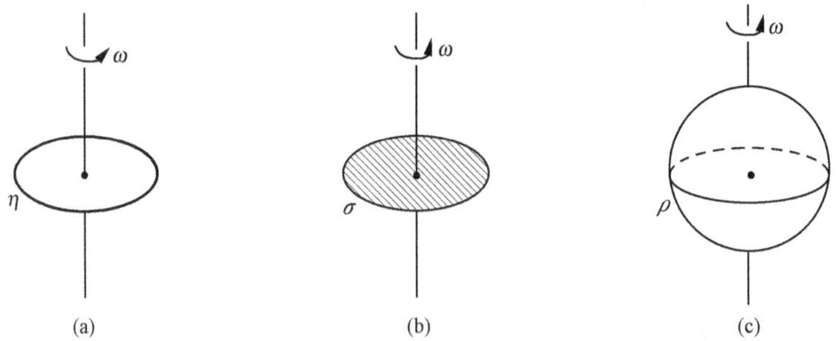

图 3.4　旋转带电体形成电流

与此类似的情况是，一带电粒子 q，以角速度 ω 作圆周运动，而造成的等效电流强度为

$$I = \frac{v}{2\pi R} q = \frac{1}{2\pi} q\omega . \quad \text{（注意，与 } R \text{ 无关）}$$

如图 3.4(b)所示，一均匀带电圆片绕圆心轴旋转，其面电荷密度为 σ (C/m^2)，角速度为 ω，则它在半径为 R 的圆片上造成一个面电流场. 仿照体电流密度 $\boldsymbol{j}$ 的定义方式，可以定义出

一个面电流密度

$$i \equiv \frac{dq}{dt dl_0} \quad (A/m).$$

这里，dl_0 是与面电荷运动速度$\boldsymbol{v}$方向正交的一线元(正线元)，据以上定义式导出

$$\boldsymbol{i} = \sigma \boldsymbol{v}.$$

针对目前情形，$v=\omega r$，得圆片上面电流密度为

$$i(r) = \sigma\omega r, \quad (\text{注意 } i \propto r)$$

可见，其面电流密度值非均匀，随与圆心距离的增加而线性增大，虽然面电荷密度是均匀的.

如图 3.4(c)，一均匀带电球体绕一直径轴而旋转，其体电荷密度为 ρ(C/m^3)，角速度为 ω，则其造成的体电流密度函数，倒是我们所熟悉的，

$$j = \rho v, \quad \text{目前} \quad j(r,\theta) = \rho\omega r \sin\theta.$$

这里，角 θ 是体内场点位矢 $\boldsymbol{r}$ 与转轴之夹角，故 $r\sin\theta$ 正是该场点的轴距即其旋转半径.

旋转带电体形成电流，从而产生磁效应和磁矩，这在宏观电磁学乃至微观世界，均为一类重要物事. 鉴于此，兹将以上所得几个公式，归集列表 3.1，以供查考.

表 3.1 旋转带电体的电流公式

运动电荷一般情形	旋转带电体
体电荷运动 体电流密度 $\boldsymbol{j}=\rho\boldsymbol{v}$	球体 $j(r,\theta)=\rho\omega r\sin\theta$
面电荷运动 面电流密度 $\boldsymbol{i}=\sigma\boldsymbol{v}$	圆片 $i(r)=\sigma\omega r$
线电荷运动 电流强度 $I=\eta v$	圆环 $I=\eta\omega R$
带电粒子运动* 电流元 $I d\boldsymbol{l}=q\boldsymbol{v}$	粒子 $I=\frac{1}{2\pi}q\omega$

关于表 3.1 尚须说明，表中所列面电流密度公式，适用于面电荷运动于该面电荷分布的二维曲面上，这是一般情形，唯此才形成一个连续的二维电流场；线电荷运动的电流强度公式，特指那线电荷运动于该线电荷分布的一维曲线上. 还有，表中 * 号标出关于运动带电粒子及其等效电流元公式，在下一章讲述磁场时再作交代.

●【讨论】 不断膨胀的球状空间电荷所造成的电流场

如图 3.5 所示，一球状空间电荷区，设其初始半径为 R_0，初始电荷体密度为 ρ_0，其表面以速率 v_s 向外不断膨胀，试讨论其造成的电流场 $\boldsymbol{j}(\boldsymbol{r},t)$.

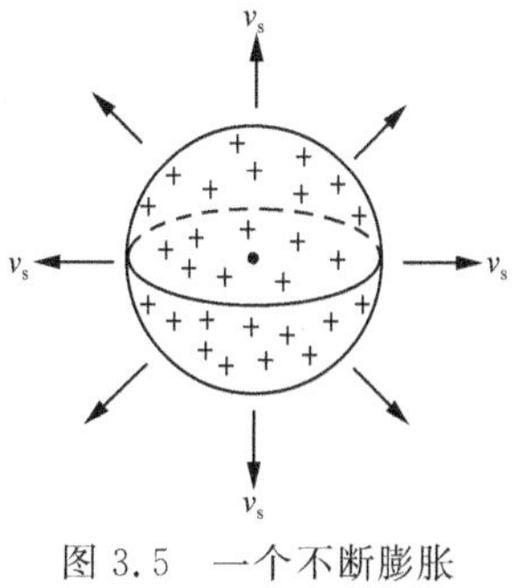

图 3.5 一个不断膨胀的空间电荷区

提示 不妨假设该膨胀过程近似为一准静态过程，即任意时刻其体内电荷近似为一均匀分布；推演出发点拟为

$$\boldsymbol{j}(\boldsymbol{r},t) = \rho\boldsymbol{v} = \rho(t)\cdot v(r,t)\hat{\boldsymbol{r}}.$$

3.2　导电介质中电流场动力学方程

- 引言
- 电阻率与电导率
- 导电介质中电流动力方程
- 导线怎样成为电流管
- 小结——恒定电流场的基本规律
- 欧姆定律
- 电阻率与温度的关系
- 关于导电介质的体电荷密度
- 恒定电流场边值关系和图象
- 讨论——静电高压球漏电问题

● 引言

泛泛而论，电场力是驱动电荷运动的一种动力，从而形成一个电流场. 然而，定量上 $\boldsymbol{j}$ 与 $\boldsymbol{E}$ 的关系却取决于运动电荷的处境，是载流子运动于导电介质体内，或是电子束、离子束运动于电真空器件中的空间. 这两种场合下，$\boldsymbol{j}$ 与 $\boldsymbol{E}$ 之关系，或电流 I 与电压 U 之关系，是截然不同的. 相对而言，运动于导电介质中的载流子动力学问题较为简单，且为常见实用情形，而空间电荷运动的动力学问题较为复杂. 本节主要论述导电介质中 $\boldsymbol{j}$ 与 $\boldsymbol{E}$ 之关系，称其为电流动力方程，这要从欧姆定律说起.

● 欧姆定律

德国物理学家 G. S. 欧姆，从 1825 年开始对金属细丝的电导率进行实验研究，于次年总结出，一导线两端的电压与通过的电流和其电阻三者之间遵从一个简单的比例关系，后人谓之欧姆定律，接着他于 1827 年出版了一本名著《伽伐尼电路：数学研究》，可以说，它是电磁学史上首部关于直流电路的理论著作.

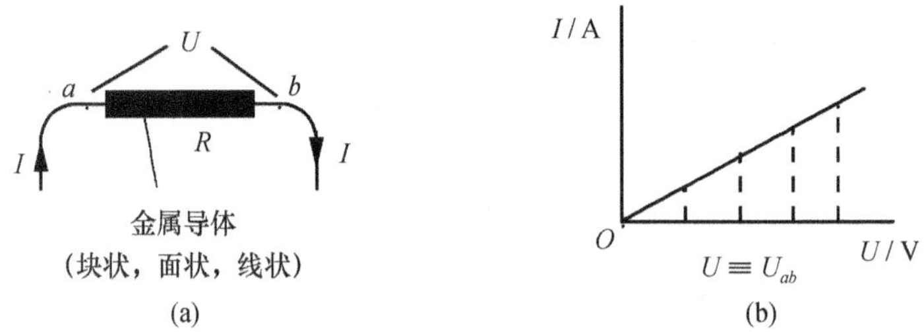

图 3.6　(a) 电阻元件 R；(b) 纯电阻元件的伏安特性

参见图 3.6(a)，由导电材料制成一元件置于电路中，这元件样式或线状或面状或块状，当其两端有电势差（电压），便有电流通过该元件. 欧姆实验表明，其电流强度 I 与电压 U 之间呈现一线性关系，即

$$I \propto U,$$

引入一比例常数 R，将这一线性关系写成一等式，

$$U = RI. \tag{3.8}$$

这就是欧姆定律的表达式. 其中 R 值称为该元件的电阻,它不仅与材料有关,还与元件的几何参数比如其长度和截面积等有关,即电阻 R 系元件电性参数,而不是材料物性参数. 图 3.6(b)显示了纯电阻元件的伏安特性,它呈现线性关系.

电阻的单位为

$$[R]=\mathrm{V/A},\quad \text{记作 }\Omega,\quad \text{名称为“欧姆”,也简称“欧”}.$$

● 电阻率与电导率

欧姆实验还表明,确定材料制成的电阻丝其 R 值正比于其长度 l,而反比于其正截面积 S,即

$$R\propto\frac{l}{S},$$

引入一比例常数 ρ,将以上关系写成一个等式,

$$R=\rho\frac{l}{S},\tag{3.9}$$

称 ρ 为材料的电阻率,它系物质电性参数,其单位为

$$[\rho]=\Omega\cdot\mathrm{m},\quad \text{即“欧姆·米”}.$$

三类材料的电阻率,其数量级范围为

$$\text{金属},\ 10^{-8}—10^{-5}\Omega\cdot\mathrm{m};\quad \text{半导体},\ 10^{-5}—10^{6}\Omega\cdot\mathrm{m};$$
$$\text{绝缘介质},\ 10^{6}—10^{16}\Omega\cdot\mathrm{m}.$$

表 3.2 列出一些金属的电阻率.

表 3.2 一些金属的电阻率(在两个特定温度)

金属	$\rho/(10^{-8}\ \Omega\cdot\mathrm{m})$ 在 0℃	$\rho/(10^{-8}\ \Omega\cdot\mathrm{m})$ 在 18℃	金属	$\rho/(10^{-8}\ \Omega\cdot\mathrm{m})$ 在 0℃	$\rho/(10^{-8}\ \Omega\cdot\mathrm{m})$ 在 18℃
锂	8.5	9.1	钛	82.0	89.0
钠	4.3	4.6	镍	6.6	7.35
钾	6.1	6.9	锌	5.5	5.95
铝	2.53	2.72	镉	6.7	7.25
铁	8.9	9.9	汞	93.7	95.4
铜	1.56	1.68	镓	40.8	43.9
银	1.47	1.58	铟	8.35	9.1
金	2.06	2.21	砷	35.2	37.6
锡	10.4	11.3	铅	19.5	20.7

人们亦常用电导 G 和电导率 σ,分别作为电阻元件和导电介质的电性参数. 电导定义为电阻的倒数,电导率定义为电阻率的倒数,即

$$G=\frac{1}{R},\quad [G]=\Omega^{-1},\quad \text{记作 S,名称为“西门子”}.\tag{3.10}$$

$$\sigma=\frac{1}{\rho},\quad [\sigma]=(\Omega\cdot\mathrm{m})^{-1}.\tag{3.10′}$$

三类材料的电导率的数量级范围为

$$\text{金属，}10^{5}—10^{8}(\Omega\cdot m)^{-1};\quad \text{半导体，}10^{-6}—10^{5}(\Omega\cdot m)^{-1};$$
$$\text{绝缘介质，}10^{-16}—10^{-6}(\Omega\cdot m)^{-1}.$$

表 3.3 列出一些非金属物质的电导率.

表 3.3　一些非金属物质的电导率

物质	$\sigma/(\Omega\cdot m)^{-1}$	物质	$\sigma/(\Omega\cdot m)^{-1}$
纯水(18℃)	2.0×10^{-4}	氯化钠液(5%)	6.7×10^{8}
蒸馏水(18℃)	20.0×10^{-4}	氯化钠液(20%)	2.0×10^{9}
冰(0℃)	2.8×10^{-6}	硫酸液(5%)	2.1×10^{9}
冰(−10℃)	1.1×10^{-7}	硫酸液(20%)	6.5×10^{9}
胶木	10^{-14}	盐酸液(5%)	4.0×10^{9}
玻璃	$<10^{-11}$	盐酸液(20%)	7.6×10^{9}
橡胶	1.6×10^{-15}	汽油	$<1\times10^{-10}$
聚丙烯	10^{-13}	石油	3×10^{-11}

- **电阻率与温度的关系**

金属电阻率随温度升高而增加，且在一个相当宽的温度区间，$\rho(T)$函数呈现线性变化，如图 3.7 所示. 在此引入电阻率的温度系数 α，用以反映电阻率随温度变化的敏感程度，它定义为

$$\alpha=\frac{1}{\rho}\frac{d\rho}{dT},\quad \text{单位：}(1/K)\text{ 或}(1/℃),\tag{3.11}$$

其含义为，温度改变 1 K 或 1℃而引起的电阻率变化比.

实际上常以

$$\alpha\approx\frac{1}{\rho}\cdot\frac{\Delta\rho}{\Delta T}$$

来估算一种金属的电阻率温度系数. 比如，按表 3.2 所列数据，汞的电阻率最高，而银的电阻率最低，两者的温度系数分别为

$$\text{汞：}\alpha\approx\frac{1.7}{94.5\times18}\approx0.99\times10^{-3}/K;$$

$$\text{银：}\alpha\approx\frac{0.11}{1.52\times18}\approx4.0\times10^{-3}/K.$$

确实，纯金属的电阻率温度系数约为 $10^{-3}/K$ 的量级.

对于绝缘介质和半导体，其电阻率随温度变化的趋势是与金属相反的，其 ρ 随温度上升而减少，相应有负温度系数. 特别是半导体，其 ρ 对温度的依赖关系十分敏感，且呈现非线性，即 ρ 随温度上升而呈指数式减小. 在室温下，半导体材料温度系数的数量级约为

$$\alpha \approx -(10^{-2} - 10^{-1})/\mathrm{K}.$$

图 3.7 是几种金属的电阻率与温度的关系，左列各图是电阻率 $\rho(T)$ 的双对数坐标形式，右列则为线性坐标形式.

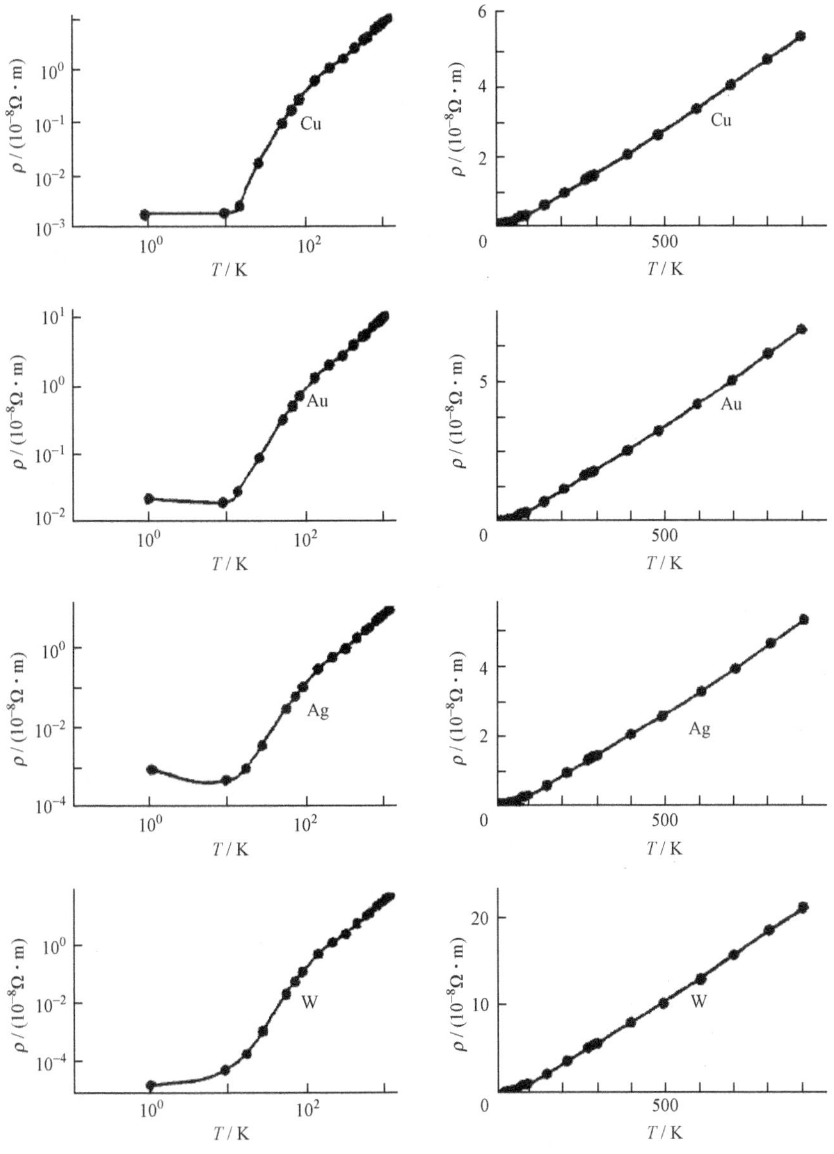

图 3.7 四种纯金属 $\rho(T)$ 实验曲线

导电介质电阻率及其温度系数的研究，具有十分重要的应用价值和理论意义. 例如，利用半导体材料电阻率的热敏性而制成热敏电阻，用于探温、测温和控温；或者，将温度信号转化为电信号，从而实现某种自动控制. 当然，由于电流的焦耳热效应，致使电阻元件在工作过程中电阻值在不断变化，从而影响了电路的稳定性. 为了保证电路的稳定性和电阻的稳定值，人们寻求到某些特殊的合金，具有甚小的温度系数，约为 $\alpha \approx 10^{-4}—10^{-6}$/K，参见表 3.4. 从理论上评价，导电介质的电阻率及其温度系数是可观测量，于是，人们凭据 $\rho(T)$ 实验曲线，以审视关于介质导电微观机制及其给出的电阻率微观公式的正确性. 如果介质导电的微观动力学理论不能完满地说明 $\rho(T)$ 实验结果，则该理论必有欠缺或失误，尚需要进一步修正和完善，甚至重建. 这势必极大地丰富了人类对于物质微观世界的认识. 1911 年，荷兰科学家卡莫林·昂纳斯发现了水银在液氦温度 4.2 K 时的零电阻现象，从而开创了人类对于超导电性研究的百年新纪元. 关于物质超导电性，留待本书电磁感应一章作较全面介绍.

最后顺便提及，材料电阻率 ρ 还与压强 p 有关，一般呈现正效应，即 ρ 随压强上升而增加，也有个别金属呈现负压强系数. 电阻率的压强系数定义为

$$\beta = \frac{1}{\rho} \cdot \frac{d\rho}{dp}, \tag{3.11'}$$

在常温、压强在 $0—10^4$ MPa 区间，金属的压强系数约在 10^{-5}/MPa，比如

汞：20×10^{-5}/MPa；　银：3.4×10^{-5}/MPa；　铜：1.9×10^{-5}/MPa.

表 3.4　合金的温度系数 α

合金	$\rho/(10^{-8}\ \Omega\cdot m)$	$\alpha/(10^{-3}K^{-1})$	合金	$\rho/(10^{-8}\ \Omega\cdot m)$	$\alpha/(10^{-3}K^{-1})$
金-铬	0.33	0.001	铜镍合金	0.43	0.2
石墨	8.00	−0.2	标准电阻合金	0.45	0.04
锰系材料	0.50	0.02	铂-铱	0.32	2.0
碳刷	40	—	铂-铑	0.20	1.7
康铜	0.50	0.03	锰铜合金	0.51	0.008
锰镍铜合金	0.43	0.02	锡锌合金(约铜)	0.127	1.5
铬-镍(80Ni,20Cr)	1012	0.2	锌镍铜合金(白铜)	0.30	0.4

- **导电介质中电流动力学方程**

首先将纯电阻元件的欧姆定律 $U_{ab} = RI$，显示为一积分形式

$$\int_a^b E \cdot dl = \left(\rho \frac{l}{S}\right) \cdot \iint_{(S)} \boldsymbol{j} \cdot d\boldsymbol{S},$$

兹将其应用于电流场中一细小电流管($\Delta l \cdot \Delta S$)，如图 3.8 所示，并令 $\Delta l \to 0$，$\Delta S \to 0$，于是得到

$$E\Delta l = \left(\rho \frac{\Delta l}{\Delta S}\right) \cdot (j\Delta S),$$

$$E = \rho j,$$

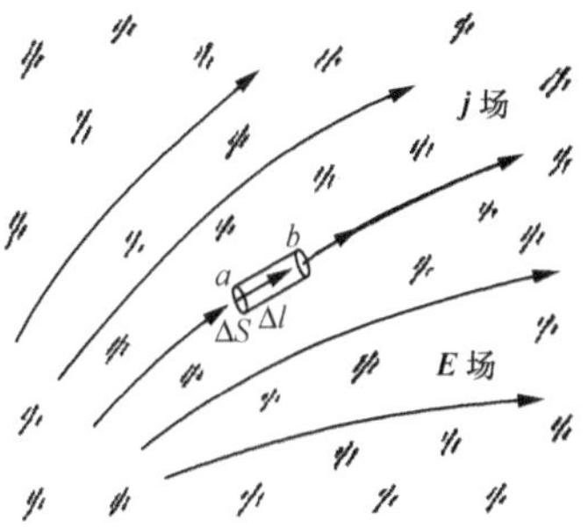

图 3.8 将欧姆定律应用于一细小电流管

考虑到方向 $\boldsymbol{j}/\!/\boldsymbol{E}$,可将上式写成

$$\boldsymbol{j}=\sigma\boldsymbol{E}, \quad 或 \quad \boldsymbol{E}=\rho\boldsymbol{j}. \tag{3.12}$$

习惯上称该式为欧姆定律的微分形式,本书称其为导电介质中电流动力学方程. 它鲜明地反映了是电场力推动载流子作定向运动这样的动力学机制. 这电流动力学方程具有多方面的重要意义,兹阐述如下.

(1) 反映了 $\boldsymbol{j}$ 与 $\boldsymbol{E}$ 的点点对应关系,即

$$\boldsymbol{j}(P)=\sigma(P)\boldsymbol{E}(P),$$

这表明某处的电流 $\boldsymbol{j}$ 是由当地电场 $\boldsymbol{E}$ 驱动所致,故它不仅适用于线型电路中的电阻元件,也适用于二维电流场,或三维电流场. 即便对于非均匀导电介质,即其电导率 $\sigma(P)$ 与场点位置有关,这点点对应关系(3.12)式照样成立.

(2) 反映了 $\boldsymbol{j}$ 与 $\boldsymbol{E}$ 的时时对应关系,即

$$\boldsymbol{j}(t)=\sigma(t)\boldsymbol{E}(t),$$

这表明某时刻的电流 $\boldsymbol{j}$ 是由当时的电场 $\boldsymbol{E}$ 驱动所致,故这电流动力方程(3.12)式不仅适用于一恒定场,也适用于一交变场.

(3) 反映了一恒定电流场对应着一个静电场,即

$$\boldsymbol{j}(x,y,z)\longleftrightarrow\boldsymbol{E}(x,y,z).$$

这表明在恒定电流场中,虽然有电荷的运动,但这不会导致电荷分布的改变. 否则,若在电流过程中不断地发生着电荷分布的改变,相应的电场便随之改变,那它就不是一个静电场,从而也就不可能维持着一个恒定电流场. 进而得到一个推论:在导电介质中若建立起一个恒定电流场,则导电介质中可能存在的体电荷密度 $\rho_e(\boldsymbol{r})$ 或面电荷密度 $\sigma_e(\boldsymbol{r})$,必定与时间 t 无关,即

$$\frac{\partial\rho_e}{\partial t}=0, \quad \frac{\partial\sigma_e}{\partial t}=0. \tag{3.13}$$

(4) 如果在导电介质中,同时存在静电场 $\boldsymbol{E}$ 和非静电场 $\boldsymbol{K}$,比如在电源内部就是这样,则在该区域中电流动力学方程推广为

$$\boldsymbol{j}=\sigma(\boldsymbol{E}+\boldsymbol{K}), \tag{3.14}$$

这里,$\boldsymbol{K}$ 定义为单位正电荷所受到的非静电力,即

$$\boldsymbol{K}=\frac{\boldsymbol{F}_{非}}{q}. \tag{3.14'}$$

比如，当 $\boldsymbol{K}$,$\boldsymbol{E}$ 两者方向相反，且数值 $K>E$，则按式(3.14)，电流 $\boldsymbol{j}$ 将逆着 $\boldsymbol{E}$ 线而沿 $\boldsymbol{K}$ 方向运动，在电源内部就是这样.

● 关于导电介质的体电荷密度

试证明，在恒定电流场的均匀导电介质体内，无体电荷密度，即 $\rho_e(\boldsymbol{r})$ 处处为零.

据式(3.7)、(3.12)和式(1.49)，以及 $\sigma=$常数，作如下推演：

$$\begin{aligned}
&\nabla\cdot\boldsymbol{j}=0, && (恒定电流场)\\
&\nabla\cdot(\sigma\boldsymbol{E})=0, && (设\ \boldsymbol{K}\ 为零)\\
&\sigma\nabla\cdot\boldsymbol{E}=0, && (\sigma\ 为常数)\\
&\sigma\cdot\frac{1}{\varepsilon_0}\rho_e=0, && (应用静电场散度方程)
\end{aligned}$$

于是，

$$\rho_e=0. \tag{3.15}$$

以上采用微分方程之证明及其结果，适用于任意场点，故命题得证. 此结果表明，这场合有体电流，却无体电荷，似难理解. 其实，这体电荷 ρ_e 含两项，

$$\rho_e=\rho_-+\rho_+,\quad 即\quad (\rho_-+\rho_+)=0,$$

其中，ρ_+ 表示原子实或正离子的体电荷密度，而 ρ_- 表示载流子或负离子的体电荷密度，两者处处时时代数和为零，这并不排斥 ρ_- 或 ρ_+ 的运动，或两者均在运动.

注意到以上证明过程先后用到三个条件，即恒定电流场、均匀电导率和不存在非静电力. 换言之，当恒定电流场存在于非均匀导电介质，则其体内可能出现 $\rho_e\neq 0$ 的景象. 抑或，在均匀导电介质内，同时存在非静电力场 $\boldsymbol{K}(\boldsymbol{r})$，其体内也有可能出现 ρ_e. 兹对此考量如下：

$$\nabla\cdot\boldsymbol{j}=0,\quad \nabla\cdot(\sigma(\boldsymbol{E}+\boldsymbol{K}))=0,\quad \sigma\nabla\cdot(\boldsymbol{E}+\boldsymbol{K})=0,$$

$$\nabla\cdot\boldsymbol{E}+\nabla\cdot\boldsymbol{K}=0,\quad \frac{1}{\varepsilon_0}\rho_e+\nabla\cdot\boldsymbol{K}=0,$$

$$\rho_e=-\varepsilon_0\nabla\cdot\boldsymbol{K}. \tag{3.15'}$$

我们大体知道，在磁场中的运动电荷将受到一个洛伦兹力，这是一种非静电力. 而一个载流体，既会产生磁场，其体内又有运动载流子，故一载流体周围必伴有一个洛伦兹力场 $\boldsymbol{K}(\boldsymbol{r})$，需考量其散度 $\nabla\cdot\boldsymbol{K}$ 是否为零. 这些物事将在随后恒定磁场一章详述，届时将用到(3.15′)式.

● 导线怎样成为电流管

如图 3.9 所示，一直流电源的正、负极板上累积有正、负电荷，在其内部和外部空间产生电场 $\boldsymbol{E}_0(\boldsymbol{r})$，再连接上导线和电阻元件，而构成一个电流回路. 兹截取回路中任意一小段导线，一般而言这段导线的走向与当地 $\boldsymbol{E}_0$ 方向并不一致，即这 $\boldsymbol{E}_0$ 在导线表面法线方向有个分量 $\boldsymbol{E}_n$；在 $\boldsymbol{E}_n$ 推动下发生电荷迁移，因那表面外侧为绝缘介质，这迁移的电荷便积累在表

面，其一侧出现面电荷 $\sigma_e>0$，另一侧出现 $\sigma_e<0$，从而产生一附加场 $\boldsymbol{E}'$，它必将削弱 $\boldsymbol{E}_n$，以致完全抵消掉初始场的 $\boldsymbol{E}_n$. 最终，在导线内部的电场 $\boldsymbol{E}=\boldsymbol{E}_0+\boldsymbol{E}'$，总是沿着导线的切线方向，故电流 $\boldsymbol{j}$ 也总是沿着导线切线方向. 简言之，载流导线通过其表面自由电荷的分布和调整，使自己成为引导 $\boldsymbol{j}$ 的电流管，或成为引导 $\boldsymbol{E}$ 的电力管. 由此可见，载流导线或载流体的表面随处分布着自由电荷.

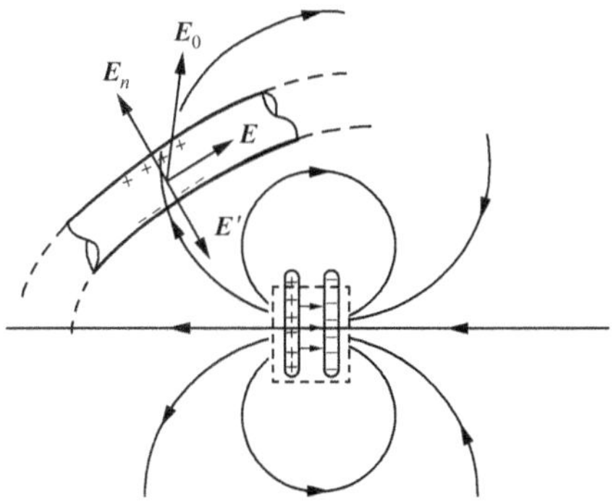

图 3.9 对载流导线成为电流管的说明

● 恒定电流场边值关系和图象

其实，载流体表面有电荷，这并不限于一段载流导线的情形. 凡两种导电介质的交界面，一般将出现面电荷，从而导致其两侧的场发生突变，反映这种突变关系的正是边值关系，参见图 3.10. 导出场边值关系的惯用手法是，将场的积分方程应用于界面两侧之局域. 目前，将恒定电流场的通量定理，应用于跨过界面的一个小扁盒子，便得到一条关于 $\boldsymbol{j}$ 场法线分量的边值关系

$$j_{2n}-j_{1n}=0, \quad \text{或} \quad j_{2n}=j_{1n}. \tag{3.16}$$

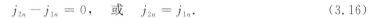

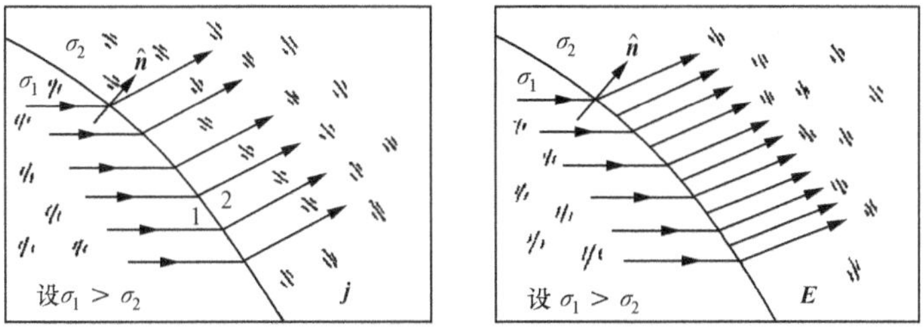

图 3.10 两种导电介质界面的电流线和电场线图象. (a)$\boldsymbol{j}$ 场线；(b)$\boldsymbol{E}$ 场线

这表明，跨过界面的电流密度之法线分量总是连续的，如图 3.10(a)所示. 这不难理解，若 j_n 不连续，必将继续累积面电荷，其后果总是使强者变弱，而使弱者变强，直至(3.16)式得以满足方可恒定. 值得留意的是，电流法线分量的连续，必然导致电场法线分量的突变. 兹说明如下. 据

$$E_{2n}=\frac{j_{2n}}{\sigma_2},\quad E_{1n}=\frac{j_{1n}}{\sigma_1},$$

得

$$(E_{2n}-E_{1n})=\left(\frac{1}{\sigma_2}-\frac{1}{\sigma_1}\right)j_n,\quad 或\quad \frac{E_{2n}}{E_{1n}}=\frac{\sigma_1}{\sigma_2}. \tag{3.16'}$$

比如，载流导线的电导率约为 $\sigma_1\approx10^6(\Omega\cdot\mathrm{m})^{-1}$，而其外围空气的电导率约为 $\sigma_2\approx10^{-4}(\Omega\cdot\mathrm{m})^{-1}$，则

$$\frac{E_{2n}}{E_{1n}}\approx10^{10}.$$

一恒定电流场对应着一个静电场．兹将静电场的环路定理

$$\oint\boldsymbol{E}\cdot\mathrm{d}\boldsymbol{l}=0$$

应用于跨过界面的小矩形框，遂得到另一条关于场切向分量的边值关系，

$$E_{2t}-E_{1t}=0,\quad 或\quad E_{2t}=E_{1t}. \tag{3.16''}$$

同理，电场切向分量的连续，必致电流切向分量的突变，

$$(j_{2t}-j_{1t})=(\sigma_2-\sigma_1)E_t,\quad 或\quad \frac{j_{2t}}{j_{1t}}=\frac{\sigma_2}{\sigma_1}. \tag{3.16'''}$$

边值关系式(3.16)—(3.16‴)表明，界面两边高电导率一侧的电流 j_1 大于低电导率一侧的 j_2，而高电导率一侧的电场 E_1 却小于低导率一侧的 E_2，如图 3.10(b)所示．

在电路分析时，其注意力常常集中于电路本身．其实，电路外侧不仅有电场，且此电场强于电路中的电场．高压线四周时有出现的电晕现象，就是其外侧强电场使空气电离而被击穿所致．

当电路四周空气甚干燥，其电导率 $\sigma_2=0$，则 $j_2=0$，即 j_{2n}，j_{2t} 皆为零．于是，由边值关系(3.16)式得 $j_{1n}=0$，这表明此时载流导线中的电流无法向分量，其电流必沿导线切线方向，使导线成为一个电流管，这与上一节段对此作细致的动态分析所得结论一致．

图 3.11 显示几种典型电导率时的 $\boldsymbol{j}$ 场线和 $\boldsymbol{E}$ 场线图象．其中，(a)为一般实际情况，$\sigma_1\gg\sigma_2$；(b)为一种极端情况，$\sigma_2=0$；(c)为另一极端情况，因其中 j_1 有限而 σ_1 为无限，故 $E_1=0$，即 E_{1t}，E_{1n} 皆为零，根据边值关系(3.16″)得 $E_{2t}=0$，于是 $j_{2t}=0$，即零电阻导线四周的电流 j 线必与其表面正交．

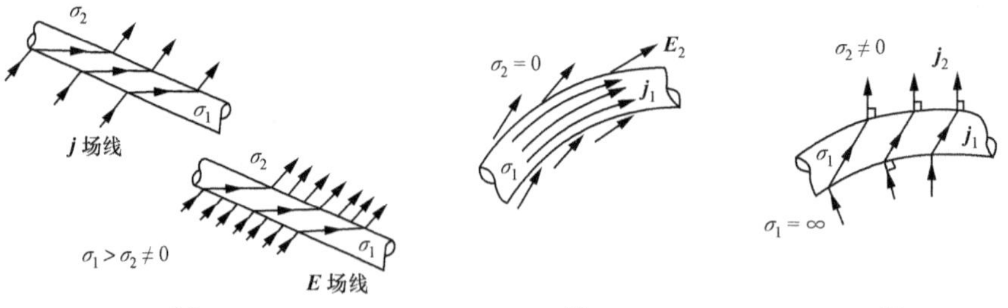

图 3.11　几种典型电导率时的 $\boldsymbol{j}$ 场线和 $\boldsymbol{E}$ 场线[①]

① 图 3.11(c)仅考虑到 $\sigma_1\to\infty$ 的零电阻性，并未计及超导体的完全抗磁性；若考虑到超导态的完全抗磁性，则其体内 $j=0$，这将在 6.6 节论述．

● 小结——恒定电流场的基本规律

至此,关于恒定电流场 $\boldsymbol{j}(\boldsymbol{r})$ 的基本规律已全面确立,兹将其积分形式、微分形式和边值关系归集如下,以备查考.

(1) 场的积分方程和导电介质方程

$$\oiint \boldsymbol{j} \cdot \mathrm{d}\boldsymbol{S} = 0, \quad \oint \boldsymbol{E} \cdot \mathrm{d}\boldsymbol{l} = 0,$$

$$\boldsymbol{j} = \sigma \boldsymbol{E} \quad (\text{各向同性线性导电介质}).$$

(2) 体内微分方程

$$\nabla \cdot \boldsymbol{j} = 0, \quad \nabla \times \boldsymbol{E} = 0,$$

$$\text{在均匀导电介质体内} \quad \nabla \times \boldsymbol{j} = 0.$$

(3) 界面边值关系

$$j_{2n} - j_{1n} = 0, \quad \text{或} \quad (\sigma_2 E_{2n} - \sigma_1 E_{1n}) = 0;$$

$$E_{2t} - E_{1t} = 0.$$

(4) 电荷守恒律的表达式,其积分形式为

$$\oiint \boldsymbol{j} \cdot \mathrm{d}\boldsymbol{S} = -\frac{(\mathrm{d}Q)_V}{\mathrm{d}t}, \quad \text{或} \quad \oiint \boldsymbol{j} \cdot \mathrm{d}\boldsymbol{S} = -\frac{\mathrm{d}}{\mathrm{d}t}\iiint \rho_e \mathrm{d}V,$$

$$\text{其微分形式为} \quad \nabla \cdot \boldsymbol{j} + \frac{\partial \rho_e}{\partial t} = 0,$$

$$\text{在稳恒条件下} \quad \nabla \cdot \boldsymbol{j} = 0, \quad \frac{\partial \rho_e}{\partial t} = 0.$$

最后尚需强调一点,凡先前知悉的静电场的所有关系式均可沿用于恒定电流场,比如,两种导电介质其界面处面电荷密度为 σ_e,则两侧

$$(E_{2n} - E_{1n}) = \sigma_e/\varepsilon_0, \quad \text{依然成立}.$$

●【讨论】 静电高压球漏电问题

夏季湿热空气,可使一静电高压导体球放电即漏电,如图 3.12 所示,从而产生了一变化

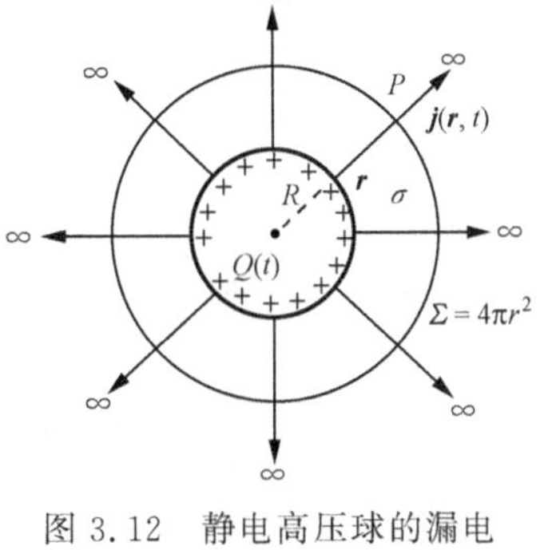

图 3.12 静电高压球的漏电

的电流场 $\boldsymbol{j}(r,t)$. 设高压球初始电压为 U_0，半径为 R，湿热空气电导率为 σ. 试求出：

(1) 电流场 $\boldsymbol{j}(\boldsymbol{r},t)$ 函数式.

(2) 球壳总电量随时间变化 $Q(t)$ 函数式.

(3) 球壳电量减为 Q_0 的 $1/\mathrm{e}$ 时所需的时间 τ，即放电时间常数 τ，它满足 $Q(\tau)=Q_0\mathrm{e}^{-1}$.

注：地面大气平均电导率为 $5\times10^{-15}(\Omega\cdot\mathrm{m})^{-1}$，对于湿热空气，可设其电导率为 $3\times10^{-14}(\Omega\cdot\mathrm{m})^{-1}$，用以计算本题静电高压球的放电时间常数 τ.

3.3　金属导电的微观模型

- 载流子的迁移率
- 金属导电经典电子论的困难
- 焦耳定律及其微观机制
- 金属导电的微观模型
- 试估算金属传导电子的平均自由程

● 载流子的迁移率

对于线性导电介质，其体内载流子运动的定向速度即漂移速度 $\boldsymbol{v}$ 正比于电场 $\boldsymbol{E}$. 在此引入一比例系数 μ，而将两者之关系写成一等式如下，

$$\boldsymbol{v}=\mu\boldsymbol{E}. \tag{3.17}$$

称该系数 μ 为迁移率，它是反映介质导电能力的又一个重要参数. 其单位为 $[\mu]=\mathrm{m}^2/(\mathrm{V}\cdot\mathrm{s})$. 对于金属，$\mu$ 约为 10^{-3} 量级；电解质溶液中，离子迁移率约为 10^{-8} 量级. 而对于半导体材料，其迁移率因载流子类型而异，一般为 μ(电子) $>\mu$(空穴)；比如，轻度掺杂的硅材料，在室温下的电子迁移率为 $13.5\times10^{-2}\ \mathrm{m}^2/(\mathrm{V}\cdot\mathrm{s})$，其空穴迁移率为 $4.8\times10^{-2}\ \mathrm{m}^2/(\mathrm{V}\cdot\mathrm{s})$. 表 3.5 列出空气中几种气体离子的 μ 值.

表 3.5　空气中离子迁移率 μ(18℃，标准压强)

气体	$\mu/(10^{-2}\ \mathrm{m}^2/\mathrm{V}\cdot\mathrm{s})$	
	正离子	负离子
氮	1.29	1.82
氧	1.33	1.8
氩	1.37	1.7
氦	5.1	6.3
氢	5.7	8.6
乙烷	0.71	0.86
苯	0.18	0.21

由电流运动学公式和电流动力方程以及(3.17)式：

$$\boldsymbol{j}=nq_0\boldsymbol{v},\quad \boldsymbol{j}=\sigma\boldsymbol{E},\quad \boldsymbol{v}=\mu\boldsymbol{E},$$

便可显示介质电导率与其迁移率之关系，

$$\sigma=nq_0\mu. \tag{3.18}$$

这表明,介质电导率正比于载流子浓度与其迁移率之乘积. 式(3.18)是一个具有微观意义的公式. 一般,对宏观上可观测量电导率及其变化特点作微观解释,均可以从载流子浓度 n 和迁移率 μ 两个因素入手分析之. 比如,半导体材料电阻率的负温度效应,源于其载流子浓度 n 随温度上升而明显地增加. 而金属中的自由电子浓度在相当宽的温区内与温度无关,那么,其电阻率的正温度效应,只可能是源于其迁移率随温度上升而减少,或者说,金属中自由电子的定向漂移速度随温度上升而减少. 对此的进一步说明,必将涉及金属导电的微观机制.

这一节段对于载流子迁移率概念的认识适用于任何导电介质,并非仅限于金属材料.

最后,顺便提及两点:

(1) 对导电介质迁移率的测量和研究,在材料科学中具有重要价值. 一方面,是因迁移率与电导率有着直接的关系,另一方面,迁移率关系着该材料制成的器件,对外来交变电信号的响应能力,若载流子迁移率越高,则其漂移速度越大,于是该器件完成信号处理的时间越短. 利用电子型半导体制成高速晶体管开关元件,其工作原理便基于此. 其实,在先前2.3节论述空腔导体对动电屏蔽的不完全性及相应的截止频率时,就已经获知金属中自由电子的迁移率对自由电荷重新分布之响应时间的影响.

(2) 对于非线性导电介质,人们依然喜欢采用(3.17)形式以刻画$\boldsymbol{v}$与 $\boldsymbol{E}$ 关系,即

$$\boldsymbol{v} = \mu(\boldsymbol{E})\boldsymbol{E}. \tag{3.18$'$}$$

换言之,该式将电导的非线性效应,吸纳到迁移率因子中,使其成为一个随 $\boldsymbol{E}$ 变化的函数. 于是,对于 $\mu(\boldsymbol{E})$ 函数曲线的测量与研究,就等价于对材料的非线性导电性能的考量.

● 金属导电的微观模型

金属导电的动力方程遵从 $\boldsymbol{j}=\sigma\boldsymbol{E}$,这表明其体内自由电子在电场力$(-e)\boldsymbol{E}$ 作用下,所形成的电流密度居然维持不变. 若按质点力学之理,带电粒子在恒力作用下其速度将随时间而不断增长,因而其产生的电流密度应当随时间不断增长才对. 看来,运动于金属晶格中的自由电子有别于运动于空间中的自由电子,特称其为传导电子.

金属体内规则排列的原子实形成了金属晶格,而大量传导电子宛如气体分子,在晶格空间中作随机的无规热运动;在电场力作用下,传导电子又添加了一个定向加速运动;同时,传导电子与格点即原子实发生频繁地碰撞,每碰撞一次,传导电子便完全丧失掉此前被加速而获得的定向速度,从零开始重新被加速,直至下一次遭遇碰撞为止. 这就是金属晶格中传导电子的运动图象,亦即金属导电的微观模型,如图 3.13 所示.

由此可见,金属晶格中的传导电子,其运动的自由程度是受限的,或者说,其自由漂移的路程是受限的,电场加速的平均时间 τ 仅限于相继两次碰撞之间,因而,自由电子的平均定向漂移速度$\boldsymbol{v}$也就被限定了,而宏观上的电流正是这平均漂移速度所贡献的. 对此数学描写如下:

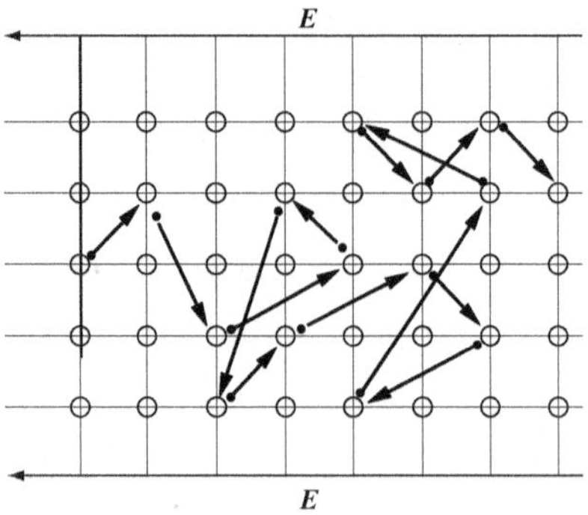

图 3.13　金属导电的微观模型：传导电子运动不断遭受晶格散射，以迂回曲折的路径作漂移

传导电子所受库仑力	$(-e)\boldsymbol{E}$,
获得定向运动加速度	$\dfrac{(-e)\boldsymbol{E}}{m}$,
平均自由漂移时间	$\bar{\tau}$,
获得自由漂移末速度	$\dfrac{(-e)\boldsymbol{E}}{m}\bar{\tau}$.

于是，相继两次碰撞间获得平均漂移速度为

$$\boldsymbol{v}_{-}=\frac{1}{2}\cdot\frac{(-e)\bar{\tau}}{m}\boldsymbol{E}. \tag{3.19}$$

该式表明，在恒定电场作用下，传导电子的平均漂移速度也是恒定的，且正比于电场强度，这就从微观深度上揭示了金属导电的线性规律. 进而，联系(3.17)式和(3.18)式，遂得到两个可观测量即迁移率和电导率，与微观量的关系式，

$$\mu=\frac{(-e)\bar{\tau}}{2m},\quad \sigma=\frac{ne^2\bar{\tau}}{2m}. \tag{3.20}$$

注意到，在分子热动理论中，平均自由漂移时间 $\bar{\tau}$ 应当等于平均自由程 $\bar{\lambda}$ 与其平均热运动速率 $\bar{u}$ 之比值，即

$$\bar{\tau}=\frac{\bar{\lambda}}{\bar{u}}. \tag{3.20$'$}$$

如此考量 $\bar{\tau}$ 的合理性在于，自由电子气的平均热运动速率 $\bar{u}$ 远远大于其漂移运动速率 $\bar{v}$，$\bar{u}$ 量级为 10^5 m/s，$\bar{v}$ 量级一般为 1 mm/s. 换言之，相继两次碰撞的自由漂移时间主要地取决于热运动速率，而忽略了叠加其上的漂移速率的影响.

于是可将(3.20)式进一步表达为

$$\mu=\frac{(-e)\bar{\lambda}}{2m\,\bar{u}},\quad \sigma=\frac{ne^2\bar{\lambda}}{2m\,\bar{u}}. \tag{3.20$''$}$$

这是金属导电的经典电子论给出的两个公式. 它们有助于说明金属迁移率或电导率受各种因素影响的动因. 注意到，其中电子电量 e、电子质量 m 和自由电子浓度 n 这三者与温度无关，因而值得注目的，是其中的平均自由程 $\bar{\lambda}$ 和平均热运动速率 $\bar{u}$ 对温度的依赖关系，从而决定了金属迁移率或电导率对温度的依赖关系.

● 金属导电经典电子论的困难

当温度上升,自由电子气热运动程度加剧,则其平均热运动速率 $\bar{u}$ 增加,据(3.20″)式,导致 μ 或 σ 减少,亦即电阻率 $\rho(T)$ 随温度上升而增加,这就成功地解释了金属电阻率的正温度效应.

然而,对于金属 $\rho(T)$ 在相当宽的温度范围呈现线性变化这一实验规律,经典电子论却无法给予完满解释. 据分子热运动理论,分子热运动的平均平动动能为

$$\frac{1}{2}m\bar{u}^2 = \frac{3}{2}k_B T, \quad 故 \quad u \propto \sqrt{T}, \tag{3.21}$$

代入(3.20″)式,得

$$\sigma \propto \frac{1}{\sqrt{T}}, \quad 即 \quad \rho \propto \sqrt{T},$$

而实验上却是

$$\rho \propto T.$$

这一矛盾暴露了金属电子论的局限和困难. 在近代固体物理学中,将用量子理论处理金属中电子-晶格相互作用,给出了金属电阻率 $\rho \propto T$ 的理论结果.

● 试估算金属传导电子的平均自由程

根据(3.20″)式,得金属中电子漂移运动的平均自由程为

$$\bar{\lambda} = \frac{2m\,\bar{u}}{e}\mu \quad (略去负号),$$

这里,先借助(3.21)式估算出常温下电子气的平均热运动速率

$$\bar{u} = \sqrt{\frac{3k_B T}{m}},$$

代入

玻尔兹曼常数	$k_B \approx 1.38 \times 10^{-23}$ J/K,
室温	$T \approx 300$ K,
电子质量	$m \approx 9.1 \times 10^{-31}$ kg,

得

$$\bar{u} \approx 8.1 \times 10^4 \text{ m/s}.$$

这里顺便提及,金属中的传导电子和原子实之间存在强关联,因而影响其运动的质量不是其惯性质量,而是它的有效质量 m^*,经专门实验测定,传导电子的平均有效质量 $m^* \approx 2.11m$. 进而,取金属传导电子的迁移率 $\mu \approx 10^{-3}$ m²/V·s,而电子电量为

$$e \approx 1.6 \times 10^{-19} \text{ C},$$

得

$$\bar{\lambda} = \frac{2(2.1 \times 9.1 \times 10^{-31})(8.1 \times 10^4)}{1.6 \times 10^{-19}} \times 10^{-3}\text{m}$$
$$\approx 1.9 \times 10^{-9} \text{ m} = 1.9 \text{ nm}.$$

而 $\bar{\lambda}$ 的这一量级几倍于金属晶格相邻格点之间隔 d. 可以这样来估算 d：金属比重取 $10\ \mathrm{g/cm^3}$，金属元素的摩尔质量取 $100\ \mathrm{g/mol}$，即在 $1\ \mathrm{cm^3}$ 体积中约含 $(6.0\times10^{23}/10)$ 个原子，得相应的原子间隔为

$$d \approx \left(\frac{10}{6.0\times10^{23}}\right)^{1/3}\ \mathrm{cm} \approx 2.5\times10^{-8}\ \mathrm{cm},$$

两者的比值

$$\frac{\bar{\lambda}}{d} \approx 8.$$

这比值表明，平均看来传导电子掠过近 10 个原子实才遭遇到一次碰撞. 这倒亦合理.

若问，传导电子在 1 秒时间里，其漂移运动遭遇到多少次碰撞，即其碰撞频率 f 为多少，这可是一个巨数，

$$f = \frac{\bar{v}}{\bar{\lambda}} \approx \frac{1\ \mathrm{mm/s}}{1.9\ \mathrm{nm}} \approx 5\times10^5\mathrm{s^{-1}}.$$

● 焦耳定律及其微观机制

当电流通过电阻将产生热量，而使载流介质升温，此谓电流的热效应；其定量规律由英国物理学家 J. P. 焦耳根据实验结果给出(1840 年). 焦耳定律表明，焦耳热功率为

$$P = I^2R,\quad [P] = \mathrm{J/s} = \mathrm{W}(\text{瓦}),\tag{3.22}$$

即，单位时间中产生的热能正比于电阻值 R 和电流强度 I 的平方. 焦耳定律是一个揭示了传导电流将电能转化为热能的定量规律.

兹将焦耳定律(3.22)式应用于导电介质中一个细短电流管($\Delta S\cdot\Delta l$)，参见图 3.8，旨在导出焦耳定律的微分形式. 相关物理量作如下转换：

$$I\to j\Delta S,\quad R\to\rho\frac{\Delta l}{\Delta S},\quad P\to\Delta P,$$

得这电流管体积元 ΔV 中的焦耳热功率为

$$\Delta P = (j\Delta S)^2\cdot\rho\frac{\Delta l}{\Delta S} = \rho j^2\Delta V.$$

在此引入焦耳热功率体密度 p 一量，它定义为单位体积中的焦耳热功率，即

$$p = \frac{\Delta P}{\Delta V},\quad [p] = \mathrm{W/m^3},$$

于是得到

$$p = \rho j^2 \quad \text{或} \quad p = \sigma E^2.\tag{3.22$'$}$$

这表明，介质电流场中某处的焦耳热功率体密度，等于当地的电阻率与电流密度平方之乘积，或等于当地电导率与电场强度平方之乘积，这里用了关系式 $j=\sigma E$.

金属导电的经典电子论可以导出焦耳定律，从而揭示电流热效应的微观机制. 传导电子在电场作用下的定向漂移运动，频繁地与金属晶格遭遇碰撞，将先前获得的定向动能转化为金属晶格的热振动能量，而使金属材料升温. 对此定量考察如下：

设传导电子平均漂移时间为 $\bar{\tau}$,

其获得定向末速度为 $v_e = \frac{(-e)E}{m}\bar{\tau}$,

相应的定向动能为 $\frac{1}{2}mv_e^2$,

设传导电子数密度为 n,

$\bar{\tau}$ 时间里单位体积中传导电子丧失掉的总定向动能为

$$\Delta E_k = \frac{1}{2}nm\left(\frac{eE}{m}\bar{\tau}\right)^2,$$

故,金属晶格获得的焦耳热功率体密度为

$$p = \frac{\Delta E_k}{\bar{\tau}} = \frac{ne^2\bar{\tau}}{2m}E^2 \propto E^2. \quad (3.22'')$$

比对宏观实验规律(3.22′)式,可见两者定性上的一致性,均正比于 E^2,且(3.22″)式给出了金属电导率与微观量之关系式

$$\sigma = \frac{ne^2}{2m}\bar{\tau},$$

这与(3.20)式完全一致.

3.4 电源与电动势 热电效应

- 电源的作用
- 电动势
- 单一电路欧姆定律 内阻的影响
- 伽伐尼电池之一种——伏打电池
- 电源端电压与电动势的关系
- 三种热电效应
  - ▲ 佩尔捷效应与接触电势差
  - ▲ 汤姆孙效应与温差电动势
  - ▲ 塞贝克效应与热电偶

● 电源的作用

众所周知,没有电源不成电路,没有直流电源不能形成直流回路. 这是因为恒定电流线总是闭合的,而相应的恒定电场线总是非闭合的. 故,单凭静电场力无法形成恒定电流场,还必须依赖于其它非静电场力的配合,得以完成恒定电流线的循环. 直流电源就提供了这种非静电力.

图 3.14 是关于电源及其作用的概念图,其中图(a)显示电源内部存在一种非静电力 $\boldsymbol{K}$,它驱动电量 dq 从 B 极→A 极,而造成电荷积累;图(b)显示这积累的电荷产生了一个静电场 $\boldsymbol{E}$,称其为自建场,它抵制电荷继续迁移,但开始阶段它尚不足以完全抗衡 $\boldsymbol{K}$;电荷继续迁移而增强了自建场,以至 $(\boldsymbol{E}+\boldsymbol{K})=0$,电荷不再累积,电源内部处于一种静态平衡,同时电源外部空间充满静电场,如图(c)所示;若在外部连接上导线从正极板 A 至负极板 B,则导

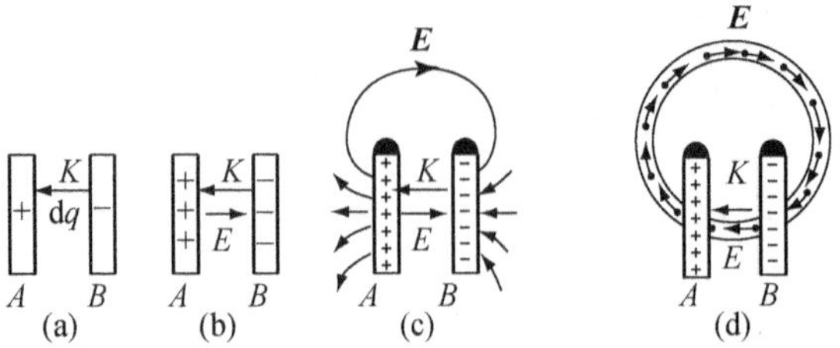

图 3.14　直流电源的工作原理

线中的载流子在静电场 **E** 驱动下流动，其后果是正极 A 的正电量即刻减少，负极 B 的负电量也即刻减少，从而减弱了内部的自建场 **E**，这时稍占优势的 **K** 即刻将电量从 B 极驱动至 A 极，及时地加以补充，达到了一种动态平衡，如图(d)所示.

综上所述，恒定电流的运动图象是，在电源内部，存在非静电力 **K**，它克服静电力将电荷从负极驱动到正极，而在电源外部，静电场力将电荷从正极驱动到负极，如此里应外合，循环不止，形成了恒定电流回路. 这里值得注意的一点是，在电源内部非静电力 **K** 的方向总是由负极板指向正极板，恰巧与自建场 **E** 的指向相反，正是凭借 **K** 的努力，使电量可以逆着电场力的方向而动. 当然这是指单一电源情形.

● 伽伐尼电池之一种——伏打电池

凡两种不同金属浸于电解质溶液，而获得一恒定电动势的装置，统称为伽伐尼电池. 1780 年意大利的解剖学家 L. 伽伐尼，偶然地观察到在放电火花附近或雷雨来临时，与金属环相接触的蛙腿发生痉挛，他的这一报告激起了人们极大的兴趣，并引来了许多后继者. 严谨的实验态度，终于使他于 1792 年实现用两种不同金属组成的环与蛙腿接触而引起蛙腿痉挛，这是人类第一个电池即伽伐尼电池，这里蛙腿既是电解质，又是电流指示器.

意大利物理学家伏打(A. Volta)，注意到了伽伐尼的发现，在作了许多动物电实验后，他全然否定了动物电的存在，提出了闻名的关于电的接触学说. 1799 年伏打发明了一种两类导体的组合接触法，ZaBZaBZaB…ZaB，即由一片片潮湿纸板(a)，隔开一对对锌板(Z)和铜板(B)，这使伽伐尼电动势倍增，时称其为伏打电堆，在紧接着的几年乃至几十年内，伏打电堆像雨后春笋般蓬勃发展起来. 1801 年他应拿破仑一世之召赴巴黎表演电堆实验. 伏打电堆和伏打电池成为那段历史时期产生恒定电流的唯一手段，这之前人们只能借助摩擦起电和莱顿瓶而获得短暂电流. 恒定电流的获得为研究电流的磁效应、热效应和电化学效应即电解，提供了可靠的实验支持. 可见，伏打电堆和伏打电池的发明和应用，在电磁学发展史上有着显要的地位. 后人为了纪念伏打在电学上的巨大贡献，将电动势和电势差的单位以他的姓氏命名为伏特(Volt).

伏打电池内部机理如图 3.15(a)所示，一铜板和一锌板分别插入 $CuSO_4$ 溶液和 $ZnSO_4$ 溶液，在液池中部有一多孔屏，以防两种电解液混合，同时为离子运动提供一通道. 发生于铜板与溶液接触处的化学过程是，铜板对溶液中的铜离子 Cu^{2+} 有更大的化学亲和力，以致 Cu^{2+} 不断沉积于铜板，使铜板带上正电量，其接触的溶液层便呈现负电量，因这接触层的厚

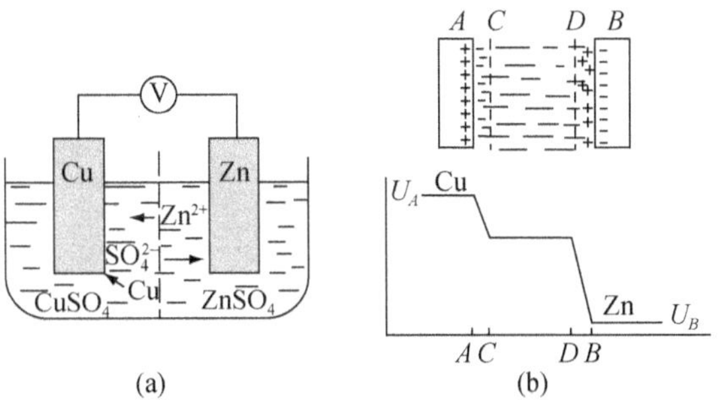

图 3.15 (a) 伏打电池； (b) 电偶极层与电势降落图

度甚薄，人们称此间的荷电状态为一电偶极层. 换言之，在铜板邻近的偶极层里，化学亲和力即非静电力 $\boldsymbol{K}$，其方向由溶液指向铜板，而自建场 $\boldsymbol{E}$ 方向与 $\boldsymbol{K}$ 相反，由铜板指向溶液. 发生于锌板与硫酸溶液接触处的化学过程是，溶液中的 SO_4^{2-} 对锌原子有更大的化学亲和力，以致锌原子留下两个电子成为 Zn^{2+}，不断溶解于硫酸锌溶液中，使锌板带上负电量，与其接触的溶液层呈现正电量，两者之间也形成了一电偶极层. 综上所述，伏打电池当达到静态平衡 $(\boldsymbol{E}+\boldsymbol{K})=0$，将获得一定的端电压 U_{AB}，它等于两处偶极层分别所贡献的电势差之和，如图 3.15(b)所示，即

$$\begin{aligned} U_{AB} &= U_{AC} + U_{DB} \\ &= 0.35\ \mathrm{V} + 0.76\ \mathrm{V} = 1.11\ \mathrm{V}. \end{aligned}$$ ①

在电势降落图 3.15(b)中还有一点需要指出，溶液中 C，D 两点为等电势，这仅适用于目前静态开路的情形，尚无电流通过电池. 一旦外部接上负载和导线而构成一回路，就有电流通过溶液自 D 处至 C 处，而正、负离子运动于溶液中将受到一黏滞阻力，这源于这些离子间的相互碰撞以及与水分子的碰撞. 换言之，宏观上看这一路溶液是有电阻的，称其为电源的内阻，相应的 $\overline{CD}$段电势呈现线性上升，即 $U_D>U_C$，故伏打电池工作时其端电压 U_{AB} 将不足 1.11 V.

● 电动势

电动势是衡量非静电力做功能力的一个物理量，它定义为非静电力沿闭合回路迁移单位正电荷时所做的功，即

$$\mathscr{E} = \oint \boldsymbol{K} \cdot \mathrm{d}\boldsymbol{l}, \quad [\mathscr{E}] = \mathrm{V}(\text{伏特}). \tag{3.23}$$

这是电动势的一个普遍定义式，适用于不同类型的电源和不同机制的非静电力. 对于伽伐尼电源这类集中性电源，其 $\boldsymbol{K}$ 局限于电源内部的正、负极之间，而在电源外部无 $\boldsymbol{K}$，于是，其电动势表达为

$$\mathscr{E} = \int_{\substack{A \\ (\text{外})}}^{B} \boldsymbol{K} \cdot \mathrm{d}\boldsymbol{l} + \int_{\substack{B \\ (\text{内})}}^{A} \boldsymbol{K} \cdot \mathrm{d}\boldsymbol{l} = \int_{\substack{B \\ (\text{内})}}^{A} \boldsymbol{K} \cdot \mathrm{d}\boldsymbol{l}. \tag{3.23$'$}$$

① 式中数据可由电极固有化学势推得.

● 电源端电压与电动势的关系

(1) 理想电源. 无内阻的电源被称为理想电源,表示为($\mathscr{E}$,0),其工作时的端电压为

$$U_A-U_B=\int_{A\,(外)}^{B}\boldsymbol{E}\cdot\mathrm{d}\boldsymbol{l}=\int_{A\,(内)}^{B}\boldsymbol{E}\cdot\mathrm{d}\boldsymbol{l}$$

$$=\int_{A\,(内)}^{B}(-\boldsymbol{K})\cdot\mathrm{d}\boldsymbol{l}=\int_{B\,(内)}^{A}\boldsymbol{K}\cdot\mathrm{d}\boldsymbol{l}=\mathscr{E}. \tag{3.24}$$

以上推演用到动态平衡条件($\boldsymbol{E}+\boldsymbol{K}$)=0. 该结果表明,不论电路负载大小,或回路电流 I 值大小和方向,理想电源的端电压恒等于电动势值. 故人们称内阻为零的电源是一恒压源.

(2) 实际电源.

一般情形电源含有内阻 r,用两个指标($\mathscr{E}$,r)反映一个电源的性能. 为考量此时的端电压与电动势之关系,可以将实际电源看为一理想电源串接一纯电阻,如图 3.16 所示,即

$$实际电源(\mathscr{E},r) = 理想电源(\mathscr{E},0) + 纯电阻(0,r).$$

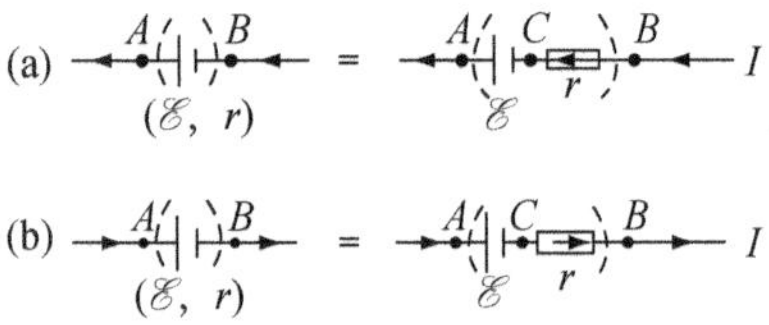

图 3.16　实际电源被看为一理想电源串接一纯电阻

(a)电源放电;(b)电源充电

于是,当电流 I 在内部由负极 B 流向正极 A,则其端电压

$$U_{AB}=U_{AC}+U_{CB}=\mathscr{E}-U_{BC}=\mathscr{E}-Ir\quad(<\mathscr{E}), \tag{3.24$'$}$$

此时,端电压小于电动势值,且在电量迁移过程中,电源力 $\boldsymbol{K}$ 作正功,而将电源能比如化学能转化为电势能. 人们称此状态为电源放电.

反之,当电流 I 在内部从正极 A 流向负极 B,则其端电压

$$U_{AB}=U_{AC}+U_{CB}=\mathscr{E}+Ir\quad(>\mathscr{E}). \tag{3.24$''$}$$

可见此时端电压大于电动势值,且在电量迁移过程中,电源力 $\boldsymbol{K}$ 作负功,亦即电场力 $\boldsymbol{E}$ 克服 $\boldsymbol{K}$ 而作正功,将电势能转化为电源能比如化学能. 人们称此工作状态为电源充电,它只可能发生于电路中存在多电源的情形. 对于单一电源的电路,必处于电源放电状态.

当然,发生于内阻中电能与热能之间的转化是不可逆的,无论放电或充电,皆有电流的焦耳热效应,使电池发热升温.

● 单一电路欧姆定律　内阻的影响

图 3.17(a)所示为一个单一电源的简单电路,其中一负载电阻为 R,一电源为($\mathscr{E}$,r). 注意到连接导线为高电导材质,可忽略其电阻,于是采取以下近似,

$$U_A\approx U_a,\quad U_B\approx U_b,$$

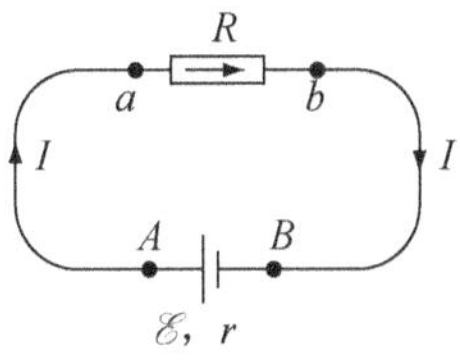

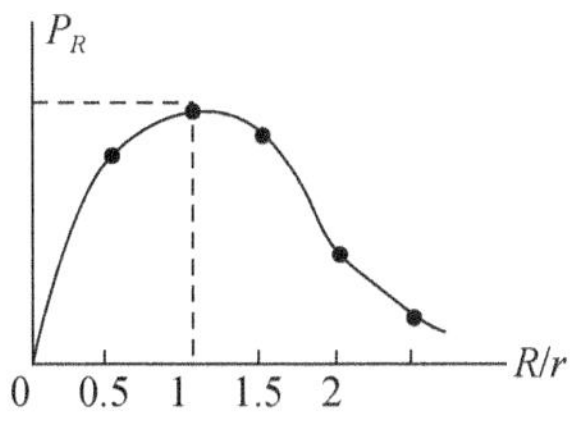

图 3.17 单一电路(a)及其输出功率曲线(b)

则电源端电压为

$$U_{AB}=U_{ab}=RI,\quad\text{(欧姆定律)}$$

又

$$U_{AB}=\mathscr{E}-rI,\quad\text{(据(2.24′)式)}$$

故

$$(RI+rI)=\mathscr{E},$$

最终得

$$I=\frac{\mathscr{E}}{R+r},\quad\text{或}\quad U_{AB}=\frac{R}{R+r}\mathscr{E},\tag{3.25}$$

称其为单一电路欧姆定律,或称其为全电路欧姆定律.

由此可见,当负载 R 有变化,将导致端电压的变化,虽然电源($\mathscr{E}$,r)是不变的. 此谓端电压的不稳定性,这源于电源含内阻 r. 若内阻为零,则端电压恒为电动势 $\mathscr{E}$ 值,此时当负载 R 变化,电流 I 也随之变化,而两者仍满足简单的比例关系,即 $I=\mathscr{E}/R$.

电源内阻带来的又一影响表现在电功率方面. 电源消耗的功率为

$$P_E=I\mathscr{E}=\frac{\mathscr{E}^2}{R+r},$$

而电源输出功率或有用功率,就是负载上的电功率

$$P_R=IU_{ab}=\frac{R}{(R+r)^2}\mathscr{E}^2,$$

此式表明, P_R 与 R 关系为非线性,如图 3.17(b)所示,

$$\text{开路},\ R\to\infty,\ P_R=0,$$

$$\text{短路},\ R\to 0,\ P_R=0.$$

当负载 R 取其间某一特定值,将使 P_R 达到极大值 P_{RM}. 经运算得知,当 $R=r$ 时, P_R 值达到极大,

$$P_{RM}=\frac{1}{4}\frac{\mathscr{E}^2}{r},\quad\text{当}\ R=r,\tag{3.25′}$$

称 $R=r$ 情形为阻抗匹配. 然而,达到阻抗匹配时电源输出功率虽然为极大,电源能量转化效率 η 值却仅为 50%:

$$\eta=\frac{P_R}{P_E}=\frac{R}{R+r}=50\%,\quad\text{当}\ R=r.$$

即,还有一半电源功率消耗在其内阻上而变为热能.

综上所述，直流电源在工作过程中，端电压的不稳定，最大有用功率的受限制，以及电源能量的无用损耗，皆由于电源含有内阻. 因而，$(\mathscr{E},r)$是一电源的两个基本性能指标. 尽可能地减少内阻，是一新型电源研制者必须面对的一项重要课题.

● 三种热电效应

这是一类发生于金属体内或两种金属接触面的热能与电能相互转化之现象，亦称其为温差电现象，兹分别介绍如下.

（1）佩尔捷效应与接触电势差

如图3.18，两种不同金属A与B相密接. 由于两者自由电子浓度的差别或两者表面功函数的差别，导致自由电子彼此交换数量的不对等，比如，设自由电子浓度$n_A>n_B$，其导致的宏观后果是以自由电子由A向B的热迁移为主，从而在接触处出现了一电偶极层. 这相当于非静电场$\boldsymbol{K}$自B指向A，而自建静电场由A指向B，两者达到平衡，造成了一恒定电势差U_{AB}，称其为接触电势差，相应的等效电源如图所示，其电动势$\mathscr{E}_P$称为佩尔捷电动势. 其实，电动势$\mathscr{E}_P$与电势差U_{AB}两者互为表里.

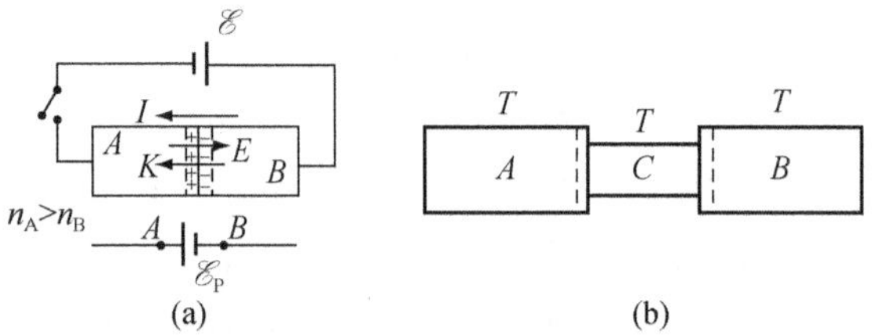

图3.18　(a) 佩尔捷电动势E_P；(b) 第三者插入其间不会改变接触电势差U_{AB}

佩尔捷电动势$\mathscr{E}_P$之数值与两种金属材质有关，也与温度有关，通常在mV～10^2 mV.

当接上外电源而有电流通过时，接触面（或接头处）将发生吸热或放热现象. 若电流I自B流向A，$\boldsymbol{K}$作正功，接触处吸热，而同时提高了电量的电势能，这相当于佩尔捷电源放电，将热能转化为电能. 反之，若电流I自A流向B，$\boldsymbol{K}$作负功，接触处放热，同时降低了电量的电势能，这相当于佩尔捷电源充电，将电能转化为热能. 单位时间中接触处单位面积吸收或释放的热量(Q_P)正比于电流密度j，即

$$\frac{\mathrm{d}Q_P}{\mathrm{d}t\mathrm{d}S}=Pj,\tag{3.26}$$

其比例系数P称为佩尔捷系数，其单位相同于电压单位，$[P]=\mathrm{V}$，其值与金属种类以及温度有关，即$P(A,B,T)$，佩尔捷效应是法国物理学家J. C. A. 佩尔捷于1834年发现的，当时他在铜丝两头各接一根铋丝，并将两根铋丝分别接到一直流电源的正、负极，通电后他发现一个接头变热，而另一接头变冷.

关于接触电势差，尚有一点值得提出，若在金属A，B接触处插入第三者金属C，这不会改变A，B两端的电势差. 对此证明如下，参见图3.18(b). 设接触电势差正比于两者的自由电子浓度差，即

$$U_{AB}=\alpha(n_A-n_B),$$

那么,当第三者 C 插入其间后,有

$$U_{AC}=\alpha(n_A-n_C),\quad U_{CB}=\alpha(n_C-n_B),$$

故,此时 A,B 的电势差应为

$$U'_{AB}=U_{AC}+U_{CB}=\alpha(n_A-n_B)=U_{AB}.\quad (得证) \tag{3.26'}$$

这里已用到等温条件,即 A,B,C 三者处于同一温度,从而保证了那比例系数 α 为同一数值.

(2) 汤姆孙效应与温差电动势

参见图 3.19(a),一种金属棒其一端处于高温 T_2,其另一端处于低温 T_1,于是,金属中的自由电子像气体分子一样,由高温端向低温端扩散. 从宏观效果上看,这等效于存在一非静电力 $\boldsymbol{K}$,姑且称它为温差产生的热扩散力;它驱使自由电子迁移,造成电荷积累,而出现一个自建场 $\boldsymbol{E}$,以反抗 $\boldsymbol{K}$;直至 $\boldsymbol{E}$,$\boldsymbol{K}$ 平衡,最终获得一恒定电压 U_{ab}. 其等效电源如图 3.19(b)所示,其中 $\mathscr{E}_T$ 称为汤姆孙电动势.

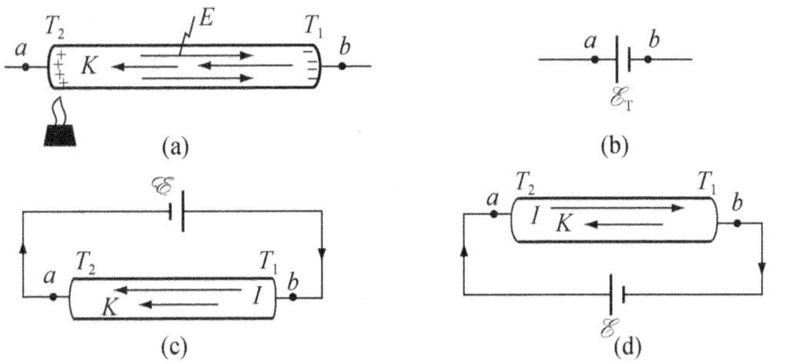

图 3.19 汤姆孙热电效应

(a) 温度差导致自由电子热扩散; (b) 汤姆孙电动势 $\mathscr{E}_T$;

(c) 此电流过程中导体吸热; (d) 此电流过程中导体放热

实验表明,非静电力 $\boldsymbol{K}$ 正比于当地的温度梯度,即

$$K=\sigma_T\frac{dT}{dl}, \tag{3.27}$$

其中比例系数 σ_T 为汤姆孙系数,其单位 $[\sigma_T]=V/K$. σ_T 值与金属材质有关,与温度 T 多少也有点关系,其量级约在 5×10^{-5} V/K. 比如,设温差 (T_2-T_1) 为 500℃,则可获得汤姆孙电动势或端电压为 25 mV.

凭借(3.27)式可以表达汤姆孙电动势为

$$\mathscr{E}_T=\int_b^a\boldsymbol{K}\cdot d\boldsymbol{l}=\int_b^a\left(\sigma_T\frac{dT}{dl}\right)dl$$

$$=\int_b^a\sigma_T dT\approx\sigma_T(T_2-T_1). \tag{3.27'}$$

当电流通过这个金属棒或金属丝时,将伴有吸热或放热现象. 如图 3.19(c),电流 I 与 $\boldsymbol{K}$ 同方向,则 $\boldsymbol{K}$ 作正功,导体吸热,同时提高了电荷的电势能,这相当于汤姆孙电源放电,而将热能转化为电能. 反之,如图 3.19(d)所示,电流 I 与 $\boldsymbol{K}$ 方向相反,则此电流过程中 $\boldsymbol{K}$ 作

负功而 $\boldsymbol{E}$ 作正功，导体放热，同时电荷降低了电势能.

以上这种存在于有温度梯度之导体内的热电转化效应，是 W. 汤姆孙于 1856 年根据热力学分析而作出的理论预言，后人在实验上确实发现了. 此种场合下，导体中除了产生不可逆的焦耳热外，还要吸收或放出一定的热量，并将此种热电现象定名为汤姆孙效应. 在单位时间单位体积中吸收或放出的热量 Q_T，正比于电流密度 j 和温度梯度 dT/dx，即

$$\frac{dQ_T}{dt dV} = \sigma_T j \frac{dT}{dx}, \tag{3.27''}$$

其比例系数就是(3.27)式中定义的汤姆孙系数.

(3) 塞贝克效应与热电偶

若将以上两种热电效应，即佩尔捷效应和汤姆孙效应结合起来，构成一个循环，就将产生一回路电流，而无需外加一直流电源，如图 3.20(a)所示，此现象是 T. J. 塞贝克于 1821 年发现的. 它等效于四个热电动势的串接，其中含两个极性相同的佩尔捷电动势 $\mathscr{E}_P(T_2)$ 和 $\mathscr{E}_P(T_1)$，两个汤姆孙电动势 $\mathscr{E}_T(A)$ 和 $\mathscr{E}_T(B)$，如图 3.20(b)所示.

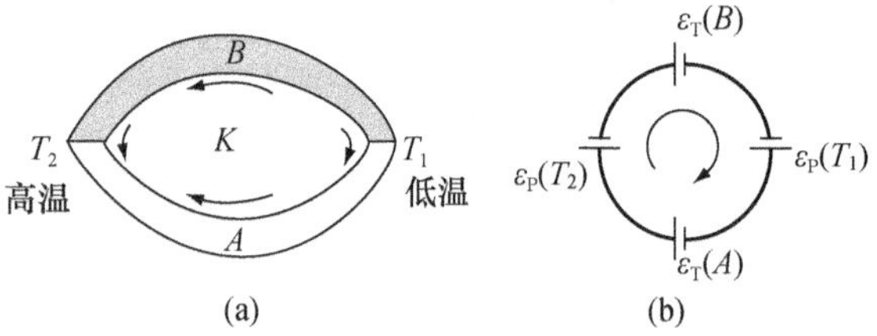

图 3.20 塞贝克效应

(a) 考量回路热电动势，设 $n_A > n_B$；(b) 等效电路

这回路最终是否出现电流，取决于回路电动势是否为非零. 对此考量如下. 试选一闭合回路($T_1AT_2BT_1$)，其电动势

$$\begin{aligned}\mathscr{E}_S &= \oint \boldsymbol{K} \cdot d\boldsymbol{l} = \mathscr{E}_T(A) - \mathscr{E}_P(T_2) - \mathscr{E}_T(B) + \mathscr{E}_P(T_1)\\ &= (\mathscr{E}_T(A) - \mathscr{E}_T(B)) + (\mathscr{E}_P(T_1) - \mathscr{E}_P(T_2))\\ &= \int_{T_1}^{T_2} \sigma_A dT - \int_{T_1}^{T_2} \sigma_B dT + \alpha(T_1)(n_A - n_B) - \alpha(T_2)(n_A - n_B),\end{aligned}$$

最后求得塞贝克回路热电动势为

$$\mathscr{E}_S = (\sigma_A - \sigma_B)\Delta T + (\alpha(T_1) - \alpha(T_2))\Delta n, \tag{3.28}$$

温度差 $\Delta T = T_2 - T_1$， 自由电子浓度差 $\Delta n = n_A - n_B$.

(3.28)式表明：

a. 若 A，B 自由电子浓度相同，即$[A]=[B]$，即使 $T_2 \neq T_1$，其 $\mathscr{E}_S = 0$，回路无电流.

b. 若 $T_2 = T_1$，即使$[A] \neq [B]$，其 $\mathscr{E}_S = 0$，回路无电流.

c. 惟有$[A] \neq [B]$，且 $T_2 \neq T_1$，才有可能 $\mathscr{E}_S \neq 0$.

d. 为了加强这热电动势，应寻求(3.28)式中那两项为同一正号或同一负号. 注意到总是 $\Delta T > 0$，$\Delta\alpha < 0$，故选择 $\sigma_A > \sigma_B$，且 $n_A < n_B$ 是合宜的，或选择 $\sigma_A < \sigma_B$，且 $n_A > n_B$ 亦合宜.

经实验研究,常用的热电偶为表 3.6 所列,其热电动势与温度差的关系曲线显示于图 3.21. 从曲线中看出,在温差为 500℃,铜-康铜电偶的热电动势约为 25 mV,镍铬-康铜电偶约为 35 mV.

表 3.6 常用热电偶及其合金成分

热电偶	温度范围	合金	成分
铜-康铜	−200～600℃	康铜	Cu 58.8%, Ni 40%, Mn 1.2%
铁-康铜	−200～800℃	镍铬	Ni 67.5%, Cr 15%, Fe 16%, Mn 1.5%
镍铬-镍	0～1200℃	黄铜	Cu 66%, Zn 34%
铂铑-铂	0～1600℃	锰铜	Cu 85%, Mn 12%, Ni 3%

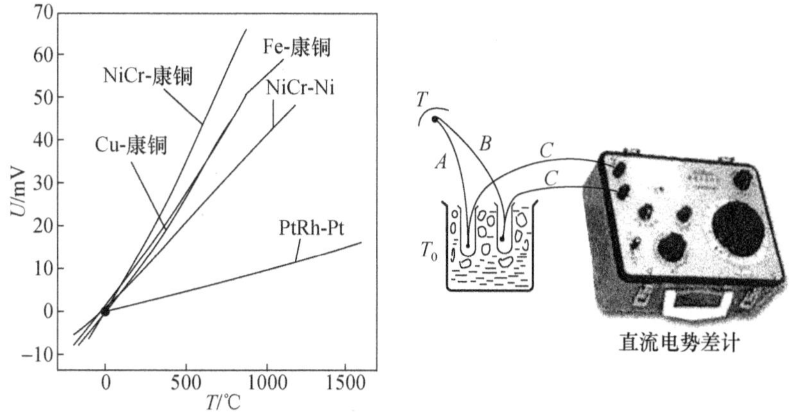

(a) (b)

图 3.21 (a) 常用热电偶的温差电动势曲线;(b) 热电偶测温工作原理

综上所述,佩尔捷效应和汤姆孙效应,以及两者结合的塞贝克效应,均系热电转换效应,它们提供了一种热能与电能彼此可逆转化的机制,而这种转化的实现,有赖于电流作为一个载体. 同时,在电流过程中始终伴有焦耳热效应,它将电能转化为热能,这是一种单向的不可逆转化,与电流方向无关.

利用热电效应可使塞贝克回路在高温处放热,在低温处吸热,从而实现制冷,称其为温差制冷.

制成的热电偶可用于测温,具有反应快、精度高、测温范围宽和测量对象广泛等诸多优点. 热电偶的种类有数十种之多,其中有的能测高达 3000℃的高温,有的能测接近绝对零度的极低温. 热电偶测温的工作原理,如图 3.21(b)所示,它由两种不同材质的金属丝组成,两种丝材 A 和 B 的一端焊接在一起作为工作端,置于被测温度 T 处,另两个端点作为自由端分别置于同一参考温度 T_0 处,比如冰水共存的杯中(0℃),再用两根导线 C 将这两端引向一称作电势差计的测量仪表. 电势差计精测出电势差 U,其数值就等于当 A,B 闭合为一回路时的塞贝克电动势 $\mathscr{E}_S$,这是因为第三者 C 的插入不会改变原有的热电动势. 再由事先已经获得的这一对热电偶的 $\mathscr{E}_S(\Delta T)$ 曲线,查定出与 $\mathscr{E}_S$ 值对应的温差值 ΔT,最终测得

$$T = \Delta T + T_0.$$

最后尚有一点值得介绍，在半导体中同样存在上述三种热电效应，且比金属中的更显著. 金属中的热电动势率约为 0～10 μV/℃，而半导体中一般为 10^2 μV/℃，有的甚至达 mV/℃. 故金属中的塞贝克效应主要用于制成热电偶以测温，而半导体的热电动势可用于温差发电，其佩尔捷效应可用于制冷，温差可达 50℃—100℃.

3.5　直流电路

- 概述
- 串联电路中高阻起主要作用
- 并联电路中低阻起主要作用
- 直流电桥
- 补偿电路　电势差计
- 基尔霍夫方程组
- 例题——非平衡桥路电流及其灵敏度
- 电压源与电流源及其变换
- 讨论——一个含电容的电路之电压分配问题

● 概述

电路理论的基本内容是：建立其电压分配和电流分配的规律；研究电功率和发生于电路元件中的能量转化；寻求解决某些特殊电路的特定有效方法；讨论电路的稳定性、灵敏度和平衡条件.

决定直流电路电压分配和电流分配规律的，是恒定电流场的两条基本规律：

$$\oiint \boldsymbol{j} \cdot \mathrm{d}\boldsymbol{S} = 0, \quad \oint \boldsymbol{E} \cdot \mathrm{d}\boldsymbol{l} = 0. \tag{3.29}$$

直流电路中的主要元件是纯电阻元件，还有直流电源. 故，正确表示两者的电压与电流的关系式，是正确求解任何电路问题的基础. 为此特将其列表如表 3.7 所示，以供参照.

表 3.7　电阻和电源的伏安关系

电阻与电源	U 与 I 关系式
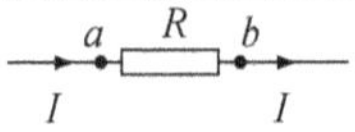	$U_{ab}=RI$，　$U_{ba}=-RI$
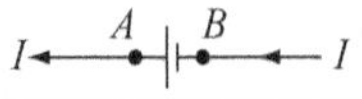 放电($\mathscr{E}$,r)	$U_{AB}=\mathscr{E}-Ir$，　$U_{BA}=-\mathscr{E}+Ir$
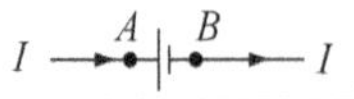 充电($\mathscr{E}$,r)	$U_{AB}=\mathscr{E}+Ir$，　$U_{BA}=-\mathscr{E}-Ir$

● 串联电路中高阻起主要作用

如图 3.22(a)，若干电阻元件首尾相接而处于一条支路，称此种连接方式为串联；串联电路中，流经各个元件的电流 I 是相等的. 再结合欧姆定律和电压线性叠加关系，便可得到串联电路中关于电压、电流的全部公式如下：

$$\begin{cases} I_1 = I_2 = I_3 = I, & (\text{电流共同}) \\ U_1 + U_2 + U_3 = U, \end{cases}$$

$$\begin{cases} U_1 : U_2 : U_3 = R_1 : R_2 : R_3, \\ I = \dfrac{U}{R_{总}}, \\ R_{总} = R_1 + R_2 + R_3. \end{cases} \tag{3.30}$$

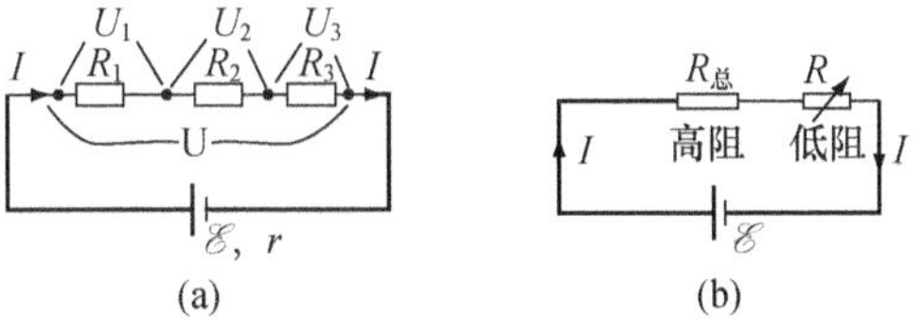

图 3.22 (a) 电阻串联;(b) 串联电路中高阻起主要作用一例

值得强调的一点是,在串联电路中,高阻起主要作用. 对此特举例说明之,如图 3.22(b),设 $R_0 = 500\,\Omega$,可调低阻 $R \sim 10\,\Omega$,电源 $\mathscr{E} = 9.0\,\mathrm{V}$,忽略其内阻. 则电流

$$I = \frac{\mathscr{E}}{R_0 + R} \approx \frac{\mathscr{E}}{R_0} = 18\,\mathrm{mA},$$

于是,

$$当\ R = 10\,\Omega, \quad U_R = 10\,\Omega \times 18\,\mathrm{mA} = 180\,\mathrm{mV};$$
$$当\ R = 5.0\,\Omega, \quad U_R = 5.0\,\Omega \times 18\,\mathrm{mA} = 90\,\mathrm{mV};$$
$$当\ R = 15\,\Omega, \quad U_R = 15\,\Omega \times 18\,\mathrm{mA} = 270\,\mathrm{mV}.$$

即,低阻两端电压 U_R 与低阻 R 值近似成正比,这意味着此电路成为一准恒流电路,其电流 I 值主要由高阻 R_0 决定,低阻负载 R 的变化几乎不影响这路电流. 这种近似的快速估算方法,在实验工作中很有实用价值. 对于本题这估算的误差约为 2%.

• 并联电路中低阻起主要作用

如图 3.23(a),若干电阻各自的一端联结,各自的另一端也联结,称此种联结方式为电阻的并联;在并联电路中,跨于各电阻两端的电压是相等的.

结合欧姆定律和电流线性叠加关系,便可得到并联电路中关于电压、电流的全部公式如下:

$$\begin{cases} U_1 = U_2 = U_3 = U, & (\text{电压共同}) \\ I_1 + I_2 + I_3 = I, \\ I_1 : I_2 : I_3 = G_1 : G_2 : G_3, & \left(\text{电导}\ G = \dfrac{1}{R}\right) \\ G_{总} = G_1 + G_2 + G_3, & \text{或} \quad \dfrac{1}{R_{总}} = \dfrac{1}{R_1} + \dfrac{1}{R_2} + \dfrac{1}{R_3}, \\ I = G_{总}\, U. \end{cases} \tag{3.31}$$

值得强调的一点是,在并联电路中,低阻起主要作用. 特此举例说明之,如图 3.23(b),设 $R_0 = 1.0\,\Omega$,可调高阻 $R \sim 100\,\Omega$,两者并联且与 $R_1 = 9.0\,\Omega$ 串联,电源 $\mathscr{E} = 10\,\mathrm{V}$. 则分配于

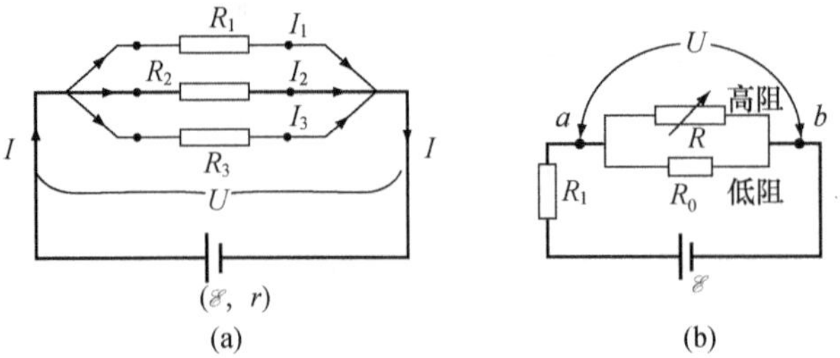

图 3.23　(a) 电阻并联；(b) 并联电路中低阻起主要作用一例

并联电阻两端的电压为

$$U_{ab} \approx \frac{R_0}{R_1 + R_0}\mathscr{E} = \frac{1.0}{10}\mathscr{E} = 1.0\ \mathrm{V},$$

于是，

$$\text{当} R = 100\ \Omega, \quad I_R = \frac{1.0\ \mathrm{V}}{100\ \Omega} = 10\ \mathrm{mA};$$

$$\text{当} R = 150\ \Omega, \quad I_R = \frac{1.0\ \mathrm{V}}{150\ \Omega} = 6.7\ \mathrm{mA};$$

$$\text{当} R = 80\ \Omega, \quad I_R = \frac{1.0\ \mathrm{V}}{80\ \Omega} = 12.5\ \mathrm{mA}.$$

即，高阻一路电流 I_R 与高阻 R 值近似成反比，这意味着此电路 ab 间成为一准恒压电路，其分配到的电压 U_{ab} 值主要由低阻 R_0 值决定，高阻负载 R 的变化几乎不影响这段电压. 这种近似的快速估算方法在实验工作现场很有实用价值. 对于本题这估算的误差约为 2%.

在电路分析中，将串联电路和并联电路及其组合电路，归结为一类简单电路，其实，它们是常见的且应用十分广泛的电路，诸如，可调分压电路、可调制流电路、利用串联分压以扩大电流计的电压量程而成为伏特表、利用并联分流以扩大电流计的电流量程而成为安培表、伏安法测电阻及外接或内接的选择，等等方面均是串联、并联电路中电压电流分配规律的典型应用. 由于这类内容在电学实验课程中或电子技术课程中均有认真论述，故本教材略而不写.

● 直流电桥

直流电桥有四臂，其电阻分别为 R_1，R_2，R_3 和 R_4；在两个支路的中点之间，跨接一个灵敏电流计作为示零器，这一段称为桥路，如图 3.24 所示. 一般情况下，桥路电流 I_g 不为零，此时全电桥就不是一个简单电路，不能将它看作串联或并联及其组合，称此时该电桥处于非平衡状态. 当桥路电流 I_g 为零，电桥达到平衡. 为求出电桥平衡条件，不妨先断开桥路，让 c，d 两点脱接，试看其电压 U_{cd} 在何条件下等于零；如是，再让 c，d 连接上，此时桥路电流 I_g 必定为零.

让我们采用一种方法谓之"顺序数落电压"的方法，表达电压 U_{cd}：

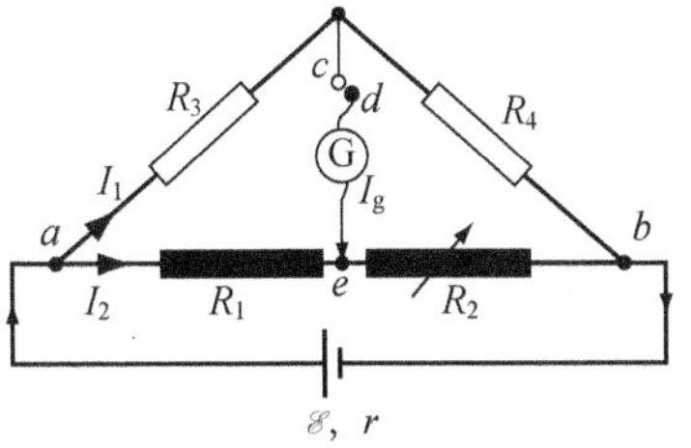

图 3.24 直流电桥及其平衡条件

$$\begin{aligned} U_{cd} &= U_{ca} + U_{ae} + U_{ed} \\ &= -I_1R_3 + R_1I_2 \\ &= -\frac{R_3}{R_3+R_4}U_{ab} + \frac{R_1}{R_1+R_2}U_{ab}, \end{aligned}$$

令 $U_{cd}=0$,得

$$\frac{R_3}{R_3+R_4} = \frac{R_1}{R_1+R_2},$$

即

$$\frac{R_3}{R_4} = \frac{R_1}{R_2}, \quad 或 \quad \frac{R_3}{R_1} = \frac{R_4}{R_2}. \tag{3.32}$$

此时,若连接 c—d,则桥路上 $I_g=0$,电桥达到平衡. 称(3.32)式为电桥平衡条件——对应臂电阻之比值相等.

基于此平衡条件,直流电桥可用于精测电阻. 比如,电阻 R_4 为一待测电阻 R_x;当电桥工作时,一般 I_g 不为零,尔后调节另一臂电阻 R_2,直至灵敏电流计示零. 于是,得

$$R_x = R_3 \cdot \frac{R_2}{R_1}. \tag{3.32'}$$

可见,电桥法系一种比较法测量,其测量准确度取决于阻值 R_3 和 R_2/R_1 比值的准确度,还与电流计的示零灵敏度有关.

实际上,一台直流电桥测量仪,其 R_1—R_2 一路可以是一条合金电阻丝,其电阻率温度系数甚小,且其线径甚均匀,可通过滑动头 e 来调节长度比 l_2/l_1,以表示电阻比 R_2/R_1. 而另一臂电阻 R_3 应选取高度稳定且准确的标准电阻. 总之,直流电桥是一种基本的电磁测量仪表,它可以精测电阻以及其它影响电阻的物理效应.

● 补偿电路 电势差计

基于补偿电路的电势差计原理图,如图 3.25 所示,其上半部分由工作电源 $\mathscr{E}$、可调电阻 R_0 和一长段 $\overline{AB}$ 电阻构成一个闭合回路,提供一工作电流 I_0,沿 $\overline{AB}$ 段其电势逐点降落;其下半部分,通过一个双向开关 K_2 串接一待测电源 $\mathscr{E}_x$ 或标准电池 $\mathscr{E}_S$,再接上一灵敏电流计 G 作为示零器,以检测这下支路电流 I_g 是否为零. 对这一电路的设计思想可作如下理解. 如果下支路电源 $\mathscr{E}_x$ 被导线取代,则在 C,D 电势差驱动下,有下支路电流 I_g 自 $C \to e$;如果上半部分电源 $\mathscr{E}$ 被导线取代,则在 $\mathscr{E}_x$ 作用下,有反向电流 I_g 自 $e \to C$;那么,在 $\mathscr{E}$, $\mathscr{E}_x$ 共同作用下,

在这下支路就有两股电流对冲，也就有可能导致 I_g 为零. 此乃这电路名为补偿电路之由来，可见，补偿电路便是对冲电路，惟有 $\mathscr{E}$，$\mathscr{E}_x$ 的正极或负极如此对应安排(同极相对)，才可能出现对冲效果.

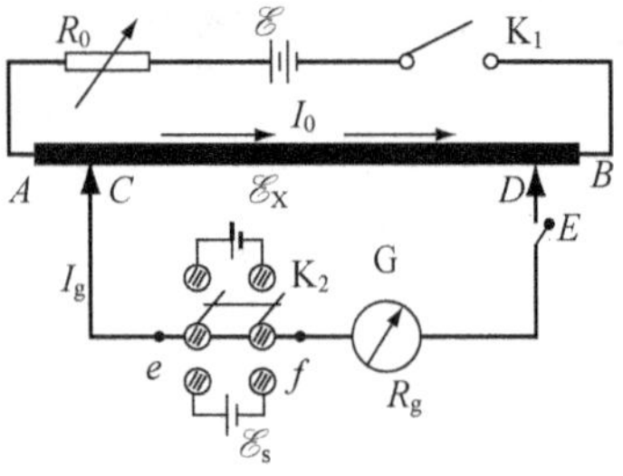

图 3.25　电势差计原理图

当 $I_g=0$，补偿电路达到平衡. 为求出这平衡条件，不妨先断开下支路，让 D，E 两点脱接，试看其电压 U_{DE} 在何条件下等于零；如是，再让 D，E 两点连接上，此时下支路电流必为零.

当电键 K_2 拨向 $\mathscr{E}_x$，采用"顺序数落电压"之方法，表达电压 U_{DE}：

$$\begin{aligned} U_{DE} &= U_{DC} + U_{Ce} + U_{ef} + U_{fE} \\ &= -I_0R_{CD} + 0 + \mathscr{E}_x + 0 = -I_0R_{CD} + \mathscr{E}_x. \end{aligned}$$

令 $U_{DE}=0$，得

$$\mathscr{E}_x = I_0R_{CD}. \tag{3.33}$$

此时再接上 C，D 两点，则 $I_g=0$，该电路达到平衡，称(3.33)式为补偿电路的平衡条件. 换言之，实验上通过滑动头 C，D 的调节而改变电阻 R_{CD}，直至灵敏电流计示零，(3.33)式得以满足，从而精确测定了未知电动势 $\mathscr{E}_x$.

由此可见，电势差计也系比较法测量仪，其准确度取决于工作电流 I_0 的准确度和电阻 R_{CD} 的准确度. 在实际电势差计中，$\overline{AB}$ 段是一串标准电阻连接而成，其阻值十分稳定且精确已知；而工作电流 I_0 是事先标定了的，如何判定 I_0 达到标定值，这要靠一标准电池 $\mathscr{E}_s$，它十分精确且稳定，比如常用的惠斯登标准电池：

$$20℃，\mathscr{E}_s = 1.018\,30\ \mathrm{V}；\quad 21℃，\mathscr{E}_s = 1.018\,26\ \mathrm{V}.$$

故，一电势差计在进行实测前，必须先将电键 K_2 拨向 $\mathscr{E}_s$，当室温为20℃时，谨将滑动头 C，D 两点转至1.01830 V位置，此时 I_g 一般不为零，需细心调节电阻 R_0，直至电流计示零，说明 I_0 已达标，尔后将 K_2 拨向 $\mathscr{E}_x$，方可进行实测.

必须指出，电势差计实际上精测的是待测电源的端电压 U_{ef}，在无电流通过电源的情况下，端电压 $U_{ef}=\mathscr{E}_x$ 成立，否则，由于电源内阻 r 的影响，两者不相等. 由此及彼，电势差计可用于精测任意两点之电势差 U_{xy}，或许 U_{xy} 来自某一电路中的两点，抑或 U_{xy} 来自其它物理效应，比如今后学习的霍尔电压. 总之，电势差计的精妙之处在于，不支取测量对象的电流而测得其电势差，从而对测量对象及其所属系统不造成任何干扰和失真.

电势差计是一个重要的电磁测量仪表，用途十分广泛，不仅能高精度地测定电动势、电压、电流和电阻等电学量，而且，配以各种换能器，还可用于精测温度、位移等非电学量，以及应用于自动控制.

● 基尔霍夫方程组

在直流电路中,凡三条或三条以上支路的结合点称为节点,整个电路可能有多个节点.对于任一节点,其各支路电流之代数和等于零,其理论根据是恒定电流场的闭合性,即

$$\oiint \boldsymbol{j}\cdot \mathrm{d}\boldsymbol{S}=0, \Longrightarrow \sum(\pm I_i)=0, \tag{3.34}$$

称其为基尔霍夫第一方程(组),它就是节点电流方程.

比如,对于图 3.26(a)显示的节点有

$$-I_1+I_2+I_3=0,\quad 或\quad I_1=I_2+I_3.$$

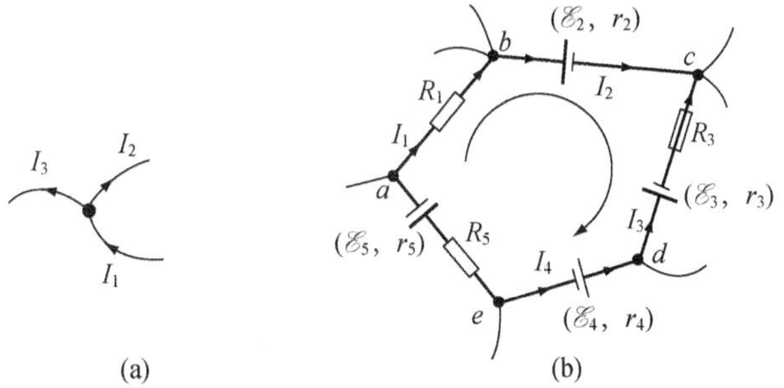

图 3.26 说明直流电路的基尔霍夫方程组

在一直流电路中,可能有多个回路.对于其中任一回路,依次数落各段电压之代数和等于零.其理论根据是,恒定电流场所对应的静电场是非旋场,即

$$\oint \boldsymbol{E}\cdot \mathrm{d}\boldsymbol{l}=0, \Longrightarrow \sum(\pm R_i I_i \pm \mathscr{E}_i)=0. \tag{3.35}$$

比如,对于图 3.26(b)显示的回路($abcdea$),有

$$R_1I_1+(\mathscr{E}_2+r_2I_2)+(-R_3I_3-\mathscr{E}_3-r_3I_3)+(\mathscr{E}_4-r_4I_4)+(R_5I_5+\mathscr{E}_5+r_5I_5)=0,$$

或整理成

$$R_1I_1+r_2I_2-(R_3+r_3)I_3-r_4I_4+(R_5+r_5)I_5=-\mathscr{E}_2+\mathscr{E}_3-\mathscr{E}_4-\mathscr{E}_5.$$

在列出回路电压方程时,要留心电阻压降(RI)和电源端电压前面±号的正确标定,应按表 3.7 所列执行.

● 例题——非平衡桥路电流及其灵敏度

已知(R_1,R_2,R_3,R_4,R_g)和 $\mathscr{E}$,忽略其内阻.设未知电流为 I_1,I_2 和 I_g,如图 3.27 所示.这里建议,在设未知电流时就顺手应用节点电流方程,以减少待求电流的数目.可以判定本题仅有 3 个独立的电流,这预示仅有 3 个独立的回路电压方程:

$$回路(acda),\quad R_1I_1+R_gI_g-R_2I_2=0;$$

$$回路(cbdc),\quad R_3(I_1-I_g)-R_4(I_2+I_g)-R_gI_g=0;$$

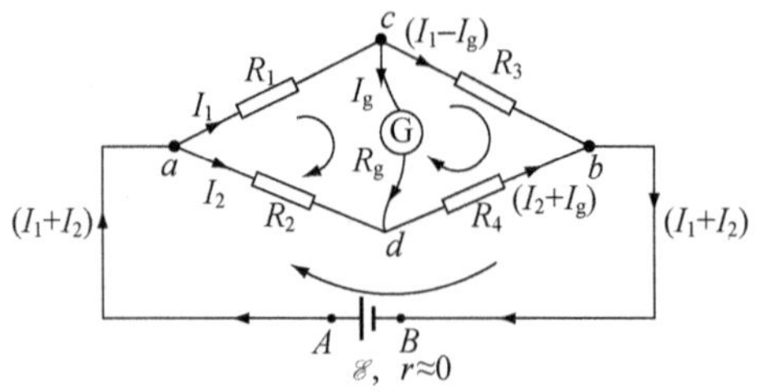

图 3.27　求出桥路电流 I_g

$$\text{回路}(AacbBA),\quad R_1I_1+R_3(I_1-I_g)-\mathscr{E}=0.$$

将其安排为标准形式

$$\begin{cases} R_gI_g+R_1I_1-R_2I_2=0, \\ -(R_3+R_4+R_g)I_g+R_3I_1-R_4I_2=0, \\ -R_3I_g+(R_1+R_3)I_1+0\cdot I_2=\mathscr{E}. \end{cases}$$

这是一个三元一次方程组，其解可表达为线性代数中的行列式之形式，

$$I_g=\frac{\Delta_g}{\Delta}, \tag{3.36}$$

其中，系数行列式 Δ 和分子行列式 Δ_g 分别为

$$\Delta=\begin{vmatrix} R_g & R_1 & -R_2 \\ -(R_3+R_4+R_g) & R_3 & -R_4 \\ -R_3 & (R_1+R_2) & 0 \end{vmatrix},\quad \Delta_g=\begin{vmatrix} 0 & R_1 & -R_2 \\ 0 & R_3 & -R_4 \\ \varepsilon & (R_1+R_2) & 0 \end{vmatrix},$$

展开为

$$\Delta_g=(R_2R_3-R_1R_4)\mathscr{E}, \tag{3.36$'$}$$

$$\Delta=(R_1R_2R_3+R_2R_3R_4+R_3R_4R_1+R_4R_1R_2)+(R_1+R_3)(R_2+R_4)R_g. \tag{3.36$''$}$$

式(3.36′)表明，当

$$R_2R_3-R_1R_4=0,\quad \text{即}\quad \frac{R_1}{R_2}=\frac{R_3}{R_4},$$

有 $\Delta_g=0$，故 $I_g=0$，电桥达到平衡——对应臂电阻值同比例，这个平衡条件先前已经得到.

不妨在此作个数值计算，试看四臂电阻偏离平衡条件时桥路 I_g 为多少；从而评估电桥测量灵敏度. 设

$$R_1=R_2=100\,\Omega,\quad R_3=220\,\Omega,\quad R_4=200\,\Omega,$$
$$R_g=300\,\Omega,\quad \mathscr{E}=6.0\,\text{V};$$

代入(3.36′)，(3.36″)，算得

$$\Delta_g=12\times10^3(\Omega^2\cdot\text{V}),\quad \Delta\approx42\times10^6\,\Omega^3,$$

于是，

$$I_g=\frac{\Delta_g}{\Delta}=\frac{12\times10^3}{42\times10^6}\text{A}\approx0.3\,\text{mA}.$$

若将电阻 R_3 看作可调电阻，以满足平衡条件，则该电桥目前在平衡点的灵敏度为

$$\delta = \left(\frac{\mathrm{d}I_g}{\mathrm{d}R_3}\right)_0 \approx 0.3\ \mathrm{mA}/20\Omega \approx 1.5 \times 10^{-2}\mathrm{mA}/\Omega.$$

● 电压源和电流源及其变换

直流电路的基尔霍夫方程组可以求解任意复杂电路问题，虽然如此，还有若干针对某些特殊电路的特定方法，在电路分析中颇有用处，诸如，等效电源法、叠加法、互易法、对称法、Δ-Y 变换法，以及电压源与电流源变换法. 它们非本课程所要求，这里仅对电压源与电流源及其等效变换稍作详细介绍.

如图 3.28(a)所示，电压源($\mathscr{E}$,r)，其内阻 r 与电动势 $\mathscr{E}$ 串联而分压：

$$\text{其短路电流 } I_{\max} = \frac{\mathscr{E}}{r};\quad \text{其开路电压 } U_{\max} = \mathscr{E}.$$

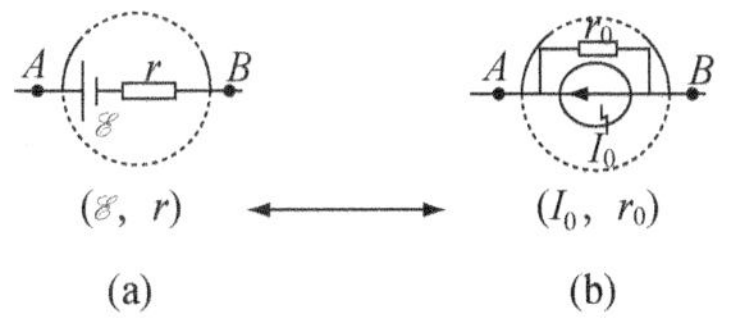

图 3.28 电压源(a)和电流源(b)及其等效变换

如图 3.28(b)所示，电流源(I_0,r_0)，其内阻 r_0 与源电流 I_0 并联而分流：

$$\text{其短路电流 } I'_{\max} = I_0;\quad \text{其开路电压 } U'_{\max} = r_0 I_0.$$

令 $I'_{\max}=I_{\max}$，且 $U'_{\max}=U_{\max}$，便得到两者等效变换关系：

$$\text{电压源}(\mathscr{E},r) \rightarrow \text{电流源 } I_0 = \frac{\mathscr{E}}{r},\ r_0 = r;$$

或者
$$\text{电流源}(I_0,r_0) \rightarrow \text{电压源 } \mathscr{E} = r_0 I_0,\ r_0 = r.$$

这一等效变换的理论价值在于，它将内阻 r 从串联状态变换为并联状态，或反之将内阻 r 从并联状态变换为串联状态，旨在简化某些电路以便于求解. 又及，内阻为零的电压源是一个恒压源，其对外负载的工作电压恒定，与负载无关，这是一最好的情况. 内阻为无穷大的电流源是一个恒流源，其对外负载供给的电流恒定，与负载无关，这也是一种最好的情况. 恒压源与恒流源之间就无变换之必要了.

●【讨论】 一个含电容的电路之电压分配问题

两个电容器串联，其电容比值为 $C_1/C_2=2$，各自又并联一电阻其电阻比值为 $R_1/R_2=2$，如图 3.29(a)所示，其实这两个并联电阻也可以看作因电容器漏电所致的等效电阻. 当合上电键 K，试求电压比 U_1/U_2.

提示 若按电容器串联时电压分配规律，应有 $U_1/U_2=C_2/C_1=1/2$；若按电阻串联时电压分配规律，应有 $U_1/U_2=R_1/R_2=2$. 究竟这电压比为多少，确甚为难.

这涉及直流电路中一电容器的等效电阻 R_c 为多少，它不是一个定数，与充电过程始末

有关，$R_c(t)$.

当 K 合上，充电过程刚开始，C 极板无电量即无电压，而这一路电流却很大，这相当于

$$R_c(0^+) \to 0 \quad （电容器短路）；$$

当充电完满，C 极板有电压却无电流，这相当于

$$R_c(\infty) \to \infty \quad （电容器开路）.$$

又根据并联电路中低阻起作用，初始时刻的电压比由电容比决定；充电完满即电路达到定态，电压比由电阻比决定. 如此看来，在充电过程中电压比从 0.5 开始增长，直至 2.0，如图 3.29(b)所示.

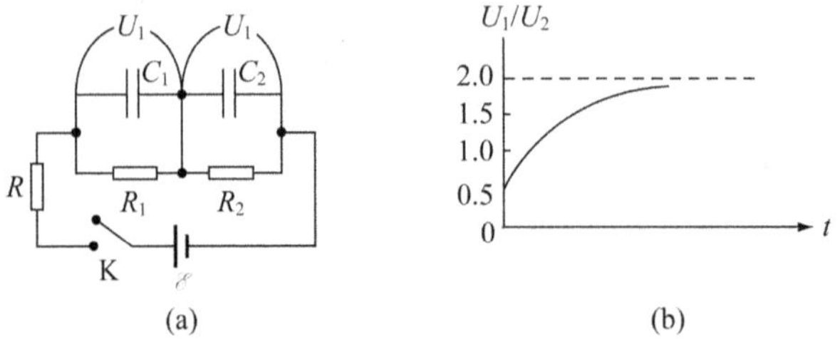

3.29　(a) 一个含电容电路之电压分配问题；(b) 充电过程中电压比之变化曲线

假如，当初设定 $C_1/C_2=1/2$，而 $R_1/R_2=2$，那电压比又该怎样变化，试思考之.

习　　题

3.1　电流密度与电流强度

(1) 线径为 5 mm 的绝缘铜导线，其额定电流（强度）约为 100 A，其额定电流密度 j_0 为多少($\mathrm{A/mm^2}$)?

(2) 线径为 5 mm 的绝缘铁导线，其额定电流（强度）约为 30 A，相应的额定电流密度 j_0 为多少($\mathrm{A/mm^2}$)?

(3) 以上两个 j_0 值不同，对此你作何理解?

3.2　金属中传导电子的漂移速度

以金属铜为例. 铜(Cu)的质量密度为 8.9 $\mathrm{g/cm^3}$，铜的原子量为 63.75 g/mol，金属铜里每个铜原子提供一个自由电子$(-e)$，$e=1.6\times10^{-19}$ C，阿伏伽德罗常量 $N_A=6.02\times10^{23}$/mol，铜的电阻率 ρ 在 18℃时为 $1.68\times10^{-8}\ \Omega\cdot\mathrm{m}$. 据这些基本数据，作出以下推算.

(1) 金属铜中传导电子数密度 n_0 为多少($1/\mathrm{cm^3}$)?

(2) 金属铜中传导电荷体密度 ρ_0 为多少($\mathrm{C/cm^3}$)?

(3) 金属铜中传导电子迁移率 μ 为多少($\mathrm{m^2/(V\cdot s)}$)?

(4) 金属铜中传导电子漂移速度 v 为多少(mm/s)? 设 $j=10\ \mathrm{A/mm^2}$.

(5) 从微观上看，金属铜中传导电子平均自由漂移时间 $\bar{\tau}$ 为多少(ms)?

3.3　电导率与载流子的迁移率

在地面附近的大气里，由于土壤的放射性和宇宙线的作用，平均每 1 $\mathrm{cm^3}$ 的大气里约有 5 对离子. 已知大气中正离子的迁移率为 $1.37\times10^{-4}\ \mathrm{m^2/(s\cdot V)}$，负离子的迁移率为 $1.91\times10^{-4}\ \mathrm{m^2/(s\cdot V)}$，正负离子所带的电量数值都是 1.60×10^{-19} C. 求地面大气的电导率 σ.

3.4　电导率与载流子的迁移率

空气中有一对平行放着的极板，相距 2.00 cm，面积都是 300 cm^2. 在两板上加 150 V 的电压，这个值远小于使电流达到饱和所需的电压. 今用 X 射线照射板间空气，使其电离，于是两板间便有 4.00 μA 的电流通过. 设正负离子的电量都是 1.6×10^{-19} C，已知其中正离子的迁移率为 1.37×10^{-4} m^2/(s · V)，负离子的迁移率为 1.91×10^{-4} m^2/(s · V)，求这时板间离子的浓度.

3.5　本征半导体的电导率

未掺杂的本征半导体，其载流子为自由电子和空穴，两者成对出现，因而浓度相等，即 $n=p$. 对于锗(Ge)，$n=p=2.38\times10^{10}$/cm^3，其电子迁移率 $\mu_n=3900$ cm^2/V · s，空穴迁移率 $\mu_p=1900$ cm^2/V · s. 求锗本征半导体的电导率 $\sigma((\Omega\cdot\mathrm{m})^{-1})$.

3.6　电流热效应——焦耳热功率

载流导线可允许的最大电流即额定电流，主要取决于焦耳热功率和金属熔点. 已知，在 18℃时铜电阻率 ρ_1 为 1.68×10^{-8} Ω · m，铁电阻率 ρ_2 为 9.9×10^{-8} Ω · m，两者比值 $\rho_2/\rho_1\approx6$，而铜的熔点略低于铁.

(1) 若要求两者焦耳热功率体密度相等，则其相应的电流密度比值 j_2/j_1 为多少？

(2) 若要求两者焦耳热功率体密度相等，则电场强度比值 E_2/E_1 应为多少？

3.7　旋转带电体的电流场

(1) 一均匀带电圆环绕中心轴转动，试证明该圆环上线电流强度为

$$I=\eta\omega R,\quad (\mathrm{A})$$

这里，η 为其线电荷密度(C/m)，ω 为其角速度，R 为圆环半径.

(2) 一均匀带电圆片绕其中心轴转动，试证明该圆片上面电流密度分布为

$$i(r)=\sigma\omega r,\quad (\mathrm{A/m})$$

这里，σ 为其面电荷密度(C/m^2)，ω 为其角速度，r 为场点至圆心的距离.

(3) 一均匀带电球体绕圆心轴转动，试证明其体电流密度分布为

$$j(r,\theta)=\rho\omega r\sin\theta,\quad (\mathrm{A/m^2})$$

这里，ρ 为其电荷体密度(C/m^3)，ω 为其角速度，场点位置坐标为(r,θ,φ)，其中 θ 为位矢 $\boldsymbol{r}$ 相对转轴的极角.

3.8　旋转均匀带电球壳产生的电流场

面电荷密度为 σ 的一球壳绕其球心轴转动，角速度为 ω，转轴设为 z 轴，如本题图示.

(1) 试证明其面电流密度分布为

$$i(\theta)=\sigma\omega R\sin\theta.\quad (\text{正弦型球面电流场})$$

说明：正弦型球面电流场所产生的磁场分布，具有典型意义，这将在下一章论述.

(2) 设地球表面的电荷密度均匀分布，且 $\sigma\approx-8.9\times10^{-10}$ C/m^2，求我国北京地区的面电流密度 i；北京处于北纬约 40°.

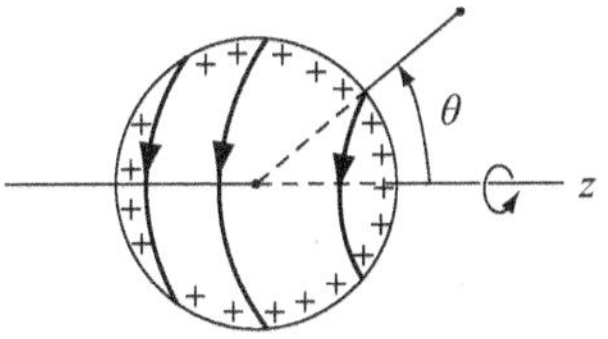

习题 3.8 图

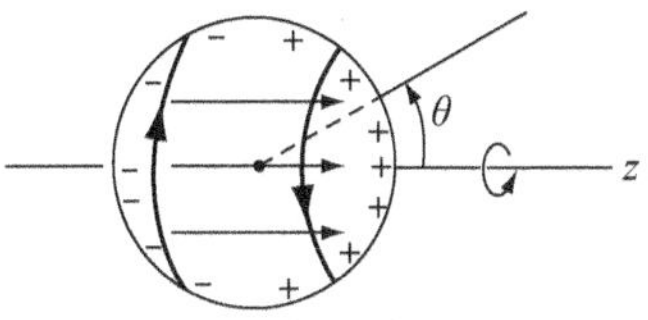

习题 3.9 图

3.9　旋转驻极球产生的电流场

一驻极球的固有极化强度为 $\boldsymbol{P}_0$，其方向设为 z 轴，让球体沿 z 轴以角速度 ω 旋转起来，如本题图示. 试

导出它产生的电流场 $i(\theta)$.

3.10　导电球壳的电阻

电流强度为 I 的线电流，通过一个导电薄球壳，其电导率为 σ_0，半径为 a，厚度为 b，且 $b \ll a$，参见本题图(a).

(1) 试导出其体电流密度 $j(\theta)$；本题图(b)是一提示.

(2) 求出该导电球壳的电阻 R. 提示：计算场强 $\boldsymbol{E}$ 的积分而得电压 U_{ab}.

(3) 若导电球壳被替换为实心导体球，半径依然为 a，总电流依然为 I，试导出其体电流密度 $j(r,\theta)$，$r\in(0,a)$；进而导出其电阻 R.

提示：这也许是个难题.

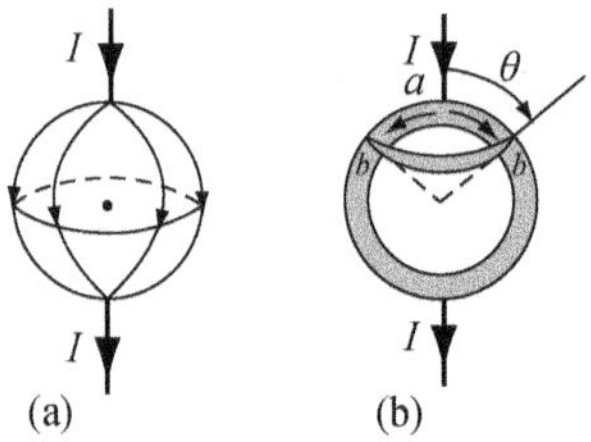

习题 3.10 图

3.11　不同电阻率介质界面的电荷积累

铜线与康铜线连接成为一种常用的热电偶，两者电阻率不同，前者约三倍于后者. 普遍而言，当电流通过两个不同电阻率元件的串联时，在其密接的界面将出现电荷积累，参见本题图.

(1) 试导出界面 AA' 的面电荷密度 σ_0，作为 ρ_1，ρ_2，I，S 的函数；这里 S 为元件横截面积.

提示：应用 $\boldsymbol{j}$，$\boldsymbol{E}$ 边值关系.

(2) 设 $I=200\,\text{mA}$，$S=6.0\,\text{mm}^2$，铜 $\rho_1=1.68\times10^{-8}\ \Omega\cdot\text{m}$，康铜 $\rho_2=0.5\times10^{-8}\ \Omega\cdot\text{m}$；算出 σ_0 值 (C/m^2)；并换算为电子数面密度 $n_0(1/\text{mm}^2)$.

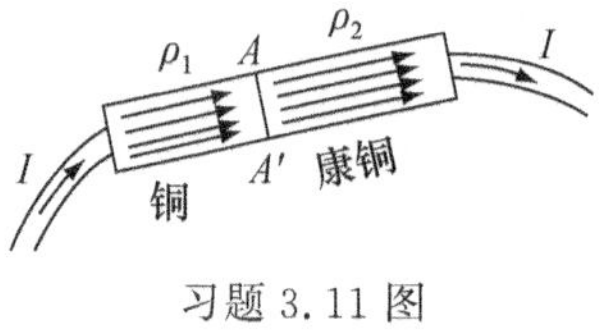

习题 3.11 图

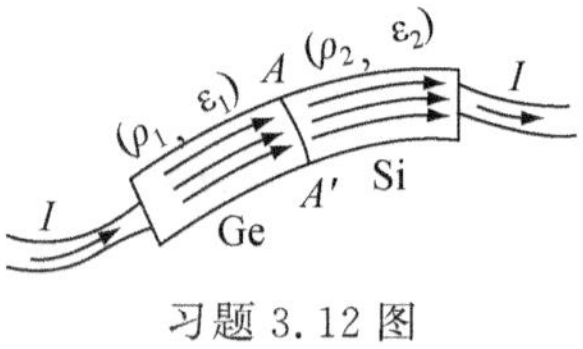

习题 3.12 图

3.12　不同电阻率且不同介电常数介质界面的电荷积累

通常电介质既有介电常数 ε_r 又有电阻率 ρ，用以同时表征其电极化性能和导电性能. 兹考量电路中两种不同介质元件串联时的电荷积累，参见本题图，已知电流 I，横截面积 S，两种介质的参量(ε_1,ρ_1)和(ε_2,ρ_2).

(1) 求界面 AA' 积累的面电荷密度 $\sigma_{总}$.

(2) 分别求出极化电荷面密度 σ'，自由电荷面密度 σ_0.

提示：应用 $\boldsymbol{j}$，$\boldsymbol{E}$，$\boldsymbol{P}$ 边值关系；注意 $\sigma_{总}=\sigma'+\sigma_0$.

(3) 设这两个元件为锗本征半导体和硅本征半导体，已知，

$$锗(\text{Ge}),\ \varepsilon_1=16,\ \rho_1=4.5\times10^2\ \Omega\cdot\text{m};$$

$$硅(\text{Si}),\ \varepsilon_1=11.8,\ \rho_2=1.8\times10^3\ \Omega\cdot\text{m};$$

且　　　　$I = 200\,\mathrm{mA}$，$S = 5.0\,\mathrm{mm}^2$.

试算出 $\sigma_{总}$，σ' 和 σ_0 值.

3.13　电动势与电源能

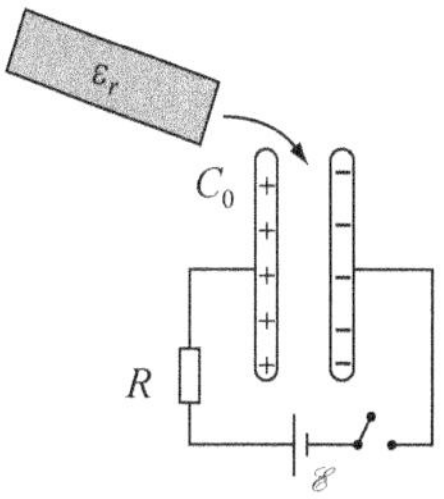

习题 3.13 图

一个电容为 C_0 的真空电容器，由一个电动势为 $\mathscr{E}$ 的直流电源供电，经历一短暂的充电过程而达到定态，此过程中瞬态电流变化为

$$i(t) = \frac{\mathscr{E}}{R}(1 - e^{-t/\tau}),\quad \tau \equiv RC_0;$$

据此讨论相关能量转化事宜，参见本题图.

(1) 求全过程中电源释放的电源能 $W_{\mathscr{E}}$.

(2) 求全过程中电阻元件消耗的焦耳热能 W_R.

(3) 试由 $(W_{\mathscr{E}} - W_R)$ 得出电容器储能 W_C 公式.

(4) 现将介电常数为 ε_r 的一块介质插入且充满电容器. 试求达到定态之后，极板积累的自由电荷增量 ΔQ_0；求出电源能增量 $\Delta W_{\mathscr{E}}$；求出电容器储能增量 ΔW_C；审核 $\Delta W_C = \Delta W_{\mathscr{E}}$ 是否成立，并作出解释.

3.14　热电偶

镍铬-镍(NiCr-Ni)热电偶常被用在炼铜术. 其工作温区在 0℃—1200℃，其高温端 T 恰高于铜熔点(约 1080℃)；现由电势差计测得一镍铬-镍热电动势为 45.6 mV，低温端为 0℃，求高温端温度 T(要求三位有效数字).

提示：利用图 3.21 给出的曲线.

3.15　测量电动势和内阻

如本题图所示，当连接一个 $R_1 = 10.0\,\Omega$ 的电阻时，测出端电压为 8.0 V；若将 R_1 换成 $R_2 = 5.0\,\Omega$ 的电阻时，其端电压为 6.0 V. 求此电池的电动势 $\mathscr{E}$ 和内阻 r.

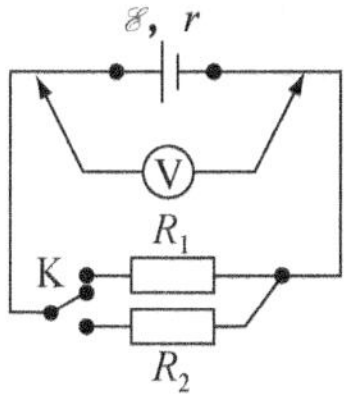

习题 3.15 图

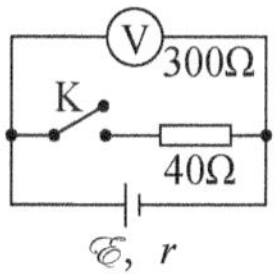

习题 3.16 图

3.16　检测干电池

为了检测一节已使用一段时间的干电池的性能，可采取本题图所示方法，伏特计的内阻为 300 Ω，在开关 K 未合上时其电压读数为 1.46 V，开关合上时其读数为 1.10 V，求电池的电动势和内阻.

3.17　电桥法检测电话线

甲乙两站相距 50 km，其间有两条相同的电话线，有一条因在某处触地而发生故障，甲站的检修人员用本题图所示的办法找出触地点到甲站的距离 x，让乙站把两条电话线短路，调节 r 使通过检流计 G 的电流为 0. 已知电话线每 km 长的电阻为 6.0 Ω，测得 $r = 360\,\Omega$，求 x.

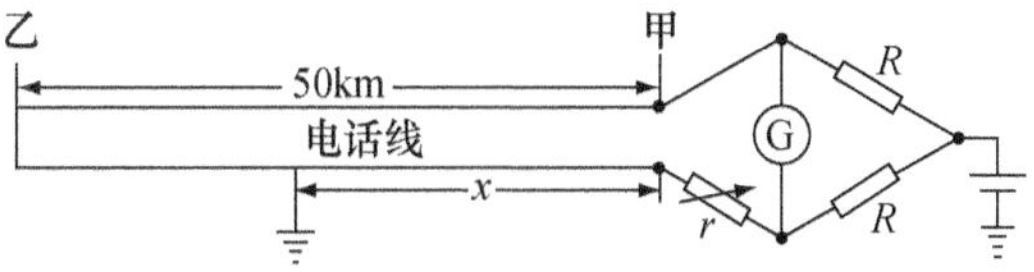

习题 3.17 图

3.18　电桥法检测电缆

为了找出电缆在某处由于损坏而通地的地方，也可以用本题图所示的装置. AB 是一条长为 100 cm 的均匀电阻线，接触点 S 可在它上面滑动. 已知电缆长 7.8 km，设当 S 滑到 $SB=41$ cm 时，通过电流计 G 的电流为 0. 求电缆损坏处到 B 的距离 x.

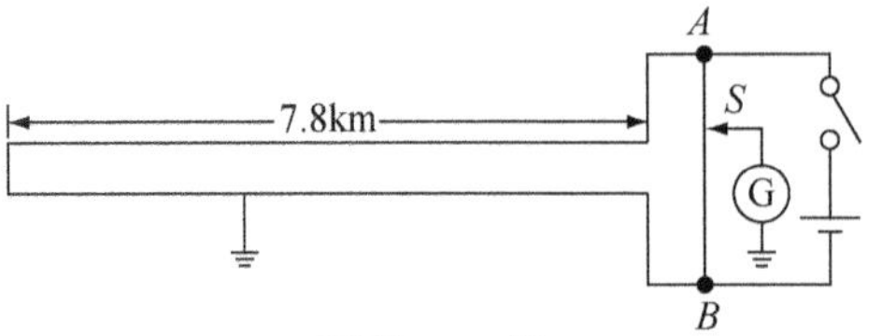

习题 3.18 图

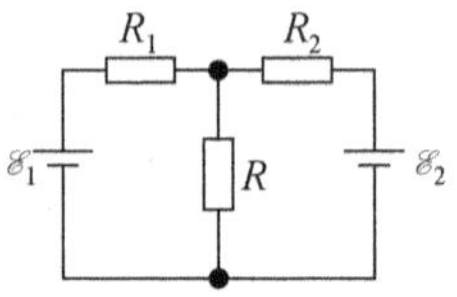

习题 3.19 图

3.19　一个简单的复杂电路

一电路如本题图，已知 $\mathscr{E}_1=1.5$ V，$\mathscr{E}_2=1.0$ V，$R_1=50\ \Omega$，$R_2=80\ \Omega$，$R=10\ \Omega$，电池的内阻都可忽略不计. 求通过 R 的电流.

3.20　导电膜的电阻

有一平面型导电膜层，其面积很大，厚度为 d，电阻率为 ρ，如本题图示；一电流 I 从 a 处注入，从 b 处流出，a、b 两处远离薄膜边缘，相距 l，两处触点半径为 r_0，且 $r_0 \ll l$.

(1) 证明，a、b 之间的电势差为

$$U_{ab}=\frac{\rho I}{\pi d}\ln\frac{l}{r_0};$$

(2) 求导电膜的电阻 R_{ab}；

(3) 给定一组数据：$\rho=10^{-4}\ \Omega\cdot\mathrm{m}$，$d=100\ \mu\mathrm{m}$，$r_0=10\ \mu\mathrm{m}$，$l=2.0$ mm，试算出此导电膜的电阻值.

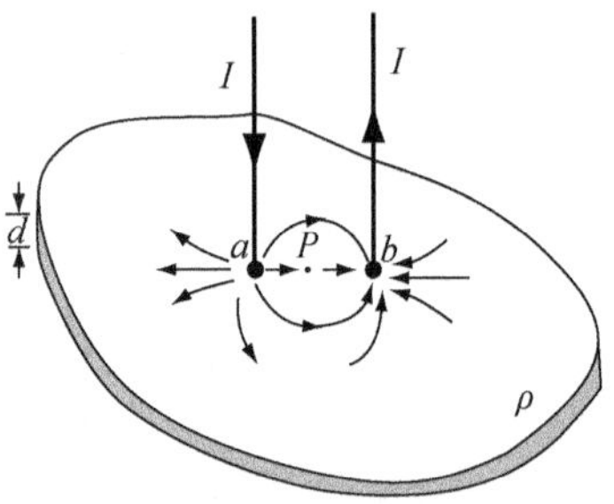

习题 3.20 图

说明：对于直流电路还有一批颇有意思的题目，它们均系某些特殊电阻网络或特殊电路，相应地有若干特定的巧妙求解方法，比如，对称性分析等电势方法、叠加互易法、等效电源法、Δ-Y 变换法，等等。对这类习题本书不作演练，等待电路分析课程中去学习. 有意思的是，本章习题以导电薄膜电阻问题结束，恰与正文首尾呼应，本章正是以二维电流场开始论述的.

4

恒定磁场

讲授视频：
电流元的几
种定量表示

本章概述

一方面，论述了电流产生磁场的规律，相应的恒定磁场通量定理和环路定理、散度方程和旋度方程以及边值关系；对于几种典型线圈的磁场分布特点和空间磁感线图象给予了充分描述和分析；旋转带电体的磁场被特别关注，其中正弦型球面电流被选为一个典型，包括其内部为均匀场、外部为偶极场结果的导出. 另一方面，论述了安培力和洛伦兹力，即磁场对载流线圈和运动带电粒子的作用力及其相应的运动特点，从中提炼出“安培力判断法”和“回旋运动逆向磁效应”，这为复杂场合判断安培力方向、为非均匀场中判断粒子纵向漂移速度的增减，提供了一种快捷可靠的方法. 小环流磁矩概念在本章始终被重视，包括其产生的磁场具有偶极场特点，及其在外场中受力公式、力矩公式和相互作用能公式. 本章也始终感兴趣于磁与电的类比，从类比中发现磁与电的相似，更注重发现磁与电的差异，这对人们正确认识电磁世界至关重要.

4.1 安培定律 磁感应强度矢量 $\boldsymbol{B}$

- 从磁库仑定律到奥斯特实验
- 从奥斯特实验到安培定律
- 安培定律
- 磁感应强度矢量 $\boldsymbol{B}$
- 电流元的三种表示
- 磁场叠加原理

● 从磁库仑定律到奥斯特实验

人类对磁现象和物质磁性的感知和认识甚早于电现象，这是由于存在地磁场和地球上存在天然磁铁矿，磁棒、马蹄形磁铁、磁针和指南针等制品的出现和应用，早为人们所熟悉(图 4.1). 直至 1785 年，法国工程师库仑基于扭秤实验，在确立了两个点电荷间的电力规律之后，便确立了两个磁极即两个点磁荷间的磁力规律. 于是，磁学研究类同静电学那样，进入了一个理性的定量的发展阶段，其理论构架和概念体系几乎等同于静电学，甚至某些公式和结果彼此间可直接借用和移植①. 这里，颇有意思的一个事实是，库仑发明扭秤实验方法用以精测微小作用力，缘于对指南针定向精度的改进. 1773 年，法国科学院悬奖征求对船用指南针的改进方法；库仑注意到，通常将磁针的轴置于细小支点上，这不免要受到摩擦力的影响，他改用头发丝或蚕丝将磁针悬挂起来，以消除支点摩擦力所带来的定向误差，这一改进为他获得了 1777 年法国科学院的奖金. 尔后，他便专注于对各种悬丝扭转性能的研究，最终导致他确立了电库仑定律和磁库仑定律.

自那以后的 35 年间，电现象和磁现象，或电学理论和磁学理论，作为物理世界两种独立的物事，互不相干，彼此平行发展着. 直至 1820 年，奥斯特实验揭示了电流的磁效应，从而开创了电磁学发展的新纪元.

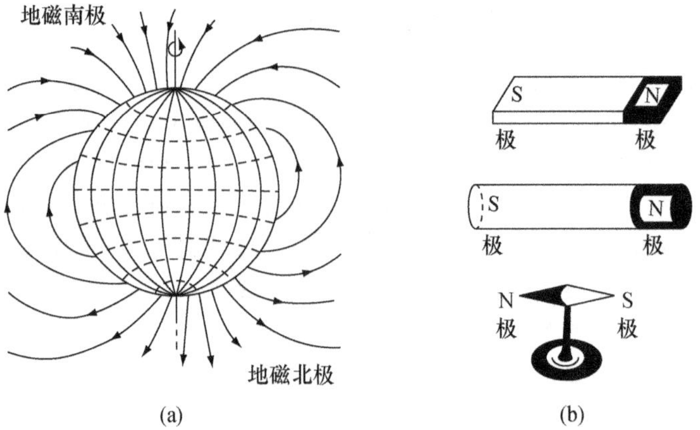

图 4.1　(a) 地磁场延伸几万公里，现时地磁北极在地球南极附近，磁力线从这里出发，磁偏角约为 11.5°；(b) 磁棒和磁针

● 从奥斯特实验到安培定律

丹麦物理学家 H. C. 奥斯特在 1820 年 4 月观察到，在载流导线附近的磁针发生扰动和偏转. 该论文发表后，在欧洲引起了很大反响，大大地促进了当时物理学界对电流磁效应的研究. 奥斯特实验的示意图显示于图 4.2，值得注意的一点是，该磁针所受到的磁力，其方向

① 详见第 5 章 5.7 节所述的磁荷观点下的磁场理论与介质磁化理论.

既不平行长直电流 I 方向，也不沿轴距矢径方向 $\boldsymbol{r}$，而是与电流方向、$\boldsymbol{r}$ 两者正交，这是一种新型的相互作用力. 奥斯特实验的历史意义可概括为两个方面：

(1) 在人类科学史上，它首次揭示了电现象与磁现象的联系，即一切磁性源于电荷的运动，从而开创了关于电磁研究的新天地.

(2) 它首次发现了一种新型的相互作用力，即磁力是一种横向力，这区别于引力和电力之为纵向力. 正是电与磁的这种区别和联系，才生发出如此丰富奇妙的电磁现象，最终导致产生电磁波.

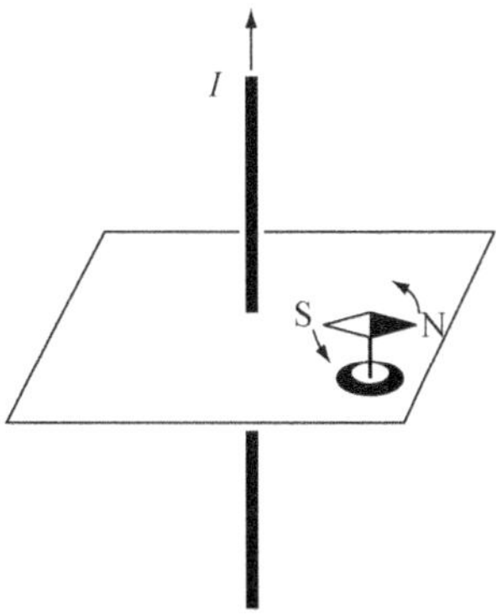

图 4.2 奥斯特实验示意图

那段时期即 19 世纪 20 年代的几乎十年间，许多物理学家，特别是法国物理学家就涌进了这个新开辟的领域. 首先是 J. B. 毕奥和 F. 萨伐尔在实验上得出，长直电流对磁极的作用力与距离成反比；接着，P. S. M. 拉普拉斯以数学家特有的眼光，将载流导线对磁极的作用力，看作各电流元作用的矢量叠加，并据毕奥-萨伐尔的实验结果和初步数学推算，反演出电流元产生的磁场公式，这为求解任意载流体的磁场提供了理论基础，世称这一公式为毕奥-萨伐尔定律，以示对实验研究成果的器重. 这一时期 A. M. 安培的工作最为突出，他致力于电流磁效应的研究达七年，精心设计了四个精巧实验，以探寻两个载流回路之间相互作用力的规律. 比如，两根平行通电导线要吸引，当两者电流同向；或互相排斥，当两者电流反向. 他还证明了两个通电线圈的转动效应，并在其著作中第一次出现“电动力学”这一名词. 安培将两个载流回路的相互作用力，看作任意两个电流元之作用的叠加，并得到了一个普遍表达式，世称其为安培定律.

最后，在关于电流磁效应的一系列典型实验中，有一组是小环流、载流螺线管、磁针和磁棒等四者，两两相互作用的实验，从中得出一致结论：小环流等效于磁针，长直通电螺线管等效于条形磁棒，至少其外部磁性有这种等效性，且其极性服从右手定则——右手四指顺电流方向弯曲，则大拇指方向为 N 极，如图 4.3 所示.

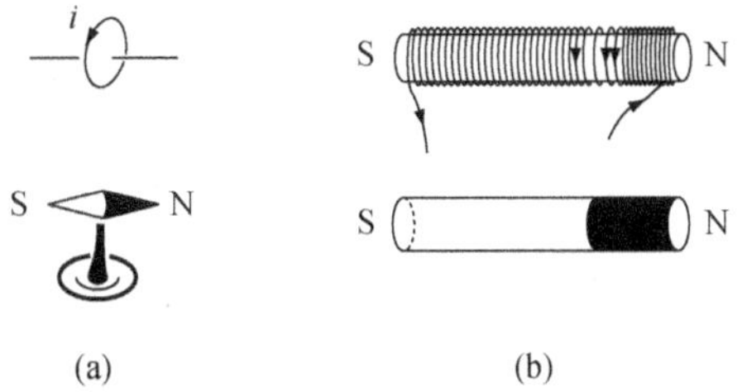

图 4.3 (a) 小环流≈磁针；(b) 通电螺线管≈条形磁棒

● 安培定律

参见图 4.4,电流元 $I_1 d\boldsymbol{l}_1$ 施于电流元 $I_2 d\boldsymbol{l}_2$ 的磁力遵从以下关系：

$$dF_{12} \propto I_2 d\boldsymbol{l}_2,\ I_1 d\boldsymbol{l}_1;\quad \text{(线性关系)}$$

$$\propto \frac{1}{r^2};\quad (r^2\ \text{反比律})$$

$$\propto \sin\theta_1,\ \sin\theta_2;\quad \text{(正弦型倾斜因子)}$$

$$d\boldsymbol{F}_{12}\ \text{方向}\ /\!/\ I_2 d\boldsymbol{l}_2 \times (I_1 d\boldsymbol{l}_1 \times \hat{\boldsymbol{r}}_{12}).\quad \text{(横向力)}$$

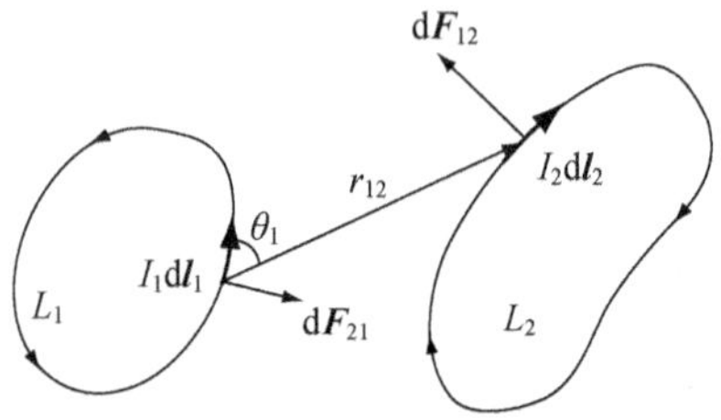

图 4.4　安培定律中几个相关量

这里，θ_1 为$(d\boldsymbol{l}_1, \hat{\boldsymbol{r}}_{12})$之夹角，$\theta_2$ 为$(I_2 d\boldsymbol{l}_2, (I_1 d\boldsymbol{l}_1 \times \hat{\boldsymbol{r}}))$之夹角. 将以上各种关系综合为一个等式，

$$d\boldsymbol{F}_{12} = k_m \frac{I_2 d\boldsymbol{l}_2 \times (I_1 d\boldsymbol{l}_1 \times \hat{\boldsymbol{r}}_{12})}{r^2}, \tag{4.1}$$

称其为安培定律,它系任意两个电流元之间相互作用磁力的定量表达式,其理论地位相当于电库仑定律在电学中的地位.

诚如前述,单一孤立的恒定电流元实验上是不存在的,恒定电流总是闭合为一回路,实验上测定的总是宏观上两个载流线圈或导线间的相互作用力或力矩. 以上形式的安培定律是以实验结果为基础,经过一番理论分析、数学推演和反复探索而提炼出来的,旨在凭借安培定律便可以计算和分析各种形状电流场之间的磁力,世称这磁力为安培力.

● 磁感应强度矢量 $\boldsymbol{B}$

现以近代物理学崇尚的近距作用和场的理念,来看待两电流元间的磁力：电流元 $I_1 d\boldsymbol{l}_1$ 在其周围空间产生了一个磁场,进入这空间的电流元 $I_2 d\boldsymbol{l}_2$,将受到这磁场给予的一个力,此即安培力. 基于这一理念,将安培定律表达式重组如下，

$$d\boldsymbol{F}_{12} = I_2 d\boldsymbol{l}_2 \times \left(k_m \frac{I_1 d\boldsymbol{l}_1 \times \hat{\boldsymbol{r}}}{r^2}\right), \tag{4.1$'$}$$

$$d\boldsymbol{B}_1 = k_m \frac{I_1 d\boldsymbol{l}_1 \times \hat{\boldsymbol{r}}}{r^2}, \tag{4.2}$$

$$d\boldsymbol{F}_{12} = I_2 d\boldsymbol{l}_2 \times d\boldsymbol{B}_1. \tag{4.3}$$

这里，$d\boldsymbol{B}_1$ 就是电流元 $I_1 d\boldsymbol{l}_1$ 在其周围空间产生的磁场,称为磁感应强度矢量,本书中为叙

述简练,也常以磁感或磁感强度简称之.它与场点位矢 $\boldsymbol{r}$ 和源电流 $I_1\mathrm{d}\boldsymbol{l}_1$ 的定量关系由(4.2)式表达,可称其为基元磁场表达式;进入基元磁场区的电流元 $I_2\mathrm{d}\boldsymbol{l}_2$ 所受的安培力公式由(4.3)式表达.

在 MKSA 制中,磁感强度的单位为

$$[B]=\mathrm{N/(A\cdot m)}=\mathrm{T},\quad \text{谓之“特斯拉”};$$

即1特斯拉=1牛顿/(安培·米).注意另一常用单位高斯(Gs),$1\mathrm{T}=10^4\ \mathrm{Gs}$.

在 MKSA 制中,那比例常数 k_m 写成

$$k_\mathrm{m}=\frac{\mu_0}{4\pi},\quad \mu_0=4\pi\times10^{-7}\ \mathrm{N/A^2}\quad(\text{准确值}).$$

- **电流元的三种表示**

后续内容分两方面深入展开.

一方面,基于上述基元磁感强度公式(4.2),求出某些典型载流体的空间磁感分布 $\boldsymbol{B}(\boldsymbol{r})$,进而论述恒定磁场的通量定理和环路定理及其应用.

另一方面,基于基元安培力公式(4.3),求出某些典型载流体在磁场中所受安培力和安培力矩及其相应的运动,包括带电粒子在磁场中的运动.

为此,有必要首先明确三种电流场中电流元的微分表示式:

$$\text{对于线电流,}\quad \text{电流元为 } I\mathrm{d}\boldsymbol{l}\quad(\mathrm{A\cdot m});$$

$$\text{对于体电流场,}\quad \text{电流元为 } \boldsymbol{j}\mathrm{d}V\quad(\mathrm{A\cdot m});\tag{4.4}$$

$$\text{对于面电流场,}\quad \text{电流元为 } \boldsymbol{i}\mathrm{d}S\quad(\mathrm{A\cdot m}).\tag{4.4$'$}$$

这里,$\boldsymbol{j}$,$\boldsymbol{i}$ 分别为体电流密度矢量和面电流密度矢量,$\mathrm{d}V$,$\mathrm{d}S$ 分别为体积元和面积元,如何由 $I\mathrm{d}\boldsymbol{l}$ 导出(4.4)式和(4.4′)式留给读者自己完成.

- **磁场叠加原理**

注意到不论安培定律(4.1)式,或基元磁场(4.2)式,均含源电流 $I\mathrm{d}\boldsymbol{l}$ 且为线性因子,这必然导致磁感强度矢量满足线性叠加关系,即

$$\text{电流场 } I_1\rightarrow\boldsymbol{B}_1(P);\quad \text{电流场 } I_2\rightarrow\boldsymbol{B}_2(P);$$

$$\text{则当}(I_1,I_2)\rightarrow\boldsymbol{B}(P)=\boldsymbol{B}_1(P)+\boldsymbol{B}_2(P),$$

可称其为磁场叠加原理.

4.2 毕奥-萨伐尔定律 几种典型磁场分布

- 毕奥-萨伐尔定律
- 基元磁场的图象和特性
- 倾斜因子 $\sin\theta$ 的由来和意义
- 载流直导线的磁场
- 载流圆线圈的磁场
- 小环流的磁矩
- 亥姆霍兹线圈
- 密绕载流螺线管的磁场
- 讨论——对载流螺线管轴上磁感值均匀性的定量考察

● 毕奥-萨伐尔定律

其表达式有两部分：

$$\text{电流元 } I\mathrm{d}\boldsymbol{l} \longrightarrow \text{基元磁场：}\quad \mathrm{d}\boldsymbol{B}(\boldsymbol{r}) = k_{\mathrm{m}}\frac{I\mathrm{d}\boldsymbol{l}\times\hat{\boldsymbol{r}}}{r^2};\qquad (4.5)$$

载流回路或载流体⟶总磁场为

$$\boldsymbol{B}(\boldsymbol{r}) = k_{\mathrm{m}}\oint_{(L)}\frac{I\mathrm{d}\boldsymbol{l}\times\hat{\boldsymbol{r}}}{r^2},\quad \text{对于线型回路，}\qquad (4.5')$$

或

$$\boldsymbol{B}(\boldsymbol{r}) = k_{\mathrm{m}}\iiint_{(V)}\frac{\boldsymbol{j}\times\hat{\boldsymbol{r}}}{r^2}\mathrm{d}V,\quad \text{对于三维电流场，}\qquad (4.5'')$$

或

$$\boldsymbol{B}(\boldsymbol{r}) = k_{\mathrm{m}}\iint_{(\Sigma)}\frac{\boldsymbol{i}\times\hat{\boldsymbol{r}}}{r^2}\mathrm{d}S,\quad \text{对于二维电流场.}\qquad (4.5''')$$

其实，毕奥或萨伐尔当初着力研究并在拉普拉斯帮助下，取得的显要成果是基元磁场公式(4.5)，而后续三个表达式是应用磁场叠加原理的自然结果.

● 基元磁场的图象和特性

由(4.5)式决定的基元磁场 d$\boldsymbol{B}$，具有 r^2 反比性质，此外还有以下几个重要性质值得明确：

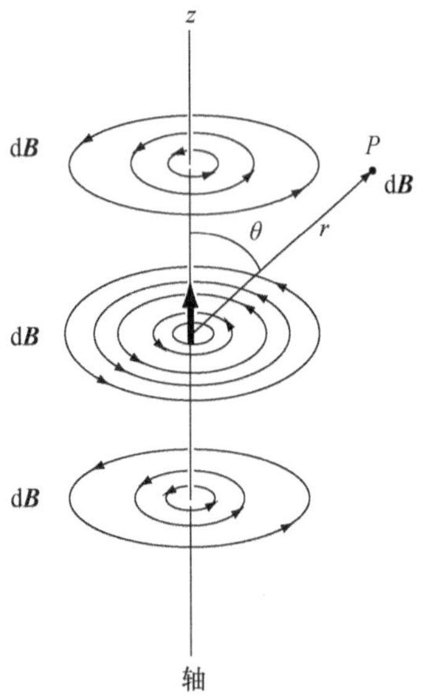

图 4.5　基元磁场的轴对称性、横场性及其磁感线的闭合性

(1) d$\boldsymbol{B}$ 具有横场性，即

$$\mathrm{d}\boldsymbol{B}\perp(I\mathrm{d}\boldsymbol{l}),\quad \text{且}\quad \mathrm{d}\boldsymbol{B}\perp\boldsymbol{r}.$$

(2) d$\boldsymbol{B}$ 具有轴对称性，其对称轴自然就是沿(Id$\boldsymbol{l}$)延伸的 z 轴；在 z 值相同平面上，轴距相同的圆周上各点 dB 值相等.

于是，基元磁感应线是一系列同心的闭合圆环，如图4.5所示.

(3) d$\boldsymbol{B}$ 不具有球对称性，这源于 d$B\propto\sin\theta/r^2$，倾斜因子 $\sin\theta$ 的出现，使 d$\boldsymbol{B}$ 不仅失去球对称性，也使其轴对称性并不同时具有平面平行对称性. 当 $\theta=0$，有 $\sin\theta=0$，故 dB=0，即沿轴向各点无磁场；当 $\theta=\pi/2$，有 $\sin\theta=1$，故 dB 值为最大，即沿电流元正交方向的磁感值最大；在位矢距离为 r 的同一球面上，基元磁场 d$\boldsymbol{B}$ 分布如图 4.6(a)所示.

基元磁场的上述特性将深刻地影响着总磁场 $\boldsymbol{B}(\boldsymbol{r})$ 所遵从的基本定理，如同点电荷的基元电场深刻地影响着静电场的通量定理和环路定理.

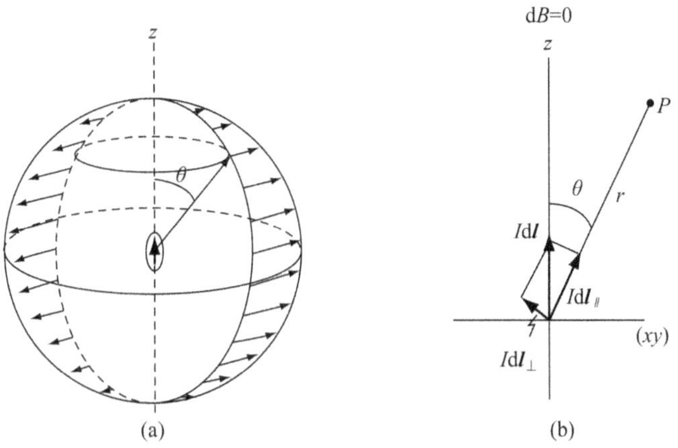

图 4.6 (a) 基元磁场系非球对称的横场； (b) 说明倾斜因子 $\sin\theta$ 的由来

- **倾斜因子 $\sin\theta$ 的由来和意义**

在基元磁场 $\mathrm{d}\boldsymbol{B}$ 表达式中，引人注目的是那个由$(I\mathrm{d}\boldsymbol{l}\times\hat{\boldsymbol{r}})$招致的倾斜因子 $\sin\theta$，这里暂时不理会(4.5)式，而是采用另一种方式导出倾斜因子 $\sin\theta$.

须知，电流元 $I\mathrm{d}\boldsymbol{l}$ 虽然是一个微分量，却是有方向的. 对于一个微分矢量其物理效应不可能具有各向同性的球对称性，而且必有轴对称性，即 $\mathrm{d}B$ 可写成 $\mathrm{d}B(\theta)$，与 φ 角无关. 注意到电流元的磁效应，即其产生的磁场具有横向性和轴对称性，必然导致沿轴线 $\mathrm{d}B(0)=0$. 否则，若有磁场设其沿 z 轴方向，则违背了基元场的横向性；若有磁场沿与 z 轴正交方向，则违背了轴对称性. 简言之，沿轴向基元磁场为零，乃是其横场性和轴对称性所要求的必然结果，这是其一.

其二，进而考量从 $\mathrm{d}B(0)=0$ 到 $\mathrm{d}B\left(\dfrac{\pi}{2}\right)$为最大，以纯数学眼光看有多种可能的函数形式，比如，$\sin^2\theta$，$(1-\cos\theta)$ 等等，为什么选择倾斜因子为 $\sin\theta$ 是唯一正确的. 参见图 4.6(b)，不妨将电流元 $I\mathrm{d}\boldsymbol{l}$ 作正交分解，其平行分量沿矢径 $\boldsymbol{r}$，对场点磁场无贡献，而其正交分量$(I\mathrm{d}\boldsymbol{l}_{\perp})$对场点磁场数值的贡献为

$$\mathrm{d}B(\boldsymbol{r})\propto\frac{I\mathrm{d}l_{\perp}}{r^2}=\frac{I\mathrm{d}l\sin\theta}{r^2},$$

这就顺理成章地出现了倾斜因子 $\sin\theta$.

如此解析 $\sin\theta$ 的由来，倒与毕奥-萨伐尔定律不谋而合. 这同时表明，微分矢量 $I\mathrm{d}\boldsymbol{l}$ 满足矢量运算规则，可对它作分解或合成.

- **载流直导线的磁场**

参见图 4.7(a)，一段载流直导线从下端 a 直至上端 b，考虑到其磁场 $\boldsymbol{B}(\boldsymbol{r})$ 具有轴对称性，便可以简化为在二维平面里求 $\boldsymbol{B}(\boldsymbol{r})$；选择角度$(\theta_1,\theta_2)$标定场点 P 之位置，它与直导线

的垂直距离为 r_0；注意到直导线上任一电流元 $I\mathrm{d}\boldsymbol{l}$ 所贡献的 $\mathrm{d}\boldsymbol{B}(P)$ 朝同一方向，均垂直纸面向里. 按(4.5′)式求总磁场的矢量积分式就简化为标量积分式，

$$B(P)=k_{\mathrm{m}}\int_a^b\frac{I\mathrm{d}l\cdot\sin\theta}{r^2},$$

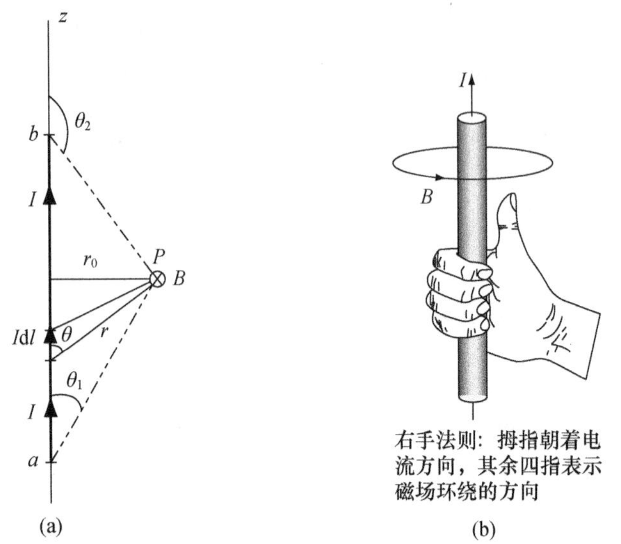

图 4.7　(a) 求解载流直导线的磁感强度；(b) 电流方向与磁感环绕方向的关系

又注意到以下的几何关系：

$$\mathrm{d}l\cdot\sin\theta=r\mathrm{d}\theta,\quad r\sin\theta=r_0,$$

故

$$B(P)=k_{\mathrm{m}}\frac{I}{r_0}\int_{\theta_1}^{\theta_2}\sin\theta\mathrm{d}\theta,$$

遂得载流直导线的磁感强度公式

$$B(\theta_1,\theta_2)=k_{\mathrm{m}}\frac{I}{r_0}(\cos\theta_1-\cos\theta_2).\tag{4.6}$$

这是一个重要公式，凭借它可以求出载流矩形线框、载流三角线框等场合下的磁感分布. 值得注意的是，直导线总长度 l 的影响隐含在式中那两个余弦因子中，且可以从中看出，边缘导线对磁场的贡献小，即，靠近两端一长段导线对磁场的贡献，还不及正中部分一小段的贡献大. 这一特点，说到底根源于基元磁场中的倾斜因子 $\sin\theta$.

当载流导线的实际长度 $l\gg r_0$，且观测区位于中部，则可取以下近似

$$\theta_1\approx 0,\text{有}\cos\theta_1\approx 1;\quad \theta_2\approx\pi,\text{有}\cos\theta_2\approx -1.$$

遂得磁感公式为

$$B(r_0)=k_{\mathrm{m}}\frac{2I}{r_0};\quad\text{或}\quad B(r_0)=\frac{\mu_0}{4\pi}\cdot\frac{2I}{r_0}.\tag{4.6′}$$

亦称上式为无限长直载流导线磁感公式，其特点是磁感值与距离 r_0 成反比，且与纵向位置即坐标 z 的关系不敏感. 毕奥、萨伐尔当时从实验中首先发现了这一规律，由此及彼，最终导

致他们推出任一电流元产生磁场的定量表达式.

例题 一长直导线长度 $l\approx 100$ cm,通电流 $I=5.0$ A,试求其中部区域且距导线 $r_0=1.0$ cm 处的磁感值. 考量到目前 $l\gg r_0$,可由(4.6′)式计算

$$B=10^{-7}\times\frac{2\times 5}{1\times 10^{-2}}\mathrm{T}=10^{-4}\mathrm{T}=1\,\mathrm{Gs},$$

此区域磁感值为万分之一特斯拉,即 1 高斯磁感强度.

● 载流圆线圈的磁场

参见图 4.8,一载流圆圈(R,I),其产生的磁感 $\boldsymbol{B}(\boldsymbol{r})$具有轴对称性,其对称轴为通过圆心且垂直圆平面的 z 轴,故 z 轴上的磁感 $\boldsymbol{B}(z)$必沿 z 轴,无横向分量. 事实上,圆线圈上任一电流元 $I\mathrm{d}\boldsymbol{l}_1$ 产生的 $\mathrm{d}\boldsymbol{B}_1$ 与其对面电流元 $I\mathrm{d}\boldsymbol{l}_2$ 产生的 $\mathrm{d}\boldsymbol{B}_2$,两者合矢量方向沿 z 轴. 简言之,沿轴总磁感 $\boldsymbol{B}(z)$等于全部基元磁场 $\mathrm{d}\boldsymbol{B}$ 的平行分量 $\mathrm{d}\boldsymbol{B}_{/\!/}$之和:

$$\mathrm{d}B=k_{\mathrm{m}}\frac{I\mathrm{d}l\cdot\sin\theta}{r^2}=k_{\mathrm{m}}\frac{I}{r^2}\mathrm{d}l,\quad(\text{注意 }\theta=\pi/2)$$

$$\mathrm{d}B_{/\!/}=\mathrm{d}B\cdot\sin\alpha=k_{\mathrm{m}}\frac{I}{r^2}\mathrm{d}l\cdot\frac{R}{r},\quad(\text{注意 }\sin\alpha=R/r)$$

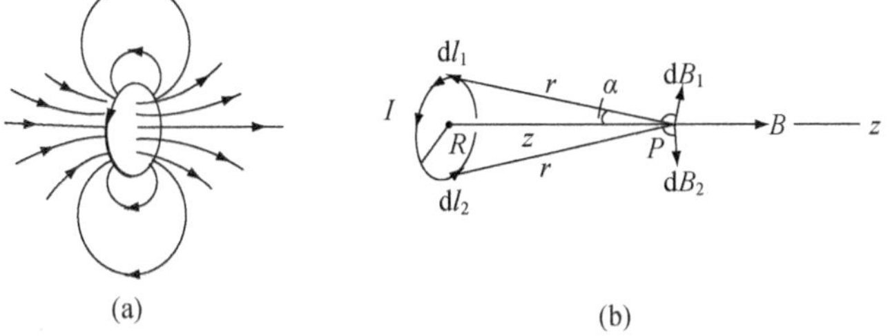

图 4.8 载流圆线圈 (a) 其空间磁感线图象;(b) 求其轴上磁感 $B(z)$

并注意到沿线圈积分一周过程中,斜边 r 值不变,故

$$B(z)=\oint\mathrm{d}B_{/\!/}=k_{\mathrm{m}}\frac{RI}{r^3}\oint\mathrm{d}l=k_{\mathrm{m}}\frac{2\pi R^2 I}{r^3},\quad r^2=(R^2+z^2).$$

最终表达载流圆线圈轴上磁感分布为

$$B(z)=k_{\mathrm{m}}\frac{2\pi R^2 I}{(R^2+z^2)^{3/2}};\tag{4.7}$$

其方向按右手判定,即右手四指顺电流而弯曲,则伸直大拇指的指向为轴上 $\boldsymbol{B}$ 之方向.

在圆心处,$z=0$,其磁感强度为

$$B(0)=k_{\mathrm{m}}\frac{2\pi I}{R}.\tag{4.7′}$$

由(4.7)式看出,沿轴由近及远,其磁感强度逐渐变弱,相应轴外的磁感线要弯曲,且不断扩张而散开,那圆线圈宛如一匝皮带,紧紧捆绑着一束磁感线. 因而,圆面上的磁感线最为密集,磁感值最强;若将一载流直导线弯曲为一闭合电流圈,则磁感线随即被集束于电流圈内. 简言之,闭合电流圈起到了一个强化磁场的作用.

例题　载流圆线圈半径为 1.0 cm，通电 5.0 A，线径为 1.0 mm，试求其圆心磁感 $B(0)$ 和边缘磁感 $B(R^-)$. 据(4.7′)式，得

$$B(0) = 10^{-7}\,\frac{2\pi\times 5}{1\times 10^{-2}}\,\mathrm{T} \approx 3\times 10^{-4}\,\mathrm{T} = 3\,\mathrm{Gs}.$$

当场点无限靠近导线，可将此处一段导线看作无限长直导线，而近似求得其磁感强度为

$$B(R^-) \approx k_{\mathrm{m}}\,\frac{2I}{r_0} = 10^{-7}\,\frac{2\times 5}{0.5\times 10^{-3}}\,\mathrm{T} = 2\times 10^{-3}\,\mathrm{T} = 20\,\mathrm{Gs}.$$

公式(4.7)是一重要公式，十分有用，凭借它可进一步求出若干共轴圆线圈的磁感、长直螺线管的磁感，以及旋转带电体的磁感.

● **小环流的磁矩**

当场点距离远大于环流半径，即 $z\gg R$，由(4.7)式得远场磁感强度为

$$B(z) = k_{\mathrm{m}}\,\frac{2\pi R^2 I}{z^3}\quad(\propto z^{-3}),\tag{4.7″}$$

其沿 z 轴变化特点是与距离三次方成反比，类似于电偶极矩 $\boldsymbol{p}$ 产生的电场，参见图 4.9. 由此形成小环流磁矩概念，它定义为

$$\boldsymbol{m} = I\Delta\boldsymbol{S},\tag{4.8}$$

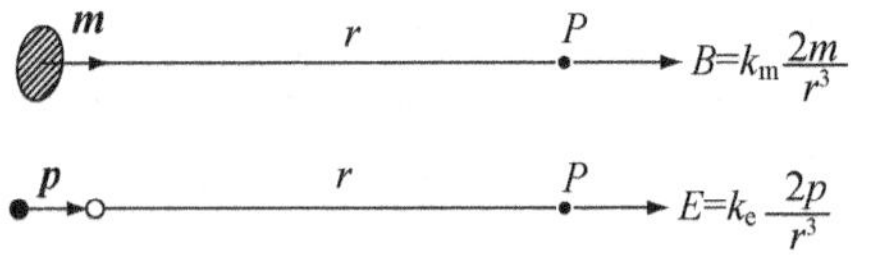

图 4.9　小环流磁矩 $\boldsymbol{m}$ 与电偶极矩 $\boldsymbol{p}$ 的类比

即，小环流磁矩为其电流 I 与其环绕面积 $\Delta\boldsymbol{S}$ 之乘积，这里 $\Delta\boldsymbol{S}$ 之方向由环流方向按右手定则予以确定. 于是，远场磁感公式(4.7″)表达为

$$\boldsymbol{B}(z) = k_{\mathrm{m}}\,\frac{2\boldsymbol{m}}{z^3}.\tag{4.8′}$$

在电磁世界中，环流磁矩是一个相当基本的物理量，也是一个十分重要的概念. 它是环流磁性的集中体现，环流的磁场、环流的能量及其在外磁场中的受力和力矩，均与其磁矩 $\boldsymbol{m}$ 线性相关. 换言之，环流的电流 I 与其运动空间尺度 $\Delta\boldsymbol{S}$ 的乘积，作为一个特征量决定着这环流的全部磁性. 在微观世界中，磁矩也是描述带电粒子运动状态的一个基本物理量，比如，原子物理中的电子轨道磁矩、电子自旋磁矩，原子核物理中的质子磁矩和中子磁矩.

鉴于环流磁矩概念的重要性，特作以下几点阐述.

(1) 运动于圆周上的带电粒子(q,m_{e})同时具有磁矩 $\boldsymbol{m}$ 和角动量 $\boldsymbol{L}$，两者之比为

$$\frac{\boldsymbol{m}}{\boldsymbol{L}} = \frac{1}{2}\cdot\frac{q}{m_{\mathrm{e}}}.\tag{4.8″}$$

这里，(q,m_{e})为该粒子的电量和质量，故称 q/m_{e} 为该粒子的荷质比. (4.8″)式的导出留给读者自己完成.

(2) 小环流磁矩与环流几何形状无关，皆以 $\boldsymbol{m}=I\Delta \boldsymbol{S}$ 计之，如图 4.10 所示，这里，三角环流或方形环流的轴上 $B(z)$ 可以具体算出，依然可归结为(4.8′)式样.

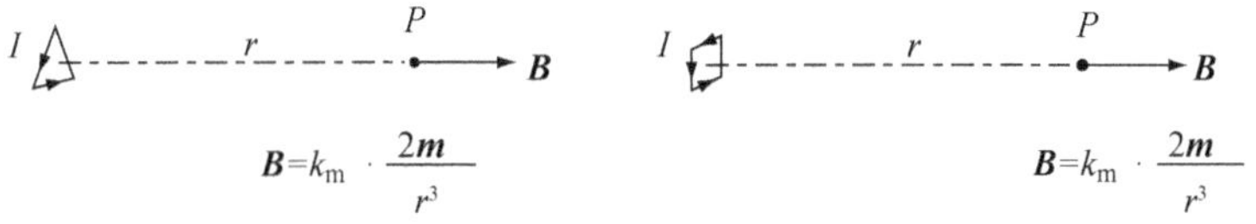

图 4.10 说明环流磁矩与线圈形状无关

(3) 大环流磁矩概念. 参见图 4.11，一个宏观上的大环流可以被细分为大量小环流的连续密排，其中每个小环流均系闭合电流圈而有自己的磁矩 $\boldsymbol{m}_i$，由于“紧邻效应”，内部相邻环流彼此抵消，唯有边缘小环流的部分段流净显出，而串接成为一个大环流. 换言之，一个大环流的磁效应，可以被看作这些大量磁矩，$(\boldsymbol{m}_1,\boldsymbol{r}_1)$，$(\boldsymbol{m}_2,\boldsymbol{r}_2)$，…，$(\boldsymbol{m}_i,\boldsymbol{r}_i)$，…其磁效应的叠加，这里 $\boldsymbol{r}_i$ 为磁矩 $\boldsymbol{m}_i$ 的位矢. 这样看待大环流，在某些场合将有助于对问题的分析. 比如，若将磁矩 $\boldsymbol{m}_i$ 等效于一磁偶极子，那么，大量密排的磁矩就等效于大量密排的磁偶极子，而形成一磁偶极层，也称磁壳. 换言之，从磁荷观点看，一个大环流等效于一磁壳.

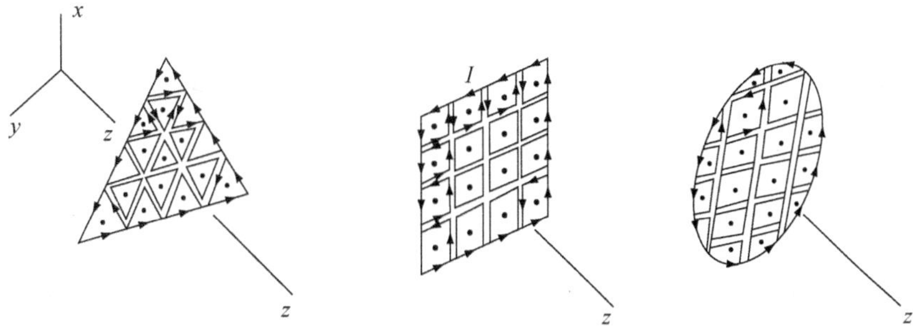

图 4.11 任意形状的大环流可被看作大量小环流的连续密排

(4) 中子磁矩概念. 泛论之，一电中性体系对外不显示电性，其内部电荷代数和为零，或 $\rho_+ + \rho_- = 0$，或 $q+(-q)=0$，这并不排斥存在电荷的运动，或 ρ_- 运动而 ρ_+ 不动，或 $q,(-q)$ 运动于不同半径的圆轨道上，而出现未被抵消的电流. 如是，一个电中性体可能有磁矩，中子就是这样. 由核物理学获知，中子磁矩为

$$\mu_{\mathrm{n}} \approx 9.7\times 10^{-27}\,\mathrm{A\cdot m^2},\quad (\mathrm{A\cdot m^2}=\mathrm{J/T})$$

而带电的质子其内部是有电荷分布的，且在不停运动，质子磁矩为

$$\mu_{\mathrm{p}} \approx 1.410\,607\,61\times 10^{-26}\ \mathrm{J/T}.$$

- **亥姆霍兹线圈**

两个半径相同的圆线圈共轴置放，相隔一定距离且通以等值同向电流，便构成一个著名的亥姆霍兹线圈，旨在产生以中点 O 为中心的一局域均匀磁场区，而应用于精密电磁测量，参见图 4.12(a).

让我们考量沿对称轴即 z 轴的磁感分布 $B(z)$，取中点 O 为坐标原点. 由对称性分析可知，这 $B(z)$ 函数满足

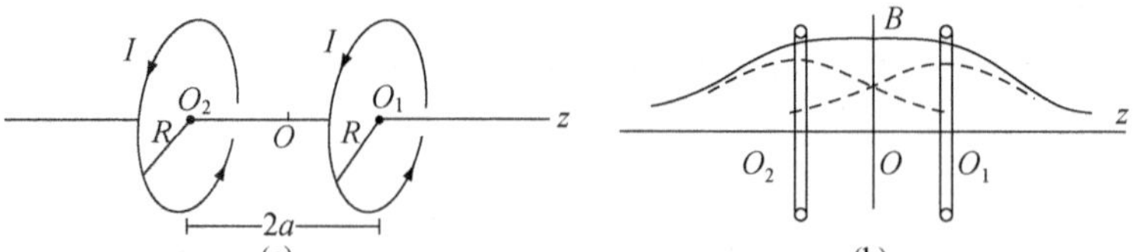

图 4.12　(a) 亥姆霍兹线圈；(b) 当 $2a=R$ 时轴上 $B(z)$ 曲线

$$B(z)=B(-z),$$

即 $B(z)$ 具偶对称，故原点磁感值 $B(0)$ 必为极值，或为极大（凸出），或为极小（凹陷），或为常数（平头），这取决于两个线圈之间隔 $2a$ 的选择. 为获得较大范围的均匀场区，应选定第三种状态，即要求 $B(z)$ 在原点的二阶导数为零，

$$\left(\frac{\mathrm{d}^2B}{\mathrm{d}z^2}\right)_0=0.$$

为此，首先表达 $B(z)$，借助圆线圈处于 $z=0$ 时的磁感公式

$$B_0(z)=\frac{K}{(R^2+z^2)^{3/2}},\quad K\equiv k_{\mathrm{m}}2\pi R^2 I,$$

并注意到线圈平移时的磁感不变性，得

$$\text{右侧圆线圈}\rightarrow B_1(z)=B_0(z-a),$$
$$\text{左侧圆线圈}\rightarrow B_2(z)=B_0(z+a),$$
$$\text{亥姆霍兹线圈}\rightarrow B(z)=B_1(z)+B_2(z).$$

展开为

$$B(z)=K\left(\frac{1}{[R^2+(z-a)^2]^{3/2}}+\frac{1}{[R^2+(z+a)^2]^{3/2}}\right),\tag{4.9}$$

从中可以看出，唯有场点位处两线圈之间，即 $z\in(-a,a)$，括号中的两项随 z 变化一升一降；当 $|z|>a$，这两项随 z 增加均下降. 为使均匀场区扩大，应选择这一升一降而彼此平衡，亦即 $B(z)$ 对 z 的二阶导数在 $z=0$ 处为零. 推演如下：

$$\frac{\mathrm{d}B}{\mathrm{d}z}=K\left(-\frac{3}{2}\right)\cdot\left\{\frac{2(z-a)}{[R^2+(z-a)^2]^{5/2}}+\frac{2(z+a)}{[R^2+(z+a)^2]^{5/2}}\right\},$$

$$\begin{aligned}\frac{\mathrm{d}^2B}{\mathrm{d}z^2}=&K\left(-\frac{3}{2}\right)\cdot\left\{-\frac{5}{2}\frac{4(z-a)^2}{[R^2+(z-a)^2]^{7/2}}+\frac{2}{[R^2+(z-a)^2]^{5/2}}\right.\\&\left.-\frac{5}{2}\frac{4(z+a)^2}{[R^2+(z+a)^2]^{7/2}}+\frac{2}{[R^2+(z+a)^2]^{5/2}}\right\}\\=&K\left(-\frac{3}{2}\right)\cdot\left\{\frac{2R^2-8(z-a)^2}{[R^2+(z-a)^2]^{7/2}}+\frac{2R^2-8(z+a)^2}{[R^2+(z+a)^2]^{7/2}}\right\},\end{aligned}$$

以 $z=0$ 代入上式，并令其为零，遂得

$$(2R^2-8a^2)=0,\quad \text{即}\quad 2a=R.\tag{4.9$'$}$$

这表明，当两线圈间距等于线圈半径时，获得的准匀场范围最大，此乃亥姆霍兹线圈的工作条件，图 4.12(b) 显示了此条件下的沿轴磁感 $B(z)$ 的变化曲线.

为考量准匀场区的范围，不妨作个计算，看 $z=a/2$，a 两处的磁感与原点磁感的比值：

$$\frac{B\left(\frac{a}{2}\right)}{B(0)}=\frac{\left(\frac{17}{4}\right)^{-3/2}+\left(\frac{25}{4}\right)^{-3/2}}{2\times 5^{-3/2}}\approx 99.55\%;$$

$$\frac{B(a)}{B(0)}=\frac{4^{-3/2}+8^{-3/2}}{2\times 5^{-3/2}}\approx 94.58\%.$$

可见,亥姆霍兹线圈的匀场范围还是蛮宽的.若线圈半径 R 为 20 cm,则在原点两侧共计 10 cm 范围内磁场的均匀性甚好.

又及,这均匀场绝不限于一维轴线上,如图 4.13 所示.对于目前具轴对称的矢量场 $\boldsymbol{B}$,若其轴上为均匀场,则轴外一定范围内,磁感线不会弯曲,进而由 $\nabla\cdot\boldsymbol{B}=0$, $\nabla\times\boldsymbol{B}=0$,可证认这范围内 $\boldsymbol{B}$ 值均匀.总之,亥姆霍兹线圈是一个结构简朴、可产生局部均匀磁场的器件,广泛应用于精密电磁测量实验室,也可用以消除电磁场的影响.

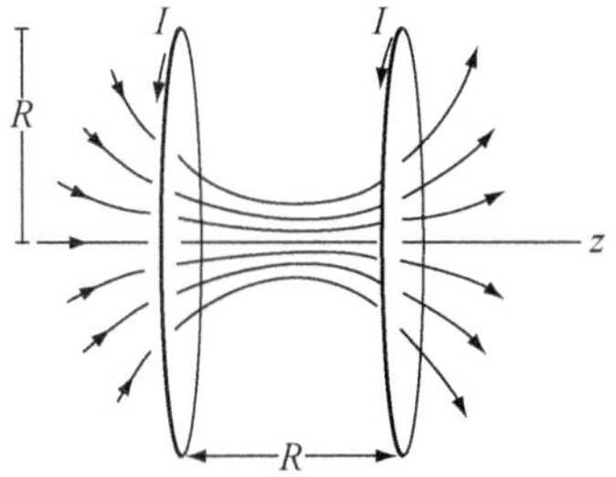

图 4.13 亥姆霍兹线圈的匀场区域

- **密绕载流螺线管的磁场**

参见图 4.14(a),一长直圆筒表面上密绕有 N 匝导线,并通以电流 I,而成为一个载流螺线管,它也是一个能使磁场得以集中和均匀化的器件.

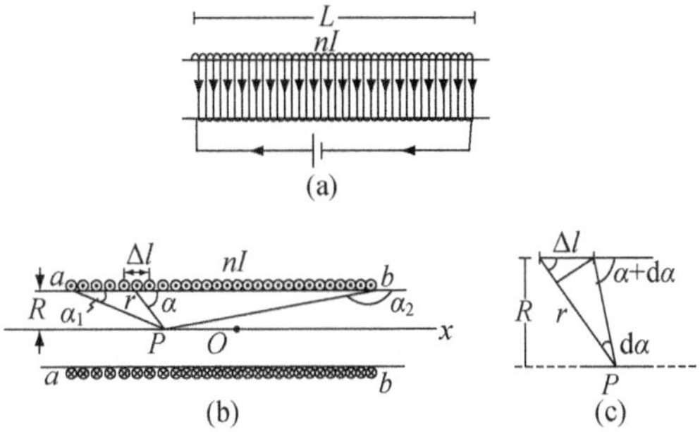

图 4.14 (a) 密绕载流螺线管;(b) 计算其轴上磁感 $B(P)$;(c) 局部放大以找出几何关系

借助载流圆线圈轴上磁感公式(4.7),可导出这螺线管轴上磁感 $B(P)$.设其绕线密度为 n(匝/米),电流强度为 I,这就相当于一层面电流运行于圆筒表面,其面电流密度为

$$i=nI,\quad (\mathrm{A/m})\tag{4.10}$$

取角度(α_1,α_2)用以标定场点位置,它俩分别为左端 a 点和右端 b 点指向 P 点的位矢与管面之夹角,参见图 4.14(b).在表面上沿轴向任取一微分线元 Δl,其含电流 $\Delta I=i\Delta l$,其与场点

距离为 r,作为一圆电流环,它在场点产生的磁感为

$$\Delta B(P) = k_{\mathrm{m}} \frac{2\pi R^2 \Delta I}{r^3} = k_{\mathrm{m}} \frac{2\pi R^2 i}{r^3} \Delta l,$$

注意到这些微分磁感 $\Delta\boldsymbol{B}$ 方向皆沿轴向,故总磁感值便等于 ΔB 的标量积分,即

$$B(P) = \int_a^b \mathrm{d}B = k_{\mathrm{m}} 2\pi R^2 i \int_a^b \frac{1}{r^3} \mathrm{d}l.$$

又注意到以下几何关系

$$\mathrm{d}l \cdot \sin\alpha = r\mathrm{d}\alpha, \quad \frac{R}{r} = \sin\alpha,$$

代入以上积分式而化简为

$$B(P) = k_{\mathrm{m}} 2\pi i \int_{\alpha_1}^{\alpha_2} \sin\alpha \mathrm{d}\alpha,$$

最终给出密绕螺线管轴上磁感应强度公式为

$$B(P) = k_{\mathrm{m}} 2\pi i(\cos\alpha_1 - \cos\alpha_2), \tag{4.10$'$}$$

或

$$B(P) = \frac{1}{2}\mu_0 i(\cos\alpha_1 - \cos\alpha_2) \quad \text{(国际单位制)}. \tag{4.11}$$

对于细长螺线管,其管径 R 远小于管长 L,即 $L \gg R$,由上式得到以下结果:

中段区域,$\alpha_1 \approx 0$,$\alpha_2 \approx \pi$,

$$B(\text{中部}) = \mu_0 i, \quad i = nI; \tag{4.11$'$}$$

管口附近,$\alpha_1 = \frac{\pi}{2}$,$\alpha_2 = \pi$,或 $\alpha_1 \approx 0$,$\alpha_2 = \frac{\pi}{2}$,

$$B(\text{管口}) = \frac{1}{2}\mu_0 i. \tag{4.11$''$}$$

可见,

$$B(\text{口}) = \frac{1}{2}B(\text{中}).$$

事实上,在管内中部一个相当宽的范围 Δx,磁感 $B(x)$ 几乎维持不变,只在接近管口时,$B(x)$ 变化才显著下降为一半,如图 4.15(a)所示.螺线管产生的磁场其在全空间分布的图象显示于图 4.15(b).从中看出,在管内中部存在一个明显的匀场区,在近管壁处磁感线才呈现枕形弯曲;而接近管口处,磁感线逐渐扩张,至管口外部 $\boldsymbol{B}$ 线明显散开;管壁外侧空间的磁场甚弱,仅有少量 $\boldsymbol{B}$ 线从管内漏出,俗称漏磁.特别在管壁外侧中点附近,其磁感值 B_0(外)≈ 0,而内侧 B_0(内)$\approx \mu_0 i$,可见这里发生了磁感值的突变(沿管壁切线方向),这是因为此处有面电流;凡经过面电流,其两侧的磁感值必有突变.

总之,一个密绕细长螺线管内部中段,存在一相当宽的准匀场区,对此的理论说明如下.对于一个具轴对称的矢量场 $\boldsymbol{B}$,若它在轴上一段范围为均匀场,则与此段对应的轴外横向邻近区域内,其 $\boldsymbol{B}$ 线不可能弯曲,进而由 $\nabla\cdot\boldsymbol{B}=0$,$\nabla\times\boldsymbol{B}=0$,可证认凡 $\boldsymbol{B}$ 线平行的区域,必定 B 值也不变.这类问题的分析方法和相应的数学工具,在静电学中已经学习到手.

最后,值得指出的一点是,一密绕细长载流螺线管,对磁场的强化和均匀化的性能,优于亥姆霍兹线圈.计算表明当 $R=1.0\ \mathrm{cm}$,$L=20\ \mathrm{cm}$,在 $x\in(-6\ \mathrm{cm},6\ \mathrm{cm})$ 范围内,$B(x)/B_0$

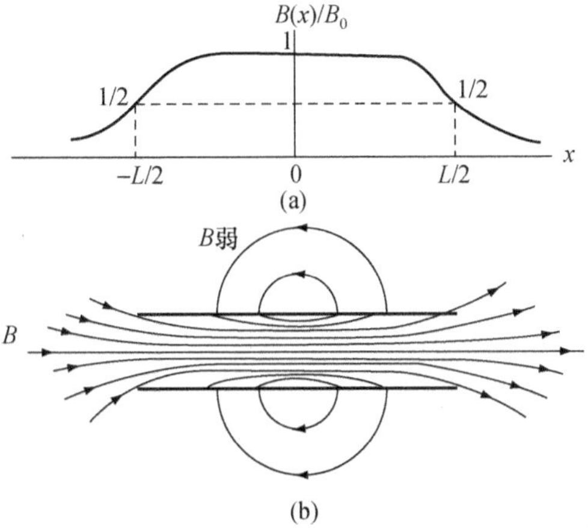

实际细长螺线管轴上磁场分布 $B(x)$；(b) 其磁感线空间分布全貌

$\geqslant 99\%$，这里 B_0 为中点 $x=0$ 处的磁感值. 其实，细长螺线管可以被看作众多对的亥姆霍兹线圈的连续密排，其中每对亥姆霍兹线圈的匀场区便因此得以延伸和加强.

总之，一载流螺线管作为一个磁场集中性元件，如同平行板电容器作为一个电场集中性元件，它广泛地应用于交流电路、电子线路、电机和电气工程中，在这类场合称它为电感线圈或绕组；载流螺线管内部中段，为样品磁性的精密测试提供了较大范围的均匀磁场区；下一章磁介质中常见的永久磁棒，就其产生的磁场而言，它可看作一个理想密绕的载流螺线管，其内外磁感 $\boldsymbol{B}$ 线空间图象，与这里图 4.15(b)雷同. 正是这几点联系，促使本书以上对载流螺线管的磁场特性给予了详细论述.

●【讨论】 对载流螺线管轴上磁感值均匀性的定量考察

参见图 4.16，设管口半径 $R=1.0\ \mathrm{cm}$，管长 $L=20\ \mathrm{cm}$.

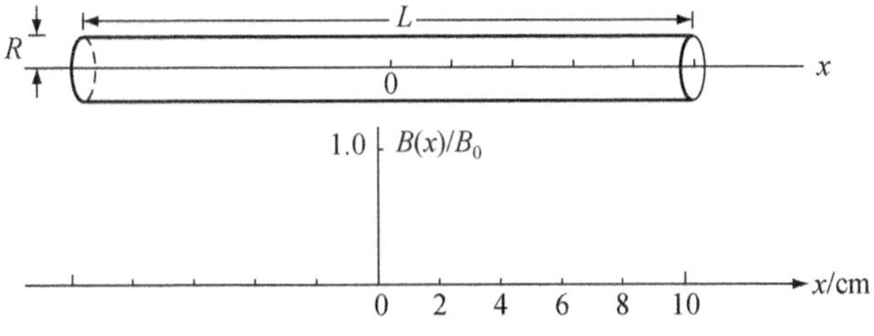

图 4.16 定量考察载流螺线管轴上磁场的均匀性

(1) 在轴上选取 5 个场点，算出磁感值之比率，

$$B_2/B_0,\quad B_4/B_0,\quad B_6/B_0,\quad B_8/B_0,\quad B_{10}/B_0.$$

(2) 据此画出 $B(x)$ 曲线.

(3) 确定比值在(1.0—0.95)时对应的范围 Δx，以及相应的 $\Delta x/L$ 值.

4.3　旋转带电体的磁场　正弦型球面电流的磁场

● 引言

旋转带电体造成的电流场及其磁效应,有理由值得人们关注.历史上,在奥斯特实验之后,有人曾将极化了的介质体旋转起来,以观察其近旁磁针的偏转;1872 年劳兰德证明了静电荷带在运动物体产生同样的磁作用.人们耳熟的地磁场其内源场由地球自转所导致,地磁内源场主要源于地球的液态外核,这里为熔融的铁和镍,故含有高浓度的自由电子和离子,它们随地球自转而产生强大的电流,因此产生了地磁内源场,它占有总地磁场的 90%左右;内源地磁场空间分布的主要特征与偶极子场相似,相当于在地心处有一个巨大磁性的磁棒所产生的磁场.

在这里,仅讨论两种情形,旋转均匀带电圆盘和旋转均匀带电球壳分别产生的磁场.

● 旋转均匀带电圆盘的磁矩和磁场

参见图 4.17(a),一均匀带电圆盘,半径为 R,面电荷分布为 σ,以恒定角速度 ω 绕 z 轴旋转,而造成一面电流.其面电流密度为

$$i(r)=\sigma\omega r\propto r\quad (参阅表 3.1),$$

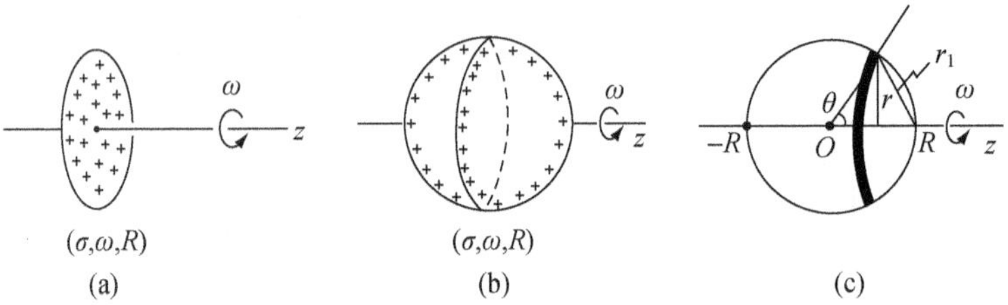

图 4.17　(a) 旋转带电圆盘;(b) 旋转带电球壳;(c)相关几何量

为考量其总磁矩,先计算$(r,r+\mathrm{d}r)$环流贡献的微分磁矩 $\mathrm{d}m$,

$$\mathrm{d}m=\pi r^2\mathrm{d}I=\pi r^2 i\mathrm{d}r=\pi\sigma\omega r^3\mathrm{d}r,$$

于是,该总磁矩为

$$m=\int_0^R\mathrm{d}m=\pi\sigma\omega\int_0^R r^3\mathrm{d}r=\frac{1}{4}\pi\sigma\omega R^4.$$

计其方向,表达为

$$\boldsymbol{m}=\frac{1}{4}\pi\sigma\omega R^4\hat{z}.\tag{4.12}$$

为求转轴上的磁感 $B(z)$,先写出$(r,r+\mathrm{d}r)$平面环流所贡献的微分磁感 $\mathrm{d}B$,

$$\mathrm{d}B(z)=k_{\mathrm{m}}\frac{2\pi r^{2}\mathrm{d}I}{(r^{2}+z^{2})^{3/2}},\quad \mathrm{d}I=i\mathrm{d}r=\sigma\omega r\mathrm{d}r,$$

$$\mathrm{d}B(z)=K\frac{r^{3}\mathrm{d}r}{(r^{2}+z^{2})^{3/2}},\quad K\equiv k_{\mathrm{m}}\cdot 2\pi\sigma\omega.$$

于是,总磁感为

$$B(z)=K\int_{0}^{R}\frac{r^{3}}{(r^{2}+z^{2})^{3/2}}\mathrm{d}r.$$

试作变量替换即换元法,以化解这积分式.

令 $u^2=r^2+z^2$,于是

$$r^{3}\mathrm{d}r=\frac{1}{2}r^{2}\mathrm{d}r^{2}=(u^{2}-z^{2})u\mathrm{d}u,$$

$$B(z)=K\int_{u_0}^{u_1}\frac{(u^{2}-z^{2})}{u^{3}}u\mathrm{d}u,\begin{cases}u_0(r=0)=z,\\ u_1(r=R)=\sqrt{R^{2}+z^{2}},\end{cases}$$

$$\begin{aligned}B(z)&=K\int_{u_0}^{u_1}\mathrm{d}u+K\int_{u_0}^{u_1}(-z^{2})u^{-2}\mathrm{d}u\\&=K\left[(\sqrt{R^{2}+z^{2}}-z)+z^{2}\left(\frac{1}{\sqrt{R^{2}+z^{2}}}-\frac{1}{z}\right)\right]\\&=K\left(\sqrt{R^{2}+z^{2}}+\frac{z^{2}}{\sqrt{R^{2}+z^{2}}}-2z\right),\end{aligned}$$

注意到括号内三项可以进一步简并,最终表达旋转均匀带电圆盘轴上磁感公式为

$$B(z)=K\frac{(\sqrt{R^{2}+z^{2}}-z)^{2}}{\sqrt{R^{2}+z^{2}}},\quad K=\frac{1}{2}\mu_0\sigma\omega. \tag{4.12$'$}$$

其方向沿角速度 $\boldsymbol{\omega}$ 方向,即沿 z 轴方向.这个 $B(z)$ 函数沿 z 轴急剧衰减.试看 $z=0,R,5R,10R$ 四处,其磁感值 B_0,B_1,B_5,B_{10} 的变化(以 B_0 值为参考):

$$B_0=KR,\quad \frac{B_1}{B_0}=\frac{(\sqrt{2}-1)^{2}}{\sqrt{2}}\approx 0.1213,$$

$$\frac{B_5}{B_0}=\frac{(\sqrt{26}-5)^{2}}{\sqrt{26}}\approx 0.0019,\quad \frac{B_{10}}{B_0}=\frac{(\sqrt{101}-1)^{2}}{\sqrt{101}}\approx 0.00025,$$

在 $(R/z)^2\ll 1$ 条件下,展开(4.12′)式,并作近似,简化为

$$\begin{aligned}B(z)&=K\frac{z^{2}\left[\left(1+\left(\frac{R}{z}\right)^{2}\right)^{\frac{1}{2}}-1\right]^{2}}{z}\\&=Kz\left[\frac{1}{2}\left(\frac{R}{z}\right)^{2}\right]^{2}=K\frac{1}{4}\frac{R^{4}}{z^{3}}\quad (K=k_{\mathrm{m}}2\pi\sigma\omega)\\&=k_{\mathrm{m}}2\left(\frac{1}{4}\pi\sigma\omega R^{4}\right)\frac{1}{z^{3}}=k_{\mathrm{m}}\frac{2m}{z^{3}}\quad\left(\text{磁矩 } m=\frac{1}{4}\pi\sigma\omega R^{4}\right).\end{aligned}\tag{4.12$''$}$$

这与期望的结果一致，反观之，以上对该转动圆盘磁矩的考量及其(4.12)式，是正确且有意义的.

● **旋转均匀带电球壳的磁矩和磁场(球内)**

参见图 4.17(b)，一均匀带电球壳(σ,R)，以恒定角速度 $\boldsymbol{\omega}$ 绕 z 轴旋转，从而造成一球面电流. 考量($\theta,\theta+\mathrm{d}\theta$)角间隔内的球面环带：

$$\text{宽度}\quad \mathrm{d}l = R\mathrm{d}\theta,\qquad \text{半径}\quad r = R\sin\theta,$$

$$\text{面电流密度}\quad i = \sigma\omega r = \sigma\omega R\sin\theta,\qquad \text{电流}\quad \mathrm{d}I = i\mathrm{d}l = \sigma\omega R^2\sin\theta\mathrm{d}\theta.$$

它贡献的微分磁矩为

$$\mathrm{d}m = \pi r^2\mathrm{d}I = \pi\sigma\omega R^4\sin^3\theta\cdot\mathrm{d}\theta,$$

于是，总磁矩为

$$m = \int_0^\pi \mathrm{d}m = \pi\sigma\omega R^4\int_0^\pi \sin^3\theta\mathrm{d}\theta,$$

最终给出旋转均匀带电球壳的磁矩公式为

$$\boldsymbol{m} = \frac{4}{3}\pi\sigma\omega R^4\hat{\boldsymbol{z}}. \tag{4.13}$$

借助圆线圈轴上磁感公式，先求出 $z=0$ 处即球心处的磁感 B_0，这个积分运算比较简单，因为任一环带与球心的距离均为 R，于是

$$B_0 = k_\mathrm{m}\int\frac{2\pi r^2\mathrm{d}I}{R^3} = k_\mathrm{m}\left(\frac{2\pi}{R^3}\right)\cdot\int_0^\pi(R^2\sin^2\theta)\cdot\sigma\omega R^2\sin\theta\mathrm{d}\theta$$

$$= k_\mathrm{m}(2\pi R\sigma\omega)\int_0^\pi\sin^3\theta\mathrm{d}\theta = k_\mathrm{m}(2\pi R\sigma\omega)\cdot\frac{4}{3}.$$

最终给出旋转均匀带电球壳在球心的磁感公式为

$$\boldsymbol{B}_0 = k_\mathrm{m}\cdot\frac{8\pi}{3}\sigma\omega R\hat{\boldsymbol{z}},\quad \text{或}\quad \boldsymbol{B}_0 = \frac{2}{3}\mu_0\sigma\omega R\hat{\boldsymbol{z}}. \tag{4.13'}$$

再试求 $z=R$ 处即球壳顶点的磁感 B_1，对此处的积分运算也比较简单，因为积分式分母中的 r_1^3 可表达如下，

$$r_1^2 = R^2 + R^2 - 2R^2\cos\theta = 2R^2(1-\cos\theta),$$

$$r_1^3 = [2R^2(1-\cos\theta)]^{3/2} = \sqrt{8}R^3(1-\cos\theta)^{3/2},$$

于是，

$$\begin{aligned}
B_1 &= k_\mathrm{m}\int\frac{2\pi r^2\mathrm{d}I}{r_1^3}\\
&= k_\mathrm{m}(2\pi R\sigma\omega)\frac{1}{\sqrt{8}}\int_0^\pi\frac{\sin^3\theta}{(1-\cos\theta)^{3/2}}\mathrm{d}\theta\\
&= K(-1)\int_0^\pi\frac{1-\cos^2\theta}{(1-\cos\theta)^{3/2}}\mathrm{d}\cos\theta\\
&= K(-1)\int_0^\pi\frac{1+\cos\theta}{(1-\cos\theta)^{1/2}}\mathrm{d}\cos\theta\quad\left(K = k_\mathrm{m}2\pi R\sigma\omega\frac{1}{\sqrt{8}}\right);
\end{aligned}$$

其中，第 1 项积分，

$$\int_{1}^{-1}(1-\cos\theta)^{-\frac{1}{2}}\mathrm{d}(\cos\theta)=(-1)\sqrt{8},$$

第 2 项积分，

$$\int_{1}^{-1}\cos\theta(1-\cos\theta)^{-\frac{1}{2}}\mathrm{d}(\cos\theta)=(-1)\frac{\sqrt{8}}{3},$$

$$第1项+第2项=(-)\frac{4\sqrt{8}}{3}.$$

最终给出旋转均匀带电球壳在球顶的磁感公式为

$$\boldsymbol{B}_1(z=\pm R)=k_{\mathrm{m}}\cdot\frac{8\pi}{3}\sigma\omega R\hat{z},$$

或

$$\boldsymbol{B}_1=\frac{2}{3}\mu_0\sigma\omega R\hat{z}. \tag{4.13''}$$

令人惊喜的是，两头球顶的磁感竟与球心的磁感相同. 据此有理由推测，对称轴上即 $z\in(-R,R)$ 这一段，各点磁感值均相同. 严格的积分求解也将得此结论，那里设场点 P 坐标为 z，于是，总磁感的积分表达式中，含于分母的 $r^3(P)$，可由三角余弦定理 $r^2(P)=R^2+z^2-2Rz\cos\theta$ 给出. 进而，由此及彼，由轴上及至轴外，磁感 $\boldsymbol{B}$ 线不可能弯曲，应是一族平行线，又进一步推断该区域内磁感 B 值亦是均匀的.

总之，一个重要结论已经得到：一旋转均匀带电球壳在壳内产生一均匀磁场，且为

$$\boldsymbol{B}(内)=\frac{2}{3}\mu_0\sigma\omega R\hat{z}. \tag{4.14}$$

● 正弦型球面电流的磁场（球内）

注意到这旋转带电体其产生的面电流密度为 $i(\theta)=\sigma\omega R\sin\theta\propto\sin\theta$，故上述重要结论可以等效表述为：一正弦型球面电流 $i(\theta)=i_0\sin\theta$，i_0 为任意常数（A/m），其在球面内产生一均匀磁场，且为

$$\boldsymbol{B}(内)=\frac{2}{3}\mu_0 i_0\hat{z}. \tag{4.14'}$$

无独有偶. 在静电学中已知悉，一余弦型球面电荷 $\sigma(\theta)=\sigma_0\cos\theta$，$\sigma_0$ 为任意常数（$\mathrm{C/m^2}$），其在球面内产生一均匀电场，且为

$$\boldsymbol{E}(内)=-\frac{1}{3\varepsilon_0}\sigma_0\hat{z}. \tag{4.14''}$$

两者相映成趣. 那里，也曾进一步由静电场边值关系，推定那余弦型球面电荷在球外的电场为一偶极场，且确定了位于球心处的等效偶极矩；这里，也将进一步由静磁场边值关系，推定这正弦型球面电流产生于球外的磁场为一偶极场，并将确定其等效磁矩. 这个问题留待下一节关于磁场边值关系之后继续讨论.

● **【讨论】 旋转余弦型球面电荷的磁场**

参见图 4.18,一余弦型球面电荷,以恒定角速度 $\boldsymbol{\omega}$ 绕 z 轴旋转,试求其轴上磁感 $B(z)$. 设其面电荷密度为 $\sigma(\theta)=\sigma_0\cos\theta$.

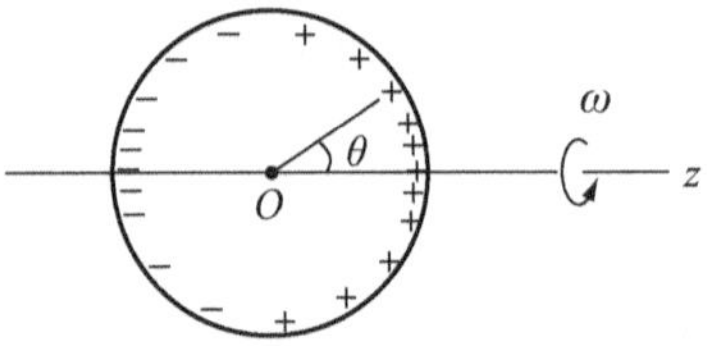

图 4.18　旋转余弦型球面电荷

提示　球心处 $B_0=0$,想来轴上磁感 $B(z)$并不均匀;试写出其积分表达式.

4.4　恒定磁场的通量定理与环路定理

- 恒定磁场通量定理
- 安培环路定理
- 特例验证安培环路定理
- 安培环路定理用以求出高度轴对称磁场
- 载流螺绕环的磁场
- 恒定磁场的散度与旋度　边值关系
- 恒定磁场基本定理一览表
- 讨论——一正弦型球面电流的磁场(球外)

● **恒定磁场通量定理**

本节将论述恒定磁场其空间分布所遵从的两个基本定理,即其通量定理和环路定理,及相应的散度方程和旋度方程,还有相应的静磁场边值关系,恒定磁场也称恒磁场,或称静磁场.

恒定磁场通量定理表述为,在磁场空间中,任意闭合面的磁感应通量恒为零,即

$$\oint\!\!\!\!\oint_{(\Sigma)} \boldsymbol{B}\cdot \mathrm{d}\boldsymbol{S}=0, \tag{4.15}$$

这表明,磁场空间中磁感 $\boldsymbol{B}$ 线都是闭合转圈的,无头无尾,无始无终.

这里分别采用两种方式,对磁场通量定理给出证明.

(1) 基于基元磁场磁感线的闭合性

参见前面图 4.5 和此处图 4.19(a),由电流 $I\mathrm{d}\boldsymbol{l}$ 或 $\boldsymbol{j}\,\mathrm{d}V$ 产生的基元磁场 $\mathrm{d}\boldsymbol{B}$,既具轴对称性,又具横场性,必致其磁感线是一族族同心圆周. 故,基元磁场 $\mathrm{d}\boldsymbol{B}$ 对空间中任意闭合曲面 Σ 的磁通量为零,即

$$\oint\!\!\!\!\oint_{(\Sigma)} \mathrm{d}\boldsymbol{B}\cdot \mathrm{d}\boldsymbol{S}=0.$$

那么,一宏观载流回路 L,是由众多电流元串接而成,既然每个 $\mathrm{d}\boldsymbol{B}$ 场对 Σ 磁通量为零,则总场 $\boldsymbol{B}$ 对 Σ 磁通亦必为零. 对此作简单的数学描写如下:总磁场为

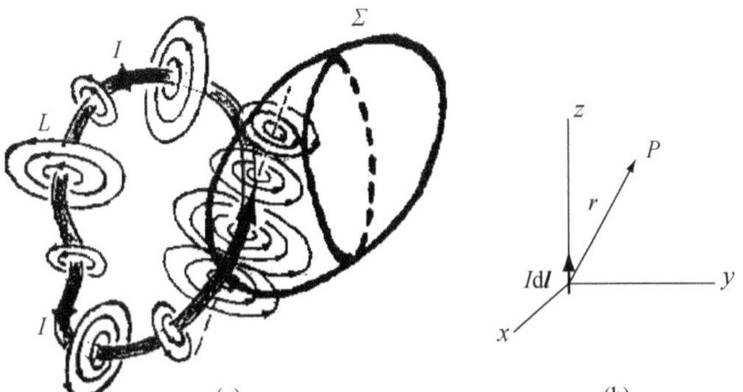

图 4.19 证明磁感应矢量场为无散场

(a) 基于基元磁场其 **B** 线的闭合性; (b) 考量基元磁场 d**B** 的散度

$$\boldsymbol{B}(\boldsymbol{r}) = \oint_{(L)} \mathrm{d}\boldsymbol{B}(\boldsymbol{r}),$$

相应的总磁通为

$$\oiint_{(\Sigma)} \boldsymbol{B} \cdot \mathrm{d}\boldsymbol{S} = \oiint_{(\Sigma)} \left(\oint_{(L)} \mathrm{d}\boldsymbol{B}\right) \cdot \mathrm{d}\boldsymbol{S} = \oint_{(L)} \left(\oiint_{(\Sigma)} \mathrm{d}\boldsymbol{B} \cdot \mathrm{d}\boldsymbol{S}\right)$$
$$= \oint_{(L)} (0) = 0.$$

(2) 微分法证明:基元磁场的散度处处为零

参见图 4.19(b),电流元 $I\mathrm{d}\boldsymbol{l}$ 产生的基元磁场为 $\mathrm{d}\boldsymbol{B}(\boldsymbol{r})$,为免符号上的麻烦,这里将其写作 $\boldsymbol{B}_0$,即

$$\boldsymbol{B}_0(x,y,z) = k_{\mathrm{m}} \frac{I\mathrm{d}\boldsymbol{l} \times \hat{\boldsymbol{r}}}{r^2} = k_{\mathrm{m}} I \frac{\mathrm{d}\boldsymbol{l} \times \boldsymbol{r}}{r^3}, \quad \left(注意 \frac{\hat{\boldsymbol{r}}}{r^2} = \frac{\boldsymbol{r}}{r^3}\right)$$

其中, $\mathrm{d}\boldsymbol{l} = \mathrm{d}l\boldsymbol{k}, \quad \boldsymbol{r} = x\boldsymbol{i} + y\boldsymbol{j} + z\boldsymbol{k}, \quad r^2 = x^2 + y^2 + z^2,$

这里,$(\boldsymbol{i},\boldsymbol{j},\boldsymbol{k})$分别为直角坐标系三个正交轴的单位矢量.

先算

$$\mathrm{d}\boldsymbol{l} \times \boldsymbol{r} = \begin{vmatrix} \boldsymbol{i} & \boldsymbol{j} & \boldsymbol{k} \\ 0 & 0 & \mathrm{d}l \\ x & y & z \end{vmatrix} = -\mathrm{d}l \cdot y\boldsymbol{i} + \mathrm{d}l \cdot x\boldsymbol{j} + 0 \cdot \boldsymbol{k},$$

即,基元磁场的三个分量为

$$B_{0x} = -k_{\mathrm{m}} I\mathrm{d}l \frac{y}{r^3}, \quad B_{0y} = k_{\mathrm{m}} I\mathrm{d}l \frac{x}{r^3},$$

$$B_{0z} = 0, \quad (体现了 \boldsymbol{B}_0 横场性)$$

进而运算

$$\frac{\partial B_{0x}}{\partial x} = -k_{\mathrm{m}} I\mathrm{d}l \cdot y \frac{\partial r^{-3}}{\partial x} = -k_{\mathrm{m}} I\mathrm{d}l \cdot y\left(-\frac{3}{2} r^{-5} \cdot 2x\right),$$

$$\frac{\partial B_{0y}}{\partial y}=k_{\mathrm{m}}I\mathrm{d}l\cdot x\frac{\partial r^{-3}}{\partial y}=k_{\mathrm{m}}I\mathrm{d}l\cdot x\left(-\frac{3}{2}r^{-5}\cdot 2y\right),$$

可见 $$\frac{\partial B_{0x}}{\partial x}+\frac{\partial B_{0y}}{\partial y}=0,\quad 且\quad B_{0z}=0,\quad \frac{\partial B_{0z}}{\partial z}=0.$$

最终确认基元磁场 $\boldsymbol{B}_0$ 的散度为零，即

$$\nabla\cdot\boldsymbol{B}_0=\frac{\partial B_{0x}}{\partial x}+\frac{\partial B_{0y}}{\partial y}+\frac{\partial B_{0z}}{\partial z}=0. \tag{4.15$'$}$$

既然基元磁场系无散场，那么，由磁场叠加原理即可确认任意电流场所产生的总磁场 $\boldsymbol{B}(\boldsymbol{r})$ 必定为无散场，

$$\nabla\cdot\boldsymbol{B}=0. \tag{4.15$''$}$$

再借助我们业已熟悉的数学场论中高斯公式，遂得闭合曲面 Σ 磁感通量的积分方程，

$$\oint\!\!\!\oint_{(\Sigma)}\boldsymbol{B}\cdot\mathrm{d}\boldsymbol{S}\equiv\iiint_{(V)}(\nabla\cdot\boldsymbol{B})\cdot\mathrm{d}V=0.$$

(3) 评述——联想及预言

上述两种证明方式均基于，电流元产生的基元磁场系闭合的无散场，虽然恒定的一个孤立电流元是不能真实存在的. 然而，交变的一个孤立电流元是可以真实出现的，那么，只要 $I(t)\mathrm{d}\boldsymbol{l}$ 或 $\boldsymbol{j}(t)\mathrm{d}V$ 产生磁场 $\boldsymbol{B}(\boldsymbol{r},t)$ 的规律，依然遵循毕奥-萨伐尔定律，则 $\nabla\cdot\boldsymbol{B}(\boldsymbol{r},t)=0$，依然成立. 简言之，磁场 $\boldsymbol{B}$ 系无散场的结论，并不受限于恒定磁场，它可以被直接推广到非恒定的交变情况，这是符合情理的. 在最终总结的普遍情形下麦克斯韦电磁场理论中，就是这样看待的，即(4.15)式和(4.15$''$)式成立.

- **安培环路定理**

既然磁场 $\boldsymbol{B}$ 线必定闭合，那么，$\oint\boldsymbol{B}\cdot\mathrm{d}\boldsymbol{l}$ 就有可能不为零，至少沿磁感 $\boldsymbol{B}$ 线绕一周 (L_0)，其环路积分值

$$\oint_{(L_0)}\boldsymbol{B}\cdot\mathrm{d}\boldsymbol{l}\neq 0.$$

恒定磁场环路定理表述为，磁感 $\boldsymbol{B}$ 对任意闭合曲线 L 的环路积分值，等于穿过以 L 为边沿之曲面 S 的所有电流代数和，再乘以 μ_0 因子. 即

$$\oint_{(L)}\boldsymbol{B}\cdot\mathrm{d}\boldsymbol{l}=\mu_0\sum_{(S)}I_i. \tag{4.16}$$

常称此定理为安培环路定理.

比如，图 4.20 显示的情形，对于选定的环路 L，有

$$\oint_{(L)}\boldsymbol{B}\cdot\mathrm{d}\boldsymbol{l}=\mu_0(I_2-I_3+I_4).$$

为了正确理解和应用安培环路定理，特作以下几点说明.

(1) 并不穿过 S 面的外部电流，不计入 $\sum I_i$，尽管这些外部电流对磁场 $\boldsymbol{B}$ 是有贡献

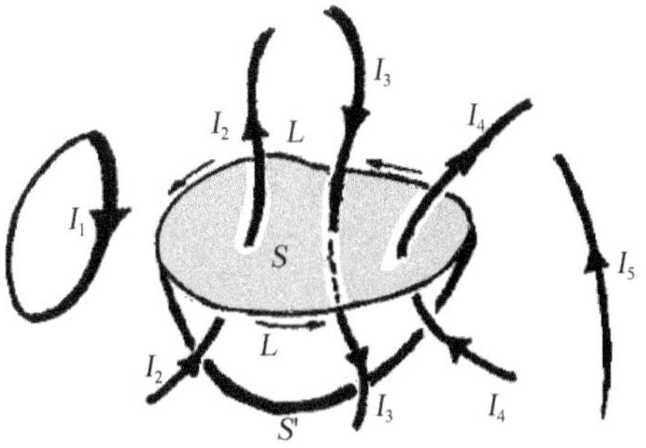

图 4.20 对安培环路定理的说明

的，但对环路积分值 $\oint_{(L)} \boldsymbol{B}\cdot \mathrm{d}\boldsymbol{l}$ 无贡献. 换言之，安培环路定理中的 $\boldsymbol{B}$ 是总磁场，并非仅是内部电流 $\sum I$ 产生的磁场.

(2) 穿过 S 面的电流 I，有的为正，有的为负，其定则是，环绕 L 方向作右手螺旋操作，若电流方向与大拇指之指向大体一致的，应取其为正；反之，若电流方向与大姆指之指向大体相反的，应取其为负.

(3) 须知，以 L 为边沿的曲面不是唯一的，可以说有无限多个曲面；正是恒定电流场的闭合性，保证了

$$\sum_{(S)} I_i = \sum_{(S')} I_i,$$

从而保证了安培环路定理(4.16)式在理论上的自洽性. 这同时提醒人们，安培环路定理中的磁场 $\boldsymbol{B}$，应该是整个载流回路产生的 $\boldsymbol{B}$，而不是其中某一段电流产生的 $\boldsymbol{B}$. 这也预示着，对于变化情形下的磁场 $\boldsymbol{B}(\boldsymbol{r},t)$，其环路定理不再维持(4.16)形式，届时磁场环路定理将有新的形式.

- **特例验证安培环路定理**

参见图 4.21，处于中心的那个黑点表示长直导线的电流 I 垂直纸面向上流动，那一圈圈同心圆周表示磁感 $\boldsymbol{B}$ 线. 任取一共面闭合环路 L 环绕导线，以考察其环路积分值. 注意到场点 P 处的磁感表达为

$$\boldsymbol{B}(\boldsymbol{r}) = \mu_0 \frac{I}{2\pi r}\hat{\boldsymbol{e}}, \quad (\hat{\boldsymbol{e}} \text{ 为该处切向单位矢量})$$

而环路上微分位移 $\mathrm{d}\boldsymbol{l}$ 对圆心所张平面角为

$$\mathrm{d}\varphi = \frac{\mathrm{d}s}{r} = \frac{\mathrm{d}l\cdot\cos\theta}{r}, \quad \text{即} \quad \mathrm{d}l\cdot\cos\theta = r\mathrm{d}\varphi,$$

于是，

$$\begin{aligned}\boldsymbol{B}\cdot\mathrm{d}\boldsymbol{l} &= B\cos\theta\mathrm{d}l \\ &= \mu_0 \frac{I}{2\pi r} r\,\mathrm{d}\varphi = \mu_0 I \frac{1}{2\pi}\mathrm{d}\varphi,\end{aligned}$$

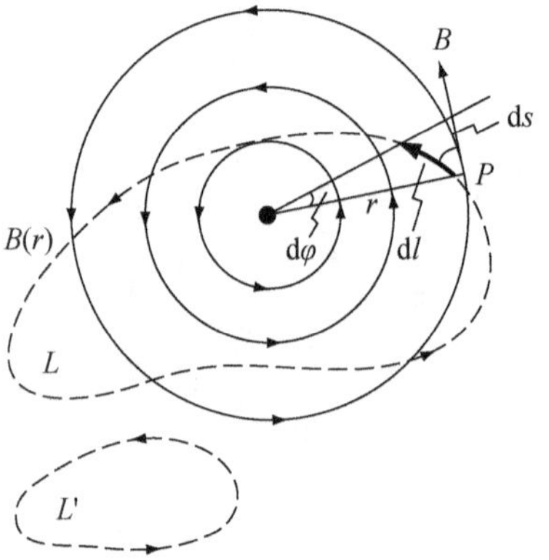

图 4.21 以载流长直导线为例验证安培环路定理

则

$$\oint_{(L)} \boldsymbol{B} \cdot \mathrm{d}\boldsymbol{l} = \mu_0 I \frac{1}{2\pi} \oint_{(L)} \mathrm{d}\varphi,$$

由几何学知悉，一平面上有向闭合曲线对平面内一点 O 所张平面角为

$$\oint_{(L)} \mathrm{d}\varphi = \begin{cases} 2\pi, & \text{当 } O \text{ 点在 } L \text{ 围圈内；} \\ 0, & \text{当 } O \text{ 点在 } L \text{ 围圈外.} \end{cases}$$

最后得

$$\oint_{(L)} \boldsymbol{B} \cdot \mathrm{d}\boldsymbol{l} = \mu_0 I, \quad \oint_{(L')} \boldsymbol{B} \cdot \mathrm{d}\boldsymbol{l} = 0,$$

这正是此场合下安培环路定理所表述的内容.

对于安培环路定理的普遍证明，本课程不予要求. 另一个特例验证，可以选择载流圆线圈，由其轴上 $B(z)$ 函数的积分值予以验证.

● 安培环路定理用以求出高度轴对称磁场

借鉴静电场通量定理可以求出三类高度对称性的电场分布，可以预料，应用安培环路定理也能求出某种高度对称性的磁场. 不过，对于磁场不存在球对称性：因为球对称的矢量场必为径向场，若磁场 $\boldsymbol{B}(\boldsymbol{r})$ 具有球对称的径向分布，则必定违背磁场通量定理；其结论是，球对称的磁场必为零，即 $\boldsymbol{B}(\boldsymbol{r})=0$.

下面应用安培环路定理求出高度轴对称的磁场.

(1) 载流长直圆筒的磁场

参见图 4.22(a)，一载流长直圆筒，半径为 R，电流为 I，这是一层面电流，其电流密度为

$$i = \frac{I}{2\pi R}, \quad (\mathrm{A/m})$$

先分析其对称性. 轴距为 r 之圆周上各点其磁感 $B(r)$ 相等，即磁感值 B 与 (φ, z) 无关；$\boldsymbol{B}(\boldsymbol{r})$ 方向与轴距矢量 $\boldsymbol{r}$ 正交，即 $\boldsymbol{B}$ 沿圆周切线方向，无径向分量，与电流方向构成右手螺旋关系，如图 4.22(b)所示. 换言之，这载流长直圆筒的磁场具有高度轴对称性，而一段载流直导线的磁场仅具低度轴对称性，因为其 $\boldsymbol{B}(\boldsymbol{r}, z)$ 与沿轴坐标 z 有关. 据此，取闭合环路 L 沿磁感 $\boldsymbol{B}$

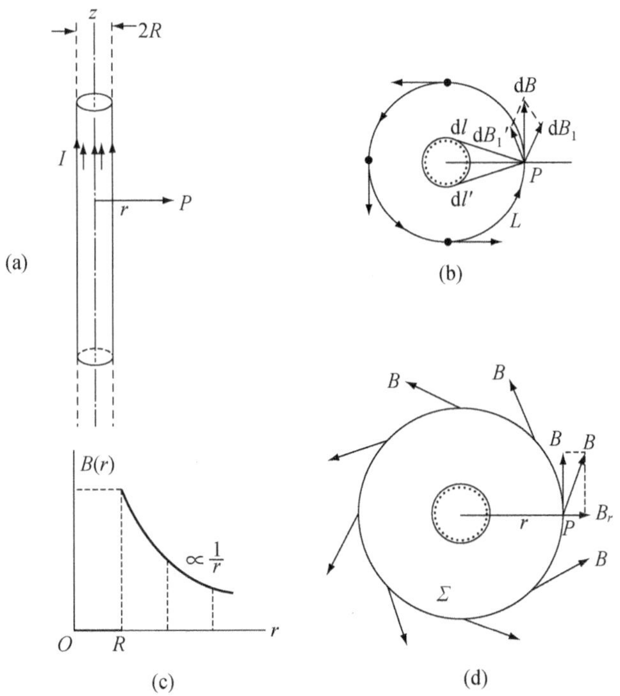

图 4.22 (a) 载流长直圆筒;(b) 具体分析 **B** 无径向分量;
(c) 经圆筒表面磁感 $B(r)$ 值突变;(d) 说明径向分量的存在必违背 **B** 的通量定理

线,它是一个半径为 r 的圆周,有

$$\oint_{(L)} \boldsymbol{B} \cdot \mathrm{d}\boldsymbol{l} = \oint_{(L)} B \mathrm{d} l = B \oint_{(L)} \mathrm{d} l = B \cdot 2\pi r.$$

又根据安培环路定理,有

$$\oint_{(L)} \boldsymbol{B} \cdot \mathrm{d}\boldsymbol{l} = \mu_0 \sum I = \begin{cases} \mu_0 I, & \text{当 } r > R, \\ 0, & \text{当 } r < R, \end{cases}$$

最后得

$$B(r) = \begin{cases} \mu_0 \dfrac{I}{2\pi r}, & \text{当 } r > R; \\ 0, & \text{当 } r < R. \end{cases} \tag{4.17}$$

磁感随轴距变化曲线显示于图 4.22(c).注意到该载流圆筒表面两侧之磁感值有了突变,

$$\text{外侧,}\quad B(R^+) = \mu_0 \frac{I}{2\pi R} = \mu_0 i,$$

$$\text{内侧,}\quad B(R^-) = 0,$$

即

$$B(R^+) - B(R^-) = \mu_0 i.$$

随后将给出普遍证明,凡经过面电流之表面,磁感切向分量将有突变,且$(B_{2t} - B_{1t}) = \mu_0 i$.

图 4.22(d)试图说明,在半径为 r 之圆周上,先假设各点 $\boldsymbol{B}$ 皆以相同角度相对切线方向而倾斜,这并不违背轴对称性;如是,则有径向分量 $B_r\neq0$,那么,以半径为 r 的圆平面作底,可构成一个厚度为 Δz 的扁盒子 Σ,其磁通

$$\oiint \boldsymbol{B}\cdot d\boldsymbol{S}=\oiint B_r dS=B_r\oiint dS=(2\pi r\Delta z)B_r\neq0,$$

这就违背了磁场通量定理 $\oiint \boldsymbol{B}\cdot d\boldsymbol{S}=0$. 换言之,我们可以采取如此高明的方法,以判定本场合磁感 $\boldsymbol{B}$ 线必沿圆周切线方向,无径向分量.

(2) 载流长直圆柱的磁场

参见图 4.23(a),一载流长直圆柱其截面半径为 R,通以电流 I,即其体电流密度为

$$j=\frac{I}{\pi R^2}. \qquad (\mathrm{A/m^2})$$

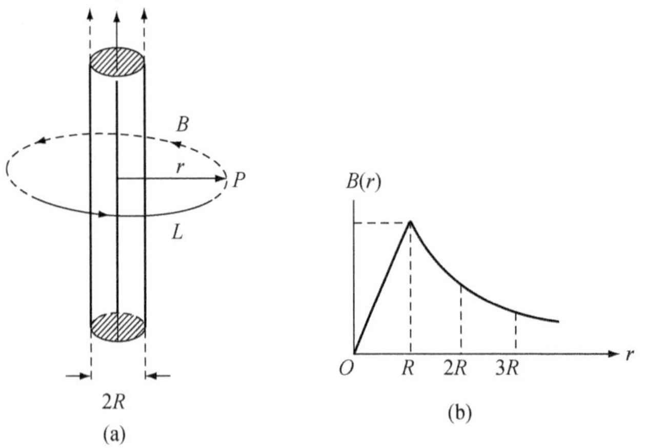

图 4.23　(a) 载流长直圆柱;(b) 其磁感随轴距变化

它产生的磁场与载流长直圆筒的磁场之区别,仅在于体内其磁感不为零,因为其体内安培环路 L 包容有电流. 据安培环路定理,有

$$\oint_{(L)}\boldsymbol{B}\cdot d\boldsymbol{l}=\mu_0\sum I=\begin{cases}\mu_0 I, & \text{当 } r\geqslant R;\\ \mu_0(\pi r^2)j, & \text{当 } r\leqslant R.\end{cases}$$

另一方面,由 $\boldsymbol{B}(r)$之高度对称性及其方向沿环路 L 切向,有

$$\oint_{(L)}\boldsymbol{B}\cdot d\boldsymbol{l}=B(r)\cdot 2\pi r.$$

最终得

$$B(r)=\begin{cases}\mu_0\dfrac{I}{2\pi r},\ \propto\dfrac{1}{r}, & \text{当 } r\geqslant R;\\ \mu_0\dfrac{I}{2\pi R^2}r,\ \propto r, & \text{当 } r\leqslant R.\end{cases} \qquad (4.17')$$

其随轴距 r 的变化曲线显示于 4.23(b). 可见,对于体电流区域. 其体表两侧磁感 $\boldsymbol{B}$ 场

是不会突变的.

- **载流螺绕环的磁场**

参见图 4.24,螺绕环正截面的形状或圆形或方形或其它,它相当于将长直螺线管的两端面对接而弯成一闭合圆圈,以与闭合的磁感 **B** 线匹配;故它对磁场的集中和强化更优于螺线管,其环外的漏磁更少,即使它并非密绕,亦是如此.

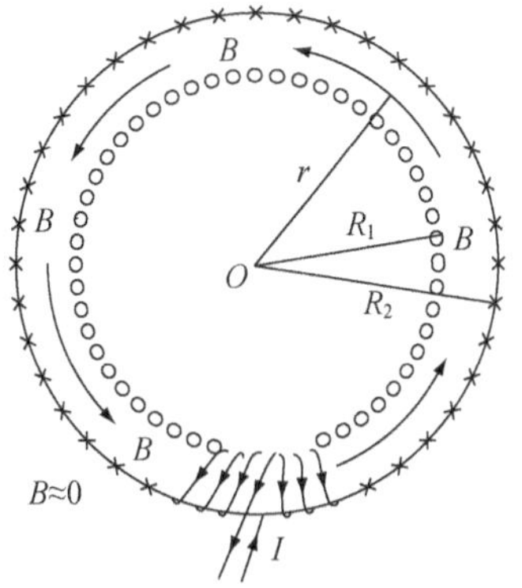

图 4.24 载流螺绕环
"×"表示电流方向为纸面向里,
"○"表示电流方向为纸面向外

设其线电流为 I,线匝数为 N,环轴即对称轴为 O 轴(垂直纸面),则轴距为 r 的圆周正是一圈 **B** 线,其上各处的 B 值相等,于是

$$\oint_{(L)} \boldsymbol{B}\cdot \mathrm{d}\boldsymbol{l} = 2\pi r B(r),\quad \oint_{(L)} \boldsymbol{B}\cdot \mathrm{d}\boldsymbol{l} = \mu_0 NI,$$

得

$$B(r) = \mu_0 \frac{NI}{2\pi r}. \tag{4.18}$$

可见,这螺绕环正截面上各处的磁感值是不相等的,与其轴距 r 有关.当其截面很小,即

$$\Delta R = (R_2 - R_1) \ll R_1, R_2,$$

可作以下近似:

$$绕线密度\ n \approx \frac{N}{2\pi \overline{R}},\quad \frac{NI}{2\pi r} \approx \frac{NI}{2\pi \overline{R}},$$

即

$$B \approx \mu_0 n I. \tag{4.18$'$}$$

这个结果与长直密绕螺线管内部磁感公式相同.

有意思的是,若将载流长直导线、圆线圈、一对圆线圈即亥姆霍兹线圈、长直螺线管和螺旋环联系起来作个比较,就会意识到其相应的磁场将越来越集中而得以强化,尤其是那连续密排的载流线圈,对磁感线有着明显的约束和引导作用,而使自己成为一个磁感应管,其管外的漏磁很弱,如图 4.25 所示.若其间填充有铁芯,则这种约束和引导效果将更强烈.

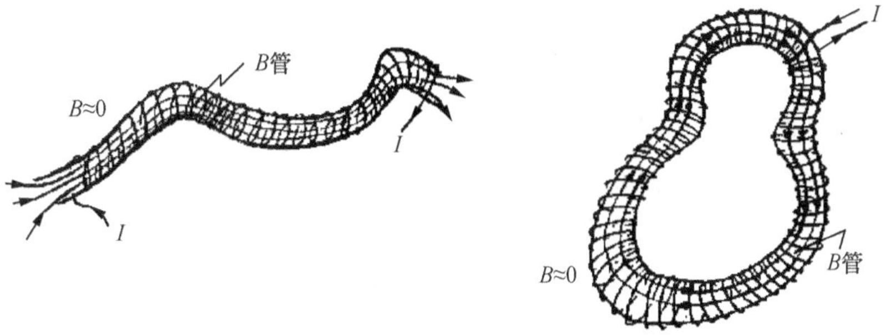

图 4.25 任意形状的螺线管或螺绕环均成为磁感应管

● 恒定磁场的散度与旋度 边值关系

由恒定磁场的通量定理和安培环路定理，

$$\oiint \boldsymbol{B}\cdot \mathrm{d}\boldsymbol{S}=0,\quad \oint \boldsymbol{B}\cdot \mathrm{d}\boldsymbol{l}=\mu_0\sum I \quad 或 \quad \oint \boldsymbol{B}\cdot \mathrm{d}\boldsymbol{l}=\mu_0\iint \boldsymbol{j}\cdot \mathrm{d}\boldsymbol{S},$$

再借助数学场论中的高斯公式和斯托克斯公式，就能方便地获得反映恒定磁场在空间逐点变化所遵循的微分方程，

$$散度方程\quad \nabla\cdot \boldsymbol{B}=0; \tag{4.19}$$

$$旋度方程\quad \nabla\times \boldsymbol{B}=\mu_0\boldsymbol{j}. \tag{4.19$'$}$$

故，恒定磁场系无散有旋场，亦称其为无源有旋场，自然产生磁场的源电流总是有的. 对于源电流区以外的广大无源空间，$\boldsymbol{j}=0$，于是 $\nabla\times\boldsymbol{B}=0$；正如，对于源电荷区以外的广大无源空间，$\rho=0$，有 $\nabla\times\boldsymbol{E}=0$. 因此，在这些广大无源空间，$\boldsymbol{E}$,$\boldsymbol{B}$ 的微分方程是一样的：

$$\begin{cases}\nabla\cdot \boldsymbol{E}=0,\\ \nabla\times \boldsymbol{E}=0;\end{cases}\quad \begin{cases}\nabla\cdot \boldsymbol{B}=0,\\ \nabla\times \boldsymbol{B}=0.\end{cases} \tag{4.20}$$

然而，当边界面上出现面电流 $\boldsymbol{i}$ 时，这相当于此处 $\boldsymbol{j}\to\infty$，磁场经界面将会突变，从而微商操作失灵，使微分方程失效，代之以磁场边值关系，用以反映磁场突变规律.

恒定磁场边值关系有两条，

$$\begin{cases}B_{2n}-B_{1n}=0, & (磁感法向分量连续) & (4.21)\\ B_{2t}-B_{1t}=\mu_0 i, & (磁感切向分量突变) & (4.21')\end{cases}$$

这里，法向 $\hat{\boldsymbol{n}}$ 约定为点 1 指向点 2，$\boldsymbol{i}$ 为当地的面电流密度. 这两条边值关系分别是磁场通量定理和安培环路定理在界面电流处的具体表现. 在面电流密度为 $\boldsymbol{i}$ 的面元 ΔS 之两侧，作一个小扁盒子，对其应用通量定理便得(4.21)式；在面元 ΔS 两侧作一个窄小矩形框，其环路方向按右手定则指向面电流 $\boldsymbol{i}$，对其应用安培环路定理便得(4.21$'$). 值得指出的是，面元 ΔS 的法线是唯一的，而其切向是不唯一的；(4.21$'$)式中的切向是一特定方向，即 $\hat{\boldsymbol{t}}/\!/(\boldsymbol{i}\times\hat{\boldsymbol{n}})$.

值得注意的是，那边值关系式中的 B_n 或 B_t 是总磁感 $\boldsymbol{B}$ 的两个正交分量，并非仅是(ΔS,$\boldsymbol{i}$)所产生的磁感. 的确，(ΔS,$\boldsymbol{i}$)对其两侧的磁感是有贡献的，可由无限大面电流情形处理，分别求得

$$\boldsymbol{B}_2(\Delta S)=\boldsymbol{B}_{2t}(\Delta S)=\frac{1}{2}\mu_0\boldsymbol{i}\times\hat{\boldsymbol{n}},\quad B_{2n}(\Delta S)=0;$$

$$\boldsymbol{B}_1(\Delta S)=\boldsymbol{B}_{1t}(\Delta S)=-\frac{1}{2}\mu_0\boldsymbol{i}\times\hat{\boldsymbol{n}},\quad B_{1n}(\Delta S)=0.$$

正是这两者的反向，导致总磁感 $\boldsymbol{B}$ 经界面的突变(4.21$'$)式.

以载流长直圆筒为例，业已获知，

$$\boldsymbol{B}(R^+)=\mu_0\boldsymbol{i}\times\hat{\boldsymbol{n}},\quad \boldsymbol{B}(R^-)=0.$$

而圆筒当地(ΔS,$\boldsymbol{i}$)仅提供$\frac{1}{2}\mu_0 i$，可见，还有$\frac{1}{2}\mu_0 i$ 是圆筒其它所有面电流贡献的. 对此数学描写如下，

$$\boldsymbol{B}(R^+,\text{总}) = \boldsymbol{B}(R^+,\Delta S) + \boldsymbol{B}(R^+,\text{其它}),$$

故

$$\begin{aligned}\boldsymbol{B}(R^+,\text{其它}) &= \boldsymbol{B}(R^+,\text{总}) - \boldsymbol{B}(R^+,\Delta S)\\ &= \mu_0 \boldsymbol{i}\times\hat{\boldsymbol{n}} - \frac{1}{2}\mu_0\boldsymbol{i}\times\hat{\boldsymbol{n}} = \frac{1}{2}\mu_0\boldsymbol{i}\times\hat{\boldsymbol{n}};\end{aligned}$$

也正是这 $\boldsymbol{B}(R^+,\text{其它})$的存在抵消了 $\boldsymbol{B}(R^-,\Delta S)$，以致筒内磁感 $\boldsymbol{B}(R^-,\text{总})$为零. 须知

$$\boldsymbol{B}(R^+,\text{其它}) = \boldsymbol{B}(R,\text{其它}) = \boldsymbol{B}(R^-,\text{其它}),$$

即，其它所有面电流在 ΔS 处所贡献的 $\boldsymbol{B}$ 是连续的，并无突变. 于是，

$$\begin{aligned}\boldsymbol{B}(R^-,\text{总}) &= \boldsymbol{B}(R^-,\text{其它}) + \boldsymbol{B}(R^-,\Delta S)\\ &= \boldsymbol{B}(R^+,\text{其它}) + \left(-\frac{1}{2}\mu_0\boldsymbol{i}\times\hat{\boldsymbol{n}}\right)\\ &= \frac{1}{2}\mu_0\boldsymbol{i}\times\hat{\boldsymbol{n}} - \frac{1}{2}\mu_0\boldsymbol{i}\times\hat{\boldsymbol{n}} = 0.\end{aligned}$$

这磁感 $\boldsymbol{B}(R,\text{其它})$的重要意义还在于，它直接决定了载流圆筒表面元($\Delta S,\boldsymbol{i}$)所受的安培力，

$$\Delta\boldsymbol{F} = \boldsymbol{i}\Delta S\times\boldsymbol{B}(R,\text{其它}) = \boldsymbol{i}\Delta S\times\left(\frac{1}{2}\mu_0\boldsymbol{i}\times\hat{\boldsymbol{n}}\right),$$

即，这安培力面密度为

$$\frac{\Delta\boldsymbol{F}}{\Delta S} = \frac{1}{2}\mu_0 i^2(-\hat{\boldsymbol{n}}), \quad (\text{N/m}^2) \tag{4.22}$$

注意

$$\boldsymbol{i}\times(\boldsymbol{i}\times\hat{\boldsymbol{n}}) \,/\!/\, (-\hat{\boldsymbol{n}}),$$

这是一个指向圆筒轴的挤压力.

● 恒定磁场基本定理一览表

将恒定磁场基本定理与静电场基本定理并排一览，颇有意思和意义，从中看出两者的区别，一种属于互补对称性的区别.

	恒定磁场	静电场
积分形式	$\begin{cases}\oiint \boldsymbol{B}\cdot\mathrm{d}\boldsymbol{S} = 0,\\ \oint \boldsymbol{B}\cdot\mathrm{d}\boldsymbol{l} = \mu_0\sum I = \mu_0\iint \boldsymbol{j}\cdot\mathrm{d}\boldsymbol{S}.\end{cases}$	$\begin{cases}\oiint \boldsymbol{E}\cdot\mathrm{d}\boldsymbol{S} = \frac{1}{\varepsilon_0}\sum q = \frac{1}{\varepsilon_0}\iiint \rho\mathrm{d}V,\\ \oint \boldsymbol{E}\cdot\mathrm{d}\boldsymbol{l} = 0.\end{cases}$
图象	 闭合电流线与闭合磁感线彼此套连	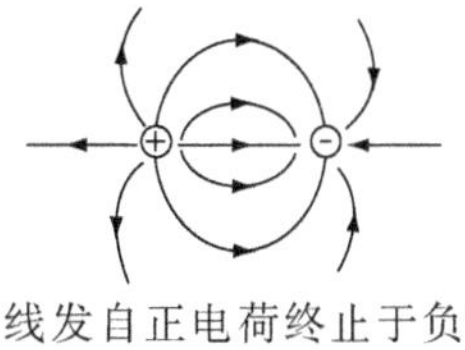 电场线发自正电荷终止于负电荷

（续表）

	恒定磁场	静电场
微分形式	$\begin{cases}\nabla\cdot\boldsymbol{B}=0,\\ \nabla\times\boldsymbol{B}=\mu_0\boldsymbol{j}.\end{cases}$ 无散有旋场	$\begin{cases}\nabla\cdot\boldsymbol{E}=\dfrac{1}{\varepsilon_0}\rho,\\ \nabla\times\boldsymbol{E}=0,\end{cases}$ 有散非旋场
边值关系	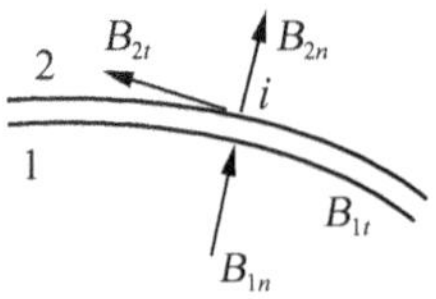 $\begin{cases}B_{2n}-B_{1n}=0,\\ B_{2t}-B_{1t}=\mu_0 i.\end{cases}$	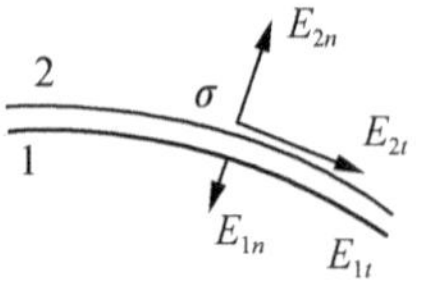 $\begin{cases}E_{2n}-E_{1n}=\dfrac{\sigma}{\varepsilon_0},\\ E_{2t}-E_{1t}=0.\end{cases}$
相应的势场	磁矢势 $A(\boldsymbol{r})$， $\boldsymbol{B}=\nabla\times\boldsymbol{A}$； 微分方程　$\nabla^2\boldsymbol{A}=-\mu_0\boldsymbol{j}$， $\nabla^2\boldsymbol{A}=0$，无源空间.	电势 $U(\boldsymbol{r})$， $\boldsymbol{E}=-\nabla U$； 微分方程　$\nabla^2 U=-\dfrac{1}{\varepsilon_0}\rho$， $\nabla^2 U=0$，无源空间.

● **【讨论】　一正弦型球面电流的磁场(球外)**

参见图 4.26(a)，一球面电流沿 z 轴对称运行，其面电流密度函数为 $i(\theta)=i_0\sin\theta$，这类正弦型球面电流是一个重要典型，有多种场合可呈现这类电流场. 比如，4.3 节涉及的旋转均匀带电球壳的电流场就是一例，那里 $i_0=\sigma\omega R$，且已证认，其产生于球内的磁场为一均匀场，

$$\boldsymbol{B}_{内}=\frac{2}{3}\mu_0 i_0\hat{\boldsymbol{z}}.$$

在此本题进一步讨论其球外磁场 $\boldsymbol{B}_{外}(\theta)$.

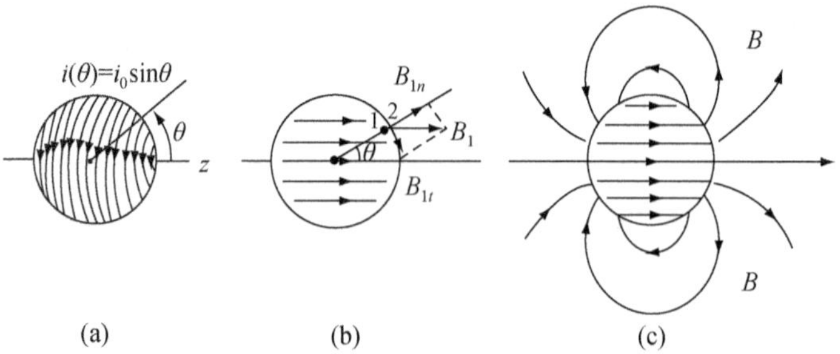

图 4.26　(a) 正弦型球面电流；(b) 应用边值关系；(c) 全空间磁场图象——球内为均匀场，球外为偶极场

提示 参见图 4.26(b),作为边界的完整球面,其球内一侧的 $\boldsymbol{B}_1(\theta)$ 已求得,而此处 (R,θ) 的面电流密度 $i(\theta)$ 也已知,那么其另一侧的 $\boldsymbol{B}_2(\theta)$ 便可由恒磁场边值关系导出,

$$\begin{cases} B_{2n}(\theta) = B_{1n} = B_1\cos\theta = \dfrac{2}{3}\mu_0 i_0\cos\theta, \\ B_{2t}(\theta) = \mu_0 i + B_{1t} = \mu_0 i_0\sin\theta + (-B_1\sin\theta) = \dfrac{1}{3}\mu_0 i_0\sin\theta. \end{cases}$$

可以看出,这 $\boldsymbol{B}_2(\theta)$ 的两个正交分量随 θ 变化的特点,恰巧与偶极子的类似,即其径向分量与横向分量分别为

$$\begin{cases} B_{2n}(\theta,R^+) = \dfrac{1}{3}\mu_0 i_0 R^3\,\dfrac{2\cos\theta}{R^3}, \\ B_{2t}(\theta,R^+) = \dfrac{1}{3}\mu_0 i_0 R^3\,\dfrac{\sin\theta}{R^3}. \end{cases} \tag{4.23}$$

由此及彼,从球面延拓到球外,有理由断定,与此边条件相应的球外磁场系一磁矩 $\boldsymbol{m}_{\text{eff}}$ 产生的偶极场,

$$\boldsymbol{B}_{外}(\theta,r):\begin{cases} B_r(\theta,r) = \dfrac{\mu_0}{4\pi}\cdot\dfrac{2m_{\text{eff}}\cos\theta}{r^3} \quad (r>R); \\ B_\theta(\theta,r) = \dfrac{\mu_0}{4\pi}\cdot\dfrac{m_{\text{eff}}\sin\theta}{r^3}. \end{cases} \tag{4.23$'$}$$

这等效磁矩位于球心,且为

$$\boldsymbol{m}_{\text{eff}} = \frac{4\pi}{3}R^3 i_0\hat{\boldsymbol{z}}, \tag{4.23$''$}$$

它正是(4.13)式给出的旋转均匀带电球壳的磁矩,亦即正弦型球面电流场的磁矩.

这个解(4.23′)式既满足无源空间的场方程 $\nabla\cdot\boldsymbol{B}=0$, $\nabla\times\boldsymbol{B}=0$,又满足边条件(4.23)式,它必定正确,且唯一正确.

联想,在静电学一章,我们饶有兴味地研究了一余弦型球面电荷的电场,其结果是,球内为一均匀电场,球外为一偶极电场,其等效偶极矩 $\boldsymbol{p}_{\text{eff}}$ 为 $(4\pi R^3\sigma_0/3)$;这与上述研究的一正弦型球面电流的磁场,多么类同.一个为余弦型球面电荷,一个为正弦型球面电流,而各自产生的电场或磁场,却如此惊人地相似;余弦型与正弦型,均匀场与偶极场.人类怎能不感慨电磁世界的这等和谐与美妙.

4.5 磁矢势 A-B效应

- 磁矢势 $\boldsymbol{A}(\boldsymbol{r})$ 的引入
- A-B 效应
- 磁矢势的不唯一性
- 磁矢势的物理意义
- 特例验证磁矢势的积分表达式
- 说明

● 磁矢势 $\boldsymbol{A}(\boldsymbol{r})$ 的引入

先回顾一下静电场电势函数引入的概念过程.静电场 $\boldsymbol{E}(\boldsymbol{r})$ 对应着一个标量电势场

$U(\boldsymbol{r})$，这基于：

$$\text{物理上证认了静电场是一个非旋场，} \nabla \times \boldsymbol{E} = 0; \tag{4.24}$$

$$\text{数学场论中有一个恒等式，} \nabla \times \nabla \varphi(\boldsymbol{r}) = 0, \tag{4.24$'$}$$

即任何一个标量场的梯度场，必定是一个非旋场. 于是，可以令

$$\boldsymbol{E} = -\nabla U, \tag{4.24$''$}$$

即，静电场强 $\boldsymbol{E}$ 可以被看作某一标量场 U 的负梯度，称 U 为电势. 鉴于由库仑定律确定的场强 $\boldsymbol{E}$ 与源电荷 $\rho \mathrm{d}V$ 的关系为

$$\boldsymbol{E}(\boldsymbol{r}) = k_{\mathrm{e}} \iiint \frac{\rho \hat{\boldsymbol{r}}_0}{r_0^2} \mathrm{d}V; \quad (\boldsymbol{r}_0 = \boldsymbol{r} - \boldsymbol{r}') \tag{4.24$'''$}$$

可以由(4.24″)式导出其相应的电势与源电荷的关系为

$$U(\boldsymbol{r}) = k_{\mathrm{e}} \iiint \frac{\rho}{r_0} \mathrm{d}V. \quad (r_0 = |\boldsymbol{r} - \boldsymbol{r}'|) \tag{4.24$''''$}$$

换言之，与静电场作为一个非旋场对应的电势函数 $U(\boldsymbol{r})$，不是随意写出来的一个标量场. 参见图 4.27(a).

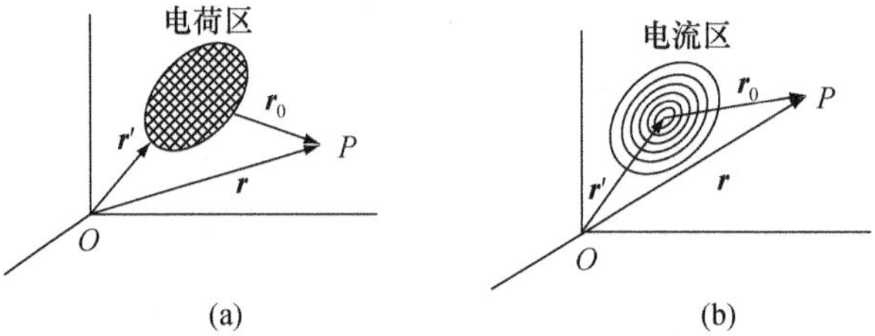

图 4.27　(a) 电荷区决定 $\boldsymbol{E}$ 与 U；(b) 电流区决定 $\boldsymbol{B}$ 与 $\boldsymbol{A}$

对于磁场 $\boldsymbol{B}(\boldsymbol{r})$，可以引入一个矢量势 $\boldsymbol{A}(\boldsymbol{r})$，这基于：

$$\text{物理上证认了磁场是一个无散场，} \nabla \cdot \boldsymbol{B} = 0, \tag{4.25}$$

$$\text{数学场论中有一个恒等式，} \nabla \cdot \nabla \times \boldsymbol{A}(\boldsymbol{r}) = 0, \tag{4.25$'$}$$

即任何一个矢量场的旋度场，必定是一个无散场.

于是，可以令

$$\boldsymbol{B} = \nabla \times \boldsymbol{A}, \tag{4.26}$$

即，磁感强度 $\boldsymbol{B}$ 可以被看作某一矢量场 $\boldsymbol{A}$ 的旋度，称 $\boldsymbol{A}$ 为磁势或磁矢势. 鉴于由毕奥-萨伐尔定律确定的磁感 $\boldsymbol{B}$ 与源电流 $\boldsymbol{j}\,\mathrm{d}V$ 的关系为

$$\boldsymbol{B}(\boldsymbol{r}) = k_{\mathrm{m}} \iiint \frac{\boldsymbol{j} \times \hat{\boldsymbol{r}}_0}{r_0^2} \mathrm{d}V, \quad (\boldsymbol{r}_0 = \boldsymbol{r} - \boldsymbol{r}') \tag{4.26$'$}$$

可以由(4.26)式导出其相应的磁势与源电流的关系为

$$\boldsymbol{A}(\boldsymbol{r}) = k_{\mathrm{m}} \iiint \frac{\boldsymbol{j}}{r_0} \mathrm{d}V. \tag{4.26$''$}$$

换言之，与磁场作为一个无散场对应的磁矢势 $\boldsymbol{A}(\boldsymbol{r})$，不是随意写出来的一个矢量场. 参见图 4.27(b).

注意到,以上论述并不受限于恒定磁场,因为在交变情形下磁感 $\boldsymbol{B}(\boldsymbol{r})$依然是一个无散场,这一点在 4.4 节已说明.

● 磁矢势的物理意义

在电磁学中,磁矢势的物理意义是多方面的.这里仅作以下几点介绍.

(1) 提供了求解磁场 $\boldsymbol{B}(\boldsymbol{r})$的另一条途径.即,

$$\text{给定电流场 } \boldsymbol{j}(\boldsymbol{r}) \rightarrow \text{磁矢势 } \boldsymbol{A}(\boldsymbol{r}) = \frac{\mu_0}{4\pi}\iiint \frac{\boldsymbol{j}}{r_0}\mathrm{d}V$$

$$\rightarrow \text{磁场 } \boldsymbol{B}(\boldsymbol{r}) = \nabla \times \boldsymbol{A}.$$

看起来, $\boldsymbol{A}(\boldsymbol{r})$积分表达式简单,其被积函数中无叉乘运算因子 $\boldsymbol{j}\times\boldsymbol{r}_0$,不过这条途径尚需再进行一次旋度运算,方能求得 $\boldsymbol{B}(\boldsymbol{r})$,有时这也并不简单.

(2) 磁矢势的环路积分等于磁通量.对此证明如下:

$$\oint_{(L)} \boldsymbol{A}\cdot\mathrm{d}\boldsymbol{l} = \iint_{(\Sigma)} (\nabla\times\boldsymbol{A})\cdot\mathrm{d}\boldsymbol{S} \quad \text{(据场论中斯托克斯公式)}$$

$$= \iint_{(\Sigma)} (\boldsymbol{B}\cdot\mathrm{d}\boldsymbol{S}) \equiv \Phi. \quad \text{(据磁矢势定义)} \tag{4.27}$$

这表明,磁矢量的环路积分值,等于穿过以此环路为边沿的任意曲面之磁感通量.

(3) 磁感为零的区域,磁矢势可以不为零.这一条可以看作第(2)条的一个推论,参见图 4.28(a),一载流密绕长直螺线管,其磁场集中于管内,其管外磁场近乎零,尤其在中部.兹在管外作一环路 L,考量磁矢势的环路积分

$$\oint_{(L)} \boldsymbol{A}\cdot\mathrm{d}\boldsymbol{l} = \Phi(\Sigma) = \mu_0 nIS \neq 0.$$

这里,面积 S 是螺线管的截面积,唯有其中的磁场对 Σ 面磁通有贡献.以上结果表明,环绕 L 沿途各点 $\boldsymbol{A}\neq 0$,虽然沿途各点 $\boldsymbol{B}=0$.

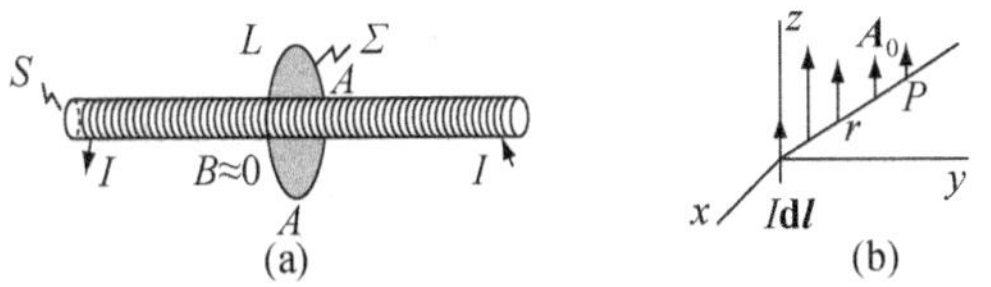

图 4.28 (a) 磁感为零区域存在磁矢势;(b) 基元磁矢势 $\boldsymbol{A}(\boldsymbol{r})$

其实,根据定义式(4.26),凡 $\boldsymbol{B}=0$ 区域,只是表明该区域中 $\nabla\times\boldsymbol{A}=0$.旋度为零的矢量场,其本身为非零的例子,比比皆是,比如静电场 $\nabla\times\boldsymbol{E}=0$;又比如,在广大无源空间, $\boldsymbol{j}=0$,故 $\nabla\times\boldsymbol{B}=0$.

问题在于, $\boldsymbol{B}$ 为零而 $\boldsymbol{A}$ 为非零的场合,是否产生实在的磁效应或广义的物理效应.如是,则表明磁矢势 $\boldsymbol{A}$ 具有独立的物理身份,而不简单是作为表达磁场 $\boldsymbol{B}$ 的一个数学工具或一个符号.

- **A-B 效应**

1982 年，A-B 效应实验的成功，令人信服地确认了磁矢势在物理上的实在性. 参见图 4.29，让一束电子射向一个开有双缝的屏，在稍远处的屏上接收到了电子双缝干涉条纹，显示了电子的波动性；进而，在紧靠双缝的后面，置放一个细长密绕的载流螺线管，用以产生磁场且集中磁通于管内，则电子波到达干涉场途中经历的区域依然系一无磁感区，试检测干涉场的变化. 若电子运动行为仅受磁场 $\boldsymbol{B}$ 施予的洛伦兹力作用，则此时干涉条纹应当不会因载流螺线管而有任何变动；而实验上却显示，当螺线管通以电流时，出现了电子干涉条纹的移动. 这表明干涉场点的相位差有了变动，这源于磁矢势 $\boldsymbol{A}$ 的存在影响着电子波的相位，当电子波从螺线管两侧掠过而到达场点 P 时，要添加一相位差，

$$\begin{aligned}\delta = \varphi_1 - \varphi_2 &= \frac{q}{\hbar}\int_1^P \boldsymbol{A}\cdot \mathrm{d}\boldsymbol{l} - \frac{q}{\hbar}\int_2^P \boldsymbol{A}\cdot \mathrm{d}\boldsymbol{l} \quad \text{（据量子力学）}\\ &= \frac{q}{\hbar}\left(\int_1^P \boldsymbol{A}\cdot \mathrm{d}\boldsymbol{l} + \int_P^2 \boldsymbol{A}\cdot \mathrm{d}\boldsymbol{l}\right)\\ &= \frac{q}{\hbar}\oint \boldsymbol{A}\cdot \mathrm{d}\boldsymbol{l} = \frac{q}{\hbar}\Phi, \end{aligned} \tag{4.28}$$

这里，q 为电子电量，$\hbar$ 为约化普朗克常数. 图 4.29 显示这组条纹移动了四分之三个条纹，相应的相移量 δ 为 $3\pi/2$. 以上实验结果表明，那载流螺线管虽然对电子运动未能提供磁力，却为磁矢势环路积分提供了磁通，招致电子干涉场的相移，最终产生了可观测的条纹移动.

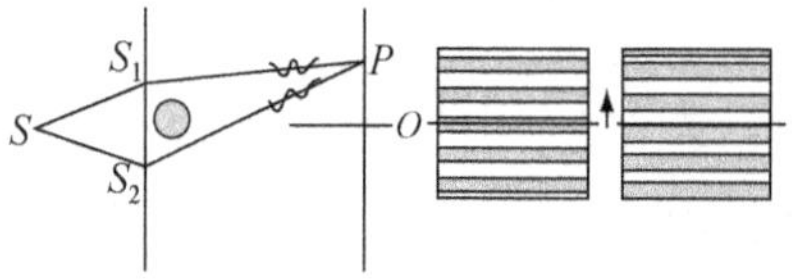

图 4.29　电子双缝干涉实验及其条纹移动. ◎表示一细长载流螺线管（垂直纸面置放）

试图通过电子干涉实验，以审视磁矢势 $\boldsymbol{A}$ 是否具有直接物理意义的设想，是由 Ya. 阿哈罗诺夫与 D. J. 玻姆于 1959 年提出. 故这类实验的肯定结果统称为阿哈罗诺夫-玻姆效应，简写为 A-B 效应，这倒也反映了此种场合磁矢势 $\boldsymbol{A}$ 与磁感 $\boldsymbol{B}$，两者同台表演自有贡献.

A-B 效应是一种量子相干效应，它突出地显示了与电磁势相关的量子相位因子的特殊重要性. 量子相位概念几乎渗透到现代量子物理学的各个领域.

- **特例验证磁矢势的积分表达式**

基于磁场 $\boldsymbol{B}(\boldsymbol{r})$ 积分表达式，借助数学场论中若干公式，可以导出磁矢势积分表达式 (4.26″). 这里，我们以电流元 $I\mathrm{d}\boldsymbol{l}$ 为例验证之，参见图 4.28(b)，即

$$I\mathrm{d}\boldsymbol{l} \to \boldsymbol{A}_0(\boldsymbol{r}) = k_{\mathrm{m}}\frac{I\mathrm{d}\boldsymbol{l}}{r} \to \nabla\times\boldsymbol{A}_0 = k_{\mathrm{m}}\frac{I\mathrm{d}\boldsymbol{l}\times\boldsymbol{r}}{r^3}\ ?$$

注意到 $\boldsymbol{A}_0$ 式中，

$$\frac{\mathrm{d}\boldsymbol{l}}{r}=0\cdot\hat{\boldsymbol{x}}+0\cdot\hat{\boldsymbol{y}}+\frac{\mathrm{d}l}{r}\hat{\boldsymbol{z}},\quad r=(x^2+y^2+z^2)^{1/2},$$

于是

$$\nabla\times\boldsymbol{A}_0(\boldsymbol{r})=k_{\mathrm{m}}I\mathrm{d}l\begin{vmatrix}\hat{\boldsymbol{x}} & \hat{\boldsymbol{y}} & \hat{\boldsymbol{z}}\\ \dfrac{\partial}{\partial x} & \dfrac{\partial}{\partial y} & \dfrac{\partial}{\partial z}\\ 0 & 0 & \dfrac{1}{r}\end{vmatrix}=\left(\frac{\partial\frac{1}{r}}{\partial y}\hat{\boldsymbol{x}}-\frac{\partial\frac{1}{r}}{\partial x}\hat{\boldsymbol{y}}\right)k_{\mathrm{m}}I\mathrm{d}l,$$

这里，

$$\frac{\partial\frac{1}{r}}{\partial y}=-\frac{1}{r^3}y,\quad \frac{\partial\frac{1}{r}}{\partial x}=-\frac{1}{r^3}x;$$

得到

$$\nabla\times\boldsymbol{A}_0(\boldsymbol{r})=k_{\mathrm{m}}\frac{I\mathrm{d}l}{r^3}(-y\hat{\boldsymbol{x}}+x\hat{\boldsymbol{y}}).$$

另一方面，

$$\mathrm{d}\boldsymbol{l}\times\boldsymbol{r}=\begin{vmatrix}\hat{\boldsymbol{x}} & \hat{\boldsymbol{y}} & \hat{\boldsymbol{z}}\\ 0 & 0 & \mathrm{d}l\\ x & y & z\end{vmatrix}=(-y\mathrm{d}l\hat{\boldsymbol{x}}+x\mathrm{d}l\hat{\boldsymbol{y}}),$$

即，电流元产生的基元磁场之展开式为

$$\boldsymbol{B}_0=k_{\mathrm{m}}\frac{I\mathrm{d}\boldsymbol{l}}{r^3}=k_{\mathrm{m}}I\mathrm{d}l\,\frac{1}{r^3}(-y\hat{\boldsymbol{x}}+x\hat{\boldsymbol{y}}),\quad(\mathrm{d}\boldsymbol{l}\,/\!/\,\hat{\boldsymbol{z}})$$

与 $\nabla\times\boldsymbol{A}_0$ 展开式比较无异，结论是

$$\nabla\times\boldsymbol{A}_0=\boldsymbol{B}_0,$$

推而广之，任意电流场时磁矢势的积分表达式该是(4.26″)式.

再顺便考察一下基元磁矢势 $\boldsymbol{A}_0$ 的散度.

$$\begin{aligned}\nabla\cdot\boldsymbol{A}_0&=\nabla\cdot\left(k_{\mathrm{m}}\frac{I\mathrm{d}\boldsymbol{l}}{r}\right)=k_{\mathrm{m}}I\mathrm{d}l\,\nabla\cdot\left(\frac{1}{r}\hat{\boldsymbol{z}}\right)\\&=k_{\mathrm{m}}I\mathrm{d}l\,\frac{\partial\frac{1}{r}}{\partial z}=k_{\mathrm{m}}I\mathrm{d}l\left(-\frac{z}{r^3}\right)\\&=k_{\mathrm{m}}I\mathrm{d}l\,\frac{-z}{(x^2+y^2+z^2)^{3/2}},\end{aligned}\tag{4.29}$$

可见，在 $z\neq0$ 的广大空间中，这散度不为零. 推而广之，由(4.26″)式确定的磁矢势 $\boldsymbol{A}$ 系有散场，它含有纵场成分，虽然其对应的磁场 $\boldsymbol{B}$ 系无散场(纯横场).

● 磁矢势的不唯一性

本来，当电流场 $\boldsymbol{j}(\boldsymbol{r})$ 给定，由(4.26″)式给出的磁矢势 $\boldsymbol{A}(\boldsymbol{r})$ 是唯一确定的，正如由(4.26)式给出的磁场 $\boldsymbol{B}(\boldsymbol{r})$ 是唯一确定的，两者一一对应，满足 $\boldsymbol{B}=\nabla\times\boldsymbol{A}$. 只缘数学场论中有个公式(4.24′)，$\nabla\times\nabla\varphi=0$，于是，对磁矢势 $\boldsymbol{A}$ 作以下变换将不改变磁场分布 $\boldsymbol{B}$，

$$\boldsymbol{A}\rightarrow\boldsymbol{A}'=\boldsymbol{A}\pm\nabla\varphi\rightarrow\nabla\times\boldsymbol{A}'=\nabla\times\boldsymbol{A}=\boldsymbol{B},$$

称 $\boldsymbol{A}\to\boldsymbol{A}'$ 变换为磁矢势的规范变换，其规范性意指这一变换不改变磁场 $\boldsymbol{B}(\boldsymbol{r})$，或者说，磁场 $\boldsymbol{B}(\boldsymbol{r})$ 具有磁矢势规范变换下的不变性. 这样一来，对应一个确定磁场 $\boldsymbol{B}(\boldsymbol{r})$，就有众多的磁矢势可供选择，此即所谓磁矢势的不唯一性. 姑且称(4.26″)式给出的磁矢势为原生磁矢势，记作 $\boldsymbol{A}_0(\boldsymbol{r})$；不是先前曾用以表示的基元磁矢势.

注意到 $\nabla\varphi$ 的旋度恒为零，表明 $\nabla\varphi$ 为非旋场即纵场；又注意到原生磁矢势 $\boldsymbol{A}_0$ 含有纵场成分 $\boldsymbol{A}_{0L}$ 和横场成分 $\boldsymbol{A}_{0T}$. 于是，利用磁矢势的不唯一性，可选择合适的 $\nabla\varphi$，以消除 $\boldsymbol{A}_{0L}$ 仅保留 $\boldsymbol{A}_{0T}$，而实现磁矢势的无散性；即，令 $\nabla\varphi=\boldsymbol{A}_{0L}$，作以下变换，

$$\boldsymbol{A}_0=(\boldsymbol{A}_{0L}+\boldsymbol{A}_{0T})\to\boldsymbol{A}=\boldsymbol{A}_0-\nabla\varphi=\boldsymbol{A}_{0T}\to\nabla\cdot\boldsymbol{A}=0.$$

称此为磁矢势的横场规范，称 $\nabla\varphi=\boldsymbol{A}_{0L}$ 为磁矢势横场规范条件.

于是，可以导出横场化磁矢势所遵从的微分方程：

$$\nabla\times(\nabla\times\boldsymbol{A})=\nabla\times\boldsymbol{B}=\mu_0\boldsymbol{j},$$

又
$$\nabla\times(\nabla\times\boldsymbol{A})=\nabla(\nabla\cdot\boldsymbol{A})-\nabla^2\boldsymbol{A}=-\nabla^2\boldsymbol{A},\quad(\text{因为}\nabla\cdot\boldsymbol{A}=0)$$

最终获得磁矢势 $\boldsymbol{A}$ 所满足的微分方程为

$$\nabla^2\boldsymbol{A}=-\mu_0\boldsymbol{j},\quad\text{或}\quad\nabla^2\boldsymbol{A}=0\ (\text{无源空间}),\tag{4.30}$$

这与静电场之电势 U 所满足的泊松方程或拉普拉斯方程十分相似，

$$\nabla^2U=-\frac{1}{\varepsilon_0}\rho,\quad\text{或}\quad\nabla^2U=0\ (\text{无源空间}).\tag{4.30$'$}$$

● **说明**

本节对于磁矢势 $\boldsymbol{A}$ 的描述和论述较为初浅，旨在扩大理论知识面，提高对一矢量场及其势场的认识水平. 凡一矢量场系非旋场，则可引入一标势以描述该矢量场，如同静电场 $\boldsymbol{E}(\boldsymbol{r})$ 及其电势场 $U(\boldsymbol{r})$；凡一矢量场系无散场，则可引入一矢势以描述该矢量场，如同磁场 $\boldsymbol{B}(\boldsymbol{r})$ 及其磁矢势 $\boldsymbol{A}(\boldsymbol{r})$. 换言之，引入势场或势函数的物理基础并不受限于保守场. 一矢量场与其势场的对应关系存在不唯一性，于是，规范变换或规范变换下的不变性等名词术语，应运而出. 当然，对于磁场 $\boldsymbol{B}(\boldsymbol{r})$，在广大的无源空间，$\nabla\times\boldsymbol{B}=0$，也可引入一标势 $U_m(\boldsymbol{r})$ 以描述该区域中的磁场，称 $U_m(\boldsymbol{r})$ 为磁标势，其各方面的性质则完全与电势 $U(\boldsymbol{r})$ 类似.

4.6　载流体所受磁场力与力矩

- 安培力公式
- 若干典型实例与安培力普遍特点
- 外磁场中的平面载流线圈

● **安培力公式**

参见图 4.30，一任意电流元 $I\mathrm{d}\boldsymbol{l}$ 或 $\boldsymbol{j}\mathrm{d}V$ 在磁场 $\boldsymbol{B}$ 中所受安培力为

$$\mathrm{d}\boldsymbol{F}=I\mathrm{d}\boldsymbol{l}\times\boldsymbol{B},\quad\text{或}\quad\mathrm{d}\boldsymbol{F}=\boldsymbol{j}\mathrm{d}V\times\boldsymbol{B}.$$

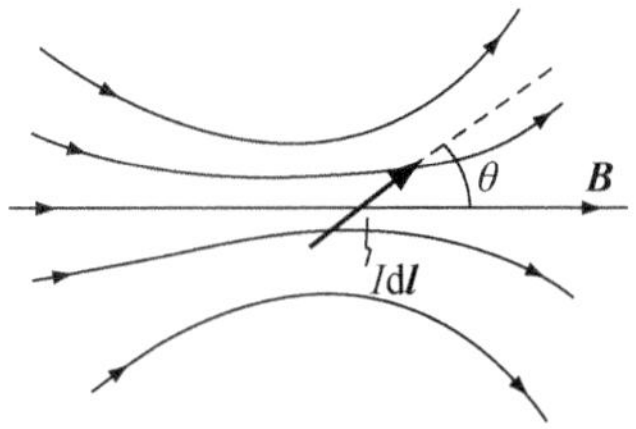

图 4.30 电流元所受安培力

这表明,安培力为横向力,其方向与 $I\mathrm{d}\boldsymbol{l}$,$\boldsymbol{B}$ 构成的平面正交,按右手定则确定之,比如本图中 $\mathrm{d}\boldsymbol{F}$ 方向垂直纸面向里;其数值

$$\mathrm{d}F = I\mathrm{d}l\sin\theta\cdot B = \begin{cases} 0,\text{当 } I\mathrm{d}\boldsymbol{l} \parallel \boldsymbol{B}, \\ I\mathrm{d}l\cdot B(\text{最大值}),\text{当 } I\mathrm{d}\boldsymbol{l}\perp \boldsymbol{B}. \end{cases}$$

原则上可按叠加原理,表达任意一段载流线圈或一块载流体所受总的安培力,

$$\boldsymbol{F} = \sum \Delta\boldsymbol{F} = \int I\mathrm{d}\boldsymbol{l}\times\boldsymbol{B},\quad \text{或}\quad \boldsymbol{F} = \iiint(\boldsymbol{j}\times\boldsymbol{B})\mathrm{d}V. \tag{4.31}$$

- **若干典型实例与安培力的普遍特点**

以下具体分析几个实例,均系载流线圈或导线之间的相互作用力,旨在概括出安培力的普遍特点,以便于较为复杂场合对载流体受力方向作出快速判断.

(1) 单一电流圈. 参见图 4.31(a),一电流 I 运行于一闭合线圈,在圈内及全空间产生一磁场,其上任一电流元 $I\mathrm{d}\boldsymbol{l}$ 均处于该线圈其它部分产生的磁场中,其受力 $\mathrm{d}\boldsymbol{F}$ 方向按安培力公式指向外法线,故整个线圈受到了一个扩张力,即使电流 I 反向,载流线圈所受安培力依然是一个扩张力,如图 4.31(b)所示. 这扩张力似乎要使圈内磁场区得以扩大,因为圈内为磁场集中区域.

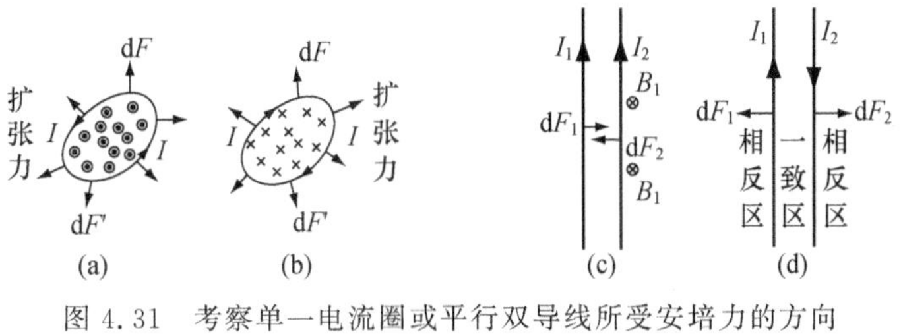

图 4.31 考察单一电流圈或平行双导线所受安培力的方向

在巨大电流条件下,该线圈材质的抗张能力,是否能经受住这磁扩张力的作用而免于崩溃,这是一个应认真考量的问题. 特别是当室温超导电性得以实现时,那超导电线电流值受限的原因,就不是材质因发热而熔化,而是材质抗张能力有限所致.

(2) 平行双导线及电流单位安培的定义. 参见图 4.31(c),平行长直双导线,分别通以同向电流 I_1 和 I_2,导线 I_2 上任一电流元 $I_2\mathrm{d}\boldsymbol{l}_2$ 受到磁场 $\boldsymbol{B}_1$ 的安培力 $\mathrm{d}\boldsymbol{F}_2$,而导线 I_2 其它部分 I_2' 对 $I_2\mathrm{d}\boldsymbol{l}_2$ 无作用力,这是因为 $I_2\mathrm{d}\boldsymbol{l}_2$ 与 I_2' 同在一直线上,I_2' 在此处的磁场 $\boldsymbol{B}_2'=0$. 由

$I_2 \mathrm{d}\boldsymbol{l}_2$ 方向和 $\boldsymbol{B}_1$ 方向，首先判定 $\mathrm{d}\boldsymbol{F}_2$ 方向指向导线 I_1；同理，此时导线 I_1 上任一电流元 $I_1 \mathrm{d}\boldsymbol{l}_1$ 所受 $\boldsymbol{B}_2$ 施予的安培力 $\mathrm{d}\boldsymbol{F}_1$，其方向指向导线 I_2.

总之，当两根平行直导线通以同向电流时，其安培力为吸引力；当通以反向电流时，其安培力为排斥力，如图 4.31(d). 注意到当通以同向电流时，双导线之间的区域 $\boldsymbol{B}_1$，$\boldsymbol{B}_2$ 方向相反彼此削弱，而两侧外空间为两者磁场彼此加强区域，故安培吸引力产生的运动趋势，乃是扩大两个磁场得以加强的区域，而收缩两个磁场彼此削弱的区域. 这一判据也适用于安培力为排斥力的情形.

再考量这安培力的数值，

$$\mathrm{d}F_2 = I_2 \mathrm{d}l_2 \cdot B_1 = I_2 \mathrm{d}l_2 \cdot \frac{\mu_0}{4\pi} \cdot \frac{2I_1}{a}, \quad (a \text{ 为双导线之间距})$$

得其单位长度上所受安培力为

$$f = \frac{\mathrm{d}F_2}{\mathrm{d}l_2} = \frac{\mu_0}{4\pi} \cdot \frac{2I_1 I_2}{a} = 2 \times 10^{-7} \mathrm{N/A^2} \times \frac{I_1 I_2}{a}. \quad (\mu_0 = 4\pi \times 10^{-7}\ \mathrm{N/A^2})$$

若令 $I_1 = I_2 = I$，则

$$I = \sqrt{\frac{af}{2 \times 10^{-7}}}, \quad (\mathrm{A}) \tag{4.31$'$}$$

当 $a = 1\ \mathrm{m}$，$f = 2 \times 10^{-7} \mathrm{N/m}$，则

$$I = 1\ \mathrm{A}.$$

这表明，当两根平行无限长细导线相距 1 m，通以恒定且相等的电流强度，若每根导线上单位长度之受力为 2×10^{-7} N，则此电流强度定义为 1 安培(A)，又称绝对安培. 它经 1948 年第 9 届国际计量大会通过沿用至今；1960 年第 11 届计量大会决定采用安培为电学量之基本单位，并作为国际单位制之基本单位之一.

早在 1908 年于伦敦举行的国际电学大会上，定义 1 秒时间内从硝酸银溶液中，电解出 1.118 00 毫克银的恒定电流为 1 安培，又称国际安培. 先后定义的这两个安培单位其数值略有差别，经比对，1 国际安培 = 0.999 85 绝对安培. 不过，因"无限长"无法实现，上述对于电流单位绝对安培的定义，纯属理论上的规范定义. 事实上，任何载流线圈在特定场合所受安培力的具体公式，必含电流 I_1，I_2 因子，只要公式中的比例常数取定为 $\mu_0/4\pi$，即 $10^{-7} \mathrm{N/A^2}$，则该场合下对安培力的精确测定，均可作为绝对安培单位的复现手段.

(3) 一对共轴圆线圈. 参见图 4.32，两个载流圆线圈共轴置放，当电流 I_1，I_2 的环流方向一致时，两者彼此吸引；当其环流方向相反时，两者互相排斥. 对此作具体分析如下.

环流 I_2 处于环流 I_1 的磁场 $\boldsymbol{B}_1(\boldsymbol{r})$ 之中，其上每个电流元将受到 $\boldsymbol{B}_1$ 场施于的安培力，比如 $\mathrm{d}\boldsymbol{F}$ 和 $\mathrm{d}\boldsymbol{F}'$ 是两个对称电流元所受安培力，其与轴正交的两个分力彼此抵消，而沿轴分力 $\mathrm{d}\boldsymbol{F}_{/\!/}$，$\mathrm{d}\boldsymbol{F}'_{/\!/}$ 方向一致，且指向环流 I_1，故整个环流 I_2 所受总的安培力指向线圈 I_1，此为吸引力. 反之，当环流 I_2 反向，而环流 I_1 方向不变，则其所受总的安培力背向环流 I_1，此为排斥力.

由于我们未知悉圆线圈轴外磁场分布公式，故以上那引力或斥力为多少尚不能给出. 不

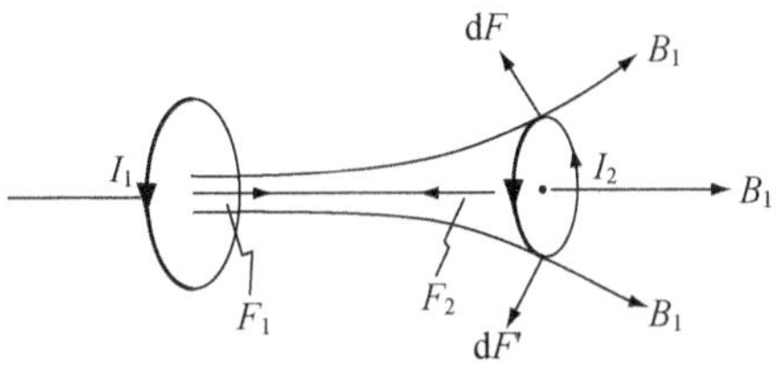

图 4.32 考察共轴圆线圈之间的安培力

过，当环流 I_2 为一小环流，即其线圈在近轴范围，可以利用 $\boldsymbol{B}_1$ 沿轴的空间变化率而求得这安培力，这个结果随后给出.

(4) 归纳与判据. 注意到磁场 $\boldsymbol{B}_1(\boldsymbol{r})$ 是一非均匀场，普遍而言上述问题系一载流线圈在非均匀外场 $\boldsymbol{B}_0(\boldsymbol{r})$ 中的受力问题. 它受力是指向 $\boldsymbol{B}_0$ 的强场区，还是趋向 $\boldsymbol{B}_0$ 的弱场区，这取决于在该线圈内的外场 $\boldsymbol{B}_0$ 方向与线圈自身磁场 $\boldsymbol{B}_s$ 方向，是否一致或大体一致. 如是，则该线圈受力趋向 $\boldsymbol{B}_0$ 强场区；如否，即在线圈内 $\boldsymbol{B}_0$ 与 $\boldsymbol{B}_s$ 方向相反或大体相反，则该线圈受力趋向 $\boldsymbol{B}_0$ 弱场区.

似乎一载流线圈也有感觉和灵性，当它感受到外场有利于加强圈内磁通，则表现出友好地亲近而趋向外场更强区，使圈内磁通得以更多加强；当它感受到外场削减圈内磁通，则表现出疏远而趋向外场更弱区，使圈内磁通更少被削减. 这是一个普遍适用的判据，姑且称其为"安培力判断法"；它适用于任何载流线圈在非均匀外场中的受力方向的判断，及其相联系的线圈运动趋势的判断，或平动或转动或形变.

比如图 4.33(a)，一矩形线圈置于一载流直导线产生的磁场 $\boldsymbol{B}_0$ 中，且直导线与方线圈共面. 目前外场 $\boldsymbol{B}_0$ 与自场 $\boldsymbol{B}_s$ 反向，由安培力判断法立马断定该矩形线圈受力指向右方，驱使它向 $\boldsymbol{B}_0$ 弱场区运动. 若具体分析矩形四边的安培力，再求合力，也得此结论. 又比如图 4.33(b)，一矩形线圈与直导线并不共面，就目前情形外场 $\boldsymbol{B}_0$ 方向与自场 $\boldsymbol{B}_s$ 方向大体一致，由安培力判断法立马判定，此时该方线圈将受到一安培力矩，得以转动而使线圈法线顺着外场 $\boldsymbol{B}_0$，从而获得更大的磁通，其转动方向如图所示. 若具体分析其四边受力及力矩，所得结论与上述一致.

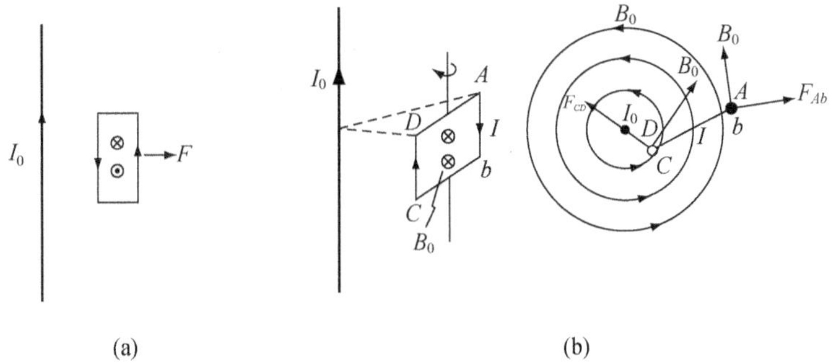

图 4.33 应用安培力判断法确定方线圈受力(a)或力矩(b)

最后似应说明，以上归纳确认的安培力判断法与下一章电磁感应中的楞次定则，两者是相通的，相辅相成的，两者均同能量的转化与守恒相关. 就判断载流线圈在外磁场中的安培力方向和运动趋势而言，这安培力判断法显得更为直截了当.

● 外磁场中的平面载流线圈

（1）在均匀磁场中. 参见图 4.34，一载流方线圈（I，($a\times b$)），置于外磁场 $\boldsymbol{B}$ 中. 由对称性可知，其四边受力之合力为零，这与安培力判断法的结果一致，因为线圈上下左右为匀场，不存在强场区或弱场区. 即

$$\boldsymbol{F}=(\boldsymbol{F}_1+\boldsymbol{F}_3)+(\boldsymbol{F}_2+\boldsymbol{F}_4)=0+0=0. \tag{4.32}$$

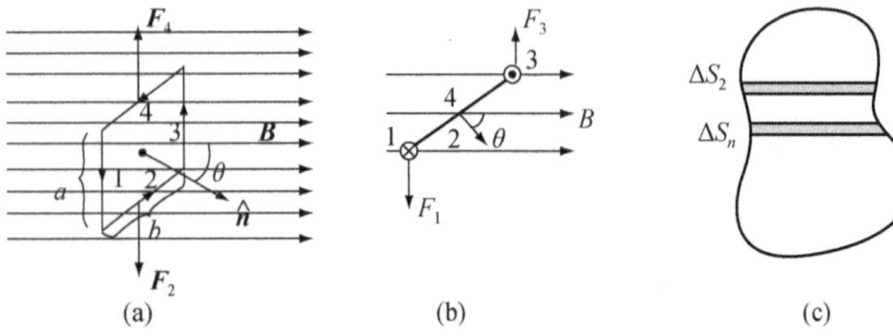

图 4.34　(a) 方线圈在均匀磁场中；(b) 俯视图显示出力偶矩；(c) 任意形状的平面线圈被看作大量微矩形线框的连续密排

然而，其合力矩不为零，$\boldsymbol{F}_1$ 与 $\boldsymbol{F}_3$ 构成一对力偶，其产生的力矩 $\boldsymbol{M}$ 与参考点无关. 不妨选 1 点为参考点计算此力偶矩，

$$M=F_3\cdot b\sin\theta=IaB\cdot b\sin\theta=(Iab)B\sin\theta=mB\sin\theta.$$

再计及这力矩方向，$\boldsymbol{M}/\!/(\hat{\boldsymbol{n}}\times\boldsymbol{B})$，最终给出这方线圈在均匀外场中的安培力矩公式

$$\boldsymbol{M}/\!/(\boldsymbol{m}\times\boldsymbol{B}).\quad(\text{磁矩 } \boldsymbol{m}=I\Delta S\hat{\boldsymbol{n}}) \tag{4.32$'$}$$

由此可见，当磁矩 $\boldsymbol{m}/\!/\boldsymbol{B}$，$\theta=0$，力矩 $\boldsymbol{M}=0$，这系稳定平衡方位；当磁矩 $\boldsymbol{m}/\!/(-\boldsymbol{B})$，$\theta=\pi$，力矩 $\boldsymbol{M}=0$，这系非稳定平衡方位；当磁矩 $\boldsymbol{m}$ 取向为其它方位，则这安培力矩 $\boldsymbol{M}$ 驱使线圈磁矩转动而顺向外场，使自身获得最大磁通.

这与电偶极矩 $\boldsymbol{p}$ 在外电场 $\boldsymbol{E}$ 中所受库仑力矩 $\boldsymbol{M}=\boldsymbol{p}\times\boldsymbol{E}$，及其转动趋势，完全类同. 但两者有着重要区别，如果从能量角度审视的话. 当 $\boldsymbol{p}$ 转动而顺向外场 $\boldsymbol{E}_0$，其自身产生的电场 $\boldsymbol{E}_s$ 在其主要空间中是与 $\boldsymbol{E}_0$ 的方向相反或大体相反，从而减弱了全空间的电场能量；或者说，$\boldsymbol{p}$ 与 $\boldsymbol{E}_0$ 的相互作用能为 $W_p=-\boldsymbol{p}\cdot\boldsymbol{E}_0$，当 $\boldsymbol{p}/\!/\boldsymbol{E}_0$，$W_p$ 为负最大值（最低点），而同时 $\boldsymbol{p}$ 在力矩作用下获得转动动能，两者互补，维持了能量守恒. 然而，在线圈磁矩 $\boldsymbol{m}$ 转动而顺向外场 $\boldsymbol{B}_0$ 时，磁矩自身产生的磁场 $\boldsymbol{B}_s$ 在其主要空间中是与 $\boldsymbol{B}_0$ 的方向一致或大体一致，从而增大了全空间的磁场能量，或者说，$\boldsymbol{m}/\!/\boldsymbol{B}_0$ 状态是两者相互作用能取最大值的态，却是力学上的稳定平衡态，而同时 $\boldsymbol{m}$ 在安培力矩作用下获得了最大的转动能. 故这两种形式的能量其增量均为正值，这疑似违反能量守恒，而其实，那载流线圈连接着一个直流电源，这电源在磁矩转动过程中是要参与能量交换的，上述那两部分能量的增加，正是电源能所贡献的，在电磁

感应一章将对此给出定量说明.总之,在考量与有源环流相关的能量问题时,要计及环流动能、磁场和电源这三方面能量的交换.或者采用力学语言表述,有源环流与磁场构成的系统为非孤立系,而电偶极子与电场构成的系统为孤立系.此乃磁现象与电现象的区别之一.

最后,说明(4.32),(4.32′)两式的普遍性问题.那力矩公式并不受限于矩形线圈,它适用于任意形状的平面线圈,但不能直接套用于非平面的曲面线圈.如图4.34(c)所示,一任意形状的平面线圈可被分割为众多甚薄的矩形条,由于紧邻效应,自成环路的矩形条其电流的宏观后果,依然是那个大环流 I.其所受总力矩等于这众多微矩形条所受力矩 $\Delta\boldsymbol{M}_n$ 之和,即

$$\begin{aligned}\boldsymbol{M} &= \sum\Delta\boldsymbol{M}_n = \sum\boldsymbol{m}_n\times\boldsymbol{B} = \sum(I\Delta S_n\hat{\boldsymbol{n}}\times\boldsymbol{B})\\ &= I\Big(\sum\Delta S_n\hat{\boldsymbol{n}}\Big)\times\boldsymbol{B}\quad (I,\boldsymbol{B}\text{ 共同})\\ &= IS\hat{\boldsymbol{n}}\times\boldsymbol{B} = \boldsymbol{m}\times\boldsymbol{B}.\quad (\text{磁矩 }\boldsymbol{m} = IS\hat{\boldsymbol{n}})\end{aligned}$$

然而,受力公式(4.32),即总安培力为零的结论,却不受限于平面线圈.它也适用于任意曲面线圈,这是因为,根据矢量合成法则,任意闭合环路其上所有微分矢量之和为零,即

$$\oint \mathrm{d}\boldsymbol{l} = 0,$$

于是,这曲面载流线圈所受总安培力为

$$\begin{aligned}\boldsymbol{F} &= \sum\Delta\boldsymbol{F}_n = \sum(I\Delta\boldsymbol{l}_n\times\boldsymbol{B}) = \Big(I\sum\Delta\boldsymbol{l}_n\Big)\times\boldsymbol{B}\\ &= (I\cdot 0)\times\boldsymbol{B} = 0.\quad \Big(\sum\Delta\boldsymbol{l}_n = 0\Big)\end{aligned}$$

(2) 非均匀磁场中的小环流. 小环流的截面积甚小,故其涉及的磁场范围也小,其所受安培力矩依然可近似地由(4.32′)式表达,即在非均匀外场中小环流所受力矩为

$$\boldsymbol{M} \approx \boldsymbol{m}\times\boldsymbol{B}. \tag{4.32″}$$

然而,此时小环流所受安培力不可以被近似为零.先看一个特例,参见图4.35(a),一矩形线圈(I,($a\times b$))与长直载流导线共面,相距 r_0.后者产生磁场 $\boldsymbol{B}_0(r)\propto 2I_0/r$,施予矩形线圈以安培力,

$$\boldsymbol{F} = (\boldsymbol{F}_1+\boldsymbol{F}_3)+(\boldsymbol{F}_2+\boldsymbol{F}_4) = \boldsymbol{F}_1+\boldsymbol{F}_3\quad (\text{两者反向});$$

$$\begin{aligned}F &= F_3 - F_1 = k_{\mathrm{m}}\frac{2I_0}{\left(r_0+\dfrac{b}{2}\right)}Ia - k_{\mathrm{m}}\frac{2I_0}{\left(r_0-\dfrac{b}{2}\right)}Ia\\ &= k_{\mathrm{m}}2I_0Ia\,\frac{1}{r_0}\left(\frac{1}{\left(1+\dfrac{b}{2r_0}\right)}-\frac{1}{\left(1-\dfrac{b}{2r_0}\right)}\right)\\ &\approx -k_{\mathrm{m}}\frac{2I_0}{r_0^2}(Iab),\quad (b\ll r_0)\end{aligned}$$

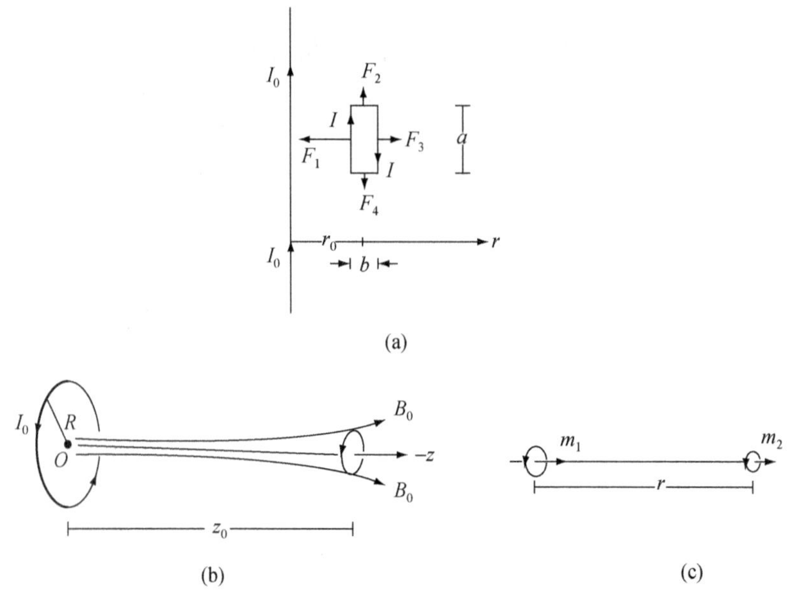

图 4.35 (a) 将小环流安培力表达为其磁矩与外场空间变化率的乘积；(b) 考量小环流所受安培力；(c) 考量两个共轴磁矩之间的相互作用力(安培力)

这里"－"号表示这合力指向长直载流导线. 值得注意的是，上述结果中的两个因子，

$$I(ab)=m,\text{即磁矩},\quad -k_{\mathrm{m}}\frac{2I_0}{r_0^2}=\left.\frac{\partial B_0(r)}{\partial r}\right|_{r_0},$$

于是，可将以上安培力结果改写为较为普遍，且物理意义更为明显的表达式，

$$F=F_r=m\left(\frac{\partial B}{\partial r}\right)_{r_0}. \tag{4.33}$$

再看一个例子，如图 4.35(b)所示，一小环流 $\boldsymbol{m}$ 共轴地处于大环流的磁场 $\boldsymbol{B}_0$ 之中，

$$B_0(z)=k_{\mathrm{m}}\frac{2\pi R^2 I_0}{(R^2+z^2)^{3/2}}.$$

这 $\boldsymbol{B}_0$ 场沿 z 轴渐弱，以致轴外磁感线弯曲，磁感应管扩张似喇叭口；正是这 $\boldsymbol{B}_0$ 线的弯曲，使小环流受到一个沿轴向的安培力，先前曾应用安培力判断法对这安培力方向作出判断. 现在可借鉴(4.33)式给出这安培力的数值，

$$F=F_z=m\left(\frac{\partial B}{\partial z}\right)_{z_0}=-k_{\mathrm{m}}6(I_0\pi R^2)m\frac{z_0}{(R^2+z_0^2)^{\frac{5}{2}}}$$

$$=-k_{\mathrm{m}}\frac{6m_0 m}{z_0^4},\quad \text{当 } z_0\gg R. \tag{4.33$'$}$$

这里，$m_0=I_0(\pi R^2)$，为大环流磁矩，m 为小环流磁矩. 据此可以推出两个小环流之间的相互作用力公式为

$$\boldsymbol{F}_{12}=-k_{\mathrm{m}}\frac{6\boldsymbol{m}_1\cdot\boldsymbol{m}_2}{r^4}\hat{\boldsymbol{r}}_{12}.\quad (\text{参见图 4.35(c)}) \tag{4.33$''$}$$

小环流 $\boldsymbol{m}$ 在非均匀外场 $\boldsymbol{B}(\boldsymbol{r})$ 中所受安培力的普遍表达式为[①]

$$\boldsymbol{F}=\nabla(\boldsymbol{m}\cdot\boldsymbol{B})=\nabla(m_xB_x+m_yB_y+m_zB_z),\tag{4.34}$$

即

$$F_x=\left(m_x\frac{\partial B_x}{\partial x}+m_y\frac{\partial B_y}{\partial x}+m_z\frac{\partial B_z}{\partial x}\right),\quad(\text{以此类推 }F_y,F_z)$$

这表明,磁感三个分量 B_x,B_y,B_z 各自沿 x 轴向的空间变化率,对 F_x 均有贡献,当 m_x,m_y,m_z 非零时.

最后说明一点,关于大线圈在非均匀外场中的受力和力矩问题,对此并没有统一简明的表达方式;原则上,可以将载流大线圈分割为众多的连续密排的小环流,再借助上述关于小环流的受力公式和力矩公式,给出相应的矢量求和的形式表示.

4.7 洛伦兹力

- 洛伦兹力
- 安培力与洛伦兹力互为表里
- 带电粒子的回旋运动与螺旋运动
- 质谱仪、回旋加速器　磁聚焦
- 磁约束
- 霍尔效应及其应用
- 讨论——均匀导电介质呈现体电荷的可能性

● 洛伦兹力

运动于磁场 $\boldsymbol{B}$ 中的带电粒子$(q,\boldsymbol{v})$,将受到磁场 $\boldsymbol{B}$ 施予的一个力,

$$\boldsymbol{F}=q\boldsymbol{v}\times\boldsymbol{B},\tag{4.35}$$

称此力为洛伦兹力,是荷兰物理学家 H. A. 洛伦兹于 1895 年建立经典电子论时,作为一个基本假设而首先提出,时距安培定律和安培力的确立已有 65 年,时隔两年即 1897 年被公认为发现电子年.

上式表明,洛伦兹力 $\boldsymbol{F}_{\mathrm{L}}$ 是一横向力,时时处处 $\boldsymbol{F}_{\mathrm{L}}\perp\boldsymbol{v}$, $\boldsymbol{F}_{\mathrm{L}}\perp\boldsymbol{B}$;对运动电荷而言,洛伦兹力始终是一法向力而不做功,它的存在不改变运动电荷的动能,却改变其运动方向,如图 4.36(a) 所示. 注意到电荷 q 有正、负两种符号,按照右手定则确定$(\boldsymbol{v}\times\boldsymbol{B})$指向时,相应正、负电荷的 $\boldsymbol{F}_{\mathrm{L}}$ 方向彼此是相反的,即

$$\text{当 }q>0,\ \boldsymbol{F}_{\mathrm{L}}\parallel(\boldsymbol{v}\times\boldsymbol{B});\quad \text{当 }q<0,\ \boldsymbol{F}_{\mathrm{L}}\parallel(-\boldsymbol{v}\times\boldsymbol{B}).$$

在电场和磁场共存空间中,运动电荷受到的洛伦兹力表示为

$$\boldsymbol{F}=q(\boldsymbol{E}+\boldsymbol{v}\times\boldsymbol{B}).\tag{4.35$'$}$$

其中,第一项为电场力系纵向力,第二项为磁场力系横向力,从中可看出电场与磁场的一个重要区别,上式也可作为判断是否存在电场或磁场的一个力学依据.

---

① 将在电磁感应一章(第 6 章)对此给出证明.

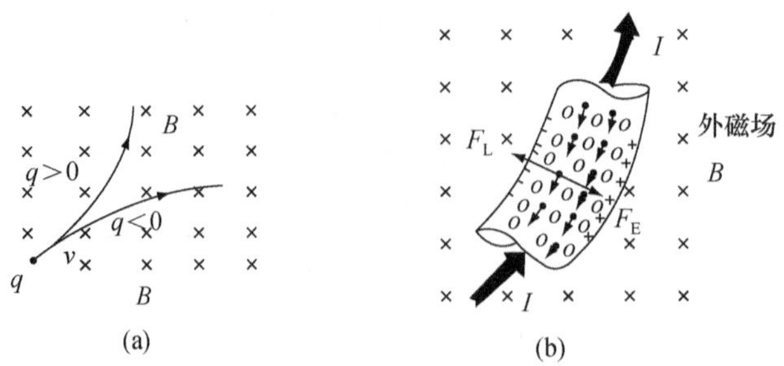

图 4.36 (a)洛伦兹力使运动电荷的轨迹弯曲；
(b) 说明安培力源于载流子受到的洛伦兹力，由导电介质身上电荷产生的自建场力 $\boldsymbol{F}_E$ 平衡了洛伦兹力 $\boldsymbol{F}_L$. 图中×号表示磁感垂直纸面向里，符号 o 表示金属晶格中的原子实

洛伦兹力公式，是反映电荷与电磁场相互作用的一个基本公式，它同麦克斯韦电磁场方程组，以及体现物性的介质方程一起，三者构成了经典电动力学的理论基础. 在许多近代科学仪器，诸如质谱仪、粒子加速器、电子显微镜、热核反应磁约束装置和霍尔器件中，洛伦兹力都有着直接的应用.

● 安培力与洛伦兹力互为表里

对于一连续的电流场 $\boldsymbol{j}(\boldsymbol{r})$，其电流元 $\boldsymbol{j}\mathrm{d}V$ 所受的安培力为

$$\boldsymbol{F}_A = \boldsymbol{j}\mathrm{d}V \times \boldsymbol{B} = (\boldsymbol{j} \times \boldsymbol{B})\mathrm{d}V,$$

这里 $\boldsymbol{B}$ 是除该电流元以外的载流体所贡献的磁感. 若按洛伦兹力的眼光看，体积元 $\mathrm{d}V$ 中含电量 $\Delta q=\rho_0 \mathrm{d}V$，这里 ρ_0 为载流子电荷或空间电荷的体密度，故相应的洛伦兹力为

$$\boldsymbol{F}_L = \Delta q(\boldsymbol{v} \times \boldsymbol{B}) = (\rho_0 \boldsymbol{v} \times \boldsymbol{B})\mathrm{d}V,$$

可记得(3.3)式，$\rho_0 \boldsymbol{v} = \boldsymbol{j}$，于是，

$$\boldsymbol{F}_L = (\boldsymbol{j} \times \boldsymbol{B})\mathrm{d}V = \boldsymbol{F}_A,$$

这表明，宏观上电流元在磁场中所受的安培力，实质上就是微观上运动电荷所受的洛伦兹力.

如果这些载流子运行于导电介质中，比如载流导线和载流线圈那样，那么这些载流子所受洛伦兹力，是如何转化为实验上可观测的载流体所受到的安培力呢？的确，构成线圈框架及其位形的原子实是不动的；作定向运动的电子要受到洛伦兹力 $\boldsymbol{F}_L$ 的作用，而发生偏转，从而在导电介质表面积累了电荷，相应地产生了一个自建场力 $\boldsymbol{F}_E$，以平衡洛伦兹力 $\boldsymbol{F}_L$，而维持电子流顺向运动. 作为自建场力的反作用力 $(-\boldsymbol{F}_E)$，便施于导体表面或体内，这个力正是实验上观测到的、引起载流线圈移动或转动的安培力 $\boldsymbol{F}_A$. 即

$$\boldsymbol{F}_A = -\boldsymbol{F}_E,$$

又

$$\boldsymbol{F}_E + \boldsymbol{F}_L = 0,$$

得

$$\boldsymbol{F}_A = \boldsymbol{F}_L.$$

简言之，实验上观测到的安培力，源于介质体内运动载流子所受到的洛伦兹力，是由洛伦兹

力转化而来的；不过，与载流子所受洛伦兹力平衡的自建场力，也可能来自非零体电荷的贡献，当介质表面不可能出现面电荷，或出现的面电荷在体内的电场为零时，会是这样.

• 带电粒子的回旋运动与螺旋运动

参见图 4.37(a)，一匀场区域其磁感 $\boldsymbol{B}$ 平行于 z 轴，一带电粒子 q 以初速 $\boldsymbol{v}$ 进入这区域，设 $\boldsymbol{v}$ 与 $\boldsymbol{B}$ 正交，即 $\boldsymbol{v}$ 矢量处于 (xy) 平面内，此时洛伦兹力之方向也始终处在 (xy) 平面内，且其数值恒定为 $F=|q|vB$，它恰巧为粒子作匀速圆周运动提供了一个向心力，即

$$|q|\ vB = m\frac{v^2}{R},$$

遂得粒子作圆周运动的回旋半径公式

$$R = \frac{mv}{|q|\ B}. \tag{4.36}$$

当 $q>0$，则粒子顺时针回旋；当 $q<0$，则粒子逆时针回旋. 值得强调的是，这两个彼此反向回旋所提供的磁矩方向却是一致的，皆与外磁场 $\boldsymbol{B}$ 方向相反. 换言之，洛伦兹力作用下的带电粒子回旋运动，其所联系的自生磁场 $\boldsymbol{B}$ 总是反向于外磁场 $\boldsymbol{B}$，姑且称之为"回旋运动逆向磁效应"，这个结论或判断具有普适性.

粒子回旋一周所需时间 T 称为回旋周期，它等于 $2\pi R/v$，结合上式得回旋周期公式为

$$T = \frac{2\pi m}{|q|\ B}. \quad (与\ v\ 无关) \tag{4.36'}$$

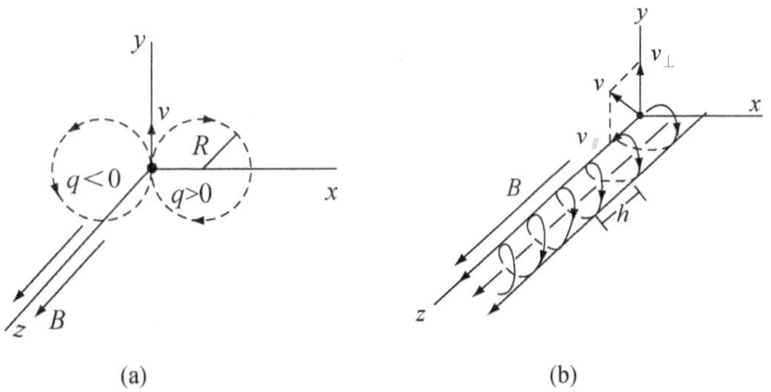

图 4.37 (a) 带电粒子作回旋运动，当其初速与 $\boldsymbol{B}$ 正交；(b) 带电粒子作螺旋运动，当其初速有平行 $\boldsymbol{B}$ 的分量 $v_{/\!/}$

• 质谱仪、回旋加速器　磁聚焦

以上关于回旋半径和回旋周期的两个公式，联系着若干重要应用. 比如，质谱仪其工作原理是基于(4.36)式给出的回旋半径 $R\propto m$，或 $R\propto m/q$，而测定入射离子流的质量分布或荷质比分布，应用于同位素分析或气体成分分析，参见图 4.38(a). 又比如，粒子回旋加速器，参见图 4.38(b)，其工作原理就是基于(4.36′)式给出的回旋周期 T 与 v 无关；在两个相隔很近的金属 D 型盒之间，连接上一特定频率的交变电源，提供一交变电场用以加速带电

粒子，继而由与D型盒面正交的磁场使粒子作回旋运动，回到另一侧，以便让电场再加速粒子；如此循环往复，粒子获得的动能越来越大，其运动半径也越旋越大，而其回旋周期或回旋频率却始终不变，这就为交变电源的频率匹配提供了技术上的可行性.

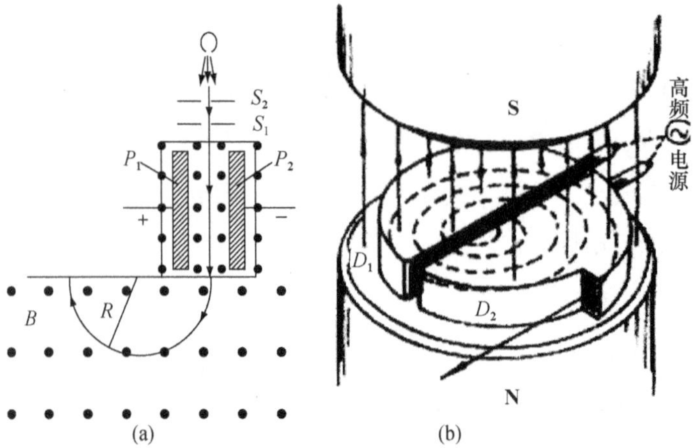

图 4.38　(a) 质谱仪工作原理图. 右上方为一离子源，在加速电压作用下获得一离子束，经两个单狭缝的准直作用，再射入一电场与磁场彼此正交的区域而被滤速，唯有特定速率 $\boldsymbol{v}$ 的离子束照直前进射入质谱仪核心工作区，在其另一侧获得离子束的质量谱或荷质比谱，在此区段置放离子检测器，采集并放大离子信号，经计算机处理，最终绘制成质谱图. (b) 回旋加速器工作原理图，1932 年，第一台直径为 27 cm 的回旋加速器在劳伦斯的伯克利实验室投入运行，它能将质子加速到 1 MeV；这种经典回旋加速器的能量限于每个核子 20 MeV，其能量受限的主要因素是相对论效应导致粒子质量随速率 v 增加而增加，从而回旋频率不断下降；近代发展出同步回旋加速器，它采用调频技术，使加速电场的交变频率随粒子回旋频率同步下降，可加速粒子能量高达 10^3 MeV

当带电粒子的初速 v 有平行于 $\boldsymbol{B}$ 的分量 $v_{/\!/}$，则该粒子在洛伦兹力作用下将作螺旋运动，如图 4.37(b)所示，它是两种运动的合成，其一是与其速度正交分量 $v_{\perp}$ 相联系的回旋圆周运动，其二是与其速度平行分量 $v_{/\!/}$ 相联系的匀速直线运动. 此时洛伦兹力表示为

$$\begin{aligned}\boldsymbol{F} &= q\boldsymbol{v}\times\boldsymbol{B} = q(\boldsymbol{v}_{\perp}+\boldsymbol{v}_{/\!/})\times\boldsymbol{B} = q\boldsymbol{v}_{\perp}\times\boldsymbol{B}+q(\boldsymbol{v}_{/\!/}\times\boldsymbol{B})\\ &= q(\boldsymbol{v}_{\perp}\times\boldsymbol{B}),\quad (q(\boldsymbol{v}_{/\!/}\times\boldsymbol{B})=0)\end{aligned}$$

其中，$\boldsymbol{v}_{\perp}$ 决定那螺旋轨迹的回旋半径 R'，而 $\boldsymbol{v}_{/\!/}$ 决定其螺距 h，

$$R' = \frac{mv_{\perp}}{|q|\,B},\quad h = \frac{2\pi m v_{/\!/}}{|q|\,B}. \tag{4.37}$$

电子光学领域中的磁聚焦技术其原理便源于此. 参见图 4.39(a)，在电子或离子显像管中有一个电子枪或离子枪，它发射具有一定速率 v，且有一定发散角 θ 的电子束，进入一个沿轴向的磁场区而作螺旋运动；当这发散角较小像一光锥那样，$\theta \leqslant 0.4\mathrm{rad}$，可作以下傍轴近似，

$$v_{/\!/} = v\cos\theta \approx v,\quad v_{\perp} = v\sin\theta = v\theta.$$

据(4.37)式知悉，这一锥状粒子束，虽然其中各粒子的回旋半径R'有所不同，θ角大的R'大，$R'\propto v_{\perp}\propto\theta$；而各粒子运动的螺距$h$却是相等的，$h\propto v_{/\!/}$，与$\theta$无关. 这意味着从$A$点发射的粒子束，经轴向距离$h$又会聚到一处$A'$点，此谓磁聚焦，相应器件称之磁透镜，它如同光学透镜将物点A聚焦于像点A'，显示在接收屏上. 图4.39(b)是迎着磁场$\boldsymbol{B}$方向的侧视投影图，由于初始$v_{\perp}$可能在(xy)平面上的不同方向，故其回旋运动的圆心可能在不同位置，但这些圆周终将交汇于一处即A'点；图4.39(c)表示一显像管，其左侧KA段系一电子枪部件，其右侧为一显示屏.

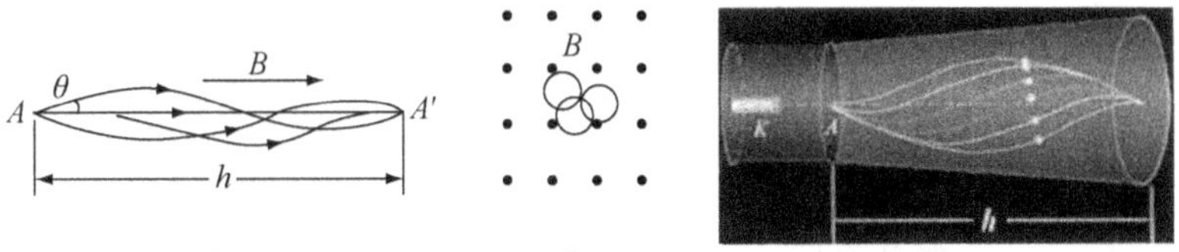

图4.39 (a) 磁聚焦；(b) 右侧视图；(c) 电子显像管

● 磁约束

凭借洛伦兹力将带电粒子约束在局部空间中运动，泛称为磁约束. 若用磁约束语言表之，上节段关于带电粒子在磁场中的回旋运动，就是一种横向磁约束；而那螺旋运动表明带电粒子的纵向运动未被约束，这是均匀场的情形. 试看在非均匀磁场中，带电粒子的纵向运动是否可能被约束.

参见图4.40(a)，任一带电粒子从左侧进入一非均匀场，该磁场左强右弱，一般而言该粒子绕$\boldsymbol{B}$线作螺旋运动；根据先前已被确认的回旋运动逆向磁效应和安培力判断法，粒子回旋所伴生的磁场与外磁场方向大体相反，故其所受安培力即纵向洛伦兹力必定驱使粒子向着弱场区运动，这说明此种场合粒子的纵向运动得以加速. 反之，如图4.40(b)所示，当粒子从左侧进入一左弱右强场区运动则被减速. 这个结论对正粒子或负粒子均成立，且与其初速是怎样的状态无关，这个断语亦与梯度力公式(4.34)给出的结果一致.

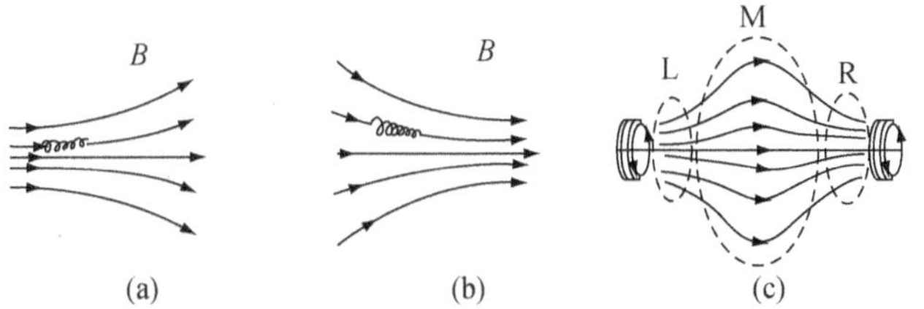

图4.40 非均匀磁场中带电粒子的纵向运动

(a) 被加速； (b)被减速； (c) 磁约束——带电粒子在两个“瓶颈”间往返振荡.

将以上两种场合连接起来，就构成一个磁约束装置，如图4.40(c)所示，其两头是两个通电的密绕线圈，以产生一个两头强而中部弱的磁场区，故其磁感线的总体形态宛如一个平躺着的酒坛子.为分析方便,将这场区分为三段,即左端区(L)、右端区(R)和广大的中间区(M).设想在此空间中存在大量的高温等离子体,于是,那些靠近L区且向右热运动的离子,先是被加速而通过中线,尔后被减速而进入R区后,再进一步被减速,甚至于其纵向速度$v_{\parallel}$可能为零;此时其横向速度$v_{\perp}$最大,从而存在回旋运动,其所受安培力驱使它返回,由R区向M区运动,又是先加速而后减速至L区,其中那些向左纵向速度为零的粒子就将返回,而重复上述运动,往返于L区与R区之间,最终实现了高温等离子体的纵向磁约束.借用光学语言,称该磁约束装置为磁镜,而磁镜通过其磁场的特定非均匀性,使带电粒子往返于其间运动;当然,如同镜面反射率不足以百分之百,磁镜对等离子的约束也是不完全的,那些进入L区或R区依然持有纵向速度的粒子便从两个端面逃逸,称其为端面损失.

为了提高磁约束效率,可以采用闭合磁环即一载流螺线管,且要求其绕线密度非均匀.如图4.41(a)所示,以产生一个沿轴向非均匀而左右对称的磁场分布,这种环形磁约束装置就相当于两个图4.40(c)那种磁镜,且彼此贯通,自相循环,有效地实现了对粒子运动的轴向磁约束.不过,这样一来与轴向正交的横向磁约束问题就突出了,这是因为弱场区的磁感线明显地膨出环形通道,而引起带电粒子向侧面漂移,被称为碰壁损失,为克服这种损失又发明出一种所谓磁力线的旋转变换技术.这些技术及其原理,本课程不予深究.

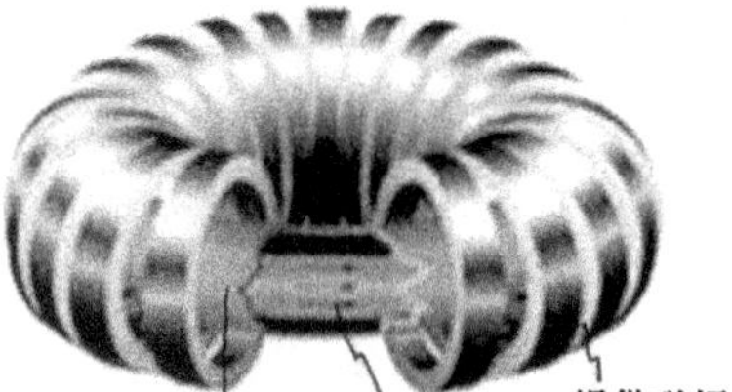

(a)

(b)

图4.41　(a) 环形磁约束器;　(b) 地磁场是一天然颈形磁约束器

磁约束技术的发明和发展与受控热核反应的研究息息相关.轻核的结合将释放出巨大能量,称之为核聚变.比如,氢^{1}H的两个同位素氘^{2}H和氚^{3}H,与氦的两个同位素^{3}H和^{4}H,可进行以下核反应:

$$\begin{cases} {}^{2}H+{}^{2}H\longrightarrow {}^{3}H+n+3.27\,\text{MeV}, \\ {}^{2}H+{}^{2}H\longrightarrow {}^{3}H+{}^{1}H+4.04\,\text{MeV}, \end{cases}\qquad \begin{cases} {}^{3}H+{}^{2}H\longrightarrow {}^{4}He+n+17.58\,\text{MeV}, \\ {}^{3}H+{}^{2}H\longrightarrow {}^{4}He+{}^{1}H+18.34\,\text{MeV}, \end{cases}$$

(n为中子)

可以想见,两个带正电荷的核子要接近甚至结合,需要克服多么巨大的库仑斥力,才能超越那巨高的库仑势垒.解决此困难的途径之一是高温,凭借高温使核子具有足够大的热运动能量;经理论估算,将高度纯净的氘和氚加热到一亿度以上,即10^{7}—10^{9} K,方有可能出现上述热核反应.在如此高温条件下,这些中性原子均被完全电离,而成为正离子和自由电子,称其为等离子态或等离子体.可以想见,在最终达到上述热核温度的加热过程中,处于高温高压下的气体或等离子体将向四周飞散,这带来两个严重后果,降低了等离子体浓度,又因散热使持续升温更为困难；实物容器难以承受以至汽化. 如何将高温等离子体约束住，就成为实现受控热核反应首当其要的技术. 理论研究进一步表明，约束高温等离子体，以保证其有足够高的离子浓度 n 和相应的维持时间 τ，当两者乘积

$$n\tau \geqslant 10^{20}\ \mathrm{s/m^3},$$

方能发生有效的核聚变，此谓约束条件. 磁约束是约束高温等离子体的实验手段之一，正是受控热核聚变的研究需求，大大地促进了磁约束技术的不断发展.

延绵几万公里的地磁场，其两极强而中间弱，是一个天然的颈形磁约束器，参见图 4.41(b). 来自宇宙射线的大量带电粒子进入这地磁场区就被俘获，往返运动于两极之间而产生电磁振荡，因此产生电磁波. 1958 年人造卫星首次探测到，在距地面几千公里和两万公里的区域，分别存在两个环绕地球的辐射带，世称范艾伦辐射带. 高空核爆炸的实验表明，爆炸后生成的电子，在地磁场约束下的空间振荡也将产生辐射，这人工辐射带可持续几天至几个星期. 地磁极及其附近为强磁场区域，这里集聚着高密度的带电粒子，它们之间的碰撞复合，或它们与大气分子的碰撞复合，都将发射出可见光，呈现出绚丽通亮多彩多姿的景象，世称极光，参见图 4.42.

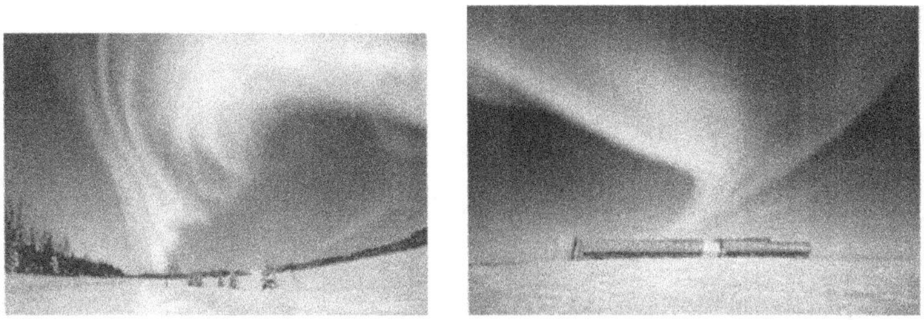

(a) (b)

图 4.42 两张极光彩色图象的黑白版

● 霍尔效应及其应用

参见图 4.43(a)，通以电流 I 的导体或半导体平板，在正交磁场 $\boldsymbol{B}$ 作用下，其载流子发生侧向漂移，而造成一电势差 $U_{AA'}$，世称这一现象为霍尔效应，是美国人 E. H. 霍尔于 1879 年首先发现的，当时他以铜箔为样品做了这一实验. 霍尔效应是一种典型的电与磁的相互作用，霍尔效应最显著的特点是其横向性或正交性，正如图 4.43 所示，当磁场 $\boldsymbol{B}\mathbin{/\!/}\hat{\boldsymbol{x}}$，电流 $\boldsymbol{j}\mathbin{/\!/}\hat{\boldsymbol{y}}$，则霍尔电场 $\boldsymbol{E}_{\mathrm{H}}\mathbin{/\!/}\hat{\boldsymbol{z}}$，即霍尔电压 $U_{AA'}$ 出现于以 z 轴为法线的一对平面之间. 实验还表明，在磁场非甚强时，霍尔电压 $U_{\mathrm{H}}\equiv U_{AA'}\propto I$，$U_{\mathrm{H}}\propto B$，且 $U_{\mathrm{H}}\propto 1/d$，写成一个等式为

$$U_{\mathrm{H}} = K\frac{IB}{d}. \tag{4.38}$$

称此系数 K 为霍尔系数. 半导体的霍尔系数远大于金属；霍尔系数 K 可正可负，对应着载流子电量的正负号.

霍尔效应及其定量公式可由洛伦兹力给予解释. 载流子$(q_0, \boldsymbol{v})$在洛伦兹力作用下的侧

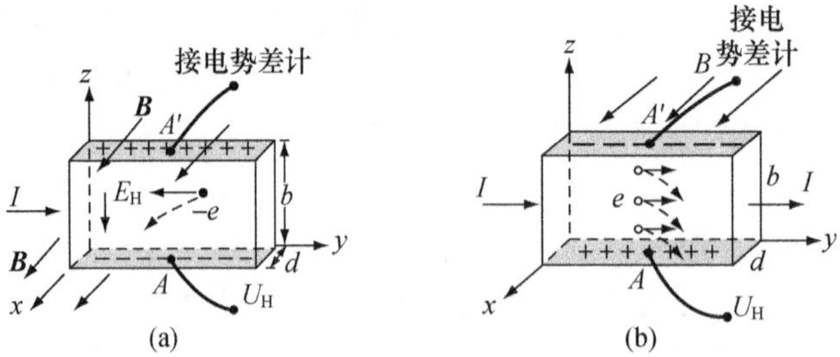

图 4.43　(a) 霍尔电压 U_H 即 $U_{AA'}$，载流子为电子($-e$)；(b) 载流子为空穴(e)

向漂移，造成了A面和A'面的电荷积累，产生的电场力 $q_0\boldsymbol{E}_H$ 必然反抗洛伦兹力 $q_0\boldsymbol{v}\times\boldsymbol{B}$，以至合力为零，不再偏转，也不再积累，达到平衡，维持了电流 I 顺向 y 轴正向运行. 据此，有

$$q_0\boldsymbol{E}_H+q_0\boldsymbol{v}\times\boldsymbol{B}=0,\quad 得\quad E_H=vB;$$

注意到 $\boldsymbol{E}_H$ 沿 z 轴的均匀性，遂得霍尔电压为

$$U_H=E_H\cdot b=vBb. \tag{H1}$$

另一方面，设这导电材料的载流子浓度为 n，其带电量为 q_0，定向漂移速度为$\boldsymbol{v}$，则其电流密度和电流强度为

$$\boldsymbol{j}=nq_0\boldsymbol{v},\quad I=nq_0v(bd). \tag{H2}$$

联合(H1)，(H2)两式，最终给出霍尔电压公式

$$U_H=\frac{1}{nq_0}\cdot\frac{IB}{d}=K\frac{IB}{d};$$

$$K=\frac{1}{nq_0}. \tag{4.38$'$}$$

以上对霍尔电压的理论说明，同时给出了宏观上可观测的霍尔系数 K 与载流子浓度及其电量的关系式(4.38′)，这有重要的应用价值. 据此，可以测定导电材料的载流子浓度和导电类型. 须知，霍尔电压 U_H 可以由电势差计精确测定，当 $U_H>0$，则 $K>0$，$q_0>0$，表明其载流子为空穴，此乃 p 型半导体；当 $U_H<0$，则 $K<0$，$q_0<0$，表明其载流子为电子，此乃 n 型半导体或金属. 半导体材料的载流子浓度远低于金属，因 $K\propto1/n$，故半导体的霍尔效应比金属要明显得多.

霍尔效应可用以研究材料的导电机制，可曾记得第 3 章中(3.18)式，电导率 $\sigma=nq_0\mu$，μ 为载流子迁移率，结合这里(4.38′)式，遂得

$$\mu=K\sigma. \tag{4.38$''$}$$

而右边两个量均是可观测量，通过它俩的实测数据，推算出迁移率及其在各种物理条件下的变化，为深入揭示材料的导电机制提供了可靠的实验依据.

霍尔效应可用以精测磁场 B. 它是至今测量磁场的一种精确又方便的方法，因为霍尔器件的电压和电流可由电势差计方便而精确地测出.

利用半导体材料有显著的霍尔效应而制成霍尔器件，它们将电流信号 $I(t)$或磁场信号

$B(t)$转换为电压信号$U_H(t)$，而成为电子线路中的放大器和运算器.

在以上对霍尔电压U_H的理论推演中，似有一点尚需释疑，那就是，在建立电场力与洛伦兹力的平衡方程时，为何不考量自身轴向电流I所伴生的磁场$\boldsymbol{B}_s$的影响，而仅计及外磁场的作用. 的确，这自身磁场$\boldsymbol{B}_s$是存在的，且也导致载流子的横向偏转；不过，这磁感$\boldsymbol{B}_s$线按右手定则是一系列绕轴的闭合环线，以致体内沿平行y轴作定向运动的一簇载流子的横向偏转是四面八方的，有向上面或下面偏转的，有向前面或后面偏转的，这些横偏轨线集合宛如一个喇叭面；这簇横向偏转造成的电荷积累在样品内部所产生的电场$\boldsymbol{E}_s$为零，或近似为零；更值得强调的是，霍尔效应中最终关注并测量的是电势差$U_{AA'}$，而那喇叭面状的横向偏转对A面积累的电荷与对A'面积累的电荷，两者是等量同号，故对$U_{AA'}$的贡献为零. 其结论是，实测的电势差$U_{AA'}$正是(4.38)式给出的仅由外磁场$\boldsymbol{B}$导致的霍尔电压U_H，自生磁场$\boldsymbol{B}_s$将改变样品表面电荷分布，但在此场合这无关紧要.

最后，顺便介绍一下关于霍尔效应研究的现代进展，即所谓整数霍尔效应和分数霍尔效应. 为了突出霍尔电压U_H与磁场$\boldsymbol{B}$的关系不妨将电流I一量移至(4.38)式左边，在形式上定义出一个霍尔电阻，

$$R_H \equiv \frac{U_H}{I}; \quad R_H = K\,\frac{1}{d}B. \tag{4.39}$$

这是经典霍尔效应的结果，即其霍尔电阻R_H与B之间呈现一简单的线性关系. 1980年，冯·克利青以人工制造的二维半导体结构(内含极薄的电子气)为样品，在1.5 K温度下做霍尔效应实验，发现了R_H-B关系是在总的直线趋势上出现了一系列台阶，且台阶的霍尔电阻呈现出以下规律，

$$R_H = \frac{h}{ze^2}, \quad z = 1,2,3,\cdots;$$

$$R_H(z=1) = \frac{h}{e^2} = 25.8128\ \text{k}\Omega.$$

这里，h为普朗克常数，e为电子电量；25.8128 kΩ称为冯·克利青常量. 接着，1982年崔琦等三人以半导体异质结的二维电子气为样品，在更低温度和更强磁场(18.9 T)条件下发现了分数霍尔效应，除看到在R_H-B关系中有更明显的整数霍尔电阻的台阶外，还发现$z=1/3,2/3,4/3;\ 2/5,3/5,4/5,2/7,3/7,\cdots$等分数霍尔电阻的台阶. 由以上介绍可见，整数和分数霍尔效应是以霍尔电阻为术语，以h/e^2为量值单元的一种量子现象，它是一种宏观量子效应；运动载流子在正交磁场中将作圆周运动，依然是整数和分数霍尔效应量子理论中的一种基本物理图象. 整数和分数量子霍尔效应的发现者和理论首创者，分别获得1985年和1998年的诺贝尔物理学奖.

●【讨论】 均匀导电介质呈现体电荷的可能性

(1) **问题提出.** 此前凡论及洛伦兹力$\boldsymbol{f}_L$对载流子的作用，均强调$\boldsymbol{f}_L$导致载流子的横向

漂移，而积累电荷于介质表面，以其产生的电场力 $\boldsymbol{f}_E$ 来平衡 $\boldsymbol{f}_L$，这似乎默认了导电介质内体电荷密度 ρ_e 必为零. 的确，在第 3 章曾证明了一个结果，即在恒定电流及电导率均匀条件下，其体内 ρ_e 处处为零，但这是不存在非静电力 $\boldsymbol{K}$ 的情形，这似乎预示着，当 $\boldsymbol{E}$ 和 $\boldsymbol{K}$ 同时存在，可能出现 ρ_e. 确实如此，一个长直载流圆柱体就是一典型实例，参见图 4.44(a)，试求其体电荷密度 ρ_e.

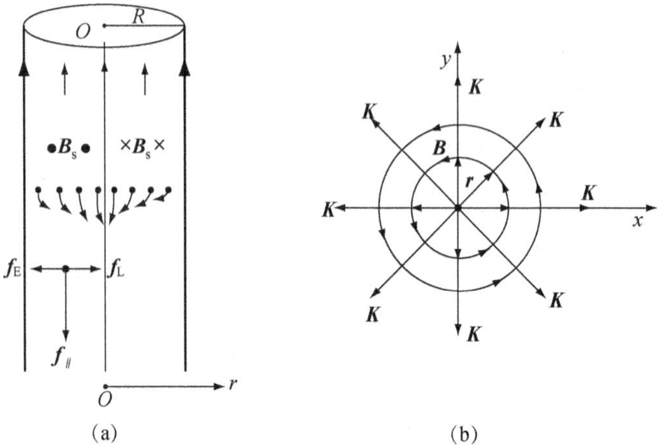

图 4.44　(a) 考量长直载流圆柱体内洛伦兹力和电场力的平衡；(b) 相应的洛伦兹力场 $\boldsymbol{K}(\boldsymbol{r})$

(2) **定性分析**. 载流圆柱体自身磁场 $\boldsymbol{B}_s$ 如图，且 $\boldsymbol{B}_s \propto r$，这里已认可电流密度 $\boldsymbol{j}$ 均匀，与 r 无关. $\boldsymbol{B}_s$ 导致自由电子朝向轴线漂移，似有集聚于轴上而形成一线电荷 η 之态势；然而，这个推论是不可取的，因为这线电荷产生的电场 $E_\eta(r) \propto 1/r \to \infty$，当 $r \to 0$，以致 $\boldsymbol{f}_E$ 与 $\boldsymbol{f}_L$ 无法平衡. 可能出现面电荷积累在圆柱体的表面上吗？不可能. 唯一的出路在于，出现一个恰当的体电荷 ρ_e，它产生一个电场力 $\boldsymbol{f}_E$ 以平衡 $\boldsymbol{f}_L$. 从另一角度审视，$\boldsymbol{f}_L \propto B_s \propto r$，而长直圆柱均匀体电荷情形下，$f_E \propto E \propto r$，两者恰巧匹配.

(3) **理论推演**. 可直接应用第 3 章(3.15′)式，即

$$\rho_e = -\varepsilon_0 \nabla \cdot \boldsymbol{K}, \quad 且 \quad \boldsymbol{K} = \boldsymbol{v} \times \boldsymbol{B}_s,$$

注意到，平衡时载流子定向漂移速度 $\boldsymbol{v} /\!/ (-\hat{z})$，而 $\boldsymbol{B}_s$ 线是平行于 (xy) 平面的一系列闭合圆周，按矢积运算的右手定则得 $\boldsymbol{K} /\!/ \boldsymbol{r}$，这里 $\boldsymbol{r}$ 为轴距矢量，参见图 4.44(b)，于是，

$$\boldsymbol{K}(\boldsymbol{r}) = vB_s\hat{\boldsymbol{r}} = v\left(\frac{1}{2}\mu_0 jr\right)\hat{\boldsymbol{r}} = \frac{1}{2}\mu_0 vj\boldsymbol{r},$$

遂得这洛伦兹力场 $\boldsymbol{K}(\boldsymbol{r})$ 的散度

$$\nabla \cdot \boldsymbol{K}(\boldsymbol{r}) = \frac{1}{2}\mu_0 vj(\nabla \cdot \boldsymbol{r}) = \mu_0 vj, \quad (注意\ \nabla \cdot \boldsymbol{r} = 2)$$

最终求得长直载流圆柱体内的体电荷密度为

$$\rho_e = -\varepsilon_0 \mu_0 vj. \tag{4.40}$$

(4) **简明公式**. 注意到电流密度 $j = \rho_- v$，体电荷密度 $\rho_e = \rho_+ + (-\rho_-)$，这里 ρ_+ 为导电

介质中原子实体电荷密度，且 $\varepsilon_0\mu_0=1/c^2$，这里 c 为真空中光速，并令 $\beta\equiv v/c$，将(4.40)式改写为更简明的形式，

$$\rho_-=\frac{1}{1-\beta^2}\rho_+,\tag{4.40$'$}$$

$$\rho_e=-\beta^2\rho_-,\quad 或\quad \rho_e=-\frac{\beta^2}{1-\beta^2}\rho_+.\tag{4.40$''$}$$

(5) **数量级估算.** 设 $j\approx 10\ \mathrm{A/mm^2}$，一般金属 $\rho_+\approx 10^{10}\ \mathrm{C/m^3}$，得

$$v\approx 10^{-3}\ \mathrm{m/s},\quad \beta\approx\frac{10^{-3}}{3\times 10^{-8}}\approx 3\times 10^{-12},$$

有

$$\rho_e\approx -\beta^2\rho_+\approx -(10^{-23})\times 10^{10}\ \mathrm{C/m^3}=-10^{-13}\ \mathrm{C/m^3},$$

从宏观上看，这是一个极小的量级，然而，微观上看，一个电子的电量 $e=1.6\times 10^{-19}$ C，故得净电子数密度为

$$n_e=\frac{\rho_e}{(-e)}\approx 6\times 10^5\ /\mathrm{m^3}.$$

习　　题

4.1　载流正方形线圈的磁场

如本题图所示，考量一个边长为 a、电流为 I 的正方形线圈的磁场.

(1) 求出其几何中心处的磁感 $B(0)$，并将其与圆线圈中心处磁感 B_0 作比较，给出比率 $K\equiv B(0)/B_0$，设圆线圈直径为 $2a$；

(2) 求出其正交轴即 z 轴上的磁感分布 $B(z)$；

(3) 试以其磁矩 $\boldsymbol{m}$ 表达其远场区域的磁感 $\boldsymbol{B}_f(\boldsymbol{m},z)$，远场条件为 $z\gg a$.

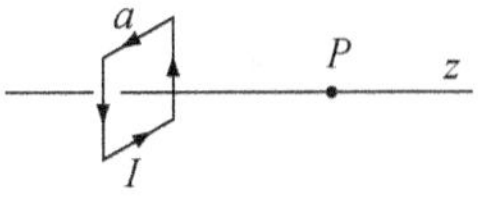

习题 4.1 图

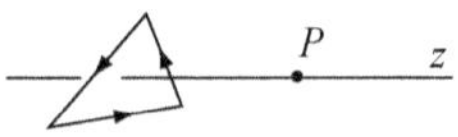

习题 4.2 图

4.2　载流三角形线圈的磁场

如本题图示，考量一个边长为 a，电流为 I 的正三角形线圈的磁场.

(1) 求出其几何中心处的磁感 $B(0)$，并将其与圆线圈中心处磁感 B_0 作比较，给出比率 $K\equiv B(0)/B_0$，设圆线圈直径为 $2a$；

(2) 求出其正交轴即 z 轴上的磁感分布 $B(z)$；

(3) 试以其磁矩 $\boldsymbol{m}$ 表达其远场区域的磁感 $B_f(\boldsymbol{m},z)$，设 $z\gg a$.

4.3　载流圆线圈近轴磁感线的弯曲

载流圆线圈轴上磁场 $B(z)$ 随距离增加而减弱，相应地其轴外磁感 $\boldsymbol{B}$ 线弯曲，使磁感管口扩张如喇叭，参见本题图，这两者互相关联，乃磁场通量定理使然. 试导出近轴 $\boldsymbol{B}$ 线弯曲之倾角 α 作为 I,R,z 的函数

关系.

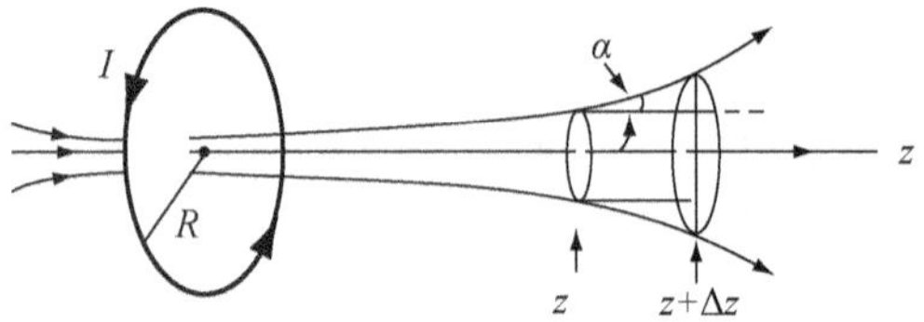

习题 4.3 图

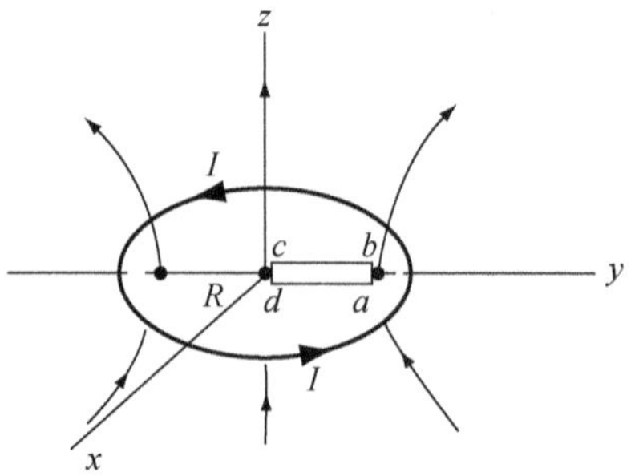

习题 4.4 图

4.4　估算载流圆线圈在圆面上的磁场

即使对于圆线圈这么一个单纯的具有横向轴对称的电流场，囿于数学上积分推演的困难，我们也只能求得其轴上磁场分布 $B(z)$ 的解析表达式；然而，凭借磁场的基本定理和普遍属性，还是可以获得特定磁场的某些特征. 比如，对于载流圆线圈在圆平面上平均磁感 $\overline{\boldsymbol{B}}$ 的考量，旨在算出其磁通 $\Phi=\overline{B}(\pi R^2)$，以为日后计算其自感系数用之.

可有两种方式来近似估算 $\overline{B}$.

(1) 方式一：选取 $\overline{B}=\frac{1}{2}(B_0+B(R^-))$，其中 B_0 为圆心处的磁感，$B(R^-)$ 为靠近载流导线处的磁感，并以无限长直载流导线来近似计算 $B(R^-)$，且设导线之线径为 d ($d\ll R$).

(2) 方式二：认为圆面上各处磁感值 $B(x,y)$ 相等，等同于圆心处的磁感，即 $B(x,y)=B_0$. 其根据是应用安培环路定理于一个细长矩形环路($abcd$)，其宽度 $\Delta z\to 0$，其长度为 y，参见本题图，推演如下：

$$\oint \boldsymbol{B}\cdot \mathrm{d}\boldsymbol{l}=\int_a^b \boldsymbol{B}(y)\cdot \mathrm{d}\boldsymbol{l}+\int_b^c \boldsymbol{B}(y)\cdot \mathrm{d}\boldsymbol{l}+\int_c^d \boldsymbol{B}(y)\cdot \mathrm{d}\boldsymbol{l}+\int_d^a \boldsymbol{B}(y)\cdot \mathrm{d}\boldsymbol{l}=0,$$

即

$$B(y)\Delta z+0+(-B_0)\Delta z+0=0,$$

得 $(B(y)-B_0)\Delta z=0$，故 $B(y)=B_0$，亦即 $B(x,y)=B_0$.

其中，第二项和第四项路径积分为零，是因为圆面上各点 $\boldsymbol{B}$ 之方向均垂直于圆面.

(3) 试对以上两种估算 $\overline{B}$ 方式作出你的评价.

(4) 设 $R=20\,\mathrm{mm}$，线径 $d=1.0\,\mathrm{mm}$，$I=15\,\mathrm{A}$，分别用上述两种方式估算出该圆线圈之圆平面上平均磁感 $\overline{B}$ 和磁通 $\overline{\Phi}$.

4.5　亥姆霍兹线圈

试粗略而正确地描绘出亥姆霍兹线圈的磁感 $\boldsymbol{B}$ 线图象.

(1) 当间距 $2a>R$；

(2) 当间距 $2a<R$.

提示：参考正文图 4.13，$2a=R$ 时的图象.

4.6　载流螺线管

定量考察螺线管长度 l 对管内磁场数值及均匀性的影响.

设螺线管长宽比 l/d 分别为 5，10，20 和 40 四种情形.

(1) 分别求出管轴中点磁感值 B_0' 与无限长时中点磁感值 B_0 之比值 K，即 $K\equiv B_0'/B_0$，$B_0=\mu_0 nI$.

(2) 对以上四种长宽比，试确定轴上磁感均匀区的长度 Δx 与 d 之比值 $K'\equiv\Delta x/d$；这里约定 $B\left(\pm\frac{\Delta x}{2}\right)\Big/B_0'=98\%$ 为均匀区长度 Δx 的定量标准.

4.7　轴对称横向电流场产生的磁场

一个半径为 R 的球面，以 z 轴为对称轴，在其横向密绕上载流导线，如本题图所示. 针对以下两种横向密绕方式，求出相应的磁场.

(1) 以直径为尺度来衡量，其绕线密度 n(圈/米)是均匀的，设电流为 I，求出全空间磁场分布 $\boldsymbol{B}(\boldsymbol{r})$.

提示：可借鉴正文中论及的正弦型球面电流场及其磁场的结果.

(2) 以圆弧即子午线为尺度来衡量，其绕线密度 n(圈/米)是均匀的，设电流为 I，求出其球心磁场 B_0 和轴上磁场分布 $B(z)$.

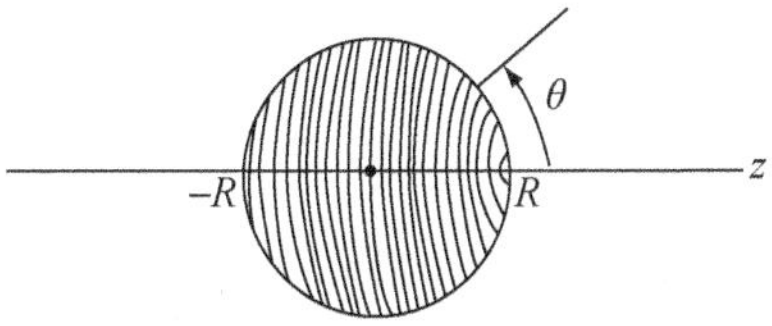

习题 4.7 图

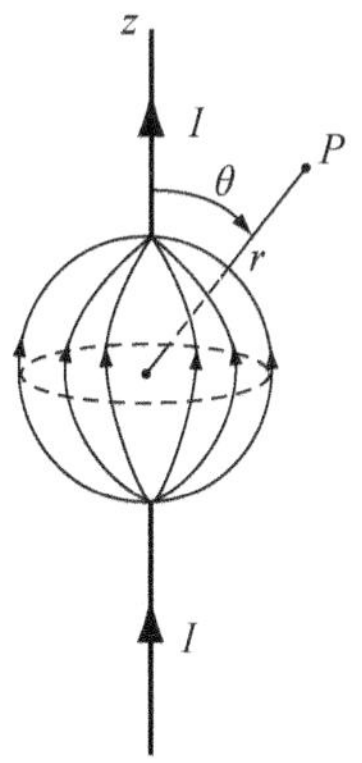

习题 4.8 图

4.8　轴对称纵向电流场产生的磁场

一根长直载流导线的中段连接上一个导体球壳，其半径为 R，其壳层厚度 $d\ll R$，可忽略此厚度影响，视为一个纵向面电流场，总电流为 I.

(1) 试求出球面电流密度 $i(\theta)$；

(2) 试求出相应的空间磁场 $\boldsymbol{B}(\boldsymbol{r})$，指出 $\boldsymbol{B}$ 的方向，以及闭合磁感 $\boldsymbol{B}$ 线的空间图象.

提示：若以坐标(r,θ)标定场点位置，则应针对 $r>R$ 和 $r<R$ 两个区域，分别给出磁场分布 $B(r,\theta)$.

(3) 若导线中段接上一个实心导体球，其磁场分布将有怎样变化.

提示：这可能是个难题，难在精确求得体内电流密度函数 $j(r,\theta)$；不妨先设电流密度 j 均匀分布于每个横截面(圆形)上，如此它便不是一个难题.

4.9　轴对称纵向电流场产生的磁场

如本题图示，它是圆盘形的纵向轴对称电流场，一长直线电流 I 在中段流经一个金属圆盘，其半径为 R，厚度为 d. 设电流 I 在圆盘横截面上的电流分配是均匀的，即其体电流密度 $j=I/\pi R^2$.

(1) 试分析说明磁场 $\boldsymbol{B}$ 的方向，及其闭合磁感线的空间图象；

(2) 求出空间磁场分布 $\boldsymbol{B}(\boldsymbol{r})$.

备注：本题意类似于第 8 章将论及的电容器内部出现的位移电流及其磁效应.

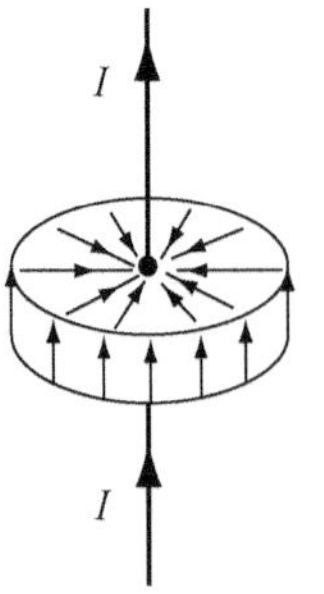

习题 4.9 图

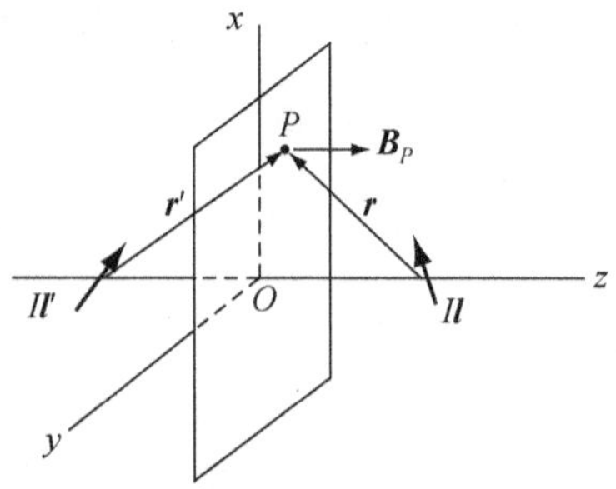

习题 4.10 图

4.10　一对镜像对称电流元产生的磁场

一对电流元 $I\boldsymbol{l}$ 和 $I\boldsymbol{l}'$，以 (xy) 平面为镜面而对称，如本题图示，它俩在 (xy) 面上任一点所贡献的合磁场为

$$\boldsymbol{B}_P = \boldsymbol{B}(P) + \boldsymbol{B}'(P).\quad （右边两项分别为两电流元产生的磁场）$$

(1) 试证明，合磁场 $\boldsymbol{B}_P$ 之方向必定与镜面 (xy) 正交.

提示：对 $\boldsymbol{l}$ 和 $\boldsymbol{l}'$ 作正交分解为 (l_x, l_y, l_z) 和 (l_x', l_y', l_z')，且 $l_x' = l_x, l_y' = l_y, l_z' = -l_z$；对于场点位矢 $\boldsymbol{r}$ 和 $\boldsymbol{r}'$，有两个关系可供利用，

$$(\boldsymbol{r} + \boldsymbol{r}') \mathbin{/\!/} (xy) 平面，(\boldsymbol{r} - \boldsymbol{r}') \perp (xy) 平面且平行 z 轴.$$

(2) 推论. 基于以上命题，可进一步推定出一个有实用价值的结论：轴对称纵向电流场所产生的磁场，必定是一个轴对称横向磁场，即其磁场 $\boldsymbol{B}$ 线是一系列共轴的圆周，躺在与对称轴正交的一系列横平面上，这些横平面可称为纬圈面. 试论证此推论.

提示：对任何一个包含对称轴的平面，即子午面而言，轴对称纵向电流场皆具镜像对称性；其实，4.8 题和 4.9 题是两个轴对称纵向电流场的好实例，而 4.7 题是一个轴对称横向电流场的又一个实例，它产生了轴对称纵向磁场. 对于轴对称电流场与其磁场的关系，简言之，横生纵，纵生横；这源于磁场为横场、闭合的磁场线与电流线互相套连，以及磁场遵循安培环路定理.

4.11　长直线电流产生磁场的正中效应

参见本题图示，以场点之轴距 r_0 为尺度，将长直导线依次分段 $(0, r_0, 2r_0, 3r_0, \cdots)$，用以考量不同线段对磁场贡献的权重.

(1) 求出正中 0—r_0 段线电流所贡献的磁感 $B(P)$；

(2) 求出 $10r_0$—$20r_0$ 段线电流所贡献的磁感 $B'(P)$；

(3) 比值 B'/B 为多少？对此结果你有何感想？

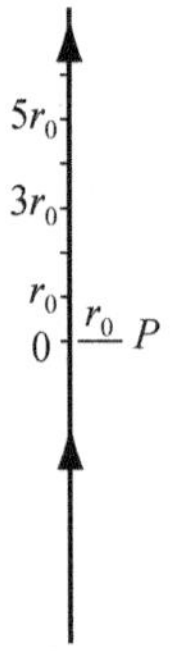

习题 4.11 图

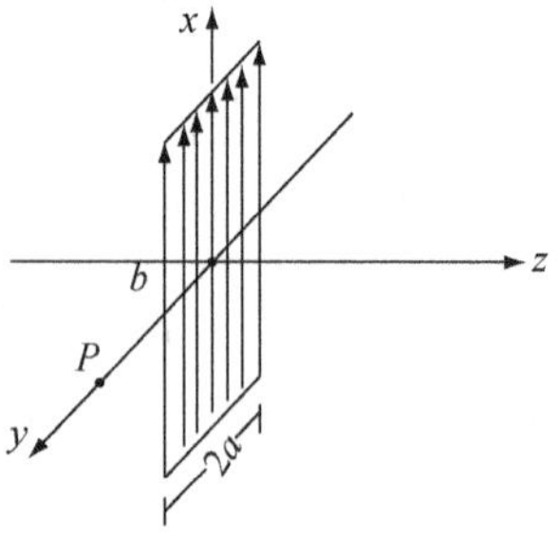

习题 4.12 图

4.12　平面电流场产生的磁场

一平面电流场如本题图示，宽度为 $2a$，长度为 b，且 $b \gg a$，可视为无限长以作近似处理；其面电流密度

为 i(A/m),且均匀分布.

(1) 求出沿 y 轴磁场 $\boldsymbol{B}$ 的方向和 $B(y)$ 函数;

(2) 求出沿 z 轴磁场 $\boldsymbol{B}$ 的方向和 $B(z)$ 函数.

4.13　弯折的长直线电流

如本题图示,一无限长载流导线被弯折,其夹角为 2α. 设拐点 O 为原点,角平分线为 z 轴,轴外场点位置以平面极坐标(r,θ)表示.

(1) 求出 z 轴上的磁场 $B(z)$;

(2) 求出轴外磁场分布 $B(r,\theta)$;

(3) 保持 r 不变,磁场 $B(\theta)$ 随 θ 角变化可能出现极值吗?试具体讨论之.

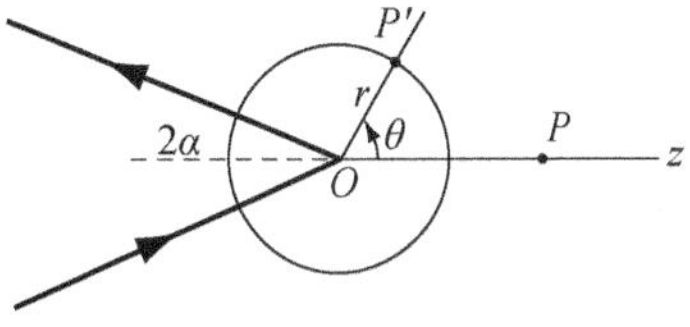

习题 4.13 图

4.14　北京地区的地磁场

由地球物理观测获知,北京地区的磁场 $B=0.548$ Gs,其磁倾角 $\alpha=57.1°$,磁偏角 $\delta=-6°$. 这里,磁倾角定义为磁场 $\boldsymbol{B}$ 与当地水平面之夹角,磁偏角定义为 $\boldsymbol{B}$ 在水平面之投影 B_0 与当地子午线之夹角,其负号表示偏西,参见本题图示(b). 磁偏角 δ 不为零表明地磁场之极轴与地理自转轴并不一致. 在如今的年代,地磁极与地理极稍有偏离,且磁北极在地南极附近,磁南极在地北极附近.

低空区域的地磁场近似于一偶极场,相应地有一个位于地心的等效磁矩 $\boldsymbol{m}_{\text{eff}}$,忽略地磁极与地理极的偏离,即取 $\delta\approx0$,试回答以下问题.

(1) 求出与地磁偶极场对应的等效磁矩 $\boldsymbol{m}_{\text{eff}}$;

(2) 求出北极处或南极处的磁感值 B_0;

(3) 若认为这偶极地磁场是由地球表面正弦型面电流 $i(\theta)$ 所诱发,试估算地球赤道圈的面电流密度 i_0.

提示:还要用到两个数据,北京纬度(角)$\approx39.5°$,地球半径 $R\approx6.4\times10^3$ km. 参见本题图示(a).

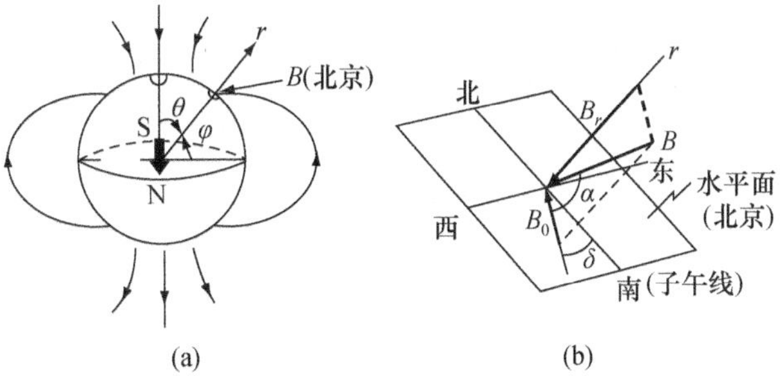

习题 4.14 图

4.15　载流螺线管

一螺线管长 1.0 m,平均直径为 3.0 cm,它有五层绕组,每层有 850 匝,通过电流 5.0 A,中心的磁感应强度是多少 Gs?

4.16　氢原子中的电子环流

氢原子处在正常状态(基态)时,它的电子可看作是在半径为 $a_0=0.53\times10^{-8}$ cm 的轨道(玻尔轨道)上作匀速圆周运动,速率为 $v=2.2\times10^8$ cm/s. 已知电子电荷的大小为 $e=1.6\times10^{-19}$ C,求电子的这种运动在轨道中心产生的磁感应强度 $\boldsymbol{B}$ 的值.

4.17　载流直圆管

有一很长的载流导体直圆管,内半径为 a,外半径为 b,电流为 I,电流沿轴线方向流动,并且均匀分布在管壁的横截面上(见本题图).空间某一点到管轴的垂直距离为 r,求

(1) $r<a$;

(2) $a<r<b$;

(3) $r>b$

等处的磁感应强度.

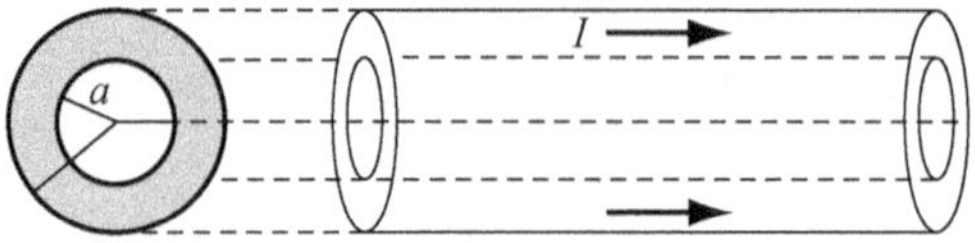

习题 4.17 图

4.18　同轴电缆

同轴电缆由一导体圆柱和一共轴的导体圆筒构成,电流 I 从圆柱流进,而从圆筒流出,电流都均匀分布在横截面上.设圆柱的半径为 r_1,圆筒的内外半径分别为 r_2 和 r_3(见本题图),r 为到轴线的垂直距离,求 r 从 0 到∞的范围内各处的磁感应强度 $\boldsymbol{B}$.

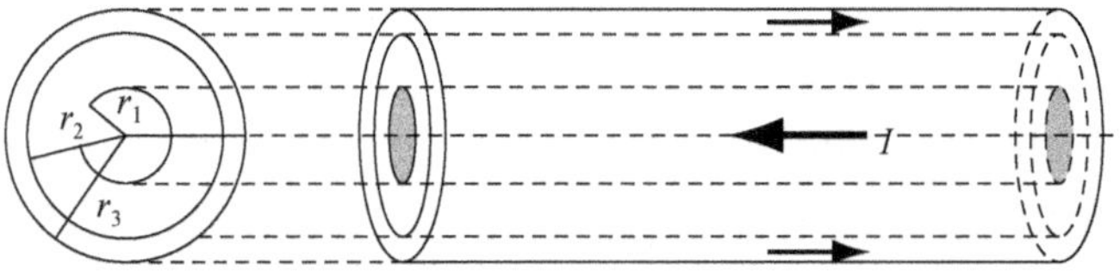

习题 4.18 图

4.19　安培力——跳槽实验

一段导线弯成如本题图所示的形状,它的质量为 m,上面水平一段的长度为 l,处在均匀磁场中,磁感应强度为 $\boldsymbol{B}$,$\boldsymbol{B}$ 与导线垂直;导线下面两端分别插在两个水银槽里,两槽水银与一带开关 K 的外电源连接.当 K 一接通,导线便从水银槽里跳起来.

(1) 设跳起来的高度为 h,求出通过导线的电量 q;

(2) 当 $m=10\,\mathrm{g}$, $l=20\,\mathrm{cm}$, $h=3.0\,\mathrm{m}$, $B=0.10\,\mathrm{T}$ 时,求 q 的量值.

提示:此场合安培力系短暂的冲击力.

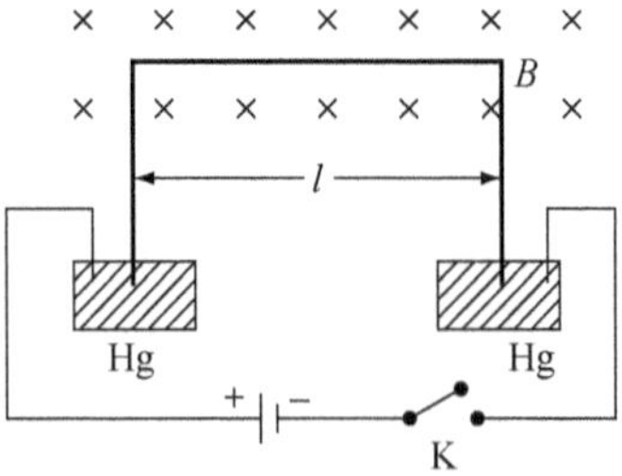

习题 4.19 图

4.20　安培秤

安培秤如本题图所示，它的一臂下面挂有一个矩形线圈，线圈共有 N 匝，线圈的下部悬挂在均匀磁场 B 内，下边一段长为 l，它与 $\boldsymbol{B}$ 垂直．当线圈的导线中通有电流 I 时，调节砝码使两臂达到平衡；然后使电流反向，这时需要在一臂上加质量为 m 的砝码，才能使两臂再达到平衡．

(1) 求磁感应强度 B 值；

(2) 当 $N=9$，$l=10.0\ \text{cm}$，$I=0.100\ \text{A}$，$m=8.78\ \text{g}$ 时，设 $g=9.80\ \text{m/s}^2$，B 值为多少？

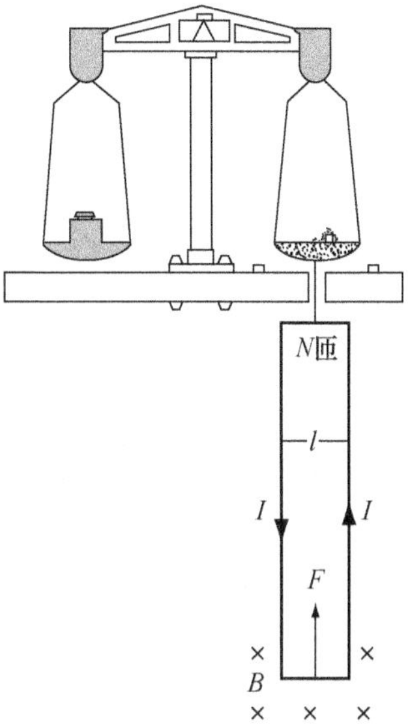

习题 4.20 图

4.21　安培力矩

一螺线管长 3.0 cm，横截面的直径为 15 mm，由表面绝缘的细导线密绕而成，每厘米绕有 100 匝．当导线中通有 2.0 A 的电流后，把这螺线管放到 $B=4.0\ \text{T}$ 的均匀磁场中，求：

(1) 螺线管的磁矩；

(2) 螺线管所受力矩的最大值．

4.22　微波技术中的磁控管

本题图是微波技术中用的一种磁控管的示意图．一群电子在垂直于磁场 $\boldsymbol{B}$ 的平面内作圆周运动．在运行过程中它们时而接近电极 1，时而接近电极 2，从而使两电极间的电势差作周期性变化．试证明电压变化的频率为 $eB/2\pi m$，电压的幅度为

$$U_0=\frac{Ne}{4\pi\varepsilon_0}\left(\frac{1}{r_1}-\frac{1}{r_1+D}\right),$$

式中 e 是电子电荷的绝对值，m 是电子的质量，D 是圆形轨道的直径，r_1 是电子群最靠近某一电极时的矩离，N 是这群电子的数目．

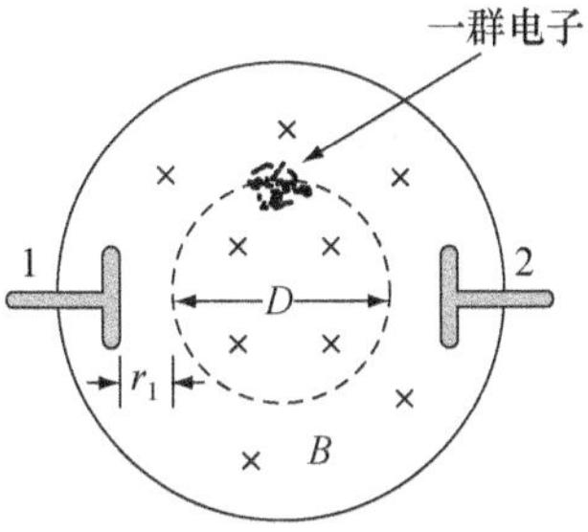

习题 4.22 图

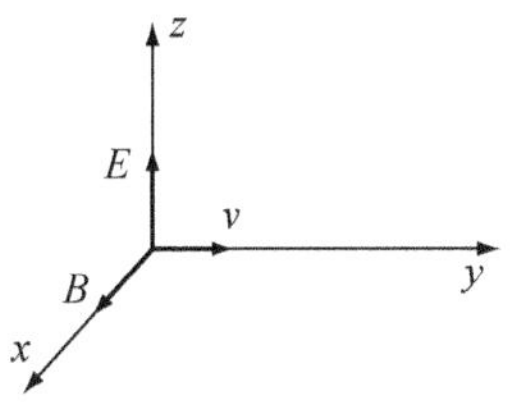

习题 4.23 图

4.23　洛伦兹力

在空间有互相垂直的均匀电场 $\boldsymbol{E}$ 和均匀磁场 $\boldsymbol{B}$，$\boldsymbol{B}$ 沿 x 方向，$\boldsymbol{E}$ 沿 z 方向，一电子开始时以速度 v 沿 y 方向前进（见本题图），问电子运动的轨迹如何？

4.24　金属霍尔效应

一铜片厚为 $d=1.0\ \text{mm}$，放在 $B=1.5\ \text{T}$ 的磁场中，磁场方向与铜片表面垂直（见本题图）．已知铜片里每立方厘米有 8.4×10^{22} 个自由电子，每个电子电荷的大小 $e=1.6\times10^{-19}\ \text{C}$，当铜片中有 $I=200\ \text{A}$ 的电流时，

(1) 求铜片两边的电势差 $U_{aa'}$；

(2) 铜片宽度 b 对 $U_{aa'}$ 有无影响？为什么？

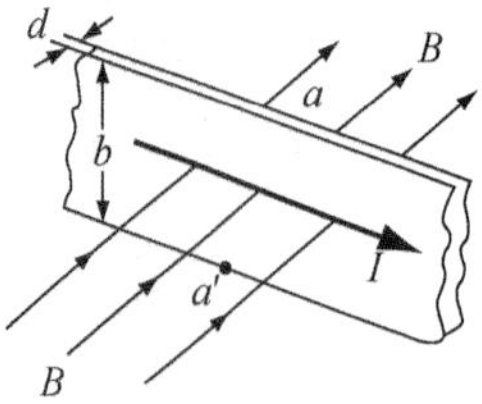

习题 4.24 图

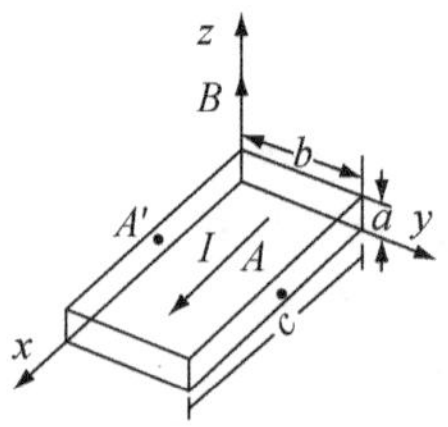

习题 4.25 图

4.25　半导体霍尔效应

一块半导体样品的体积为 $a\times b\times c$，如本题图所示，沿 x 方向有电流 I，在 z 轴方向加有均匀磁场 B，实验数据为 $a=0.10\,\text{cm}$，$b=0.35\,\text{cm}$，$I=1.0\,\text{mA}$，$B=3000\,\text{Gs}$，片两侧的电势差 $U_{AA'}=-6.55\,\text{mV}$.

(1) 问这半导体是正电荷导电(p 型)还是负电荷导电(n 型)？

(2) 求载流子浓度(即单位体积内参加导电的带电粒子数).

4.26　太阳黑子中心的磁感应强度

观测太阳黑子光谱中的塞曼效应表明，其中心存在达 $B=0.4\,\text{T}$ 的磁感应强度. 所谓塞曼效应是，当气体置于强磁场中，其发光谱线将分裂为若干分量；这种谱线分裂可用以测定磁感应强度.

设想这磁场是由黑子中旋转电子圆盘产生的，其半径 R 为 $10^7\,\text{m}$，角速度 ω 为 $3\times10^{-2}\,\text{rad/s}$，圆盘厚度远小于它的半径，视作旋转均匀带电圆片处理.

(1) 证明，达到 0.4 T 磁感所需要的电子面密度 n 约为 10^{19} 个/m^2；

(2) 证明，该圆盘总电流为约 $3\times10^{12}\,\text{A}$；

(3) 鉴于库仑斥力十分巨大，这样大的电子密度是难以维持的，那么为何会有上述电流存在呢？

4.27　旋转均匀带电导体球——正弦型球面电流

一半径 R 为 10 cm 的导体球，充电到电势 U_0 为 10 kV，以角速度 ω 绕其直径旋转，转速为 10^4 转/分.

(1) 证明，其面电流密度 $i(\theta)=\varepsilon_0\omega U_0\sin\theta$，这里 θ 为极角相对于对称轴；

(2) 求出导体球内磁感应 B 值.

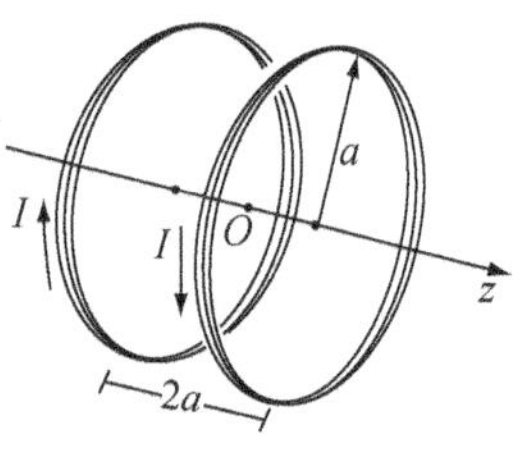

习题 4.28 图

4.28　反向亥姆霍兹线圈用于线性位移传感器

一对彼此电流反向的亥姆霍兹线圈如本题图所示，线圈半径为 a，相距为 $2a$，对称轴设为 z 轴.

(1) 试导出 z 轴上的磁场 $B(z)$ 作为位置 z 的函数.

(2) 试描绘出磁场 $B(z)$ 曲线，z 的范围从 $(-a)$ 至 a，注意到这函数曲线在大部分区域里是线性的. 利用这一性质，可以建造一个线性位移传感器，用以精确测量物体的位移. 在待测物体上安装一个霍尔探头，置于这样一个反向亥姆霍兹线圈之中，且能在其轴上移动，则：

(3) 设其每个线圈有 40 匝，每匝通以电流 10 A，半径 a 为 30 cm. 试求出该反向亥姆霍兹线圈提供的位移灵敏度 $\mathrm{d}B/\mathrm{d}z$，$z\in(-a,a)$，并以 Gs/mm 为单位表示之.

4.29　出现均匀磁场区的一个特例

曾记得，静电学中有一个出现均匀电场区的特例——在均匀带电球体内部的球形空腔，是一个均匀电场区. 眼前磁场部分，也有一个类似情形. 一长直载流圆柱体，其内部有一个同样长直的圆柱形空腔，其轴与柱体平行，两轴距离为 b. 试证明，该空腔内的磁场 $\boldsymbol{B}_0$ 是均匀的，且

$$B_0 = \frac{\mu_0}{2\pi} \cdot \frac{bI}{(R^2 - a^2)},\quad (要求指明\ \boldsymbol{B}_0\ 之方向)$$

这里(R,a)分别为柱体和柱形空腔横截面的半径，总电流 I 均匀分布于横截面上.

4.30　平面电荷平动造成的磁场

在范德格拉夫(Van de Graaff)静电高压装置里，利用带电的绝缘皮带，反复不断地将电荷输送至高压电极，如本题图示. 设驱动滑轮的直径为 10 cm，转速为 50 转/秒，传送带的宽度 d 为 30 cm.

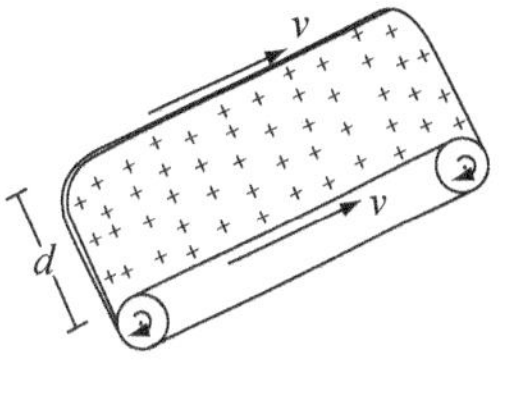

习题 4.30 图

(1) 如果传送带表面中心附近的电场强度为 2 kV/m，计算皮带上的面电流密度 i(A/m)，允许忽略边缘效应；

(2) 计算紧靠皮带表面处的磁感 B_0 值.

4.31　离子束横向发散性——洛伦兹力与电场力之合力

设一正离子束，其初态呈现为一长圆柱形射束，z 轴为对称轴，如本题图示. 正离子电量为 q，沿轴速度为 v，横截面半径为 R. 现考量其边缘一个正离子所受的电磁力，它同时受到两个力，一是电场力 $\boldsymbol{F}_E = q\boldsymbol{E}$，其方向为横向离轴朝外；二是洛仑兹力 $\boldsymbol{F}_L = q\boldsymbol{v} \times \boldsymbol{B}$，其方向也为横向而朝里. 离子数密度 n 巨大，可取其体电荷连续分布模型作近似处理.

(1) 证明，合力$(F_E - F_L)$正比于$(1-\varepsilon_0\mu_0 v^2)$，即正比于$\left(1-\frac{v}{c}\right)^2$. 这里，$c$ 为真空中光速值，可参见(1.4)式或(8.23′)式.

从这正比关系中看出，正离子受合力为正，离轴向外，离子束将要发散；当 $v \to c$，合力趋向零.

(2) 以上结论同样适用于负离子束吗？

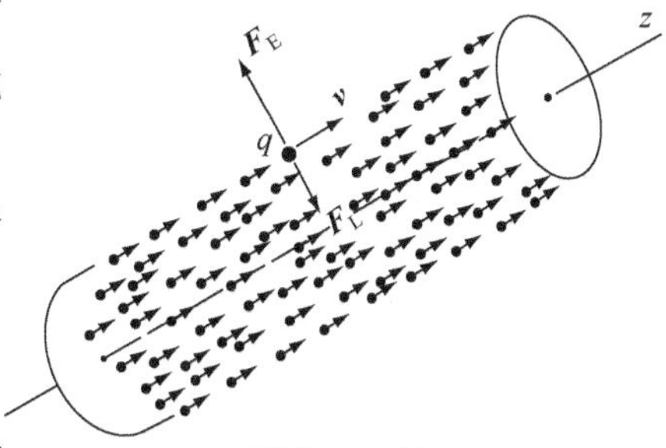

习题 4.31 图

4.32　洛伦兹力——带电粒子回旋磁矩

运动于磁场中的带电粒子 q，速度为$\boldsymbol{v}(v_\perp, v_{/\!/})$，其中与磁场 $\boldsymbol{B}$ 正交的横向速度招致的洛伦兹力，使粒子绕磁感线作回旋运动，从而产生一回旋磁矩 $\boldsymbol{m}$.

(1) 证明，回旋磁矩包括其方向和量值可表示为

$$\boldsymbol{m} = -\left(\frac{1}{2} m_e v_\perp^2\right)\frac{\boldsymbol{B}}{B^2},\quad (m_e\ 为粒子质量)$$

其前负号表明此回旋运动的逆向磁效应.

(2) 倘若粒子向着磁场 $\boldsymbol{B}$ 增强方向，作回旋螺线运动，即纵向速度$\boldsymbol{v}_{/\!/} /\!/ \boldsymbol{B}$，试问：其纵向运动是加速还是减速？其横向运动速率 $v_\perp$ 是增加还是减少？其回旋磁矩 m 是增还是减？

4.33　磁矢势和 A-B 效应

参见正文图 4.29——电子双缝干涉实验及其条纹移动. 现在要求电子波干涉条纹相移 δ 为 3π，即移动 1.5 个条纹，求出那细长螺线管应提供多大磁通 Φ(Wb)？其等效面电流密度 i_0 为多少(A/m)？设螺线管截面积 $\Delta S \approx 4.0\ \text{mm}^2$.

5

磁 介 质

讲授视频：
铁芯的作用

本 章 概 述

以电流观点为主线，系统地论述了介质静磁学理论，即，在传导电流产生的外磁场作用下介质被磁化，磁化介质的宏观后果是出现了磁化电流，通常为磁化面电流，磁化电流依然遵从毕奥-萨伐尔定律在空间产生附加磁场，而最终决定介质磁化状态的是总场；像看待静电场一样，本章确立了以$(\boldsymbol{B},\boldsymbol{H})$表达的恒定磁场通量定理和环路定理，相应的散度方程和旋度方程，以及磁场边值关系，不时地以边值关系审视经界面磁场的变化；永磁体在磁介质中占有重要地位，本章重点考量了长磁棒、薄磁片、闭合永磁环、开口永磁棒和永磁球的$(\boldsymbol{B},\boldsymbol{H})$，给出了它们各自的形状因子和退磁因子；铁磁质无疑是最重要的一类磁介质，本章对铁磁质磁性的非线性和磁滞性，以及硬磁材料和软磁材料均作了较详细描述，特别讨论了由高磁导率软磁材料构成的闭合磁路和含隙磁路，求解其中的$(\boldsymbol{B},\boldsymbol{H})$和气隙间的磁吸力．本章最后系统地论述了磁荷观点下的静磁学理论，并用来求出永磁球的退磁场，求出磁铁或电磁铁的磁吸力，以显示磁荷观点在求解此类问题时具有便捷、直观的优点．

5.1 磁化强度矢量 M 磁化电流

- 引言——铁芯的作用
- 介质磁化图象
- 磁化强度矢量 **M**
- 磁化面电流与磁化体电流
- 结语

● 引言——铁芯的作用

铁芯广泛地存在于电机和电气设备中，诸如发电机、电动机、变压器、电磁测量仪表，以及电磁信号的传输和接收器件. 这些器件中的通电线圈或绕组，几乎都含有铸铁或硅钢片或磁棒或磁环，被统称为铁芯. 铁芯的作用是强化磁场和集中磁场，如图 5.1 所示. 铁芯使其内部的磁场得以大大加强，可达 $B_{芯}/B_0 \approx 10^2—10^4$，这里 B_0 为无铁芯时的磁感值，并且铁芯使空间磁场分布集中于芯内，即铁芯对 **B** 线起了一个引导作用.

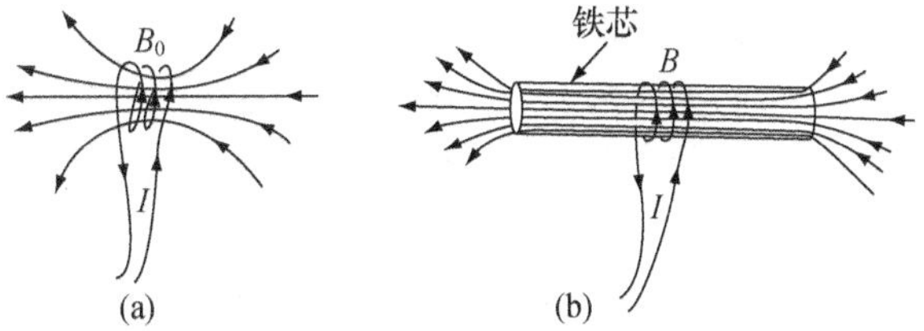

图 5.1 铁芯的作用.(a) 无铁芯； (b) 含铁芯

铁芯的这等作用，源于它是一种具有强磁性的物质，它在外磁场作用下被强烈地磁化，而产生了一种磁化电流. 人类古时就知道磁铁矿的永磁性和铁的强磁性，后来发现钴和镍也具有强磁性，那还是 1754 年后不久的事.

何谓磁化，怎样描述磁化状态及其与磁化电流的关系，正是本节论述的主题.

● 介质磁化图象

宏观电磁学的介质磁化理论，着眼于考察介质的分子及其磁矩对磁场的响应，为此首先对分子磁矩 $\boldsymbol{p}_m$ 作粗略地描写. 物质由分子组成，分子由原子组成，故有所谓单原子分子、双原子分子和多原子分子. 原子具有磁矩 $\boldsymbol{p}_a$，它是由原子中环绕原子核而运动的电子所贡献，电子具有轨道磁矩，还有自旋磁矩. 于是，电子磁矩的矢量和构成一个原子磁矩 $\boldsymbol{p}_a$，原子磁矩的矢量和构成一个分子磁矩 $\boldsymbol{p}_m = \sum \boldsymbol{p}_a$. 在此，宏观电磁学将通常介质划分为两大类，一类为 $\boldsymbol{p}_m = 0$，称之无矩分子介质，另一类为 $\boldsymbol{p}_m \neq 0$，称为有矩分子介质. 这如同电介质被分为无极分子介质与有极分子介质.

从原子结构来看，具有满壳层结构的原子，其单原子磁矩 $\boldsymbol{p}_a$ 为零；对于多原子分子，其中单原子磁矩可能不为零，但当它们的空间取向呈现旋转对称性，则导致其矢量和为零，

$\sum \boldsymbol{p}_a = 0$. 这两种分子便构成了无矩分子介质. 对于有矩分子介质，虽然其单个分子具固有磁矩，但由于分子热运动的无规性，表现为分子磁矩 $\boldsymbol{p}_m$ 取向的各向同性，以致在宏观体积元 ΔV 中，那大量分子固有磁矩的矢量和为零，即

$$\Delta V: \sum \boldsymbol{p}_m = 0.$$

总之，从宏观眼光看，在无外磁场时这两类介质体内均为 $\sum \boldsymbol{p}_m = 0$，这被称为非磁化状态. 然而，在外磁场作用下，这两类介质却有着不同的响应机制，兹简单分述如下.

(1) 在外磁场作用下有矩分子的有序取向——顺磁效应

此时，每个分子磁矩均受到磁场 $\boldsymbol{B}_0$ 施予的一个磁力矩 $\boldsymbol{M}_{力} = \boldsymbol{p}_m \times \boldsymbol{B}_0$，使 $\boldsymbol{p}_m$ 转动而趋向 $\boldsymbol{B}_0$，即顺向 $\boldsymbol{B}_0$ 方向为 $\boldsymbol{p}_m$ 稳定平衡方位，其最终统计平均效果为

$$\Delta V: \sum \boldsymbol{p}_m \neq 0, \quad \text{且方向与} \boldsymbol{B}_0 \text{同(顺向磁场)}. \tag{5.1}$$

这种有序取向的分子磁矩所产生的磁场 $\boldsymbol{B}'$，在其主要区域大体上与 $\boldsymbol{B}_0$ 方向一致，而使介质中的总磁场 $\boldsymbol{B}$ 得以加强，这被称为顺磁效应.

(2) 在外磁场作用下无矩分子的逆向感应——抗磁效应

此时，虽然其 $\boldsymbol{p}_m = 0$，因而磁力矩为零，但其内部每个原子中的多个电子依然在不停顿地运动着；运动电荷在磁场中将受到洛伦兹力的作用，所导致的附加回旋运动其磁效应总是与外磁场逆向的，这一判断在上一章 4.7 节中已有说明，归结为所谓回旋运动的逆向磁效应；使得原本无矩的分子变为有矩，$\boldsymbol{p}_m \neq 0$，且方向与 $\boldsymbol{B}_0$ 相反. 在宏观体积元中，有

$$\Delta V: \sum \boldsymbol{p}_m \neq 0, \quad \text{且方向与} \boldsymbol{B}_0 \text{相反(逆向磁场)}. \tag{5.1$'$}$$

与此相联系的附加磁场 $\boldsymbol{B}'$，在其主要区域大体上与 $\boldsymbol{B}_0$ 反向，而使介质中的总磁场 $\boldsymbol{B}$ 有所削弱，故称其为抗磁效应.

综上所述，在磁场作用下，无论有矩分子的顺磁效应，或无矩分子的抗磁效应，均体现于

$$\Delta V: \sum \boldsymbol{p}_m \neq 0. \tag{5.1$''$}$$

从宏观上看均呈现为大量分子磁矩的有序排列，一者为顺向有序排列，另者为逆向有序排列.

凡大量磁矩的有序排列，必致在介质表面出现一层电流，称其为磁化面电流，正如图 5.2 所示. 须知，一个磁矩联系着一个环绕电流(环流)，即一个分子磁矩对应着一个分子环流. 图中显示了顺磁效应下大量分子环流的分布图象，其对应着大量分子磁矩的有序排列. 看得出体内这大量的闭合分子环流，由于内部的紧邻效应而彼此抵消，唯有那些贴近介质表面的闭合分子环流，其中与表面相切的一段，因无紧邻而净离出来. 如此一段段串接起来，就构成宏观上的一个闭合电流，此为磁化面电流. 这就是介质磁化的基本图象. 无矩分子介质的抗磁效应，也是这幅图象，仅是图中的环流方向和磁化面电流方向相反而已.

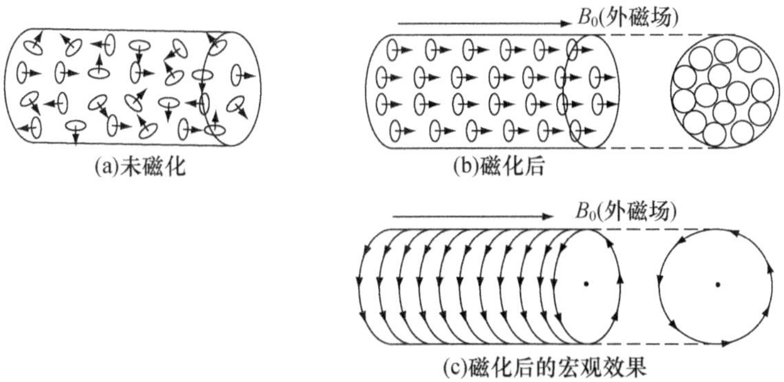

图 5.2 介质磁化的物理图象

(a) 分子磁矩取向无序；(b) 分子磁矩取向有序；(c) 出现面电流于介质表面

必须指出，本段的核心内容为(5.1″)式和图 5.2，其它关于分子磁矩的构成，及其对磁场响应机制的描述是粗略的，这些内容系介质磁化的微观理论，对于宏观电磁学而言则是不大关紧的事. 宏观电磁学关于介质磁化的理论路线是，从 $\sum \boldsymbol{p}_m \neq 0$ 出发，引入一个描述磁化状态的物理量即磁化强度矢量，确定其与磁化电流的关系，从而建立起介质存在时的磁场理论，这也为测定介质宏观磁性提供了实验原理.

- **磁化强度矢量 $\boldsymbol{M}$**

设体积元 ΔV 中分子磁矩矢量和为 $\sum \boldsymbol{p}_m$，则该处的磁化强度矢量 $\boldsymbol{M}$ 被定义为

$$\boldsymbol{M} = \frac{\sum \boldsymbol{p}_m}{\Delta V} \quad (\Delta V \to 0); \quad [M] = \mathrm{A/m}\ (\text{安培} / \text{米}). \tag{5.2}$$

即，磁化强度矢量定义为该处单位体积中分子磁矩的矢量和，它用来度量介质体内各点的磁化状态，包括其磁化程度的强弱和磁化方向.

真空中，$\boldsymbol{M}=0$，因为这里无介质，也就无分子磁矩. 一般而言，介质各处的磁化强度矢量是不相同的，即 $\boldsymbol{M}(x,y,z)$ 与位置有关，此为非均匀磁化；若体内 $\boldsymbol{M}$ 为一常矢量，$\boldsymbol{M}(x,y,z)=\boldsymbol{M}_0$，此为均匀磁化. 总之，磁化强度矢量 $\boldsymbol{M}(x,y,z)$ 也构成一个矢量场.

- **磁化面电流与磁化体电流**

诚如前述，介质磁化的宏观效果是，必定出现磁化面电流于介质表面，还可能出现磁化体电流于介质体内. 兹就磁化电流与磁化强度矢量之定量关系，分别论述如下.

(1) 磁化面电流密度 $\boldsymbol{i}'$

参见图 5.3(a)，首先考察介质表面层中某处其 $\boldsymbol{M}$ 沿表面切线方向的情形. 在此，引入等效分子磁矩概念，设其为 $\boldsymbol{p}_0$，它定义为

$$\boldsymbol{M} = n\boldsymbol{p}_0, \quad \boldsymbol{p}_0 = i_0 \Delta \boldsymbol{S}_0, \tag{5.2′}$$

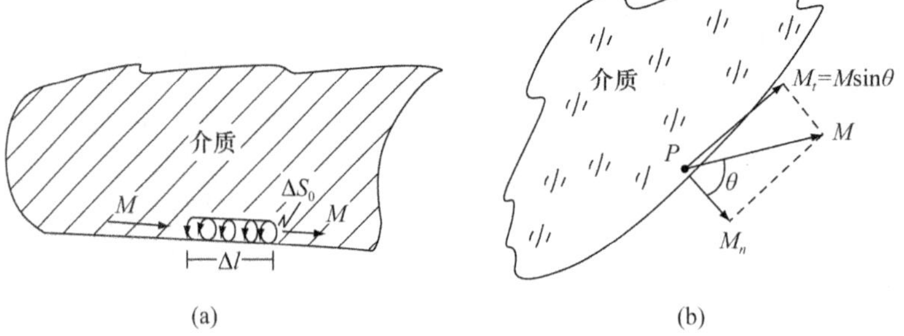

(a)　　　　　　　　(b)

图 5.3　导出磁化面电流密度公式 $\boldsymbol{i}'=\boldsymbol{M}\times\hat{\boldsymbol{n}}$

其中，n 为分子数密度($1/\mathrm{m}^3$). 式(5.2′)表明，等效分子磁矩 $\boldsymbol{p}_0$ 就是，$\boldsymbol{M}$ 平均分配给单位体积中每个分子所得的磁矩，并且将 $\boldsymbol{p}_0$ 写成其分子环流 i_0 与其环绕面积 $\Delta\boldsymbol{S}_0$ 之乘积. 在该处沿切线方向作一个细小的圆柱管，其长度为 Δl，其截面积被限定为 $\Delta\boldsymbol{S}_0$；故其中容纳的分子个数为 $\Delta N=n(\Delta\boldsymbol{l}\cdot\Delta\boldsymbol{S}_0)$；而每个分子提供一环流 i_0 于此表面层，于是，流过 Δl 段的总电流为 $\Delta I'=\Delta N\cdot i_0$. 最终得到磁化面电流密度为

$$i'=\frac{\Delta I'}{\Delta l}=\frac{n(\Delta\boldsymbol{l}\cdot\Delta\boldsymbol{S}_0)i_0}{\Delta l}=n(i_0\Delta S_0)=np_0,$$

即

$$i'=M,\quad 当\,\boldsymbol{M}\,沿切向. \tag{5.3}$$

一般情形如图 5.3(b)所示，表面层内的磁化强度 $\boldsymbol{M}$ 倾斜，设 $\boldsymbol{M}$ 与表面法向 $\hat{\boldsymbol{n}}$ 夹角为 θ. 此时应将 $\boldsymbol{M}$ 作正交分解，

$$切向分量\ M_t=M\sin\theta;\quad 法向分量\ M_n=M\cos\theta.$$

注意到，这法向分量 M_n 对面电流无贡献，因为与 M_n 相联系的环流躺在表面上转圈，不产生定向电流；惟有切向分量 M_t 贡献一面电流于表面层. 借用上述特例给出的(5.3)式，立马得到磁化面电流密度 $\boldsymbol{i}'$ 与磁化强度 $\boldsymbol{M}$ 之普遍关系式

$$i'=M_t=M\sin\theta,\quad 且\quad \boldsymbol{i}'\ /\!/\ (\boldsymbol{M}\times\hat{\boldsymbol{n}}), \tag{5.4}$$

或者将 i' 数值中 $\sin\theta$ 因子吸纳到($\boldsymbol{M}\times\hat{\boldsymbol{n}}$)中，得到一个更为简约的公式，

$$\boldsymbol{i}'=\boldsymbol{M}\times\hat{\boldsymbol{n}}. \tag{5.4′}$$

式(5.4)或式(5.4′)，是一个由 $\boldsymbol{M}$ 分布求 $\boldsymbol{i}'$ 分布的基本公式，今后常用之.

在此不妨联想电介质情形以作类比. 那里给出惟有电极化强度矢量 $\boldsymbol{P}$ 的法向分量贡献极化面电荷，且 $\sigma'=\boldsymbol{P}\cdot\hat{\boldsymbol{n}}$；这里给出惟有磁化强度矢量 $\boldsymbol{M}$ 的切向分量贡献磁化面电流，且 $\boldsymbol{i}'=\boldsymbol{M}\times\hat{\boldsymbol{n}}$. 磁与电总是处处表现出这种特殊的相似性，姑且称其为对偶相似性. 同时看到磁比较电来，总显得更为复杂. 比如，这里的 $\boldsymbol{i}'$ 它是有方向的，因而公式中必须反映出 $\boldsymbol{i}'$ 与 $\boldsymbol{M}$ 在方向上的关系，式(5.4′)如是为之.

(2) 磁化体电流密度 $\boldsymbol{j}'$

参见图 5.4，介质体内各处磁化状态如图所示由 $\boldsymbol{M}$ 线描绘. 人为地任取一闭合环路 L，用以考量以 L 为边沿的 Σ 面内磁化电流 I'. 定性上可以看出，凡远离 L 或在 Σ 面内或在 Σ 面外的那些分子环流 i_0，对 I' 无贡献；对 I' 有贡献的是那些与 L 套连的分子环流，它们存在

于以 L 为轴线的一个管状区域中.

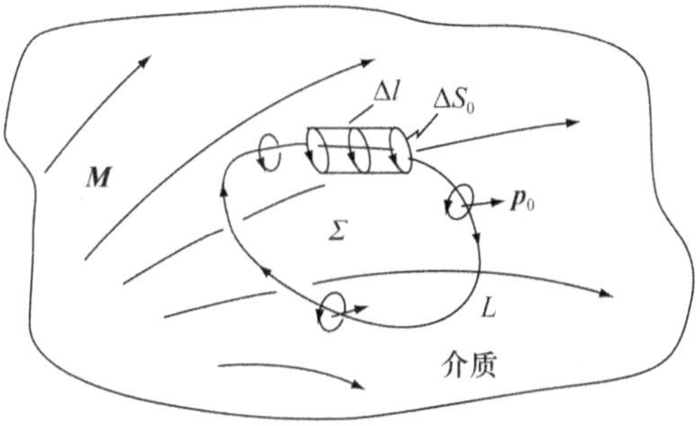

图 5.4 推导磁化体电流与磁化强度分布之关系

据此在 L 上任选一微分线元 $\Delta \boldsymbol{l}$,并以 $\Delta \boldsymbol{l}$ 为轴、以分子环流面积 $\Delta \boldsymbol{S}_0$ 为底,构成一个柱状体积元 ΔV;注意到 $\Delta \boldsymbol{S}_0 /\!/ \boldsymbol{M}$,故一般而言 $\Delta \boldsymbol{S}_0$ 与 $\Delta \boldsymbol{l}$ 在方向上并不一致,因此体积元 $\Delta V = \Delta \boldsymbol{S}_0 \cdot \Delta \boldsymbol{l}$;其中容纳的分子数为 $\Delta N = n\Delta V$,而每个磁化分子贡献于 Σ 面内的电流为 i_0. 于是, $\Delta \boldsymbol{l}$ 段邻近区域的那些分子环流,为 Σ 面提供的磁化电流为

$$\Delta I' = i_0 \Delta N = n i_0 (\Delta \boldsymbol{S}_0 \cdot \Delta \boldsymbol{l}) = (n i_0 \Delta \boldsymbol{S}_0) \cdot \Delta \boldsymbol{l} = n \boldsymbol{p}_0 \cdot \Delta \boldsymbol{l},$$

即

$$\Delta I' = \boldsymbol{M} \cdot \Delta \boldsymbol{l}, \quad (\boldsymbol{p}_0 \text{ 为等效分子偶极矩})$$

对闭合环路 L 积分,遂得 Σ 面内总磁化电流 I' 的代数和

$$I' = \sum \Delta I' = \oint_{(L)} \boldsymbol{M} \cdot \mathrm{d}\boldsymbol{l}.$$

引入磁化体电流密度 $\boldsymbol{j}'$,即

$$I' = \iint_{(\Sigma)} \boldsymbol{j}' \cdot \mathrm{d}\boldsymbol{S},$$

最终给出 $\boldsymbol{j}'$ 与 $\boldsymbol{M}$ 之关系的积分表达式,

$$\oint_{(L)} \boldsymbol{M} \cdot \mathrm{d}\boldsymbol{l} = \iint_{(\Sigma)} \boldsymbol{j}' \cdot \mathrm{d}\boldsymbol{S}. \tag{5.5}$$

积分表达式总是普遍的,积分环路 L 是任意选择的. 若将环路 L 选在介质表面层,遂得磁化面电流 $\boldsymbol{i}'$,结果与(5.4′)式一致. 若将环路 L 收缩为一点,遂得 $\boldsymbol{j}'$ 与 $\boldsymbol{M}$ 之关系的微分形式;当然,这里借鉴数学场论中已有的斯托克斯公式更为省事,

$$\oint_{(L)} \boldsymbol{M} \cdot \mathrm{d}\boldsymbol{l} = \iint_{(\Sigma)} (\nabla \times \boldsymbol{M}) \cdot \mathrm{d}\boldsymbol{S},$$

以上两式一比对,遂得到

$$\boldsymbol{j}' = \nabla \times \boldsymbol{M}. \tag{5.5′}$$

这表明,介质体内磁化体电流密度等于该处磁化强度的旋度. 这并不意味着此处必有非零 $\boldsymbol{j}'$. 本章随后将从理论上证明,对于线性均匀介质,即使处于非均匀磁化状态,其体内 $\boldsymbol{j}'$ 恒为零,当体内不存在传导电流时. 换言之,仅在非均匀介质中或在非线性的均匀介质中,或介质体内存在传导电流时,才有可能出现磁化体电流. 当然,若是均匀磁化,磁化强度为一常

矢量 $\boldsymbol{M}_0$，则 $\nabla\times\boldsymbol{M}_0=0$，故 $\boldsymbol{j}'=0$，体内无磁化电流. 关于介质的线性和均匀性概念将在本章 5.4 节中给出进一步说明.

- **结语**

最后必须指出，上述关于磁化电流与磁化强度之三个关系式(5.4′)，(5.5)和(5.5′)，是普遍成立的，与介质磁性无关，它们对任何磁性材料皆适用，可称其为磁化电流定理. 可以说，$\boldsymbol{M}$ 与 $\boldsymbol{i}'$ 或 $\boldsymbol{j}'$ 之关系式乃是运动学意义上的关系式，不涉及介质磁化的动力学机制；而 $\boldsymbol{M}$ 与磁场 $\boldsymbol{B}$ 之关系乃由磁化动力学机制决定，这必与材料物性即介质磁性有关，这个问题将在本章 5.4 节中展开论述.

5.2　永磁体的磁场

· 引言——磁化电流的磁效应　　· 永磁材料
· 长磁棒　· 薄磁片　· 闭合磁环　· 开口磁环
· 永磁球　· 永磁体形状因子　· 讨论——永磁椭球及其磁场

- **引言——磁化电流的磁效应**

有理由确认，磁化电流磁效应无异于传导电流的磁效应，它亦遵从毕奥-萨伐尔定律而在周围空间产生磁场 $\boldsymbol{B}(\boldsymbol{r})$，虽然磁化电流的来源不同于传导电流. 的确，磁化电流源于分子磁矩的有序取向，由未被抵消的分子环流中一段段串接而成；故，磁化电流具有束缚性，它总是被约束在介质身上，不会传导，不能被电流表测量，因而它无法被调控. 然而，磁化电流毕竟是由运动电荷所产生的，它与传导电流两者，在产生磁场规律方面应该是相同的. 事实上，永久磁棒周围大量细小铁屑的取向图所显示的磁力线形貌，的确是与载流螺线管的完全相似，如图 5.5 所示.

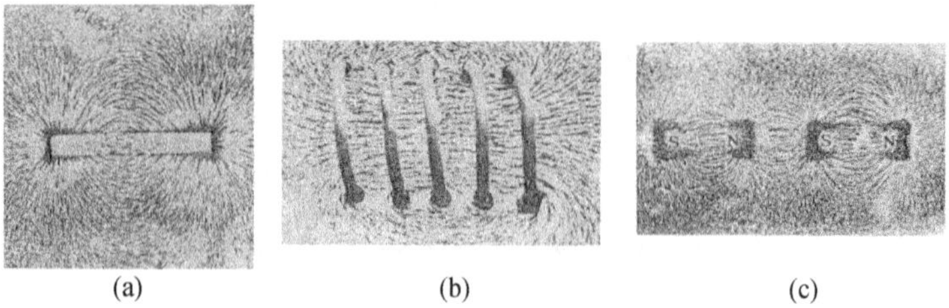

(a)　(b)　(c)

图 5.5　用众多细小铁屑显示磁力线

(a) 永磁棒周围；(b) 载流螺线管周围；(c) 一条永磁棒被切割为两段短磁棒

- **永磁材料**

上一节确立的 $\boldsymbol{M}$ 与 $\boldsymbol{i}'$ 关系，为求解介质存在时的磁场 $\boldsymbol{B}(\boldsymbol{r})$ 提供了一条途径，当磁化强

度 $\boldsymbol{M}$ 给定，即可实现 $\boldsymbol{M}\to i'\to\boldsymbol{B}$. 遗憾的是，通常情况下介质中 $\boldsymbol{M}(\boldsymbol{r})$ 是无法事先给定的. 幸运的是，存在一种特殊的磁性材料即永磁材料，它在外场中先被磁化，而在外场撤消以后其磁化强度依然冻结其中，长时间保持其磁性，且不受外界磁场的干扰，如同电介质中的驻极体那样.

磁铁矿是人类最早发现的一种天然永磁材料，其主要成分是四氧化三铁（Fe_3O_4），它是铁矿在特定地质环境中，经地磁场长期作用后生成的，或许它在地球生成时就已经存在. 现如今人工研制的永磁材料已有多种，诸如，铝镍钴系合金、钐钴系合金、锰铝系合金、铁铬钴系合金，以及钡铁氧体和锶铁氧体.

本节讨论由永磁材料制作的多种形状的永磁元件及其产生的磁场，这些永磁元件十分典型，有着广泛的应用场合，故专辟一节给以讨论，无论从概念上或实用上看都是有价值的.

• 长磁棒

参见图 5.6(a)，一条状永磁棒其固有磁化强度为 $\boldsymbol{M}_0$，且沿轴向. 先分析其磁化电流 i' 出现于表面何处；根据式(5.4)，目前 $\boldsymbol{M}_0$ 切向分量为非零的地方仅在磁棒侧面，且 $i'=M_t=M_0$；其两个端面 $i'=0$，因为这里 $M_t=0$. 于是，从磁化电流分布看，这根永磁棒完全等效于一个密绕载流螺线管，即后者磁场分布 $\boldsymbol{B}(\boldsymbol{r})$ 完全适用于这根永磁棒，只要将其定量公式中的 nI 换成这里的 i' 便是. 当这磁棒长度远大于其宽度，$l\gg d$，则图 5.6(a)中所标 1,0,2 三处的磁感应强度分别为

$$\text{轴中点，}\boldsymbol{B}_0\approx\mu_0\boldsymbol{M}_0\text{；}\quad\text{端点，}\boldsymbol{B}_1=\boldsymbol{B}_2\approx\frac{1}{2}\mu_0\boldsymbol{M}_0. \tag{5.6}$$

顺便提及，与均匀密绕载流螺线管相比较，这永磁棒的侧面电流绕棒而环行，没有实际密绕导线时不免出现的间距和螺距，可见，它是更为完美的载流管道.

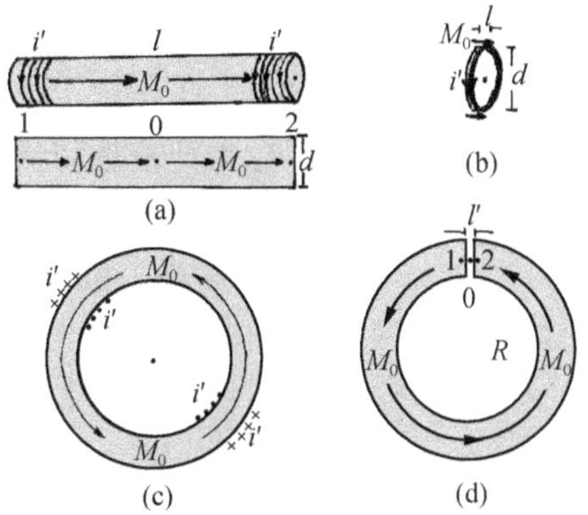

图 5.6 几种典型的永磁元件，其固有磁化强度矢量 $\boldsymbol{M}_0$ 的数量级可在 10^3—10^5 A/m

- **薄磁片**

参见图 5.6(b)，拟从一磁棒上切割下一薄片，其厚度远小于其直径，$l \ll d$，而制成一薄磁片，固有磁化强度为 $\boldsymbol{M}_0$，且平行轴向，故其侧面环形的磁化电流为

$$I' = l \cdot i' = l \cdot M_t = l \cdot M_0.$$

就电流分布及其磁效应而言，这薄磁片完全等效于载流圆线圈. 兹关注其中心附近的磁感 $\boldsymbol{B}_0$，借用式(4.7′)遂得

$$\boldsymbol{B}_0 = \mu_0 \left(\frac{l}{d}\right) \boldsymbol{M}_0. \tag{5.7}$$

现如今，铁氧体薄磁片已被制成磁疗产品，贴于人体的某个穴位或关节，以求得通经活血祛寒镇痛之保健功效.

- **闭合磁环**

拟将一长磁棒软化而弯成头尾相接的一个闭合磁环，如图 5.6(c)所示，其固有磁化强度 $\boldsymbol{M}_0$ 沿轴向环行，数值近似为一常数 M_0；其磁化面电流出现于磁环的全部表面，且 $i' = M_0$. 就电流分布而言，这闭合磁环等效于一密绕载流螺绕环；借用(4.18′)式，且将其中 nI 替换为 i'，遂得这闭合磁环内部磁感为

$$\boldsymbol{B} \approx \mu_0 \boldsymbol{M}_0. \tag{5.8}$$

- **开口磁环**

拟将一闭合磁环切开，而留下一缝隙就成为一开口磁环，其宽度远小于其截面尺寸，$l' \ll d$，如图 5.6(d). 其实它等效于一闭合磁环切除一薄磁片，即(d)=(c)−(b)，故这开口磁环缝隙中心附近的磁感为

$$\boldsymbol{B}_0 \approx \mu_0 \boldsymbol{M}_0 - \mu_0 \left(\frac{l'}{d}\right) \boldsymbol{M}_0 = \mu_0 \left(1 - \frac{l'}{d}\right) \boldsymbol{M}_0. \tag{5.9}$$

根据 $\boldsymbol{B}$ 的边值关系其法向分量的连续性，遂得此缝隙两侧端面内的两处，1 和 2 的磁感为

$$\boldsymbol{B}_1 = \boldsymbol{B}_0, \quad \boldsymbol{B}_2 = \boldsymbol{B}_0. \tag{5.9′}$$

- **永磁球**

一永磁球已被均匀磁化，其固有磁化强度为 $\boldsymbol{M}_0$，如图 5.7(a)所示，相应的磁化面电流密度为

$$i'(\theta) = M_t(\theta) = M_0 \sin\theta,$$

它绕 $\boldsymbol{M}_0$ 轴即 z 轴环行. 可见，就磁效应而言，这永磁球完全等同于一个正弦型球面电流. 幸好，后者所产生的磁场 $\boldsymbol{B}(\boldsymbol{r})$ 已在 4.3 节和 4.4 节作过重点研究，结论是：其球内为均匀场，

球外为偶极场，分别由(4.14′)式和(4.23′)式给出. 故，眼下只要将这两式中的 i_0 替换为 M_0 便是，即：

球内为均匀场，

$$\boldsymbol{B}(r<R)=\frac{2}{3}\mu_0\boldsymbol{M}_0; \tag{5.10}$$

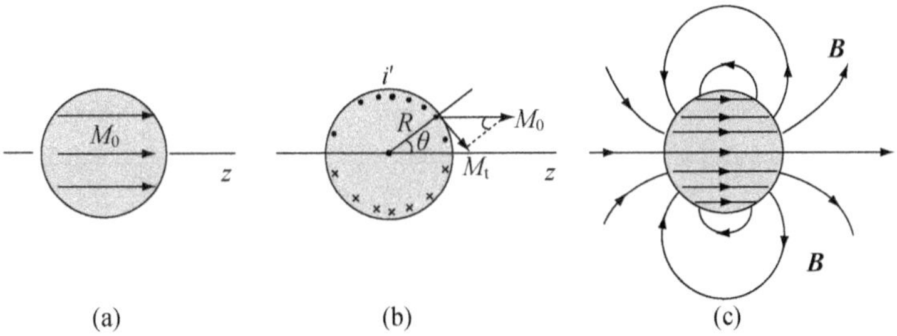

图 5.7 (a) 均匀磁化的永磁球；(b) 导出 $i'=M_0\sin\theta$；(c) 永磁球产生的全空间磁感线图象

球外为偶极场，

$$B_r(r,\theta)=\frac{\mu_0}{4\pi}\cdot\frac{2m_{\mathrm{eff}}\cos\theta}{r^3},\quad B_\theta(r,\theta)=\frac{\mu_0}{4\pi}\cdot\frac{m_{\mathrm{eff}}\sin\theta}{r^3};\quad (r>R)$$

位于球心的等效磁矩为

$$\boldsymbol{m}_{\mathrm{eff}}=\left(\frac{4}{3}\pi R^3\right)\boldsymbol{M}_0. \tag{5.10′}$$

其空间磁感分布图象显示于图 5.7(c).

- **永磁体形状因子**

若将上述几个永磁元件即磁棒、磁片、闭合磁环、开口磁环和磁球，联系起来作一个比较，是件有意义的事情. 选择其几何中心处的磁感 $\boldsymbol{B}_0$ 为考量对象，则各元件的 $\boldsymbol{B}_0$ 均正比于 $\mu_0\boldsymbol{M}_0$，仅是其比例系数因形而异，可写成

$$\boldsymbol{B}_0=K\mu_0\boldsymbol{M}_0,$$

称 K 为永磁体的形状因子. 从表 5.1 右侧所列形状因子的数值表中看出，细长磁棒和薄磁片可以视为一般磁棒的两个极端形状，当 $l\gg d$，它成为细长磁棒；当 $l\ll d$，它趋于薄磁片. 值得指出的是，这里的 l 是磁棒的轴向长度，而 d 应通融地视为磁棒的横向宽度，它并不受限于圆截面的直径；换言之，对于横截面为矩形、正方形乃至三角形，其形状因子也近似如此. 形状因子表醒目地显示，惟有磁球，其 K 值无近似地恒等于 2/3，与其半径 R 无关；其半径决定了永磁球的体积，因而决定了磁球的等效磁矩，及其产生的球外偶极磁场的强弱.

表 5.1　典型永磁体的形状因子

永 磁 体	形状因子
细长磁棒	$K=1 \quad (l\gg d)$
薄磁片	$K=\frac{l}{d} \quad (l\ll d)$
一般磁棒	$K=\frac{1}{\sqrt{1+\left(\frac{d}{l}\right)^2}}$
闭合磁环	$K=1$
开口磁环	$K=\left(1-\frac{l'}{d}\right) \quad (l'\ll d)$
磁球	$K=\frac{2}{3}$　（与半径 R 无关）

● **【讨论】　永磁椭球及其磁场**

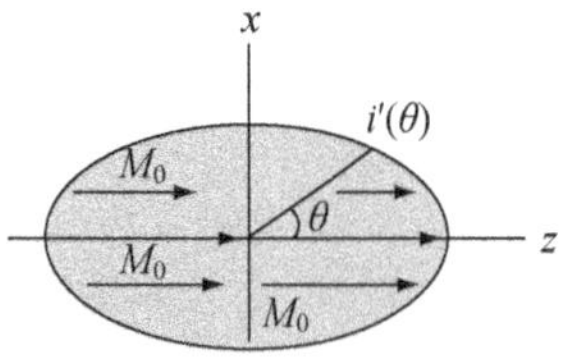

图 5.8　永磁椭球

参见图 5.8，一永磁椭球其固有磁化强度为一常矢量 $\boldsymbol{M}_0$，且平行这旋转椭球体的转轴，建立坐标轴如图. 试求其磁化面电流密度 $i'(\theta)$，及其磁感 $\boldsymbol{B}(\boldsymbol{r})$.

提示　(1) 关于椭圆的平面解析几何知识在眼下是必需的. 直角坐标系中的椭圆方程为

$$\frac{x^2}{a^2}+\frac{z^2}{b^2}=1;$$

借助 $x=r\sin\theta$, $z=r\cos\theta$，遂写出极坐标形式的椭圆方程为

$$r(\theta)=\frac{ab}{\sqrt{a^2\cos^2\theta+b^2\sin^2\theta}}.$$

眼下特别关注表面上(r,θ)处的切向与 $\boldsymbol{M}_0$ 之夹角 θ'，为此先求出通过该处的切线方程之斜率

$$\tan\alpha=\frac{\mathrm{d}x}{\mathrm{d}z}=-\frac{\cos\theta}{\sin\theta}\cdot\frac{a^2}{b^2};$$

再由$(\alpha+\theta')=\pi$，有

$$\tan\theta'=\frac{\cos\theta}{\sin\theta}\cdot\frac{a^2}{b^2},\quad 得 \quad \cos\theta'=\frac{b^2\sin\theta}{\sqrt{b^4\sin^2\theta+a^4\cos^2\theta}}.$$

(2) 最终求出其磁化面电流密度为

$$i'(\theta)=M_t(\theta)=M_0\cos\theta';$$

当 $a=b$，有 $\cos\theta'=\sin\theta$, $i'(\theta)=M_0\sin\theta$，这正是永磁球情形.

(3) 接着，借助圆线圈轴上 $B(z)$公式，进行积分运算以求出椭球内 z 轴上的 $B(z)$, $z\in(-b,b)$，可以预想这积分运算颇费心神.

(4) 结论是，椭球内沿轴 $\boldsymbol{B}(z)$为一常矢量；扩展到轴外，确认椭球内为均匀场.

5.3 介质场合恒定磁场规律 磁场强度矢量 $\boldsymbol{H}$

- 引言——磁介质问题的全貌
- 磁场强度矢量 $\boldsymbol{H}$ 的引入
- 细长永磁棒的 $\boldsymbol{B},\boldsymbol{H}$
- 讨论——永磁体的退磁因子
- 以磁感 $\boldsymbol{B}$ 表达恒定磁场规律
- 以磁场量 $\boldsymbol{B},\boldsymbol{H}$ 表达恒定磁场规律
- 一般磁棒 $\boldsymbol{B},\boldsymbol{H}$ 图象——退磁场

• 引言——磁介质问题的全貌

在磁场作用下,介质被磁化,磁化介质出现磁化电流 I';它与传导电流 I_0 一起共同决定着空间的磁场 $\boldsymbol{B}(\boldsymbol{r})$;最终决定介质磁化状态的是总磁场,而不仅是最初的外场 $\boldsymbol{B}_0$. 这就构成了磁介质问题的全貌,一种环环相连的团团转关系图,如图 5.9 所示.

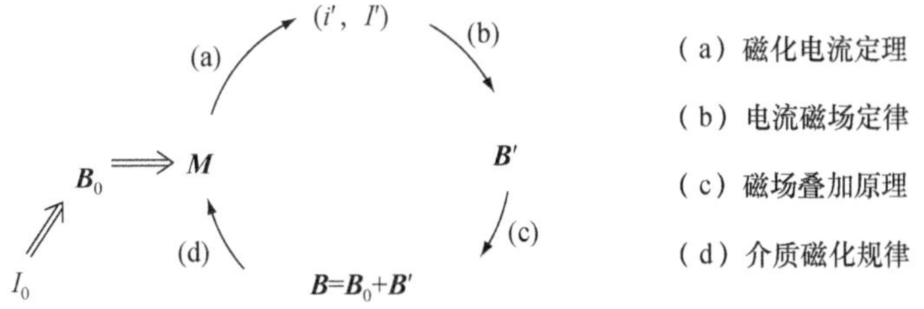

图 5.9 磁介质问题概貌图及其四个双边关系(a),(b),(c),(d)

比如,置于均匀外磁场 $\boldsymbol{B}_0$ 中的一个介质球,通过其正弦型球面磁化电流所产生的附加场 $\boldsymbol{B}'$,而改变了整个空间的磁场分布,尤其在球外,如图 5.10 所示.

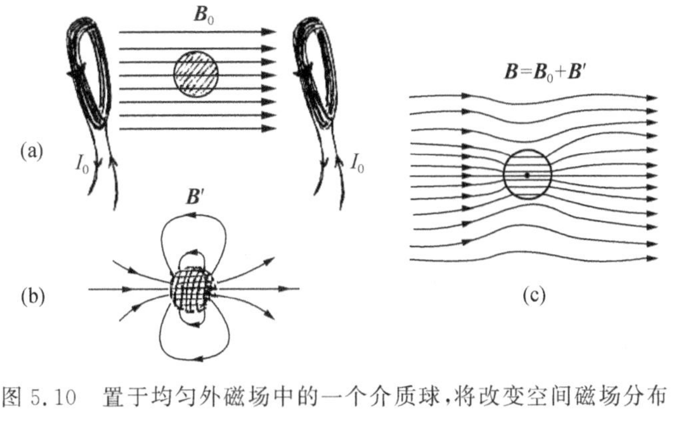

图 5.10 置于均匀外磁场中的一个介质球,将改变空间磁场分布

• 以磁感 $\boldsymbol{B}$ 表达恒定磁场规律

磁化电流 I' 或 $\sum I'$,传导电流 I_0 或 $\sum I_0$,皆遵从毕奥-萨伐尔定律在空间产生磁场,即

$$(I_0)\to \boldsymbol{B}_0(\boldsymbol{r})=\frac{\mu_0}{4\pi}\oint\frac{I_0\mathrm{d}\boldsymbol{l}\times\hat{\boldsymbol{r}}}{r^2},\quad 或\quad \boldsymbol{B}_0(\boldsymbol{r})=\frac{\mu_0}{4\pi}\iiint\frac{\boldsymbol{j}_0\times\hat{\boldsymbol{r}}}{r^2}\mathrm{d}V;$$

$$(I')\to \boldsymbol{B}'(\boldsymbol{r})=\frac{\mu_0}{4\pi}\oint\frac{I'\mathrm{d}\boldsymbol{l}\times\hat{\boldsymbol{r}}}{r^2},\quad 或\quad \boldsymbol{B}'(\boldsymbol{r})=\frac{\mu_0}{4\pi}\iiint\frac{\boldsymbol{j}'\times\hat{\boldsymbol{r}}}{r^2}\mathrm{d}V.$$

故两者的通量定理和环路定理具有完全相同的形式，即第4章业已给出的恒定磁场规律：

$$\oiint\boldsymbol{B}_0\cdot\mathrm{d}\boldsymbol{S}=0,\quad \oiint\boldsymbol{B}'\cdot\mathrm{d}\boldsymbol{S}=0;$$

$$\oint\boldsymbol{B}_0\cdot\mathrm{d}\boldsymbol{l}=\mu_0\sum I_0,\quad \oint\boldsymbol{B}'\cdot\mathrm{d}\boldsymbol{l}=\mu_0\sum I'.$$

此时，空间总磁场由叠加原理给出

$$\boldsymbol{B}(\boldsymbol{r})=\boldsymbol{B}_0(\boldsymbol{r})+\boldsymbol{B}'(\boldsymbol{r}).$$

最终给出介质场合，以磁感 $\boldsymbol{B}$ 表达的通量定理和环路定理为

$$\oiint\boldsymbol{B}\cdot\mathrm{d}\boldsymbol{S}=0,\quad \oint\boldsymbol{B}\cdot\mathrm{d}\boldsymbol{l}=\mu_0\left(\sum I_0+\sum I'\right);\tag{5.11}$$

相应的散度方程和旋度方程为

$$\nabla\cdot\boldsymbol{B}=0,\quad \nabla\times\boldsymbol{B}=\mu_0(\boldsymbol{j}_0+\boldsymbol{j}');\tag{5.11$'$}$$

相应的边值关系为

$$B_{2n}-B_{1n}=0,\quad B_{2t}-B_{1t}=\mu_0(i_0+i').\tag{5.11$''$}$$

简言之，将第4章关于磁场规律表达式中电流一量，展开为传导电流与磁化电流之和，便适用于介质场合，即

电流强度 $\sum I\to\left(\sum I_0+\sum I'\right)$,

体电流密度 $\boldsymbol{j}\to(\boldsymbol{j}_0+\boldsymbol{j}')$,

面电流密度 $\boldsymbol{i}\to(\boldsymbol{i}_0+\boldsymbol{i}')$.

- **磁场强度矢量 $\boldsymbol{H}$ 的引入**

鉴于磁化电流具有束缚性，不能被引导，无法被直接测量，不能被方便地调控，兹设法在规律形式上避开它，让它隐退；这可借助磁化电流定理实现之. 磁化电流定理表明，

$$\sum I'=\oint\boldsymbol{M}\cdot\mathrm{d}\boldsymbol{l},$$

于是，(5.11)式可逐步演变为

$$\oint\boldsymbol{B}\cdot\mathrm{d}\boldsymbol{l}=\mu_0\sum I_0+\mu_0\oint\boldsymbol{M}\cdot\mathrm{d}\boldsymbol{l},$$

$$\oint\frac{\boldsymbol{B}}{\mu_0}\cdot\mathrm{d}\boldsymbol{l}-\oint\boldsymbol{M}\cdot\mathrm{d}\boldsymbol{l}=\sum I_0,$$

$$\oint\left[\frac{\boldsymbol{B}}{\mu_0}-\boldsymbol{M}\right]\cdot\mathrm{d}\boldsymbol{l}=\sum I_0,$$

将括号中的量定义为一个新的磁场量，

$$\boldsymbol{H} \equiv \frac{\boldsymbol{B}}{\mu_0} - \boldsymbol{M}, \quad 或 \quad \boldsymbol{B} = \mu_0(\boldsymbol{H} + \boldsymbol{M}), \tag{5.12}$$

称 $\boldsymbol{H}$ 为磁场强度矢量.故,磁场强度矢量的环路定理为

$$\oint \boldsymbol{H} \cdot \mathrm{d}\boldsymbol{l} = \sum I_0. \tag{5.12′}$$

即,磁场强度的环路积分值,仅等于以该环路为边沿的曲面 Σ 中所通过的传导电流代数和,它与磁化电流无关;这在规律形式上就比 $\boldsymbol{B}$ 的环路定理显得简明,这是我们认知的这个新场量 $\boldsymbol{H}$ 所具有的一个首要物理意义.今后,将在多个场合考量 $\boldsymbol{H}$,从多方面感知 $\boldsymbol{B}$ 与 $\boldsymbol{H}$ 的联系和区别.

对于磁场强度 $\boldsymbol{H}$,再作以下几点说明.

(1) 在 SI 制中,H 的单位相同于 M,即 $[H]=[M]=\mathrm{A/m}$(安培/米).注意到在早期文献和物理手册中,常用 Oe(奥斯特)作为 H 的单位,这是高斯单位制给出的;A/m 与 Oe 两者数值换算关系为

$$1\ \mathrm{A/m} = 4\pi \times 10^{-3}\ \mathrm{Oe}, \quad 即 \quad 1\ \mathrm{Oe} \approx 80\ \mathrm{A/m}.$$

(2) 在真空中,

$$\boldsymbol{B} = \mu_0 \boldsymbol{H}, \tag{5.12″}$$

这表明在无介质的真空区域中,$\boldsymbol{B}$ 与 $\boldsymbol{H}$ 两者之间是一个简单的比例关系,且比例系数为恒定值 μ_0(含单位).故,在真空中,$\boldsymbol{B}(\boldsymbol{r})$ 与 $\boldsymbol{H}(\boldsymbol{r})$ 的分布特点雷同,或者说,$\boldsymbol{B}$ 线形貌与 $\boldsymbol{H}$ 线形貌雷同.这似乎暗示着,在介质中 $\boldsymbol{B}$ 线与 $\boldsymbol{H}$ 线的图象将有明显区别.

(3) 关于 $\boldsymbol{H},\boldsymbol{B},\boldsymbol{M}$ 三者的关系式(5.12)是一定义式,适用于任何介质;即使对于有着复杂磁性的铁磁质,该式也是成立的.当然,$\boldsymbol{H}(\boldsymbol{r}),\boldsymbol{B}(\boldsymbol{r}),\boldsymbol{M}(\boldsymbol{r})$ 三者均是矢量场,(5.12)式是对同一场点而言,即

$$\boldsymbol{B}(P) = \mu_0(\boldsymbol{H}(P) + \boldsymbol{M}(P)), \quad 或 \quad \boldsymbol{H}(P) = \frac{\boldsymbol{B}(P)}{\mu_0} - \boldsymbol{M}(P).$$

• 以磁场量 $\boldsymbol{B},\boldsymbol{H}$ 表达恒定磁场规律

其通量定理和环路定理分别为

$$\begin{cases} \oiint \boldsymbol{B} \cdot \mathrm{d}\boldsymbol{S} = 0, & (5.13) \\ \oint \boldsymbol{H} \cdot \mathrm{d}\boldsymbol{l} = \sum I_0, & (5.13′) \\ \boldsymbol{B} = \mu_0(\boldsymbol{H} + \boldsymbol{M}). & (5.13″) \end{cases}$$

鉴于是以 $\boldsymbol{B}$ 表达其通量定理,而以 $\boldsymbol{H}$ 表达其环路定理,故交代 $\boldsymbol{B}$ 与 $\boldsymbol{H}$ 之关系(5.13″)式是必需的;如此三个方程才形成对恒定磁场完备描述.

相应的微分方程为

$$\nabla \cdot \boldsymbol{B} = 0, \quad \nabla \times \boldsymbol{H} = \boldsymbol{j}_0 \ (体传导电流密度). \tag{5.14}$$

相应的边值关系为

$$B_{2n} - B_{1n} = 0, \quad H_{2t} - H_{1t} = i_0 \ (面传导电流密度). \tag{5.14′}$$

- **细长永磁棒的 $\boldsymbol{B},\boldsymbol{H}$**

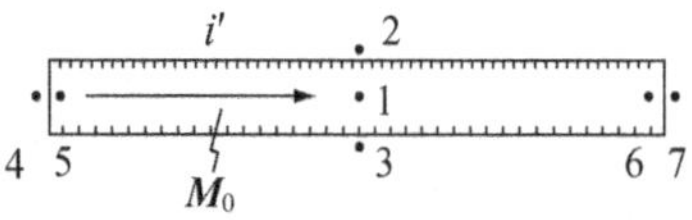

图 5.11 细长永磁棒的 $\boldsymbol{B}$ 和 $\boldsymbol{H}$

参见图 5.11,一细长永磁棒的固有磁化强度为一常矢量 $\boldsymbol{M}_0$,且沿长轴方向. 目前,无传导电流,故 $\boldsymbol{B}_0=0$;磁感 $\boldsymbol{B}=\boldsymbol{B}'$,仅由磁化电流所产生;仅出现于磁棒侧面的磁化面电流密度 $i'=M_0$,绕棒而环行. 简言之,此细长永磁棒宛如一理想的细长螺线管. 其实,这细长永磁棒的 $\boldsymbol{B}$,已在 5.2 节论及,针对图 5.11 中所标出的七个场点,立马可以写出其 $\boldsymbol{B}$ 值如下:

$$\boldsymbol{B}_1=\mu_0\boldsymbol{M}_0,\quad \boldsymbol{B}_2=\boldsymbol{B}_3\approx 0,$$

$$\boldsymbol{B}_4=\boldsymbol{B}_5=\frac{1}{2}\boldsymbol{B}_1=\frac{1}{2}\mu_0\boldsymbol{M}_0,\quad \boldsymbol{B}_6=\boldsymbol{B}_7=\frac{1}{2}\boldsymbol{B}_1=\frac{1}{2}\mu_0\boldsymbol{M}_0.$$

根据 $\boldsymbol{H}=\boldsymbol{B}/\mu_0-\boldsymbol{M}$,遂得

$$\boldsymbol{H}_1=0,\quad \boldsymbol{H}_2=\boldsymbol{H}_3=0,$$

$$\boldsymbol{H}_4=\frac{1}{2}\boldsymbol{M}_0,\quad \boldsymbol{H}_5=-\frac{1}{2}\boldsymbol{M}_0,\boldsymbol{H}_6=-\frac{1}{2}\boldsymbol{M}_0,\quad \boldsymbol{H}_7=\frac{1}{2}\boldsymbol{M}_0.$$

从结果中注意到,对其侧面两侧 1,2 两点而言,磁感 $\boldsymbol{B}$ 有了突变,而 $\boldsymbol{H}$ 无突变;对其端面两侧 4,5 两点或 6,7 两点,$\boldsymbol{H}$ 有了突变,而 $\boldsymbol{B}$ 无突变. 看来,经介质表面,$\boldsymbol{B}$ 与 $\boldsymbol{H}$ 表现出不同的连续性或突变性.

- **一般磁棒 $\boldsymbol{B},\boldsymbol{H}$ 图象——退磁场**

图 5.12 显示了短永磁棒在全空间产生的 $\boldsymbol{B}$ 线和 $\boldsymbol{H}$ 线的分布图象,其中 $\boldsymbol{H}$ 线图象可据定义式 $\boldsymbol{H}(P)=\boldsymbol{B}(P)/\mu_0-\boldsymbol{M}_0$,由 $\boldsymbol{B}$ 图象逐点描出,这是件十分费神的事. 我们感兴趣于两者的异同. 不难看出,在磁棒外部, $\boldsymbol{B}$ 线与 $\boldsymbol{H}$ 线的形貌相同,这源于 $\boldsymbol{B}=\mu_0\boldsymbol{H}$. 而在磁棒体内,两者迥异. 兹详明如下.

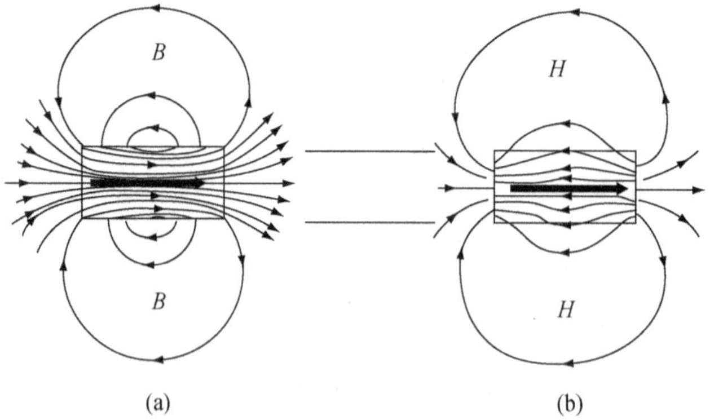

图 5.12 永磁棒的磁场线

(a) $\boldsymbol{B}$ 线图象;(b) $\boldsymbol{H}$ 线图象

体内的均匀磁化强度矢量 $\boldsymbol{M}_0$ 由沿中轴的粗黑箭矢表示

(1) 内部 **B** 线簇呈枕形分布，其方向与 $\boldsymbol{M}_0$ 一致或大体一致；而 **H** 线簇呈桶形弯曲，其方向与 $\boldsymbol{M}_0$ 相反或大体相反. 称此 **H** 场为退磁化场，简称退磁场，写作 $\boldsymbol{H}_d$.

(2) 两者穿越表面的状态不同. 在端面，**B** 线畅通，端面邻近两侧的 **B** 线无异，视若无端面存在；而 **H** 线在端面两侧有明显变化，其方向相反，且疏密有异，外疏内密. 在侧面，**H** 线畅通，视若无侧面存在；倒是 **B** 线，其方向有了偏折，因为侧面上有了面电流 i'.

对于永磁棒体内存在退磁场 $\boldsymbol{H}_d$ 一事，可作如下定性理解. 业已知悉，永磁棒轴线中心处的磁感 $\boldsymbol{B}_0$ 值为最大，它也不过为 $\mu_0\boldsymbol{M}_0$，即 $\boldsymbol{B}_0\leqslant(\mu_0\boldsymbol{M}_0)$，故此处 $\boldsymbol{H}_0=\boldsymbol{B}_0/\mu_0-\boldsymbol{M}_0\approx0$ 或 <0；而沿轴线向端面靠近则 **B** 渐弱，更是小于 $\mu_0\boldsymbol{M}_0$. 不妨引入一系数 k，写成 $\boldsymbol{B}=k\mu_0\boldsymbol{M}_0$，且 $0\leqslant k\leqslant1$，于是 **H** 值可表示为

$$\boldsymbol{H}=\frac{\boldsymbol{B}}{\mu_0}-\boldsymbol{M}_0=-(1-k)\boldsymbol{M}_0=-K'\boldsymbol{M}_0,\quad K'\equiv(1-k)>0, \tag{5.15}$$

这表明在这一区域，**H** 方向与 $\boldsymbol{M}_0$ 方向相反，表现为退磁场. 比如，靠近永磁棒端面处，$k=\frac{1}{2}$，$K'=\frac{1}{2}$，$\boldsymbol{H}=-\frac{1}{2}\boldsymbol{M}_0$. 至于轴外情形也大体如此；这里，还要计及 **B** 与 $\boldsymbol{M}_0$ 方向的不一致性，正是 **B** 线簇的枕形弯曲，导致 **H** 线簇的桶形弯曲，且由右端面指向左端面，与 $\boldsymbol{M}_0$ 方向大体相反.

对于经永磁棒表面，**B** 线与 **H** 线的不同表现，可由场的边值关系给出明确解释. 对于永磁体，**B**，**H** 的边值关系为

$$\begin{cases}B_{2n}-B_{1n}=0,\\ B_{2t}-B_{1t}=\mu_0 i';\end{cases}\quad \begin{cases}H_{2n}-H_{1n}=M_{1n}-M_{2n},\text{①}\\ H_{2t}-H_{1t}=0\ (\text{因 } i_0=0).\end{cases}$$

这表明，磁感强度 **B** 的法线分量总是连续的，而磁场强度 **H** 的法线分量是否连续取决于磁化强度 **M** 其法线分量是否连续；对于永磁体，其 **H** 的切线分量总是连续的，而 **B** 的切线分量是否连续取决于那表面处是否存在磁化面电流. 凭借这四条边值关系，如何具体说明图 5.12 中 **B** 线、**H** 线的边界行为，留待读者自己完成.

●【讨论】 永磁体的退磁因子

永磁体凭借其固有磁化强度 $\boldsymbol{M}_0$ 而出现的磁化电流，在体内产生了磁感强度 $\boldsymbol{B}_{in}$，其方向与 $\boldsymbol{M}_0$ 一致或大体一致，同时必在体内伴生退磁场 $\boldsymbol{H}_d$，其方向与 $\boldsymbol{M}_0$ 相反或大体相反. 两者的强弱皆因形状而异. 在 4.2 节已引入形状因子 K 来描述 $\boldsymbol{B}_{in}$，即，对于具有一定几何对称性的永磁体，选择其几何中心处的磁感 $\boldsymbol{B}_0$ 为考量对象，并以 $\mu_0\boldsymbol{M}_0$ 为尺度，将 $\boldsymbol{B}_0$ 表示为

$$\boldsymbol{B}_0=K\mu_0\boldsymbol{M}_0,\quad \text{形状因子}\quad 0\leqslant K\leqslant1.$$

如法仿效，引入一退磁因子 K'，并以 $\boldsymbol{M}_0$ 为尺度，刻画该处退磁场 $\boldsymbol{H}_d$，即

$$\boldsymbol{H}_d=-K'\boldsymbol{M}_0,\quad \text{退磁因子}\quad 0\leqslant K'\leqslant1. \tag{5.16}$$

据 **B**，**H** 关系式(5.12)，$\boldsymbol{H}_d=\boldsymbol{B}_0/\mu_0-\boldsymbol{M}_0$，遂得

---

① 根据 $\oiint\boldsymbol{H}\cdot d\boldsymbol{S}=\oiint\left(\frac{\boldsymbol{B}}{\mu_0}-\boldsymbol{M}\right)\cdot d\boldsymbol{S}=-\oiint\boldsymbol{M}\cdot d\boldsymbol{S}$，将此积分方程应用于界面，便可得 $H_{2n}-H_{1n}=-(M_{2n}-M_{1n})$.

$$K + K' = 1. \tag{5.16'}$$

试分别导出闭合磁环、薄磁片、永磁球和一般磁棒的退磁因子 K' 值.

结果：(1) 闭合磁环，$K'=0$，$\boldsymbol{H}_d=0$，无退磁场.

(2) 薄磁片，$K'=1$，$\boldsymbol{H}_d=-\boldsymbol{M}_0$，退磁场最强.

(3) 永磁球，$K'=\frac{1}{3}$，$\boldsymbol{H}_d=-\frac{1}{3}\boldsymbol{M}_0$，退磁场的强度居中.

(4) 一般磁棒，$0<K'<1$，取决于宽长比(d/l)，

$$K' = 1 - \frac{1}{\sqrt{1+\left(\frac{d}{l}\right)^2}}.$$

5.4　介质磁化规律

- 引言
- 线性介质中 $\boldsymbol{B}$-$\boldsymbol{H}$ 关系和 $\boldsymbol{M}$-$\boldsymbol{B}$ 关系
- 应用 $\boldsymbol{B},\boldsymbol{H}$ 环路定理求出高度轴对称磁场
- 线性磁化规律——抗磁质与顺磁质
- 线性均匀介质中 $\boldsymbol{j}'$-$\boldsymbol{j}_0$ 关系
- 磁化曲线的测量

● 引言

在磁介质问题全貌图 5.9 中已经表明，介质体内各点的磁化状态 $\boldsymbol{M}$，决定于总磁场 $\boldsymbol{B}$ 或 $\boldsymbol{H}$，而不仅仅决定于促其起始磁化的外磁场 $\boldsymbol{B}_0$；这是因为处于磁化状态的介质其身上将出现磁化电流 I'，而 I' 也在介质体内和体外产生磁场 $\boldsymbol{B}'$ 或 $\boldsymbol{H}'$，这又将反过来影响着介质体内各处的磁化状态. 须知，介质中的分子们是无法分辨外磁场 $\boldsymbol{B}_0$ 与附加场 $\boldsymbol{B}'$ 的；只要是磁场作用于它们，它们就按自身的品性作出响应，或转动取向而顺向磁场，或感应回旋而逆向磁场.

反映 $\boldsymbol{M}$ 与 $\boldsymbol{B}$ 或 $\boldsymbol{H}$ 关系的规律被称为介质磁化规律. 按磁化规律的特点，通常将物质的磁性即磁介质分三类：抗磁质、顺磁质和铁磁质. 抗磁质和顺磁质均呈现线性磁化规律，且具弱磁性；而铁磁质呈现非线性磁化规律，且具强磁性，有着十分广泛的应用.

● 线性磁化规律——抗磁质与顺磁质

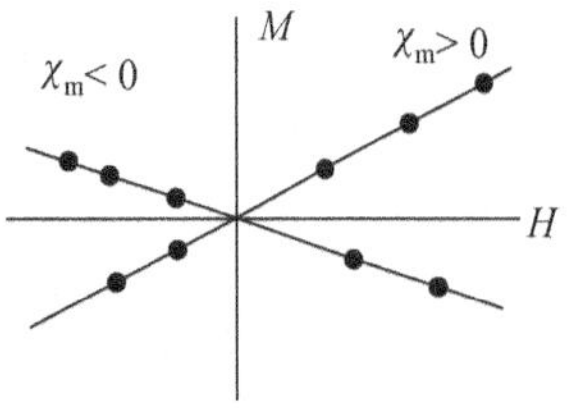

图 5.13　通常介质的线性磁化规律

对于通常介质即非铁磁质，其磁化强度与磁场强度之间呈现线性关系，如实验曲线图 5.13 所示，即 $\boldsymbol{M}\propto\boldsymbol{H}$，写成

$$\boldsymbol{M} = \chi_m \boldsymbol{H}, \tag{5.17}$$

称 χ_m 为磁化率，它系物质的磁性参数，并由它定义出介质磁性的又一个参数，

$$\mu_r = 1 + \chi_m, \tag{5.17'}$$

称 μ_r 为介质的相对磁导率.

(1) 抗磁质

其磁化率 $\chi_m<0$，故 $\boldsymbol{M}/\!/(-\boldsymbol{H})$，其数量级范围为

$$10^{-4}>|\chi_m|>10^{-9};\quad 0<\mu_r<1.$$

它属弱磁性，且 χ_m 值几乎与温度无关. Cu，Bi，Au，Ag 和 H_2，均系抗磁质；惰性气体、食盐、水和绝大多数有机化合物，也属抗磁质.

诚如 5.1 节所述，抗磁性普遍存在于一切介质中，这是因为物质原子中的电子总是在不停地转动，其在磁场中所附加的回旋运动而导致的感应磁矩总是逆向的. 其中，只有那种满电子壳层结构的无矩分子介质，抗磁性才是主要的，而使这类介成为抗磁质；对于有矩分子介质，其固有分子磁矩在磁场中有序取向所导致的顺磁效应成为主要倾向，存在于其原子内部的抗磁效应遂被掩盖，而使这类介质成为顺磁质.

(2) 顺磁质

其磁化率 $\chi_m>0$，故 $\boldsymbol{M}/\!/\boldsymbol{H}$，其数量级范围为

$$10^{-4}>\chi_m>10^{-6};\quad \mu_r>1.$$

它亦属弱磁性，但比抗磁质的磁性要强. 然而，其 χ_m 明显地依赖于温度，与绝对温度 T 的相互关系为 $\chi_m=C/T$，其中 C 是一个与材料有关的常数，此为居里定律. 这是可以理解的，热运动的无规性总是有序效应的对立面，总是干扰、削弱乃至破坏有序取向的物理效应. 换言之，表征有序效应强弱的物性参数通常总是随温度上升而减少. 顺磁质的行为，正是其分子固有磁矩在磁场中转动而顺向磁场的一种有序效应的表现.

凡有矩分子介质均属顺磁质，比如，Al，W，Mn，Cr，Pt，Sn 以及 O_2 和 N_2；铁、稀土、钯、铂和铀等元素的化合物晶体或溶液大多表现出较强顺磁性.

● 线性介质中 B-H 关系和 M-B 关系

遵循线性磁化规律的介质，被简称为线性介质. 线性介质中 $\boldsymbol{B}$ 与 $\boldsymbol{H}$ 之关系、$\boldsymbol{M}$ 与 $\boldsymbol{B}$ 之关系可由三者的普遍关系式(5.12)，结合(5.17)式而分别得到：

$$\boldsymbol{B}=\mu_0(\boldsymbol{H}+\boldsymbol{M})=\mu_0(\boldsymbol{H}+\chi_m\boldsymbol{H})=\mu_0(1+\chi_m)\boldsymbol{H}=\mu_0\mu_r\boldsymbol{H};$$

$$\boldsymbol{M}=\frac{\boldsymbol{B}}{\mu_0}-\boldsymbol{H}=\frac{\boldsymbol{B}}{\mu_0}-\frac{\boldsymbol{B}}{\mu_0\mu_r}=\frac{1}{\mu_0}\left(1-\frac{1}{\mu_r}\right)\boldsymbol{B}=\frac{\chi_m}{\mu_0\mu_r}\boldsymbol{B}.$$

即

$$\boldsymbol{B}=\mu_0\mu_r\boldsymbol{H},\tag{5.18}$$

$$\boldsymbol{M}=\frac{\chi_m}{\mu_0\mu_r}\boldsymbol{B}.\tag{5.18$'$}$$

可见，$\boldsymbol{B}$-$\boldsymbol{H}$ 关系和 $\boldsymbol{M}$-$\boldsymbol{B}$ 关系依然是一简单的线性关系，这将对处理磁介质问题带来不少方便. 兹关注 $\boldsymbol{M}$，$\boldsymbol{H}$，$\boldsymbol{B}$ 三者的方向关系. 对于顺磁质，因其 $\chi_m>0$，$\mu_r>1$，均为正数，故 $\boldsymbol{M}/\!/\boldsymbol{H}/\!/\boldsymbol{B}$ 成立，表现出明确无异的顺磁性.

然而对于抗磁质，情况变得微妙起来. 鉴于迄今为止发现的抗磁质，其磁化率的绝对值远小于 1，以致其相对磁导率 μ_r 为略小于 1 的正数，则按(5.18)和(5.18′)式，得 $\boldsymbol{B}/\!/\boldsymbol{H}$，而 $\boldsymbol{M}/\!/(-\boldsymbol{B})/\!/(-\boldsymbol{H})$，即，$\boldsymbol{M}$ 对 $\boldsymbol{B}$ 或 $\boldsymbol{H}$ 而言，均表现为抗磁性. 但是，在理论上并不排除出现

具有强磁性抗磁质的可能，其 $\chi_m<0$，且 $|\chi_m|>1$，以致其相对磁导率 μ_r 为负数. 如是，则按(5.18)和(5.18′)式，得 $\boldsymbol{B}/\!/(-\boldsymbol{H})$，而 $\boldsymbol{M}/\!/\boldsymbol{B}$；这表明对磁场强度 $\boldsymbol{H}$ 而言，该介质的磁化表现为抗磁性，而对磁感强度 $\boldsymbol{B}$ 而言，该介质却表现出顺磁性. 这似乎令人费解，这真是一个值得进一步琢磨的问题，试与读者共思之. 这个问题包含两点，一是从理论上审视，出现负磁导率 $\mu_r<0$ 的可能性；二是，在负磁导率介质中将呈现怎样奇异的电磁图景. 其实，这里还涉及抗磁质的定义问题.

● 线性均匀介质中 j'-j_0 关系

均匀介质指称其体内各点 χ_m 或 μ_r 相同，与场点位置无关. 这由体内各处化学成分相同、浓度相同和温度相同予以保证；如非，则其磁化率或磁导率各处有异，表现为 $\chi_m(x,y,z)$ 或 $\mu_r(x,y,z)$，称该介质为非均匀介质，或称为变磁导率介质. 对于线性均匀介质，其磁化体电流密度 $\boldsymbol{j}'$ 与传导体电流密度 $\boldsymbol{j}_0$ 之间，存在一个确定的比例关系，兹推导如下：

$$\begin{aligned}\boldsymbol{j}' &= \nabla\times\boldsymbol{M}\quad\text{（磁化电流定理）}\\ &= \nabla\times(\chi_m\boldsymbol{H})\quad\text{（线性磁化规律）}\\ &= \chi_m\nabla\times\boldsymbol{H}\quad\text{（均匀介质）}\\ &= \chi_m\boldsymbol{j}_0.\quad\text{（}\boldsymbol{H}\text{ 旋度方程）}\end{aligned}$$

最终得

$$\boldsymbol{j}'=\chi_m\boldsymbol{j}_0,\quad \text{有效体电流密度}\quad \boldsymbol{j}_{\text{eff}}=\boldsymbol{j}'+\boldsymbol{j}_0=\mu_r\boldsymbol{j}_0. \tag{5.19}$$

这表明，当线性均匀介质内部不存在传导电流，$\boldsymbol{j}_0=0$，则 $\boldsymbol{j}'=0$，体内不出现磁化电流，即使该介质处于非均匀磁化状态. 对于变磁导率介质，体内 $\boldsymbol{j}'\neq0$ 是可能出现的，即使体内无传导电流.

● 应用 $\boldsymbol{B},\boldsymbol{H}$ 环路定理求出高度轴对称磁场

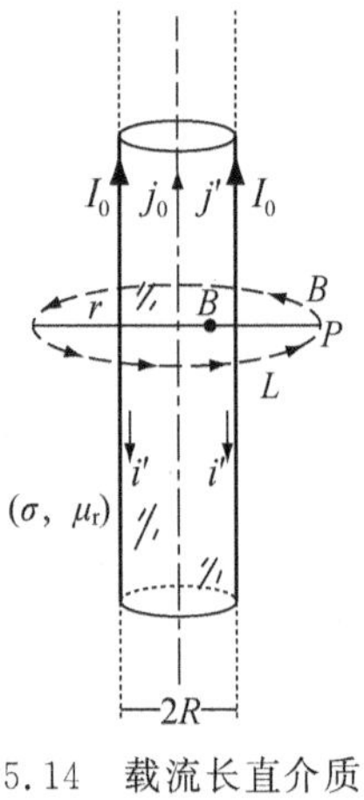

图 5.14　载流长直介质圆柱体的 $\boldsymbol{B},\boldsymbol{H}$，其表面磁化电流 i' 方向与 j' 相反

同时具有导电性和磁性的介质不在少数. 比如金属磁性材料. 对于这类导电型磁介质，应当用电导率和相对磁导率两个参数(σ,μ_r)来反映其电磁性能.

参见图 5.14，一个由导电磁介质制成的直长圆柱体，通以恒定电流 I_0，试求其磁场 $\boldsymbol{B}(\boldsymbol{r})$ 和 $\boldsymbol{H}(\boldsymbol{r})$；设该介质相对磁导率为 μ_r，电导率为 σ，柱体半径为 R. 注意到本题中的磁场具有高度轴对称性，$\boldsymbol{B}$ 线或 $\boldsymbol{H}$ 线是一系列以柱体中轴线为圆心轴的圆周，如图所示. 于是，先利用 $\boldsymbol{H}$ 环路定理，由传导电流 $\sum I_0$ 求出 $\boldsymbol{H}$；再根据 $\boldsymbol{B}=\mu_0\mu_r\boldsymbol{H}$，由 $\boldsymbol{H}$ 求出 $\boldsymbol{B}$. 具体推演如下.

以场点 P 的轴距 r 为半径作一个圆周 L，且沿 $\boldsymbol{H}$ 线方向环绕，用以考量 $\boldsymbol{H}$ 的环路积分值，

$$\oint \boldsymbol{H} \cdot \mathrm{d}\boldsymbol{l} = 2\pi r H,$$

$$\oint \boldsymbol{H} \cdot \mathrm{d}\boldsymbol{l} = \sum I_0 = \begin{cases} I_0, & \text{当 } r > R; \\ \dfrac{I_0}{\pi R^2} \cdot (\pi r^2), & \text{当 } r < R. \end{cases}$$

这两式该相等,遂得

$$H(r) = \frac{I_0}{2\pi r} \propto \frac{1}{r}, \quad r > R; \tag{5.20}$$

$$H(r) = \frac{I_0}{2\pi R^2} r = \frac{1}{2} j_0 r \propto r, \quad r < R; \tag{5.20$'$}$$

$$B(r) = \mu_0 \mu_r H(r) = \mu_0 H = \frac{\mu_0 I_0}{2\pi r}, \quad r > R \text{ (此间 } \mu_r = 1\text{)}; \tag{5.20$''$}$$

$$B(r) = \mu_0 \mu_r H(r) = \frac{1}{2} \mu_0 \mu_r j_0 r, \quad r < R. \tag{5.20$'''$}$$

试看上述结果中包含的柱面两侧 **B**,**H** 的连续性,目前 **B**,**H** 皆沿表面切线方向. 由(5.20)和(5.20′)两式,得

$$H(R^+) = H(R^-) = \frac{I_0}{2\pi R}, \quad (\boldsymbol{H}\text{ 场连续})$$

这是因为 **H** 切向分量的突变决定于面传导电流密度 i_0,而目前 $i_0 = 0$. 由(5.20″)和(5.20‴)两式,得

$$B(R^-) - B(R^+) = \frac{\mu_0 I_0}{2\pi R}(\mu_r - 1), \quad (\boldsymbol{B}\text{ 场突变})$$

这是因为 **B** 切向分量的突变决定于$(i_0 + i')$,即

$$B_{2t} - B_{1t} = \mu_0 (i_0 + i') = \mu_0 i', \quad (i_0 = 0)$$

由以上两式应当相等,倒推得柱体表面磁化面电流密度为

$$i' = \frac{I_0}{2\pi R}(\mu_r - 1) = \frac{\chi_m I_0}{2\pi R}.$$

其方向由$(\boldsymbol{M} \times \hat{\boldsymbol{n}})$决定,平行轴向或朝上或朝下,取决于 $\chi_m > 0$ 或 $\chi_m < 0$,但 $\boldsymbol{i}'$ 总是反向于磁化体电流 $\boldsymbol{j}'$ 方向.

以上采取 **H** 环路定理求解此类问题,显得简明,但其物理图象较为淡薄,因为它掩藏了磁化电流的具体揭示. 另一求解途径是从磁感 **B** 的环路定理出发,由传导电流 $\sum I_0$ 与磁化电流 $\sum I'$,求出 **B**,再由 **B** 通过线性关系求出 **H**. 具体推演如下.

对于以轴距 r 为半径的积分环路 L,当 $r > R$,柱外区域包容的传导电流 $\sum I_0 = \pi R^2 j_0$,而磁化电流 $\sum I'$ 含有两部分:

磁化体电流贡献 $\quad I'(\text{体}) = \pi R^2 j' = \pi R^2 \chi_m j_0 = \chi_m I_0$;

磁化面电流贡献 $I'(\text{面}) = 2\pi R i' = \chi_m I_0$；

两者方向相反，其代数和

$$\sum I' = 0.$$

其实，根据磁化电流定理，$\sum I'$ 等于 $\boldsymbol{M}$ 的环路积分值，而柱体外部 $\boldsymbol{M}=0$，便可断定 $\sum I' =0$. 于是，在 $r>R$ 区域，

$$\oint \boldsymbol{B}\cdot \mathrm{d}\boldsymbol{l} = \mu_0 I_0, \quad \text{且} \quad \oint \boldsymbol{B}\cdot \mathrm{d}\boldsymbol{l} = 2\pi r B,$$

得

$$B(r) = \frac{\mu_0 I_0}{2\pi r}, \quad H(r) = \frac{I_0}{2\pi r}. \quad (\text{此区间 } \mu_r = 1)$$

在柱内区域，积分环路 L 所包容的电流：

$$\sum I_0 = \pi r^2 j_0, \quad \sum I' = \pi r^2 j',$$

$$\left(\sum I_0 + \sum I'\right) = \pi r^2 (j_0 + j') = \pi r^2 \mu_r j_0, \quad (\text{据(5.19)式})$$

于是，求出

$$B(r) = \frac{1}{2}\mu_0 \mu_r j_0 r, \quad H(r) = \frac{1}{2} j_0 r.$$

考量到 $I_0 = \pi R^2 j_0$，便可肯定这两种求解途径所得结果一致.

- **磁化曲线的测量**

显示介质磁化规律的磁化曲线，由实验测出.

首先，将待测介质制成一个闭合环，均匀地绕上导线设为 N 匝，通以电流 I_0，如图 5.15(a)所示. 由这闭合介质环的环路对称性，应用 $\boldsymbol{H}$ 环路定理，立马得到环内磁场强度 H 值，

$$H = \frac{N I_0}{2\pi \overline{R}}, \quad \text{其中 } \overline{R} = \frac{1}{2}(R_1 + R_2).$$

其 $\boldsymbol{H}$ 线沿环绕行而构成一闭合圈. 可见这 H 值与传导电流 I_0 之间是一个简单的比例关系，而 I_0 是可直接测量和调控的. 必须指出，上式的成立与介质磁性无关，不论是线性介质或铁磁质，乃至其他任何新材料，只要将它们制成一闭合环，其环内 H 值概由该式确定. 诚然，在 $\boldsymbol{H}$ 场作用下介质被磁化，不同性能的介质将处于不同的磁化状态，由 $\boldsymbol{M}$ 给出，从而有不同的磁化电流 $\boldsymbol{i}'$ 及其产生的附加场 $\boldsymbol{B}'$；然而，对闭合环这一特殊结构而言，与 $\boldsymbol{M}$-$\boldsymbol{i}'$-$\boldsymbol{B}'$ 对应的附加场 $\boldsymbol{H}'$ 必为零，即 $\boldsymbol{H}'=0$，正如 5.3 节所述，惟有闭合磁环其退磁场为零，故上式确定的 $\boldsymbol{H}$，既是总的磁场强度，也是传导电流所产生的磁场强度 $\boldsymbol{H}_0$. 顺便提及，对于不便制成闭合环的介质，为了测定其磁化曲线将其制成一条细长介质棒是个好选择；均匀密绕上 N 匝导线，且通以电流 I_0，便可较为准确地计算出 H_0；尔后考虑到并非严格为零的退磁场 H'，正如 5.3 节所述，H' 取决于这磁棒的长宽比，扣除 H'，就可以近似地确定总磁场 $\boldsymbol{H}$，特别是在介质棒的

中部区域.

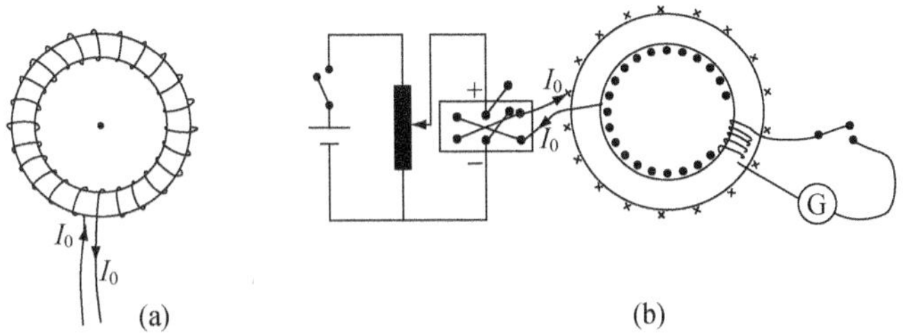

图 5.15　一个准静态实验方法测定介质磁化曲线

(a) 闭合介质环中 $\boldsymbol{H}$ 决定于传导电流 I_0；

(b) 通过开关反向，由次级线圈中的感应电流积分器即电量计而测定磁感 $\boldsymbol{B}$

接着是测定反映介质个性的磁感 $\boldsymbol{B}$，这可应用电磁感应定律，由一个反向电路和一组次级线圈来完成，参见 5.15(b). 其左侧由一个分压电路和一个双刀反向开关组成，为闭合介质环的绕组提供一个数值可调的传导电流 I_0 或反向电流$(-I_0)$. 在 I_0 变为$(-I_0)$的时间 Δt 中，次级线圈中的磁通有一个改变量 $\Delta\Phi=2NSB$，这里 N 为次级绕组的匝数，S 为介质环的截面积. 在法拉第电磁感应定律支配下，次级线圈中出现了脉冲式感应电流 $i(t)$，其时间累积效应即其电量值可由一个积分器 G 直接测出，从而测定此 I_0 时的磁感 $\boldsymbol{B}$. 对此的数学描写如下：

$$
\begin{aligned}
q &= \int_0^{\Delta t} i\,\mathrm{d}t = \int_0^{\Delta t} \frac{\mathrm{d}\Phi}{R_g \mathrm{d}t}\mathrm{d}t \qquad (R_g\ \text{为次级回路中的电阻}) \\
&= \frac{1}{R_g}\int_0^{\Delta t}\mathrm{d}\Phi \\
&= \frac{1}{R_g}\Delta\Phi \\
&= \frac{2NS}{R_g}B,
\end{aligned}
$$

得

$$
B = \frac{R_g}{2NS}q \propto q.
$$

顺便说明，测定介质磁化曲线的实验方法有多种，比如动态的高频或低频测量方法，其中有的十分精巧，可以针对性地测出同一介质中不同磁化机制的贡献. 这里介绍的准静态实验方法，是一个十分简朴也是最先出现的实验方法，旨在让我们认识到，介质的磁化曲线即 B-H 曲线或 M-H 曲线是可以由实验直接测出的，而测定磁化曲线是研究任何介质磁性的一项首当其要之工作.

5.5　铁　磁　质

- 引言
- 磁滞回线
- 居里点 T_C
- 铁磁性的微观机理
- 起始磁化曲线
- 磁滞损耗，回线面积
- 硬磁材料，软磁材料
- 讨论——由 **B-H** 回线得到 **M-H** 磁化曲线

● 引言

铁磁质泛指一类强磁性且非线性的磁介质，其名称源于人类最早发现的强磁性介质是铁和天然磁铁矿.迄今铁磁质的种类已十分丰富，有过渡元素铁钴镍及其合金，有稀土元素钆镝钬及其合金，还有铁氧化物，比如钡铁氧体和锶铁氧体.兹将铁磁质所具有的磁性特征分述如下.

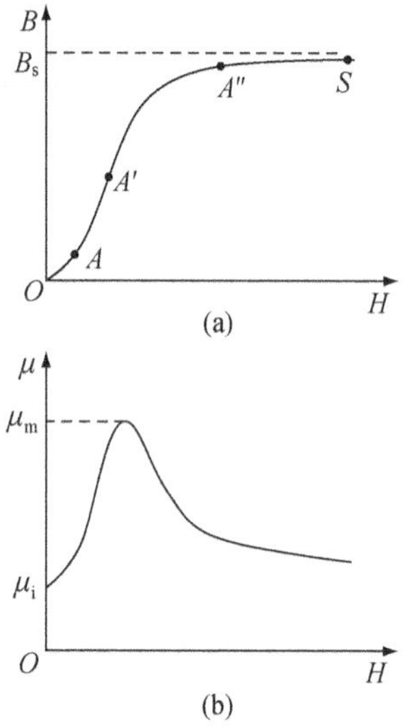

(a)

(b)

图 5.16

(a)铁磁质的起始磁化曲线；(b)磁导率 $\mu(H)$ 曲线

● 起始磁化曲线

如图 5.16 所示，当磁场 H 值从零开始而单调地增大，相应的磁感 B 沿 $OAA'A''S$ 曲线而增大，呈现出一种非线性的磁化行为.先是呈现一段线性变化 OA 段，继而其变化率上升而呈现为 AA' 段，接着当 H 值为较大时其变化率开始下降而呈现为 $A'A''$ 段，直至饱和状态 S，此后即便磁场 H 继续增大，相应的磁感 B 值却趋于平稳不再增大，饱和磁感值 B_s 是铁磁质的一个重要性能参数.

通常人们喜欢将上述 B-H 的非线性关系，在形式上表示成一种线性关系：

$$B = \mu_0 \mu_r(H) \cdot H. \tag{5.21}$$

换言之，该式将其非线性磁化特性吸纳到磁导率函数 $\mu_r(H)$之中.进而，对 $\mu_r(H)$作分段描述，而引申出各种特定意义下的磁导率：

$$\text{起始磁导率}\quad \mu_i = \frac{1}{\mu_0}\left(\frac{dB}{dH}\right)_0, \tag{5.21$'$}$$

$$\text{最大磁导率}\quad \mu_m = \frac{1}{\mu_0}\left(\frac{B}{H}\right)_{max}, \tag{5.21$''$}$$

$$\text{微分磁导率}\quad \mu_\alpha = \frac{1}{\mu_0}\left(\frac{dB}{dH}\right)_H, \tag{5.21$'''$}$$

$$\text{平均磁导率}\quad \bar{\mu}_r.$$

在不同场合或不同工作状态下，将关注其中某个磁导率.

● 磁滞回线

测定磁化曲线的实验继续进行，当达到饱和磁化状态 S 后，让磁场值 H 退下来，而逐渐降为零，这过程中所相应的磁感 B 值，却不沿起始磁化曲线 SAO 返回，而是如图 5.17(a)沿 SR 段曲线缓慢递降；当 $H=0$ 时，尚有剩余磁感 B_R；当磁场 H 反向变负值为 H_c 时，磁感 B 方才为零，可见铁磁质对磁场的反应表现出一种滞后性，称 H_c 为矫顽力(A/m)；尔后，继续增大反向 H 值，所响应的 B 值沿 CS' 段变化，直至负饱和态 S'；此后将反向 H 值减少而逐渐至零再继续正向增大，所响应的 B 值并不重复 $S'CRS$ 段曲线返回，而是沿 $S'R'C'S$ 段曲线变化，回到饱和态 S，且 C 与 C' 点左右对称，R 与 R' 点上下对称. 如此往返循环一周，B-H 曲线构成一闭合回线，称其为磁滞回线，如图 5.17(a)所示.

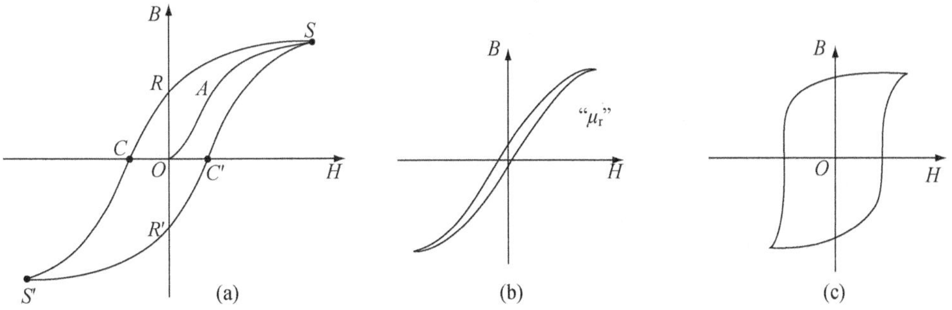

图 5.17 磁滞回线

(a) 一般铁磁质；(b) 软磁材料；(c) 硬磁材料

磁化曲线竟是一个磁滞回线，这是铁磁质磁性的一个十分典型的集中表现，不仅表现出铁磁质具有非线性的磁性特征，还表明当下的磁化状态与其先前的磁化历史有关，比如在 OC' 区间，对应于一个 H 值，就有三个可能的 B 值，这取决于 H 值先前的历程，常称此为铁磁质磁性的非单值性.

值得指出，在以上描述所用的语汇中，是将磁场强度视作磁场的代表，而将磁感 $\boldsymbol{B}$ 视作介质磁性或磁化状态的化身，这是因为 $\boldsymbol{B}$，$\boldsymbol{H}$，$\boldsymbol{M}$ 三者之间有一个恒等式(5.12)，即 $\boldsymbol{B}=\mu_0(\boldsymbol{H}+\boldsymbol{M})$，故可定二推一，由 $\boldsymbol{B}$，$\boldsymbol{H}$ 的测量数据可以推定 $\boldsymbol{M}$ 的数据. 或者说，当将 $\boldsymbol{H}$ 选为变量时，磁感函数 $\boldsymbol{B}$ 中蕴含着磁化强度矢量 $\boldsymbol{M}$. 当然，在闭合介质环的准静态实验方法中，直接测量的是 $\boldsymbol{B}$ 和 $\boldsymbol{H}$，尤其是 $\boldsymbol{H}$，它系总的磁场强度，却由传导电流直接调控，且与介质磁性无关，故所有磁化曲线皆以 $\boldsymbol{H}$ 变量为横坐标，而正是 $\boldsymbol{B}$ 体现了介质磁性的特点. 其实，我们也可以由测量所得的 $\boldsymbol{B}$-$\boldsymbol{H}$ 磁滞回线，借助公式 $\boldsymbol{M}=\boldsymbol{B}/\mu_0-\boldsymbol{H}$，而描绘出 $\boldsymbol{M}$-$\boldsymbol{H}$ 曲线. 此题留给读者自己完成.

● 磁滞损耗，回线面积

铁磁材料在反复磁化过程中，有部分能量不可逆地转变为热，称其为磁损耗. 磁损耗主要包括磁滞损耗 W_h 和涡流损耗 W_e. 磁滞损耗源于 $\boldsymbol{B}$ 对 $\boldsymbol{H}$ 变化的响应不及时，有滞后效应,其内在机理是在磁化过程中出现了某些不可逆的行为,比如磁畴的不可逆转向和畴壁的不可逆位移.而磁滞回线正是这种不可逆磁化的一种宏观表现.故可预料磁滞损耗 W_h 与磁滞回线的特征将有某种定量关系,对此考量如下.

从磁滞回线上任意点出发对应有一个 H 值,当 B 有个增量 dB,则由法拉第电磁感应定律可知,这时在闭合介质环的绕组中产生了一个感应电动势 $\mathscr{E}$,它具反电动势性质.为克服这反电动势而维持与 H 值对应的传导电流值 I_0 不变,那个直流电源就要做功,在 dt 时间中这元功为

$$dA = -\mathscr{E}_{感} I_0 \mathrm{d}t,$$

且

$$\mathscr{E}_{感} = -\frac{\mathrm{d}\Psi}{\mathrm{d}t}, \quad \Psi = NSB,$$

得

$$\mathrm{d}A = \frac{NS\mathrm{d}B}{\mathrm{d}t} I_0 \mathrm{d}t = NSI_0 \mathrm{d}B,$$

这里,S 为闭合介质环的截面积,N 为其上绕组的匝数.注意到(5.21)式,$H=NI_0/2\pi\overline{R}$,以及闭合介质环的体积 $\Delta V=2\pi\overline{R}S$,遂将元功显示为

$$\mathrm{d}A = H\mathrm{d}B \cdot \Delta V,$$

反复磁化一周电源付出的总功为

$$\Delta A = \oint \mathrm{d}A = \Delta V \cdot \oint H\mathrm{d}B,$$

于是,求得单位体积中磁滞损耗能量为

$$W_h \equiv \frac{\Delta A}{\Delta V} = \oint_{(回线)} H\mathrm{d}B = \Delta\mathscr{S}_m. \quad (\mathrm{J/m^3}) \tag{5.22}$$

这里,那环路积分正是磁滞回线所包围的面积 $\Delta\mathscr{S}_m$.其结论是,反复磁化一周,因磁滞效应引起的能量损耗体密度等于磁滞回线的面积.反复一周,一切均回到起始点,$\boldsymbol{B},\boldsymbol{H},\boldsymbol{M}$ 所联系的相关能量均回到初态,故电源付出的功及相应的磁滞损耗 W_h 将变为热能,使介质发热升温.

如果,$\boldsymbol{B}$-$\boldsymbol{H}$ 关系遵从线性磁化规律,$\boldsymbol{B}$ 与 $\boldsymbol{H}$ 同频同步变化,不滞后,无相位差,那么对 B 的微分运算 dB 将出现 $\pi/2$ 的相移,上述环路积分就等于零,这与线性磁化规律在 B-H 平面上所围面积为零是一致的.

● 居里点 T_C

任何铁磁质均存在一个特征温度 T_C,当它处于温度 $T>T_C$,则其铁磁性消失,而成为弱磁性的顺磁质,称 T_C 为居里点.比如,

铁,$T_C = 770℃$;　钴,1120℃;　镍,358℃.

● 硬磁材料,软磁材料

剩磁 B_R、矫顽力 H_c 和饱和磁感 B_s,是反映铁磁性能的三个基本量.按矫顽力的量级,通常将铁磁质分为两种,硬磁材料与软磁材料,参见表5.2.硬磁材料其 H_c 甚大,量级可达 10^4—10^5 A/m,与此相联系其磁滞回线身宽体胖,几乎呈矩形,如图5.17(c).软磁材料其

H_c 甚小,量级约为 1—10^2 A/m,与此相联系其磁滞回线清瘦修长,状如丝瓜,如图 5.17(b). 从表 5.2 中看出,硬磁材料与软磁材料的剩磁值倒相近,约在 1 T(特斯拉)附近.

表 5.2 有应用价值的铁合金

材 料	除铁外的其余成分	剩磁 B_R/T	矫顽力 H_c/(A/m)	磁导率 μ_r
硬磁金属				
碳钢	1% C	1～2	4 000	—
铬钢	5.8% Cr;0.1% C	0.992	5 200	—
钨钢	6% W	1.1	4 800	—
钴钢	36% Co; 4.8% Cr	0.93	18 160	—
维卡合金	3.5% Mn; 1.1% C			
	30%～40% Co; 14% V	0.97	24 000	
KS-磁钢	9% W; 1.5%～3% Cr			
	0.4%～0.8% C	1	19 200	
托洛玛合金	25% Ni; 13% Al	0.4	60 000	
软磁合金				
E-铁(1×退火)	—	1.08	30.4	14 600
E-铁(2×退火)	—	0.085	12	4 900
E-铁	3.5% Si;真空熔化了的	0.3	7.68	19 400
玻莫合金	78.5% Ni; 3% Mo	—	<8	—100 000
尼卡合金	40% Ni	1.4	24	10 000
高导磁率铁镍合金 50	50% Ni	1.5	6.8	28 000
μ 金属	76% Ni; 5% Cu; 2% Co	0.8	5	100 000

特别值得注意的是,在表 5.2 中磁导率 μ_r 一栏,对于硬磁材料,无 μ_r 数据,这源于硬磁材料有明显的磁滞性,对应一个 H 值有多个可能的 B 值,故无磁导率一说;而对于软磁材料,其相对磁导率 μ_r 数据赫然醒目,且高达 10^4—10^5,这是因为软磁的回线十分细瘦,近乎为通过原点的一条直线,表现为近乎线性的磁性,于是,以这直线的斜率来标定该材料的相对磁导率,是合理的. 凡是出现高量级磁导率的场合,均是针对软磁材料而言的,并非通常的顺磁质或抗磁质. 对于软磁材料,关系式 $\boldsymbol{B}=\mu_0\mu_r\boldsymbol{H}$ 是可以成立的. 本章开头引言中所述的铁芯,它具有强化磁场和引导磁场的功能,指的就是由软磁材料制成的铁芯.

鉴于反复磁化一周,磁滞损耗能量体密度等于回线面积,故回线肥胖的硬磁材料不宜于工作在交变情形,它适用于制成永磁元件而工作于静态,比如,恒磁钢、磁针、永磁片、永磁环,应用于直流电表、磁疗或磁记录等场合. 而回线细瘦的软磁材料适宜于工作在交变情形,软磁器件广泛地应用于电机、变压器、电磁铁、电磁阀以及电磁信号的传输、耦合和接收.

- **铁磁性的微观机理**

铁磁质具有如此独特而复杂的磁性,源于其体内原本就有大量的自发磁化区——磁畴,一磁畴内的大量分子磁矩已然取向一致排列有序，其自发磁化强度 $\boldsymbol{M}_0$ 可达 10^5 A/m 以上；磁畴有大小，其线度在 1 μm～1 mm，若以 μm 量级估算，一个磁畴也包含 10^{10} 个以上的铁质分子. 这等尺度的磁畴形貌及其分布，早在 1931 年就已在显微镜下被直接观测到. 一磁畴与其周边相邻磁畴自发磁化 $\boldsymbol{M}_0$ 的方向并不一致：对于单晶体，相邻磁畴 $\boldsymbol{M}_0$ 取向的差别，决定于该单晶结构的各向异性，比如，体心立方晶体或六角晶体，相邻 $\boldsymbol{M}_0$ 取向或相反(180°)或正交(90°)；对于多晶体，在宏观体积元 ΔV 中，大量磁畴取向呈无规分布，表现为各向同性，如图 5.18 所示意. 磁畴的边界称为畴壁，畴壁有厚度，约为几纳米到几十纳米，即 1 nm～10^2 nm，畴壁上出现了局域磁化面电流. 畴壁的存在，不仅限定了一磁畴的体积，也密切了一磁畴与相邻磁畴的关系，它们之间的相互影响是通过畴壁来实现的；同时畴壁也为磁畴转向提供了一过渡区. 故畴壁的位移和形变，在铁磁质磁化过程中起着重要的作用.

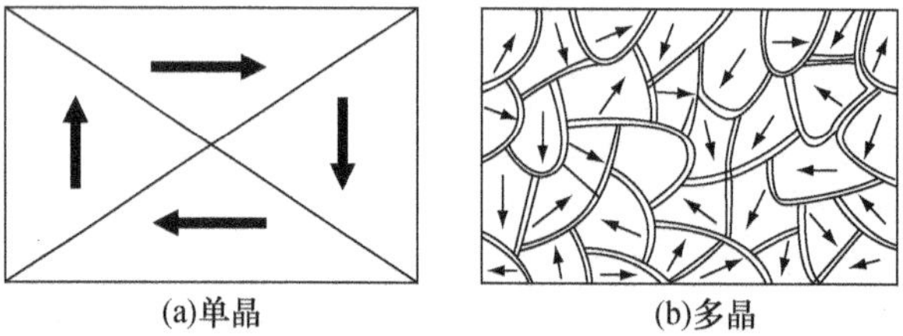

图 5.18　铁磁质体内磁畴结构示意图，矢量表示自发磁化方向

总之，无外场时铁磁质体内已有大量的处于局域强磁化状态的磁畴，在外场作用下，它是以磁畴这种集团为单元予以响应，这就根本上区别于通常的线性磁介质以分子为单元对外场的响应. 铁磁质的强磁性、非线性和磁滞性均源于此.

在外磁场作用下，铁磁质被磁化的过程大体经历四个阶段，参见图 5.19. 起初外场 $\boldsymbol{H}$ 较弱，导致畴壁位移，那些与 $\boldsymbol{H}$ 方向接近的磁畴得以扩张，吞并了邻近那些与 $\boldsymbol{H}$ 方向大体相反的磁畴；此时若撤消 $\boldsymbol{H}$，畴壁将退回原处，这一阶段为畴壁可逆位移阶段，宏观上体现于起始磁化曲线中开头的准线性变化一段，见图 5.19(b). 随着 $\boldsymbol{H}$ 加强，畴壁出现阶跃式位移，或磁畴结构突然改组，其磁化强度急剧增大，宏观上体现于起始磁化曲线的中段，即其斜率迅增的那一段，这是一个不可逆阶段，见图 5.19(c). 随着 $\boldsymbol{H}$ 继续加强，便进入以磁畴转向为主的磁化阶段，其总趋势是转向 $\boldsymbol{H}$，以求处于低能量状态，铁磁质在宏观上显示出较强的磁性，这相当于起始磁化曲线上出现最大磁导率 μ_r 那一段，见图 5.19(d). 随着 $\boldsymbol{H}$ 再增强，以致所有磁畴磁化方向均顺向 $\boldsymbol{H}$，便达到饱和状态，见图 5.19(e).

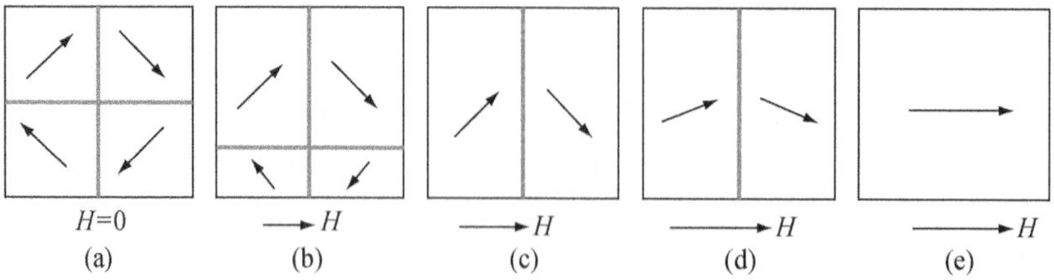

图 5.19　单晶铁磁质磁化过程示意图——畴壁位移和磁畴转向

俗话说,船大难掉头.上述铁磁质起始磁化过程中发生的磁畴转向和畴壁位移,不是完全可逆的.当 $\boldsymbol{H}$ 逐渐减弱,磁畴的取向和分布以及畴壁的位形,难以回到原状,使其磁化强度沿另一曲径而缓慢减弱;即便 $\boldsymbol{H}=0$,其体内宏观体积中依然保留有很强的磁化强度.简言之,畴壁的不可逆位移和磁畴的不可逆转向,导致铁磁质磁化的滞后性,表现为磁滞回线.

最后尚须说明,上述对铁磁性微观机理的介绍,是一个十分粗略的唯象描述,至于磁畴的成因,及其在磁场作用下的演变,是一个涉及量子力学和量子统计的一个颇为复杂的问题,专有铁磁学课程给予系统而深入的论述.

- **【讨论】 由 $\boldsymbol{B}$-$\boldsymbol{H}$ 回线得到 $\boldsymbol{M}$-$\boldsymbol{H}$ 磁化曲线**

试将反映 $\boldsymbol{B}$-$\boldsymbol{H}$ 关系的磁滞回线图 5.17(a),改画为反映 $\boldsymbol{M}$-$\boldsymbol{H}$ 关系的磁化曲线,看看它是什么模样;且在 $\boldsymbol{M}$-$\boldsymbol{H}$ 曲线上指明与 B_s, B_R, H_c 三个特征值对应的 M_s, M_R, M_c 值位置.建议先将图 5.17(a)的横轴和纵轴刻度化,以便定量刻画 $\boldsymbol{M}, \boldsymbol{H}$ 值.

5.6 磁　　路

- 引言
- 铁芯的漏磁
- 含隙磁路
- 磁屏蔽
- 经界面磁场突变的物理图象
- 闭合磁路
- 磁力
- 讨论——气隙宽度 $x\to 0$ 与 $x=0$ 的区别

- **引言**

由高磁导率铁芯所围成的闭合回路,或含有气隙的准闭合铁芯回路,通称为磁路.在软磁材料广泛应用的场合,几乎都存在这类磁路.磁路理论要论述的问题是,在特定传导电流激励下求解磁路中的 $\boldsymbol{B}$ 和 $\boldsymbol{H}$,以及气隙处的磁力.它所采用的近似方法,涉及磁场经介质界面的行为,故本节首先论述磁场边值关系.

- **经界面磁场突变的物理图象**

本章 5.3 节已给出以($\boldsymbol{B}, \boldsymbol{H}$)表达的恒定磁场规律及其边值关系,兹重新辑录于下.

积分方程

$$\oiint \boldsymbol{B}\cdot \mathrm{d}\boldsymbol{S}=0,\quad \oint \boldsymbol{H}\cdot \mathrm{d}\boldsymbol{l}=\sum I_0; \tag{5.13}$$

介质方程

$$\boldsymbol{B}=\mu_0\mu_r\boldsymbol{H};\quad \text{(适用于线性介质包括软磁材料)} \tag{5.18}$$

边值关系

$$B_{2n}-B_{1n}=0,\quad (\boldsymbol{B}\text{ 法向分量总是连续的})$$

$$H_{2t}-H_{1t}=0. \quad (\boldsymbol{H}\text{ 切向分量也连续,当 } i_0=0) \tag{5.14'}$$

这里,磁场边值关系式是由积分方程应用于界面两侧而得到的. 值得指出,磁感 **B** 法向分量的连续,意味着 **H** 法向分量的突变;磁场强度 **H** 切向分量的连续,意味着 **B** 切向分量的突变. 这是因为

$$H_{2n}-H_{1n}=\frac{B_{2n}}{\mu_0\mu_{2r}}-\frac{B_{1n}}{\mu_0\mu_{1r}}=\frac{1}{\mu_0}\left(\frac{1}{\mu_{2r}}-\frac{1}{\mu_{1r}}\right)B_n\neq 0, \tag{5.23}$$

$$B_{2t}-B_{1t}=\mu_0\mu_{2r}H_{2t}-\mu_0\mu_{1r}H_{1t}=\mu_0(\mu_{2r}-\mu_{1r})H_t\neq 0. \tag{5.23'}$$

将一个矢量的两个分量综合一起考量,通过界面不论 **B** 或 **H** 皆要发生突变,这根源于界面上出现了磁化面电流 $\boldsymbol{i}'$. 为了突出这一物理图象,特构图 5.20 予以解说.

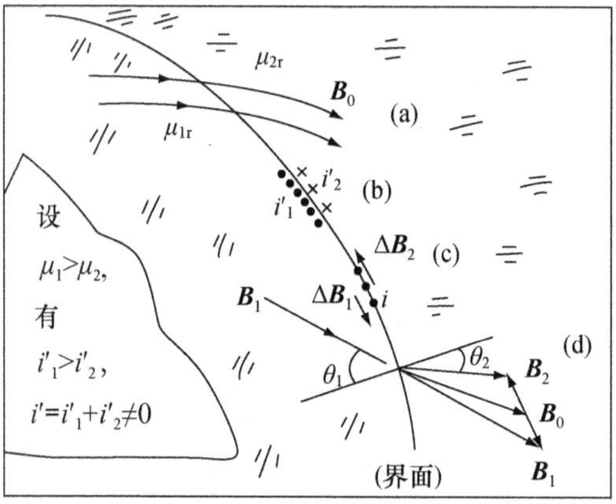

图 5.20　经界面磁场突变的物理图象,这里设 $\mu_{1r}>\mu_{2r}$

(a) 经界面外场 $\boldsymbol{B}_0$ 原本是连续的;(b) 磁导率不同,磁化能力有强弱,出现了未能抵消的磁化面电流 $\boldsymbol{i}$;(c) $\boldsymbol{i}$ 产生的附加场 $\Delta\boldsymbol{B}_1$ 与 $\Delta\boldsymbol{B}_2$ 等值而反向;(d) 它俩叠加于 $\boldsymbol{B}_0$ 上,以致总场 $\boldsymbol{B}_1$ 有异于 $\boldsymbol{B}_2$,即突变

磁场 **B** 线或 **H** 线经界面其方向的变更,满足一个折射定理:

$$\frac{\tan\theta_1}{\tan\theta_2}=\frac{\mu_{1r}}{\mu_{2r}}. \tag{5.24}$$

可见,当 $\mu_{1r}>\mu_{2r}$,则 $\boldsymbol{B}_2$ 线靠近界面法向 $\hat{\boldsymbol{n}}$,如图 5.20(d)所示.

● **铁芯的漏磁**

经界面磁场数值的变化,可以由 **B** 线或 **H** 线的疏密给予形象的表示,图 5.21(a),(b)分别描绘了铁芯-空气界面 **B** 线图和 **H** 线图. 值得强调,虽然铁芯磁导率可高达 $\mu_{1r}\sim10^5$,然而空气磁导率并非为零,而是 $\mu_{2r}=1$,故铁芯中的 **B** 线并不严格地沿界面切线方向,这导致界面空气一侧存在 **B** 线,虽然它甚弱于铁芯中的 **B** 值,通常形象地称其为漏磁,即漏磁感或漏磁通.

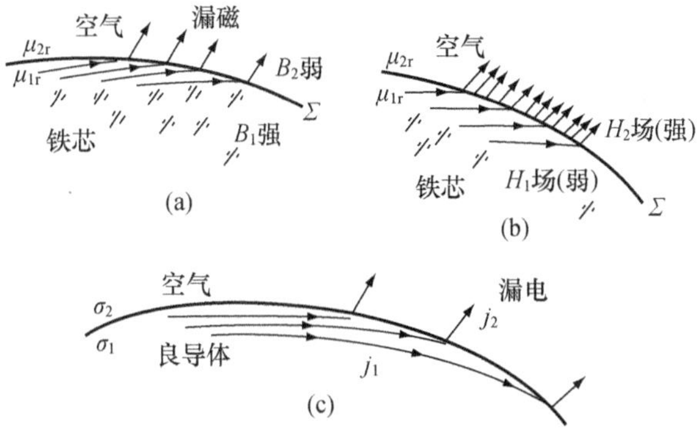

图 5.21 铁芯的漏磁

(a) **B** 线图； (b) **H** 线图； (c)良导体的漏电，$\boldsymbol{j}$ 指体电流密度

记得曾在第 3 章稳恒电流场中，曾讨论过运行于良导体中电流场的漏电问题，漏电程度取决于两者电导率之比值. 良导体其电导率 $\sigma_1 \approx 10^8\ (\Omega \cdot \mathrm{m})^{-1}$，而空气即便它是暖湿空气，其电导率也甚小，$\sigma_2 \approx 10^{-5}(\Omega \cdot \mathrm{m})^{-1}$，于是得出

$$\frac{\sigma_2}{\sigma_1} = 10^{-13} \ll \frac{\mu_{2r}}{\mu_{1r}} \approx 10^{-5},$$

其结论是，高磁导率铁芯的漏磁，要比良导体的漏电严重得多. 在磁路计算中，忽略漏磁或不可忽略漏磁，是一个必须交代的事情.

• 闭合磁路

参见图 5.22(a)，在外加传导电流 NI_0 的激励下，铁芯被磁化先是在 NI_0 缠绕区段 a_0b_0 邻近的 ab 段出现了很强的磁化面电流 $\boldsymbol{i}'$，它如同一个粗短的磁棒；接着在 ab 段 $\boldsymbol{i}'$ 所产生的附加磁场 $\boldsymbol{B}'$ 的激励下，ac 段和 bd 段被强烈磁化，也在其表面出现了强磁化电流；自然，随之而来的便是 cd 段被磁化，所出现的强磁化电流及其附加磁场 $\boldsymbol{B}'$，反过来又大大加强了 ab 段，ac 段和 bd 段的进一步磁化. 如此这般自激励和互激励，最终使这高磁导率的铁芯成为一个闭合的载流螺旋环，在芯内产生甚强的磁感 $\boldsymbol{B}'$，绕磁路环行. 外加励磁电流 NI_0 产生的

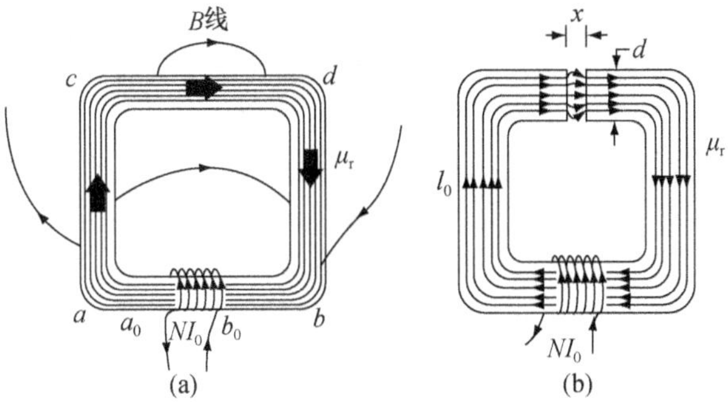

图 5.22 (a) 闭合磁路；(b) 含隙磁路

$\boldsymbol{B}_0$ 远弱于 $\boldsymbol{B}'$，故总磁感 $\boldsymbol{B}=\boldsymbol{B}'+\boldsymbol{B}_0\approx\boldsymbol{B}'$.

于是，磁感 $\boldsymbol{B}$ 线绝大部分集束在铁芯中环行，只有表面内侧极少量 $\boldsymbol{B}$ 线逸出铁芯，即所谓漏磁. 如果忽略漏磁，这在目前是相当合理的，则通过铁芯各个截面的磁通量是相等的，$\Phi=B\cdot S=$常数，当然，同一截面上各点磁感 $\boldsymbol{B}$ 值不尽相同，但沿纵向同一环路上的各点 $\boldsymbol{B}$ 值相等. 据此演算如下. 设铁芯中轴线之周长为 l_0，应用 $\boldsymbol{H}$ 的环路定理，

$$\oint_{(l_0)}\boldsymbol{H}\cdot \mathrm{d}\boldsymbol{l}=NI_0,$$

$$\frac{1}{\mu_0\mu_r}\oint_{(l_0)}\boldsymbol{B}\cdot \mathrm{d}\boldsymbol{l}=NI_0,$$

即

$$\frac{1}{\mu_0\mu_r}Bl_0=NI_0,$$

遂得铁芯中轴线上的磁场 B，H 和铁芯截面磁通 Φ，分别为

$$B=\mu_0\mu_r\frac{NI_0}{l_0},\quad H=\frac{NI_0}{l_0},\quad \Phi\approx\mu_0\mu_r\frac{S}{l_0}NI_0. \tag{5.25}$$

进而导出铁芯表面磁化面电流总和 I' 及其与励磁电流 NI_0 之比值，

$$I'=l_0i'=l_0M=l_0\left(\frac{B}{\mu_0}-H\right)=l_0\left(\mu_r\frac{NI_0}{l_0}-\frac{NI_0}{l_0}\right)$$
$$=(\mu_r-1)NI_0\approx\mu_rNI_0,$$

即

$$\frac{I'}{NI_0}=\mu_r. \tag{5.25$'$}$$

比如，$\mu_r\approx10^4$，则 $I'/(NI_0)\approx10^4$ 倍. 可见，高磁导率 μ_r 隐含着一旦铁芯被磁化，必将出现强大的磁化面电流这一效应，且构成一个等效的完美载流螺绕环，对磁感 $\boldsymbol{B}$ 起了一个强化和约束作用；相对而言励磁电流 NI_0 相当微弱，当然，若无 NI_0 的诱导，强大的 I' 不复存在，即，NI_0 是原动力.

- **含隙磁路**

参见图 5.22(b)，气隙宽度为 x，铁芯截面尺寸为 d，铁芯中轴线准周长为 l_0. 含隙磁路的问题是，给定 x，l_0，μ_r，NI_0 求出($B_{芯}$，$H_{芯}$)和($B_{气}$，$H_{气}$). 先作定性分析，在励磁电流 NI_0 的诱导下，高磁导率铁芯通过其表面强大的磁化面电流，使内部磁感 $\boldsymbol{B}$ 得以大大加强. 与闭合磁路不同之处在于，磁感 $\boldsymbol{B}$ 线在气隙处膨出，若气隙很窄，$x\ll d$，则可忽略这边缘的漏磁效应，通过铁芯各截面包括气隙截面的磁通相等关系，得以近似维持，于是，沿铁芯中轴线 l_0 且穿越气隙 x 的闭合环路上，各点 B 值相等，即 $B_{芯}\approx B_{气}$，设为 B，这也符合气隙端面 $\boldsymbol{B}$ 法向分量的连续性. 据此分析，应用 $\boldsymbol{H}$ 环路定理推演如下：

$$\oint_{(l_0,x)}\boldsymbol{H}\cdot \mathrm{d}\boldsymbol{l}=NI_0,$$

$$\frac{1}{\mu_0\mu_r}\int_{(l_0)}\boldsymbol{B}\cdot \mathrm{d}\boldsymbol{l}+\frac{1}{\mu_0}\int_{(x)}\boldsymbol{B}\cdot \mathrm{d}\boldsymbol{l}=NI_0;\quad (空气，\mu_r=1)$$

$$\frac{1}{\mu_0\mu_r}B_{芯}\,l_0+\frac{1}{\mu_0}B_{气}\,x=NI_0,$$

$$Bl_0+\mu_r Bx=\mu_0\mu_r NI_0,\quad (B_{芯}\approx B_{气}=B)$$

$$B=\frac{\mu_0\mu_r NI_0}{l_0+\mu_r x}.\tag{5.26}$$

进而求出

$$H_{芯}=\frac{B}{\mu_0\mu_r}=\frac{NI_0}{l_0+\mu_r x},\quad H_{气}=\frac{B}{\mu_0}=\frac{\mu_r NI_0}{l_0+\mu_r x};\tag{5.26$'$}$$

$$\frac{H_{气}}{H_{芯}}=\mu_r.\tag{5.26$''$}$$

数字例题. 设 $N=20$，$I_0=12\ \mathrm{A}$，铁芯 $\mu_r=10^4$，$l_0=100\ \mathrm{cm}$，$x=5\ \mathrm{mm}$，先计算那分母值：

$$l_0+\mu_r x=100\ \mathrm{cm}+10^4\times 5\ \mathrm{mm}=1\ \mathrm{m}+50\ \mathrm{m}=51\ \mathrm{m},$$

可见，虽然 $x\ll l_0$，但 B，H 的分母值却主要来自气隙 x 的贡献，l_0 仅提供 2% 的影响. 进一步算出

$$B_{气}=B_{芯}=\frac{(4\pi\times 10^{-7})\times 10^4\times(20\times 12)}{51}\mathrm{T}=6.0\times 10^{-2}\mathrm{T},$$

$$H_{气}=\frac{6\times 10^{-2}}{4\pi\times 10^{-7}}\ \mathrm{A/m}=4.8\times 10^4\mathrm{A/m},\quad H_{芯}=\frac{4.8\times 10^4}{10^4}\ \mathrm{A/m}=4.8\ \mathrm{A/m}.$$

若将含隙时的(B，H)与无隙时的(B_0，H_0)作个比较，是一件有意义的事. 据式(5.25)、(5.26)和(5.26′)，便可得到

$$B_{芯}=B_{气}=\frac{B_0}{\left(1+\mu_r\dfrac{x}{l_0}\right)},\tag{5.27}$$

$$H_{芯}=\frac{H_0}{\left(1+\mu_r\dfrac{x}{l_0}\right)},\quad H_{气}=\left(\frac{l_0}{x}\right)H_0.\tag{5.27$'$}$$

可见，含隙铁芯中的磁感或磁场强度均显著减弱，对于本例题，约为无隙时的 1/50；而气隙中的 $H_{气}$ 却显著增强，约为无隙时的 200 倍；即，$H_{气}\gg H_0\gg H_{芯}$.

甚窄的气隙对(B，H)的影响竟如此显著和独特，可能出乎意料，令人印象深刻. 这源于磁路中铁芯各局段之间存在互激励效应. 气隙的出现，不仅似表观上看到的在这里缺失了一段磁化面电流 $i'x$，也减弱了它对邻近区段乃至整个铁芯各段的磁激励，及相应的磁化面电流，从而最终导致磁化面电流密度的下降，自然磁感 B 值便相应地下降.

最后，尚需说明以上给出的关于含隙磁路的几个公式，均是在 $x\ll d$ 条件下的近似结果，或者说，它们是在 $x\to 0$ 时严格成立. 随着气隙宽度 x 的增加，其边缘漏磁效应越加明显，隙内磁场的均匀性也不再维持. 定性看，隙内沿中轴线附近区域的 $B_{气}(x)$ 随 x 增加而减少，要小于(5.26)式给出的值. $B_{气}(x)$ 函数曲线首先要由实验来测定，比如，利用霍尔效应，制备好一霍尔样品，置于气隙中以测定霍尔电压，最终获取 $B_{气}(x)$ 实验曲线.

还要顺便提及，若将磁路与电路作个类比，也是一件不无意义的事，分别列出相关量的对应如下：

磁动势　$\mathscr{E}_m = N(I_0)$ —— $\mathscr{E}$ 电动势，

磁通　Φ —— I 电流，

磁感　$\boldsymbol{B}$ —— $\boldsymbol{j}$ 电流密度，

磁导　$G_m = \mu_0\mu_r \dfrac{S}{l}$ —— G 电导，

磁阻　$R_m = \dfrac{1}{\mu_0\mu_r} \cdot \dfrac{l}{S}$ —— R 电阻.

这种类比对解决磁路串联和并联问题有所帮助，比如，含隙磁路可以视作一铁芯磁阻 $l_0/(\mu_0\mu_r S)$ 与一气隙磁阻 $x/(\mu_0 S)$ 的串联，两者之比值 $R_{气}/R_{芯} = \mu_r x/l_0 \approx 50$ 倍，当 $\mu_r \approx 10^4$，可见这气隙是一个高磁阻.

其实，从 $\boldsymbol{B}$ 或 $\boldsymbol{H}$ 环路定理出发，就可以方便地获得磁路有关公式. 此外，磁路与电路两者在物理上有许多重要区别. 比如漏磁，在气隙段和铁芯表面均有漏磁，磁路气隙间存在磁力，是一吸引力，而若将气隙类比作一个电阻的话，则这电阻元件两个端面之间哪里有什么吸引力.

● 磁力

在含隙磁路中，那气隙两个端面之间存在吸引力 F_m. 广泛应用于自动控制系统中的电磁阀、继电器等一类电磁铁，就是依靠这种磁吸力而工作. 计算磁吸力的公式为

$$F_m = \frac{1}{2}(B_{气}\ H_{气})S;\quad (S\ 为一端面之面积) \tag{5.28}$$

或者，计算这磁吸力的面密度，即单位面积所受到的磁力为

$$\frac{\Delta F_m}{\Delta S} = \frac{1}{2}(B_{气}\ H_{气}). \tag{5.28$'$}$$

准确地说，以上公式在气隙宽度 $x \to 0$ 条件下严格成立，且给出了气隙间磁力的最大值. 代入(5.26)式和(5.26′)式，求得磁力面密度为

$$\frac{\Delta F_m}{\Delta S} = \frac{1}{2}\mu_0\mu_r^2 \frac{(NI_0)^2}{l_0^2},\quad (x \to 0)$$

代入上一段例题中的数据，算出

$$\frac{\Delta F_m}{\Delta S} = \frac{1}{2}(4\pi \times 10^{-7}) \times (10^4)^2 \times \frac{(20 \times 12)^2}{1^2}\,\mathrm{N/m^2} \approx 3.6 \times 10^6\,\mathrm{N/m^2};$$

再设该气隙端面为 5 cm×5 cm，则端面所受磁力为

$$F_m = (3.6 \times 10^6) \times (25 \times 10^{-4})\,\mathrm{N} \approx 9 \times 10^3\,\mathrm{N}.$$

若考量 $x = 5$ mm 时的磁吸力，依据(5.26)和(5.26′)得

$$\frac{\Delta F_m}{\Delta S} = \frac{1}{2}\mu_0\mu_r^2 \frac{(NI_0)^2}{l_0^2\left(1 + \mu_r \dfrac{x}{l_0}\right)^2}$$

$$\approx \frac{1}{2}\mu_0 \frac{(NI_0)^2}{x^2},\quad (忽略分母括号中之首项)$$

代入数据，算出此宽度时的磁吸力为

$$\frac{\Delta F_{\mathrm{m}}}{\Delta S}=\frac{1}{2}(4\pi\times10^{-7})\times\frac{(20\times12)^2}{(5\times10^{-3})^2}\mathrm{N/m^2}\approx1.4\times10^3\mathrm{N/m^2},$$

$$F_{\mathrm{m}}=(1.4\times10^3)\times(25\times10^{-4})\mathrm{N}\approx3.5\,\mathrm{N}.$$

实际上这时的磁吸力还要小于该理论值. 通常用某些特定的实验方式，测定磁吸力随气隙宽度 x 的变化曲线，从而设计气隙. 磁路的设计很大程度上依赖于实验.

最后尚需交代，可有两种方式导出气隙间的磁吸力公式(5.28′). 一是，根据磁场能量密度公式和虚功方法导出它，这留待下一章电磁感应部分给出；二是，由磁荷观点下的静磁学理论导出它，这留待本章下一节给出，届时我们将知悉，那气隙两个端面上存在等量异号磁荷 $\pm\sigma_{\mathrm{m}}$，如同静电学中那平行板电容器.

● 磁屏蔽

为了叙述方便，兹将高磁导率的软磁材料称作导磁体，如同先前将高电导率的金属材料，称作导电体或导体.

进入磁场区域的一个空腔导磁体，将改变磁场的空间分布，使空腔区域中磁感显著减弱，同时壳层中磁感有所增强，空腔导磁体的这一功能称作磁屏蔽，如图 5.23(a)所示，看起来似乎高磁导率的壳层为磁感 $\boldsymbol{B}$ 线提供了一个绿色通道，有集中且引导 $\boldsymbol{B}$ 线的功能.

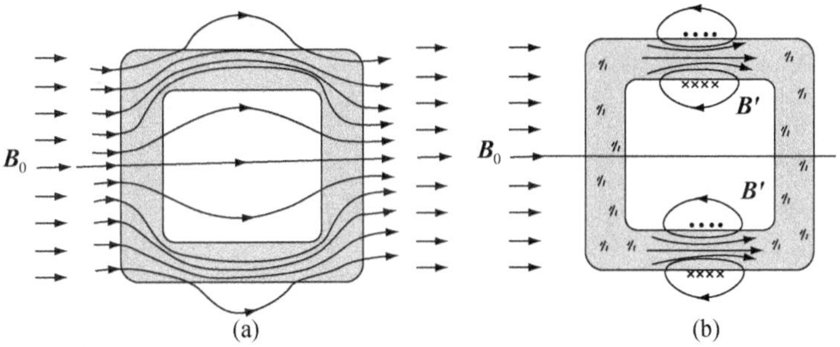

图 5.23 磁屏蔽

(a) 一方盒状空腔导磁体； (b) 壳层局段磁化面电流及其产生的附加场

空腔导磁体的磁屏蔽功能依然源于其壳层内表面与外表面所出现的磁化面电流，参见图 5.23(b). 在外磁场 $\boldsymbol{B}_0$ 的诱导下，壳层中的软磁介质开始被磁化，而出现磁化面电流 $\boldsymbol{i}'$，其中某些区段有较大 $\boldsymbol{i}'$，其产生的附加磁场 $\boldsymbol{B}'$ 的方向，在空腔区域中与外场 $\boldsymbol{B}_0$ 方向相反或大体相反，而在壳层中 $\boldsymbol{B}'$ 与 $\boldsymbol{B}_0$ 方向相同或大体相同，从而空腔中磁感变弱；这一区段 $\boldsymbol{i}'$ 产生的 $\boldsymbol{B}'$ 进一步强化了其左右邻近区段介质的磁化，如此连环作用，形成了一种壳层各区段之间的互激励，它是空腔导磁体的磁屏蔽功能之主要贡献者.

然而，正如图 5.23(a)所描绘的，磁屏蔽是不彻底的，其效果远不及空腔导体静电屏蔽能使空腔区域电场彻底为零. 这是因为导磁体磁导率与空气磁导率之比值在 10^5 以下，而金属电导率与空气电导率之比值在 10^{12} 以上，故漏磁相对严重；金属中存在大量的自由电荷，而软磁介质中无自由磁荷，不可能通过自由磁荷的重新分布而完全抵消掉外磁场. 或者可以这样认为，静电场是有散非旋场，电场 **E** 线必将终止或始发于电荷，而静磁场是有旋无散场，磁感 **B** 线总是闭合的，一旦有 **B** 线进入壳层之一侧，必将 **B** 线从另一侧出去，这其中就会有少许 **B** 线通过空腔. 为了提升磁屏蔽效能，可以采用多层空腔，如俄罗斯玩具套娃那样.

● **【讨论】 气隙宽度 $x\to 0$ 与 $x=0$ 的区别**

在分析含隙磁路的磁场或磁力时，要注意气隙宽度 $x\to 0$ 与 $x=0$ 的原则区别. 兹要求将 $x\neq 0$，$x\to 0$，$x=0$ 三种情形下的磁场关系作一归纳. 设 $\mu_r=10^4$.

结果：

当 $x/l_0=1/200$，$H_气=200H_0$，$H_0=50H_芯$，$B_气=B_芯=B_0/50$；

当 $x\to 0$，$H_气=10^4H_0$，$H_0=H_芯$，$B_气=B_芯=B_0$；

当 $x=0$，无气隙，全闭合磁路惟有一个 B_0、一个 H_0.

5.7 磁荷观点的静磁学理论

- 引言
- 磁场强度矢量 **H**
- 磁极化强度矢量 **J**
- 磁感应强度矢量 **B**
- 两种磁化观点的等效性
- 磁荷观点应用两例——永磁球的退磁场，磁路气隙间的磁力
- 对两种磁化观点的评价
- 讨论——采取磁荷观点求解若干典型永磁元件的 **B**，**H**

● 引言

在此稳恒磁场和磁介质两章之最后，将论述基于磁荷观点的静磁学理论，包括介质磁化理论. 这样安排并不仅是出于历史上的缘由. 诚然，在库仑确立了两个点电荷间作用力之定律以后，几乎同时，库仑便确立了两个点磁荷间作用力之定律，即磁库仑定律. 尔后的四十年，静磁学与静电学两者平行不悖地独立发展，几乎具有相同的理论结构和概念体系，直至奥斯特实验揭示了电流的磁效应. 从此以后，一切磁性源于电荷的运动这一理念，成为主导地位，凭借这电流观点可以说明一切磁现象，可以建立完全的磁场理论，包括介质的磁化理论，而无需磁荷观点的支持. 然而，磁荷观点下的静磁学理论和概念，却没有过时，从历史到现今的磁学书籍和文献中，依然不时地被引用和运用. 这不仅因为它所导出的磁场宏观理论和介质磁化宏观理论，与电流观点下的结果具有完全相同的理论形式，更由于采用磁荷观点分析介质存在时的磁场问题，有着格外方便和直观之优点，比如，永磁体的退磁场问题，磁路气隙两端面的磁力问题，磁棒左右两段之间的磁力问题.

本节将系统而简明地阐述磁荷观点下的磁场理论，进而论证其与电流观点下磁场理论

的等价性，最后应用磁荷磁场理论和概念，分析若干典型问题，以显示它解决问题的基本思路及其优越性.①

● 磁场强度矢量 $\boldsymbol{H}$

磁荷观点中磁场强度 $\boldsymbol{H}$ 概念，是基于磁库仑定律而确立的. 参见图 5.24(a)，一磁针有两个磁极，其上分别集聚了等量异号磁荷 q_m 与$(-q_m)$，且可近似看做两个点磁荷. 磁库仑定律表达了两个点磁荷间的相互作用力，

$$\boldsymbol{F}'_{12}=-\boldsymbol{F}'_{21}=K\frac{q_{1m}q_{2m}\hat{\boldsymbol{r}}_{12}}{r^2},$$

在国际单位制中，它被写成

$$\boldsymbol{F}'_{12}=\frac{1}{4\pi\mu_0}\frac{q_{1m}q_{2m}\hat{\boldsymbol{r}}_{12}}{r^2};\quad [q_m]=\mathrm{N\cdot m/A=J/A=Wb}(\text{韦伯}). \tag{5.29}$$

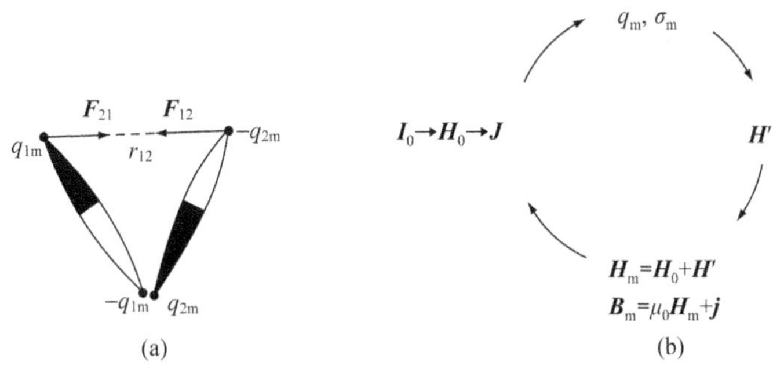

图 5.24 (a) 磁库仑定律示意图——磁针、磁极和点磁荷；(b) 磁荷观点下静磁学的概念体系

以近代物理中场的理念看待这点磁荷所受到的磁力，而引入磁场强度矢量 $\boldsymbol{H}'$，用以描述磁场的空间分布，

$$\boldsymbol{H}'(P)=\frac{\boldsymbol{F}'(P)}{q_m}.\quad (q_m \text{ 为置于 } P \text{ 处的试探点磁荷}) \tag{5.29$'$}$$

于是，立马导出点磁荷 q_m 所产生的磁场公式，

$$\boldsymbol{H}'(\boldsymbol{r})=\frac{1}{4\pi\mu_0}\frac{q_m\hat{\boldsymbol{r}}}{r^2},\quad [H']=\mathrm{A/m}. \tag{5.29$''$}$$

在磁荷观点提出 35 年以后，奥斯特发现了电流对磁针有作用力，这表明电流在其周围空间产生磁场 $\boldsymbol{H}_0(\boldsymbol{r})$. 伴随电流的这 $\boldsymbol{H}_0$ 场是怎样的呢？这只能由实验来回答. 可以设想一个实验，用一试探点磁极在载流体周围所受的力，或用一根磁针所受的力矩，来探测磁场 $\boldsymbol{H}_0$，其结果表明电流元 $I\mathrm{d}\boldsymbol{l}$ 施予磁极 q_m 的力为

$$\boldsymbol{F}_0=\frac{1}{4\pi}\cdot\frac{I\mathrm{d}\boldsymbol{l}\times\hat{\boldsymbol{r}}}{r^2}q_m,$$

① 详见钟锡华：略论磁场量 $\boldsymbol{B}$ 与 $\boldsymbol{H}$，《物理通报》，1988 年，第 4、5 期.

据此确定电流元产生的磁场为

$$\boldsymbol{H}_0(\boldsymbol{r})=\frac{1}{4\pi}\cdot\frac{I\mathrm{d}\boldsymbol{l}\times\hat{\boldsymbol{r}}}{r^2},\quad \text{即}\quad \boldsymbol{F}_0=q_{\mathrm{m}}\boldsymbol{H}_0. \tag{5.30}$$

进而可写出宏观载流体产生磁场的积分表达式,

$$\boldsymbol{H}_0(\boldsymbol{r})=\frac{1}{4\pi}\oint\frac{I\mathrm{d}\boldsymbol{l}\times\hat{\boldsymbol{r}}}{r^2}. \tag{5.30′}$$

对磁荷观点下磁场量 $\boldsymbol{H}$ 特作以下几点说明.

(1) 就磁荷观点而言,为了确立磁场 $\boldsymbol{H}(\boldsymbol{r})$的规律,诚如上述,它要面对两个独立的实验事实,仅有磁库仑定律不足以建立磁荷观点下完整的磁场理论.

(2) 空间总磁场强度为

$$\boldsymbol{H}_{\mathrm{m}}(\boldsymbol{r})=\boldsymbol{H}'(\boldsymbol{r})+\boldsymbol{H}_0(\boldsymbol{r}), \tag{5.31}$$

这里,$\boldsymbol{H}'$系磁介质上的磁荷产生的,$\boldsymbol{H}_0(\boldsymbol{r})$系传导电流包括空间电流产生的. 暂时将磁场 H 加下标 m,是为了区别电流观点中的磁场强度 $\boldsymbol{H}_{\mathrm{i}}$.

(3) 在磁场 $\boldsymbol{H}_{\mathrm{m}}(\boldsymbol{r})$中,

$$\text{磁荷 } q_{\mathrm{m}} \text{ 受力 } \boldsymbol{F}_{\mathrm{m}}=q_{\mathrm{m}}\boldsymbol{H}_{\mathrm{m}};\quad \text{电流元 } I\mathrm{d}\boldsymbol{l} \text{ 受力 } \boldsymbol{F}_0=\mu_0 I\mathrm{d}\boldsymbol{l}\times\boldsymbol{H}_{\mathrm{m}}. \tag{5.32}$$

其中第二式是这样导出的:按照两个电流元相互作用力的安培定律,

$$\begin{aligned}\mathrm{d}\boldsymbol{F}_{12}&=\frac{\mu_0}{4\pi}\cdot\frac{I_2\mathrm{d}\boldsymbol{l}_2\times(I_1\mathrm{d}\boldsymbol{l}_1\times\hat{\boldsymbol{r}})}{r^2}\\&=\mu_0 I_2\mathrm{d}\boldsymbol{l}_2\times\left(\frac{1}{4\pi}\cdot\frac{I_1\mathrm{d}\boldsymbol{l}_1\times\hat{\boldsymbol{r}}}{r^2}\right)\\&=\mu_0 I_2\mathrm{d}\boldsymbol{l}_2\times\boldsymbol{H}_{\mathrm{m}}.\end{aligned}$$

(4) 鉴于磁荷产生的 $\boldsymbol{H}'$场与电荷产生的静电 $\boldsymbol{E}$ 场,在规律的数学形式上完全相同,人们可以直接借用静电场的基本定理乃至某些具体结果,而方便地分析处理 $\boldsymbol{H}'$场. 同理,鉴于 $\boldsymbol{H}_0$ 场与电流观点下的 $\boldsymbol{B}_0$ 场在数值上只差一个常数因子,

$$\boldsymbol{H}_0=\frac{1}{\mu_0}\boldsymbol{B}_0\quad \text{或 } \boldsymbol{B}_0=\mu_0\boldsymbol{H}_0, \tag{5.32′}$$

人们可以直接借用恒定磁场的基本定理乃至某些具体结果,而方便地分析处理 $\boldsymbol{H}_0$ 场. 似应注意,上式仅仅是 $\boldsymbol{H}_0$ 与 $\boldsymbol{B}_0$ 在数值上的一种联系,并非磁荷观点理论体系中 $\boldsymbol{B}$,$\boldsymbol{H}$ 内部关系的反映. 按论述的逻辑体系,磁荷观点下的另一个磁场量 $\boldsymbol{B}$ 尚未亮相.

- **磁极化强度矢量 $\boldsymbol{J}$**

在磁荷观点看来,介质体内的分子是一磁偶极子,具有磁偶极矩 $\boldsymbol{p}_{\mathrm{m}}=q_{\mathrm{m}}\boldsymbol{l}$. 这种像小磁针那样的大量的磁偶极子,在磁场 $\boldsymbol{H}_{\mathrm{m}}$ 作用下定向排列,使介质处于一种磁化状态. 引入磁极化强度矢量 $\boldsymbol{J}$,用以逐点描述介质体内各处的磁化状态,它被定义为

$$\boldsymbol{J}=\frac{\sum\boldsymbol{p}_{\mathrm{m}}}{\Delta V}\quad(\Delta V\to 0);\quad [\boldsymbol{J}]=\frac{\mathrm{N}}{\mathrm{A\cdot m}}. \tag{5.33}$$

介质磁化的宏观后果是在介质身上,通常在介质表面出现磁荷. 磁极化强度矢量 $\boldsymbol{J}$ 与

磁荷量 $\sum q_m$ 或磁荷面密度 σ_m 的定量关系为

$$\sum q_m = -\oiint \boldsymbol{J}\cdot d\boldsymbol{S};\quad \sigma_m = J_n. \tag{5.33'}$$

体内各处的 $\boldsymbol{J}$ 最终由总磁场 $\boldsymbol{H}_m = \boldsymbol{H}' + \boldsymbol{H}_0$ 所决定. $\boldsymbol{J}$-$\boldsymbol{H}_m$ 关系由实验测定，它体现了介质的磁性，因材而异.

- **磁感应强度矢量 B**

借用先前已熟悉的静电 $\boldsymbol{E}$ 场的规律形式和静磁 $\boldsymbol{B}$ 场的规律形式，便可以给出磁荷观点下，以磁场强度 $\boldsymbol{H}_m$ 表达的恒定磁场通量定理和环路定理如下：

磁荷$(q_m)\to\boldsymbol{H}'(\boldsymbol{r})$：

$$\oiint \boldsymbol{H}'\cdot d\boldsymbol{S} = \frac{1}{\mu_0}\sum q_m, \tag{5.34a}$$

$$\oint \boldsymbol{H}'\cdot d\boldsymbol{l} = 0; \tag{5.34b}$$

空间电流$(I_0)\to\boldsymbol{H}_0(\boldsymbol{r})$：

$$\oiint \boldsymbol{H}_0\cdot d\boldsymbol{S} = 0, \tag{5.34c}$$

$$\oint \boldsymbol{H}_0\cdot d\boldsymbol{l} = \sum I_0. \tag{5.34d}$$

分别将以上一、三两式相加和二、四两式相加，最终得到了介质场合的磁场基本定理：

$$\oiint \boldsymbol{H}_m\cdot d\boldsymbol{S} = \frac{1}{\mu_0}\sum q_m,\quad \oint \boldsymbol{H}_m\cdot d\boldsymbol{l} = \sum I_0. \tag{5.35}$$

为了在 $\boldsymbol{H}_m$ 通量定理中隐蔽磁荷项 $\sum q_m$，可应用(5.33′)式由 $\boldsymbol{J}$ 的通量取而代之，即

$$\oiint \boldsymbol{H}_m\cdot d\boldsymbol{S} = \frac{1}{\mu_0}\left(-\oiint \boldsymbol{J}\cdot d\boldsymbol{S}\right),$$

$$\oiint (\mu_0\boldsymbol{H}_m + \boldsymbol{J})\cdot d\boldsymbol{S} = 0,$$

令

$$\boldsymbol{B}_m = \mu_0\boldsymbol{H}_m + \boldsymbol{J},$$

则

$$\oiint \boldsymbol{B}_m\cdot d\boldsymbol{S} = 0. \tag{5.35'}$$

称 $\boldsymbol{B}_m$ 为磁感应强度矢量，它是磁场强度 $\boldsymbol{H}$ 与磁极化强度 $\boldsymbol{J}$ 两个量的一种特殊组合，其物理意义首先体现在它是一个无散场，其闭合面的通量恒为零.

最终建立以磁场量$(\boldsymbol{H}_m, \boldsymbol{B}_m)$表达的磁场规律为

$$\oiint \boldsymbol{B}_m\cdot d\boldsymbol{S} = 0,\quad \oint \boldsymbol{H}_m\cdot d\boldsymbol{l} = \sum I_0, \tag{5.36}$$

$$\boldsymbol{B}_m = \mu_0\boldsymbol{H}_m + \boldsymbol{J}.$$

- **两种磁化观点的等效性**

电流观点认为，介质的磁化系其内部分子环流磁矩的有序取向，其宏观后果是介质身上

出现磁化电流 I' 或磁化面电流 $\boldsymbol{i}'$，它所确立的恒定磁场规律为(以下角 i 标示)

$$\oiint \boldsymbol{B}_i \cdot d\boldsymbol{S} = 0, \quad \oint \boldsymbol{H}_i \cdot d\boldsymbol{l} = \sum I_0, \tag{5.36'}$$

$$\boldsymbol{B}_i = \mu_0 \boldsymbol{H}_i + \mu_0 \boldsymbol{M}.$$

磁荷观点认为，介质的磁化系其内部分子磁偶极矩的有序取向，其宏观后果是介质身上出现磁荷 q_m 或面磁荷 σ_m，它所确立的恒定磁场规律由(5.36)式表达.

兹将(5.36)式与(5.36′)式比对，便可以推定，虽然两种观点各自引入磁场量 $\boldsymbol{B}$，$\boldsymbol{H}$ 的概念顺序不同，但所得 $\boldsymbol{B}$，$\boldsymbol{H}$ 遵从的宏观规律却是完全相同的，仅是两种观点中，$\boldsymbol{B}$，$\boldsymbol{H}$ 的内部关系不一样. 若作 $\boldsymbol{J} \leftrightarrow \mu_0 \boldsymbol{M}$ 替换，则 $\boldsymbol{B}_m = \boldsymbol{B}_i$，$\boldsymbol{H}_m = \boldsymbol{H}_i$. 换言之，磁化状态为 $\boldsymbol{M}$ 分布的介质，可由一个磁化状态为 $\boldsymbol{J} = \mu_0 \boldsymbol{M}$ 介质来代替，按磁荷观点求解，而不会改变磁场 $\boldsymbol{B}$，$\boldsymbol{H}$ 分布；反之亦然，磁化状态为 $\boldsymbol{J}$ 分布的介质，可由一个磁化状态为 $\boldsymbol{M} = \boldsymbol{J}/\mu_0$ 介质替代，按电流观点，求解 $\boldsymbol{B}$，$\boldsymbol{H}$，同样可得正确结果. 至此，可以取消上述下角的区别，将两种观点下的恒定磁场规律统一概括为

$$\oiint \boldsymbol{B} \cdot d\boldsymbol{S} = 0, \quad \oint \boldsymbol{H} \cdot d\boldsymbol{l} = \sum I_0, \tag{5.36''}$$

$$\boldsymbol{B} = \mu_0 (\boldsymbol{H} + \boldsymbol{M}) = \mu_0 \boldsymbol{H} + \boldsymbol{J}.$$

顺便提及，有些书本从几个具体例子入手，讨论了磁偶极子 $\boldsymbol{p}_m$ 与小环流磁矩 $\boldsymbol{m}$ 两者在性质上的相似性，从而说明若作 $\boldsymbol{p}_m \leftrightarrow \mu_0 \boldsymbol{m}$ 替换，或作 $\boldsymbol{J} \leftrightarrow \mu_0 \boldsymbol{M}$ 替换，则两种磁化观点在求解 $\boldsymbol{B}$，$\boldsymbol{H}$ 上是完全等效的. 其实，这种论证方式是有局限性的，它是不严格的，因为其中有近似.

- **磁荷观点应用两例——永磁球的退磁场，磁路气隙间的磁力**

(1) 永磁球的退磁场

参见图 5.7(a)，一永磁球已被均匀磁化，其固有磁化强度为 $\boldsymbol{M}_0$. 若按磁荷观点，其等效磁极化强度为 $\boldsymbol{J}_0 = \mu_0 \boldsymbol{M}_0$，相应出现的磁荷面密度据(5.33′)式为

$$\sigma_m(\theta) = J_n = J_0 \cos\theta = \mu_0 M_0 \cos\theta.$$

这种余弦型球面磁荷及其磁场 $\boldsymbol{H}'$，与余弦型面电荷及其电场 $\boldsymbol{E}$，两者在数学形式上完全相同. 对于后者已在第 1 章 1.9 节中作过重点研究，可将其结果直接移植于此，只要将各电学量转换为相应的磁学量便是，即 $\sigma(\theta) \to \sigma_m(\theta)$，$\varepsilon_0 \to \mu_0$，$K \to J_0$，$\boldsymbol{E} \to \boldsymbol{H}'$. 其结果是，永磁球的余弦型面磁荷在球内产生一均匀磁场 $\boldsymbol{H}$，且为

$$\boldsymbol{H}' = -\frac{1}{3\mu_0} \boldsymbol{J}_0 = -\frac{1}{3} \boldsymbol{M}_0; \quad (\text{退磁场})$$

$$\boldsymbol{B} = \mu_0 (\boldsymbol{H}' + \boldsymbol{M}_0) = \frac{2}{3} \mu_0 \boldsymbol{M}_0. \quad (\text{永磁体 } \boldsymbol{H}_0 = 0)$$

此结果与先前由电流观点得到的结果(5.10)式一致.

(2) 磁路气隙间的磁力

先考量开口永磁环的磁力，参见图 5.25(a). 设冻结于其体内的磁化强度 $\boldsymbol{M}_0$ 绕环取向，其数值近似均匀. 按磁荷观点，该磁环处于磁极化强度 $\boldsymbol{J}_0 = \mu_0 \boldsymbol{M}_0$ 状态，于是，在开口处两个

端面上出现了磁荷面密度，分别为(σ_m，$-\sigma_m$)，且

$$\sigma_m = J_n = J_0 = \mu_0 M_0.$$

这一对等量异号$\pm\sigma_m$ 的面磁荷，类似于一对等量异号$\pm\sigma$ 的面电荷. 当开口宽度 $x\to 0$，可忽略边缘效应，将其视为面积很大的一对带电平面或一对带磁荷平面. 对于前者，其间相互吸引的电力已由(2.2′)式给出，

$$\frac{\Delta F_e}{\Delta S} = \frac{\sigma^2}{2\varepsilon_0} \quad (\mathrm{N/m^2}),$$

兹作相应的替换，$\sigma\to\sigma_m$，$\varepsilon_0\to\mu_0$，$\Delta F_e\to\Delta F_m$，遂得开口永磁环在开口处单位端面积上的磁吸力为

$$\frac{\Delta F_m}{\Delta S} = \frac{\sigma_m^2}{2\mu_0}, \quad 或 \quad \frac{\Delta F_m}{\Delta S} = \frac{1}{2}\mu_0 M_0^2. \tag{5.37}$$

此式是估算所有永磁铁吸力的基本公式，它给出的是一个最大磁吸力(密度)；随缝隙宽度 x 的增加，其磁力将减少.

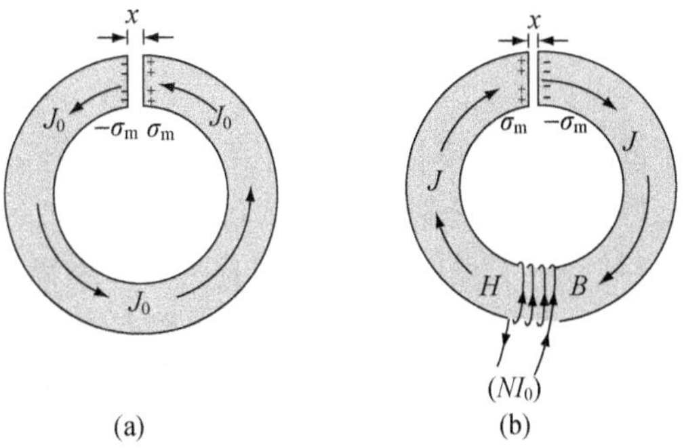

图 5.25 以磁荷观点求出磁吸力

(a) 开口永磁环；(b) 含隙软磁路

注意到在 $x\to 0$ 时气隙中的磁场

$$H_气 = \frac{\sigma_m}{\mu_0} = M_0, \quad B_气 = \mu_0 H_气 = \mu_0 M_0,$$

故(5.37)式改写为以磁场($B_气$，$H_气$)表达的形式，

$$\frac{\Delta F_m}{\Delta S} = \frac{1}{2}(B_气 \cdot H_气). \tag{5.37′}$$

该式的意义还在于，它为导出磁场能量密度公式提供了一种途径，即，应用所谓虚功原理，考量为了克服磁吸力，使开口处两个端面作一微分位移 Δx 所付出的功 ΔW，应等于体积元 $\Delta V = \Delta S \cdot \Delta x$ 中存在的磁场能量 ΔW_m，从而导出磁场能量密度公式

$$w_m \equiv \frac{\Delta W_m}{\Delta V} = \frac{1}{2}(B \cdot H). \quad (\mathrm{J/m^3}) \tag{5.37″}$$

接着考量含隙软磁路的磁吸力，参见图 5.25(b)或图 5.22(b). 先前已应用 $\boldsymbol{H}$ 环路定理和 $\boldsymbol{B} = \mu_0\mu_r\boldsymbol{H}$ 关系，求得芯内磁场($B_芯$，$H_芯$)，由(5.26)式和(5.26′)式表示，当 $x\to 0$ 时，

$$B_{芯} = \frac{\mu_0\mu_r(NI_0)}{l_0}, \quad H_{芯} = \frac{(NI_0)}{l_0};$$

按磁荷观点，从($B_{芯}$，$H_{芯}$)值中得到磁极化强度 J 值，以及相应的磁荷面密度$\pm\sigma_m$，为

$$J_{芯} = B_{芯} - \mu_0 H_{芯} = \mu_0(\mu_r - 1)\frac{(NI_0)}{l_0} \approx \mu_0\mu_r\frac{(NI_0)}{l_0},$$

$$\sigma_m = J_n = J_{芯} = \mu_0\mu_r\frac{(NI_0)}{l_0}.$$

于是，立马得到气隙两端面间的磁吸力面密度为

$$\frac{\Delta F_m}{\Delta S} = \frac{\sigma_m^2}{2\mu_0} = \frac{1}{2}\mu_0\mu_r^2\left(\frac{NI_0}{l_0}\right)^2, \tag{5.38}$$

它就是先前未予证明而给出的(5.28″)式.

必须说明，(5.38)式是估算一切电磁铁吸力的一个基本公式，且它给出的是一最大磁吸力(密度)；随缝隙宽度 x 的增加，其磁力必将减少，很大程度上依赖实验来测定 F_m-x 函数曲线.

• 对两种磁化观点的评价

两种磁化观点所基于的微观模型不同，因而引入 $\boldsymbol{B}$，$\boldsymbol{H}$ 的概念体系也不同，但两者求得的宏观磁场分布是完全相同的. 这不仅在物理思想上给人们一种启迪，而且为求解 $\boldsymbol{B}$，$\boldsymbol{H}$ 分布提供了两种实用方法. 虽然磁荷观点古老一些，目前关于自由磁荷即磁单极子的存在也尚未定论，但是它在考量退磁场一类问题中显得十分直观和方便，特别是考量永磁铁、电磁铁吸力等一类问题，磁荷观点尤显优越性，倘若以电流观点考量磁吸力问题，怎不知如何入手运算. 一旦分析清楚磁荷的分布，就可借用电荷与静电场的关系便捷地求得磁场 $\boldsymbol{H}$ 或磁力 F_m，故至今仍为专业文献广泛采用. 所以，在一个有介质的实际问题中，人们既可以任选一种观点求解 $\boldsymbol{B}$，$\boldsymbol{H}$ 分布，也可以两种观点交替使用而相辅相成，即用电流观点求 $\boldsymbol{B}$ 分布，用磁荷观点求 $\boldsymbol{H}$ 分布，这样处理常常更为方便. 书中有时提醒人们要将一种观点坚持到底，其正确含义是不能重复考虑磁化后果. 譬如，当用磁荷观点求 $\boldsymbol{H} = \boldsymbol{H}_0 + \boldsymbol{H}'$时，就要考量磁荷 q_m 的附加场 $\boldsymbol{H}'$，就不能在 $\boldsymbol{H}_0$ 中又计入磁化电流 I'的贡献.

如图 5.26 所示，我们分别以电流观点和磁荷观点分析永久磁棒的磁场，此时外场为零. 从电流观点看，永久磁棒相当于通电螺线管，其 $\boldsymbol{B}$ 线是容易描绘的，如图(a)；从磁荷观点看，永久磁棒相当于一对等量异号的带磁面，其 $\boldsymbol{H}$ 线是容易描绘的，如图(b). 这样永久磁棒的磁力线就由这两幅图线完全描述了. 若坚持一种电流观点，根据 $\boldsymbol{H}_i = \boldsymbol{B}_i/\mu_0 - \boldsymbol{M}$，逐点描绘 $\boldsymbol{H}_i$ 线，也无不可，其结果与图(b)一致，却费事多了，这种繁琐的方法就没有必要了. 同样，若非要坚持一种磁荷观点到底不可，根据 $\boldsymbol{B}_m = \mu_0\boldsymbol{H} + \boldsymbol{J}$，逐点描绘 $\boldsymbol{B}_m$ 线，其结果与图(a)一致，但要麻烦多了. 从图中两幅磁力线图中清楚地看到，$\boldsymbol{B}$ 线在磁棒侧面发生了偏折，这是因为侧面有磁化电流，是 $\boldsymbol{B}$ 场切线分量不连续造成的；$\boldsymbol{H}$ 线在磁棒两个端面疏密和方向有明显的突变，这是因为端面有磁荷，是 $\boldsymbol{H}$ 场法线分量不连续造成的.

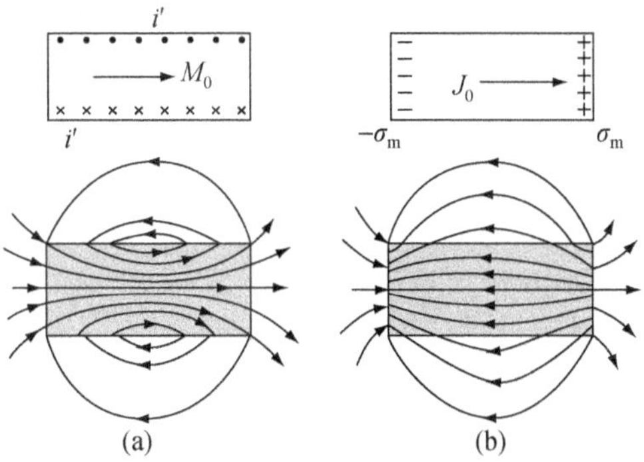

图 5.26　永磁棒的磁场线

(a) 采用电流观点描绘磁感应 **B** 线；(b) 采用磁荷观点描绘磁场强度 **H** 线

- 【讨论】 采取磁荷观点求解若干典型永磁元件的 **B**,**H**

参见图 5.6,试采用磁荷观点求解细长永磁棒、薄磁片、闭合磁环和开口磁环在某些特定场点的 **B**,**H**,设其固有磁化强度 $\boldsymbol{M}_0$ 为均匀常矢量或近似均匀.

习　题

5.1　分子磁矩和介质磁化强度

以氢原子(H)基态为例,其基本数据为经典轨道半径 $a_0=5.3\times10^{-2}$ nm,环绕速率 $v=2.2\times10^6$ m/s.

(1) 算出氢原子的轨道磁矩 $\boldsymbol{m}_{子}$ 数值;

(2) 若将大量氢原子密集而凝聚为一个半径为 1 mm 的氢原子球,并使其 $\boldsymbol{m}_{子}$ 在外磁场中定向排列,试估算出相应的磁化强度 M 的数量级,要求以 A/m 为单位示之.

5.2　磁化体电流密度 $\boldsymbol{j}'$ 的通量定理

被磁化的磁介质,其体内可能出现磁化体电流 $\boldsymbol{j}'(\boldsymbol{r})$,当介质体内存在传导电流 j_0,或当介质为非均匀介质时. 试证明,在任何场合磁化电流场 $\boldsymbol{j}'(\boldsymbol{r})$ 为一无散场,即

$$\oiint \boldsymbol{j}'\cdot d\boldsymbol{S}=0,\quad 或\quad \nabla\cdot\boldsymbol{j}'=0.$$

5.3　空心薄磁片

由永磁材料制成一个圆形薄磁片,厚度为 l,半径为 R,且 $l\ll R$;其固有磁化强度为 $\boldsymbol{M}_0$,方向沿圆片对称轴. 现抠除其中央部位,而形成一个半径为 r 的圆孔,如本题图示. 求出其中心处局域磁场 $\boldsymbol{B}_0$.

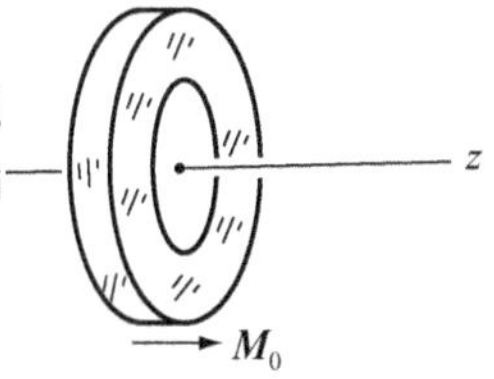

习题 5.3 图

5.4　永磁体的形状因子和退磁因子

以一般粗细(l,d)的永磁棒为典型,l 为其纵向长度,d 为其宽度即圆截面之直径. 试导出其形状因子 K 和退磁因子 K'.

5.5　永磁球的磁场$(\boldsymbol{B},\boldsymbol{H})$

如图,给定一永磁球的固有磁化强度 M_0 为 3.6×10^4 A/m,半径 R 为 2.5 cm.

(1) 求出球内磁感 B_0 和磁场强度 H_0;

(2) 求出距球心 r 为 5.0 cm 圆周上，1,2,3,4,5 等处的磁感强度 $\boldsymbol{B}_1$,$\boldsymbol{B}_2$,$\boldsymbol{B}_3$,$\boldsymbol{B}_4$ 和 $\boldsymbol{B}_5$，这几处的方位角分别为 $\theta=0°,45°,90°,135°,180°$.

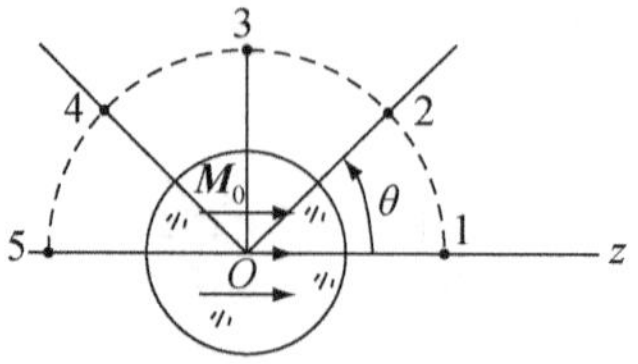

习题 5.5 图

5.6　永磁球内含球形空腔

一个半径为 R、固有磁化强度为 $\boldsymbol{M}_0$ 的永磁球，其内部出现了一个球形空腔，半径为 r_0，如本题图示.

(1) 求出空腔内部磁感强度 $\boldsymbol{B}'$.

(2) 求出永磁球中心 O 处磁感强度 $\boldsymbol{B}_0$.

(3) 试定性描述空腔外部空间的磁感分布 $\boldsymbol{B}(\boldsymbol{r})$，应分别永磁球体内和其体外两个区域予以描述.

(4) 求出贴近球形空腔表面处 1,2 两点的磁感 $\boldsymbol{B}_1$ 和 $\boldsymbol{B}_2$；并以 $\boldsymbol{B}$ 之边值关系的眼光审视你给出的结果.

(5) 求出磁场强度 $\boldsymbol{H}'$,$\boldsymbol{H}_0$,$\boldsymbol{H}_1$ 和 $\boldsymbol{H}_2$，并以 $\boldsymbol{H}$ 之边值关系审视之.

(6) 若球形空腔之球心 O' 不在 z 轴上，即离轴情形，以上结果是否有变化，试逐一给予交代.

提示：凡永磁球必呈现正弦型球面磁化电流.

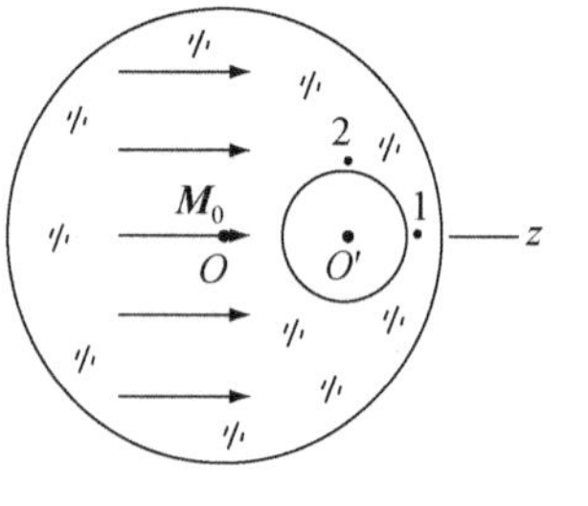

习题 5.6 图

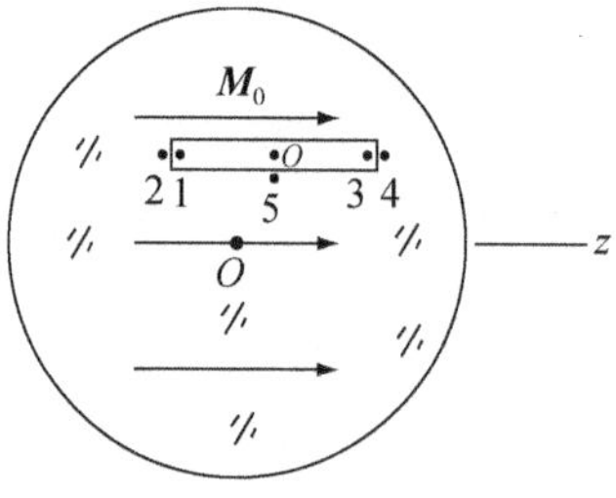

习题 5.7 图

5.7　永磁球内含管状空腔

一个半径为 R，固有磁化强度为 $\boldsymbol{M}_0$ 的永磁球，内部出现了一个细长圆形管状空腔，其轴线平行 z 轴，如本题图示.

(1) 求出图上标明的六处场点的磁感强度 $\boldsymbol{B}_0$,$\boldsymbol{B}_1$,$\boldsymbol{B}_2$,$\boldsymbol{B}_3$,$\boldsymbol{B}_4$ 和 $\boldsymbol{B}_5$；并以 $\boldsymbol{B}$ 之边值关系的眼光审视你给出的上述结果.

(2) 求出相应的磁场强度 $\boldsymbol{H}_0$,$\boldsymbol{H}_1$,$\boldsymbol{H}_2$,$\boldsymbol{H}_3$,$\boldsymbol{H}_4$ 和 $\boldsymbol{H}_5$；这些结果是否满足 $\boldsymbol{H}$ 之边值关系，试审视之.

5.8　永磁球内含扁平空腔

固有磁化强度为 $\boldsymbol{M}_0$ 的一永磁球，体内出现了一个扁盒状圆形空腔，其中心轴平行 z 轴，厚度为 l，半径为 r_0，且 $l \ll r_0$. 如本题图示.

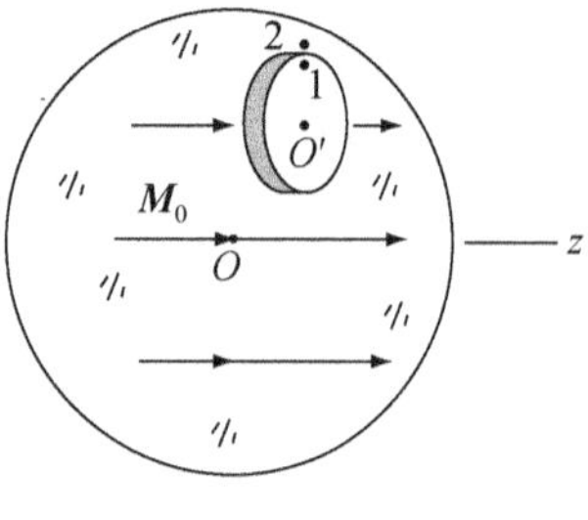

习题 5.8 图

(1) 求出空腔中心 O' 处磁感 $\boldsymbol{B}_0'$、磁场强度 $\boldsymbol{H}_0'$.

(2) 求出紧贴空腔边缘内外两点 1 处和 2 处的磁感 $\boldsymbol{B}_1$ 和 $\boldsymbol{B}_2$，以及磁场强度 $\boldsymbol{H}_1$ 和 $\boldsymbol{H}_2$，要求你用边值关系来审视结果的正误.

5.9　均匀外磁场中的介质球

如图所示，一介质球置于均匀外磁场 $\boldsymbol{B}_0$ 之中，介质球半径为 R，磁导率为 μ_r，球外为空气($\mu_r'\approx1$).

(1) 试求空间磁场分布 $\boldsymbol{B}(\boldsymbol{r})$ 和 $\boldsymbol{H}(\boldsymbol{r})$，拟应分别球内空间和球外空间而定解.

提示：可预先猜想介质球最终被均匀磁化，即 $\boldsymbol{M}$ 为常矢量，且 $\boldsymbol{M}/\!/\boldsymbol{B}_0$；然后，推演、自洽、联立方程，最终定解.

(2) 若介质球外为另一种磁介质，设其磁导率为 μ_r'，情况会变得怎样. 试求空间磁场分布.

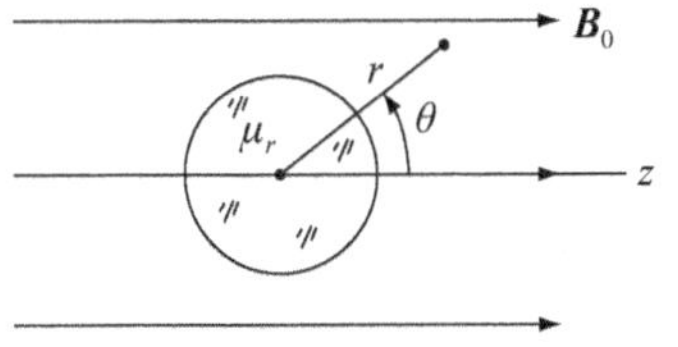

习题 5.9 图

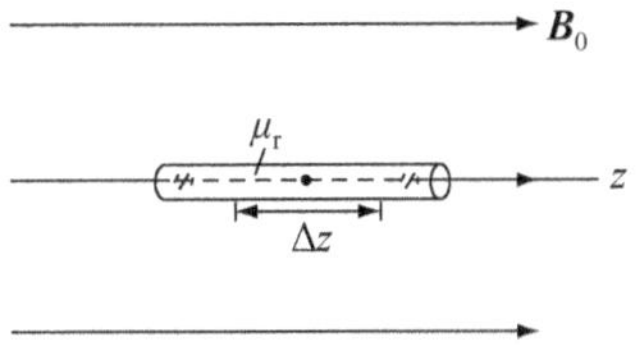

习题 5.10 图

5.10　均匀外磁场中的介质棒

如图所示，一介质圆棒被置于均匀外磁场 B_0 之中，这细长介质棒纵向长度 l，横向截面半径 R，且 $l\gg R$，材料磁导率为 μ_r，如本题图示. 忽略边缘效应，求介质棒中部轴上 Δz 一段的磁感 $\boldsymbol{B}$ 和磁场强度 $\boldsymbol{H}$.

5.11　长直载流导线周围的介质环

一种磁性材料经研磨、模压和烧结，被制成一个闭合磁环，再用一根长直载流导线，通过介质环的轴线，以作材料磁化实验.

(1) 试求出介质环内的磁场强度 $H(r)$，这里距离 r 为轴距，而对称轴 z 为介质环平面的中心轴，设电流为 I_0，如本题图示；

(2) 该装置是否可用于测量材料 B-H 关系即材料的磁化曲线，试与图 5.15 装置作一比较.

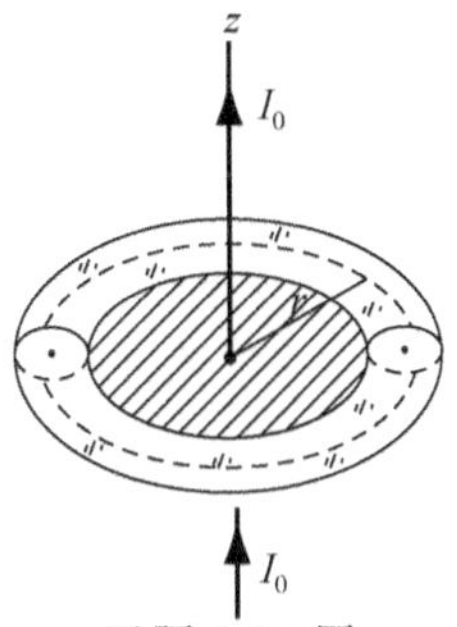

习题 5.11 图

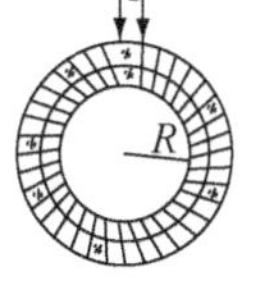

习题 5.12 图

5.12　含铁芯螺绕环

一环形铁芯其横截面的直径为 4.0 mm，环的平均半径 $R=15$ mm，环上密绕着 200 匝线圈(见本题图)，铁芯的磁导率 $\mu=300$，当线圈导线通有 25 mA 的电流时，求通过铁芯横截面的磁通量 Φ.

5.13　磁化强度与磁化面电流

一均匀磁化的磁棒，直径为 25 mm，长为 75 mm，磁矩为 120 A · m²，求棒侧面上的磁化面电流密度 i'，以及轴上中段的磁场 B_0 和 H_0.

5.14　磁化强度、磁感应强度与磁场强度

一均匀磁化磁棒，体积为 0.01 m^3，磁矩为 500 A·m^2，棒内沿轴某处的磁感应强度 B=5.0 Gs，求该处磁场强度为多少 A/m.

5.15　铁磁质起始磁化曲线

本题图是某种铁磁材料的起始磁化曲线，试根据这曲线求出：

(1) 起始磁导率 μ_i；

(2) 最大磁导率 μ_M；

(3) 工作点 d 处的微分磁导率 μ_d；

(4) 绘制出该材料 $\mu(H)$ 曲线，H 在 0—800 A/m；

(5) 从磁导率非线性曲线中，估算出该材料的平均磁导率 $\bar{\mu}$.

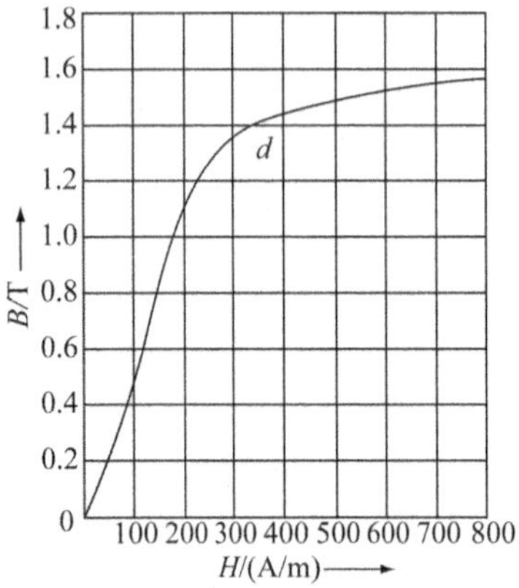

习题 5.15 图

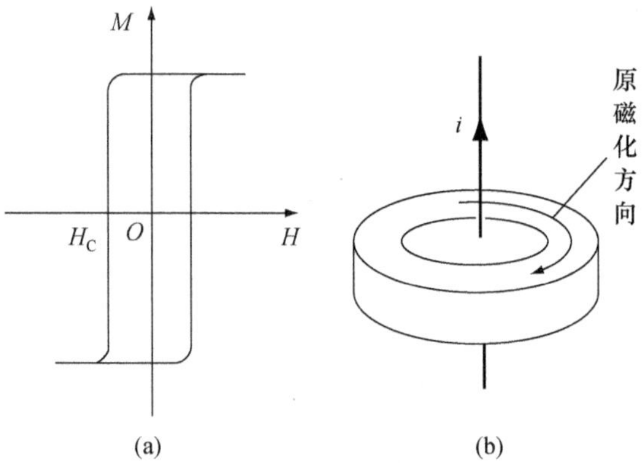

习题 5.16 图

5.16　矩磁与环形磁芯

矩磁材料具有矩形磁滞回线，见本题图(a)，反向磁场一旦超过矫顽力，磁化方向就立即反转．矩磁材料的用途是制作电子计算机中存储元件的环形磁芯．图(b)所示为一种这样的磁芯，其外直径为 0.8 mm，内直径为 0.5 mm，高为 0.3 mm，这类磁芯由矩磁铁氧体材料制成．若磁芯原来已被磁化，其方向如图所示．现需使磁芯中自内到外的磁化方向全部反转．那么，导线中脉冲电流 i 的峰值 i_0 至少要多大？设该磁芯材料的矫顽力为 2.0Oe(奥斯特)．注意 1 Oe≈80 A/m.

提示：联系本章习题 5.11.

5.17　磁滞损耗与矩形磁芯的热耗散

一矩磁材料，其磁滞回线即 $B(H)$ 闭合曲线几乎呈矩形(横平竖直)，类似于 5.16 题图．某种矩磁材料的剩磁 B_R 为 1.1 T，矫顽力 H_C 为 480 A/m．用此材料制作计算机硬件中的运算或存储元件——环形磁芯，设其尺寸为：外直径 0.6 mm，内直径 0.4 mm，方形截面高 0.15 mm.

(1) 求出这样一个磁芯其磁化状态朝上再朝下反转一周所耗散的能量为多少(J)？

(2) 若芯片中有百万个这样的磁芯，设其磁化翻转频率为 10^3 次/秒，试估算因磁滞性而引起的热耗散功率为多少(W)？

5.18　磁场边值关系

对于线性磁介质，试证明，经界面磁场 $\boldsymbol{B}$ 线或 $\boldsymbol{H}$ 线方向的变更满足一个折射定理，

$$\frac{\tan\theta_1}{\tan\theta_2}=\frac{\mu_{1r}}{\mu_{2r}},\quad \theta_1,\theta_2 \text{ 为场线与界面法线之夹角.}$$

5.19　磁荷观点下的永磁球——余弦型球面磁荷

一永磁球的固有磁化强度为 $\boldsymbol{M}_0$，半径为 R，试以磁荷观点看待它，并求解其磁场.

(1) 试证明，这永磁球表面的磁荷面密度为

$$\sigma_m=\mu_0 M_0\cos\theta,\quad \theta \text{ 为面元相对对称轴 } z \text{ 的极角.}$$

(2) 试证明，其球内为均匀磁场、球外为偶极磁场，且

$r<R$ 时，$\boldsymbol{H}=-\dfrac{1}{3}\boldsymbol{M}_0$，

$r>R$ 时：

$$H_r(r,\theta)=\frac{1}{4\pi}\cdot\frac{2m_{\text{eff}}\cos\theta}{r^3},$$

$$H_\theta(r,\theta)=\frac{1}{4\pi}\cdot\frac{m_{\text{eff}}\sin\theta}{r^3},m_{\text{eff}}=\left(\frac{4\pi}{3}R^3\right)M_0.$$

5.20　磁荷观点下内含空腔的永磁球

以磁荷观点重新求解永磁球内含三种典型空腔时的磁场.

(1) 永磁球内含球形空腔，参见题图 5.6，求出磁场强度 $\boldsymbol{H}'$，$\boldsymbol{H}_0$，$\boldsymbol{H}_1$ 和 $\boldsymbol{H}_2$；

(2) 永磁球内含管状空腔，参见题图 5.7，求出六处磁场强度 $\boldsymbol{H}_0$，$\boldsymbol{H}_1$，$\boldsymbol{H}_2$，$\boldsymbol{H}_3$，$\boldsymbol{H}_4$ 和 $\boldsymbol{H}_5$；

(3) 永磁球内含扁平空腔，参见题图 5.8，求出磁场强度 $\boldsymbol{H}_0'$，$\boldsymbol{H}_1$，$\boldsymbol{H}_0$ 和 $\boldsymbol{H}_2$.

5.21　闭合磁路

一闭合磁路，周长 l_0 约 40 cm，截面积 S 约 0.5 cm^2，其软磁铁芯磁导率 $\mu_r\approx 2.5\times10^4$，励磁电流 $NI_0=$ 20 匝×100 A/匝.

(1) 求出其磁感 B_0、磁场强度 H_0 和磁通量 Φ_0；

(2) 求出磁化电流总和 I' 与励磁电流(NI_0)之比值；

(3) 求出该闭合磁路蕴含的磁场能量 W_0(J).

提示：对于线性介质，磁场能量体密度公式为 $w_m=\dfrac{1}{2}\boldsymbol{B}\cdot\boldsymbol{H}$，这将在第 6 章推导(6.15)式给出，而软磁材料可视作线性介质处理.

5.22　开口磁路

若将上题闭合磁路锯开，而形成一个宽度 $l'=1.0$ cm 的开口，其它数据不变.

(1) 求出铁芯中的磁场 $B_{芯}$ 和 $H_{芯}$.

(2) 求出开口处的磁场 $B_{气}$ 和 $H_{气}$.

(3) 给出比值 $B_{气}/B_{芯}$，$H_{气}/H_{芯}$，以及 $B_{芯}/B_0$，$H_{气}/H_0$，这里 B_0，H_0 系上题求得的此磁路闭合时磁场. 面对这些比值，你有何感想？作何理解？

(4) 分别求出铁芯区域和开口区域的磁场能量 $W_{芯}$ 和 $W_{气}$；并将总磁能($W_{芯}+W_{气}$)与无气隙时的总磁能 W_0 作一比较，是增加还是减少？对此给出你的解释.

(5) 求出开口处两个端面之间的相互作用力 $\boldsymbol{F}$；这磁力 $\boldsymbol{F}$ 是吸引力还是排斥力？

(6) 设想开口气隙宽度 l' 从 0 开始加大直至 l' 为 1.0 cm，为克服这磁力 $\boldsymbol{F}$ 所做之功 A 为多少？方程 $A=(W_{芯}+W_{气})-W_0$ 是否成立？

建议：采用磁荷观点求解(5)，(6)小题.

5.23　开口磁路

用硅钢材料作为铁芯形成一开口磁路，以便为安置样品进行电磁测量提供一个空间，如本题图示. 铁芯中轴线长度 $l_1=50\,\text{cm}$，开口宽度 $l_2=2.0\,\text{cm}$，材料磁导率 μ_r 为 4500；该实验所需磁场 B 为 3000 Gs. 求绕在铁芯上的励磁电流 NI_0 为多少(安匝数). (忽略漏磁)

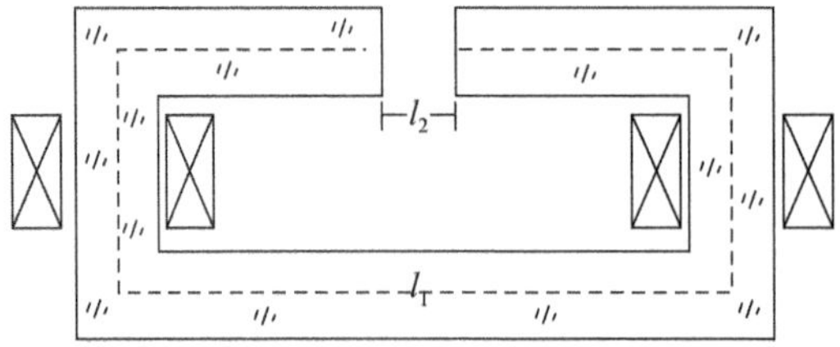

习题 5.23 图

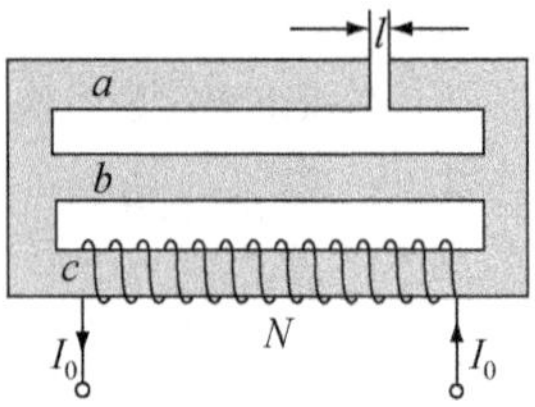

习题 5.24 图

5.24　并联磁路

一并联磁路如本题图示，其中 a,b,c 三段磁路长度各约为 $l_0=60\,\text{mm}$，截面积相同，气隙长度 $l=2.0\,\text{mm}$，铁芯磁导率 μ_r 为 5×10^3，励磁电流 NI_0 为 10^3 匝×1.8 A/匝. 忽略漏磁.

(1) 分别求出三段磁路的磁感 B_a、B_b 和 B_c；

(2) 求出气隙中的磁场强度 H(A/m)，并换算为以 Oe(奥斯特)为单位的数值.

5.25　磁力

一长直永磁棒，固有磁化强度为 M_0，横截面积为 S，通过中段虚线 bb' 将其分为左、右两段磁棒，参见本题图示.

(1) 忽略远端 a 面和 c 面的影响，求出左、右两段磁棒的相互作用力 F. 注意，当长条永磁棒被锯开，这 F 力正是掰开磁棒所需的最大拉力. 提示：采取磁荷观点解之最为方便.

(2) 设 M_0 为 2×10^5 A/m，磁棒截面积 $S=10\,\text{cm}^2$，算出磁力 F 为多少(N)? 你有如此大的爆发力吗?

(3) 若计及远端 a 面或 c 面的影响，上述拉力要增加还是减少?

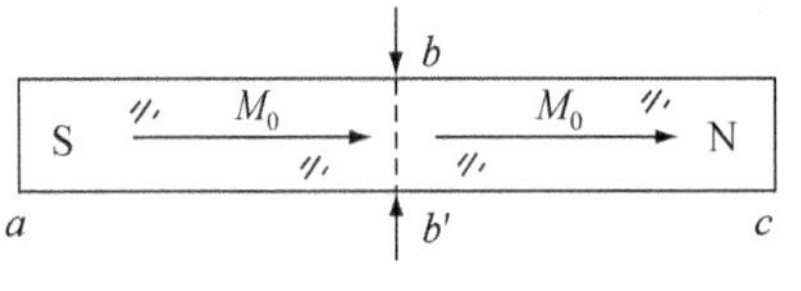

习题 5.25 图

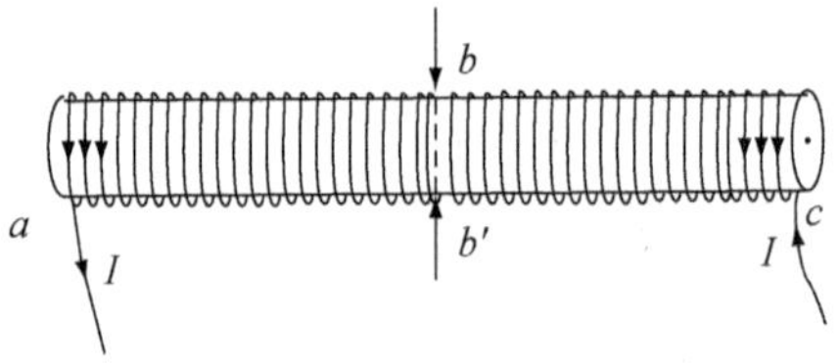

习题 5.26 图

5.26　磁力

一长直空心载流螺线管，绕线密度为 n(匝/米)，通以电流 I，可将其视为左、右两段，如本题图示. 求通过中间截面 bb' 左右载流管的相互作用力 F(这是一个挤压力).

提示：与上题永磁棒作类比.

5.27　磁性测量

本题图表示一种测量 B 作为 H 的函数，从而获得磁性物质的磁化曲线或磁滞回线的装置，类似于正文图 5.15.

先将待测材料模压成一个闭合介质环，均匀地绕上导线 N_1 匝，由一个可调电压供电，便可调控传导电流 I_0. 环内 H 由下式给出，

$$H=\frac{N_1 I_0}{2\pi r},\quad \text{（与介质磁性无关）}$$

这里 r 为介质环面的平均半径.

为了测量环内对应的 B，在介质环一局部另外绕上 N_2 匝线圈，并连上如图所示的元件（R，C，A）和一个电压表，从而构成一个无源的次级回路；（R，C，A）的功能为脉冲电流 $i(t)$ 的时间积分器，即电量计，$q=\int_0^{\Delta t} i\mathrm{d}t$，此电量积累于电容器极板上，形成相对稳定的电压 U，由电压表读出，即使在脉冲电流结束之后，电压表所示电压 U 依然维持一段时间. 试证明，与电压 U 对应的磁感为

$$B=\frac{RCU}{N_2 S}.$$

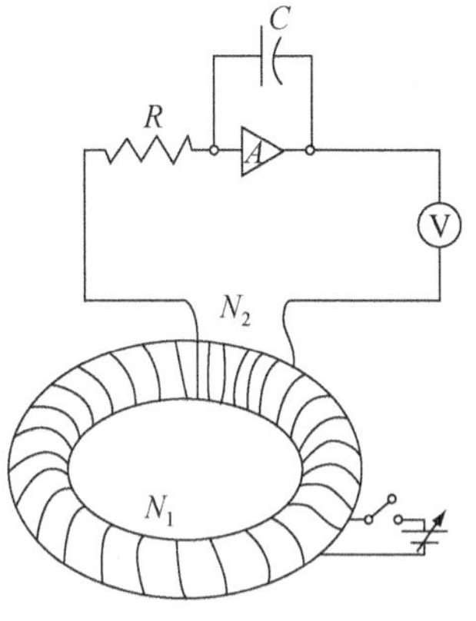

习题 5.27 图

提示：要用到法拉第电磁感应定律，出现于次级线圈中的感应电动势 $\mathscr{E}_i=(-)\mathrm{d}\Phi/\mathrm{d}t$.

5.28　吸铁石——磁棒对铁钉的吸力

天然磁铁矿及其制品诸如吸铁石和指南针一类，是人类最早发现并加以利用的磁现象，让我们定量估算一条长直永磁棒对一枚铁钉的吸引力，作为本章磁介质的最后一道习题，参见本题图示.

设永磁棒的固有磁化强度为 M_0，截面半径为 R；铁钉长度为 l，截面积为 ΔS，磁导率为 $\mu_r \gg 1$.

(1) 被外场 $H_0(z)$ 磁化了的一枚铁钉成为一磁偶极子，以其磁偶极矩 $\boldsymbol{p}_m$ 表征之. 试证明，在 $\mu_r \gg 1$ 条件下

$$p_m \approx 2\mu_0 H_0(z_0)(l\cdot\Delta S),$$

这里，$H_0(z)$ 为永磁棒在对称轴即 z 轴上的磁场强度分布，选取 z_0 为铁钉中点的位置坐标比较合理.

(2) 试证明，在 $\mu_r \gg 1$ 情形磁棒对铁钉的吸力公式为

$$F=\mu_0 M_0 H_0(z_0)\cdot\frac{\partial}{\partial z}\left(1-\frac{z}{\sqrt{R^2+z^2}}\right)\bigg|_{z_0}\cdot(l\Delta S).$$

提示：磁偶极子在外场中的受力公式与电偶极子的公式类似，$\boldsymbol{F}=\nabla(\boldsymbol{p}_m\cdot\boldsymbol{H}_0)$；可借助均匀带电圆盘在中轴线上的电场分布 $E(z)$ 公式(1.24)，作 $\sigma\to\sigma_m$，$\varepsilon_0\to\mu_0$ 替换，得到

$$H_0(z)=\frac{\sigma_m}{2\mu_0}\left(1-\frac{z}{\sqrt{R^2+z^2}}\right),\quad z>0.$$

(3) 针对以下数据：$M_0=7.5\times10^5$ A/m，$R=6.0$ mm，$l=12$ mm，$\Delta S=4.0\ \mathrm{mm}^2$，$\mu_r\approx300$. 试算出当钉帽距磁棒 1.0 mm 时，铁钉所受吸力 F 值为多少(N)？

(4) 试考量，当磁棒端面半径变大，而其它数据均不变，这吸力是增加还是减少？

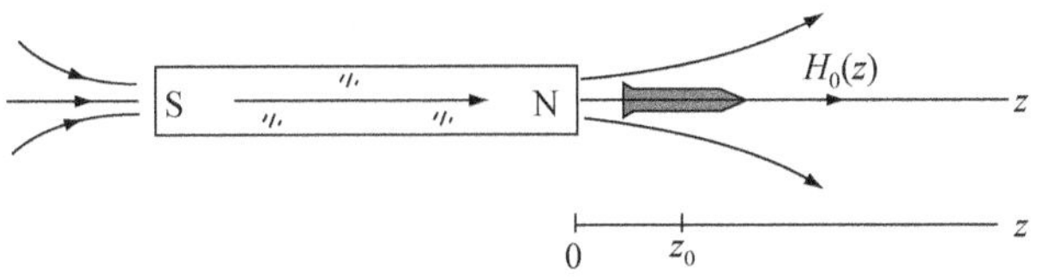

习题 5.28 图

6

电磁感应

讲授视频：
本章概述

本章概述

其一，由电磁感应定律引出动生电动势和感生电动势，由感生电动势引出涡旋电场，进而给出涡旋电场的环路定理和通量定理；着眼于电路分析，引入电感线圈的自感系数和互感系数，以及自感电动势和互感电动势，以使电感线圈在电路中的电压与其电流的变化率直接联系起来，同时为讨论磁场能量问题提供一个途径. 其二，电磁感应效应为电磁学应用开辟了一片新天地，诸如动生式直流发电机和交流发电机、感应炉和电磁炉、电子感应加速器，以及含 L，R，C 的暂态过程，在本章均有详细论述. 其三，有源小环流与无源小环流受到特别关注，包括其在磁场中所受的梯度力和力矩，及其与磁场的相互作用能，并与电偶极子作类比. 本章最后论述超导电性，对其零电阻性、临界温度和临界磁场、完全抗磁性、磁通量子化、超导结的隧道效应和约瑟夫森效应，以及库珀对，均有较为细致的唯象描述.

6.1　法拉第电磁感应定律

- 电磁感应现象
- 法拉第的发现
- 电磁感应定律
- 楞次定律
- 无源或有源线圈运动于非均匀磁场中

● 电磁感应现象

电磁感应现象的演示，可采用图 6.1 所示的装置. 实验上发现，在以下几种情形下，皆出现瞬时电流 i_2 于无源闭合回路 L_2 中：

(1) 当有源回路 L_1 中电键 K 有所动作，或合上瞬间或断开瞬间，将有瞬时电流 i_2.

(2) 当 L_1 中电流 $I_1(t)$ 有所变化，将有电流 i_2；若 I_1 恒定，则 i_2 为零.

(3) 当无源回路 L_2 相对回路 L_1 而运动，或移动或转动或形变，在运动过程中将有电流 i_2；反之，当回路 L_1 相对 L_2 而运动，也将有电流 i_2，即便电流 I_1 保持恒定.

(4) 若以永磁棒替代回路 L_1，当磁棒插入或拔出线圈 L_2 瞬间，将出现瞬时电流 i_2；插入或拔出的速率越快，则 i_2 值越大；若磁棒在线圈 L_2 中不动，则 i_2 为零.

以上出现于无源回路 L_2 中的电流，被称为感应电流或感生电流(induced electrical current)，以后若有必要将用下角 i 标识感应电流，将其写成 i_i，将感应电动势写成 $\mathscr{E}_i$.

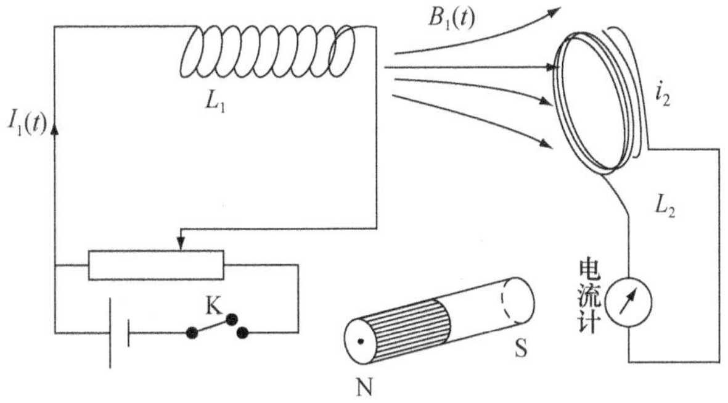

图 6.1 电磁感应现象的演示，在无源回路 L_2 中可能出现感应电流 i_i

● 法拉第的发现

英国物理学家 M. 法拉第于 1831 年发现了电磁感应现象. 其实，自从 1820 年奥斯特发现了电流的磁效应，便开启了研究电现象与磁现象之联系的一片新天地，出现了多方探寻电与磁之联系的研究热潮，大约持续 10 年之久. 这期间法拉第便重复做了奥斯特的实验，并有了新的改进和发现.

正是在这种求真求实锲而不舍的研究过程中，法拉第终于在 1831 年 8 月 29 日发现了电磁感应现象，他在这一天日记中作了记述，大意如下：用软铁作成一个外径约 6 英寸(1 英寸＝2.54 cm)的铁环，在此环的一半区段绕上许多匝铜线，称其为 A 边；在环的另一边也绕上许多匝铜线，称其为 B 边，并将其两端引向距铁环 3 英尺(1 英尺＝30.48 cm)处而构成一回路，这里置放一根磁针. 然后，将 A 边线圈两端连接上伽伐尼电堆，此刻磁针有明显的摇摆，最后又停在原位置上；当把 A 边线圈与电池连线断开时，那磁针又一次摆动. 若将 A 边几段绕组串联为一个线圈，重做以上实验，则对磁针的效应比先前更增强. 这是最早的一个电磁感应实验，也可以说它是世界上第一个变压器.

法拉第又在同年10月17日发现了另一种方式的电磁感应.他在长度8英寸、直径3/4英寸的空心纸筒上,绕上8层铜线圈而成为一个多层螺线管,且将这8层线圈并联起来,再接到一电流计上;手持一条形磁棒,其长为8.5英寸、直径为3/4英寸,迅速插入那螺线管,出现电流计指针偏转;然后将磁棒拔出,出现指针偏转到相反方向.每次将磁棒插入或拔出时,上述效应均得以重复;然而,当磁棒停止在螺线管内部,则指针不动.

十一天以后,法拉第又设计了一个实验,制作了一直径12英寸的铜盘,安装在一水平黄铜轴上,再将一电流计的两端用导线分别连接到盘边和盘轴上,还有一个强磁棒置放于铜盘邻近.实验时让铜盘旋转起来,电流计指针向西急偏;当铜盘反向旋转,发现指针向东急偏;当铜盘持续稳定旋转,发现指针稳定地偏转.可以说,法拉第的这个实验是一个单极发电机的雏形.

从1831年8月29日到10月28日的两个月中,法拉第有10天做了这类实验研究,虽然他当时主要致力于化学方面的研究,仍不时地考虑并进行电磁效应的实验,正如他自己所述:从寻常的磁得到电的希望,在许多时间里激励着我从实验上去研究电流的感应效应.法拉第在这10天中的实验研究和惊人发现,意义重大,影响深远,不仅揭示了电磁世界运动变化的一条新的基本规律,也为日后发展的电气工程中的主干设备比如变压器、交流发电机和直流发电机,提供了雏形.①

● 电磁感应定律

在图6.1演示的几种变化情形下,无源回路 L_2 中感应电流的出现,表明在 L_2 中存在一种新型的非静电力 $\boldsymbol{K}_i$,是 $\boldsymbol{K}_i$ 推动导线中的自由电荷作定向运动,而形成 i_i.相应地,在 L_2 中存在一感应电动势,

$$\mathscr{E}_i = \oint_{(L)} \boldsymbol{K}_i \cdot \mathrm{d}\boldsymbol{l}.$$

在此必须指出,即使回路 L 不闭合,这 $\mathscr{E}_i$ 依然存在,虽然 i_i 为零,那是因为在 $\boldsymbol{K}_i$ 推动下形成电荷积累,从而自建一电场,$\boldsymbol{E}$ 与 $\boldsymbol{K}_i$ 反向,直至 $\boldsymbol{E}+\boldsymbol{K}_i=0$,达到平衡.

从众多电磁感应效应的研究中,提炼出一个对于电磁感应因果关系的一个最普遍的概括,即,当回路 L 中的磁通有了变化,则出现一感应电动势 $\mathscr{E}_i$ 于这回路中,其数值正比于磁通的时间变化率 $\mathrm{d}\Phi/\mathrm{d}t$,其环绕方向即其正负号决定于$(-\mathrm{d}\Phi/\mathrm{d}t)$.最终给出电磁感应定律的数学表达式为

$$\mathscr{E}_i = -\frac{\mathrm{d}\Phi}{\mathrm{d}t}, \quad \Phi = \iint_{(\Sigma)} \boldsymbol{B} \cdot \mathrm{d}\boldsymbol{S}, \tag{6.1}$$

$$[\Phi] = \mathrm{Wb}(\text{韦伯}) = \mathrm{T}\cdot\mathrm{m}^2(\text{特斯拉}\cdot\text{米}^2), \quad [\mathscr{E}_i] = \mathrm{V}(\text{伏特}).$$

注意到(6.1)式中含有几个量的±号问题,兹作以下说明,参见图6.2.磁通 Φ 有±号,是由回路 L 的环绕方向按右手螺旋定则,来确定 $\Phi=\iint \boldsymbol{B}\cdot\mathrm{d}\boldsymbol{S}$ 的正负号,而回路方向的选择系约定,是人为设定的; $\mathrm{d}\Phi/\mathrm{d}t$ 有±号,这由实际情况 $\boldsymbol{B}(t)$ 给定;而表达式中的负号,反映

---

① 可详见李国栋:电磁感应现象的发现——纪念电磁感应现象发现150周年,《物理通报》,1981年第1期.

了一种规律性，永存不变. 比如图 6.2 中，事先约定回路方向为逆时针转向，而磁感 $\boldsymbol{B}$ 大体向上，则其 $\Phi>0$；当 $\boldsymbol{B}(t)$ 随时间减弱，则 $\mathrm{d}\Phi/\mathrm{d}t<0$；据(6.1)式，感应电动势 $\mathscr{E}_i>0$，即 $\oint_{(L)}\boldsymbol{K}_i\cdot\mathrm{d}\boldsymbol{l}>0$，这意味着，若这回路由导线围成而出现感应电流 i_i，则其环绕方向与当初设定的回路方向一致. 当然，当初可以设定回路方向为顺时针，则按以上规则得目前情形下 $\mathscr{E}_i<0$，这意味着感应电流 i_i 的绕向依然为逆时针. 总之，为了计算 $\mathscr{E}_i$，回路方向的事先选定是必要的，而回路方向选择的随意性，不会改变实际物理结果. 实际情况下所发生的物理事件具有唯一性，不因数学手段或符号规则而变更.

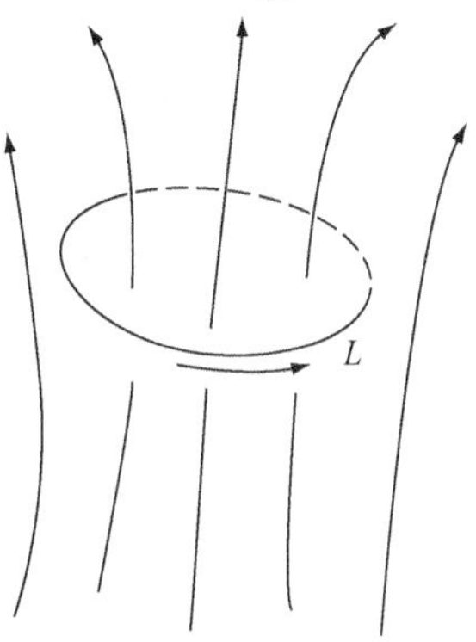

图 6.2
说明 Φ，$\mathrm{d}\Phi/\mathrm{d}t$ 和 $\mathscr{E}_i$ 的±号

- **楞次定律**

在法拉第发现电磁感应现象以后约三年，俄国物理学家 H. F. E. 楞次于 1834 年，总结出一个对电磁感应的后果作出直接判断的法则，即，感应电流所产生的一切后果，必将反抗引起它的所有原因，世称楞次定律. 这里所述的一切后果指称，感应电流 i_i 所伴随的附加磁通 Φ_i，以及 i_i 载体所受到的安培力 $\boldsymbol{F}_i$ 及其机械运动，包括移动、转动和形变. 这里所述的所有原因，是指称磁场的变化 $\boldsymbol{B}(t)$ 和相对运动. 兹对楞次定律图解如下：

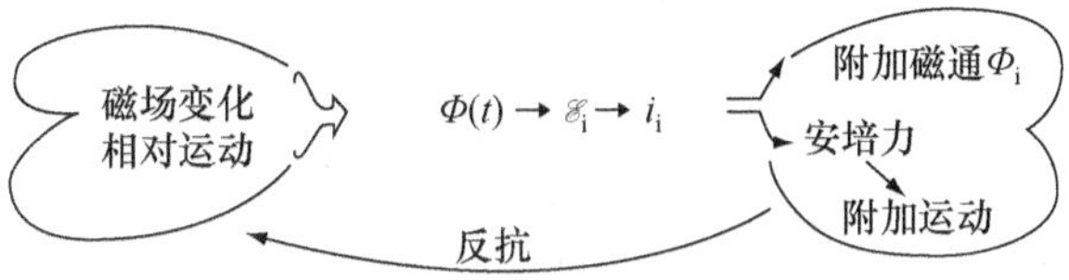

其实，法拉第在其一系列有关电磁感应的原创实验中，对感应电流的方向也作过一定的记述，但多少显得零散，未能概括出一个简明的表述. 楞次仔细分析了法拉第和他人的有关实验结果，终于提炼出上述一个法则或判据. 楞次定律有助于在较为复杂情况下快捷判定感应电流方向，尤其是判定感应电流载体的运动趋势，而无需明了感应电流的细节. 楞次定律的表述方式，体现了物理学一贯崇尚的思维方式和研究路线，即，探求一种尽可能简单的表述，以说明尽可能多的物理现象或物理事件. 又及，电磁感应定律的数学表达式(6.1)，是 1845 年，F. E. 诺埃曼在法拉第和楞次的研究基础上，通过理论分析而给出的，该式中 $\mathrm{d}\Phi/\mathrm{d}t$ 前的负号，正是楞次定律所要求的.

接下来分析两个例子，以体现法拉第电磁感应定律和楞次定律的运用，以及相关的能量转化事宜.

- **无源或有源线圈运动于非均匀磁场中**

(1) 参见图 6.3(a)，一无源线圈处于一个非匀磁场中. 当其以初速 $\boldsymbol{v}$ 朝右运动而趋向强磁场区时，其磁通增大，$\Delta\Phi>0$，于是便感应出一个电流 i，其方向应当如图所示，以使附加

磁通 Φ_i 反抗 $\Delta\Phi$ 增长;这个载有 i 的线圈在磁场 $\boldsymbol{B}$ 中所受的安培力 $\boldsymbol{f}'$,按第 4 章 4.6 节给出的安培力判断法得知其方向朝左,与初速相反,阻碍线圈向右运动.若按楞次定律来分析,立马得知这个线圈作为感应电流的载体必将受到一个与初速 $\boldsymbol{v}$ 反向的安培力 $\boldsymbol{f}'$(向左).若无外力作用以维持线圈匀速运动,则该线圈在 $\boldsymbol{f}'$ 阻碍下,逐渐减速,动能减少,同时线圈中产生了焦耳热能,当然还有磁场能量参与交换.

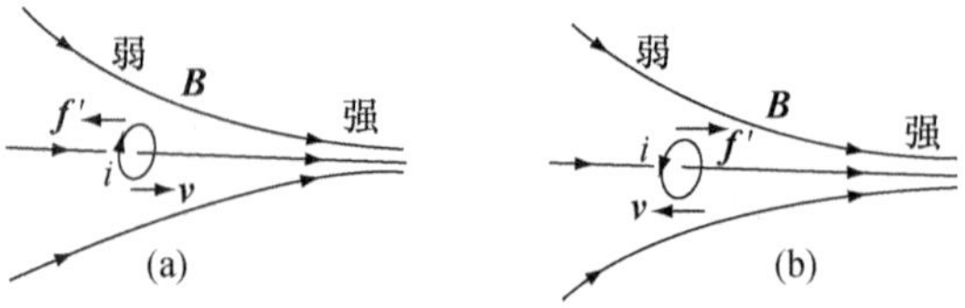

图 6.3　一无源线圈运动于一非匀磁场中

同理,若无源线圈初速向左,则载有感应电流的该线圈,必将受到一个向右的磁场力 $\boldsymbol{f}'$,如图 6.3(b)所示,这是楞次定律给出的结果,这与连环式顺序分析 Φ, $\mathrm{d}\Phi$, $-\mathrm{d}\Phi/\mathrm{d}t$, i_i 所受的安培力 $\boldsymbol{f}'$ 所得结论一致.设想,此时若 $\boldsymbol{f}'$ 方向也朝左,则线圈的动能不断得以增加,且磁场得以加强以致磁场能量也增加,这就违背了能量守恒法则.

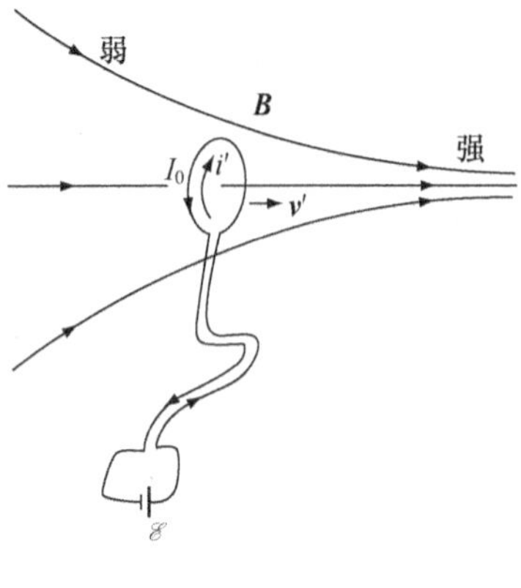

图 6.4　一有源线圈在非匀磁场中的运动

(2) 参见图 6.4,一个有源线圈被置放于一非匀磁场中.原有电流 I_0,在外场 $\boldsymbol{B}$ 作用下受安培力 $\boldsymbol{F}$,驱使该线圈朝右运动,而趋向强磁场区.同时,该线圈中出现了感应电动势 $\mathscr{E}_i$ 及相应的感应电流 i',其环绕方向与 I_0 相反,以削弱线圈磁通的增加;另一方面,与 i' 相联系的安培力 $\boldsymbol{f}'$ 向左,阻碍线圈朝右运动,但终究这有源线圈还是向右运动,且得以加速.

如此情势,这有源线圈的动能持续增加,且线圈产生的磁场与外磁场方向在主要区域的一致性,使磁场能量也得以增加.那么,这两部分能量的增加来自何方?须知,置于磁场中的有源线圈与磁场组成的系统,是一非孤立系,它联系着一个直流电源 $\mathscr{E}$.由于出现了与 I_0 反向的感应电流 i',使线圈中的实际电流 $i=(I_0-i')<I_0$,这导致直流电源 $\mathscr{E}$ 提供的功率 $i\mathscr{E}$,大于线圈中电阻 R 所消耗的焦耳热功率 i^2R:

$$\text{原本}\quad I_0\mathscr{E}=I_0^2R,\qquad \text{目前}\quad i<I_0,$$

得

$$i\mathscr{E}>i^2R.$$

正是这多余的功率 $\Delta P=(i\mathscr{E}-i^2R)$,用以支持上述两部分能量的增加.

(3) 顺便指出,从以上两个例子关于能量变化的分析中,初步领略到伴随感应电流而出现的能量转化事宜,是比较复杂的.感应电流的磁效应、热效应和力学效应,分别联系着其磁场能量、热能和机械能;若是有源线圈,又多了一个电源能参与能量交换.以后,将针对电磁感应的具体问题,对相关能量问题作出具体分析和定量考核.

6.2 动生电动势 感生电动势与涡旋电场

- 引言
- 动生电动势
- 从转杆到转盘
- 动生式交流发电机原理
- 感生电动势 涡旋电场
- 涡旋电场的环路定理与通量定理
- 感应炉与电磁炉
- 电子感应加速器
- 讨论——满足"1/2 条件"一种可取的磁场分布

• 引言

众多电磁感应现象，就其产生感应电流的条件而言，可以进一步被区分为两类. 一类是磁场恒定，线圈或导体运动于这恒定磁场中，由此产生的感应电动势，称其为动生电动势，必要时记为 $\mathscr{E}_{\mathrm{M}}$，下标 M 意为运动(motion)；另一类是磁场 $\boldsymbol{B}(t)$ 在变化，线圈或导体不动，由此产生的感应电动势，称其为感生电动势，必要时记为 $\mathscr{E}_{\mathrm{c}}$，下标意为涡旋(curl)，这是因为与 $\mathscr{E}_{\mathrm{c}}$ 相应的非静电力系涡旋电场 $\boldsymbol{E}_{\mathrm{c}}$.

当然，这两种电动势定量上均遵从法拉第电磁感应定律(6.1)式，即

$$\mathscr{E}_{\mathrm{M}}=-\frac{\mathrm{d}\Phi}{\mathrm{d}t},\quad \mathscr{E}_{\mathrm{c}}=-\frac{\mathrm{d}\Phi}{\mathrm{d}t}. \tag{6.1′}$$

本节分别论述并考量动生电动势和感生电动势，重点在后者 $\mathscr{E}_{\mathrm{c}}$，因为 $\mathscr{E}_{\mathrm{c}}$ 联系着一种新型的电场 $\boldsymbol{E}_{\mathrm{c}}$，以及一种新型的加速器——电子感应加速器.

• 动生电动势

参见图 6.5(a)，用金属条构成一闭合方框，置于一均匀磁场 $\boldsymbol{B}$ 中，其中两条相对平行的长边，为动边(ab)提供一个滑道. 试讨论当动边向右运动速度为 v 时，出现于闭合回路($abcd$)中的动生电动势和感应电流. 由楞次定律可立马推定，感应电流 i 的环绕方向为逆时针，以其向上的附加磁通 Φ_{i}，反抗回路向下磁通的增加.

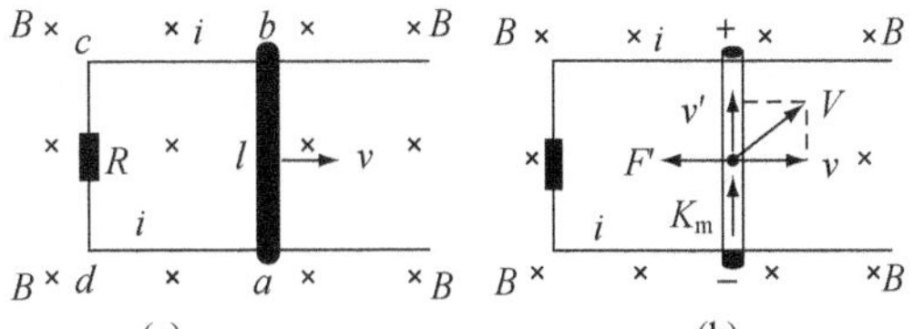

图 6.5 (a) 导出动边瞬时速度为 v 时的感应电动势；
(b) 载流子漂移速度 $\boldsymbol{v}'$、金属杆速度 $\boldsymbol{v}$ 和所受楞次阻力 $\boldsymbol{F}'$ 三者之方向

对 $\mathscr{E}_{\mathrm{M}}$ 的演算如下. 在 t—$t+\mathrm{d}t$ 时间中，动边位移 $v\mathrm{d}t$，回路面积增量为 $\mathrm{d}S=lv\mathrm{d}t$，相应的磁通增量为 $\mathrm{d}\Phi=B\mathrm{d}S=Blv\mathrm{d}t$，要注意到以上这些量如此表示，已默认回路方向选为顺时

针.于是,求得这动生电动势和感应电流分别为

$$\mathscr{E}_{\mathrm{M}}=-\frac{\mathrm{d}\Phi}{\mathrm{d}t}=-Blv\text{(逆时针)};\quad i=\frac{\mathscr{E}_{\mathrm{M}}}{R}=-\frac{Blv}{R}\text{(逆时针)}.$$

其实,动生电动势所联系的非静电力 $\boldsymbol{K}_{\mathrm{M}}$,是由洛伦兹力 $\boldsymbol{F}_{\mathrm{L}}$ 提供的,

$$\boldsymbol{K}_{\mathrm{M}}=\frac{\boldsymbol{F}_{\mathrm{L}}}{q}=\frac{q\boldsymbol{v}\times\boldsymbol{B}}{q},\quad \text{即}\quad \boldsymbol{K}_{\mathrm{M}}=\boldsymbol{v}\times\boldsymbol{B}. \tag{6.2}$$

相应的回路动生电动势可普遍地表达为

$$\mathscr{E}_{\mathrm{M}}=\oint\boldsymbol{K}_{\mathrm{M}}\cdot\mathrm{d}\boldsymbol{l}=\oint(\boldsymbol{v}\times\boldsymbol{B})\cdot\mathrm{d}\boldsymbol{l}. \tag{6.2$'$}$$

就目前图 6.5(a)情况而论,金属杆 l 中的自由电荷被金属杆运动所挟持,也向右运动,从而受到一个磁场施予的洛伦兹力 $\boldsymbol{K}_{\mathrm{M}}$,由 a 端指向 b 端,推动自由电荷作定向运动,一旦有了闭合回路($abcd$)便形成逆时针环绕的电流 i.据此计算动生电动势

$$\mathscr{E}_{\mathrm{M}}=\oint_{(abcd)}(\boldsymbol{v}\times\boldsymbol{B})\cdot\mathrm{d}\boldsymbol{l}=\int_a^b(\boldsymbol{v}\times\boldsymbol{B})\cdot\mathrm{d}\boldsymbol{l}=\int_a^b vB\,\mathrm{d}l=vBl\quad\text{(逆时针)},$$

这结果与采用磁通变化率计算的结果一致.

以上讨论表明,对于动生电动势的考量,可采取(6.1)式或(6.2′)式为之;动生电动势的本源系洛伦兹力,准确地说,它系洛伦兹力的一个分力.

必须指出,(6.2)式或(6.2′)式中速度 $\boldsymbol{v}$ 相联系的 $\boldsymbol{K}_{\mathrm{M}}$ 与 $\boldsymbol{v}$ 正交,在 $\boldsymbol{K}_{\mathrm{M}}$ 推动下,载流子又添加了一个沿金属杆的漂移速度 $\boldsymbol{v}'$,且 $\boldsymbol{v}'\perp\boldsymbol{v}$.于是,在实验室参考系看来,运动导体内部载流子的运动速度为

$$\boldsymbol{V}=\boldsymbol{v}+\boldsymbol{v}',\text{(如图 6.5(b) 所示)}$$

故单位正电荷所受的洛伦兹力含两部分,

$$\boldsymbol{K}=\boldsymbol{V}\times\boldsymbol{B}=(\boldsymbol{v}\times\boldsymbol{B})+(\boldsymbol{v}'\times\boldsymbol{B})=\boldsymbol{K}_{\mathrm{M}}+\boldsymbol{K}',$$

$$\boldsymbol{K}_{\mathrm{M}}=\boldsymbol{v}\times\boldsymbol{B},\quad \boldsymbol{K}'=\boldsymbol{v}'\times\boldsymbol{B}.$$

姑且称 $\boldsymbol{K}_{\mathrm{M}}$ 为动生非静电力,$\boldsymbol{K}'$为动感非静电力.注意到在图 6.5 中,$\boldsymbol{K}'$向左,即 $\boldsymbol{K}'/\!/(-\boldsymbol{v})$,表现为楞次阻力,这正是楞次定律所预言的.换言之,金属杆向右运动而产生一感应电流,同时受到一个向左的阻力,以致其运动速度随时间而减慢,其动能渐少,转化为回路中的焦耳热能.或者,用一外力($-\boldsymbol{F}'$)克服楞次阻力 $\boldsymbol{F}'$,以维持金属杆向右作匀速运动,外力作正功,最终换来回路中的焦耳热能.对此作一简单的数学推演如下.

楞次阻力 $\boldsymbol{F}'$等同于这段金属杆(i,l)在 $\boldsymbol{B}$ 中所感受到的安培力,即

$$F'=-ilB\quad\text{(向左)},$$

由力学可知,一个力与其作用点位移速度的标积 $\boldsymbol{F}\cdot\boldsymbol{v}$,给出了此力之功率,故此时推动金属杆的外力$-\boldsymbol{F}'$之功率为

$$P'=(-F'v)=ilBv,$$

而动生电动势 $\mathscr{E}_{\mathrm{M}}$ 对电流 i 之功率为

$$P_{\mathrm{M}}=i\mathscr{E}_{\mathrm{M}}=i(vBl).$$

从而确证了 $P'=P_{\mathrm{M}}$.

只要外力持续作用,就有一个恒定电动势 $\mathscr{E}_M$ 存在,这 ab 段相当于一个直流电源.然而,这种让金属杆单向滑动的装置,不可能成为实用上的直流发电机,在空间尺度上就不许可如此运行,惟有让金属杆转动起来才是可行的.

● 从转杆到转盘

参见图 6.6(a).一金属杆 ab 长度为 l_0,其一端固定且可绕一垂直纸面轴转动,被置于均匀磁场 $\boldsymbol{B}$ 中.当该杆以角速度 ω 作逆时针旋转时,便在杆内产生一个指向中心的动生非静电力 $\boldsymbol{K}_M$,其造成的动生电动势 $\mathscr{E}_M$ 可根据(6.2′)式算出,计算时注意到转杆沿途各点的运动线速度不同, $v=\omega l$,这里 l 为轴距,于是,

$$\mathscr{E}_M = \int_a^b \boldsymbol{K}_M \cdot \mathrm{d}\boldsymbol{l} = \int_a^b (\boldsymbol{v}\times\boldsymbol{B}) \cdot \mathrm{d}\boldsymbol{l} = \int_a^b vB\,\mathrm{d}l = \int_a^b \omega Bl\,\mathrm{d}l,$$

即

$$\mathscr{E}_M = \frac{1}{2}\omega B l_0^2. \tag{6.3}$$

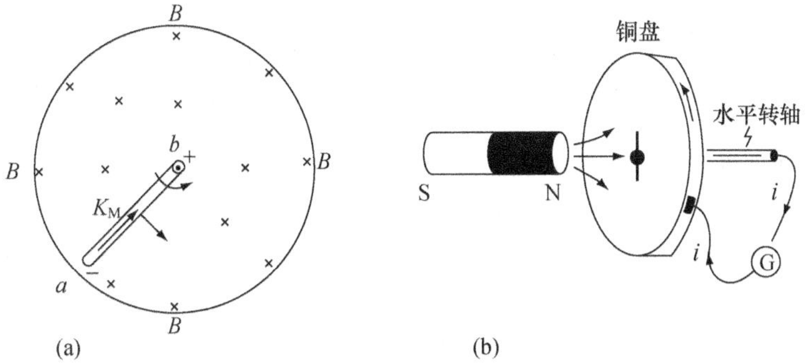

图 6.6 (a) 金属转动杆及其端电压;(b) 法拉第铜质转盘

鉴于目前未成闭合回路, $\boldsymbol{K}_M$ 推动下的载流子便集聚于杆的两个端点,从而自建一电场 $\boldsymbol{E}$,反抗 $\boldsymbol{K}_M$,直至$(\boldsymbol{E}+\boldsymbol{K}_M)=0$,达到静态平衡,即,动生电动势的宏观后果是造成杆的端电压,

$$U_{ba} = \int_b^a \boldsymbol{E} \cdot \mathrm{d}\boldsymbol{l} = \int_b^a (-\boldsymbol{K}_M) \cdot \mathrm{d}\boldsymbol{l} = \int_a^b \boldsymbol{K}_M \cdot \mathrm{d}\boldsymbol{l} = \mathscr{E}_M,$$

即

$$U_{ba} = \frac{1}{2}\omega B l_0^2. \tag{6.3′}$$

为使这直流电动势或端电压对外供电,必须从 a,b 两端引出导线并形成回路,这在手段上颇有难处,难在动端 a 处如何接线.法拉第巧妙地将这转杆扩展为一个铜制转盘,如图 6.6(b)所示:用两根导线分别连接于转轴和盘边,而其它两头连接上电流计或负载;当铜盘持续稳定以角速度 ω 转动,就形成一闭合的直流电路.可以说,1831 年法拉第铜制转盘,是日后定型的直流发电机的雏形.顺便提及,为达到与转盘边缘的良好接触,此后改进为碳刷也称电刷且背后带有弹簧,以利与盘边密切磨合,用此面接触代替了原先的点接触,如同压迫于自行车轮圈上的轧皮头.

● **动生式交流发电机原理**

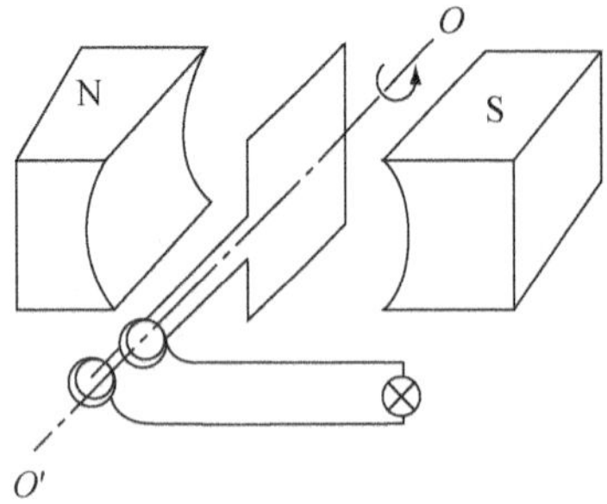

图 6.7 动生式交流发电机原理

若让一线圈旋转于一均匀磁场中，便在这线圈中产生一个交流电动势 $\mathscr{E}_M(t)$，如图 6.7 所示. 设这平面线圈所围面积为 S，转动角速度为 ω，磁场为 $\boldsymbol{B}$，则通过该线圈的磁通为

$$\Phi(t)=\boldsymbol{B}\cdot\boldsymbol{S}=BS\cos\theta=BS\cos\omega t,$$

这里，方位角 θ 为该线圈法向 $\hat{\boldsymbol{n}}$ 与磁场 B 之夹角，故 $\theta=\omega t$. 相应的动生电动势为

$$\mathscr{E}_M(t)=-\frac{\mathrm{d}\Phi}{\mathrm{d}t}=\omega BS\sin\omega t.$$

可见，它是一角频率为 ω 的简谐型交流电动势. 当然，如何从这转动线圈的两头引出两根导线，以构成一闭合回路使 $\mathscr{E}_M(t)$ 对外供电，这在手段上颇有讲究，图 6.7 中显示的引线方式是，设置两个固定圆环，让引线头上的电刷与圆环内侧密接，从而保证与线圈一起旋转而作圆周运动的电刷，时时同圆环磨合. 注意到图中所显示的提供均匀磁场的永磁体两个相对而立的磁极，其端面不是平面，而是一个有特定线型的凹槽，旨在保证两凹槽所包括的空间系一个均匀场区.

以上介绍的是动生式交流发电机原理，其特点是磁场不变，而线圈转动；还有另一种制式的交流发电机，其特点是线圈不动，而磁场旋转，称其为感应式交流发电机. 感应式比起动生式有诸多优点，它将在下一章三相交流电一节予以介绍.

● **感生电动势　涡旋电场**

当磁场分布随时间在变化即 $\boldsymbol{B}(\boldsymbol{r},t)$，而线圈相对静止不动时，所出现的感应电动势，称为感生电动势 $\mathscr{E}_c$，与其相联系的非静电力场，是一种新型的电场，称为涡旋电场(curl electric field)$\boldsymbol{E}_c$，正是在这涡旋电场作用下，导体回路中的载流子作漂移运动，而形成闭合的感应电流. 可见，这种由变化磁场激发的涡旋电场 $\boldsymbol{E}_c$，与先前由电荷产生的静电场 $\boldsymbol{E}_q$ 比较，其最显著的特色是涡旋性或闭合性，其环路积分值不为零. 必须说明，局地磁场变化 $\partial\boldsymbol{B}/\partial t$ 所激发的 $\boldsymbol{E}_c$ 场，是弥散的，并非局限于有形的导线回路中，实物导线回路只是提供其内部的载流子，以形成电流而已. 换言之，局地磁场变化 $\partial\boldsymbol{B}/\partial t$，将在其周围空间激发涡旋电场 $\boldsymbol{E}_c(\boldsymbol{r},t)$，如图 6.8 所示.

● **涡旋电场的环路定理与通量定理**

正如看待一切矢量场那样，兹关注这新型涡旋电场 $\boldsymbol{E}_c(\boldsymbol{r},t)$ 的环路定理和通量定理. 其环路定理可由法拉第电磁感应定律直接导出：

$$\text{感生电动势}\quad \mathscr{E}_c=\oint_{(L)}\boldsymbol{E}_c\cdot\mathrm{d}\boldsymbol{l},$$

$$\text{法拉第定律}\quad \mathscr{E}_c=-\frac{\mathrm{d}\Phi}{\mathrm{d}t}=-\frac{\mathrm{d}}{\mathrm{d}t}\iint_{(\Sigma)}\boldsymbol{B}\cdot\mathrm{d}\boldsymbol{S}=-\iint_{(\Sigma)}\frac{\partial\boldsymbol{B}}{\partial t}\cdot\mathrm{d}\boldsymbol{S},$$

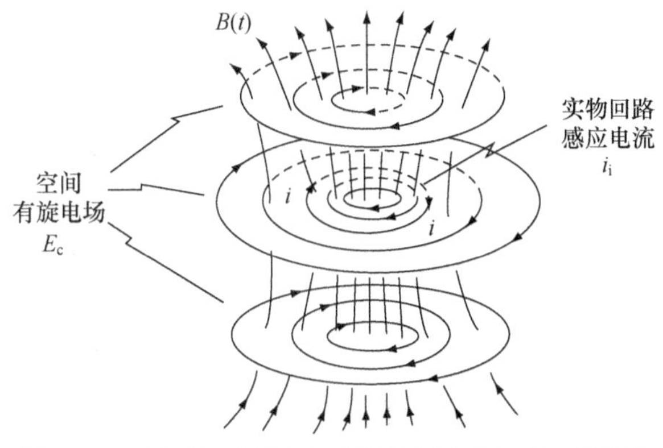

图 6.8 一轴对称磁场变化所激发的涡旋电场空间图象

得到

$$\oint_{(L)} \boldsymbol{E}_c \cdot \mathrm{d}\boldsymbol{l} = -\iint_{\Sigma} \frac{\partial \boldsymbol{B}}{\partial t} \cdot \mathrm{d}\boldsymbol{S}. \tag{6.4}$$

此为涡旋电场环路定理,即,涡旋电场的环路积分,等于以该环路 L 为边沿的任意曲面 Σ 上,磁感变化率的面积分之负值;(6.4)式中的"—"号正是楞次定律的缩影.

注意到涡旋电场线的闭合性,即 $\boldsymbol{E}_c$ 线无头无尾,总是涡旋转圈,宛如恒定磁场的磁感 $\boldsymbol{B}$ 线,故有理由假定涡旋电场是一种无散场,其贡献于任意闭合面 Σ 的通量恒为零,即

$$\oiint \boldsymbol{E}_c \cdot \mathrm{d}\boldsymbol{S} = 0. \tag{6.4$'$}$$

此为涡旋电场的通量定理.如果说,$\boldsymbol{E}_c$ 场的环路定理有其坚实的物理基础,那么,其通量定理的建立含有明显的假设成分.顺便提及,(6.4)式和(6.4′)式是麦克斯韦构建电磁场方程组的基本依据之一.

值得指出,仅在 $\boldsymbol{B}(\boldsymbol{r},t)$ 具有轴对称的条件时,可由(6.4)式求出涡旋电场分布 $\boldsymbol{E}(\boldsymbol{r},t)$;一般情况下,单凭(6.4)式是不能求解 $\boldsymbol{E}_c$ 场的.我们熟悉的磁场安培环路,其功能也类似于此.

涡旋电场概念是麦克斯韦提出的,他是在法拉第的电磁感应定律和法拉第的力线描述基础上提炼出来,是其物理想象力的卓绝体现.涡旋电场由变化的磁场激发,从而进一步揭示了电与磁的联系,兹图解如下:

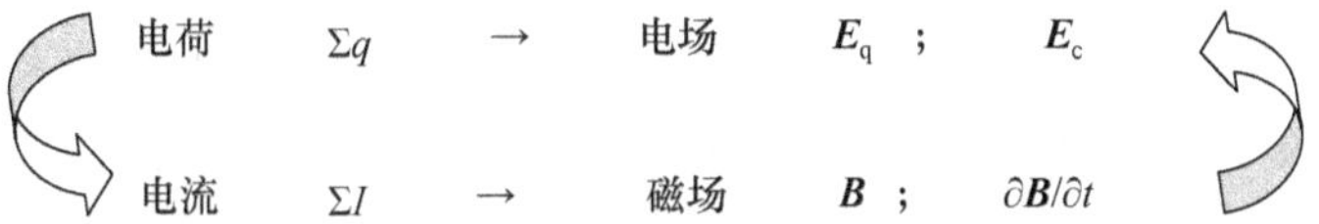

- **感应炉与电磁炉**

处于交变磁场中的导体,其体内将出现涡旋状电流(涡流),这是涡旋电场推动其体内载流子运动所致.涡流的焦耳热效应使导体升温,据此制成感应加热器,俗称感应炉,用以加热乃至熔化金属,参见图 6.9(a).感应炉加热金属有诸多优点,比如,加热方便,加热对象不受

燃烧气体污染,甚至可将加热导体封闭在真空室中.利用高频电流场的趋肤效应,可将金属表面热处理到一定深度,以增强表面层的硬度,这有特别价值,例如用途极广的钢要有坚硬的表皮和柔软的芯子,坚硬的表皮能经受磨损,柔软的芯子能减少破折,农用拖拉机的犁头,就是采用这种方式热处理的.

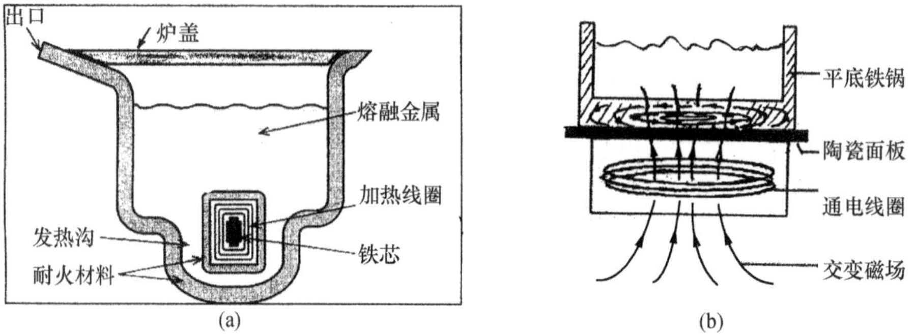

图 6.9 (a) 一种感应炉的基本结构;(b) 家用电磁炉的基本结构

感应炉广泛应用于冶炼金属,以及金属的热处理、热成型和焊接,比如淬火、退火、锻造、热镦和热轧.其功率从 1 W 直至 10^8 W,其工作频率从 50 Hz 直至 10^5 Hz 以上.注意到(6.4)式,涡旋电场 $\boldsymbol{E}_c$ 与磁感时间变化率 $\partial \boldsymbol{B}/\partial t$ 直接联系,故提高交变磁场的频率 ω,将增加涡流热功率,特别在低频段;为了增强磁感强度,可外加一个高磁导率的铁芯于线圈内部,这也有利于增加涡流热功率.

涡旋电场造成的涡流及其热效应,现如今已被制成电磁炉,用以烹调食品,参见图 6.9(b).电磁炉加热器的优点是,无污染,安全无隐患,故为老人家庭和专家公寓乐于选用.常用电磁炉的耗电功率约为 2000 W 左右,其通电线圈呈螺旋盘状,置于面板下方,直径约 12 cm.电磁炉面板材质为陶瓷或微晶玻璃,颇为昂贵,约占价格二分之一.与电磁炉配套的炊具或锅,其底部必须平坦,即平底锅或平底壶,以利于充分感受交变磁通;其材质必须为铁质或合金钢,以其高磁导率来加强磁感,从而大大增强涡旋电场及其涡流热功率.铝锅不能用于电磁炉,它系弱磁性,以致其涡流热功率甚小,比如,在电磁炉上用铝锅蒸冷馒头,半个小时了馒头纹丝不热.

最后顺便提及,微波炉与电磁炉两者,加热食品的原理或过程是完全不同的.微波炉产生的微波,直接作用于食物分子,使其交变极化而升温,属于极化电流的热效应,它直接产生于食物体内.而电磁炉是其锅底的涡流热效应,使锅底升温,再由热传导使其上部食物逐渐受热.故,使用电磁炉炒菜时,适当搅拌是需要的;电磁炉最宜用于汤水食物的煮、炖和蒸.

然而,涡流热效应在电气工程中是不受欢迎的,称其为涡流损耗.工作于交变状态的变压器和电机,其绕组内部均含有铁芯,铁芯的高磁导率使磁感得以极大加强和约束,但是,铁芯作为一种磁性合金,它并非绝缘材料,多少有电导率,其导电性便产生了涡流及其热效应.铁芯的涡流损耗不仅是一种能量的浪费,而且带来诸多危害,比如,热胀冷缩,使电气设备结构松动;绕组绝缘皮层因受热而脆化,以致破碎,成为电路安全隐患.电气设备中的涡流损耗是不可避免的,减少涡流损耗的途径有二.一是,研制电导率甚小而磁导率依然很高的铁磁合金材料. 二是,改变铁芯的几何结构,用叠片式铁芯替代块状铁芯,片间多重边界效应造成的电荷积累及其电场,使芯片内的总电场 $\boldsymbol{E}$ 显著减弱,从而使涡流热损耗体密度 $w_c=\sigma \boldsymbol{E}^2[\mathrm{J/m^3}]$,显著降低. 这里总电场 $\boldsymbol{E}$ 指涡流电场 $\boldsymbol{E}_c$ 和电荷电场 $\boldsymbol{E}_q$ 之合成,即 $\boldsymbol{E}=\boldsymbol{E}_c+\boldsymbol{E}_q$. 或者说,叠片间多重边界的存在,改变了涡流场,使涡流线限制在狭长的叠片截面中环行,$\boldsymbol{E}$ 的积分路径变长了,于是 E 值变小,w_c 值随之降低.

● 电子感应加速器

运动于交变磁场中的带电粒子(q,m,v),将受到洛伦兹力 $\boldsymbol{F}_L$ 作用而变向,同时受到涡旋电场力 $\boldsymbol{F}_c$ 作用而变速. 设法让 $\boldsymbol{F}_L$ 作为一向心力,而约束粒子于一圆周轨道上运动,让 $\boldsymbol{F}_c$ 作为一个切向力不断加速粒子运动速率,如此往往复复,有望获得高能粒子. 这一设想促成了一种新型粒子加速器即粒子感应加速器的诞生. 第一台电子感应加速器诞生于 1940 年,获得电子能量 2.3 MeV.

电子感应加速器的基本结构,如图 6.10(a)所示,一对电磁铁的两极$(\tilde{\mathrm{N}},\tilde{\mathrm{S}})$相对而立,且相距很近,旨在产生一个轴对称的交变强磁场 $B(r,t)$,这里 r 为轴距;这磁极端面并非平面,而是有特定线型,旨在产生一内强外弱且符合特定要求的磁场分布 $B(r)$. 一真空环形室安置于极间,为加速电子提供一运动轨道,如图 6.10(b),图中一圈圈同心圆,表示极间存在的涡旋电场线,其半周期时段为顺时针,另半周期时段为逆时针,如图 6.10(c). 加速器工作初始,通过一电子枪向环形室注入一电子束,其电子已有一定速率和回旋方向. 为使这电子束在这交变磁场区中稳定回旋且不断得以加速,在技术上加速器要达到以下三项基本要求:

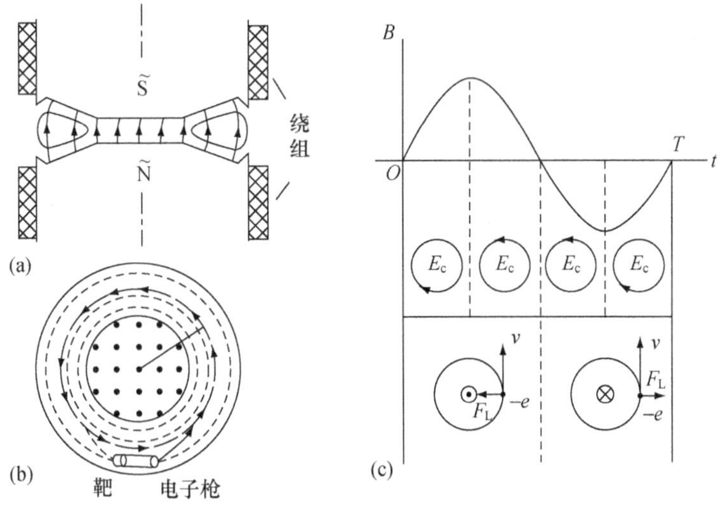

图 6.10 电子感应加速器

(a) 基本结构,绕组通以交变电流,磁极面型特殊;

(b) 陶瓷质真空环形室,电子轨道平面与磁场正交;

(c) 说明磁场交变一周期 T 内,仅有 $T/4$ 时段约束电子得以持续加速

(1) 在涡旋电场力 $\boldsymbol{F}_c=q\boldsymbol{E}_c$ 作用下,电子得以不断加速,而不是减速,这对 $\boldsymbol{E}_c$ 方向提出要求.

(2) 在磁场 $\boldsymbol{B}$ 作用下,电子所受的洛伦兹力 $\boldsymbol{F}_L=q\boldsymbol{v}\times\boldsymbol{B}$ 恰为向心力,而不是离心力,这对 $\boldsymbol{B}$ 方向提出要求.

(3) 应使速率不断增加的电子,始终被维持在确定半径的轨道上运动,此乃轨道稳定性问题,也称其为约束条件.

由分析得出,在交变磁场 $B(r,t)=B_0\cos\omega t$ 情况下,一周期 T 内仅有 $T/4$ 时段中的 $\boldsymbol{E}_c$ 和 $\boldsymbol{F}_L$ 能满足上述(1)、(2)要求.比如图(c)所示仅有第一个 $T/4$ 时段的 $B(t)$,符合要求;在其余三个 $T/4$ 时段里,或者 $\boldsymbol{F}_L$ 为离心力,或者 $\boldsymbol{F}_c$ 为减速力.这里要注意,电子电荷为$(-e)$.

为了满足(3),磁场的空间分布 $B(r)$ 必须遵循

$$B(R)=\frac{1}{2}\overline{B},$$

即

$$B(R,t)=\frac{1}{2}\overline{B}(t). \tag{6.5}$$

这里,$B(R)$表示半径为 R 之轨道上的磁感,$\overline{B}$ 为 πR^2 圆面积上按磁通考量的平均磁感值,即 $\overline{B}$ 由下式定义,

$$\iint_{(\text{圆面})} B(r)\mathrm{d}S=\pi R^2\overline{B}. \tag{6.5$'$}$$

通称(6.5)式为感应加速器的平衡轨道稳定条件,简称"1/2 条件".对此列出相关方程推证如下.

$$qvB(R)=\frac{mv^2}{R},\qquad\text{(向心力方程)}$$

$$B(R)=\frac{mv}{qR},$$

可见 $B(R,t)$ 应随 $v(t)$ 同步增长;

$$\frac{\mathrm{d}B(R)}{\mathrm{d}t}=\frac{1}{qR}\frac{\mathrm{d}(mv)}{\mathrm{d}t},$$

即

$$\frac{\mathrm{d}B(R)}{\mathrm{d}t}=\frac{1}{qR}qE_c,\qquad\text{(切向力方程)}$$

得

$$\frac{\mathrm{d}B(R)}{\mathrm{d}t}=\frac{1}{R}E_c;$$

又据

$$\oint_{(R\text{圆})}\boldsymbol{E}_c\cdot\mathrm{d}\boldsymbol{l}=(-)\frac{\mathrm{d}}{\mathrm{d}t}\iint_{(R\text{圆面})}\boldsymbol{B}\cdot\mathrm{d}\boldsymbol{S},\quad\text{(感生电动势公式)}$$

$$2\pi RE_c(R)=\pi R^2\frac{\mathrm{d}\overline{B}}{\mathrm{d}t},\quad(E_c\text{ 轴对称性和 }\overline{B}\text{ 之定义})$$

得

$$\frac{\mathrm{d}\overline{B}}{\mathrm{d}t}=\frac{2}{R}E_c(R);$$

最终得

$$\frac{\mathrm{d}B(R)}{\mathrm{d}t}=\frac{1}{2}\frac{\mathrm{d}\overline{B}}{\mathrm{d}t},$$

可选择

$$B(R,t)=\frac{1}{2}\overline{B}(t).$$

这“1/2 条件”的确定，为感应加速器中电磁铁之磁极面型的设计指明了方向. 其实，1932 年就有人提出利用涡旋电场来加速电子的想法，尔后进行了不少实验研究，却未有成功者，皆因电子轨道的稳定问题，直至 1940 年才得以解决. 此后，电子感应加速器的研制不断进步，其所获电子能量持续提升. 1942 年，20 MeV；1945 年，100 MeV；80 年代，高达 315 MeV.

在磁场由弱变强的 $T/4$ 时段内，电子得到加速，在真空环形室里转上 10^6 周以上，获得高能；然后令其脱离轨道而引出，射向钨、钠等金属靶上，旨在发生韧致辐射而产生 γ 射线；然后，再将电子束引入既定轨道给予加速，用于工业探伤或探测和医疗，比如，γ 射线探测仪，γ 射线治癌仪俗称 γ 刀. 它们输出的 γ 射线是脉冲式的，其脉冲重复频率等于交变磁场的频率.

● 【讨论】 满足“1/2 条件”一种可取的磁场分布

参见图 6.11，探讨一种磁场分布以满足轨道稳定条件 $B(R)=\frac{1}{2}\overline{B}$. 在半径为 R 之圆面上，与磁通量对应的平均磁感值为

$$\overline{B}=\frac{\int_0^R B(r)\cdot 2\pi r\mathrm{d}r}{\pi R^2},$$

且令 $\overline{B}=2B(R)$，得

$$\int_0^R rB(r)\mathrm{d}r=R^2B(R),$$

这是一个积分方程，如何求解其被积函数？

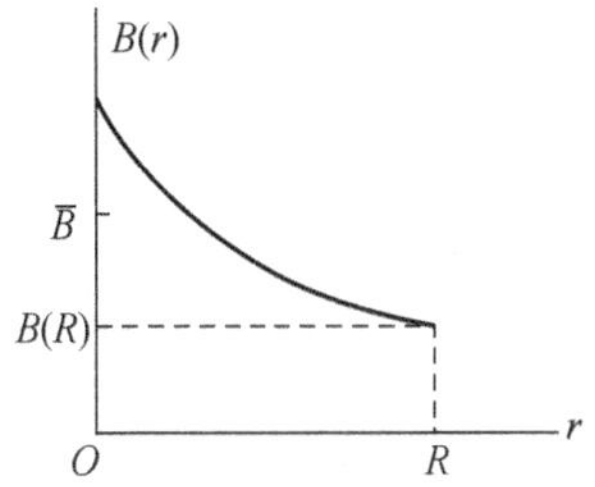

图 6.11 探讨 $B(r)$ 函数以满足轨道稳定条件

试求之. 借助积分中值定理，表达上式左边积分式为

$$\int_0^R rB(r)\mathrm{d}r=(\overline{rB})R,$$

于是有
$$(\overline{rB})=RB(R)=b\quad(\text{常数}),$$

试探
$$(\overline{rB})=r\cdot B(r)=b,$$

最终得
$$B(r)=\frac{b}{r},\quad 0<r\leqslant R. \tag{6.6}$$

这表明一个与轴距 r 成反比例而减弱的磁场分布，可以满足轨道稳定条件. 不妨反过来检验，由(6.6)式可否导出(6.5)式.

又及，为了避免 $r\to0$ 时，$B(r)\to\infty$ 发散困难，或从实验装置上考量，不宜于使磁极间中心区域磁场过于强大，为此，不妨修正 $B(r)$ 函数为以下形式，

$$B(r) = \frac{B_0}{1+ar}, \tag{6.6'}$$

这里,可调参数 a 的单位为 m^{-1}. 试看由(6.6′)式可否导出(6.5)式.

6.3　自感与互感　磁能

- 引言
- 自感系数　互感系数
- 例题——估算电感系数
- 强耦合时 $M=\sqrt{L_1L_2}$
- 自感电动势　互感电动势
- 自感磁能　互感磁能
- 磁场能量密度
- 例题——同轴电缆的电感系数
- 讨论—— 两个电感元件的串联

• 引言

在电路中一电感线圈是一磁场集中性元件,如同电路中电容器是一电场集中性元件,而电阻则是一电流热耗散集中性元件.服从于电路分析以便于建立电路方程,特将一线圈的感生电动势视为自感电动势与互感电动势之和,前者与线圈自身电流磁场所贡献的磁通变化率直接联系,后者与另一线圈电流磁场所贡献的磁通变化率直接相联系;为此,引入一线圈的自感系数 L,及其与另一线圈之间的互感系数 M,用以分别考量上述自感磁通与互感磁通.

• 自感系数　互感系数

参见图6.12,若线圈 $\mathscr{L}_1$ 通以电流 I_1,它在空间产生磁场 $\boldsymbol{B}_1(\boldsymbol{r})$,贡献于自身 $\mathscr{L}_1$ 的全磁通设为 Ψ_{11},贡献于另一线圈 $\mathscr{L}_2$ 的全磁通设为 Ψ_{12};鉴于毕奥-萨伐尔定律给出的磁场 $\boldsymbol{B}$ 与电流 I 之关系为一线性关系,故

$$\text{自感全磁通 } \Psi_{11} \propto I_1, \quad \text{互感全磁通 } \Psi_{12} \propto I_1;$$

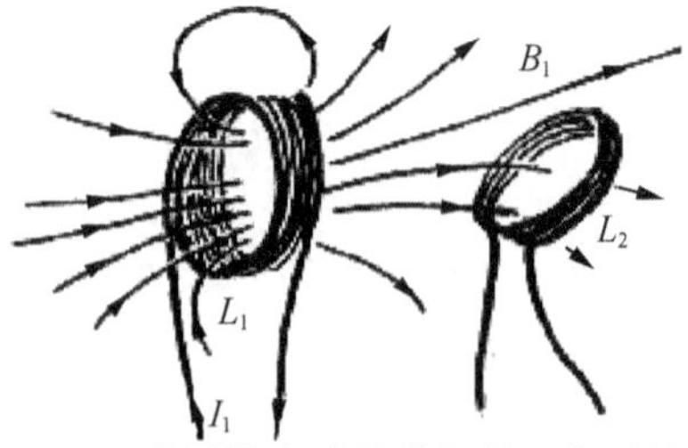

图6.12　一线圈的自感及其与另一线圈的互感

分别引入两个常系数而将以上关系写成等式如下,

$$\Psi_{11} = L_1 I_1, \quad \Psi_{12} = M_{12} I_1,$$

即

$$L_1 = \frac{\Psi_{11}}{I_1} \ (\text{与 } I_1 \text{ 无关}), \quad M_{12} = \frac{\Psi_{12}}{I_1} \ (\text{与 } I_1 \text{ 无关}), \tag{6.7}$$

称 L_1 为线圈 $\mathscr{L}_1$ 的自感系数，M_{12} 为线圈 $\mathscr{L}_1$ 对 $\mathscr{L}_2$ 的互感系数，而有时为叙述方便将两者合称为电感系数. 换言之，(6.7)式是电感系数的定义式，即自感 L 是单位电流强度所产生的自感全磁通，M 是单位电流强度所产生的互感全磁通. 同理，线圈 $\mathscr{L}_2$ 的自感系数和互感系数分别定义为

$$L_2 = \frac{\Psi_{22}}{I_2}, \quad M_{21} = \frac{\Psi_{21}}{I_2}. \tag{6.7'}$$

理论和实验上均可证明

$$M_{12} = M_{21}, \quad \text{简写为 } M. \tag{6.7''}$$

电感系数(L,M)值决定于线圈截面积、线圈绕组形状与匝链数，以及两个线圈的相对距离和方位；若其内部填充铁芯，将大大提高(L,M)值.

以上(6.7)式或(6.7′)式，是对电感系数的一种静态定义式. 电感系数的单位为

$$[L] = [M] = \mathrm{Wb/A}(\text{韦伯 / 安培})；\text{符号为 H(亨利)}.$$

1 H 是一个很大的电感值，常用其辅助单位 mH(毫亨)，或 μH(微亨). 比如，一个细长螺线管，长度 10 cm，匝链数 200，截面积 1.0 cm^2，其自感值 L 近 50 μH. 若将此螺线管绕制在一软磁棒上，磁导率为 $\mu_r \sim 10^4$，则该线圈自感值提高 10^4 倍，接近 500 mH.

最后尚须说明全磁通 Ψ 的确切含义. 线圈通常由导线连续绕制多匝而成，其总匝数 N 在电工学中称为匝链数，其中每一匝线圈近乎闭合而围出一个面积 S，相应地有一磁通量 Φ，那么整个线圈从一个端面至另一端面的全磁通规定为

$$\Psi = \sum \Phi_n, \quad n = 1,2,3,\cdots,N. \tag{6.8}$$

在电工学中称全磁通为磁链数. 如果通过每一匝线圈的磁通相等，即 $\Phi_n = \Phi_0$(常数)，与 n 无关，则

$$\Psi = N\Phi_0. \quad (\text{亦称此为无漏磁}) \tag{6.8'}$$

这里似有一个疑问，表观上看线圈从一端面至另一端面，其间有无限多个截面，为什么仅计及那 N 个截面的磁通呢，这涉及电感线圈在交变电路中的作用问题. 线圈以其感应电动势和相应的电压影响着电路的性能，而贡献于感应电动势的涡旋电场 $\boldsymbol{E}_c$，正是沿导线环绕的，或者说，决定感应电动势的 $\boldsymbol{E}_c$ 线积分，其积分路径正是从线圈一端顺着导线环行至另一端. 简言之，电感系数定义式中的那个全磁通规定为 N 匝线圈的磁通之和，是电路分析以建立电路方程的直接需求，这一点在随后的暂态电路和交流电路中将有进一步体现.

● 例题——估算电感系数

线圈电感系数的精确计算是一件十分困难的事，因为无现成的理论公式可以凭借，电感系数几乎全部由实验手段予以确定. 然而，对电感系数作出理论上的近似估算是可行的，无疑这对电感线圈的设计是有参考价值的. 兹给出若干典型线圈电感系数的估算公式如下.

(1) 单匝线圈的自感系数

一圆线圈其半径为 R，导线直径即线径为 $2r$，当通以电流为 I 时，其中心处的磁感 B_0 与导线边缘磁感 $B(R^-)$，由第 4 章(4.7)式给出，分别为

$$B_0 = \frac{\mu_0}{4\pi} \cdot \frac{2\pi I}{R}, \quad B(R^-) \approx \frac{\mu_0}{4\pi} \cdot \frac{2I}{r}.$$

现取两者之平均值，用以估算其圆平面上的磁通量，即

$$\Phi \approx \frac{1}{2}(B_0 + B(R^-)) \cdot S = \frac{\mu_0}{4\pi}\left(\frac{\pi}{R} + \frac{1}{r}\right) I \cdot \pi R^2,$$

得其自感系数为

$$L = \frac{\Phi}{I} = \frac{\mu_0}{4\pi}\left(\frac{\pi}{R} + \frac{1}{r}\right) \cdot \pi R^2. \tag{6.9}$$

设 $R=1.0\,\mathrm{cm}$，$r=0.5\,\mathrm{mm}$，估算出该单匝线圈的自感系数为

$$L = 10^{-7} \times \left(\frac{\pi}{10^{-2}} + \frac{2}{10^{-3}}\right) \times (\pi \times 10^{-4})\,\mathrm{H} \approx 7 \times 10^{-2}\ \mu\mathrm{H}.$$

(2) 长直螺线管和螺绕环的自感系数

参见图 6.13(a)，一长直螺线管，截面积为 S，长度为 l，匝链数为 N，即其绕线密度为 $n=N/l$. 当通以电流 I 时，以无限长密绕螺线管内部的磁感公式 $B_0=\mu_0 nI$，近似估算这螺线管的磁通量：

$$\text{单匝线圈磁通}\ \Phi_0 = B_0 S, \quad \text{螺线管全磁通}\ \Psi = N\Phi_0,$$

遂得其自感系数

$$L_0 = \frac{\Psi}{I} = \mu_0 n^2 (l \cdot S). \tag{6.10}$$

若螺线管内部充满铁芯 μ_r，则其自感系数提高 μ_r 倍，

$$L_0' = \mu_r \mu_0 n^2 (l \cdot S). \tag{6.10$'$}$$

当然，实际上空心长直螺线管的自感系数要小些，即

$$L < L_0, \quad \text{或写成} \quad L = KL_0,\ K < 1. \tag{6.10$''$}$$

这系数 K 取决于螺线管长宽比(l/d)；当 $l \gg d$，则 K 略小于 1，比如 $l=10d$，约 $L \approx 0.9L_0$. 对于估算长直螺线管的自感系数，(6.10)式具有相当可靠的参考价值.

对于螺绕环，其自感系数 L_r 可由(6.10)式精算出，即

$$L_r = \mu_0\,\bar{n}^2 (2\pi \bar{R} \cdot S). \tag{6.10$'''$}$$

这里，$\bar{R}$ 为螺绕环的平均半径，$\bar{n}$ 为其平均绕线密度，即 $\bar{n}=N/2\pi\bar{R}$，N 为匝链数. 注意到 L_0 或 L 或 L_r 均正比于 n^2 这一性质.

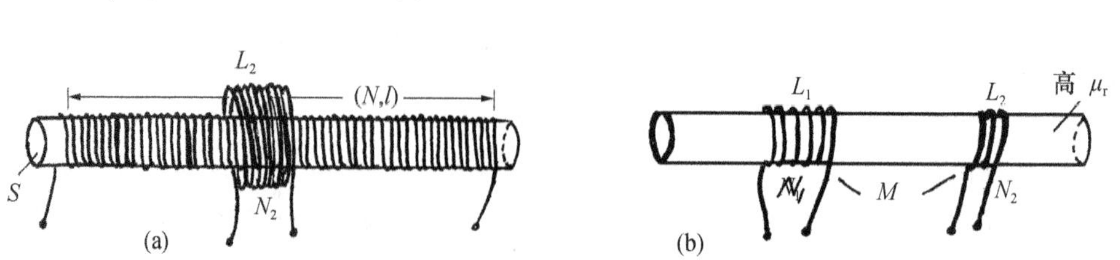

图 6.13　(a) 估算长直螺线管的电感系数；(b) 强耦合无漏磁时 $M^2=L_1L_2$

兹外绕 N_2 匝较大线圈 $\mathscr{L}_2$ 于螺线管 $\mathscr{L}_1$ 之中部，则 $\mathscr{L}_1$ 的磁场贡献于 $\mathscr{L}_2$ 的磁通为

$$\Psi_{12} = N_2\Phi_{12} = N_2(\mu_0 nI \cdot S),$$

遂得 $\mathscr{L}_1$ 与 $\mathscr{L}_2$ 之间的互感系数为

$$M = \frac{\Psi_{12}}{I} = \mu_0 n N_2 S. \tag{6.11}$$

要注意该式中 S 依然是 $\mathscr{L}_1$ 的截面积，并非外绕线圈 $\mathscr{L}_2$ 的截面积 S_2，这是因为螺线管外部 $B\approx 0$.

● **强耦合时** $M=\sqrt{L_1L_2}$

参见图 6.13(b)，一根高磁导率 μ_r 软磁棒上，绕有两组线圈其自感系数分别为 L_1 和 L_2. 在线圈电流的激励下，这磁棒表面产生了强大的磁化面电流，使磁感 $\boldsymbol{B}$ 得以大大加强，其磁感线几乎被集束在磁棒内. 换言之，此种情形下通过磁棒各界面的磁通几乎相等，即 $\Phi_{11}=\Phi_{12}=\Phi_0$，称 L_1 与 L_2 之间有了强耦合，也称其为无漏磁. 强耦合条件下，互感与自感之间有一简单关系，兹推导如下.

设线圈 $\mathscr{L}_1$ 通以电流 I_1，则

$$\Psi_{11} = N_1\Phi_{11} = N_1\Phi_0, \quad \Psi_{12} = N_2\Phi_{12} = N_2\Phi_0,$$

有

$$L_1 = \frac{N_1\Phi_0}{I_1}, \quad M_{12} = \frac{N_2\Phi_0}{I_1},$$

得

$$\frac{M_{12}}{L_1} = \frac{N_2}{N_1} \quad 或 \quad M_{12} = \frac{N_2}{N_1}L_1;$$

同理，

$$\frac{M_{21}}{L_2} = \frac{N_1}{N_2} \quad 或 \quad M_{21} = \frac{N_1}{N_2}L_2.$$

以上两式相乘，且利用 $M_{12}=M_{21}=M$，得

$$M^2 = L_1L_2, \quad 或 \quad M = \sqrt{L_1L_2}. \tag{6.12}$$

考量到实际上存在些许漏磁，上式可修正为

$$M' = K\sqrt{L_1L_2}, K<1. \tag{6.12'}$$

这种借助一长直软磁棒以实现强耦合，常见于电磁信号的接收或传输系统中.

其实，凭借 $\boldsymbol{H}$ 环路定理和强耦合无漏磁条件，可直接求得此时的 L_1，L_2 和 M，结果如下：

$$L_1 = \mu_r\mu_0 n_1^2(l\cdot S), \quad L_2 = \mu_r\mu_0 n_2^2(l\cdot S), \quad M = \mu_r\mu_0 n_1 n_2(l\cdot S). \tag{6.12''}$$

注意，这里 $n_1=N_1/l$，$n_2=N_2/l$，其中 l 是长直磁棒的长度，并非 N_1 匝或 N_2 匝绕线自身的宽度.

● **自感电动势 互感电动势**

若线圈 $\mathscr{L}_1$ 电流随时间在变化，$i_1=i_1(t)$，则相应的磁场和全磁通随之而变，即 $i_1(t)\to \boldsymbol{B}_1(t)\to\Psi_{11}(t)$，$\Psi_{12}(t)$. 于是，在线圈 $\mathscr{L}_1$，$\mathscr{L}_2$ 中分别产生自感电动势 $\mathscr{E}_{11}$ 和互感电动势 $\mathscr{E}_{12}$，

$$\mathscr{E}_{11} = -\frac{\mathrm{d}\Psi_{11}}{\mathrm{d}t} = -L_1\frac{\mathrm{d}i_1}{\mathrm{d}t},\quad \mathscr{E}_{12} = -\frac{\mathrm{d}\Psi_{12}}{\mathrm{d}t} = -M\frac{\mathrm{d}i_1}{\mathrm{d}t}. \tag{6.13}$$

同理，$i_2(t)\to\boldsymbol{B}_2(t)\to\Psi_{22}(t)$，$\Psi_{21}(t)$，则有自感电动势 $\mathscr{E}_{22}$ 和互感电动势 $\mathscr{E}_{21}$，分别存在于 $\mathscr{E}_2$ 和 $\mathscr{E}_1$ 中，

$$\mathscr{E}_{22} = -L_2\frac{\mathrm{d}i_2}{\mathrm{d}t},\quad \mathscr{E}_{21} = -M\frac{\mathrm{d}i_2}{\mathrm{d}t}. \tag{6.13$'$}$$

这里已经注意到，一个线圈的电感系数(L,M)与其载流 i 的数值大小无关，故许可将其作为一个常数提出微分算符.

以上两式进一步显示了电感系数(L,M)的物理意义，它将线圈的感生电动势与回路中的电流变化率直接联系起来.在含电感元件的暂态电路和交变电路中，或在电磁信号的传输系统中，正是凭借这种形式的自感电动势和互感电动势，而建立起电路方程.

● 自感磁能　互感磁能

一纯电感元件 L 与一纯电阻元件 R 串联于一个直流电源 $\mathscr{E}$，如图 6.14(a)所示，这里已将实际电感元件绕线的直流电阻 r 算计在阻值 R 之中.当合上电键 K 时，该电路之电流 i 不会突变到 $\mathscr{E}/R$ 值，这是因为电感元件中存在自感电动势 $\mathscr{E}_L$，它系反电动势，

$$\mathscr{E}_L = -L\frac{\mathrm{d}i}{\mathrm{d}t},$$

它将阻碍电流骤增.故可预料，该电流 $i(t)$ 经历一渐变过程，从零开始至终值 $I=\mathscr{E}/R$，而趋于稳定，如图 6.14(b)，试看这一暂态过程中的能量转化事宜：

$$\text{稳定态：}I\mathscr{E} \quad = \quad I^2R;$$

（电源功率）　（焦耳热功率）

$$\text{充磁暂态过程：}i < I,\quad \text{则}\quad i\mathscr{E} > i^2R.$$

可见在此过程中，电源输出功率大于电路中焦耳热功率，其富余量为

$$\Delta W = (i\mathscr{E} - i^2R),$$

它对时间的积分值，转化为电感元件中储存的磁能，即

$$W_L = \int_0^\infty (i\mathscr{E} - i^2R)\,\mathrm{d}t. \tag{6.14}$$

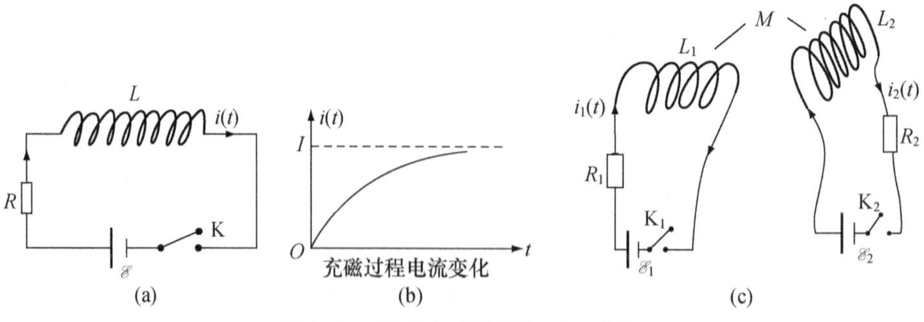

图 6.14　导出自感磁能与互感磁能

由该电路方程，可以求出这暂态过程电流函数 $i(t)$，代入(6.14)式便可得到 W_L 公式，这项工作留待下一节完成. 兹采取另一种方式，即，克服电感绕线中的自感电动势 $\mathscr{E}_L$ 而作功 A，以导出 W_L 公式，具体推演如下. 在 t—$t+\mathrm{d}t$ 时间中，克服 $\mathscr{E}_L$ 所做之元功为

$$\mathrm{d}A=-\mathscr{E}_L i\,\mathrm{d}t=-\left(-L\frac{\mathrm{d}i}{\mathrm{d}t}\right)i\,\mathrm{d}t=Li\,\mathrm{d}i,$$

总功

$$A=\int\mathrm{d}A=\int_0^I Li\,\mathrm{d}i=\frac{1}{2}LI^2,$$

据 $W_L=A$，最终得到自感磁能公式为

$$W_L=\frac{1}{2}LI^2. \qquad (6.14')$$

对于存在互感的情形，以同样方式考量其能量转化与存储事宜，参见图 6.14(c)，设两线圈之电感系数为(L_1, L_2, M). 合上电键 K_1 与 K_2，两个回路均将经历一充磁暂态过程，其电流函数分别为

$$i_1(t),\quad 从\ 0\rightarrow I_1=\mathscr{E}_1/R_1,$$
$$i_2(t),\quad 从\ 0\rightarrow I_2=\mathscr{E}_2/R_2.$$

相应地自感电动势和互感电动势分别为

$$\mathscr{E}_{11}=-L\frac{\mathrm{d}i_1}{\mathrm{d}t},\quad \mathscr{E}_{21}=-M\frac{\mathrm{d}i_2}{\mathrm{d}t};$$

$$\mathscr{E}_2=-L_2\frac{\mathrm{d}i_2}{\mathrm{d}t},\quad \mathscr{E}_{12}=-M\frac{\mathrm{d}i_1}{\mathrm{d}t}.$$

于是，在 $\mathrm{d}t$ 时间中，克服这四项反电动势所做之元功为

$$\begin{aligned}\mathrm{d}A&=\mathrm{d}A_1+\mathrm{d}A_2=(-\mathscr{E}_{11}-\mathscr{E}_{21})i_1\,\mathrm{d}t+(-\mathscr{E}_{22}-\mathscr{E}_{12})i_2\,\mathrm{d}t\\&=(L_1i_1\,\mathrm{d}i_1+Mi_1\,\mathrm{d}i_2)+(L_2i_2\,\mathrm{d}i_2+Mi_2\,\mathrm{d}i_1)\\&=L_1i_1\,\mathrm{d}i_1+L_2i_2\,\mathrm{d}i_2+M(i_1\,\mathrm{d}i_2+i_2\,\mathrm{d}i_1),\end{aligned}$$

注意到其中$(i_1\mathrm{d}i_2+i_2\mathrm{d}i_1)=\mathrm{d}(i_1\cdot i_2)$，故总功为

$$A=\int_{(0,0)}^{(I_1,I_2)}\mathrm{d}A=\frac{1}{2}L_1I_1^2+\frac{1}{2}L_2I_2^2+MI_1I_2,$$

头两项转化为自感磁能，第三项即交叉项转化为互感磁能 W_M，即

$$W_M=MI_1I_2. \qquad (6.14'')$$

这互感磁能也正是两线圈间的相互作用能 ΔW. 换言之，当这两个线圈相距无限远而无相互作用时，其总磁能为

$$W_0=\frac{1}{2}L_1I_1^2+\frac{1}{2}L_2I_2^2,$$

再将它俩逐渐接近至图 6.14(c)状态，其总磁能为

$$W=\frac{1}{2}L_1I_1^2+\frac{1}{2}L_2I_2^2+MI_1I_2,$$

其总磁能改变量被称作相互作用能，即

$$\Delta W\equiv W-W_0=MI_1I_2. \qquad (6.14''')$$

因此，互感系数 M 含±号. 当两个线圈的磁场或磁通彼此加强，则 $M>0$，$\Delta W>0$；当两个线圈的磁场或磁通彼此削弱，则 $M<0$，$\Delta W<0$. 当然，如此判定，基于心目中已经默认电流 I_1，I_2 恒为正值.

顺便提及，拟可设想其它充磁过程，比如，合上电键 K_1 而断 K_2，先在 $\mathscr{L}_1$ 回路中让电流达到稳定值 I_1；再合上 K_2，让 $\mathscr{L}_2$ 回路充磁，且及时调节电源电动势 $\mathscr{E}_1$ 以维持 I_1 不变，考量 $i_2(t)$ 从零开始增长至 I_2 过程中的能量转化；所得结果与(6.14‴)式一致.

- **磁场能量密度**

磁场空间蕴含能量. 以长直密绕螺线管情形，且充满介质 μ_r 为例：

自感系数

$$L=\mu_0\mu_r n^2\cdot(lS)=\mu_0\mu_r n^2\cdot V,$$

存储磁能

$$\begin{aligned}W_L&=\frac{1}{2}LI^2=\frac{1}{2}(\mu_0\mu_r nI)\cdot(nI)\cdot V\\&=\frac{1}{2}(BH)\cdot V,\qquad \text{螺线管体积 } V=l\cdot S.\end{aligned}$$

这表明，磁能定域于磁场空间，凡是有(B,H)的地方，必存在一种能量，其能量体密度公式为

$$w_m\equiv\frac{\Delta W}{\Delta V}=\frac{1}{2}BH,\quad \text{或}\quad w_m=\frac{1}{2}\boldsymbol{B}\cdot\boldsymbol{H}.\quad (\mathrm{J/m^3})\tag{6.15}$$

必须说明，长直密绕螺线管磁场之特点，在于磁场高度集中于管内且近似为均匀场，以上推演是基于长直螺绕管这一特例，用(B,H)场之眼光，审视并改写其磁能 W_L 表达式，而导出普遍成立的磁场能量体密度公式(6.15). 该式适用于各向同性介质或各向异性介质，适用于恒定或交变场，但不适用于非线性铁磁质.

凭借(6.15)式，给出空间 V 区域中磁场能量为

$$W_m=\frac{1}{2}\iiint_{(V)}\boldsymbol{B}\cdot\boldsymbol{H}\mathrm{d}V.\tag{6.15′}$$

- **例题——同轴电缆的电感系数**

参见图 6.15，一个甚长的同轴电缆，其内、外导体圆筒的半径分别为 R_1，R_2，其间充满介质 μ_r，试求同轴电缆上长度为 l 一段的电感系数 L'. 先设定一电流 I，流经内筒，又从外筒返回. 据 $\boldsymbol{H}$ 场环路定理，已知悉在内筒以内和外筒以外空间，$\boldsymbol{H}=0$；磁场集中于 $r\in(R_1,R_2)$区间，磁场 $\boldsymbol{H}$ 线绕轴环行而形成一组同心圆. 磁场分布为

$$H(r)=\frac{I}{2\pi r};\quad (R_1<r<R_2)$$

相应的磁场能量密度为

$$w_m(r)=\frac{1}{2}B(r)\cdot H(r)=\frac{1}{2}\mu_0\mu_r H^2=\frac{\mu_0\mu_r}{8\pi^2 r^2}I^2.$$

那么,这段长度为 l、半径为 $r\in(R_1,R_2)$ 的空心柱体中之磁场总能量为

$$W_m=\int_{R_1}^{R_2}w_m\cdot 2\pi lr\,\mathrm{d}r=\frac{\mu_0\mu_r}{4\pi}l\ln\frac{R_2}{R_1}\cdot I^2.$$

令其等于 $(L'I^2/2)$,便得甚长同轴电缆中长度为 l 一段的电感系数为

$$L'=\frac{\mu_0\mu_r}{2\pi}l\ln\frac{R_2}{R_1}. \tag{6.16}$$

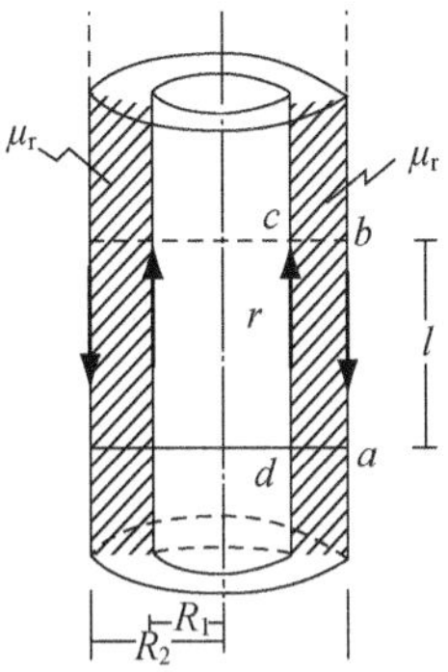

图 6.15 同轴电缆电感系数之计算

以上采取磁能 W_m 途径求出这电感系数;其实,本题也可以采取磁通 Ψ 途径求出电感系数 L'. 注意到图中那矩孔 (a,b,c,d),其磁通为

$$\Psi=\int_{R_1}^{R_2}B(r)\cdot\mathrm{d}S=\int_{R_1}^{R_2}\frac{\mu_0\mu_r}{2\pi r}I\cdot l\mathrm{d}r=\frac{\mu_0\mu_r}{2\pi}l\ln\frac{R_2}{R_1}\cdot I,$$

按电感系数的初始定义,得同轴电缆中这 l 一段的电感系数为

$$L'=\frac{\Psi}{I}=\frac{\mu_0\mu_r}{2\pi}l\ln\frac{R_2}{R_1}. \quad \text{(完全一致于(6.16)式)}$$

对本题的进一步讨论:

(1) 细心的读者已经注意到,上述谨慎地将 L' 称为电感系数,而非自感系数,这是因为导出 L' 所依据的磁场 $B(r)$ 和 $H(r)$ 系总磁场,它们并非仅是 l 一段电流所产生的,还有其他区段电流的贡献. 从这个意义上看,这 L' 事实上是 l 段的自感系数与其它区段提供的互感系数之和.

(2) 若据(6.16)式计算同轴电缆全长的电感系数 L',那自然这 L' 就是单纯的自感系数了,令人不爽的是这时出现了发散疑难,即 $L'\to\infty$,当 $l\to\infty$. 为避开这发散疑难,便将此题拟为,试求一段有限长度 l 的电感系数或单位长度的电感系数. 实际上的同轴电缆总是有限长的,故其全长自感系数也是有限值,并非无穷大,不过这时不易求得磁场 $\boldsymbol{B}$,$\boldsymbol{H}$ 准确的解析表达式. 注意到同轴电缆其实际长度 l 远远大于其线径 R_1,R_2,比如,一般 l 在 m 至 10^2 m 量级,R_1,R_2 在 mm 至 10 mm 量级,故以(6.16)式估算其全长电感系数,是一相当好的近似处理. 用于电磁信号传输的同轴电缆,具有布线简便、抗干扰能力强的优点.

(3) 在考量磁通 Ψ 时,为什么仅计算一个截面的磁通,在 l 区段形式上不是有很多个截面吗? 是的,不过与这些截面磁通相联系的感应电动势,彼此是并联的,并不增加总的感应电动势,故选取一个截面计算 Ψ,L' 和 $(-L'\mathrm{d}i/\mathrm{d}t)$ 就足够了. 说到底,关注电感最终是为了给出感应电动势或感应电压。

● 【讨论】 两个电感元件的串联

如图 6.16,两个线圈串联于一回路中,可将其视作一个电感元件,设其自感系数为 L,而两个线圈的自感系数及其互感系数为 L_1,L_2,M. 试给出串联自感 L 与 L_1,L_2,M 之关系式.

提示 可采用磁通代数和之方式予以讨论.

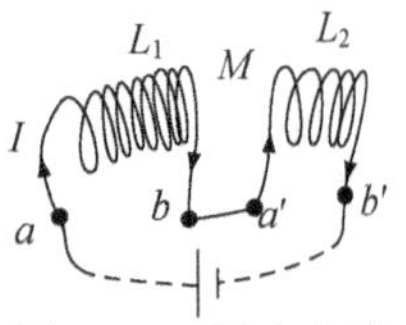

图 6.16　两个电感元件的串联

$$\Psi = \Psi_1 + \Psi_2 = (\Psi_{11} + \Psi_{21}) + (\Psi_{22} + \Psi_{12})$$
$$= (L_1 I + MI) + (L_2 I + MI) = LI.$$

结果为

$$L = L_1 + L_2 + 2M. \tag{6.16'}$$

注意:互感 M 可正可负:

若顺串,即 Ψ_{21} 使 Ψ_1 得以加强,或 Ψ_{12} 使 Ψ_2 得以加强,则 $M>0$;

若反串,即 Ψ_{21} 使 Ψ_1 有所削弱,或 Ψ_{12} 使 Ψ_2 有所削弱,则 $M<0$.

比如,图中连接 b—a' 为顺接或顺串;连接 b—b' 为反接或反串.

应用　一电感元件的自感 L 易于被测量,而两个电感元件间的互感不易被直接测量;凭借(6.16′)式,由(L,L_1,L_2)数据可求得 M 值.

6.4　小环流与外磁场的相互作用能

- 有源小环流与外磁场的相互作用能
- 梯度力
- 小环流与电偶极子性质的类比
- 证明 $A_2 = A_1$
- 无源小环流与外磁场的相互作用能

● 有源小环流与外磁场的相互作用能

已知悉,小环流之磁性由其磁矩 $\boldsymbol{m} = i\boldsymbol{S}$ 予以表征,它在外场 $\boldsymbol{B}$ 中将受到一安培力矩 $\boldsymbol{M} = \boldsymbol{m} \times \boldsymbol{B}$ 作用发生转动,从而获得转动能 W_A. 然而,这里不能简单地像对待电偶极子那样,认为转动能的增加必以其相互作用能 ΔW 的减少为代价,即认定 $\Delta W = -W_A$;这是因为在宏观电磁学中,小环流均系有源小环流,其电流是通过一电路由一电源 $\mathscr{E}$ 提供的,在小环流转动过程中必有一感应电动势出现于小环流之中,从而改变了电流,也改变了外接电源的输出能量及其分配. 简言之,小环流牵连着一个外接电源,小环流与外磁场组成的系统为一非孤立系. 在考量小环流与外磁场之相互作用能时,理应在转动能、相互作用能和外接电源能等三者之间,讨论能量事宜,对此数学描写和推演如下.

参见图 6.17. 基于能量乃状态函数,与过程无关,特设计这样一个过程,让小环流在转动过程中,保持两个线圈中的电流 i 和 I 恒定,为此外接电压应随时递增 ΔU_1 和 ΔU_2,以补偿线圈中出现的感应电动势 $\mathscr{E}_{1i}$ 和 $\mathscr{E}_{2i}$. 设 A_0 为磁矩 $\boldsymbol{m}$ 从取向 $\pi/2 \to \theta$ 过程中安培力矩的功,A_1 和 A_2 分别为补偿电压 ΔU_1 和 ΔU_2 为克服反电动势所提供的功,则小环流与外磁场之相互作用能

$$\Delta W = -A_0 + (A_1 + A_2). \tag{6.17}$$

其中第一项与电偶极子情形类同,

$$-A_0 = -\int_{\frac{\pi}{2}}^{\theta} |\boldsymbol{m} \times \boldsymbol{B}| \cdot \mathrm{d}\alpha = -\int_{\frac{\pi}{2}}^{\theta} mB\sin\theta(-\mathrm{d}\theta)$$
$$= -mB\cos\theta = -\boldsymbol{m} \cdot \boldsymbol{B}; \quad (\text{注意 } \mathrm{d}\alpha = -\mathrm{d}\theta) \tag{6.17'}$$

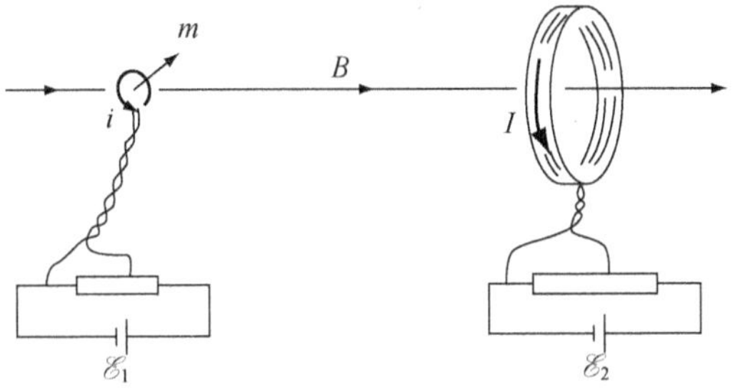

图 6.17　考量小环流与外磁场的相互作用能
注意其中由两个直流电源分别组成的分压电路,用以提供并调控电流 i 和 I

在电流 I 产生的外磁场 $\boldsymbol{B}$ 为恒定情形下,电压增量 ΔU_1 和 A_1 应当为

$$\Delta U_1 = -\mathscr{E}_{1i} = -\left(-\frac{\mathrm{d}\Phi}{\mathrm{d}t}\right) = \frac{\mathrm{d}}{\mathrm{d}t}(BS\cos\theta) = -BS\sin\theta\cdot\frac{\mathrm{d}\theta}{\mathrm{d}t},$$

$$A_1 = \int_{\frac{\pi}{2}}^{\theta}\Delta U_1\cdot i\mathrm{d}t = -\int_{\frac{\pi}{2}}^{\theta} iBS\cdot\sin\theta\mathrm{d}\theta = iSB\cos\theta = \boldsymbol{m}\cdot\boldsymbol{B}. \qquad (6.17'')$$

利用小环流与大线圈之间的互感系数彼此相等,$M_{21}=M_{12}$,可以证明 $A_2=A_1$,即大线圈中克服互感电动势 $\mathscr{E}_{2i}$所做之功,等于小环路中克服互感电动势 $\mathscr{E}_{1i}$所做之功,于是

$$A_2 = \boldsymbol{m}\cdot\boldsymbol{B}, \quad 或 \quad (A_1 + A_2) = 2\boldsymbol{m}\cdot\boldsymbol{B}. \qquad (6.17''')$$

代入(6.17)式,最终得到有源小环流与外磁场之相互作用能公式为

$$\Delta W = \boldsymbol{m}\cdot\boldsymbol{B}. \qquad (6.18)$$

该式表明,在安培力矩作用下,原本小环流磁矩就将顺向外场,故其转动能和相互作用能均将增加,这两部分能量的增加一并来源于外接的电源能;这电源能除支付各自回路中的焦耳热能以外,还有富余能量转化为相互作用能和转动能. 又及,如果设计其它过程,比如,保持电压 U_1 和 U_2 不变,而让电流 i 和 I 在小环流转动过程中应势而变,则式(6.18)依然成立. 在任何过程中,外接电源参与能量交换是不可避免的,(A_1+A_2)总等于$(2\boldsymbol{m}\cdot\boldsymbol{B})$,尽管它在 A_1 与 A_2 之间的分配有所不同,因过程而异. 总之,在无外部机械力的情形下,仅受磁力作用的有源载流体,其动能及其与磁场相互作用能可以同时获得增加,或者说磁场总能量亦得以增加,这一点是磁现象与电现象的一个重要区别.①

- **证明** $A_2=A_1$

再参见图 6.17,在小环流转动过程中,如前所述令 i 和 I 得以恒定,故出现于小环流和大线圈中的感应电动势,惟有互感电动势 $\mathscr{E}_{1i}$和 $\mathscr{E}_{2i}$,而无自感电动势;同时注意到,小环流转动过程中,互感系数 M_{21} 和 M_{12} 并非恒定,随时变动,即为 $M_{21}(t)$和 $M_{12}(t)$. 两个互感电动势分别表示为

① 可参考钟锡华:偶极子与小环流性质的类比,《大学物理》,1986 年第 6 期.

$$\mathscr{E}_{1i}=-\frac{d\Phi_{21}}{dt}=-\frac{d(M_{21}I)}{dt}=-I\frac{dM_{21}}{dt},$$

$$\mathscr{E}_{2i}=-\frac{d\Phi_{12}}{dt}=-\frac{d(M_{12}i)}{dt}=-i\frac{dM_{12}}{dt},$$

相应地在两个回路中为克服这互感电动势所做之功分别为

$$A_1=-\int\mathscr{E}_{1i}\cdot i\mathrm{d}t=Ii\int_{\frac{\pi}{2}}^{\theta}\mathrm{d}M_{21}=IiM_{21}(\theta),\quad(\text{选定 }M_{21}(\pi/2)=0)$$

$$A_2=-\int\mathscr{E}_{2i}\cdot I\mathrm{d}t=iI\int_{\frac{\pi}{2}}^{\theta}\mathrm{d}M_{12}=iIM_{12}(\theta),\quad(\text{选定 }M_{12}(\pi/2)=0)$$

先前已确认两线圈间之互感系数彼此相等，即 $M_{21}(\theta)=M_{12}(\theta)$，遂得

$$A_2=A_1.$$

这里尚须说明选定互感 $M(\pi/2)=0$ 的合理性. 当小环流磁矩 $\boldsymbol{m}$ 与外场 $\boldsymbol{B}$ 正交时，载流大线圈贡献于小环流线圈的磁通为零，反之亦然，故此时互感为零. 这相当于小环流与大线圈之间无相互作用，其相互作用能理应为零，即 $\Delta W(\theta=\pi/2)=0$，反顾相互作用能公式(6.18)正符合这一要求，这源于那里的积分运算选定 $\pi/2$ 为角变量的初始值，这等效于将 $\theta=\pi/2$ 状态选定为相互作用能的零值态.

• 梯度力

凭借相互作用能 ΔW 公式(6.18)，可以导出小环流在非均匀外磁场中受力表达式. 为书写方便，先将符号 ΔW 改写为 W_i；原先将其写为 ΔW，意指那相互作用能总是被定义为一体系现时能量 W 与原先无相互作用时的能量 W_0 之差，即 $\Delta W=W-W_0$.

设处于外场某一处的小环流磁矩 $\boldsymbol{m}$，所受安培力为 $\boldsymbol{F}(F_x,F_y,F_z)$，令其沿 x 方向有一虚位移 ∂x，则相联系的功和能的改变量为

$$\partial A_0=F_x\partial x,\quad \partial(A_1+A_2)=\partial(2\boldsymbol{m}\cdot\boldsymbol{B}),\quad \partial W_i=\partial(\boldsymbol{m}\cdot\boldsymbol{B}),$$

又据(6.17)式，$W_i=-A_0+(A_1+A_2)$，有

$$\partial(\boldsymbol{m}\cdot\boldsymbol{B})=-F_x\partial x+\partial(2\boldsymbol{m}\cdot\boldsymbol{B}),$$

$$F_x\partial x=\partial(2\boldsymbol{m}\cdot\boldsymbol{B})-\partial(\boldsymbol{m}\cdot\boldsymbol{B})=\partial(\boldsymbol{m}\cdot\boldsymbol{B}),$$

遂得

$$F_x=\frac{\partial(\boldsymbol{m}\cdot\boldsymbol{B})}{\partial x},$$

同理

$$F_y=\frac{\partial(\boldsymbol{m}\cdot\boldsymbol{B})}{\partial y},\quad F_z=\frac{\partial(\boldsymbol{m}\cdot\boldsymbol{B})}{\partial z},\tag{6.19}$$

借用劈形算符，可将(6.19)式中三个分力表达式浓缩为一个公式

$$\boldsymbol{F}=\nabla(\boldsymbol{m}\cdot\boldsymbol{B}).\tag{6.19$'$}$$

它是小环流磁矩在磁场中受力的普遍表达式，一个十分精巧的公式，它由功能原理导出，并非由原始的安培力公式导出；它表明小环流磁矩所受磁力系一梯度力，其数值和方向

很大程度上决定磁场$\boldsymbol{B}(x,y,z)$的空间变化率.若$\boldsymbol{m}$与$\boldsymbol{B}$之夹角$\theta<\pi/2$,则梯度力$\boldsymbol{F}$指向$\boldsymbol{B}$增强方向;反之,若$\theta>\pi/2$,则梯度力$\boldsymbol{F}$指向$\boldsymbol{B}$减弱方向.总之,定性分析或定量推算小环流在磁场中的受力问题,应用(6.19′)式显得便捷和简明.若为均匀场,自然,$(\boldsymbol{m}\cdot\boldsymbol{B})$之梯度为零,于是$\boldsymbol{F}=0$.

● 无源小环流与外磁场的相互作用能

这类无源小环流或无源磁矩,广泛地存在于微观世界.比如,一个原子中,其核外电子的轨道磁矩$\boldsymbol{m}_e$、电子自旋磁矩$\boldsymbol{m}_s$,还有原子核内的质子磁矩$\boldsymbol{m}_p$和中子磁矩$\boldsymbol{m}_n$.这类微观粒子的经典图象是,带电粒子的旋转而形成一个小环流.然而,这类微观小环流与宏观有源小环流有着原则意义上的区别.它是无源的,其旋转与生俱来,无需外接电源供电;它旋转不遭受电阻力,故无焦耳热效应;当其磁矩在外场中转向时,无电磁感应效应,即无感应电动势出现于此类小环流中.简言之,这类微观小环流为三无小环流,即无源、无热效应和无感应电动势.

因此,在考量这类无源小环流$\boldsymbol{m}$与外磁场$\boldsymbol{B}$的相互作用能ΔW时,$(\boldsymbol{m},\boldsymbol{B})$系统就是一个孤立系,无需算计电源能和焦耳热能参与能量交换,这雷同于电偶极子$\boldsymbol{p}$与外电场$\boldsymbol{E}$组成的孤立系.于是,在(6.17)式中,后两项$A_1+A_2=0$,遂得无源小环流与外磁场的相互作用能公式为

$$\Delta W=-A_0=-\boldsymbol{m}\cdot\boldsymbol{B}. \tag{6.20}$$

此式恰好与有源小环流ΔW公式(6.18)反号.无怪乎,在量子力学中,考量外磁场中电子运动行为时,其能量项要添加这样一项ΔW,称其为磁矩在外磁场中的势能,并以符号$\boldsymbol{\mu}$表达磁矩,写成$\Delta W=-\boldsymbol{\mu}\cdot\boldsymbol{B}$.

● 小环流与电偶极子性质的类比

已知悉,点电荷产生的电场和电流元产生的磁场,分别是一般电场和磁场的基元场,而电偶极子是电学研究中的首个重点,小环流是磁学研究中的首个重点.将电偶极子的电性和小环流的磁性,作一全面的类比,这无论在概念上和实用上都是一件颇有意义亦有意思的事情.兹列于表6.1以便一览.

从类比表中看出,对于无源小环流,其磁性完全类似于电偶极子的电性,故可取磁偶极子予以等效;对于宏观有源小环流,仅相互作用能一项相差一负号,其余几项性能均类似于电偶极子.

最后顺便提及,宏观上的超导电线圈也属于无源环流,因为它亦具有无源、无热效应和无感应电动势之性质.

表 6.1

<table>
<tr><td colspan="2">对　象
性　质</td><td>电偶极子</td><td colspan="2">小环流</td></tr>
<tr><td colspan="2">特征量</td><td>偶极矩 $\boldsymbol{p}=q\boldsymbol{l}$</td><td colspan="2">磁矩 $\boldsymbol{m}=i\boldsymbol{S}$</td></tr>
<tr><td colspan="2">产生场</td><td>$\boldsymbol{E}(\boldsymbol{r})\propto-\nabla\frac{\boldsymbol{p}\cdot\boldsymbol{r}}{r^3}$</td><td colspan="2">$\boldsymbol{B}(\boldsymbol{r})\propto-\nabla\frac{\boldsymbol{m}\cdot\boldsymbol{r}}{r^3}$</td></tr>
<tr><td rowspan="4">在外场中</td><td>受力矩</td><td>$\boldsymbol{M}=\boldsymbol{p}\times\boldsymbol{E}$</td><td colspan="2">$\boldsymbol{M}=\boldsymbol{m}\times\boldsymbol{B}$</td></tr>
<tr><td rowspan="2">相互作用能(势能)</td><td rowspan="2">$W_i=-\boldsymbol{p}\cdot\boldsymbol{E}$</td><td>有源</td><td>$W_i=+\boldsymbol{m}\cdot\boldsymbol{B}$</td></tr>
<tr><td>无源</td><td>$W_i=-\boldsymbol{m}\cdot\boldsymbol{B}$</td></tr>
<tr><td>受　力</td><td>$\boldsymbol{F}=-\nabla W_i=\nabla(\boldsymbol{p}\cdot\boldsymbol{E})$</td><td colspan="2">$\boldsymbol{F}=\nabla(\boldsymbol{m}\cdot\boldsymbol{B})$</td></tr>
</table>

6.5　电路暂态过程

- 引言
- *RC* 暂态过程——充电与放电
- *LRC* 串联暂态过程及其三种表现
- 讨论——*LRC* 并联暂态过程
- *LR* 暂态过程——充磁与放磁
- 暂态过程三要素
- 二阶线性常系数齐次方程通解的三种形式

• 引言

在直流电源工作的电路中，若含有电感元件或电容元件，则当发生或合上或断开的电键动作之后，便有一变化的电流或电压出现于电路中，通常这变化的时间十分短暂，故称其为暂态过程(transient state process)，它是相对于定态而言的. 某些场合，利用电路暂态性能，可获得脉冲高电压或脉冲大电流，这是暂态过程的重要应用之一.

• *LR* 暂态过程——充磁与放磁

(1) 电键 K→1，充磁过程

参见图 6.18(a)，一电感元件 L 和一电阻元件 R 串联于一直流电源 $\mathscr{E}$；当电键 K 合上之后，回路电流 $i(t)$ 经历一变化过程而趋于一稳定值.

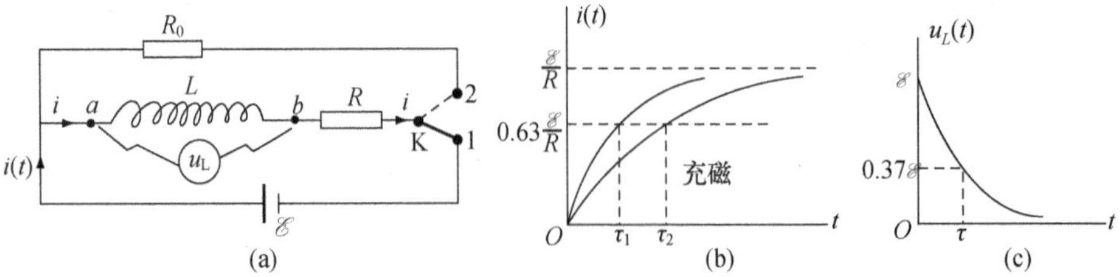

图 6.18　*LR* 充磁暂态过程

(a) 建立电路方程；(b) 电流 $i(t)$ 曲线；(c) 电感电压 $u_L(t)$ 曲线

此回路电压方程为

$$u_L(t)+u_R(t)=\mathscr{E},$$

其中

$$\text{电感元件的电压}\quad u_L=-\mathscr{E}_L=L\frac{\mathrm{d}i}{\mathrm{d}t},$$

$$\text{电阻元件的电压}\quad u_R=Ri,$$

于是,该电路方程显示为

$$L\frac{\mathrm{d}i}{\mathrm{d}t}+Ri=\mathscr{E}. \tag{6.21}$$

这是一阶、线性、常系数、非齐次方程,其通解 $i(t)$ 等于其齐次方程的通解 $i_1(t)$ 与其非齐次方程的特解 $i_2(t)$ 之和,即

$$i(t)=i_1(t)+i_2(t),$$

由方程(6.21)不难求得

$$i_1(t)=K\mathrm{e}^{-\frac{R}{L}t},\quad i_2(t)=\frac{\mathscr{E}}{R};$$

$$i(t)=K\mathrm{e}^{-\frac{t}{\tau}}+\frac{\mathscr{E}}{R},\quad \tau\equiv\frac{L}{R}.$$

其中,待定常数 K,由 $i(t)$ 初条件 $i(0)=0$,确定为 $K=-\mathscr{E}/R$. 最终得充磁暂态过程中的电流为

$$i(t)=\frac{\mathscr{E}}{R}(1-\mathrm{e}^{-\frac{t}{\tau}}). \tag{6.21′}$$

其随时间的变化曲线如图 6.18(b)所示,可见

$$\text{当 } t\to\infty,\quad i\to \text{稳定值 } I=\frac{\mathscr{E}}{R};$$

$$\text{当 } t=\tau,\quad i\approx 0.63I;\quad \text{当 } t=3\tau,\ i\approx 0.95I.$$

称 τ 为暂态过程的时间常数,它直接表征了暂态过程的时间尺度,τ 越小,其过程越短暂,达到稳定值越快. 对于 LR 充磁过程,其时间常数为

$$\tau=\frac{L}{R}. \tag{6.21″}$$

例如,$L=50\ \mathrm{mH}$,$R=10\ \Omega$,则 $\tau=(50\times10^{-3}/10)\mathrm{s}=5\ \mathrm{ms}$.

这里尚需说明,如何正确理解电感元件的电压概念. 电感元件 L 是磁场集中性元件,与变化电流 $i(t)$ 相联系的变化磁场 $\boldsymbol{B}(t)$,使 L 内部和周围充满涡旋电场 $\boldsymbol{E}_\mathrm{c}(t)$,它是有旋场,不存在标量势函数;那么,电势差 U_L 或 U_{ab} 是何含义,而且,这 U_L 或 U_{ab} 是否就是跨接(a,b)两端的外部电压表所测出的值? 原来,电感元件其导线中的电流 $\boldsymbol{j}$ 与电场 $\boldsymbol{E}_\mathrm{c}$ 和电荷电场 $\boldsymbol{E}_\mathrm{q}$ 之关系,依然遵从导电介质动力学方程,

$$\boldsymbol{j}=\sigma(\boldsymbol{E}_\mathrm{q}+\boldsymbol{E}_\mathrm{c}),$$

对于纯电感元件其直流电阻已合并在 R 之中,这等效于其电导率 $\sigma\to\infty$,而电流密度 $\boldsymbol{j}$ 值有限,故得

$$\boldsymbol{E}_{\mathrm{c}}+\boldsymbol{E}_{\mathrm{q}}=0, \quad 即 \quad \boldsymbol{E}_{\mathrm{q}}=-\boldsymbol{E}_{\mathrm{c}},$$

于是,线圈两端(a,b)之电势差U_{ab},还是原来静电学意义上的电势差,

$$U_{ab}=\int_a^b \boldsymbol{E}_{\mathrm{q}}\cdot \mathrm{d}\boldsymbol{l}=\int_{a\,(L)}^b \boldsymbol{E}_{\mathrm{q}}\cdot \mathrm{d}\boldsymbol{l}=-\int_a^b \boldsymbol{E}_{\mathrm{c}}\cdot \mathrm{d}\boldsymbol{l}$$

$$=-\mathscr{E}_L=-\left(-L\frac{\mathrm{d}i}{\mathrm{d}t}\right)=L\frac{\mathrm{d}i}{\mathrm{d}t},$$

它与路径无关,即

$$U_{ab}=\int_{a\,(L)}^b \boldsymbol{E}_{\mathrm{q}}\cdot \mathrm{d}\boldsymbol{l}=\int_{a\,(外)}^b \boldsymbol{E}_{\mathrm{q}}\cdot \mathrm{d}\boldsymbol{l}.$$

这也正是外部电压表的测量值.

兹考量这充磁过程中的能量转化.在此过程中$i(t)<I$,从而$i^2R<i\mathscr{E}$,这表明充磁过程中每一时刻,电源输出功率大于焦耳热功率,其富裕部分对时间积分的能量值,转化为电感元件所储存的磁场能量W_L;定量上,凭借(6.21′)式给出的$i(t)$函数,确可导出

$$W_L=\int_0^\infty (i\mathscr{E}-i^2R)\,\mathrm{d}t=\frac{1}{2}LI^2. \qquad (6.21''')$$

这项工作留给读者自己完成.记得在本章6.3节曾以另一种方式导出该式.

图6.18(c)显示了电感电压$U_L(t)$变化曲线,注意到其初始电压$U_L(0)=\mathscr{E}$,并非为零,这不难理解,在初始时刻既然电流$i(0)=0$,电阻上电压降便为零,那端电压$\mathscr{E}$就全部降落在电感L两端;或者说,虽然$i(0)=0$,但$i(t)$曲线在初始点的斜率并非为零,而是$L(\mathrm{d}i/\mathrm{d}t)=\mathscr{E}$.这个事实的普遍意义在于,电感元件系一电流惰性元件,凡含电感元件的支路其电流不会突变,其电流初始值等于电路接通之前的电流值,即$i(0)=i(0^-)$;而电感电压U_L可能突变,即$U_L(0)\neq U_L(0^-)$.

正确把握电流电压初条件,对暂态过程之电路微分方程的正确定解,至关重要.其初条件不应该被简单地理解为电路接通之前时刻(0^-)的电流电压状态.

(2) 电键K→2,放磁过程

参见图6.18(a),兹将电键拨向2,让已被充磁的电感元件与电阻(R,R_0)构成一无源回路.于是,其电压方程,电路微分方程和初条件分别为

$$U_L+Ri+R_0i=0,$$

即

$$L\frac{\mathrm{d}i}{\mathrm{d}t}+R'i=0, \quad (R'=R+R_0) \qquad (6.22)$$

$$i(0)=I, \quad (I=\mathscr{E}/R)$$

其定解为

$$i(t)=I\mathrm{e}^{-\frac{t}{\tau}}, \quad \tau=\frac{L}{R'}. \qquad (6.22')$$

其变化曲线如图6.19所示.相应的电感电压为

$$U_L(t)=L\frac{\mathrm{d}i}{\mathrm{d}t}=-\frac{L}{\tau}I\mathrm{e}^{-\frac{t}{\tau}}=-\frac{R'}{R}\mathscr{E}\mathrm{e}^{-\frac{t}{\tau}},$$

特别关注电感电压的初始值，

$$U_L(0)=-\frac{R'}{R}\mathscr{E},\quad 即\quad U_{ba}=-U_{ab}=\frac{R'}{R}\mathscr{E}.$$

当 R_0 为高阻，R 为低阻，$R_0\gg R$ 时，

$$U_{ba}(0)\approx\frac{R_0}{R}\mathscr{E}\gg\mathscr{E}.$$

比如，$R_0=1\,\text{k}\Omega$，$R=10\,\Omega$，$\mathscr{E}=12\,\text{V}$，则电感电压或高阻 R_0 电压在初始瞬间可达，

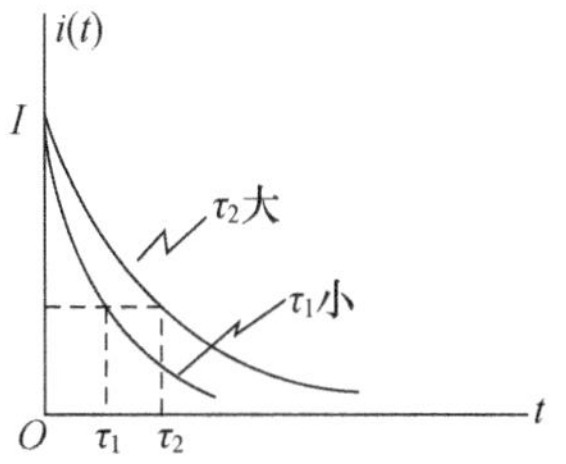

图 6.19 放磁过程的电流曲线

$$U_{ba}(0)\approx U_{R_0}(0)=1.2\,\text{kV}.$$

其结论是，通过高阻放磁，可以获得脉冲高压. 这源于电感元件系电流惰性元件，既然这一路初始电流为 I，它通过高阻自然要产生瞬间高压. 这一事理受到电气工程师的格外重视，电气设备均有电感绕组，故在断电时，在开关处极易出现强大的火光（弧光），这是一种危险现象；此处的高阻并非人为安置的电阻元件，而是电闸刀脱接处的空气隙，它等效于一段高阻，其两端的瞬间高压可击穿空气而致发光. 在电工技术操作手册中，提示人们拉开电闸的动作要果断迅速；对于大电流设备，特将其闸刀浸泡在油质中，称其为油浸开关，因为油的击穿场强数倍于空气. 其实，这类断电火光也时常出现在家用接线板里，特别在与电饭煲、微波炉连接的接线板处，当其电键断开瞬间，闪现火光，这类家用电器的工作电流约为 10 A.

- ***RC* 暂态过程——充电与放电**

（1）电键 K→1，充电过程

参见图 6.20(a)，一电容元件 C 与一电阻元件 R 串联于一直流电源 $\mathscr{E}$；当电键合上之后，电容器被充电，其电量$(q_0,-q_0)$从零开始，经历一个变化过程，而趋于一稳定值.

此回路电压方程为

$$U_C(t)+U_R(t)=\mathscr{E},$$

其中，
$$U_C(t)=\frac{q_0(t)}{C}=\frac{1}{C}\int_0^t i(t)\,\text{d}t,\quad U_R(t)=Ri=R\frac{\text{d}q_0}{\text{d}t},$$

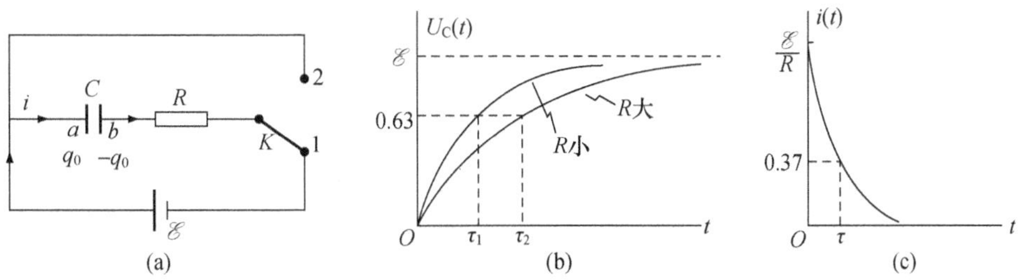

图 6.20 RC 充电暂态过程

(a) 建立电路方程；(b) 电压 $U_C(t)$；(c) 电流 $i(t)$

于是，以 $q_0(t)$ 为函数，该电路微分方程及其初条件分别为

$$R\frac{dq_0}{dt}+\frac{1}{C}q_0=\mathscr{E},\quad q_0(0)=0. \tag{6.23}$$

其定解为

$$q_0(t)=C\mathscr{E}(1-e^{-\frac{t}{\tau}}),\quad \text{时间常数}\quad \tau=RC. \tag{6.23$'$}$$

相应的电容电压 U_C 和回路电流 i 分别为

$$U_C(t)=\frac{1}{C}q_0(t)=\mathscr{E}(1-e^{-\frac{t}{\tau}}),\quad i(t)=\frac{\mathscr{E}}{R}e^{-\frac{t}{\tau}}. \tag{6.23$''$}$$

特别关注该充电暂态过程的初始值,

$$\text{电压}\ U_C(0)=0=U_C(0^-),\quad \text{电流}\ i(0)=\frac{\mathscr{E}}{R}\neq i(0^-)=0.$$

由此可见,电容元件是一电压惰性元件,其电压与其电量成比例,而电量的积累或释放总是渐变的,不会发生突变;与此相联系,含电容元件的电路电流可能有突变.这不难理解,既然初始瞬间电容器无电压,那端电压 $\mathscr{E}$ 就全部降落在电阻 R 上,其电流值必为 $\mathscr{E}/R$;当这 R 值甚小,比如 R 为电容器之漏电电阻,则初始电流甚大,出现一个脉冲大电流,比如,$\mathscr{E}=12$ V,$R=0.1\ \Omega$,则此电流脉冲峰值为 120 A.

注意到 RC 暂态过程的时间常数 $\tau=RC$,比如,$R=0.1\ \Omega$,$C=500\ \mu$F,则 $\tau\approx 50\ \mu$s(微秒),相当短暂.更有意思的是,电阻值 R 对 τ 的影响,当 R 与电容 C 搭配时,$\tau\propto R$;当 R 与电感 L 搭配时,$\tau\propto 1/R$.试问,若要增加暂态过程之时间常数,究竟是该加大电阻值,还是减少电阻值,这要先区分是电容性电路,还是电感性电路.

(2)K→2,放电过程

参见图 6.20(a),当电键拨向 2,就构成了一个 RC 无源回路,原已充电的电容器就成为一个暂态电源,向电阻 R 放电,造成一个脉冲电流,最终将电容器储存的电能,完全转化为电阻的焦耳热能而耗散,电流 $i(t)$ 趋于零,电压 $U_C(t)$,$U_R(t)$ 趋于零.据此,可以推断出,

$$i(0)=\frac{\mathscr{E}}{R},\quad i(\infty)=0,\quad i(t)=\frac{\mathscr{E}}{R}e^{-\frac{t}{\tau}}; \tag{6.24}$$

$$U_C(0)=\mathscr{E},\quad U_C(\infty)=0,\quad U_C(t)=\mathscr{E}e^{-\frac{t}{\tau}}. \tag{6.24$'$}$$

- **暂态过程三要素**

以上对(6.24)式的推断,是基于对暂态过程主要特征的准确把握.其一,准确判定初条件,它独立于电路微分方程,须知含电感电路的电流不会突变,$i(0)=i(0^-)$;电容两端电压不会突变,$U_C(0)=U_C(0^-)$.其二,准确判定电路终态电流 I,或 $I=\mathscr{E}/R$,或 $I=0$.其三,从初态到终态电路历经的暂态过程,必含因子 $e^{-\frac{t}{\tau}}$ 或因子 $(1-e^{-\frac{t}{\tau}})$,须知 $\tau_{LR}=L/R$,$\tau_{RC}=RC$.姑且称这三个特征为暂态过程三要素,实乃抓两头带中间,凭借对这三要素的准确把握,就能快捷地写出暂态过程的电流函数和电压函数,而无须依赖电路微分方程;对 LR 电路或 RC 电路便是如此简明,但对 LRC 电路,其暂态过程显得较为复杂,随后给出分析.

● *LRC* 串联暂态过程及其三种表现

(1) K→1,充磁又充电

参见图 6.21(a),三个元件 L,R 和 C 串联于一直流电源 $\mathscr{E}$;当电键合上之后,电感元件被充磁,且电容器被充电,经历一个暂态过程,而趋向一稳定的终态,$i(\infty)=0$,$U_C(\infty)=\mathscr{E}$.

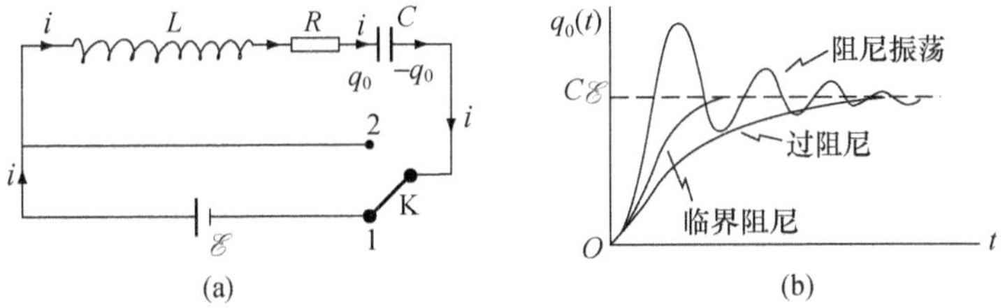

图 6.21 *LRC* 串联暂态过程

(a) 建立电路方程; (b) 电量 $q_0(t)$三种可能变化

此时电路的电压方程为

$$U_L+U_R+U_C=\mathscr{E},$$

即

$$L\frac{\mathrm{d}i}{\mathrm{d}t}+Ri+\frac{1}{C}q_0=\mathscr{E},$$

注意到电流 $i(t)=\mathrm{d}q_0/\mathrm{d}t$,便得到以电容器电量 $q_0(t)$为对象的该电路微分方程为

$$\underset{\text{惯性项}}{L\frac{\mathrm{d}^2q_0}{\mathrm{d}t^2}}+\underset{\text{阻尼项}}{R\frac{\mathrm{d}q_0}{\mathrm{d}t}}+\underset{\text{弹性项}}{\frac{1}{C}q_0}=\underset{\text{驱动力项}}{\mathscr{E}},\tag{6.25}$$

初条件为

$$q_0(0)=0,\quad \left(\frac{\mathrm{d}q_0}{\mathrm{d}t}\right)_0=i(0)=0;$$

又

$$U_L(0)=L\left(\frac{\mathrm{d}i}{\mathrm{d}t}\right)_0=\mathscr{E}.$$

这是一个标准的二阶、线性、常系数、非齐次方程,在数学上有现成的解法,其结果:对此类方程的一般形式而言,

$$a\frac{\mathrm{d}^2x}{\mathrm{d}t^2}+b\frac{\mathrm{d}x}{\mathrm{d}t}+cx=d,$$

存在三种可能的函数形式,取决于系数 a,b 和 c,集中于一特征量 λ,称 λ 为阻尼度,

$$\lambda=\frac{b}{2\sqrt{ac}},\quad \text{目前}\quad \lambda=\frac{R}{2}\sqrt{\frac{C}{L}}.\tag{6.25$'$}$$

这三种函数形式对应的三种过程是:

若 $\lambda>1$,过阻尼;若 $\lambda=1$,临界阻尼;若 $\lambda<1$,阻尼振荡.

这三种暂态过程如图 6.21(b)所示. 对于阻尼振荡曲线,电容器的电量 $q_0(t)$大体上以

$C\mathscr{E}$ 为平均值，时涨时落，发生着电容器电能 W_C 与电感器磁能 W_L 之间的可逆转化，而每涨落一回，均在电阻 R 上发生着不可逆的热耗散，故电量峰值有所下降，或其振荡幅度有所下降，呈现阻尼振荡.

感兴趣于 $R=0$，即无阻尼时的等幅振荡. 此时电路的微分方程为

$$L\frac{\mathrm{d}^2q_0}{\mathrm{d}t^2}+\frac{1}{C}q_0=\mathscr{E},$$

即

$$\frac{\mathrm{d}^2q_0}{\mathrm{d}t^2}=-\frac{1}{LC}q_0+\frac{\mathscr{E}}{L},$$

这是一个标准的含常数项的谐振动方程，其解为一简谐函数，再加一常数. 为明瞭此事，兹将以上方程改写为

$$\frac{\mathrm{d}^2q_0}{\mathrm{d}t^2}=-\frac{1}{LC}(q_0-C\mathscr{E}),$$

即

$$\frac{\mathrm{d}^2q'}{\mathrm{d}t^2}=-\frac{1}{LC}q',\quad q'\equiv q_0-C\mathscr{E},$$

其解为 $q'(t)=Q_0\cos\omega_0 t$，即

$$q_0(t)=Q_0\cos\omega_0 t+C\mathscr{E}.$$

再由初条件 $q_0(0)=0$，确定了 $Q_0=-C\mathscr{E}$，最终得到 LRC 串联无阻尼时，充电过程的等幅振荡解为

$$q_0(t)=C\mathscr{E}(1-\cos\omega_0 t),\quad \text{振荡角频率 } \omega_0=\frac{1}{\sqrt{LC}}.\tag{6.26}$$

如图 6.22(a)所示.

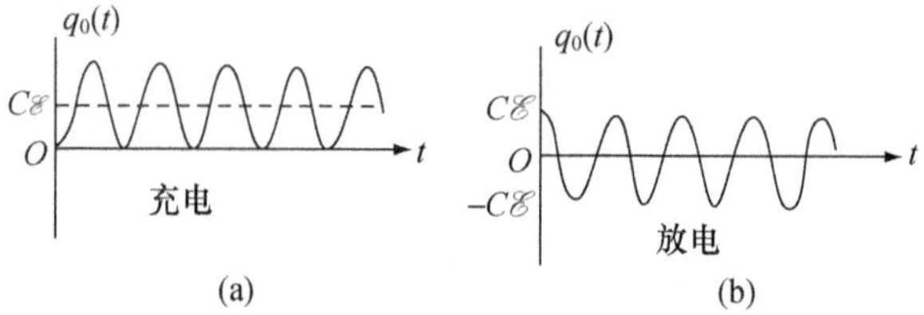

图 6.22　无阻尼 LC 串联电路

(a) 充电时 $q_0(t)$等幅振荡；(b) 放电时 $q_0(t)$等幅振荡

(2) K→2，放电过程

参见图 6.21(a)，令电键拨向 2，就构成了一个 LRC 无源回路，原已充电的电容器成为一暂态电源，它放电而电感器充磁. 因为存在能量耗散元件 R，使电路电流 $i(t)$或电压 $U_C(t)$最终衰减为零，即 $i(\infty)=0$，$U_c(\infty)=0$. 其历程 $q_0(t)$也有三种可能，过阻尼、临界阻尼和阻尼振荡，分别对应阻尼度 $\lambda>1$，$\lambda=1$，$\lambda<1$，这也相当于

$$R^2>4\frac{L}{C}, \text{过阻尼；}\quad R^2=4\frac{L}{C}, \text{临界阻尼；}\quad R^2<4\frac{L}{C}, \text{阻尼振荡.}\tag{6.26$'$}$$

试看 $R=0$，无阻尼理想条件下的等幅振荡，此时电路方程为

$$\frac{\mathrm{d}^2 q_0}{\mathrm{d}t^2} = -\frac{1}{LC} q_0, \quad 初条件\ q_0(0) = C\mathscr{E},$$

其解为一单纯的简谐函数，如图 6.22(b)所示，

$$q_0(t) = C\mathscr{E}\cos\omega_0 t, \quad 振荡角频率\ \omega_0 = \frac{1}{\sqrt{LC}}. \tag{6.26''}$$

相应的回路电流亦即通过电感 L 的电流为

$$i(t) = C\mathscr{E}\omega_0 \cos\left(\omega_0 t + \frac{\pi}{2}\right). \tag{6.26'''}$$

这等幅电磁振荡得以维持表明，其电容器电能 W_C 与电感器磁能 W_L 之间进行着可逆转换而守恒，可以预测两者之和为一常数，与时刻 t 无关，即

$$W_L + W_C = \frac{1}{2}Li^2(t) + \frac{1}{2C}q_0^2(t) = \text{const}.$$

这一事理类似于力学中无阻尼谐振子的运动中惯性动能 W_V 与弹性势能 W_K 之间的可逆转换与守恒，即

$$W_\mathrm{V} + W_\mathrm{K} = \frac{1}{2}mv^2(t) + \frac{1}{2}kx^2(t) = \text{const}.$$

从类比中得到力学量与电磁量的对应如下：

$$\underset{\text{位置坐标}}{x} \leftrightarrow \underset{\text{电量}}{q_0}, \quad \underset{\text{速度}}{v} \leftrightarrow \underset{\text{电流}}{i};$$

$$\underset{\text{惯性质量}}{m} \leftrightarrow \underset{\text{电感}}{L}, \quad \underset{\text{劲度系数}}{k} \leftrightarrow \underset{\text{电容倒数}}{\frac{1}{C}}.$$

最后必须说明，无阻尼毕竟是一理想情形，电感器的绕线电阻和电容器的漏电电阻多少有之，故欲获得稳定等幅电磁振荡，必定要求有外加交变电源不断提供能量，以补偿电阻上的能量耗散，这一问题将在交流电路一章和电磁波辐射部分继续讨论.

● 二阶线性常系数齐次方程通解的三种形式

其方程的一般形式为

$$a\frac{\mathrm{d}^2 x}{\mathrm{d}t^2} + b\frac{\mathrm{d}x}{\mathrm{d}t} + cx = 0,$$

其规范形式为

$$\frac{\mathrm{d}^2 x}{\mathrm{d}t^2} + 2\beta\frac{\mathrm{d}x}{\mathrm{d}t} + \omega_0^2 x = 0, \quad \left(\beta \equiv \frac{b}{2a},\ \omega_0^2 \equiv \frac{c}{a}\right)$$

比对 LRC 串联暂态过程(6.25)式，有

$$\beta = \frac{R}{2L}, \quad \omega_0^2 = \frac{1}{LC}, \quad x = q_0(t), \quad 阻尼度\ \lambda \equiv \frac{\beta}{\omega_0}.$$

(1) 当 $\lambda > 1$，即 $\beta > \omega_0$，其通解为①

---

① 可参阅：钟锡华、周岳明，《大学物理通用教程·力学》(第二版)，182—184 页，北京大学出版社，2011 年.

$$x(t) = C_1 e^{-(\beta-\beta_0)t} + C_2 e^{-(\beta+\beta_0)t}, \quad \beta_0 \equiv \sqrt{\beta^2 - \omega_0^2}. \tag{6.27}$$

此为过阻尼衰减过程，如图 6.23(a).

(2) 当 $\lambda=1$，即 $\beta=\omega_0$，其通解为

$$x(t) = (C_1 + C_2 t)e^{-\beta t}, \tag{6.27′}$$

此为临界阻尼衰减过程，它比过阻尼更快衰减，如图 6.23(a).

(3) 当 $\lambda<1$，即 $\beta<\omega_0$，弱阻尼情形，其通解为

$$x(t) = Ae^{-\beta t}\cos(\omega t + \varphi_0), \quad \omega \equiv \sqrt{\omega_0^2 - \beta^2}, \tag{6.27″}$$

此为弱阻尼衰减振荡过程，如图 6.23(b). 理想情形，$\beta=0$，无阻尼，则

$$x(t) = A\cos(\omega_0 t + \varphi_0). \tag{6.27‴}$$

此为无阻尼等幅振荡过程.

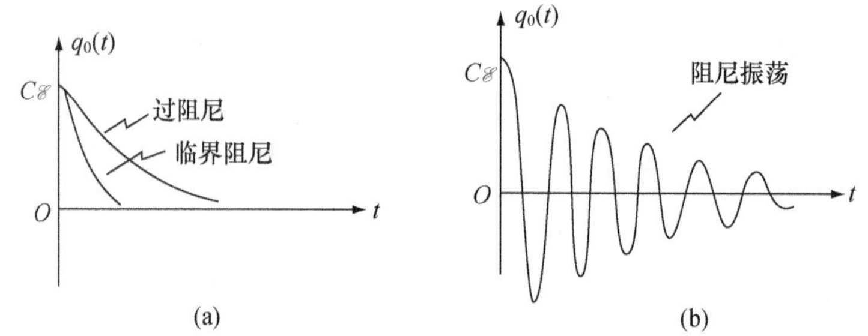

图 6.23　(a) 过阻尼与临界阻尼；(b) 阻尼振荡，设 $q_0(0)=C\mathscr{E}$，$\left(\frac{dq_0}{dt}\right)_0=0$

注意到以上三个通解中均含有两个待定常数 C_1, C_2 或 (A, φ_0)，它们由初条件 $x_0, v_0=(dx/dt)_0$ 决定. 比如，对于图 6.21(a)所示的 LRC 串联放电过程，其初条件为 $q_0(0)=C\mathscr{E}$，$i(0)=0$. 还要注意到这三种过程的共同特点是衰减，其函数值经一定时间之后趋于零，物理上称其为非定态或暂态. 简言之，二阶线性常系数齐次方程的通解系非定态的暂态解，不可能长时间存在. 这一结论将应用于交流电路一章 LRC 谐振电路的分析中.

二阶线性常系数齐次或非齐次方程，是物理学中也算常见的一类微分方程，比如，力学中有阻尼弹簧振子的运动方程. 电磁学中就有三种场合出现此类方程，其一，眼前的 LRC 串联充电或放电的暂态过程；其二，在交变电源作用下，LRC 谐振电路方程；其三，灵敏电流计线圈的运动方程. 对灵敏电流计线圈的运动稍加详细介绍如下.

那通电载流线圈，在转动过程中将同时受到三个力矩 M_1, M_2 和 M_3 的作用，其中，

安培力矩　　$M_1 = NSBI$；（恒定，与转角无关）

楞次阻尼力矩　　$M_2 = -\dfrac{(NSB)^2}{R}\cdot\dfrac{d\theta}{dt} = -P\dfrac{d\theta}{dt}$,

$$P \equiv \frac{(NSB)^2}{R}, \quad R = R_g + R_{外};$$

悬丝恢复力矩　　$M_3 = -D\cdot\theta$.　（D 为悬丝扭转系数）

应用刚体力学的转动定理，

$$M_1+M_2+M_3=J\frac{\mathrm{d}^2\theta}{\mathrm{d}t^2},\quad (J\text{ 为线圈转动惯量})$$

得该线圈运动 $\theta(t)$ 的微分方程为

$$\text{通电时}\quad J\frac{\mathrm{d}^2\theta}{\mathrm{d}t^2}+P\frac{\mathrm{d}\theta}{\mathrm{d}t}+D\theta=M_1,\qquad \text{阻尼度 }\lambda=\frac{P}{2\sqrt{JD}};$$

$$\text{断电时}\quad J\frac{\mathrm{d}^2\theta}{\mathrm{d}t^2}+P\frac{\mathrm{d}\theta}{\mathrm{d}t}+D\theta=0.$$

值得指出，使用灵敏电流计进行实际测量操作时，要先调节电路外电阻 $R_{外}$，以满足 $\lambda=1$，使电流计处于临界阻尼的工作状态，这样通电时就能更快地达到稳定值 θ_0，断电时也能尽快地回到零点，这对多次连续测量十分需要. 否则，若让灵敏电流计处于过阻尼或弱阻尼工作状态，均要耗费不少测量时间.

● **【讨论】 *LRC* 并联暂态过程**

参见图 6.24，一电感器 (L,r) 与电容 C 并联，再同一电阻串联于一直流电源 $\mathscr{E}$，当合上电键 K，试求解暂态电流 $i(t)$，$i_1(t)$ 和 $i_2(t)$.

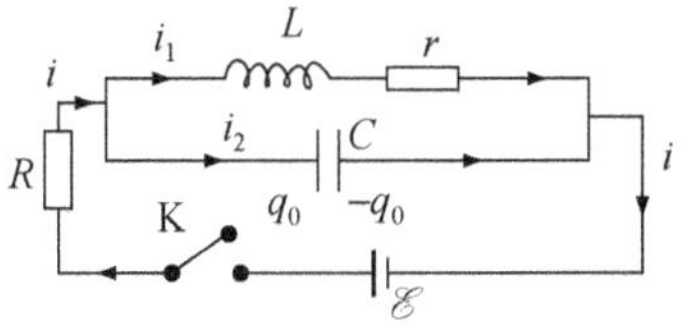

图 6.24 *LRC* 并联暂态过程

讨论：

(1) 拟先从物理上判定三者的初值和终值，即

$$i_1(0)=0,\quad i(0)=i_2(0)=\frac{\mathscr{E}}{R};$$

$$i_2(\infty)=0,\quad i(\infty)=i_1(\infty)=I=\frac{\mathscr{E}}{R+r}.$$

(2) 建立电路方程

$$Ri+\frac{1}{C}q_0=\mathscr{E},$$

又

$$\frac{\mathrm{d}q_0}{\mathrm{d}t}=i_2,$$

得

$$R\frac{\mathrm{d}i}{\mathrm{d}t}+\frac{1}{C}i_2=0. \qquad ①$$

并联电路其两端电压相等，得

$$L\frac{\mathrm{d}i_1}{\mathrm{d}t}+ri_1=\frac{1}{C}q_0, \qquad ②$$

注意到

$$\text{总电流 } i(t)=i_1(t)+i_2(t), \qquad ③$$

经整理列出电路方程为

$$\begin{cases}R\dfrac{\mathrm{d}i_2}{\mathrm{d}t}+\dfrac{1}{C}i_2+R\dfrac{\mathrm{d}i_1}{\mathrm{d}t}=0, & ④\\[2ex] L\dfrac{\mathrm{d}^2 i_1}{\mathrm{d}t^2}+r\dfrac{\mathrm{d}i_1}{\mathrm{d}t}-\dfrac{1}{C}i_2=0. & ⑤\end{cases}$$

(3) 这是一个二元联立微分方程组,如何解出 $i_1(t)$ 和 $i_2(t)$,还得求助于高等数学. 试继续讨论之.

6.6 超导电性

- 引言
- 零电阻性——临界温度与临界磁场
- 完全抗磁性——迈斯纳效应
- 磁通量子化
- 超导结及其隧道效应
- 约瑟夫森效应
- 库珀对
- 百年追求高 T_c

● 引言

在人类低温技术与物理的发展史上,1911 年是值得纪念的一年.

荷兰实验物理学家开默林·昂内斯(H. Kamerling Onnes),首先于 1908 年 7 月 10 日成功地将氦气液化,其液化温度为 4.2 K,得到了 60 cm^3 液氦. 接着,昂内斯利用这低温条件,研究金属电阻对温度的依赖关系,终于在 1911 年 4 月发现了汞在液氦温度附近时,其电阻突然消失,如图 6.25 所示. 他肯定这是一个全新的物理现象,并将其命名为超导电性(superconductivity). 现今人们将具有超导电性的物质或物态,简称为超导体或超导态,以区别于正常态. 1913 年昂内斯获得诺贝尔物理学奖,其获奖原因是研究物质在低温下的性质,并制得液氦.

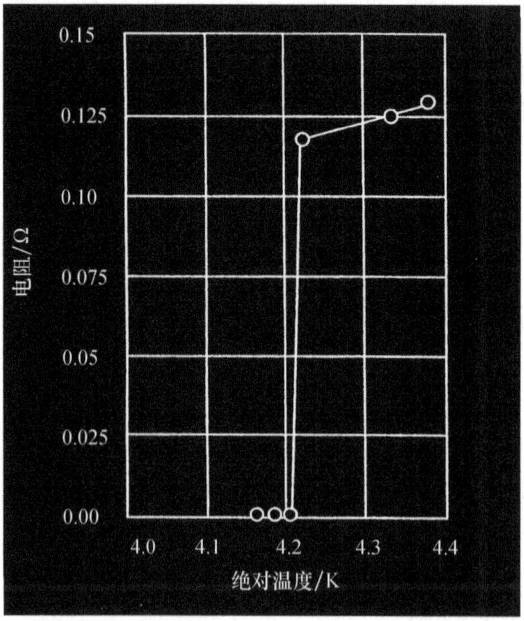

图 6.25　汞在 4.2 K 温度时其电阻突然消失

1933 年，荷兰科学家迈斯纳和奥森菲尔德发现超导体内部的磁感强度总为零，即超导体具有完全抗磁性，也称其为迈斯纳效应(Meissner effect). ①

后来的数十年里，人们发现了诸多金属和合金在低温条件下呈现超导电性，且从多方面研究处于超导态物质的各种独特物性，比如其电学性质、磁学性质、热学性质和同位素性质等. 本书重点描述超导体的电性和磁性，极其简略地介绍超导电性的理论说明.

● 零电阻性——临界温度与临界磁场

对于汞，准确地说它在温度为 4.153 K、磁场为 41.2 mT(毫特斯拉)时，其电阻突然消失，即呈现零电阻性. 超导体由正常态转变为超导态的温度，称为临界温度 T_c；当该物质所处实际温度 $T<T_c$ 时，它就具有超导电性.

人们进一步研究了临界温度与外加磁场的关系，其结果表明，外磁场的存在将降低临界温度 T_c，使原本处于超导态的物质可能变回到正常态，这说明磁场在一定程度上破坏了材料的超导电性. 与临界温度 T_c 对应的磁场称为临界磁场，将其记为 H_c 而非 B_c，这可能出于历史原因，而其单位依然标为 T 或 mT，此乃磁感 $\boldsymbol{B}$ 之单位. 临界磁场 H_c 的意义是，当实际外磁场 $H<H_c$ 时，该物质处于超导态；当实际外磁场 $H>H_c$ 时，该物质处于正常态. 临界磁场 H_c 与温度 T 的定量关系在理论上可以表达为

$$H_c = H_0\left[1-\left(\frac{T}{T_c}\right)^2\right], \quad (T \leqslant T_c) \tag{6.28}$$

这里，H_0 为 0 K 时的临界磁场，T_c 为该超导材料在无外磁场时的临界温度；$H_c(T)$ 函数曲线如图 6.26 所示.

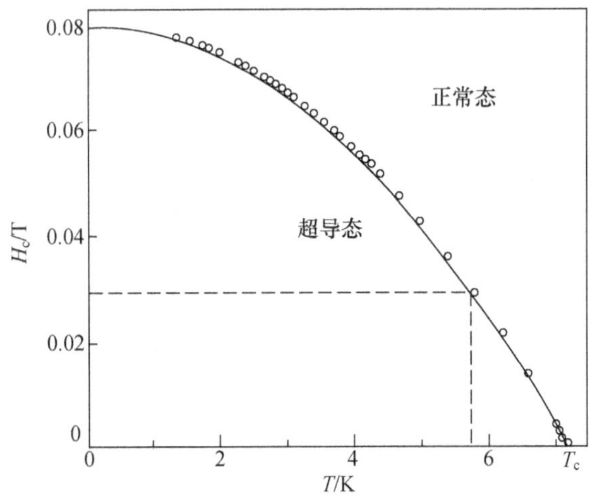

图 6.26 临界磁场与温度之关系曲线

① 参考张酣：无尽的探索——写在超导电性发现 100 周年，《大学物理》，30 卷 1 期，2011 年 1 月，1—6.

如果让一个由超导材质制成的线圈通以电流，尔后将它置于极低温下转变为超导体，则这超导线圈中的电流 I_s 将在无外电源情形下，持续运行，永不衰减，这是因为零电阻性，无焦耳热耗散，至少理论上是如此. 为了测试超导电流的寿命，拟可将电流的直接测量，转化为对其磁场的测量. 1963 年，有实验研究者用核磁共振方法，精测了超导线圈所产生的磁场变化，据此估算出 I_s 衰减时间不少于 100 000 年.

表 6.2 和表 6.3 分别列出某些元素和化合物的超导参数，即临界温度和临界磁场. 顺便指出，并非所有金属在足够低温度下均能呈现零电阻性，还有很多金属在很低温度下尚未观察到其超导电性. 比如，Li，Na，K(钾)，分别至 0.08 K，0.09 K 和 0.08 K 时仍为正常态；Cu，Ag 和 Au，分别至 0.05 K、0.35 K 和 0.05 K 时仍为正常导体. 有理论预言，对于 Na 和 K，其临界温度要低于 10^{-6} K. ①

表 6.2 一些元素的超导参数

元 素	临界温度 T_c/K	临界磁场 H_c/mT	元 素	临界温度 T_c/K	临界磁场 H_c/mT
Be	0.026		Sn	3.722	30.9
Al	1.140	10.5	La	6.00	110.0
Ti	0.39	10.0	Hf	0.12	
V	5.38	142.0	Ta	4.483	83.0
Zn	0.875	5.3	W	0.012	0.107
Ga	1.091	5.1	Re	1.4	19.8
Zr	0.546	4.7	Os	0.655	6.5
Nb	9.50	198.0	Ir	0.14	1.9
Mo	0.92	9.5	Hg	4.153	41.2
Tc	7.77	141.0	Tl	2.39	17.1
Ru	0.51	7.0	Pb	7.193	80.3
Rh	0.0003	0.0049	Lu	0.1	
Cd	0.56	3.0	Th	1.368	0.162
In	3.4035	29.3	Pa	1.4	

表 6.3 某些化合物的超导临界温度

化合物	临界温度 T_c/K	化合物	临界温度 T_c/K
Nb_3Sn	18.05	V_3Ga	16.5
Nb_3Ge	23.2	V_3Si	17.1
Nb_3Al	17.5	$Pb_1Mo_{5.1}S_6$	14.4
NbN	16.0	Ti_2Co	3.44
$(SN)_x$ 聚合物	0.26	La_3In	10.4

① 参考：王正行，《近代物理学》(第二版)，北京大学出版社，2010 年，287—299 页.

● 完全抗磁性——迈斯纳效应

超导体还将完全排斥磁场于体外，不论最初处于正常态时，其体内有磁通还是无磁通，一旦它转变为超导态，必将从其内部排除掉任何磁场，即超导体内部 $\boldsymbol{B}=0$，称其为完全抗磁性，如图 6.27 所示.

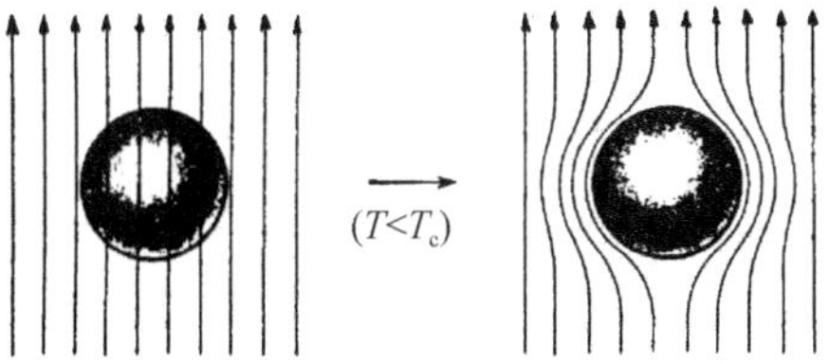

图 6.27 超导态的完全抗磁性

必须指出，超导态的完全抗磁性独立于其零电阻性. 零电阻性只能说明，超导体内部的磁通必恒定，不可能有任何变化，即，若原无磁通则永无磁通，若原有磁通则恒有此磁通；否则，就有感应电动势存在于超导体内，相应的感应电流便是无穷大，这是不可能的.

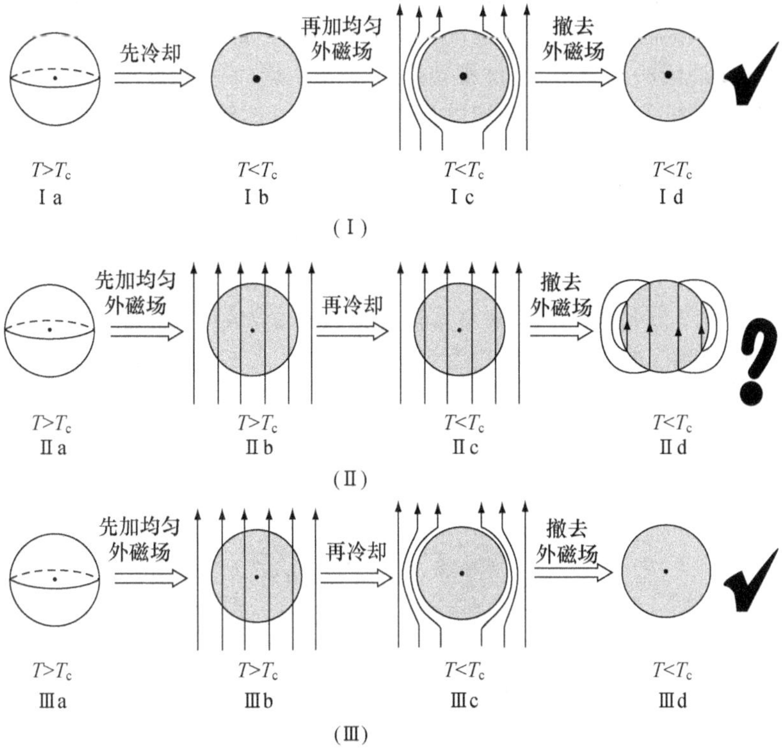

图 6.28 三组演变图以显示超导态的完全抗磁性及其与零电阻性的区别

图 6.28 凸显完全抗磁性与零电阻性的区别，其中第(Ⅰ)组实验显示，已经处于超导态的球(Ⅰb)，将不再接受外加磁场，其体内 $B=0$(Ⅰc)；故当外磁场撤消后，该超导球的体内和体外均无磁场(Ⅰd). 第(Ⅱ)组，先将一个超导材质的球置于外磁场中(Ⅱb)，再冷却至 $T<T_c$，使其处于超导态，按零电阻性分析，其磁通不会变化(Ⅱc)；尔后撤消外磁场，该超导球就感应出如Ⅱd 所示的磁感分布，以维持其体内磁通恒定. 这是基于零电阻性分析而得到的

结论，然而，这却与事实不符．第（Ⅲ）组图示中，Ⅲa，Ⅲb状态与第（Ⅱ）组相同，其区别从Ⅲc状态开始．基于完全抗磁性，处于超导态的球将原有的磁感线完全排斥于体外，其体内$B=0$，相应地其体外磁感线发生形变（Ⅲc）；尔后，若撤消外磁场，则其体内和体外皆无磁场（Ⅲd），雷同于第（Ⅰ）组的终态．

那么，超导体凭借何种力量来完全抵御外磁场？基于宏观电磁场理论以审视之，其结论只能是，一旦有了外磁场$\boldsymbol{B}_0$，处于超导态的物体立马响应一表面电流，而产生一磁场$\boldsymbol{B}_s$，以完全抵消其体内的外磁场，使体内$\boldsymbol{B}=\boldsymbol{B}_0+\boldsymbol{B}_s=0$，当然其体外磁场随之形变．比如，处于均匀外磁场中的超导球，就将响应一正弦型面电流分布，它产生了一均匀磁场于球内，用以完全抵消外磁场；即便外磁场非均匀，或者超导体非球体，它总能响应出一个特定分布的面电流，以其磁场来完全抵消外磁场．这十分相似于静电场中的导体，总可以感应出一特定分布的自由电荷面密度，以完全抵消外电场，从而保证体内$\boldsymbol{E}=0$，即导体完全屏蔽了外部静电场．至于处于超导态的物质，又是凭借何种物理机制而能响应出如此表面电流，这是另一个层次的问题，它涉及超导体内部电子运动的特异行为．又及，关于超导体的唯象宏观电磁理论表明，从其表面外侧的非零磁感，过渡到体内磁感为零，有一表面层，其厚度约为1 nm，这也正是表面电流层厚度．超导体所响应的表面层电流，有时被简称为超导电流．

完全抗磁性不仅是超导体特异性质的重要表征之一，而且它是判定超导态的快捷测试者．拟可做一个简单实验，参见图6.29，其所需器物为一块铁氧体，它具有强磁性，一介质片，它是被测试者，一个保温瓶，它内装液氮或液氦，还有一个杯子．将永磁块放于杯底，再将介质片置于那永磁块上方，尔后将液氮或液氦倒入杯中，使介质片浸泡于低温条件下；试看那介质片是否立马悬浮起来．如是，则判定这介质已转变为超导态，那向上的浮力，正是该超导片完全抗磁性所响应的表面电流I_s与永磁块所产生的外磁场之间的安培力，此乃排斥力；若否，则判定此介质未呈现超导态．

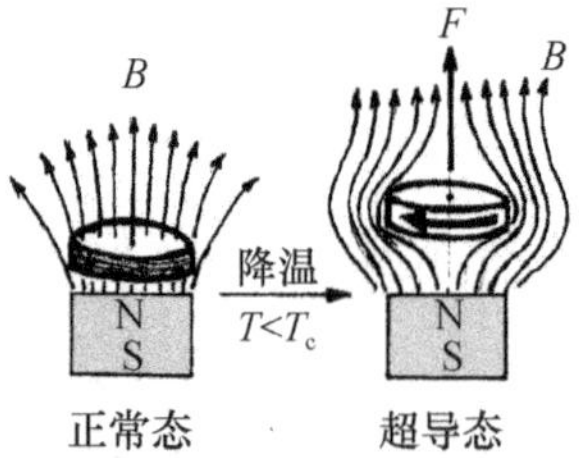

图6.29　演示磁悬浮源于超导态的完全抗磁性

对于迈斯纳发现超导体具有完全抗磁性的历史背景，诺贝尔物理学奖得主、德国物理学家M. V. 劳厄有过一段叙述，他在《我的工作的自述》中，是这样写的：

> 从1920年到1943年，我在柏林弗里德里希-威廉大学任教授，此外，直到1934年我还兼任过国立物理与技术研究所的理论顾问．迈斯纳当时在柏林唯一的低温实验室里研究超导性，即研究许多金属在液氦低温条件下显示的欧姆电阻的显著消失．1928年左右在有关文献中出现了这样的问题：为什么在这样一种金属丝中，消除超导电性的磁场阈值在横向方面为纵向方面的一半．1932年，我在瑙海

姆温泉浴场举行的物理学家代表大会上接受普朗克奖章时，根据超导电流引起的磁场形变，对此作出了简单的解释．这个解释经过莱顿物理学家的反复修正，得到检验和证实之后，现在已被普遍接受了．我有时甚至说，这种解释是平常的；我知道，对于主要以这个论据为准则的人，对于已经发现或者也可能已经发现这种"平常"思想的人，这么说当然是不适当的．不管怎样，这种思想为迈斯纳的进一步实验和他的重大发现开辟了道路，这个发现揭示了一个超导体会从它内部排除任何磁场，而这又使伦敦的超导理论成为可能．我也参加了这个理论的建立，我认为，即使在今天，它也还是把超导电流纳入麦克斯韦的电动力学和相关的热力学的一个值得重视的尝试．①

• 磁通量子化

这一奇异现象出现于一超导环的实验中，参见图 6.30，由超导材料制成一个闭合环路，并将这超导环置于外磁场之中；此时超导环的完全抗磁性，将响应一环形电流，以抵消其体内的外磁场．于是，穿过这超导环所围面积 S 的磁通 $\Phi_{总}$，等于外场磁通 $\Phi_{外}$ 与超导电流所贡献的磁通 $\Phi_{超}$ 之和，即

$$\Phi_{总} = \Phi_{外} + \Phi_{超}. \tag{6.29}$$

实验时令外磁通连续改变，结果发现总磁通的变化竟是跳跃式的不连续，称此为磁通量子化现象，其定量规律为

$$\Phi_{总} = n\frac{h}{2e}, \quad n = 0, \pm 1, \pm 2, \cdots, \tag{6.29'}$$

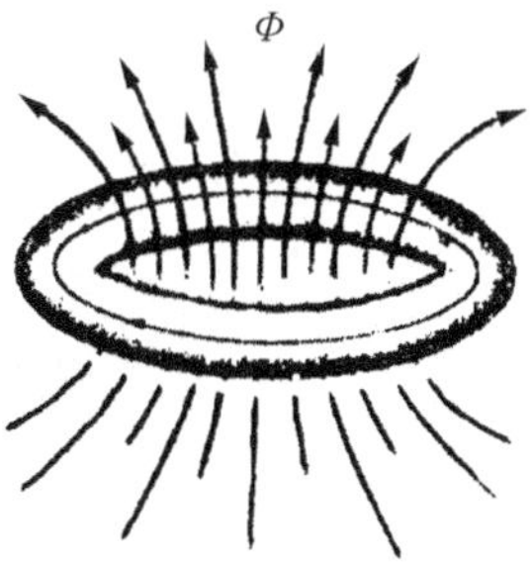

图 6.30 显示磁通量子化

其中，磁通最小单位$(h/2e)$被称为磁通量子 Φ_0，其数值为

$$\Phi_0 = \frac{h}{2e} \approx 2.0578 \times 10^{-15}\,\mathrm{T \cdot m^2}. \tag{6.29''}$$

磁通量子化系宏观量子效应，是伦敦于 1950 年作出的理论预言，尔后在 1961 年得以实证．磁通量子 Φ_0 值，直接联系着物理世界的两个最基本常数，即普朗克常数 h 和电子电荷 e，足见其重要意义．

从(6.29)式看，其右边第一项 $\Phi_{外}$ 是连续变化的，而 $\Phi_{总}$ 却是量子化的，故惟有 $\Phi_{超}$ 是量子化的，方可如此，这表明伴生的超导电流是量子化的．据此，不妨将那第二项 $\Phi_{超}$ 虚拟地展开为两项，

$$\Phi_{超} = (-\Phi_{外}) + \delta\Phi_{超}, \tag{6.30}$$

其中第一项$(-\Phi_{外})$用以抵消连续增长的外磁通，于是，

$$\Phi_{总} = \delta\Phi_{超},$$

则

$$\delta\Phi_{超} = n\Phi_0. \tag{6.30'}$$

---

① 摘自劳厄著《物理学史》附录，范岱年、戴念祖译，商务印书馆，1978 年，133—134 页．

即，量子化跳跃的总磁通，正是超导环所响应的量子化磁通部分所贡献的. 至于，为什么超导环在一连续变化的外磁通激励下，出现了一不连续的响应，这涉及材料超导电性动力学机制，对此本课程不作介绍.

- **超导结及其隧道效应**

使用超导材料制成某种特殊结构的器件，以期望它具有特异的物理功能，这一直是超导物理与技术研究中的热门领域. 这类超导功能器件，当首推超导隧道结，它是贾埃弗于1961年发明的.

如图6.31所示，超导结由三片叠成——两片超导体，而中间夹层为绝缘体，比如 Al/Al_2O_3/Sn 结. 其制作工艺可以这样，先在一长方形玻璃衬底的四角，贴上铟片备作外接电源用；在一对角接片(aa')间淀积上一条铝膜，其宽约1 mm，厚约200 nm；尔后，使铝膜表面氧化，形成厚度约为2 nm 的 Al_2O_3 绝缘层；最后，在另一对接片(bb')间淀积上一层锡膜，便制成一个 Al/Al_2O_3/Sn 隧道结. 实验时将接片分别接入电源两端，以探测这三明治型或肉夹馍型器件的伏安特性，即测试 V-I 曲线.

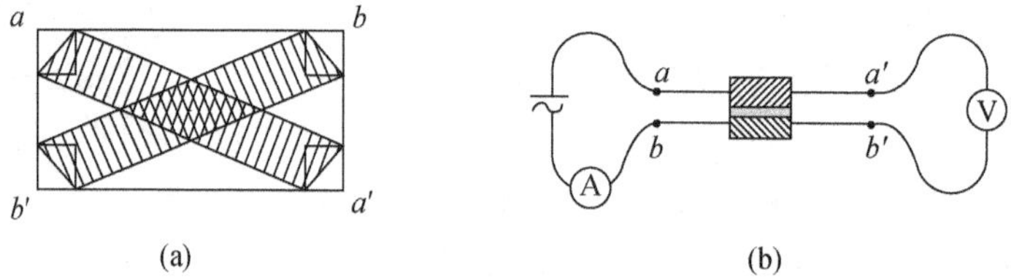

图6.31 贾埃弗超导结的制作(a)及其伏安特性的测试(b)

当其间的绝缘层足够薄时，比如1 nm—10 nm，射向它的电子波则有一定概率穿透到另一边，而形成所谓隧道电流，此场合不能认为这甚薄绝缘层是完全不导电的，即电路中电流是存在的. 既然如此，人们的兴趣点就在于测试 V-I 曲线，试看在电压 V 连续增长过程中，其电流 I 究竟如何响应. 所发现的主要实验结果兹归纳如下：

(1) 如果两边金属均在正常态，则 V-I 曲线为通过原点的直线，遵从宏观电磁学的欧姆定律，如图6.32(a)，这表明那甚薄的绝缘层成为一导电介质层.

(2) 如果一边为正常态，而另一边为超导态，则 V-I 曲线上出现一临界电压 V_c，如图6.32(b). 在电压 $V<V_c$ 段，电流近乎为零；在电压 $V\approx V_c$ 邻近，电流急剧上升；在 $V>V_c$ 段，V-I 关系呈现线性关系.

(3) 如果两边均为超导态，则 V-I 曲线上出现两个特征电压 V_{c1} 和 V_{c2}，当实际电压 $V\approx V_{c1}$ 或 $V\approx V_{c2}$，则相应的电流 I 有显著的跳跃，如图6.32(c)所示.

以上(2)和(3)中出现的电流称为超导体单粒子隧道电流，意指这隧道电流的载流子为单电子($-e$)，并非双电子即所谓库珀对($-2e$). 实验上所观测到的临界电压 V_c 或 $V_{c1,2}$，与电子运动能量状态的能隙直接相联系. 故上述超导体单粒子隧道电流的性质，为研究和确定超导态的能隙以及费米能邻近的能级密度，提供了最直接的途径.

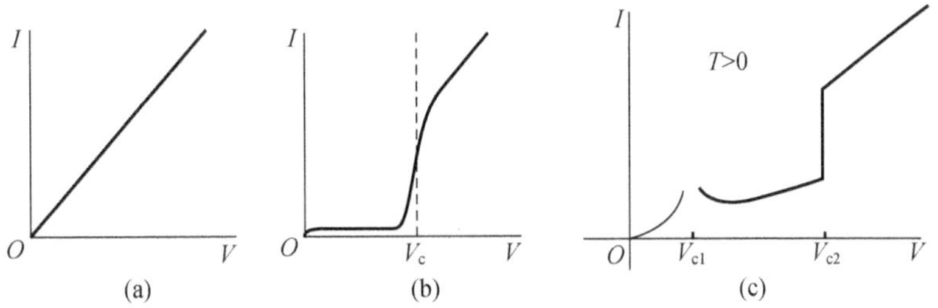

图 6.32 贾埃弗隧道结的伏安特性

- **约瑟夫森效应**

当隧道结两边为超导态时，除了单粒子隧道电流外，双粒子库珀对也有可能穿过绝缘层，从一边流向另一边，而形成库珀对的隧道电流，其特性如下：

(1) 若隧道结两端无电压，$V=0$，可以观测到恒定的隧道电流，其电流密度在理论上表达为 $j=j_0\sin\delta_0$，这里 δ_0 表示隧道结两边双电子波的相位差，j_0 与隧道结两边的双电子波通过结区的相互作用参数相联系. 这被称为直流约瑟夫森效应.

(2) 当两边加以恒定电压 V_0 时，观测到一交变的隧道电流，其电流密度可表达为

$$j(t)=j_0\sin\left(\delta_0-\frac{2eV_0}{\hbar}t\right),\quad (\hbar\equiv h/2\pi)$$

即

$$\text{角频率}\ \omega_0=\frac{2eV_0}{\hbar}. \tag{6.31}$$

值得关注的是，这交变电流的角频率 ω_0 与 (e/h) 相联系，约在射频范围，它是可以被精确测定的. 这一现象被称为交流约瑟夫森效应.

(3) 更有意思的是，若在恒定电压之上，再加一同频的调制电压，即 $V(t)=V_0+V_1\cos\omega_0 t$，当 $V_1\ll V_0$ 时，则观测到的隧道电流中，除有交变电流外，还含有一直流成分，被表达为

$$j=\frac{eV_1}{\hbar\omega_0}\sin\delta_0. \tag{6.31$'$}$$

这种现象亦称为交流约瑟夫森效应.

约瑟夫森于 1961 年首先从理论上预言的上述效应，在 1963 年被实验所证认. 因为这类效应在理论上和应用上的重要意义. 约瑟夫森、超导结及其隧道效应的发现者贾埃弗、半导体隧道效应的发现者江崎于奈，三人同获 1973 年诺贝尔物理学奖.

若将两个超导隧道结并联而形成一闭合环路，且外加一磁场 $\boldsymbol{B}$ 于此环路所围面积的中心区域，就构成一个超导量子干涉器件，缩写为 SQUID (Superconducting Quantum Interference Device). 这两路隧道电流汇合叠加而干涉. 凡振动或波之叠加，其相位差必定起着重要作用. 在这里，由于其中磁场 $\boldsymbol{B}$ 或磁通 Φ 对量子波函数中相位因子的影响，而致其干涉结果的总隧道电流与外磁通息息相关，在理论上表达为

$$j=j_0\sin\delta_0\cdot\cos\frac{e\Phi}{\hbar}. \tag{6.31$''$}$$

这余弦因子正是由磁场所调制的干涉因子. 上式表明，总隧道电流随磁通的单调增长而呈现周期性的振荡；若以磁通量子 Φ_0 值为尺度，则当磁通取 Φ_0 值的整数倍即 $n\Phi_0$ 时，电流 j 取极值：或取正极大，当 $n=0,2,4,\cdots$；或取负极大，当 $n=1,3,5,\cdots$.

已知磁通量子 Φ_0 值是非常小的，约为 $2\times10^{-15}\,\mathrm{T\cdot m^2}$，可见，磁通或磁场的微弱变化，就将引起 SQUID 电流的显著变化，而电流的精密测量技术已相当成熟，这使得 SQUID 可用来制作测量弱磁场的高灵敏度的精密仪器，如今已广泛应用于医学、生物学、工业技术和科学研究中，比如，心磁图、脑磁图和地质探矿. ①

• 库珀对

在超导电性微观机制的理论中，库珀对一词的使用频率甚高，兹对其作最粗略介绍.

通常导电介质比如金属，其载流子是自由电子，运动于金属中的这些自由电子，频繁地遭受原子实的碰撞，丧失掉从电场力获得加速的定向速度，而维持一有限的平均定向漂移速度，表现为宏观上的电阻性. 这是经典物理的语言对金属导电机制的描述.

运动电子具有波动性，传播于介质中的电子波，遭受晶格、杂质和缺陷的散射，而丧失掉定向动量，对定向动量而言这种散射也是一种耗散，这是量子物理的语言对导电介质电阻性微观机制的粗略描述. 在正常金属中，电子德布罗意波长约为 4—10Å，这正是晶格间距的数量级，可见电子波在金属晶格中的散射十分明显.

以上两种语言或描述，均未考量传导电子间的相互作用，仅着眼于传导电子与晶格之间的相互作用.

量子力学对金属电阻性的描述大意如下. 晶格的周期性，及其热振动的传播将形成格波，格波能量是量子化的，其能量子简称为声子. 于是，运动电子与晶格的相互作用，就以两者间交换声子的语言予以描述. 另一方面，电子与晶格之间的库仑相互作用，会使格波发生形变，而格波的形变通过库仑作用又会波及邻近电子，于是，以格波为媒介，两个电子之间就将出现某种相互作用，使两个电子之间发生关联. 1956 年，库珀指出，当两个电子距离较近，以库仑排斥作用为主，两者不能形成束缚态；当两个电子距离较远，库仑排斥力很小，两者有可能形成束缚态. 在费米能级附近，动量和自旋均相反的两个电子，其电子—声子—电子相互作用的吸引力最强，而将形成束缚态；如此束缚态的两个电子，世称库珀对(Cooper pair)，宛如冰舞中的一对同性舞伴.

库珀对中两个电子的结合相当松散，其相关长度可达宏观 μm 量级，远大于金属晶格间距 1 nm 以下. 如此长程牵引着的库珀对，其运动不会遭受晶格、缺陷和杂质的散射，因为后者的非均匀尺度远小于库珀对的相关长度；或者说，库珀对的两个电子，其动量相反，以致库珀对的质心动量为零或很小，相应其波长很长，也不会被晶格振动、晶格缺陷和杂质所散射. 简言之，以库珀对($-2e$)为载流单元的场合，无耗散无电阻，表现为宏观上的超导电性. 必须说明，库珀对的两个电子间这等松散的结合或束缚，相当脆弱，极易被晶格热运动所破坏，故

---

① 目前探测磁场灵敏度的国际最好水平为 100fT，即 10^{-13} T，由射频超导量子干涉器件测出.

只在极低温度下,库珀对才得以维持,且成为主要载流体;据此可以解释,超导体的转变温度即临界温度 T_c 为什么那么低,所谓低温超导.

基于库珀对这一物理机制,巴丁、库珀和施里弗三人合作,在1957年发表了一个全面和系统的超导电性微观量子理论,成功地解释了超导体的特异物性,诸如,零电阻性和临界温度 T_c,迈斯纳效应即完全抗磁性和临界磁场 H_c、其二级相变和比热曲线,磁通量子化,以及临界温度同位素效应等,于是该理论立即被大家接受,世称其为BCS理论.他们三人因此同获1972年诺贝尔物理学奖.顺便提及,这是巴丁(J. Bardeen)第二次获此殊奖,他因1947年发现半导体晶体管效应,而获1956年诺贝尔物理学奖.

● 百年追求高 T_c

超导电性发现以来的百年历史,拟可分为两个阶段.

1911—1986年,这75年为第一个阶段,姑且称为低温超导体阶段.继昂内斯发现Hg在液氦温度下的零电阻性以后,人们纷纷跟随探寻,发现了很多金属和合金具有超导电性,其临界温度均很低;直至1973年发现了铌三锗(Nb_3Ge),其 T_c 为23.2 K,这个纪录保持了13年.

1986年至今为第二个阶段,姑且称为高温超导体阶段.1986年冬天,IBM瑞士苏黎世实验室的两位研究者,穆勒和贝德诺尔兹,发现了镧钡铜氧(La-Ba-Cu-O)化合物的超导电性,其 T_c 高达35 K,这引起国际轰动,随即掀起探寻高 T_c 超导体的世界热潮.在1987年这一年,高 T_c 记录被不断刷新,当年初,日本研究者用Sr(锶)替代Ba,制成(La-Sr-Cu-O)系超导体,其 T_c 为42 K;紧接着,中国的赵忠贤和美国的朱经武,用Y(钇)替代La,制成(Y-Ba-Cu-O)系超导体,其 T_c 高达91 K,这是一个巨大进步,因为这 T_c 值高于液氮78 K,而一升液氮的价格约为5元,远低于液氦的价格,这为研究超导电性提供了十分便利的实验条件,从此以后才是真正意义上的高 T_c 研究阶段.以后几年,超导体 T_c 值继续得以提高,其中有 $YBaCu_3O_7$,其 $T_c \geqslant 91$ K;(Bi-Sr-Ca-Cu-O)系,其 $T_c > 100$ K;(TI-Ba-Ca-Cu-O)系,其 $T_c >$ 125 K;最高纪录为1993年发现的($HgBa_2Ca_2Cu_3O_{8+8}$)超导材料,在常压下其 T_c 为133 K,在高压31 GPa下其 T_c 高达164 K.此记录133 K至今20年尚未被突破.

如果以临界温度高达室温为追求目标,那上述的第二阶段至今还在继续,它何时将结束,世人难以预测.如果还有第三阶段的话,那就该称其为室温超导体阶段,它的到来乃是人类梦寐以求的,为此人类仍在无尽的探索之中.瑞士两位科学家穆勒和贝德诺尔兹,因突破了保持13年之久的高 T_c 记录,且开创了以铜氧多元素化合物为探寻高 T_c 超导材料的新途径,而获1987年诺贝尔物理学奖,时距其成果发表仅一年,这也创造了一个获奖与成果发表之时距为最短的纪录,由此足见,国际科技界对更高 T_c 乃至室温超导体的追梦,有着何等的关切和超高的热情.

习　　题

6.1　动生电动势

一长直导线载有 5.0 A 的直流电流，旁边有一个与它共面的矩形线圈，长 $l=20$ cm，如本题图所示，$a=10$ cm，$b=20$ cm；线圈共有 $N=1000$ 匝，以 $v=3.0$ m/s 的速度离开直导线. 求图示位置的感应电动势的大小和方向.

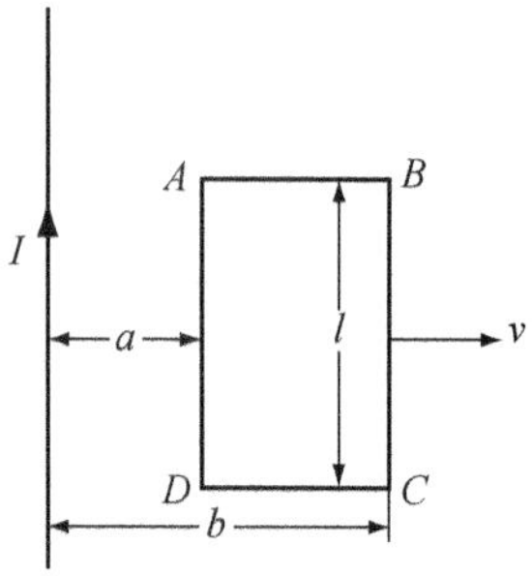

习题 6.1 图

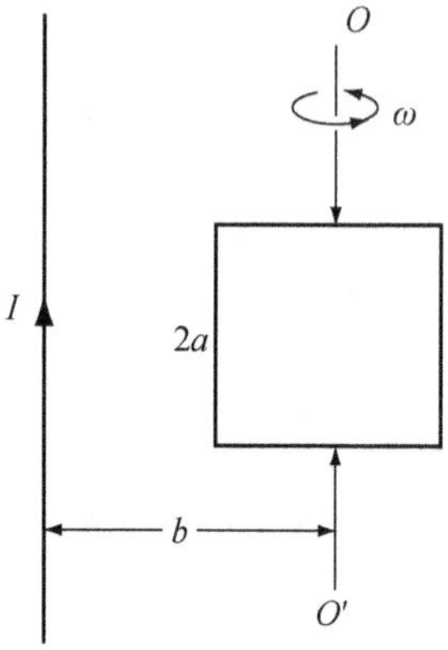

习题 6.2 图

6.2　动生电动势

如本题图，电流为 I 的长直导线附近有正方形线圈绕中心轴 $\overline{OO'}$ 以匀角速度 ω 旋转，求线圈中的感应电动势. 已知正方形长为 $2a$，$\overline{OO'}$ 轴与长导线平行，相距为 b.

6.3　感应电流与感应电量

闭合线圈共有 N 匝，电阻为 R. 证明：当通过这线圈的磁通量改变 $\Delta\Phi$ 时，线圈内流过的电量为

$$\Delta q=\frac{N\Delta\Phi}{R}.$$

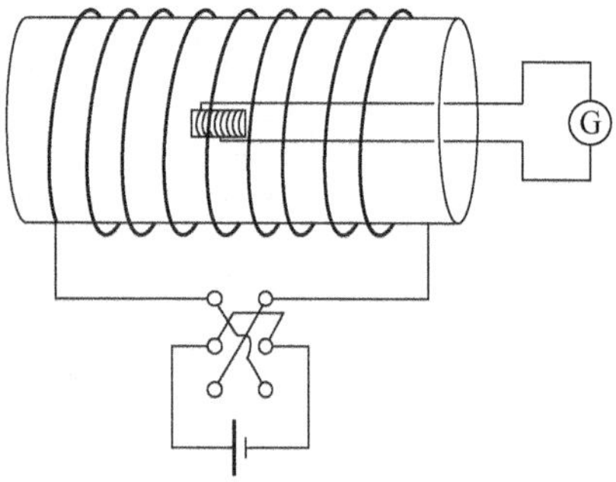

习题 6.4 图

6.4　测量磁场的一种方法

本题图所示为测量螺线管中磁场的一种装置. 把一个很小的测量线圈放在待测处，这线圈与测量电量的冲击电流计 G 串联. 冲击电流计是一种可测量迁移过它的电量的仪器. 当用反向开关 K 使螺线管的电流反向时，测量线圈中就产生感应电动势，从而产生电量 Δq 的迁移；由 G 测量 Δq 就可以算出测量线圈所在处的 B. 已知测量线圈有 2000 匝，它的直径为 2.5 cm，它和 G 串联回路的电阻为 1000 Ω，在 K 反向时测得 $\Delta q=2.5\times10^{-7}$ C. 求被测处的磁感应强度.

6.5　两个圆线圈之间的互感

一圆形小线圈由 50 匝表面绝缘的细导线绕成，圆面积为 $S=4.0\ \mathrm{cm}^2$. 放在另一个半径 $R=10$ cm 的大圆形线圈中心，两者共轴，相距 $d=30$cm，大圆形线圈由 100 匝表面绝缘的导线绕成.

(1) 求这两线圈的互感 M.

(2) 当小线圈细导线通以电流 5.0 A 时,求出它贡献于大线圈的全磁通(磁链)Ψ(Wb).

(3) 求出与全磁通 Ψ 值对应的平均磁感值 $\bar{B}$;若设小线圈在大线圈圆心处的磁感值为 B_0,试求出比值 $\bar{B}/B_0$.

(4) 当大圆形导线中的电流每秒减少 50 A 时,求小线圈中的感应电动势 $\mathscr{E}$.

6.6 互感

如本题图,一矩形线圈长 $a=20$ cm,宽 $b=10$ cm,由 100 匝表面绝缘的导线绕成,放在一很长的直导线旁边并与之共面,这长直导线是一个闭合回路的一部分,其他部分离线圈都很远,影响可忽略不计.求图中(a)和(b)两种情况下,线圈与长直导线之间的互感.

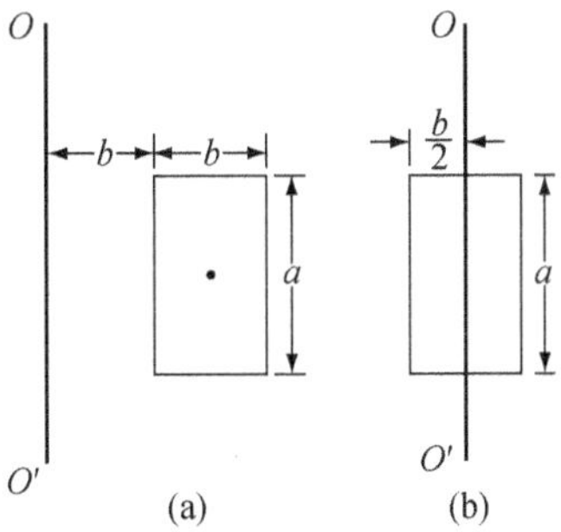

习题 6.6 图

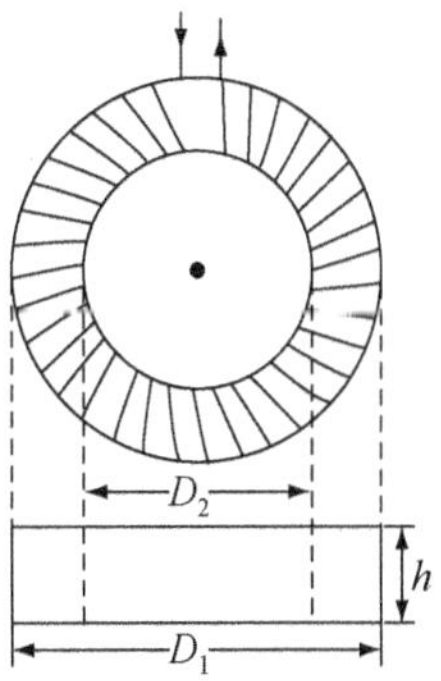

习题 6.7 图

6.7 自感

矩形截面螺绕环的尺寸如本题图,总匝数为 N.

(1) 求它的自感系数;

(2) 当 $N=1000$ 匝,$D_1=20$ cm,$D_2=10$ cm,$h=1.0$ cm 时,自感为多少?

6.8 电感

两根长直平行导线,横截面的半径都是 a,中心相距为 d,载有大小相等而方向相反的电流.设 $d\gg a$,且两导线内部的磁通可忽略不计.证明:这样一对导线其中长为 l 一段的电感为

$$L=\frac{\mu_0 l}{\pi}\ln\frac{d}{a}.$$

6.9 电感的串接

在一纸筒上密绕有两个相同的线圈 ab 和 $a'b'$,每个线圈的自感都是 0.05 H,如本题图所示.求:

(1) a 和 a' 相接时,b 和 b' 间的自感;

(2) a' 和 b 相接时,a 和 b' 间的自感.

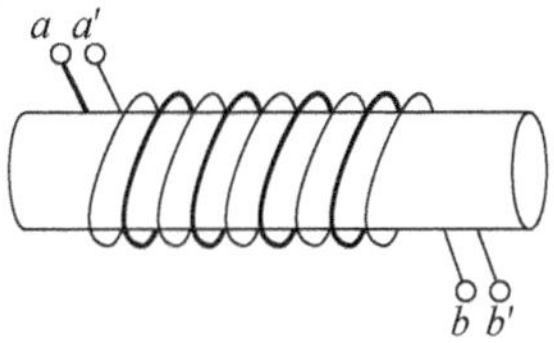

习题 6.9 图

6.10 测量互感的一种方案

两线圈顺接后总自感为 1.00 H,在它们的形状和位置都不变的情况下,反接后的总自感为 0.40 H.求它们之间的互感.

6.11 单线圈自感

一个单一圆线圈,其半径为 R,线径为 d,且 $d\ll R$,试估算其自感.

提示:拟可采取以下两种估算方案.

(1) 通过电流 I,估算圆面上的平均磁感 $\bar{B}\approx\frac{1}{2}(B_0+B_R)$,这里,$B_0$ 为圆心处磁感,B_R 为靠近导线边缘磁感. 给定 $R=10\ \mathrm{cm}$, $d=2.0\ \mathrm{mm}$,计算出 L 值.

(2) 基于一个结论:圈内平面上各点磁感 $\boldsymbol{B}$,其方向皆与圆平面正交,且数值相等,即 $B(r)=B_0$, $r\in(0,R)$;据此给出 L 公式,并按以上数据算出 L 值.

你认为以上哪个估算方案更为准确?

6.12 无源小线圈在外场中运动

如本题图所示,一个半径为 a 的大线圈,通以电流 I,其轴上有一个无源小线圈,两者共轴. 小线圈面积为 S,电阻为 r.

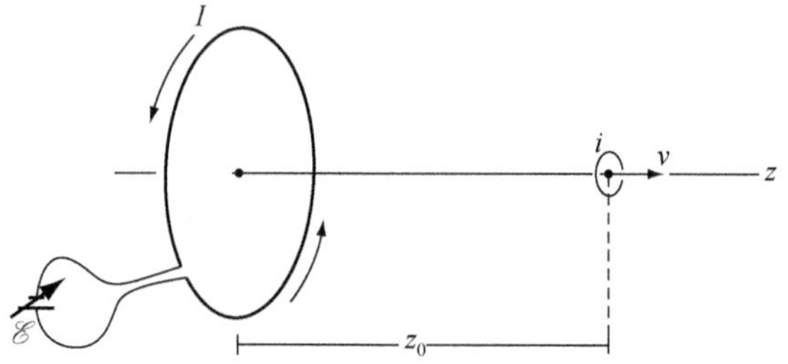

习题 6.12 图,兼用于习题 6.13

(1) 当小线圈以速度 v 沿轴运动,求小线圈中感应电流 i 的方向和数值,将其作为(I,a,z_0,v,S,r)的函数. 设载流大线圈中电流 I 维持不变,这可以由即时调控直流电动势或端电压来实现. [提示: $\mathrm{d}\Phi/\mathrm{d}t=(\mathrm{d}\Phi/\mathrm{d}z)(\mathrm{d}z/\mathrm{d}t)$.]

设定以下一组数据: $a=10\ \mathrm{cm}$, $I=30\ \mathrm{A}$, $S=50\ \mathrm{mm}^2$, $r=30\times10^{-3}\ \Omega$, $v=20\ \mathrm{m/s}$, $z_0=20\ \mathrm{cm}$. 算出感应电流 i.

(2) 求出此时小环流所受安培力 $\boldsymbol{F}$,其方向和数值. 提示: 你可以采取两种途径,或 $\boldsymbol{F}=\nabla(\boldsymbol{m}\cdot\boldsymbol{B})$,或 $F=-k_{\mathrm{m}}\dfrac{6m_1m_2}{r^4}$.

(3) 考察相关能量事宜.

a. 在小线圈向右减速运动过程中,为维持大线圈电流 I 不变,其电动势改变量 $\Delta\mathscr{E}$ 是增还是减? 给出 $\Delta\mathscr{E}$ 作为(i,a,S,z_0)函数的表达式.

b. 根据上述数据,算出以下三个功率值: 焦耳热功率 i^2r;安培力功率 $\boldsymbol{F}\cdot\boldsymbol{v}$;电源补偿功率 $I\Delta\mathscr{E}$.

c. 按能量守恒即功率守恒一般原理,写下这三个功率应满足的方程.

6.13 无源小线圈在交变外场中;铝环悬浮实验

参见上题图,一大线圈与一小线圈两者共轴置放,相距 z_0;小线圈静止,面积为 S,电阻为 r,自感为 L;大线圈在交变电动势作用下,产生一交变电流 i,

$$I(t)=I_0\cos\omega t.$$

(1) 若忽略小线圈的自感效应,求出感应电流 $i(t)$,作为 $I(t),a,z_0,S,r$ 的函数;

(2) 此 $i(t)$与 $I(t)$之间的相位差 δ 为多少? 你认为在此 δ 值下,小线圈在一周期内所受平均安培力 $\bar{F}$ 可能不为零吗?

(3) 同时计及小线圈的电阻 r 和自感 L,再求出平均安培力 $\bar{F}$ 表达式;它是排斥力,还是吸引力?

(4) 按以下数据算出 $\bar{F}$ 值:

$$I_0 = 30\ \text{A},\quad a = 10\ \text{cm},\quad \omega = 2\pi \times 400\ \text{rad/s},$$
$$r = 30 \times 10^{-3}\ \Omega,\quad L = 0.2\ \mu\text{H},\quad S = 100\ \text{mm}^2,\quad z_0 = 15\ \text{cm}.$$

(5) 拿来一根软磁棒置于 z 轴，磁棒粗细恰好可穿过小线圈，则发现此时安培力 $\overline{F}$ 显著地增强. 再将整个装置转动 90°，使 z 轴沿铅直方向，则发现小线圈可悬浮空中. 通常选择铝环替代小线圈来演示这个悬浮实验. 试估算铝环的悬浮高度 h_0. 铁芯相对磁导率 μ_r 为 10^4，铝环质量约 2.0 g，其他要用数据可取(4)中给出的.

6.14　电子感应加速器

已知在电子感应加速器中，电子加速的时间是 4.2 ms，电子轨道内最大磁通量为 1.8 Wb，试求电子沿轨道绕行一周平均获得的能量. 若电子最终获得的能量为 100 MeV，电子绕了多少周？若轨道半径为 84 cm，电子绕行的路程有多少？

6.15　测量脉冲电流

为了测量载流导线的脉冲大电流 $I(t)$，特设计一个环绕此导线的螺绕环，如本题图所示，并将此感应电压 U，输入右边一个 RC 电路，最终由电压 U' 直接测出 $I(t)$，$b \ll a$.

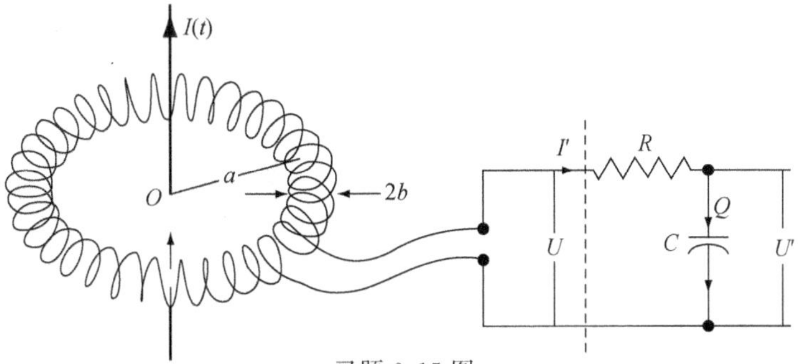

习题 6.15 图

(1) 如果电阻 R 足够大，则感应电压 U 不受虚线右边电路的影响，试证明

$$U = \mu_0 \frac{Nb^2}{2a} \frac{\mathrm{d}I}{\mathrm{d}t};\quad (N\ \text{为匝数})$$

(2) 进而，如果电容 C 值足够大，使 $U' \ll U$，试证明

$$U' \approx \mu_0 \frac{Nb^2}{2a} \frac{I}{RC}.$$

提示：$U = I'R + U' \approx I'R$，又 $I' = \frac{\mathrm{d}Q}{\mathrm{d}t} = C\frac{\mathrm{d}U'}{\mathrm{d}t}$.

6.16　测量脉冲电流——电流变压器

一种更为方便的测量脉冲大电流的装置，如题图所示，在载有电流 $I(t)$ 的长直导线一侧，安置一个方形多匝线圈，其输出感应电压 U，还可以通过类似于 6.15 题中的 RC 电路来测出. 这一装置也称为电流变压器. 试证明，单匝线圈的感应电压为

$$U = \frac{\mu_0 a}{\pi} \ln\left(\frac{b+a}{b-a}\right) \cdot \frac{\mathrm{d}I}{\mathrm{d}t}.$$

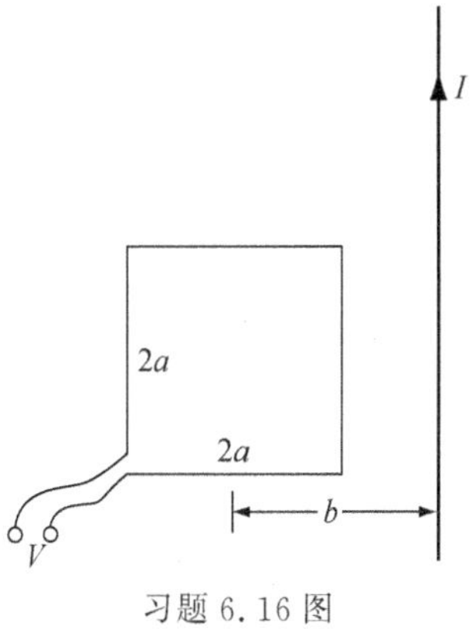

习题 6.16 图

6.17　导电管的横向电阻和电感

如图，一薄壁导电管，已知长度 l、半径 a 和壁厚 b，电导率为 σ，且 $l \gg a \gg b$，将其置于沿轴均匀交变外磁场中，

$$B(t)=B_0\cos\omega t,$$

则其侧面出现一绕轴环行的感应电流 $I(t)$,称其为横向感应电流.凡交变电流都具有一种趋向导体外表面的性质——趋肤效应,其趋肤深度 $d=\sqrt{2/(\mu_r\mu_0\omega\sigma)}$.这里,我们讨论壁厚 $b=0.5$ mm 的铜管,且频率为 50 Hz.在此条件下趋肤深度 $d\approx18$ mm$\gg b$,故可以不必考虑趋肤效应,而认定横向感应电流均匀分布于厚度为 b 的横截面上.

(1) 证明,对横向感应电流而言,这导电管的总电阻

$$R_i=\frac{2\pi a}{\sigma bl}.$$

(2) 证明,对横向感应电流而言,这导电管的总电感

$$L_i=\mu_0\frac{\pi a^2}{l}.$$

(3) 导出横向感应电流密度 j(A/m^2)作为$(l,a,b,\sigma,\omega,B_0)$的函数.

(4) 给定数据如下:

$$l=200\,\text{mm},\quad a=6\,\text{mm},\quad b=0.5\,\text{mm},\quad \omega=2\pi\times50\,\text{rad/s},$$
$$\sigma=1.6\times10^7(\Omega\cdot\text{m})^{-1},\quad B_0=0.3\,\text{T},$$

算出,电阻 R_i 值,电感 L_i 值,阻抗比 $\omega L_i/R_i$ 值以及总横向感应电流 I 值.

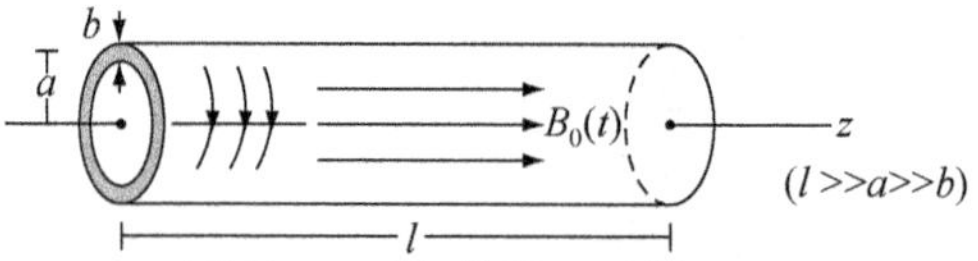

习题 6.17 图,兼用于习题 6.18

6.18　导电管的轴向电感

借助 6.17 题图,一长直导电管,长度 l、半径 a,其两个端面接入交变电路,试考量其电感 L.若以无限长直载流体看待它,由于其外部磁感 $B(r)\propto\frac{1}{r}$,在积分求磁通时,不免出现 $\Phi\to\infty$ 的疑难,当 r 区间在(a,∞)时.其实,此种情形下,令 $r\in(a,r_0)$,且 $r_0\gg l\gg a$ 更接近实际.

(1) 试证明,实心导电管的轴向电感

$$L\approx\mu_0 l\left(\frac{1}{4\pi}+\frac{1}{2\pi}\ln\frac{r_0}{a}\right);$$

(2) 试讨论,空心导电管的轴向电感 L' 与实心的 L 相比较,是大还是小?两者相差 $\Delta L=L-L'$ 为多少?

(3) 设一个碳纳米管,长度 $l\approx10\,\mu$m,半径 $a\approx10^2$ nm,建议选取 $r_0\approx10a\approx10^3$ nm,算出电感 L.

6.19　超导棒在外磁场中

一细长超导棒,长度 l、半径 a,且 $l\gg a$,被置于恒定磁场 $\boldsymbol{B}_0$ 之中,如题图所示.

(1) 求超导棒表面层电流密度 $\boldsymbol{i}$,其方向和大小;

(2) 求空间磁场 $\boldsymbol{B}(\boldsymbol{r})$,或描述空间磁场分布的主要特点;

(3) 若是一超导片置于外场 $\boldsymbol{B}_0$ 之中,其长度 $l\ll a$,试求 $\boldsymbol{i}$ 和 $\boldsymbol{B}(\boldsymbol{r})$.

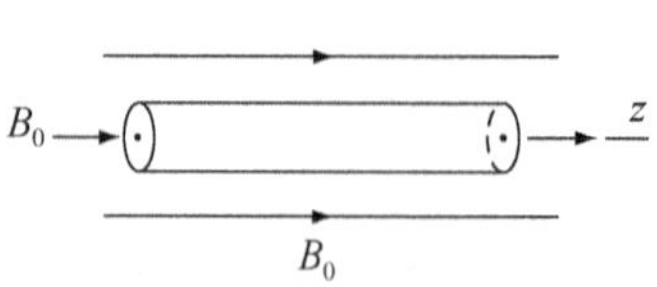

习题 6.19 图

6.20　超导棒在外电流场中

一细长超导棒，长度 l、半径 a，且 $l \gg a$，被置于恒定电流场 $\boldsymbol{j}_0$ 之中，$\boldsymbol{j}_0$ 场是由恒定电场 $\boldsymbol{E}_0$ 作用于导电介质而产生的，介质电导率为 σ，如题图所示.

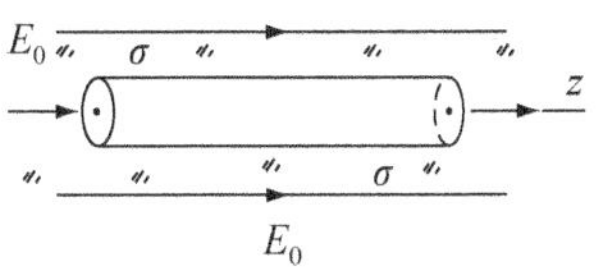

习题 6.20 图

(1) 你如何论证，超导体内体电流密度必为零，即 $j_{内}=0$.

(2) 求超导棒圆柱形表面层电流密度 $\boldsymbol{i}$，其方向和大小. 提示：超导体的完全抗磁性，使流向左端面的电流线无法进入体内，而被挤压在侧面柱形表面层，沿轴向自左向右，从右端面流出.

(3) 忽略端面电荷积累所产生的附加电场，求出空间磁场 $\boldsymbol{B}(\boldsymbol{r})$.

(4) 若是一超导片置于外场 $\boldsymbol{j}_0$ 之中，其长度 $l \ll a$，试求 $\boldsymbol{i}$ 和 $\boldsymbol{B}(\boldsymbol{r})$.

6.21　小磁体穿越线圈

一小永磁体以恒定速度 v 穿越无源线圈，将产生一脉冲式感应电流 $i(t)$ 于此环形回路，如题图所示，图中箭头标明了所选择的回路方向，以便于判定磁通 Φ 和电流 i 的正负号.

(1) 试粗略而正确地画出磁通 $\Phi(t)$、感应电流 $i(t)$ 的函数曲线. 提示：注意时轴上的两个特征时刻，N 极刚进入线圈平面的时刻 t_1，S 极刚离开线圈平面的时刻 t_2.

(2) 这个现象已被用来测量抛射体的速度. 一个头部嵌有小磁体的抛射体，连续通过两个相距约 100 mm 的线圈，测定两个电流脉冲的时差 Δt，便可确定抛射体的运动速度 v. 此方法已用来测量高于 5 km/s 的速度.

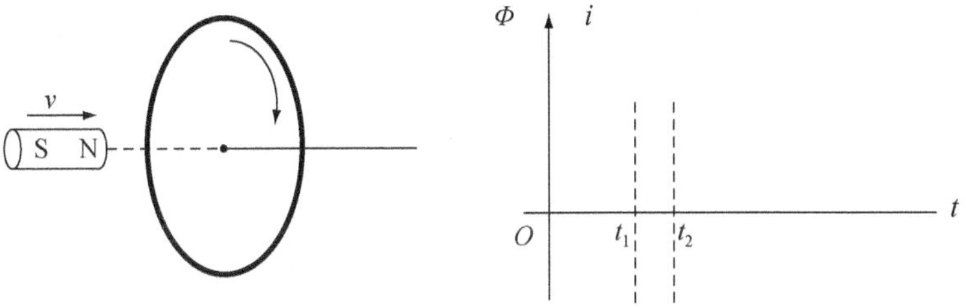

习题 6.21 图

6.22　低频感应加热器

基于感应电流的热效应，感应炉用来熔化金属. 实用感应炉通常由一个绝热大坩埚、外加一个密绕线圈所组成. 现在我们讨论一待熔石墨棒，其长度为 l，半径为 a，电导率为 σ，被置于长直密绕螺线管中，如题图所示. 设螺线管绕线密度为 n(匝/米)，通以交变电流，

$$I = I_0 \cos \omega t.$$

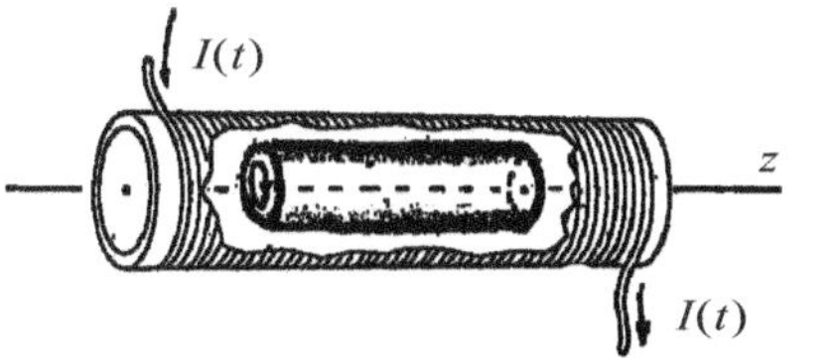

习题 6.22 图

在下面讨论的问题中，我们忽略趋肤效应，这对于 $a=60$ mm，$\sigma=10^5(\Omega\cdot\mathrm{m})^{-1}$，工作于 50 Hz 的石墨棒，是完全合理的；也忽略石墨棒中位移电流的磁效应，因为其数量级远小于外加磁场；也不考虑石墨介质的电极化和磁化效应，仅计及其电导率. 注意到，石墨棒中出现的感应电流，是绕轴环行的体电流，即它系横向电流.

(1) 首先针对石墨体内部一个轴距为 r，厚度为 $\mathrm{d}r$，长度为 l 的圆筒，证明：

a. 其横向一周的感应电动势

$$\mathscr{E}(r,t)=\mu_0 n(\pi r^2)\omega I_0\sin\omega t.\quad(\propto\omega,r^2)$$

b. 其涡旋电场和体电流密度：

$$E(r,t)=\frac{1}{2}\mu_0 nr\omega I_0\sin\omega t,\quad(\propto\omega,r)$$

$$j(r,t)=\frac{1}{2}\mu_0 n\sigma r\omega I_0\sin\omega t.\quad(\propto\omega,r)$$

c. 其所消耗的平均焦耳热功率体密度($\mathrm{J/m^3}$)

$$\overline{w}(r)=\frac{1}{8}(\mu_0 nr\omega I_0)^2\sigma.\quad(\propto\omega^2,r^2)$$

d. 其所消耗的总平均热功率

$$\Delta\overline{P}=\frac{1}{4}(\mu_0 n\omega I_0)^2\cdot\pi\sigma l r^3\,\mathrm{d}r.$$

(2) 证明，整个石墨棒消耗的平均热功率

$$\overline{P}=\frac{1}{16}(\mu_0 n\omega I_0)^2\cdot\pi\sigma l a^4.\quad(\propto\omega^2,a^4)$$

提示：电功率体密度 $w=j\cdot E$.

(3) 给定一组数据：

$$I_0=20\ \mathrm{A},\quad n=5000\ 匝/米,\quad \omega=2\pi\times50(\mathrm{rad/s}),$$
$$l=100\ \mathrm{cm},\quad a=60\ \mathrm{mm},\quad \sigma=10^5(\Omega\cdot\mathrm{m})^{-1}.$$

a. 计算轴距 $r=30$ mm 处的涡旋电场幅值 E_0 和体电流密度幅值 J_0.

b. 计算该石墨棒消耗的总功率 $\overline{P}$.

6.23 *RC* 放电获得脉冲大电流

一个 100 μF 的电容，初始电压为 200 V，针对 0.5 Ω 的低阻放电.

(1) 求电流脉冲峰值 I_0；

(2) 求电流脉冲宽度 τ 为多少微秒(μs)；

(3) 求电流脉冲平均功率 $\overline{P}$ 为多少瓦.

6.24 *LR* 放磁获得脉冲高电压

一个 20 mH 的电感，其初始电流为 100 A，针对 1.0 kΩ 的高阻放磁.

(1) 求电压脉冲峰值 U_0；

(2) 求电压脉冲宽度 τ 为多少微秒(μs)；

(3) 求电压脉冲平均功率 $\overline{P}$ 为多少瓦.

6.25 含 *LR* 暂态电路

一个自感为 0.50 mH、电阻为 0.01 Ω 的线圈连接到内阻可以忽略、电动势为 12 V 的电源上. 开关接通多长时间，电流达到终值的 90%？到此时线圈中储存了多少能量？电源消耗了多少能量？

6.26　含 LR 暂态电路

一电路如本题图所示，R_1，R_2，L 和 $\mathscr{E}$ 都已知，电源 $\mathscr{E}$ 和线圈 L 的内阻都可忽略不计.

(1) 求 K 接通后，a，b 间的电压与时间的关系；

(2) 在电流达到最后稳定值的情况下，求 K 断开后 a，b 间的电压与时间的关系.

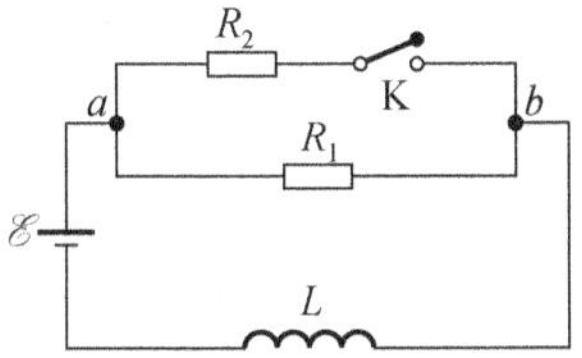

习题 6.26 图

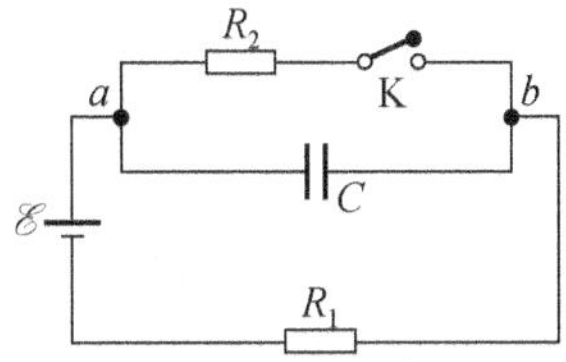

习题 6.27 图

6.27　含 RC 暂态电路

一电路含(R_1，R_2，C，$\mathscr{E}$)和电键 K，忽略电源内阻，如题图所示.

(1) 求，K 接通以后 a，b 间的电压 u_{ab} 对时间 t 的依赖关系；

(2) 在电路达到稳态以后，再断开 K，求 $u_{ab}(t)$ 函数.

6.28　含 LR 暂态电路

如本题图所示，该电路含元件(R_0，R，L)和直流电源 $\mathscr{E}$，还有两个电键 K_1 和 K_2.

(1) 求，电键 K_1 闭合后电感两端电压 $u_{bc}(t)$ 函数，及其时间常数 τ；

(2) 设 $\mathscr{E}=36\ \text{V}$，$R_0=30\ \Omega$，$R=100\ \Omega$，$L=250\ \text{mH}$，求出 $t=0.5\tau$ 时刻电压 u_{ab} 和 u_{bc}；

(3) 待电路达到稳态后，合上电键 K_2，求出 K_2 支路的电流 $i_2(t)$ 函数，并从中确定 $i_2(t)$ 变化的时间常数 τ_2，及其最终稳定电流值 I.

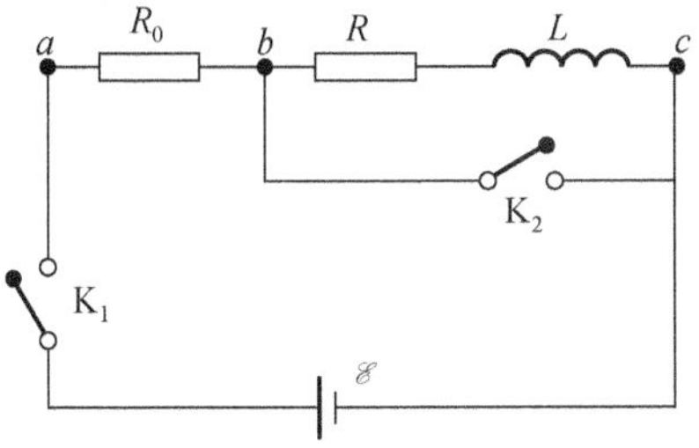

习题 6.28 图

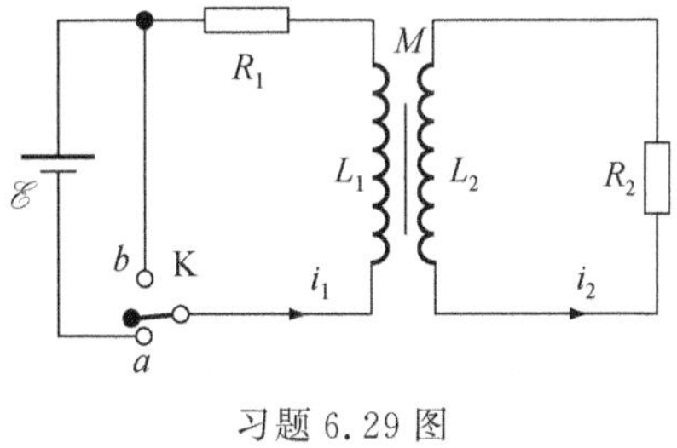

习题 6.29 图

6.29　互感耦合的 LR 暂态电路

一个含互感耦合的电路如图所示，它包括 $\mathscr{E}$，R_1，L_1，M，L_2，R_2，还有电键 K. 当 K 合上 a 点，电路经历充磁暂态过程；达到稳态后，将 K 合上 b 点，则电路经历放磁暂态过程. 证明，在无漏磁条件下，该电路充放磁暂态过程的时间常数为

$$\tau=\frac{L_1}{R_1}+\frac{L_2}{R_2}.$$

提示：分别列出充磁或放磁回路的电路方程，各自均为两个联立的微分方程组；由放磁时的齐次方程，找到 $i_2(t)$ 与 $i_1(t)$ 间有个简单的比例关系，其中要用到强耦合无漏磁条件 $M^2=L_1L_2$；最后，求解仅含 $i_1(t)$ 或 $i_2(t)$ 的微分方程.

7

交 流 电 路

讲授视频：
线性稳定电路本征信号的必要条件

本 章 概 述

基于电路传输乃是一种变换的眼光，首先论述了电路的线性和稳定性，及其本征信号为简谐信号，接着论述准恒条件下准恒电路中出现的两类叠加关系，这些皆是建立交流电路方程的物理依据；基于简谐量与矢量的对应、简谐量与复数的对应，而形成了交流电路的两种解法——矢量图解法与复数解法，这两种方法，以至一种对应关系生成一种数理方法的认识，其价值并不限于求解交流电路. 在具体求解基本元件(L,R,C)及其组合的性能时，十分关注其频率特性和特征频率，包括电压 $U(\omega)$，电流 $I(\omega)$，阻抗 $Z(\omega)$和相位差$\varphi(\omega)$，正是这种频率特性导致了交流电路具有滤波、相移、旁路分流和谐振等实用功能；对于谐振电路及其品质因数 Q 的多重意义，对于交流电功率及提高功率因数的意义，均作了重点论述. 最后，对理想变压器的三种变比关系，对三相电从发电、输电到用电的优越性，作出简明介绍.

7.1　线性稳定电路的本征信号

- 交变电信号的多样性
- 简谐信号系基元信号
- 简谐信号的特征量
- 基本元件及其线性和稳定性
- 电路的线性和稳定性
- 线性稳定电路的本征信号为简谐型

● 交变电信号的多样性

电路是由电源和元件组成,且通过导线而构成的一个闭合回路. 当电源提供的电动势 $e(t)$为周期性的交变电动势时,称该电路为交流电路. 其实,若按电路的工作状态来划分,交流电路和直流电路均系定态电路,与其对立的是暂态电路,参见图 7.1.

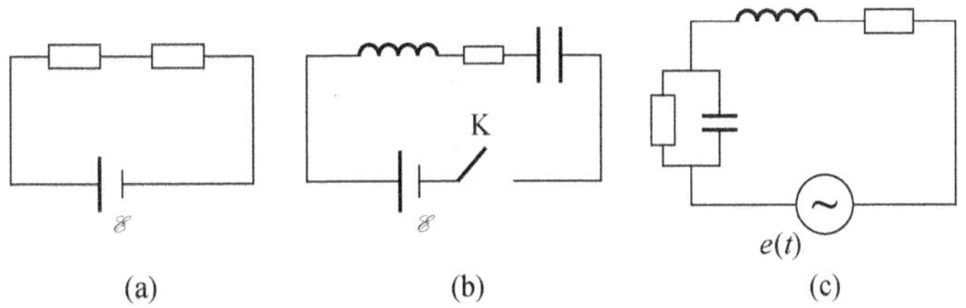

图 7.1 交流电路系定态电路

(a) 直流电路; (b) 暂态电路; (c) 交流电路

周期性变化的交流信号有多种样式,如下图 7.2 所示.

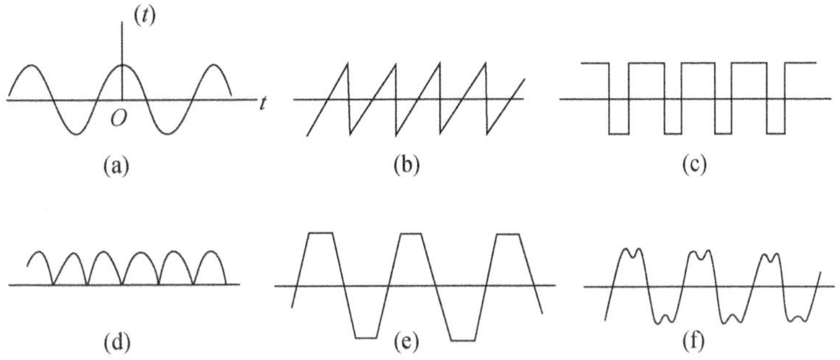

图 7.2 交变电信号的多样性

(a) 简谐型; (b) 锯齿型; (c) 方垒型; (d) 半波型; (e) 梯形波; (f) 次波型

● 简谐信号系基元信号

在多种多样的交变信号中,简谐信号是一种最基本的典型信号,称其为基元信号. 选定它为交流电路中的基元信号,其理由之一是傅里叶级数理论,即,任意线型的周期函数可以展开为一系列特定幅值特定频率的简谐函数之叠加. 比如,对于图 7.2(f)中的次波型信号 $u(t)$,它可以被分解为

$$u(t) = A_1 \cos\omega_1 t + A_3 \cos\omega_3 t,$$

且
$$A_3 = \frac{1}{3}A_1, \quad \omega_3 = 3\omega_1;$$

如果再叠加一个 5 倍频的小信号,即

$$u'(t) = A_1 \cos\omega_1 t + A_3 \cos\omega_3 t + A_5 \cos\omega_5 t,$$

且
$$A_5 = \frac{1}{5}A_1, \quad \omega_5 = 5\omega_1,$$
则其合成信号十分接近图 7.1(c)显示的方垒型.

● 简谐信号的特征量

简谐电动势 $e(t)$、简谐电压 $u(t)$和简谐电流 $i(t)$,其标准函数形式分别为

$$e(t) = \mathscr{E}_0 \cos(\omega t + \varphi_e), \quad u(t) = U_0 \cos(\omega t + \varphi_u), \quad i(t) = I_0 \cos(\omega t + \varphi_i). \tag{7.1}$$

凡简谐型物理量,或力学的或电磁学的或光学的,其特征量有三个.

一是其峰值($\mathscr{E}_0, U_0, I_0$).

二是其相位或初相位($\varphi_e, \varphi_u, \varphi_i$). 在交流电路的实际问题中,往往关注的是相位差,诸如两个电压之间相位差,两个电流之间相位差,电压与电流之间相位差,而它们与初相位($\varphi_e, \varphi_u, \varphi_i$)息息相关.

三是其角频率 ω. 角频率 ω(rad/s)、频率 f(Hz)和周期 T(s)之间的换算关系为

$$\omega = 2\pi f, \quad f = \frac{1}{T}. \tag{7.2}$$

比如,我国市电即电网供电的标准频率为 f=50 Hz,即每秒 50 周或每分钟 3000 周,相应的角频率和周期分别为

$$\omega = 2\pi \times 50\ \text{Hz} = 100\pi \text{rad/s}, \quad T = 0.02\text{s}.$$

又比如,我国广播电台的载波频率被标定为

中波段　535—1605 kHz;

短波 Ⅰ 段　1—10 MHz;　短波 Ⅱ 段　10—20 MHz.

● 基本元件及其线性和稳定性

交流电路中的基本元件有三种. 一是电阻元件,其性能参数由其电阻值 R 标定;二是电容元件,其性能参数为电容值 C;三是电感元件,其性能参数为电感值 L.

凡电路元件的性能参数与工作电流 i 的数值大小无关,则称其为线性元件. R,C,L 三种元件系线性元件,而晶体管或电子管系非线性元件,本章所讨论的交流电路不含这种非线性元件.

当然,一个电路在长时间工作过程中,由于电流的热效应及其引起的元件结构的热胀冷缩,会使电阻值 R、电容值 C 和电感值 L 稍有变化,这涉及元件性能的稳定性问题. 此后讨论的交流电路问题中,均忽略这种变化.

简言之,我们讨论的交流电路是由线性且稳定元件组成的电路,泛称其为线性稳定电路. 随后将从理论上普遍证明,线性稳定电路的本征信号或基元信号为简谐型信号.

● 电路的线性和稳定性

各式电路或传输系统,可被抽象地概括为一种变换,用符号 $\mathscr{F}$ 表示如图 7.3 所示. 它将

一输入信号 $e(t)$,变换为一输出信号 $u(t)$,写成

$$u(t)=\mathscr{F}\{e(t)\},$$

亦称输入信号为激励,称输出信号为响应.设

$$\mathscr{F}\{e_1\}=u_1,\quad \mathscr{F}\{e_2\}=u_2,$$

当同时输入(e_1+e_2),经电路变换而输出的 $u(t)$若满足线性叠加关系

$$u(t)=u_1(t)+u_2(t),$$

即

$$\mathscr{F}\{e_1+e_2\}=\mathscr{F}\{e_1\}+\mathscr{F}\{e_2\},\tag{7.3}$$

则定义此变换 $\mathscr{F}$ 为线性变换,相应地称该电路为线性电路.

换言之,对于线性电路而言,人们将输入的复杂信号分解为若干简单信号的叠加,这是许可的,也是有意义的,因为其总响应等于各分响应之线性叠加.

若一电路在一段时间的工作过程中,其传输性能不变,则称其为稳定电路,或者说,该电路在这段时间中具有稳定性.对此的数学描写是:

设 $e(t)\to u(t)$,若有

$$e(t-\tau)\to u(t-\tau),$$

亦即对于 $\mathscr{F}\{e(t)\}=u(t)$,若有

$$\mathscr{F}\{e(t')\}=u(t'),\quad t'\equiv t-\tau,\tag{7.4}$$

则称此电路为稳定电路;其中,τ 为延迟时间(延时).

换言之,对于稳定电路其传输性能 $\mathscr{F}$ 具有时间平移不变性,如图 7.3,图 7.4 所示.

图 7.3 抽象概括电路的传输功能

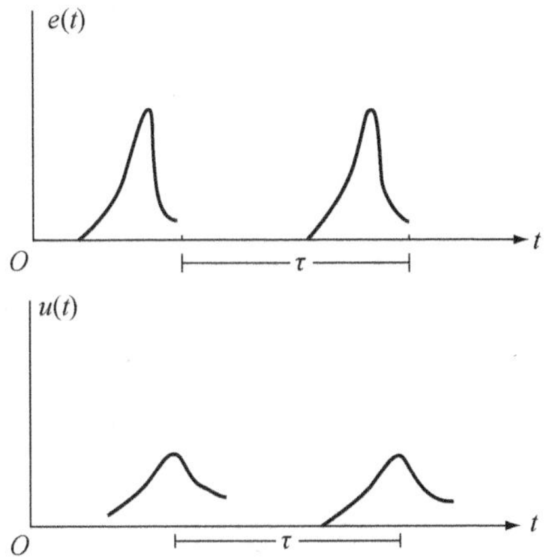

图 7.4 稳定电路具有时间平移不变性

● 线性稳定电路的本征信号为简谐型

对一个电路或一个变换而言，若某种线型的信号具有以下三个特征，则称该线型信号为本征信号，或称其为基元信号.

一是，线型不变，同频响应. 比如，输入信号为简谐型，而其输出信号也是简谐型，且频率相同，只是幅值有变，相位不同(相移)；又比如，输入信号为锯齿型，而其输出信号也是同频锯齿型.

二是，独立传输，互不交混. 比如，输入信号含有两种不同周期即不同频率 ω_1，ω_2，且为同一线型的信号，而输出信号中仅含 ω_1，ω_2 两种成分，彼此间无交混无干涉，不出现混频信号，诸如$(\omega_1+\omega_2)$或$(\omega_1-\omega_2)$等信号.

三是，许可分解，满足叠加. 这一条可作为以上两个特征的推论. 其实，人们探求一电路本征信号的最终目的，就是将输入的复杂信号，分解为一系列不同参数的本征信号的组合，于是其总响应就等于各分响应之叠加.

对于线性稳定电路，其本征信号为简谐型信号，对此论证如下. 设输入信号为简谐型，且以复数形式表示之，即

$$e(t)=\mathrm{e}^{\mathrm{i}\omega t},\quad e(t-\tau)=\mathrm{e}^{\mathrm{i}\omega(t-\tau)},$$

这里将 $e(t)$幅值归一，初相位设为零，这无关紧要. 则其响应分别为

$$u(t)=\mathscr{F}\{e(t)\}=\mathscr{F}\{\mathrm{e}^{\mathrm{i}\omega t}\},\text{(尚不知 } u(t) \text{ 的线型)}$$

$$u'(t)=\mathscr{F}\{e(t-\tau)\}=\mathscr{F}\{\mathrm{e}^{\mathrm{i}\omega(t-\tau)}\}=\mathrm{e}^{-\mathrm{i}\omega\tau}\mathscr{F}\{\mathrm{e}^{\mathrm{i}\omega t}\}.\quad\text{(据电路的线性)}$$

再由电路的稳定性，得

$$u'(t)=u(t-\tau),$$

于是，

$$u(t-\tau)=\mathrm{e}^{-\mathrm{i}\omega\tau}\cdot u(t).\tag{7.5}$$

这个关系式已经暗示 $u(t)$函数的线型为一同频简谐型，因为它表明当输入延时 τ，其对输出的影响仅在于添加一相移因子$(-\omega\tau)$；惟有简谐函数才具此性能. 其实，可以从(7.5)式演变出关于函数 u 的一个微分方程：先将(7.5)式改写为

$$u(t-\tau)-u(t)=(\mathrm{e}^{-\mathrm{i}\omega\tau}-1)u(t),$$

引入时间增量 Δt，并令 $\Delta t=(-\tau)$，当 $\Delta t\to 0$，有

$$(\mathrm{e}^{-\mathrm{i}\omega\tau}-1)=(\mathrm{e}^{\mathrm{i}\omega\Delta t}-1)\to\mathrm{i}\omega\mathrm{d}t,$$

于是

$$\frac{u(t+\mathrm{d}t)-u(t)}{\mathrm{d}t}=\mathrm{i}\omega u(t),$$

即

$$\frac{\mathrm{d}u}{\mathrm{d}t}=\mathrm{i}\omega u,\tag{7.5'}$$

其解为

$$u(t)=\tilde{u}_0\mathrm{e}^{\mathrm{i}\omega t}.\quad(\tilde{u}_0\text{ 为初始值})\tag{7.5''}$$

由此可见，对于线性稳定电路，当输入为简谐型信号时，其输出信号仍为同频简谐型，即所谓同频响应.简谐型信号理所当然地被确定为线性稳定电路的本征信号或基元信号.基于此，将任意线型的周期信号分解为一系列不同频率简谐信号的叠加，这一数学手段才有物理意义，或者说，这样处理才有物理功效.故，即将学习的交流电路理论，就是一简谐电路理论，其中传输的均为简谐信号，即简谐电动势、简谐电压和简谐电流，所要探讨的电路问题就是这类同频简谐量之关系.

顺便提及，(7.5″)式中的 $\tilde{u}_0$ 反映了电路的传输性能.普遍而言，电路的电压传输系数 $\tilde{\eta}$ 定义为

$$\tilde{\eta} \equiv \frac{u(t)}{e(t)} = \frac{\tilde{u}_0 \mathrm{e}^{\mathrm{i}\omega t}}{\mathrm{e}^{\mathrm{i}\omega t}} = \tilde{u}_0. \tag{7.6}$$

一般 $\tilde{\eta}$ 为一复数形式，可写成

$$\tilde{\eta} = \eta \mathrm{e}^{\mathrm{i}\varphi}, \tag{7.6′}$$

其中，η 反映电压数值的变化率，称其为衰减系数，φ 反映相位变化(相移)，通常，两者与频率 ω 息息相关，$\eta(\omega)$ 和 $\varphi(\omega)$ 的具体函数形式，取决于电路的具体组成.本征信号的独立传输互不交混的品性，可用 $\tilde{\eta}$ 量给予明确描写：

$$\text{输入}(\mathrm{e}^{\mathrm{i}\omega_1 t} + \mathrm{e}^{\mathrm{i}\omega_2 t}) \rightarrow \text{输出}(\tilde{\eta}_1 \mathrm{e}^{\mathrm{i}\omega_1 t} + \tilde{\eta}_2 \mathrm{e}^{\mathrm{i}\omega_2 t}). \tag{7.6″}$$

7.2 元件的阻抗与相位差

- 元件的伏安特性——阻抗与相位差
- 基本元件的 (Z,φ)
- 几点说明

● 元件的伏安特性——阻抗与相位差

凡电路中的元件，人们关注其两方面的性能.一是其伏安特性，即其两端电压 $u(t)$ 与其间电流 $i(t)$ 之关系；二是其换能特性，即该元件中发生的能量转换性能.在交流电路中，一元件的电压和电流为一同频简谐量，被普遍地表示为

$$u(t) = U_0 \cos(\omega t + \varphi_u), \quad i(t) = I_0 \cos(\omega t + \varphi_i).$$

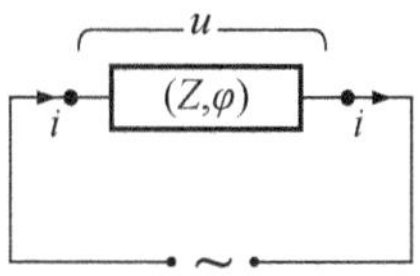

图 7.5 定义元件的 (Z,φ)

故这两者之关系需要两个量才能给予完全描述：一是，两者峰值之比值 U_0/I_0，被定义为阻抗 Z；二是，两者相位之差值 $(\varphi_u - \varphi_i)$，直呼其为元件之相位差 φ.即，

$$\text{阻抗}\ Z \equiv \frac{U_0}{I_0}\ (\Omega); \quad \text{相位差}\ \varphi \equiv \varphi_u - \varphi_i \quad (\mathrm{rad}). \tag{7.7}$$

总之，交流电路中的一个元件，有两个性能指标：Z,φ，如图 7.5.

在此还要说明，交流电路中常使用有效值以替代峰值，比如电压有效值 U 和电流有效值 I；有效值 (U,I) 与峰值 (U_0,I_0) 之间是一个简单的比例关系，被规定为

$$U=\frac{U_0}{\sqrt{2}}\approx 0.71U_0,\quad I=\frac{I_0}{\sqrt{2}}\approx 0.71I_0. \tag{7.8}$$

值得注意的是交流电压表和交流电流表其面盘上的指针读数系有效值. 比如,市电标准电压为 220 V,则其峰值为

$$U_0=\sqrt{2}U\approx 1.4U=1.4\times 220\ \mathrm{V}\approx 311\ \mathrm{V}.$$

有效值的引入源于电阻元件上所消耗的平均电功率的表达:

$$\begin{aligned}\overline{P}&=\frac{1}{T}\int_0^T Ri^2\,\mathrm{d}t=\frac{1}{T}\int_0^T RI_0^2\cos^2\omega t\,\mathrm{d}t\\&=\frac{1}{2}I_0^2R=\left(\frac{I_0}{\sqrt{2}}\right)^2R=I^2R,\end{aligned}$$

或　　$$\overline{P}=IU,$$

或　　$$\overline{P}=\frac{U^2}{R}.$$

凡是关于峰值的关系式,均可用有效值替代而照样成立,鉴于此,今后为书写和措辞的简便,将采用幅值一词统称峰值和有效值,且用(U,I)示之. 比如,阻抗 $Z=U/I$.

- **基本元件的(Z,φ)**

(1) 电阻元件

对于电阻元件,参见图 7.6(a),

$$u_R(t)=Ri(t)=RI_0\cos(\omega t+\varphi_i),$$

这表明　$$U_0=RI_0,\quad \varphi_u=\varphi_i.$$

故,对于纯电阻元件,

$$\text{阻抗 } Z_R=R;\quad \text{相位差 } \varphi_R=0. \tag{7.9}$$

其电压与电流同步交变,如图 7.6(a′)所示.

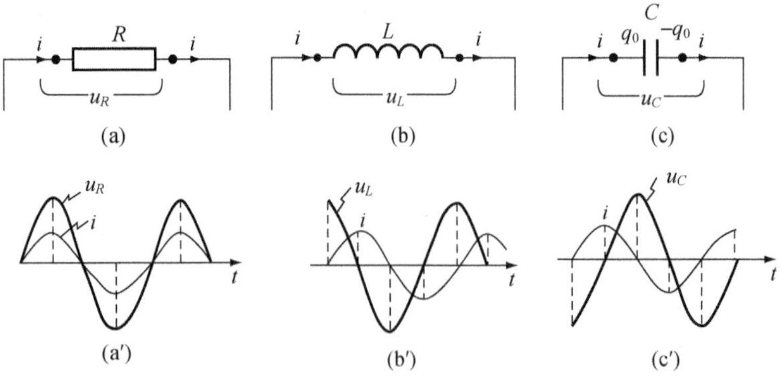

图 7.6　三种基本元件的(Z,φ)及相应的 u 与 i 的变化曲线,注意其中的相位差

(2) 电感元件

参见图 7.6(b),对于电感元件

$$u_L(t)=L\frac{\mathrm{d}i}{\mathrm{d}t}=L\frac{\mathrm{d}}{\mathrm{d}t}(I_0\cos(\omega t+\varphi_i))$$
$$=\omega LI_0\cos\left(\omega t+\varphi_i+\frac{\pi}{2}\right),$$

这表明 $$U_0=\omega LI_0,\quad \varphi_u=\varphi_i+\frac{\pi}{2}.$$

故,对于纯电感元件,

$$\text{阻抗 } Z_L=\omega L,\quad \text{相位差 } \varphi_L=+\frac{\pi}{2}. \tag{7.9$'$}$$

其电压 $u_L(t)$超前其电流 $i(t)$相位 $\pi/2$,即超前 1/4 周期,如图 7.6(b′)所示.

(3) 电容元件

参见图 7.6(c),对于电容元件,

$$u_C(t)=\frac{1}{C}q_0(t)=\frac{1}{C}\int_0^t i(t)\mathrm{d}t,$$

对此式两边求导,得

$$i(t)=C\frac{\mathrm{d}u_C}{\mathrm{d}t}=C\frac{\mathrm{d}}{\mathrm{d}t}(U_0\cos(\omega t+\varphi_u))$$
$$=\omega CU_0\cos\left(\omega t+\varphi_u+\frac{\pi}{2}\right),$$

这表明 $$I_0=\omega CU_0,\quad \varphi_i=\varphi_u+\frac{\pi}{2}.$$

故,对于纯电容元件

$$\text{阻抗 } Z_C=\frac{1}{\omega C},\quad \text{相位差 } \varphi=-\frac{\pi}{2}. \tag{7.9$''$}$$

其电压 $u_C(t)$落后其电流 $i(t)$相位 $\pi/2$,即落后 1/4 周期,如图 7.6(c′)所示.

- **几点说明**

(1) 这三种基本元件的(Z,φ)各有特点:

$$Z_L=\omega L,\quad \varphi_L=+\frac{\pi}{2};$$
$$Z_R=R,\quad \varphi_R=0;$$
$$Z_C=\frac{1}{\omega C},\quad \varphi_C=-\frac{\pi}{2}.$$

可见,电感与电容性质相反,而电阻元件性质居中.正是这三种元件的性质有如此鲜明的差异,它们的组合才演绎出具有多种功能的交流电路,这远比直流电路丰富多彩.

(2) 要特别关注那阻抗的频率特性 $Z(\omega)$.对于电感元件和电容元件,仅给出其电感 L 值或电容 C 值,还不足以确定其在电路中的阻抗 Z 值;频率越高,则电感阻抗(感抗)越大,而电容阻抗(容抗)越小.正是阻抗的频率特性导致交流电路的滤波功能、旁路功能,乃至谐振功能.

(3) 这三种元件均系集中性元件，或称之为纯元件，即：纯电阻元件 R，集中了电流的热效应；纯电感元件，集中了电流的磁场效应；纯电容元件，集中了电荷的电场效应. 换言之，如此看待这类元件，忽略了分散于导线各处的分布电感、分布电容和分布电阻，在低频条件下这是合理的，如果工作频率 ω 甚高，这等忽略就不许可了.

7.3　交流电路矢量图解法

- 叠加问题
- 准恒条件　准恒电路
- 两类叠加关系
- 简谐量与矢量对应
- 矢量图解法大意
- RC 组合滤波功能
- RC 组合相移功能
- RC 并联组合旁路分流功能
- 例题——估算分流比的频率特性
- 测定实际电感元件的(L,r)
- 讨论——RC 串联与 RL 串联组合的并联电路之电压分配特点

● 叠加问题

在交流串联电路或并联电路中，面临的问题是处理两个或两个以上同频简谐量之叠加.

如图 7.7(a)所示，两个元件(Z_1,φ_1)和(Z_2,φ_2)串联时，认定其电流 $i(t)$是同一的，而总电压 $u(t)$等于 $u_1(t)$与 $u_2(t)$之叠加，即

$$\begin{aligned} u(t) &= u_1 + u_2 = U_1\cos(\omega t + \varphi_1) + U_2\cos(\omega t + \varphi_2) \\ &= U\cos(\omega t + \varphi). \end{aligned} \tag{7.10}$$

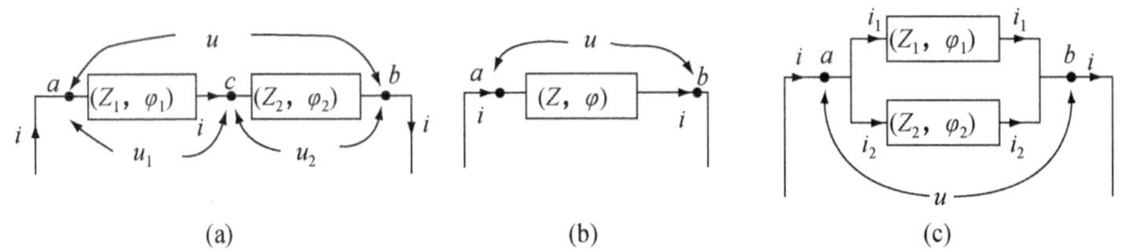

图 7.7　(a) 串联电路之电压叠加；(b) 等效电路；(c) 并联电路之电流叠加

求解此电路就是给出(U,φ)与(U_1,φ_1)，(U_2,φ_2)之定量关系. 或者将两个串联元件等效于一个元件(Z,φ)，如图(b)，那么，(Z,φ)与(Z_1,φ_1)，(Z_2,φ_2)之定量关系待求.

如图 7.7(c)，两个元件并联，认定其电压 $u(t)$是共同的，而总电流等于 $i_1(t)$与 $i_2(t)$之叠加，即

$$\begin{aligned} i(t) &= i_1 + i_2 = I_1\cos(\omega t + \varphi_1) + I_2\cos(\omega t + \varphi_2) \\ &= I\cos(\omega t + \varphi). \end{aligned} \tag{7.10'}$$

那么，求解此电路就是给出(I,φ)与(I_1,φ_1)，(I_2,φ_2)之定量关系，或者给出其并联元件(Z,φ)与(Z_1,φ_1)，(Z_2,φ_2)之定量关系.

处理两个或两个以上同频简谐量叠加的数学方法有两种，即矢量解法和复数解法. 在具

体运用两者之前，先讨论一个概念问题，即所谓准恒条件，它乃是交流电路解法的一个物理基础.

● 准恒条件　准恒电路

看得出，(7.10)和(7.10′)两式所显示的电压或电流叠加关系，承袭了恒定电路的那种关系，即认为交流电路中，$u(t)$或$i(t)$的瞬时分配规律雷同于恒定电路那样. 其实，这是有理由被怀疑的.

比如，长度为l的支路上，串联有两个元件，参见图7.8. 其左端a处电流设为$i(t)$，右端b处电流设为$i'(t)$. 我们知道，电流是当地电场$E(t)$推动自由载流子运动所致，而a处电场$E(t)$与b处电场$E'(t)$并非时时相等；或者说，$E(t)$自a处传播到b处是需要时间τ的，因为电磁场传播速度c是有限的，虽然c值巨大. 即

$$E'(t)=E(t-\tau),\quad \tau=\frac{l}{c}.$$

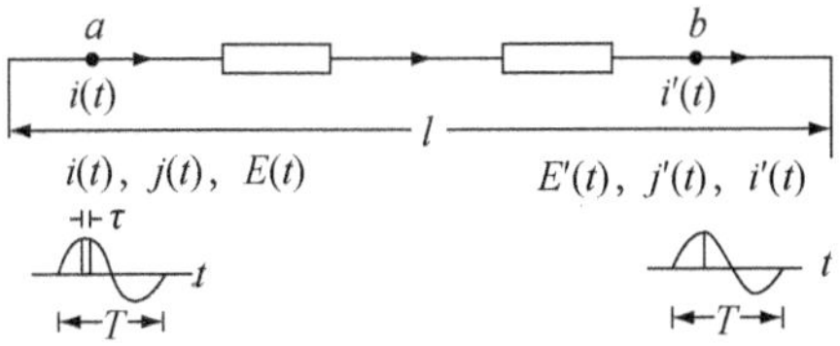

图 7.8　讨论准恒条件 $\tau=l/c\ll T$

对于交变电信号而言，其特征时间尺度就是其周期T. 当

$$\tau=\frac{l}{c}\ll T \tag{7.11}$$

得以满足，则意味着左端a处(E,i)几乎即刻传播到b处(E',i')，以致电流$i(t)$与$i'(t)$同值同步交变，这与恒定直流电路相一致. 故称$l/c\ll T$为准恒条件，满足准恒条件的电路称为准恒电路.

对于准恒条件(7.11)式也可作这样的理解. 图7.8中b处$i'(t)$滞后a处$i(t)$的时差为τ，而当$\tau\ll T$，则$i(t)$在τ时间中未有显著变化. 总之，凡电路中$u(t)$，$i(t)$变化如此缓慢，以致变化过程中的每一瞬态可近似看为恒定态，相应地其电压和电流分配规律便类似于直流电路那样，这就是准恒电路的品性.

兹按准恒条件估算准恒电路的高频上限值f_0. 设电路长度$l\approx 100$ cm，且$c\approx 3\times 10^{10}$ cm/s，估算出此电路中信号传播特征时间

$$\tau=\frac{l}{c}\approx\frac{100\ \mathrm{cm}}{3\times10^{10}\ \mathrm{cm/s}}\approx 3\times10^{-9}\ \mathrm{s},$$

取交变信号准恒周期下限T_0 50倍于τ，即

$$T_0=50\tau\approx 1.5\times10^{-7}\ \mathrm{s},$$

即

$$f_0=\frac{1}{T_0}\approx 6\times10^{6}\ \mathrm{Hz}=6\ \mathrm{MHz},$$

这一频率值处于我国收音机短波段. 至于市电 50 Hz,远远小于 f_0 值,故其交变电路具有甚好的准恒性;即便传输距离 l 长达 10 km,那市电 50 Hz 也还是远小于相应的准恒频率上限 $f_0' \approx 600$ Hz.

● 两类叠加关系

综上所述,眼下研究的交流电路是一具备线性不变性的准恒电路,这是建立交流电路方程的依据.

于是,在这交流电路中存在两类叠加关系. 一类是电路输入信号与输出信号之间的叠加关系,

$$\mathscr{F}\{e_1(t)+e_2(t)\} = \mathscr{F}\{e_1\}+\mathscr{F}\{e_2\} = u_1(t)+u_2(t); \tag{7.12}$$

另一类是交流电路内部各段电压之间或各路电流之间的叠加关系,

$$\text{串联:}\quad u_{ad}(t) = u_{ab}(t)+u_{bc}(t)+u_{cd}(t), \tag{7.12$'$}$$

$$\text{并联:}\quad i_{ab}(t) = i_{a1b}(t)+i_{a2b}(t)+i_{a3b}(t). \tag{7.12$''$}$$

前一类叠加关系基于电路的线性,后一类叠加关系基于电流的准恒性,而电路的时间不变性,保证了简谐信号为电路传输中的本征信号或基元信号. 因此,上述两类叠加在数学方法上均归结为若干同频简谐量的求和,这有两种运算方法,即矢量图解法和复数解法.

● 简谐量与矢量对应

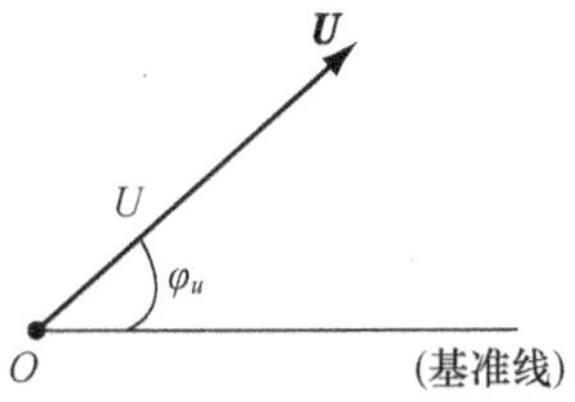

图 7.9　一电压矢量对应一简谐电压

在角频率 ω 给定时,一简谐量有两个特征,即其幅值和初相位,而平面上一个矢量也有两个特征,即其长度和方向. 让两者对应起来,以简谐电压 $u(t)$ 为例,其对应关系如图 7.9 所示,令电压矢量 $\boldsymbol{U}$ 之长度等于电压幅值 U,令电压矢量 $\boldsymbol{U}$ 之方向角等于初相位 φ_u,即

$$u(t) = U\cos(\omega t+\varphi_u)$$

$$\Leftrightarrow\quad \boldsymbol{U}:\ |\boldsymbol{U}| = U,\quad \arg\boldsymbol{U} = \varphi_u. \tag{7.13}$$

同样,用一电流矢量 $\boldsymbol{I}$ 对应一简谐电流,即

$$i(t) = I\cos(\omega t+\varphi_i)\quad\Leftrightarrow\quad \boldsymbol{I}:\ |\boldsymbol{I}| = I,\quad \arg\boldsymbol{I} = \varphi_i. \tag{7.13$'$}$$

必须指出,对应关系不是相等关系,对应关系或对应方法的合理性及其优越性,只能在其后的对应运算操作中体现出来,并给予检验;简谐量与矢量的对应关系,服务于若干个同频简谐量的求和,将其转化为若干个矢量的合成,这样处理显得简便直观.

● 矢量图解法大意

参见图 7.7(a),两个元件串联时,其总电压 u 与分电压(u_1,u_2)之关系已由(7.10)式给出,相应地总电压矢量 $\boldsymbol{U}$ 与分电压矢量$(\boldsymbol{U}_1,\boldsymbol{U}_2)$之关系由矢量合成图给出,如图 7.10 所示,即

$$u(t) = u_1(t)+u_2(t)\quad\Leftrightarrow\quad \boldsymbol{U} = (\boldsymbol{U}_1+\boldsymbol{U}_2).$$

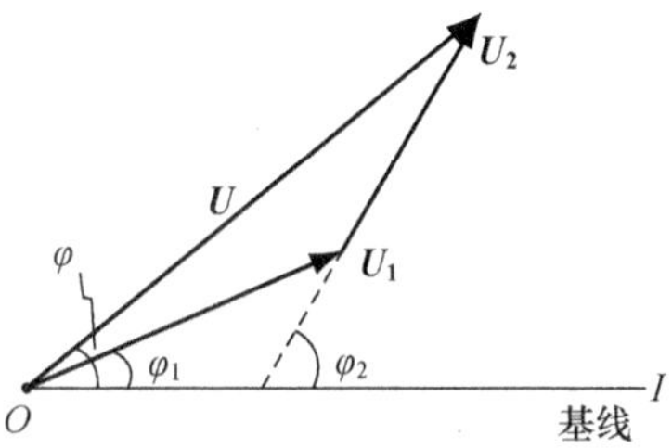

图 7.10 电压矢量图解法

借助于平面三角学中的余弦定理和有关知识,立马可以得到矢量 $\boldsymbol{U}$ 的长度和方向角,再对应回去便是实际总电压 $u(t)$ 的幅值和初相位,其结果如下:

$$U=\sqrt{(U_1^2+U_2^2+2U_1U_2\cos\delta)},\quad \delta\equiv(\varphi_2-\varphi_1);\tag{7.14}$$

$$\varphi=\arctan\frac{U_1\sin\varphi_1+U_2\sin\varphi_2}{U_1\cos\varphi_1+U_2\cos\varphi_2}.$$

特别注意,(7.14)式中的交叉项 $2U_1U_2\cos\delta$,称其为相干项,其中相位差起着重要作用.一般而言,$U\neq U_2+U_2$,这与直流电路情形有明显区别.比如,当 $\delta=+\pi/2$,或 $\delta=-\pi/2$,有 $U=\sqrt{(U_1^2+U_2^2)}$;当 $\delta=\pi$,有 $U=(U_1-U_2)$;只有当 $\delta=0$,方有 $U=(U_1+U_2)$.

若用阻抗语言描述,注意到总阻抗 $Z=U/I$,而 $Z_1=U_1/I$, $Z_2=U_2/I$,这里 I 为串联一路的共同电流,则

$$Z=\sqrt{(Z_1^2+Z_2^2+2Z_1Z_2\cos\delta)}.\tag{7.14$'$}$$

一般而言,$Z\neq Z_1+Z_2$,仅当 $\delta=0$ 时,方有 $Z=Z_1+Z_2$.不过,分电压幅值之比值等于分阻抗之比值,在串联交流电路中依然成立,即

$$\frac{U_1}{U_2}=\frac{Z_1}{Z_2}.\tag{7.14$''$}$$

对于并联电路,参见图 7.7(c),可画出类似的电流矢量图,

$$i(t)=I_1(t)+I_2(t)\quad\Leftrightarrow\quad \boldsymbol{I}=\boldsymbol{I}_1+\boldsymbol{I}_2.$$

遂得总电流(I,φ)与分电流(I_1,φ_1),(I_2,φ_2)之关系为

$$I=\sqrt{(I_1^2+I_2^2+2I_1I_2\cos\delta)},\tag{7.15}$$

$$\varphi=\arctan\frac{I_1\sin\varphi_1+I_2\sin\varphi_2}{I_1\cos\varphi_1+I_2\cos\varphi_2}.$$

相应地,并联总阻抗与分阻抗之关系为

$$\frac{1}{Z}=\left(\frac{1}{Z_1^2}+\frac{1}{Z_2^2}+2\,\frac{1}{Z_1Z_2}\cos\delta\right)^{\frac{1}{2}}.\tag{7.15$'$}$$

一般而言,$1/Z\neq1/Z_1+1/Z_2$,这是与直流电路情形明显有异.不过,两支路电流幅值之比等于分阻抗之反比,依然成立于交流并联电路,即

$$\frac{I_1}{I_2}=\frac{Z_2}{Z_1},\tag{7.15$''$}$$

这是因为并联时，其两端电压是共同的，即 $U=I_1Z_1=I_2Z_2$.

最后，尚有两点说明. 上述一组公式(7.14)—(7.15″)，适用于任意两个元件的串联或并联，它们是由矢量解法中得到的；若采用实函数方法求解两个同频简谐量的叠加，也是可行的，其推演所得结果与这里给出的公式一致. 换言之，以上所运用的矢量解法被检验是正确可靠的，其优越性将在解决某些具体电路中显露出来.

- ***RC* 组合滤波功能**

RC 组合是交流电路乃至电子线路中最活跃的一种组合，它具有多种实用功能.

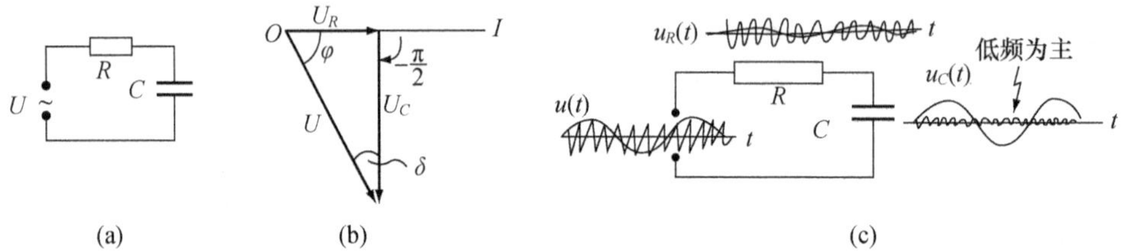

图 7.11 *RC* 串联电路及其滤波功能

参见图 7.11(a)，*RC* 串联组合，其左侧输入电压 U 与两个分电压(U_R，U_C)之关系由矢量图解法给出如图(b)，注意图中水平基轴代表这一串联电路的电流矢量(方向). 由这直角三角形得到输入电压幅值 U 和相位 φ 值分别为

$$U=\sqrt{U_R^2+U_C^2},\quad \tan\varphi=-\frac{U_C}{U_R}=-\frac{1}{\omega CR},\tag{7.16}$$

相应的阻抗关系为

$$Z=\sqrt{Z_R^2+Z_C^2}=\sqrt{R^2+\left(\frac{1}{\omega C}\right)^2}.\tag{7.16′}$$

人们关注从电容输出电压 U_C 与从电阻输出电压 U_R 之比值，

$$\frac{U_C}{U_R}=\frac{Z_C}{Z_R}=\frac{1}{\omega CR}\propto\frac{1}{\omega}.\tag{7.17}$$

这表明，频率越低的电压信号将有更大比例从电容输出，或者说，从 C 输出的 $u_C(t)$ 以低频为主，从 R 输出的 $u_R(t)$ 以高频为主，故称 *RC* 串联组合具有低通滤波功能，如图 7.11(c)所示.

若以电压传输系数 η 描述其低通滤波功能，则

$$\eta_C=\frac{U_C}{U}=\frac{1}{\sqrt{1+(\omega CR)^2}}.\tag{7.17′}$$

可见，频率 ω 值越低，则 η_C 值越高；当 $\omega\to0$，则 $\eta_C\to1$，即输入的直流电压全部降落在电容两端，人们形象地称电容 C 具有“隔直流”的功能. 可以期望，若用电感 L 替代电阻 R，而形成 *LC* 串联组合，将具有更为明显的滤波功能，其两个分电压幅值之比为

$$\frac{U_C}{U_L}=\frac{Z_C}{Z_L}=\frac{1}{\omega^2 LC}\propto\frac{1}{\omega^2}.$$

不过,实际上的滤波电路还是选择 RC 组合,因为电感元件个体大价格高.

- **RC 组合相移功能**

关注输出 $u_C(t)$ 与输入 $u(t)$ 之间的相位差 $\delta=\varphi_C-\varphi$,称 δ 为相移量,从图 7.11(b)矢量图解中看出

$$\tan\delta=-\omega CR. \tag{7.18}$$

当 $\omega\to\infty$,甚高频情形,有 $\delta\to-\pi/2$;当 $\omega\to 0$,甚低频情形,有 $\delta\approx 0$;在特定频率

$$\omega_0=\frac{1}{RC},\quad \delta_0=-\frac{\pi}{4}, \tag{7.18$'$}$$

相应的电压传输系数 $\eta_C=1/\sqrt{2}$,即 $U_C=U/\sqrt{2}$. 利用 RC 组合一级相移功能,可进一步形成多级相移,可使输出 u_C 与输入 u 之间相移 π,而设计出正反馈线路,便制成一台相移振荡器,它是一种特定频率可调的信号发生器.

- **RC 并联组合旁路分流功能**

RC 并联组合如图 7.12(a)所示,相应的电流矢量图解显示于图 7.12(b),注意其水平基线表示并联两端电压矢量 $\boldsymbol{U}$(方向). 从矢量图解中得到以下几个关系式,

$$\text{总电流 } I=\sqrt{I_R^2+I_C^2};\quad \text{总阻抗 } Z=\frac{R}{\sqrt{1+(\omega CR)^2}}. \tag{7.19}$$

$$\text{分流 } I_R=\frac{U}{R},\ I_C=\omega CU;\quad \text{分流比}\frac{I_C}{I_R}=\omega CR. \tag{7.19$'$}$$

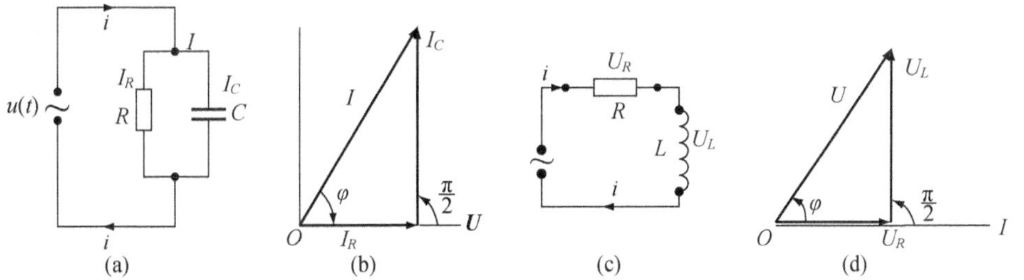

图 7.12　RC 并联组合和 RL 串联组合

由(7.19′)式可见,那分流比正比于频率. 甚高频 $\omega\gg 1/(RC)$时,有 $I_C\gg I_R$. 电容一路电流远大于电阻一路,称 RC 并联电阻具有高频旁路功能,意指高频成分的电流主要从电容支路通过,有时干脆称 C 为旁路电容;甚至,当频率更高时,其总阻抗 $Z\to\frac{1}{\omega C}\to 0$,称其为超高频短路.

- **例题——估算分流比的频率特性**

针对一 RC 并联电路,设其输入电压幅值 $U=9.0$ V,电阻 $r=10^2$ Ω,电容 $C=30$ μF,试

分别算出频率 $f=50$ Hz，500 Hz 和 5 kHz 时的电流幅值 I_R, I_C 和 I. 先算电阻一路的电流，

$$I_R=\frac{U}{R}=\frac{9.0}{100}\mathrm{A}=90\,\mathrm{mA}.\quad(\text{与频率 } f \text{ 无关})$$

再计算电容一路的电流，

$$I_C=\omega CU=2\pi fCU=2\pi(30\times10^{-6}\,\mathrm{F}\times9\,\mathrm{V})f=1.7\times10^{-3}f(\mathrm{A}).$$

当 $f=50$ Hz，$I_C=85$ mA；当 $f=500$ Hz，$I_C=850$ mA；当 $f=5$ kHz，$I_C=8.5$ A. 相应的总电流幅值 $I=\sqrt{I_R^2+I_C^2}\approx124$ mA，850.5 mA，8.5 A；对应的分流比分别为$\frac{I_C}{I_R}\approx1$，当 $f=50$ Hz；$\frac{I_C}{I_R}\approx10$，当 $f=500$ Hz；$\frac{I_C}{I_R}=10^2$，当 $f=5$ kHz.

由以上数据看出，对于该电路 R,C 的取值而言，50 Hz 的信号算不上高频，其阻抗 $Z_C\approx R$；而对于 500 Hz 以上的信号，$Z_C\ll R$，可算得上高频信号，电容一路的旁路分流功能甚为明显；对于 5 kHz 的信号，可算得上超高频了，其分流比达 100.

综上所述，在串联分压电路中高阻起主要作用，在并联分流电路中低阻起主要作用，在学习直流电路时建立的这个实用概念，依然成立于交流电路中；当前的问题在于，交流电路中仅给定电感值 L 或电容值 C，尚不足以确定其感抗(ωL)或容抗($1/\omega C$)，惟有针对某一频率或频段，方可作出阻抗高或低的判定. 故，各种交流电路的频率特性是不能不给予重点讨论的，它们联系着交流电路的诸多应用和交流电路的设计. 自觉关注交流电路和信号传输系统的频率特性，乃是学习者的一个重要素质.

- **测定实际电感元件的(L,r)**

实际电感元件并不单纯，它含绕线电阻 r，以及相应的焦耳热耗散，在电路中可用一纯电感 L 与纯电阻 r 的串联组合来等效一实际电感元件. 故，对于一个实际电感元件应有 L,r 两个性能参数，它俩决定着该电感元件的品质. 拟可选择图 7.13(a)所示的实验方法来测定(L,r).

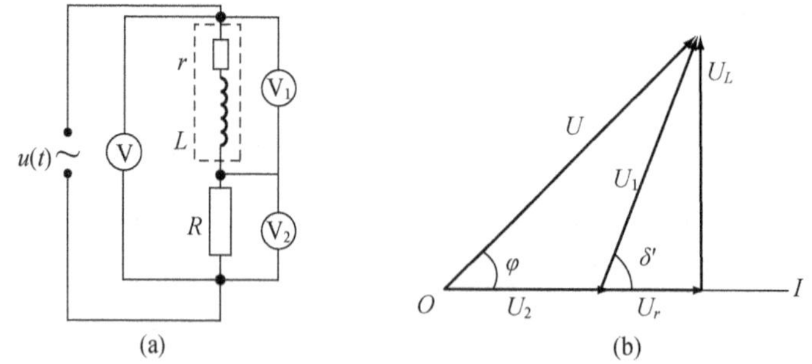

图 7.13 (a) 实测电感元件的(L,r)；(b) 相应的矢量图解

将电感器(L,r)与一标准电阻 R 串联，并由一个音频信号发生器作为电源，其输出信号频率 f_0 已知且可调. 用一交流伏特表分别测得三个电压幅值 U_1,U_2 和 U. 凭借这 5 个数据($U_1,U_2,U;R,f_0$)，即可算定(L,r)值. 兹推算如下.

以电流矢量 $\boldsymbol{I}$ 为水平基线，画出三个电压矢量($\boldsymbol{U}_1,\boldsymbol{U}_2,\boldsymbol{U}$)，而构成一个斜三角形，如图7.13(b)所示；值得注意的是，电感(L,r)的电压 $\boldsymbol{U}_1$ 超前电流 $\boldsymbol{I}$ 的相角 δ' 小于 $\pi/2$，这是因为其中电阻 r 贡献了一个水平电压矢量 $\boldsymbol{U}_r$，它与纯电感电压 $\boldsymbol{U}_L$ 合成为 $\boldsymbol{U}_1$. 于是，在矢量图上出现了($\boldsymbol{U}_r,\boldsymbol{U}_L,\boldsymbol{U}_1$)构成的一个直角三角形. 在斜三角形中，应用余弦定理，

$$U^2=U_1^2+U_2^2+2U_1U_2\cos\delta',$$

得

$$\cos\delta'=\frac{U^2-(U_1^2+U_2^2)}{2U_1U_2}.$$

有了 $\cos\delta'$ 值或相角 δ' 就可算得其它待求量，比如，

$$U_1\cos\delta'=U_r=Ir,\quad U_1\sin\delta'=U_L=\omega LI,\quad(\omega=2\pi f_0)$$

而电流幅值 $I=U_2/R$，可由标准电阻值 R 与电压测量值 U_2 算定. 最终给出(L,r)值的推算公式为

$$\text{电感 } L=\frac{U_1\sin\delta'}{2\pi f_0 I},\quad \text{电阻 } r=\frac{U_1\cos\delta'}{I};\tag{7.20}$$

$$\text{品质因数 } Q\equiv\frac{\omega L}{r}=\tan\delta'.\tag{7.20$'$}$$

给出一组实验数据如下，读者可试推算出电感值 L、电阻值 r 和该元件品质因数 Q 值：

$$U_1=8.0\,\text{V},\quad U_2=6.3\,\text{V},\quad U=10.8\,\text{V},\quad R=100\,\Omega,\quad f_0=400\,\text{Hz}.$$

从以上推算公式中看出，矢量图解中那个直角三角形多么有用. 本实验方法系交流电路矢量图解法的一个灵活运用.

●【讨论】 RC 串联组合与 RL 串联组合的并联电路之电压分配特点

参见图7.14(a)，设其总电压为 U_{ab}，在两支路中点 c,d 间跨接一个交流电压表，以观测电压 U_{cd} 随可调电容 C 的变化；当出现跨接电压 U_{cd} 为极大值时，试求其电容 C，已知 L,r,R.

提示 以总电压矢量 $\boldsymbol{U}_{ab}$ 为直径作一个辅助圆，参见图7.14(b)；本题系交流电路矢量图解法的一个灵活运用.

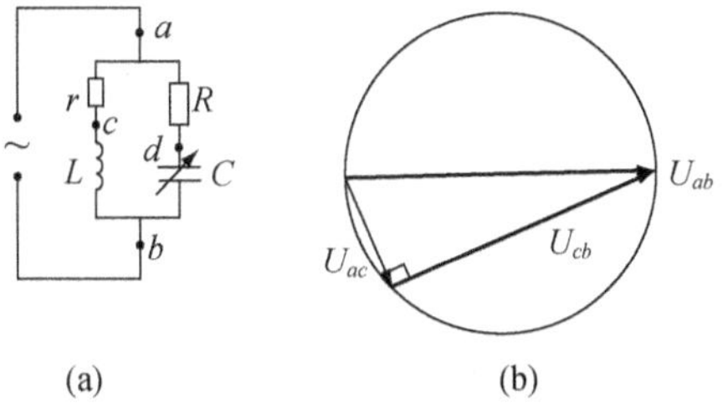

图7.14 调节电容值过程中跨接电压 U_{cd} 将出现极大值

7.4　交流电路复数解法　基尔霍夫方程组

- 复数
- 复电压与复电流
- 基本元件及其组合的复阻抗公式
- 例题——两级 RC 滤波与相移电路
- 例题——测定介质电容器的漏电阻
- 简谐量与复数对应
- 复阻抗　电阻与电抗
- 复数基尔霍夫方程组
- 交流电桥
- 讨论——LRC 并联组合的两个特征频率

● 复数

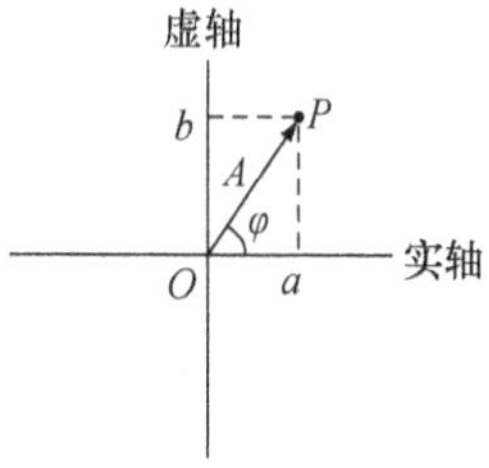

图 7.15　复平面上一点定义一复数

参见图 7.15，由两个正交轴构成一复数平面，其水平轴表示实数，单位为 1；其垂直轴表示虚数，其单位为虚数 $\sqrt{-1}$，记作 j，即 $\mathrm{j}=\sqrt{-1}$. 复平面上一点定义出一复数 $\tilde{z}$，

$$\tilde{z}=a+\mathrm{j}b.\quad (a\text{ 为实部},b\text{ 为虚部})\tag{7.21}$$

同时看到这一点 P 规定了一个复矢量 $\overline{OP}$，其长度 A 称为模数，其方向角 φ 称为辐角，这两者给出了复数 $\tilde{z}$ 的指数式表示，

$$\tilde{z}=A\mathrm{e}^{\mathrm{j}\varphi}.\tag{7.21′}$$

以上关于复数两种表示中的两组特征量 (a,b) 和 (A,φ)，其换算关系为

$$A=\sqrt{a^2+b^2},\quad \tan\varphi=\frac{b}{a};\quad a=A\cos\varphi,\quad b=A\sin\varphi.\tag{7.22}$$

比如，

$$\tilde{z}=1+\mathrm{j}\sqrt{3}=2\mathrm{e}^{\mathrm{j}\frac{\pi}{3}},\quad \mathrm{j}=\mathrm{e}^{\mathrm{j}\frac{\pi}{2}},\quad -\mathrm{j}=\mathrm{e}^{-\mathrm{j}\frac{\pi}{2}};$$

这也导致一复数的第三种表示式，

$$\tilde{z}=A\cos\varphi+\mathrm{j}A\sin\varphi.\quad(\text{三角函数表示式})\tag{7.22′}$$

用复数表示物理量和表达物理规律，以及物理问题的复数算法，在历史上究竟源于何时，有待查考. 而在交流电路中引入复数解法，为解决复杂电路提供了一种简洁而有力的数学手段.

● 简谐量与复数对应

复数有两个特征量，即模与辐角；而简谐量也有两个特征量，即幅值与相位. 两者匹配，可以建立一种对应关系如下，令

$$\text{模}=\text{辐值},\quad \text{辐角}=\text{相位},$$

即

$$\text{简谐量 } x(t)=A\cos(\omega t+\varphi)\quad\Longleftrightarrow\quad \text{复数 }\tilde{x}(t)=A\mathrm{e}^{\mathrm{j}(\omega t+\varphi)},$$

即

$$\tilde{x}(t)=A\mathrm{e}^{\mathrm{j}\varphi}\cdot\mathrm{e}^{\mathrm{j}\omega t}=\widetilde{A}\mathrm{e}^{\mathrm{j}\omega t},\quad \widetilde{A}\equiv A\mathrm{e}^{\mathrm{j}\varphi}(\text{复振幅}).\tag{7.23}$$

诚如前述，对应关系并非相等关系，量的对应服务于运算的对应；惟有在对应的运算操

作中及其解决物理问题的结果中,方可显示如此对应的合理性和优越性. 比如,两个同频简谐量的叠加,对应为两个复数的求和,即

$$x_1(t)+x_2(t) \quad \Longleftrightarrow \quad \tilde{x}_1+\tilde{x}_2=(\widetilde{A}_1+\widetilde{A}_2)\mathrm{e}^{\mathrm{j}\omega t},$$

注意到这里公因子 $\mathrm{e}^{\mathrm{j}\omega t}$,它总陪立永相随,在复数运算过程中可不予理睬,而直接用两个复振幅的求和,表达合成复振幅,即

$$\begin{aligned}\widetilde{A}&=\widetilde{A}_1+\widetilde{A}_2=A_1\mathrm{e}^{\mathrm{j}\varphi_1}+A_2\mathrm{e}^{\mathrm{j}\varphi_2}=(A_1+A_2\mathrm{e}^{\mathrm{j}\delta})\mathrm{e}^{\mathrm{j}\varphi_1}\\&=(A_1+A_2\cos\delta+\mathrm{j}A_2\sin\delta)\mathrm{e}^{\mathrm{j}\varphi_1},\quad(\delta\equiv\varphi_2-\varphi_1)\end{aligned}$$

$$A^2=(A_1+A_2\cos\delta)^2+(A_2\sin\delta)^2=A_1^2+A_2^2+2A_1A_2\cos\delta. \tag{7.23'}$$

这一结果与矢量解法或实数算法所得一致,表明在处理同频简谐量叠加问题中,简谐量与复数的对应关系及其对应运算是正确而合理的,虽然以上复数算法中并未显出它有多么简捷.

复数算法的优越性充分显现于对简谐量的微分或积分运算中:

微分
$$\frac{\mathrm{d}x(t)}{\mathrm{d}t}\to\frac{\mathrm{d}\tilde{x}}{\mathrm{d}t}=\frac{\mathrm{d}}{\mathrm{d}t}(A\mathrm{e}^{\mathrm{j}\varphi}\mathrm{e}^{\mathrm{j}\omega t})=\mathrm{j}\omega\tilde{x}; \tag{7.24}$$

积分
$$\int x(t)\,\mathrm{d}t\to\int\tilde{x}\,\mathrm{d}t=\int A\mathrm{e}^{\mathrm{j}\varphi}\mathrm{e}^{\mathrm{j}\omega t}\,\mathrm{d}t=\frac{1}{\mathrm{j}\omega}\tilde{x}. \tag{7.24'}$$

这相当于算符的对应变换:

$$\text{实数域}\quad\frac{\mathrm{d}}{\mathrm{d}t}\to\mathrm{j}\omega\quad\text{复数域}; \tag{7.24''}$$

$$\text{实数域}\quad\int\mathrm{d}t\to\frac{1}{\mathrm{j}\omega}\quad\text{复数域}. \tag{7.24'''}$$

这样一来,就有可能将有关简谐函数的微分方程或积分方程,转化为复振幅的代数方程予以求解,其优越性不言而喻,随后将看到这方面的诸多例子.

- **复电压与复电流**

与简谐电压 $u(t)=U\cos(\omega t+\varphi_u)$ 对应的复电压函数为

$$\widetilde{U}(t)=\widetilde{U}\mathrm{e}^{\mathrm{j}\omega t},\quad\text{复电压}\quad\widetilde{U}=U\mathrm{e}^{\mathrm{j}\varphi_u}; \tag{7.25}$$

复电压 $\widetilde{U}$ 一量,同时概括了电压幅值和电压初相位等两个特征量.

同理,与简谐电流 $i(t)=I\cos(\omega t+\varphi_i)$ 对应的复电流函数为

$$\tilde{I}(t)=\tilde{I}\mathrm{e}^{\mathrm{j}\omega t},\quad\text{复电流}\quad\tilde{I}=I\mathrm{e}^{\mathrm{j}\varphi_i}; \tag{7.25'}$$

复电流 $\tilde{I}$ 一量,同时包含了电流幅值和电流初相位,它对简谐电流特征的表示是完备的.

于是,对于交流串联电路,因其复电流 $\tilde{I}$ 是统一的,其总电压 $\widetilde{U}$ 等于各段电压的叠加关系,就被表达为

$$\widetilde{U}=\widetilde{U}_1+\widetilde{U}_2+\widetilde{U}_3+\cdots. \tag{7.26}$$

对于交流并联电路,因其复电压是共同的,其总电流等于各支路电流之叠加,就被表达为

$$\tilde{I}=\tilde{I}_1+\tilde{I}_2+\tilde{I}_3+\cdots. \tag{7.26'}$$

注意到复电压 $\tilde{U}$ 或复电流 $\tilde{I}$ 中总隐藏着相位因子 $e^{j\varphi}$，故以上复数求和之等式，不能被理解为实数相加.

● 复阻抗　电阻与电抗

曾记得，交流电路中的一个元件，具有两个参数 (Z,φ)，不妨令它俩组成一复数，称之为复阻抗，用符号 $\tilde{Z}$ 示之，即

$$\tilde{Z}=Ze^{j\varphi}. \tag{7.27}$$

其中，阻抗 Z 和相位差 φ 的原本定义是，

$$Z=\frac{U}{I},\quad \varphi=\varphi_u-\varphi_i;$$

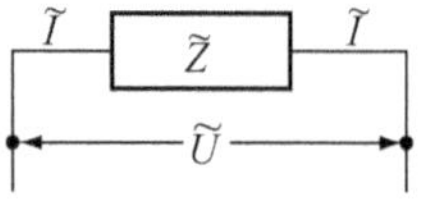

图 7.16　交流电路中的复数欧姆定律 $\tilde{U}=\tilde{Z}\tilde{I}$

故，复阻抗 $\tilde{Z}$ 的定义式(7.27)被展开为

$$\tilde{Z}=\frac{U}{I}e^{j(\varphi_u-\varphi_i)}=\frac{Ue^{j\varphi_u}}{Ie^{j\varphi_i}}=\frac{\tilde{U}}{\tilde{I}}.$$

这表明，交路电路中一元件的复阻抗与其复电压和复电流之关系，具有类似欧姆定律的简单形式，如图 7.16 所示，不妨称其为复数欧姆定律，

$$\tilde{Z}=\frac{\tilde{U}}{\tilde{I}},\quad 或\quad \tilde{U}=\tilde{Z}\cdot\tilde{I}. \tag{7.27'}$$

这是复阻抗一量基本物理意义之所在.

正如直流电路那样，一旦电路中电阻元件的分布及其电阻 R 值给定，则这电路的解就随之确定；交流电路中一旦所有元件的分布及其复阻抗给定，则这电路的解便可确定. 故确定基本元件和基本组合的复阻抗公式，是颇为必要的. 为此，首先给出串联组合或并联组合的复阻抗一般性公式. 若三个元件 $\tilde{Z}_1,\tilde{Z}_2,\tilde{Z}_3$ 串联起来，则其总复阻抗为

$$\tilde{Z}=\tilde{Z}_1+\tilde{Z}_2+\tilde{Z}_3; \tag{7.28}$$

若这三者并联起来，则其总复阻抗满足以下关系，

$$\frac{1}{\tilde{Z}}=\frac{1}{\tilde{Z}_1}+\frac{1}{\tilde{Z}_2}+\frac{1}{\tilde{Z}_3}, \tag{7.28'}$$

也许取 $\tilde{Z}$ 之倒数，$\tilde{Y}=1/\tilde{Z}$，被称为复导纳，以表达上式较为简单，即并联复导纳公式为

$$\tilde{Y}=\tilde{Y}_1+\tilde{Y}_2+\tilde{Y}_3. \tag{7.28''}$$

复阻抗 $\tilde{Z}$ 既然是一复数，它在复平面上就有相应一点，如图 7.17 所示. 取其实部 r 和虚部 x 表示复阻抗为

$$\tilde{Z}=r+jx, \tag{7.29}$$

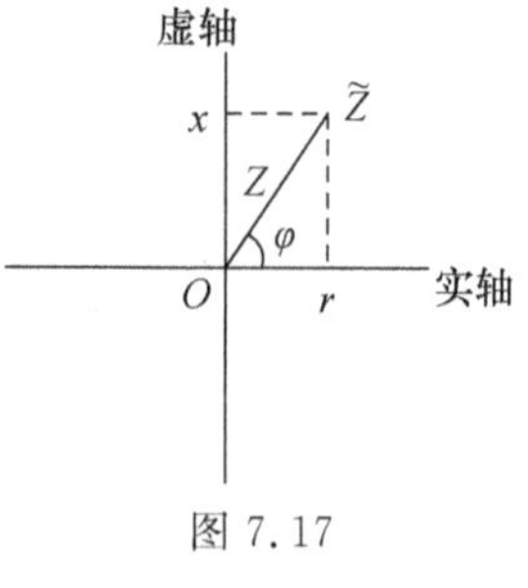

图 7.17

称实部 r 为电阻，称虚部 x 为电抗. (r,x) 与 (Z,φ) 之间的换算关系为

$$\begin{cases} r = Z\cos\varphi, \\ x = Z\sin\varphi; \end{cases} \quad 或 \quad \begin{cases} Z = \sqrt{r^2 + x^2}, \\ \tan\varphi = \dfrac{x}{r}. \end{cases} \tag{7.29'}$$

注意到，纯电感其 $\varphi_L = \pi/2$，而纯电容其 $\varphi_C = -\pi/2$，故元件组合的复阻抗 $\tilde{Z}$ 中反映电压 $u(t)$ 与电流 $i(t)$ 之相位差的 φ 值，其范围为 $\pi/2$——$\pi/2$. 故电阻 r 值恒为正，$r \geqslant 0$；而电抗 x 可正可负. 当虚部 $x>0$，表明 $\varphi>0$，则 $u(t)$ 超前 $i(t)$，该元件组合呈现电感性（感抗）；当 $x<0$，表明 $\varphi<0$，则 $u(t)$ 落后 $i(t)$，该元件组合呈现电容性（容抗）.

电阻 r 和电抗 x，各自的物理意义，还将在讨论元件消耗功率问题中进一步体现出来.

• 基本元件及其组合的复阻抗公式

单元件：

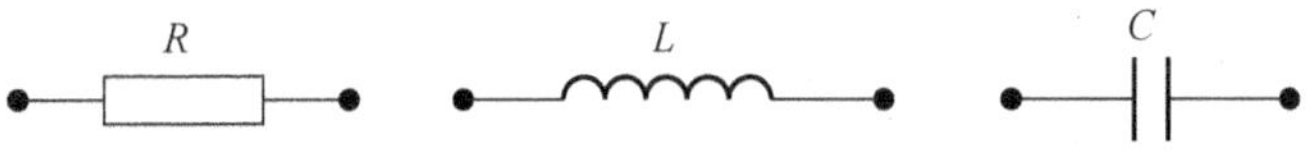

$\tilde{Z}_R = R$ $\quad$ $\tilde{Z}_L = \mathrm{j}\omega L$ $\quad$ $\tilde{Z}_C = \dfrac{1}{\mathrm{j}\omega C}$ 或 $\tilde{Z}_C = -\mathrm{j}\dfrac{1}{\omega C}$

双元件：

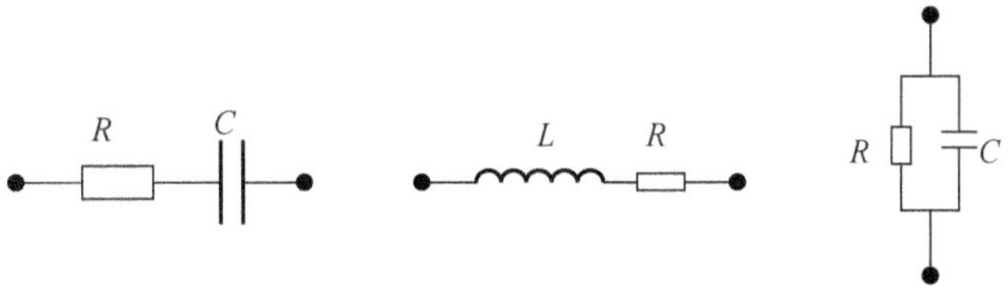

$\tilde{Z} = R + \dfrac{1}{\mathrm{j}\omega C}$ $\quad$ $\tilde{Z} = R + \mathrm{j}\omega L$ $\quad$ $\dfrac{1}{\tilde{Z}} = \dfrac{1}{R} + \mathrm{j}\omega C$

"电容性" $\quad$ "电感性" $\quad$ "电容性"

三元件：

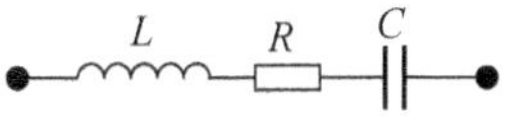

$$\tilde{Z} = R + \mathrm{j}\left(\omega L - \frac{1}{\omega C}\right)$$

若 $\left(\omega L - \dfrac{1}{\omega C}\right) > 0$，则 $\varphi > 0$，电感性；

若 $\left(\omega L - \dfrac{1}{\omega C}\right) < 0$，则 $\varphi < 0$，电容性；

若 $\left(\omega L - \dfrac{1}{\omega C}\right) = 0$，则 $\tilde{Z} = R$，$\varphi = 0$，电阻性.

其相应的特定频率为

$$\omega_0 = \frac{1}{\sqrt{LC}}. \quad（与 R 无关）$$

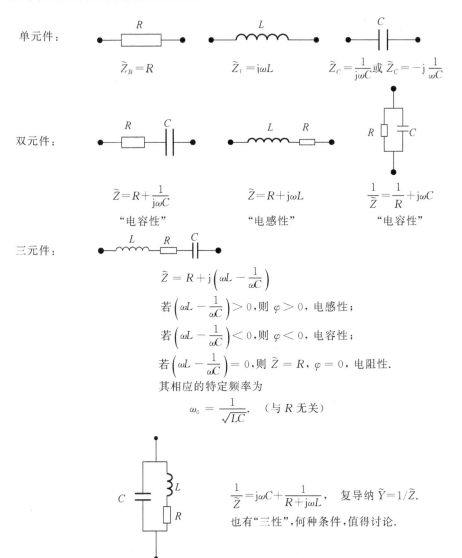

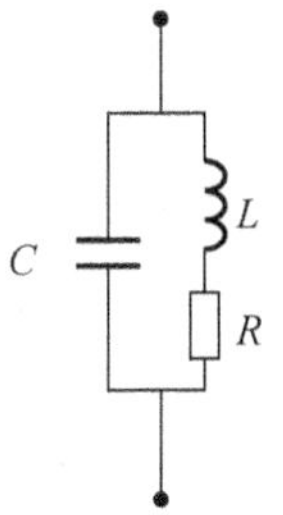

$\dfrac{1}{\tilde{Z}} = \mathrm{j}\omega C + \dfrac{1}{R + \mathrm{j}\omega L}$，复导纳 $\tilde{Y} = 1/\tilde{Z}$.

也有"三性"，何种条件，值得讨论.

● 复数基尔霍夫方程组

交流电路的基尔霍夫方程组是以复数形式表达的，可称为复数基尔霍夫方程组.

对于任意一节点，其电流方程为

$$\sum i(t)=0,\quad \longrightarrow \quad \sum \tilde{I}=0;\tag{7.30}$$

对于任意一个回路，其电压方程为

$$\sum u(t)=0,\quad \longrightarrow \quad \sum \widetilde{U}=0.\tag{7.30′}$$

必须明确回路电压方程式中，每段复电压 $\widetilde{U}$ 的具体表达：

$$凡经电感\ L,\ \widetilde{U}_L=\pm\, \mathrm{j}\omega L\tilde{I};\quad 凡经电容\ C,\ \widetilde{U}_C=\pm\frac{1}{\mathrm{j}\omega C}\tilde{I};$$

$$凡经电阻\ R,\ \widetilde{U}_R=\pm R\tilde{I};\quad 凡经电源\ \mathscr{E},\ \widetilde{U}_{\mathscr{E}}=\pm\mathscr{E}.$$

其前面正负号选择的原则是，顺 $\tilde{I}$ 方向取正号，逆 $\tilde{I}$ 方向取负号. 当然，复电流 $\tilde{I}$ 箭头方向的标定是随意设定的，而一旦标定就要被尊重，以正确写出各段复电压.

似应提及，上述建立节点瞬时电流方程和回路瞬时电压方程的物理基础是

$$\oiint \boldsymbol{j}\cdot \mathrm{d}\boldsymbol{S}=0,\quad \oint \boldsymbol{E}(t)\cdot \mathrm{d}\boldsymbol{l}=0;$$

而这两条方程是依据此交流电路满足准恒条件才得以确认的.

● 例题——两级 RC 滤波与相移电路

一个两级 RC 电路如图 7.18(a)，关注其电压传输系数

$$\tilde{\eta}\equiv\frac{\widetilde{U}_{b0}}{\widetilde{U}_{a0}}=\frac{U_{出}}{U_{入}}\cdot \mathrm{e}^{(\varphi_b-\varphi_a)}.\tag{7.31}$$

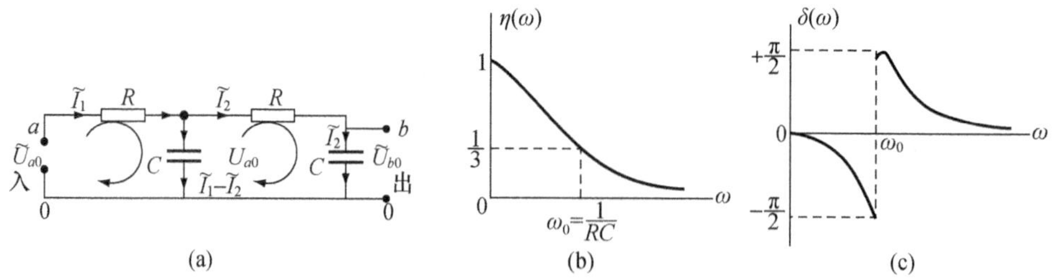

图 7.18　(a) 两级 RC 电路；(b) 电压传输频率特性 $\eta(\omega)$；(c) 相移频率特性 $\delta(\omega)$

设定复电流 $\tilde{I}_1$ 和 $\tilde{I}_2$，并标定其方向如图，列出其回路复电压方程组如下，

$$\begin{cases} R\tilde{I}_1+\dfrac{1}{\mathrm{j}\omega C}(\tilde{I}_1-\tilde{I}_2)+\widetilde{U}_{0a}=0,\\ \left(R+\dfrac{1}{\mathrm{j}\omega C}\right)\tilde{I}_2-\dfrac{1}{\mathrm{j}\omega C}(\tilde{I}_1-\tilde{I}_2)=0;\end{cases}$$

经整理,

$$\begin{cases}\left(R+\frac{1}{\mathrm{j}\omega C}\right)\tilde{I}_1-\frac{1}{\mathrm{j}\omega C}\tilde{I}_2=\widetilde{U}_{a0},\\ -\frac{1}{\mathrm{j}\omega C}\tilde{I}_1+\left(R+\frac{2}{\mathrm{j}\omega C}\right)\tilde{I}_2=0,\end{cases}$$

解出

$$\tilde{I}_2=\frac{\mathrm{j}\omega C}{1-(\omega CR)^2+3\mathrm{j}\omega CR}\widetilde{U}_{a0}.$$

于是,输出电压为

$$\widetilde{U}_{b0}=\frac{1}{\mathrm{j}\omega C}\tilde{I}_2=\frac{1}{1-(\omega CR)^2+3\mathrm{j}\omega CR}\widetilde{U}_{a0},$$

最终得复电压传输系数为

$$\tilde{\eta}=\frac{1}{1-(\omega CR)^2+3\mathrm{j}\omega CR}=\eta e^{\mathrm{j}\delta}. \tag{7.31'}$$

据此给出有明确物理意义的两个结果,并讨论其频率特性如下.

(1) 电压比的频率特性

由(7.31′)式得电压比值

$$\eta(\omega)=|\tilde{\eta}|=\frac{U_{出}}{U_{入}}=\frac{1}{\sqrt{1+7(\omega CR)^2+(\omega CR)^4}}. \tag{7.31''}$$

其频率特性曲线(频应曲线)显示于图 7.18(b),可见随频率增加其输出电压递降,此电路具有低通滤波功能.关注其中一特征频率 ω_0,它满足

$$\omega_0 CR=1,\quad 即\quad \omega_0=\frac{1}{RC},\quad 有\quad \eta(\omega_0)=\frac{1}{3}. \tag{7.32}$$

(2) 相移量的频率特性

由(7.31′)式得相移量

$$\delta(\omega)=\arg\tilde{\eta}=\varphi_b-\varphi_a=-\arctan\frac{3\omega CR}{1-(\omega CR)^2}, \tag{7.32'}$$

其频应曲线显示于图 7.18(c),可见其在特征频率 ω_0 邻近出现阶跃,

$$当\ \omega\to\omega_0^+,\ \delta\to+\frac{\pi}{2};\quad 当\ \omega\to\omega_0^-,\ \delta\to-\frac{\pi}{2}.$$

● 交流电桥

交流电桥的一般结构如图 7.19(a),其四臂元件之复阻抗设为($\tilde{Z}_1,\tilde{Z}_2,\tilde{Z}_3,\tilde{Z}_4$),桥路($ab$)中串接一灵敏电流计 G,用以检测桥路电流 $I_g(t)$是否为零.交流桥的平衡指标为

$$i_g(t)=0,$$

即

$$u_{ab}(t)=0,\quad 或\quad u_{a0}(t)=u_{b0}(t). \tag{7.33}$$

这里将 O 点(以下标 0 表示)选定为电势参考点. (7.33)式表明,交变电压 u_{a0} 与 u_{b0} 必须时时相等,电桥方可平衡;这不仅要求电压幅值相等,$U_{a0}=U_{b0}$,而且要求两者相位一致,$\varphi_a=\varphi_b$.

现以复电压和复阻抗为语言来明确交流桥的平衡条件. 鉴于 $\tilde{I}_g=0$,可以将桥路 ab 断

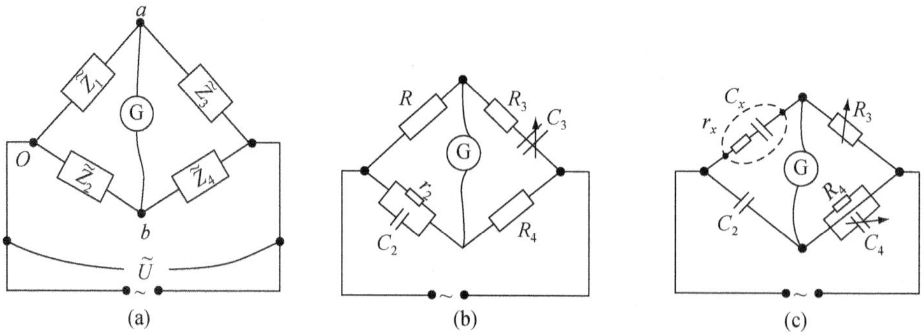

图 7.19　(a) 交流电桥一般结构；(b) 无法平衡的一个交流桥；(c) 测定介质电容器(C,r)

开，而不会改变电路的工作状态. 于是，这交流桥就简化为一个简单电路，即 $\tilde{Z}_1$ 与 $\tilde{Z}_3$ 串联、$\tilde{Z}_2$ 与 $\tilde{Z}_4$ 串联，两者再并联于一个共同电压 $\tilde{U}$. 故

$$\tilde{U}_1 = \frac{\tilde{Z}_1}{\tilde{Z}_1 + \tilde{Z}_3}\tilde{U}, \quad \tilde{U}_2 = \frac{\tilde{Z}_2}{\tilde{Z}_2 + \tilde{Z}_4}\tilde{U};$$

令 $\tilde{U}_1 = \tilde{U}_2$，得

$$\frac{\tilde{Z}_1}{\tilde{Z}_2} = \frac{\tilde{Z}_3}{\tilde{Z}_4}. \tag{7.33$'$}$$

称其为交流桥的平衡条件，它表明交流桥四臂之复阻抗应当匹配，以满足(7.33′)式而达到平衡，此时电流计示零. 这一复数等式包含两个实数方程：

$$\frac{Z_1}{Z_2} = \frac{Z_3}{Z_4}, \quad \text{(阻抗匹配条件)}$$

$$\varphi_1 - \varphi_2 = \varphi_3 - \varphi_4. \quad \text{(相位匹配条件)} \tag{7.33$''$}$$

因此，为使交流桥达到平衡，在实验过程中必须反复调节元件参量，逐步逼近，以最终满足上述两个方程. 这要比直流电桥的平衡调节麻烦许多. 况且，这里还存在一个调节是否收敛的问题.

如果四臂元件选配不当，无论怎样调节其参量，也将无法使电桥达到平衡，图 7.19(b) 所示电桥便是如此. 其症结在于那相位匹配条件，原则上是否可能被满足. 对于该电桥的四个元件，其相位取值符号为

$$(\varphi_1 - \varphi_2) = (0) - (-) = \delta > 0; \quad (\varphi_3 - \varphi_4) = (-) - (0) = \delta' < 0;$$

可见，δ 与 δ' 一正一负，怎么可能相等呢.

交流电桥法是电磁测量术中一个重要方法，可用以精测实际电感元件的(L,r)，介质电容器的(C,r)，也可用来精测交流电信号的工作频率 ω.

● 例题——测定介质电容器的漏电阻

由于诸多原因，电容器中的介质并非绝对绝缘，比如，材料中混有杂质，或填充介质时混进气泡，以致工作时有些许电流通过电容器，称其为漏电，在高电压或湿热环境中，这漏电就

将加重.在电工学中,测定实际电容器的(C,r)是必要的,这里r为漏电阻.拟可设计图7.19(c)所示的交流电桥,其四臂复阻抗分别为

$$\widetilde{Z}_1=r_x+\frac{1}{\mathrm{j}\omega C_x},\quad \widetilde{Z}_3=R_3,$$

$$\widetilde{Z}_2=\frac{1}{\mathrm{j}\omega C_2},\quad \frac{1}{\widetilde{Z}_4}=\frac{1}{R_4}+\mathrm{j}\omega C_4.$$

据平衡条件(7.33′)式,得其复阻抗匹配方程为

$$\left(r_x+\frac{1}{\mathrm{j}\omega C_x}\right)\cdot \mathrm{j}\omega C_2=R_3\cdot\left(\frac{1}{R_4}+\mathrm{j}\omega C_4\right),$$

即
$$\frac{C_2}{C_x}+\mathrm{j}\omega C_2 r_x=\frac{R_3}{R_4}+\mathrm{j}\omega C_4 R_3,$$

得
$$\frac{C_2}{C_x}=\frac{R_3}{R_4}\ (\text{实部相等}),\quad C_2 r_x=C_4 R_3\ (\text{虚部相等}),$$

最终测出该电容器的两个性能参数及其损耗因数,

$$\text{电容}\ C_x=\frac{R_4}{R_3}C_2,\quad \text{漏电阻}\ r_x=\frac{C_4}{C_2}R_3,\quad \text{损耗因数}\ \frac{r_x}{Z_C}=\omega R_4 C_4. \tag{7.34}$$

● **【讨论】** ***LRC* 并联组合的两个特征频率**

参见图7.20(a),一个含电阻的电感元件(L,R)与一电容C并联.试讨论:

(1) 四个参量(L,R,C,ω)为怎样的定量关系时,该组合呈现电容性,或电感性,或电阻性.

(2) 求出其复阻抗$\widetilde{Z}$之相位差为零时的特征频率ω_0.

(3) 求出其阻抗Z为极大值时的特征频率ω_r.

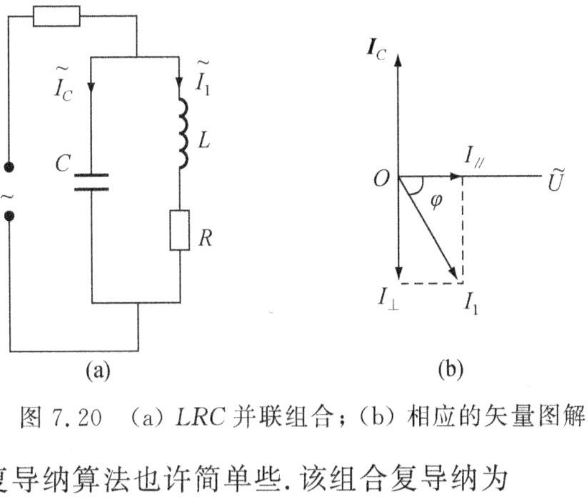

图7.20 (a) *LRC* 并联组合;(b) 相应的矢量图解

提示 (1) 采取复导纳算法也许简单些.该组合复导纳为

$$\widetilde{Y}=\mathrm{j}\omega C+\frac{1}{R+\mathrm{j}\omega L}=\mathrm{j}\omega C+\frac{R-\mathrm{j}\omega L}{R^2+(\omega L)^2}=\frac{R}{R^2+(\omega L)^2}+\mathrm{j}\left(\omega C-\frac{\omega L}{R^2+(\omega L)^2}\right).$$

究竟是电感性或电阻性或电容性,只看其虚部的正、负号就能确定之.

令 $b=\left(\omega C-\dfrac{\omega L}{R^2+(\omega L)^2}\right)$. 若 $b<0$，电感性；$b=0$，电阻性；$b>0$，电容性.

(2) 由 $b=0$，求得特征频率

$$\omega_0=\sqrt{\frac{1}{LC}-\left(\frac{R}{L}\right)^2};\quad \omega_0\approx\frac{1}{\sqrt{LC}},\quad 当 R^2\ll\frac{L}{C}. \tag{7.35}$$

(3) 为求出另一个特征频率 ω_r，特设一函数

$$F(\omega)\equiv Y^2=\frac{R^2}{(R^2+(\omega L)^2)^2}+\left(\omega C-\frac{\omega L}{R^2+(\omega L)^2}\right)^2,$$

看来，求导 $F(\omega)$，且令其导数为零，可以求得其极值所对应的 ω_r，这计算工作量不小，试耐心地完成之.

(4) 采取矢量图解法试试看，参考图 7.20(b)，注意到

$$\tan\varphi=\frac{\omega L}{R},\quad \sin\varphi=\frac{\omega L}{\sqrt{R^2+(\omega L)^2}}.$$

(5) 又，也许将复导纳 $\tilde{Y}$ 写成以下形式对计算 ω_r 稍微方便，

$$\tilde{Y}=\mathrm{j}\omega C+\frac{1}{R+\mathrm{j}\omega L}=\frac{1-\omega^2LC+\mathrm{j}\omega CR}{R+\mathrm{j}\omega L},$$

于是

$$Y^2=\frac{(1-\omega^2LC)^2+\omega^2(CR)^2}{R^2+(\omega L)^2}.$$

令 $\dfrac{\mathrm{d}Y^2}{\mathrm{d}\omega}=0$，试求出 ω_r.

7.5 谐振电路及其 Q 值

- 串联谐振电路　定态解
- 谐振电路的品质因数
- 谐振电路储能与耗能之比值
- 谐振系统 Q 值的多重意义
- 电流谐振　电压谐振
- 频率特性
- 谐振峰的通频带宽度
- 无源 LRC 电路的对数衰减率
- 并联谐振电路

● 串联谐振电路　定态解

三个基本元件(L,R,C)串联的电路如图 7.21(a)，虽说它是一个简单电路，却具有独特的谐振功能，颇为人们所重视.

该电路微分方程的原始形式为

$$L\frac{\mathrm{d}i}{\mathrm{d}t}+Ri+\frac{1}{C}\int i\mathrm{d}t=\mathscr{E}\cos\omega t, \tag{7.36}$$

通过 $i=\mathrm{d}q_0/\mathrm{d}t$，将上式转换为

$$L\frac{\mathrm{d}^2q_0}{\mathrm{d}t^2}+R\frac{\mathrm{d}q_0}{\mathrm{d}t}+\frac{1}{C}q_0=\mathscr{E}\cos\omega t. \tag{7.36'}$$

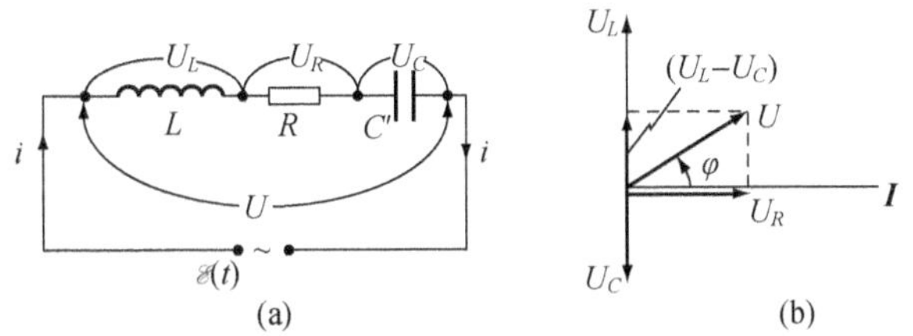

图 7.21 (a) 串联谐振电路；(b) 相应的矢量图解

这是一个标准的二阶线性常系数非齐次的微分方程，其齐次方程之通解均为衰减型函数，它系非定态解，这已在第 6 章 6.5 节 LRC 暂态过程中论之；眼下关注的是其定态解，此乃非齐次方程的特解，有理由预设其特解具有同频余弦型函数形式.

凭借简谐量与复数的对应及其算符的对应变换：

$$i(t)=I\cos(\omega t+\varphi_i)\rightarrow\tilde{i}=\tilde{I}e^{j\omega t},\quad \tilde{I}=Ie^{j\varphi_i},$$

$$\mathscr{E}\cos\omega t\rightarrow\mathscr{E}=\tilde{\mathscr{E}}e^{j\omega t}\quad(\text{即总电压 }\widetilde{U}),$$

$$\frac{d}{dt}\rightarrow j\omega,\quad \int dt\rightarrow\frac{1}{j\omega},$$

可将(7.36)式转化为复函数的方程如下，

$$L\frac{d\tilde{i}}{dt}+R\tilde{i}+\frac{1}{C}\int\tilde{i}dt=\tilde{\mathscr{E}},$$

$$j\omega L\tilde{i}+R\tilde{i}+\frac{1}{j\omega C}\tilde{i}=\tilde{\mathscr{E}}.\qquad(7.36'')$$

这是一个关于复函数 $\tilde{i}$ 的代数方程，立马得其解以及相应的复电流 $\tilde{I}$ 的解为

$$\tilde{i}(t)=\frac{\mathscr{E}}{R+j\left(\omega L-\frac{1}{\omega C}\right)}e^{j\omega t},\quad \tilde{I}=Ie^{j\varphi_i}=\frac{\mathscr{E}}{R+j\left(\omega L-\frac{1}{\omega C}\right)}.\qquad(7.37)$$

由复电流 $\tilde{I}$ 便可得到实电流幅值 I 及其初相位 φ_i 为

$$I=\frac{\mathscr{E}}{\sqrt{R^2+\left(\omega L-\frac{1}{\omega C}\right)^2}},\quad \tan\varphi_i=-\frac{\omega L-\frac{1}{\omega C}}{R}.\qquad(7.37')$$

这里，似应说明 φ_i 其实就是电流 $i(t)$ 与总电压 $\mathscr{E}(t)$ 之间的相位差，如果尊重先前的约定，元件或元件组合的 φ 表示($\varphi_u-\varphi_i$)，而目前已设定 $\varphi_u=0$，故 $\varphi=-\varphi_i$.

当然，本电路复电流 $\tilde{I}$ 也可由串联复阻抗 $\tilde{Z}$ 之公式，而直接求得，

$$\tilde{Z}=\tilde{Z}_R+\tilde{Z}_L+\tilde{Z}_C=R+j\left(\omega L-\frac{1}{\omega C}\right),\qquad(7.37'')$$

$$\tilde{I}=\frac{\widetilde{U}}{\tilde{Z}}=\frac{\mathscr{E}}{R+j\left(\omega L-\frac{1}{\omega C}\right)}.\quad(\text{与}(7.37)\text{式一致})$$

本电路还可以采用矢量图解法予以求解，如图 7.21(b)所示，以电流矢量 $\boldsymbol{I}$ 为水平基线，三个分电压矢量分别为：$\boldsymbol{U}_L$ 垂直向上，$\boldsymbol{U}_C$ 垂直向下，而 $\boldsymbol{U}_R$ 沿水平方向. 于是，总电压幅值 U 与(U_L,U_C,U_R)之关系为

$$U = \sqrt{U_R^2 + (U_L - U_C)^2}; \quad U_R = RI, \quad U_L = \omega LI, \quad U_C = \frac{1}{\omega C}I.$$

即

$$I = \frac{U}{\sqrt{R^2 + \left(\omega L - \frac{1}{\omega C}\right)^2}}, \quad \tan\varphi = \frac{U_L - U_C}{U_R} = \frac{\omega L - \frac{1}{\omega C}}{R}.$$

这一致于(7.37′)式.

可以看出，本节段刻意于陈述三种方法用以求解电路，旨在认识到处理交流电路问题诸多方法之间的联系和区别，以求灵活有效运用之.

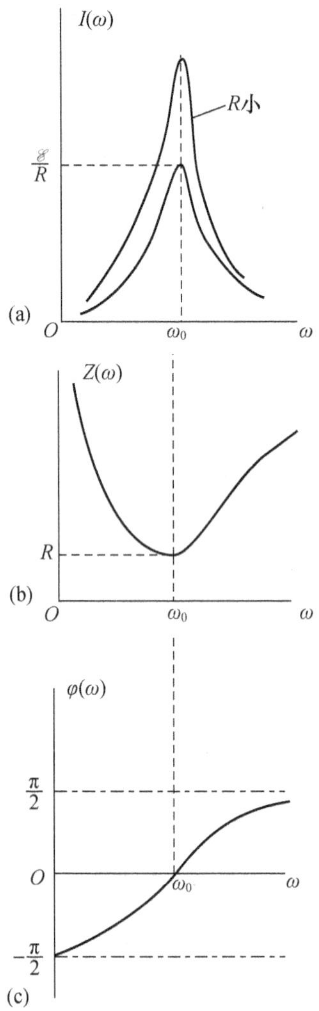

图 7.22　串联谐振电路的频率特性
(a) 电流频应曲线；
(b) 阻抗频应曲线；
(c) 相位差频应曲线

● **频率特性**

本电路的频率特性，集中体现在以频率 ω 为变量的三个函数上，即电流幅值 $I(\omega)$，阻抗 $Z(\omega)$和相位差 $\varphi(\omega)$，相应的三条频率响应曲线(频应曲线)显示于图 7.22，其特征择要如下.

(1) 令人注目的谐振角频率 ω_0.　电流 I 随频率的变化并非单调，当

$$\left(\omega L - \frac{1}{\omega C}\right) = 0,$$

出现电流极大值 I_M，阻抗极小值 Z_m；称 I_M 为电流谐振峰，谐振一词或谐振电路之命名源于此. 由上式得谐振角频率 ω_0 和谐振频率 f_0 公式，

$$\omega_0 = \frac{1}{\sqrt{LC}}, \quad f_0 = \frac{1}{2\pi\sqrt{LC}}. \tag{7.38}$$

比如，$L = 50$ mH，$C = 3\ \mu$F，则 $f_0 \approx 400$ Hz；若 $L = 5$ mH，$C = 300$ pF，则 $f_0 \approx 130$ kHz.

(2) 电流峰值与阻抗谷值.　在谐振频率 ω_0 处，电流峰值 I_M 和阻抗谷值 Z_m 分别为

$$I_M = I(\omega_0) = \frac{\mathscr{E}}{R} = \frac{U_R}{R}, \quad Z_m = Z(\omega_0) = R,$$

此处

$$\varphi(\omega_0) = 0. \tag{7.38′}$$

(3) 电流谐振峰的锐度.　从图 7.22(a)看到，当电阻 R 减少，则电流峰值越高，且 $I(\omega)$曲线显得越尖锐.

(4) 总之,当频率 $\omega=\omega_0$,此 LRC 串联组合宛如一纯电阻那样,这源于感抗 ωL 等于容抗 $1/\omega C$,以致电压 $u_L(t)$ 与 $u_C(t)$ 两者幅值相等,而相位差 π 彼此恰巧抵消;于是,$u_{总}(t)=u_R(t)$,包括幅值与相位均相等,即 $U_{总}=U_R$,$\varphi_{总}=\varphi_R=0$. LRC 串联组合的这一品性,在曲线 $\varphi(\omega)$ 上显得更为清楚:

当 $\omega>\omega_0$,$\omega L>\dfrac{1}{\omega C}$,则 $\varphi>0$,电感性,当 $\omega\to\infty$,$\varphi\to\dfrac{\pi}{2}$;

当 $\omega<\omega_0$,$\omega L<\dfrac{1}{\omega C}$,则 $\varphi<0$,电容性,当 $\omega\to 0$,$\varphi\to-\dfrac{\pi}{2}$;

当 $\omega=\omega_0$,$\omega L=\dfrac{1}{\omega C}$,则 $\varphi=0$,纯电阻性.

• 谐振电路的品质因数

诚如前述,该电路出现谐振时,四个电压幅值(U_L,U_C,U_R,$U_{总}$)之关系为

$$U_L=U_C=\omega_0 LI_M,\quad U_{总}=U_R=RI_M.$$

可见,当感抗($\omega_0 L$)大于或远大于电阻 R 时,电压 U_L,U_C 就将大于或远大于总电压 $U_{总}$ 或电动势 $\mathscr{E}$;兹将电压之比值 $U_L/U_{总}$ 定义为谐振电路的品质因数(quality factor),用符号 Q 示之,即

$$Q\equiv\frac{U_L}{U_{总}}\quad 或\quad Q\equiv\frac{U_C}{U_{总}};$$

得

$$Q=\frac{\omega_0 L}{R}.$$

比如,一串联谐振电路中,$L=50\ \mathrm{mH}$,$R=3.0\ \Omega$,$C=3.0\ \mu\mathrm{F}$,前已算得 $\omega_0=2\pi\times 400$ rad/s,于是其品质因数值为

$$Q=\frac{(2\pi\times 400)\times(50\times 10^{-3})}{3.0}\approx 40;$$

若将该组合连接于 $\mathscr{E}=25$ V 的交流电源,则达到谐振时,

$$U_R=25\ \mathrm{V},\quad U_L=U_C=Q\mathscr{E}=40\times 25\ \mathrm{V}=1000\ \mathrm{V}.$$

这一数据提醒人们,在进行交流电路实验时,要注意其局部电压可能大于或远大于总电压. 局部可以大于整体,此乃相干叠加场合常见的一种物事.

• 谐振峰的通频带宽度

在交流信号传输场合,人们还关注谐振峰的锐度. 为此引入通频带宽度 $\Delta\omega$ 一量,用以反映谐振峰的锐度,言下之意,在 $\Delta\omega$ 以外频率的输入信号,该电路所响应的电流值显著下降而变得甚弱,如图 7.23 所示. 通频带宽度被定义为

$$\Delta\omega=\omega_2-\omega_1,$$

且满足

$$I(\omega_2)=I(\omega_1)=\frac{1}{\sqrt{2}}I(\omega_0)\approx 70\%\cdot I_M.$$

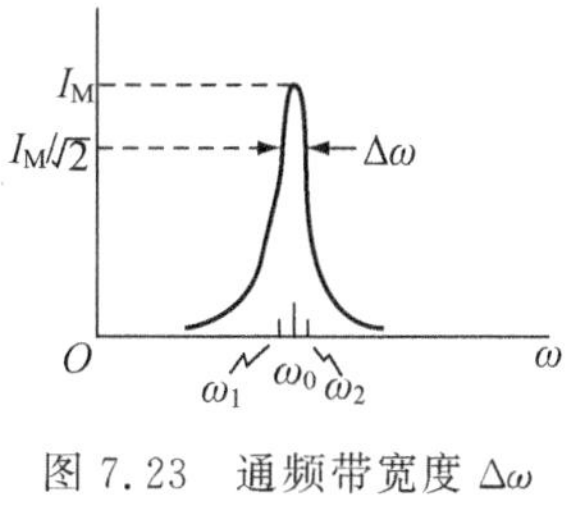

图 7.23　通频带宽度 $\Delta\omega$

据此导出关于 $\Delta\omega$ 的一个公式如下.

令

$$I(\omega_n)=\frac{1}{\sqrt{2}}I_{\mathrm{M}}\quad(n=1,2),$$

即

$$\frac{\mathscr{E}}{\sqrt{R^2+\left(\omega_n L-\frac{1}{\omega_n C}\right)^2}}=\frac{\mathscr{E}}{\sqrt{2}R},$$

有

$$R^2+\left(\omega_n L-\frac{1}{\omega_n C}\right)^2=2R^2,$$

遂得

$$\left(\omega_2 L-\frac{1}{\omega_2 C}\right)=R,\quad\left(\omega_1 L-\frac{1}{\omega_1 C}\right)=-R,$$

化简为

$$\omega_2^2 LC=1+\omega_2 CR,\quad\omega_1^2 LC=1-\omega_1 CR,$$

两式相减得

$$(\omega_2^2-\omega_1^2)LC=(\omega_2+\omega_1)CR,$$

最终求出

$$\Delta\omega=(\omega_2-\omega_1)=\frac{R}{L}.\tag{7.39}$$

也许以 $\Delta\omega$ 与谐振频率 ω_0 之比值,来考量通频带性能更有意义,

$$\frac{\Delta\omega}{\omega_0}=\frac{1}{Q}.\quad\left(Q=\frac{\omega_0 L}{R}\right)\tag{7.39'}$$

这表明谐振电路 Q 值越高,其通频带越窄,谐振峰越尖锐,它对外来信号的频率选择性也就越好;对于接收广播电台电磁波的收音机而言,就不易串台.然而,峰值过分尖锐,可导致收音机的音色不够丰满,音质下降.如何选择合适的 Q 值,要视不同用途予以酌定.比如,对于收音机中称为中频变压器的谐振元件而言,选择 $Q\approx50$ 左右为宜;如是,则此收音机便可以将电台发射的频宽 Δf_0 约为音频范围 20 kHz 的载波信号,完满地予以接收.

- **谐振电路储能与耗能之比值**

兹以能量转化和耗散的眼光,考量谐振电路的性能.在其三个元件(L,R,C)之中,电感和电容系储能元件,在交变一周期内,电感元件时而充以磁能时而释放磁能,与电容元件中储存的电场能之间进行着可逆转换;而电阻元件始终为耗能元件,在一周期内它总是将电源能转化为焦耳热能,这是一种不可逆的单向转化.不妨以其储能 W_{S} 与耗能 W_{R} 之比值来度量谐振电路在能量方面的品质.其总储能

$$W_{\mathrm{S}}=W_L(t)+W_C(t)=\frac{1}{2}Li^2(t)+\frac{1}{2}Cu_C^2(t),$$

当 $\omega=\omega_0$,电路处于谐振时,

$$W_{\mathrm{S}}(t)=\frac{1}{2}LI_0^2=LI^2,\quad(\text{与时刻 }t\text{ 无关})$$

这里,I 为简谐电流 $i(t)$ 的有效值.在交变一周期过程中,电阻的耗能为

$$W_{\mathrm{R}}=\bar{P}T_0=I^2R\cdot\frac{2\pi}{\omega_0};$$

于是，两者之比值为

$$\frac{W_{\mathrm{S}}}{W_{\mathrm{R}}}=\frac{\omega_0 L}{2\pi R}=\frac{1}{2\pi}Q. \quad \left(Q=\frac{\omega_0 L}{R}\right) \tag{7.40}$$

这表明品质因数 Q 值越高，其能量比值越大，或者说，该系统的储能本领大，其耗能相对越小.

● 无源 LRC 电路的对数衰减率

参见图 7.24，先给电容充电，尔后合上电键 K，则电容放电而电感充磁，同时电阻耗能，可以预料该无源 LRC 电路的解 $q(t)$或 $i(t)$呈现衰减函数形式，其实，该电路在第 6 章 6.5 节暂态过程的研究中已经述及. 在低阻尼情形下，$q(t)$将呈现衰减振荡，而并非单调下降，其解为

$$q(t)=q_0 \mathrm{e}^{-\alpha t}\cos\omega_{\mathrm{s}} t, \quad 当 R^2<4\frac{L}{C}, \tag{7.41}$$

其中，

$$\alpha=\frac{R}{2L}, \quad \omega_{\mathrm{s}}=\frac{1}{L}\sqrt{\frac{L}{C}-\frac{R^2}{4}}, \tag{7.41'}$$

称 ω_{s} 或写成 ω_{self} 为自激振荡频率，称 α^{-1} 为衰减振荡的时间常数，即每当经历 $1/\alpha$ 时间，$q(t)$之幅值下降约为 40%. 进而，在极低阻尼条件下，有

$$\omega_{\mathrm{self}}\approx\frac{1}{\sqrt{LC}}=\omega_0, \quad 当 R^2\ll 4\frac{L}{C}. \tag{7.42}$$

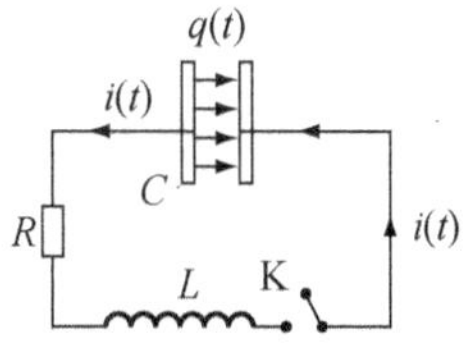

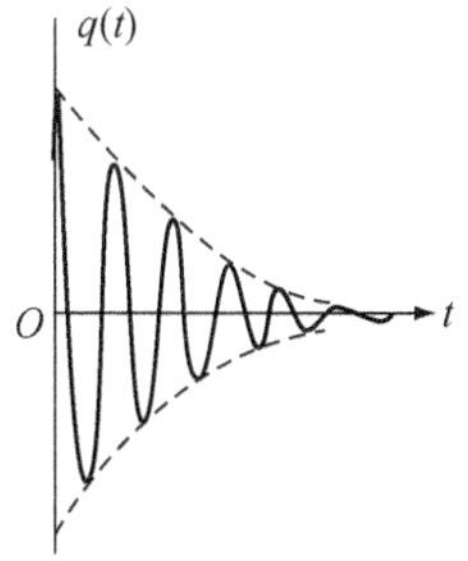

图 7.24 无源 LRC 衰减振荡

这里，ω_0 为 LRC 串联电路谐振频率，相应的谐振周期为 $T_0=2\pi/\omega_0$. 兹引入对数衰减率一量，用以度量相邻两个幅值的比率，

$$\ln\frac{q(t)}{q(t+T_0)}=\ln \mathrm{e}^{\alpha T_0}=\alpha T_0=\frac{R}{2L}\cdot\frac{2\pi}{\omega_0}=\pi\frac{R}{\omega_0 L},$$

即

$$\ln\frac{q(t)}{q(t+T_0)}=\frac{\pi}{Q}. \quad \left(Q=\frac{\omega_0 L}{R}\right) \tag{7.42'}$$

这表明 Q 值越高，幅值衰减越小，这乃是预料中的事，因为电阻 R 值越小，则耗能就少，而电感 L 值越大，则储能就多.

● 谐振系统 Q 值的多重意义

综上所述，以 LRC 串联谐振电路为对象，揭示了其品质因数 Q 值具有多重物理意义，即这谐振电路诸多方面的品质均与 Q 值直接相关，或正比于 Q 值，或反比于 Q 值，而这些品质正是实际上所关切的，图 7.25 荟萃了 Q 值的多重物理意义.

对于谐振系统及其 Q 值，尚有三点值得指出.

(1) 谐振系统是物理世界中一类重要系统. 比如，眼前的谐振电路，力学中的受迫振动系统，乐器中的共鸣腔，激光器中的光学谐振腔，光谱学中的共振吸收；还有，凡电视机、收音

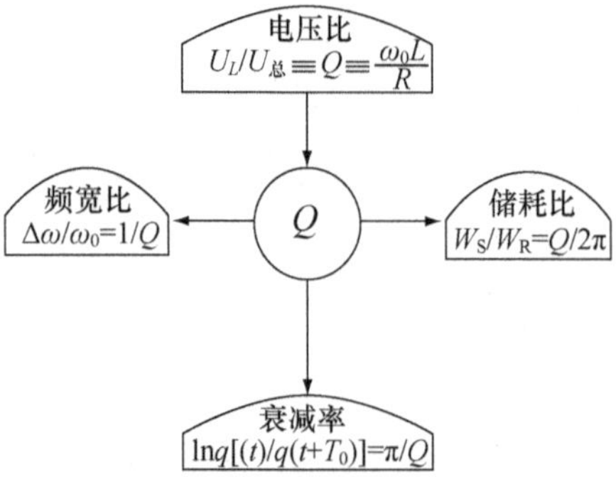

图 7.25　谐振系统 Q 值的四种物理意义

机或雷达接收站等这类电磁波接受系统中，皆有谐振功能器件作为其核心器件之一. 面对任何一种谐振器或谐振系统，首当其要的是其谐振频率及其品质因数 Q 值，Q 值取决于哪些因素甚受关注，因为由其 Q 值便可推定该系统的所有品质.

（2）究竟如何定义 Q 值，这可以有不同的选择. 在谐振电路中，选择谐振频率点 ω_0 时的电压比或电流比，作为 Q 值的定义式最为直观和实用，进而导出其它物理量比率与 Q 值之间的简单比例关系. 其实，选择图 7.25 中任何一个比率作为 Q 值的定义式，均可导出其它三个比率与 Q 值之间的简单比例关系. 换言之，从逻辑程序上看，图 7.25 显示的四个比率各自之地位是等价的.

（3）无疑，选择储能与耗能之比值，作为谐振系统品质因素 Q 值的定义，具有更为广泛的适用性. 如此便不受制于电压电流概念，而通用于其它非电路式的谐振系统，因为能量概念相当普适. 当然，这种定义方式也适用于谐振电路.

- **并联谐振电路**

如图 7.26(a)，由 (L,r,C) 构成一并联谐振电路，其中 r 常为电感元件所含的些许直流电阻. 兹概述本电路之性能如下.

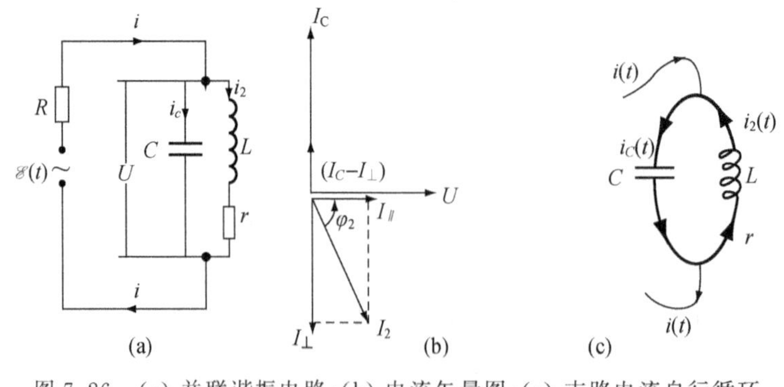

图 7.26　(a) 并联谐振电路；(b) 电流矢量图；(c) 支路电流自行循环

(1) 频率特性． 其电流幅值 $I(\omega)$、阻抗 $Z(\omega)$ 和相位差 $\varphi(\omega)$ 的频应曲线，显示于图 7.27(a)、(b)和(c). 当频率为 ω_r，出现电流极小值，即 $I(\omega_r)=I_m$，同时阻抗出现极大值，$Z(\omega_r)=Z_M$；而当频率为 ω_0 时，相位差 $\varphi(\omega_0)=0$，此时该电路呈现纯电阻性，其电压 $u(t)$ 与总电流 $i(t)$ 同步交变，相位之差为零.

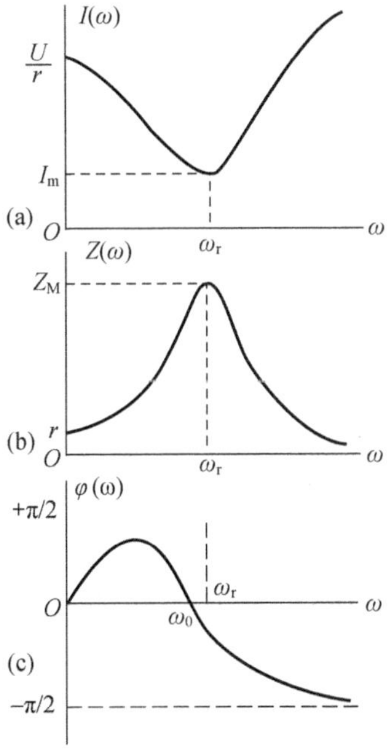

图 7.27 并联谐振电路三条频应曲线，注意 ω_r 与 ω_0 略有差别

(2) 两个谐振频率． 注意到(L,r,C)并联谐振电路，存在两个特征频率 ω_r 和 ω_0，不妨称呼 ω_r 为阻抗谐振频率，称呼 ω_0 为相位谐振频率，两者并非同值略有差别. 若无特别声明，其谐振频率指称 ω_0，在这 ω_0 频率点上，该电路既非电容性亦非电感性，而表现为纯电阻性，$\varphi_u-\varphi_i=0$.

(3) 运用矢量图解法． 该电路的电流矢量关系如图 7.26(b). 在电压 U 给定条件下，从电流矢量图中获知，

$$I_C=\frac{U}{Z_C}=\omega CU,\quad I_2=\frac{U}{Z_2}=\frac{1}{\sqrt{r^2+(\omega L)^2}}U,\quad \tan\varphi_2=\frac{\omega L}{r}.$$

对支路(L,r)的电流矢量 $\boldsymbol{I}_2$ 作正交分解为$(I_{/\!/},I_{\perp})$，其中，

$$I_{/\!/}=I_2\cos\varphi_2=I_2\frac{r}{\sqrt{r^2+(\omega L)^2}}=\frac{r}{r^2+(\omega L)^2}\cdot U,$$

$$I_{\perp}=I_2\sin\varphi_2=I_2\frac{\omega L}{\sqrt{r^2+(\omega L)^2}}=\frac{\omega L}{r^2+(\omega L)^2}\cdot U,$$

而总电流幅值为

$$I=\sqrt{I_{/\!/}+(I_C-I_\perp)^2}=\frac{\sqrt{r^2+[(r^2+\omega^2L^2)\omega C-\omega L]^2}}{r^2+(\omega L)^2}\cdot U,$$

此式在求 $I(\omega)$ 极值时要用到，看来求得阻抗谐振频率的数学推演将颇费功夫.

(4) 求出相位谐振频率 ω_0. 令 $I_\perp=I_C$，则总电流矢量 $\boldsymbol{I}$ 与电压矢量 $\boldsymbol{U}$ 方向一致，且 $I=I_{/\!/}$，表现为纯电阻性. 据此，有

$$\frac{\omega L}{r^2+(\omega L)^2}=\omega C,\quad 得\quad \omega^2=\frac{1}{LC}-\left(\frac{r}{L}\right)^2,$$

即

$$\omega_0=\sqrt{\frac{1}{LC}-\left(\frac{r}{L}\right)^2},\quad 有\ \omega_0\approx\frac{1}{\sqrt{LC}},\quad 当\ r^2\ll\frac{L}{C}. \tag{7.43}$$

称 $r^2\ll L/C$ 为低阻尼条件，在此条件下，

$$\omega_r\approx\omega_0\approx\frac{1}{\sqrt{LC}}; \tag{7.43′}$$

若是进一步，令 $r\to 0$，成为无阻尼的理想情形，则以上近似式均过渡为严格的等式，即

$$\omega_r=\omega_0=\frac{1}{\sqrt{LC}}. \tag{7.43″}$$

这表明，纯 (L,C) 并联谐振频率与 (L,r,C) 串联谐振频率无异，其计算公式相同.

(5) 分支电流与总电流值之比值. 在谐振频率点 ω_0 处，考量分支电流 I_C 或 $I_\perp$ 与总电流 I 或 $I_{/\!/}$ 之比值，

$$\frac{I_C}{I}=\frac{I_\perp}{I_{/\!/}}=\tan\varphi_2=\frac{\omega_0 L}{r}=Q. \tag{7.44}$$

此比值被定义为并联谐振电路的品质因素 Q 值. 电阻 r 值越小，则 Q 值越高，分支电流则更大于总电流. 比如，设 $Q=50$，且总电流 $I=2\,\text{mA}$，则电容支路电流 $I_C=QI=100\,\text{mA}$，而电感一路的电流略大于此值，

$$I_2=\sqrt{I_\perp^2+I_{/\!/}^2}=\sqrt{Q^2+1^2}\cdot I\approx QI=100\,\text{mA}.$$

居然支流远大于总流. 唯有一种可能，即支流环行于 (L,r,C) 自身回路，形成一幅电流自我循环图象，如图 7.26(c)所示，这正是 $i_C(t)$ 与 $i_\perp(t)$ 相位差 π 的体现，而对总电流 $i(t)$ 有贡献的仅是 $i_{/\!/}(t)$，其幅值 $I_{/\!/}\ll I_\perp$ 或 I_C，当 Q 值很高时. 说到底，这种支流分配特征根源于 (L,r,C) 并联组合含有两个性质相反的储能元件 L，C，一者充、放磁能，另者充、放电能，彼此交流，互相转换而循环，无需通过主干路.

● 电流谐振 电压谐振

对于 (L,r,C) 串联谐振电路，由于其阻抗 $Z(\omega_0)$ 出现极小值，因而其电流出现峰值，故称其为电流谐振. 对于 (L,r,C) 并联谐振电路，由于其阻抗 $Z(\omega_r)$ 出现极大值，因而在与其它电阻或电源内阻串联而分压时，它将获得极大电压 $U(\omega_r)$，故称它为电压谐振. 曾记得，在力学受迫系统中，有所谓速度谐振与位移谐振之别；如果将谐振电路与它作类比的话，那么串联谐振类似于那速度谐振，而并联谐振类似于那位移谐振. 顺便提及，在电磁信号接收和传

输的电子线路中，常用 L,r,C 并联组合作为负载，以获得特定频率 ω_r 的极大电压信号，而实现选频，再耦合至下一级放大器.

7.6 交流电功率

- 瞬时电功率
- 平均电功率及其计算公式
- 有功与无功
- 提高功率因数
- 元件 Q 值与介质损耗角 δ

● 瞬时电功率

电功率等于其电流与电压的乘积，这一关系是普遍成立的. 在交流电路中，为任意元件 $\tilde{Z}$ 提供的瞬时电功率为

$$P(t)=i(t)\cdot u(t)=I_0\cos\omega t\cdot U_0\cos(\omega t+\varphi),$$

其结果为
$$P(t)=\frac{1}{2}I_0U_0[\cos(2\omega t+\varphi)+\cos\varphi]. \tag{7.45}$$

可见，其瞬时电功率呈现周期性变化，且频率加倍(倍频)，如图 7.28 所示，瞬时电功率时正时负. 当 $P>0$，表明电路对该元件作正功，此时段该元件吸收能量；反之，当 $P<0$，表明此时段该元件对外释放能量. 然而，对于交流电路中的任何元件或元件组合而言，$P(t)$曲线下的面积 S 不会出现负值，$S\geqslant 0$. 一般而言，电源向元件提供能量，元件吸收能量或消耗电能.

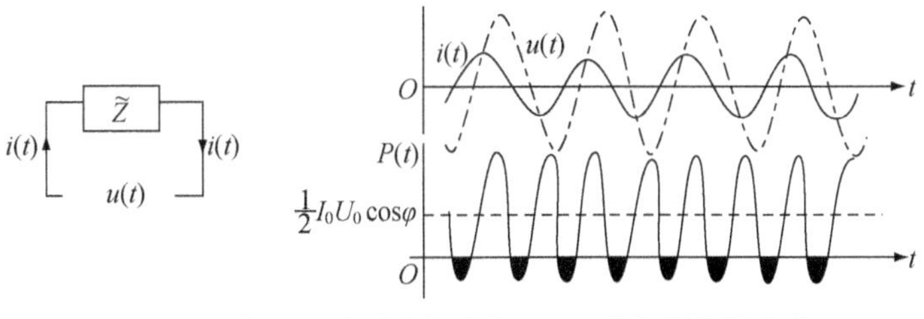

图 7.28 交流电路瞬时电功率呈现二倍频周期性变化

● 平均电功率及其计算公式

实用上关注交流电的平均电功率

$$P=\frac{1}{T}\int_0^T P(t)\,\mathrm{d}t=\frac{1}{2}I_0U_0\cos\varphi=IU\cos\varphi. \tag{7.45'}$$

$$\left(\text{有效值：}I=\frac{I_0}{\sqrt{2}},\ U=\frac{U_0}{\sqrt{2}}\right)$$

可见，$u(t)$与 $i(t)$之相位差 φ，对平均电功率有显著影响，称因子 $\cos\varphi$ 为功率因数. 对于三种基本元件：

$$电感：\cos\left(\frac{\pi}{2}\right)=0，P_L=0；\quad 电容：\cos\left(-\frac{\pi}{2}\right)=0，P_C=0；$$

$$电阻：\cos 0=1，P_R=I^2R.$$

由此可见，电感或电容系储能元件，在交变一周期时间内，电感或电容有半周期是吸收能量，以磁场能或电场能形式储之，有半周期是释放其能量，与电源反复地进行着可逆的转化，并不耗能；而电阻则是单纯的耗能元件，它将电能单向地转化为焦耳热能. 鉴于所讨论的交流电路仅涉及三种基本元件(L,R,C)，故其任意组合元件的相位差 φ 的取值范围为 $\varphi\in\left(-\frac{\pi}{2},\frac{\pi}{2}\right)$，则功率因数 $\cos\varphi\geqslant 0$，即，功率因数不会出现负值.

结合复阻抗 $\tilde{Z}$ 下列三种表达式，

$$\tilde{Z}=Ze^{j\varphi}=Z\cos\varphi+jZ\sin\varphi=r+jx,$$

便可以由(7.45′)式演化出计算平均电功率的其它三个实用公式如下：

$$P=I^2Z\cos\varphi,\quad 或\quad P=I^2r,\quad 或\quad P=\frac{U^2}{Z}\cos\varphi. \tag{7.45″}$$

这里，r 为电阻，系复阻抗的实部；其虚部 x 为电抗，它并不直接显示于平均电功率公式中，因为它反映的是与电压相位差 $\pi/2$ 的那个电流分量，这对平均功率无贡献.

● 有功与无功

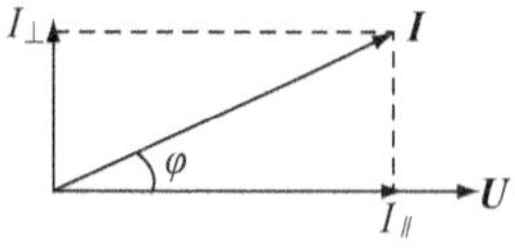

图 7.29　有功电流 $I_{/\!/}$ 和无功电流 $I_\perp$

矢量图 7.29 显示一元件电压矢量 $\boldsymbol{U}$ 与电流矢量 $\boldsymbol{I}$，其间夹角为其相位差 φ 值. 不妨将 $\boldsymbol{I}$ 作正交分解为

$$I_{/\!/}=I\cos\varphi,\quad I_\perp=I\sin\varphi. \tag{7.46}$$

而对于平均电功率作出贡献的正是其平行分量 $I_{/\!/}$，

$$P=IU\cos\varphi=I_{/\!/}U,$$

故称 $I_{/\!/}$ 为有功电流，称 $I_\perp$ 为无功电流，而通过该元件的实在电流或称工作电流为

$$I=\sqrt{I_{/\!/}^2+I_\perp^2}\geqslant I_{/\!/}.$$

相应地，由($I_{/\!/}$,$I_\perp$)构成了两种成分的电功率：

$$P_{有}=I_{/\!/}U,\quad 有功功率；\quad P_{无}=I_\perp U,\quad 无功功率.$$

且定义

$$S=IU,\quad 视在功率.$$

于是，

$$S=\sqrt{P_{有}^2+P_{无}^2},\quad P_{有}=S\cdot\cos\varphi. \tag{7.46′}$$

故 $P_{有}$,$P_{无}$ 和 S 三者构成一个功率三角形，如图 7.30. 有意思的是，在电工学中这三者单位的符号与中文名称分别为

$$P_{有}:W,“瓦”；\quad P_{无}:Var,“乏”；\quad S:VA,“伏安”.$$

这里多少反映了人们对三者抑扬之意. 所有电机包括发电机和电动机，其铭牌上标明的是其伏安数，即视在功率值，至于其有多少比率称为有功功率 $P_{有}$，取决于那场合的功率因数，

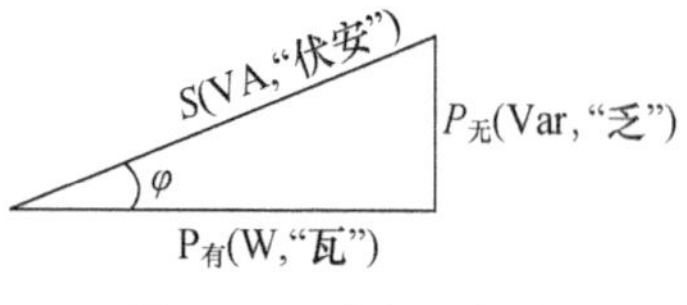

图 7.30　功率三角形

$P_{有}=S\cos\varphi$，$\cos\varphi$ 值越高，则视在功率被利用率就越高. 可见，视在功率乃电机的潜在功率.

- **提高功率因数**

对电力工程或电气设备而言，功率因数 $\cos\varphi<1$ 是对电能的一种浪费. 电力工程系统，从发电、输电、配电直至用电，均系大功率电能的传输和转换，其宗旨是将电能充分地转换为热能、机械能和化学能等等；而功率因数 $\cos\varphi$，使这类电能转换效率降低了，因此，在电力系统的各个环节均要设法提高功率因数，以减少电能的无为损耗和电源的无为负担，从而提升电能的有效利用率. 对此稍加详细说明如下.

先从用电说起，参见图 7.31，一电感性电器比如一支日光灯(L,R)，工作于市电 50 Hz、220 V，其中，L 为用以触发和稳定电流的镇流器亦称扼流圈之电感，R 为灯管内气体放电发光的等效电阻，(L,R)的功率因数是比较小的，

$$\cos\varphi=\frac{R}{\sqrt{R^2+(\omega L)^2}}\approx 0.5\quad(设定),$$

则 $$有功电流\ I_{/\!/}=0.5I,\quad 无功电流\ I_{\perp}=\frac{\sqrt{3}}{2}I\approx 0.86I.$$

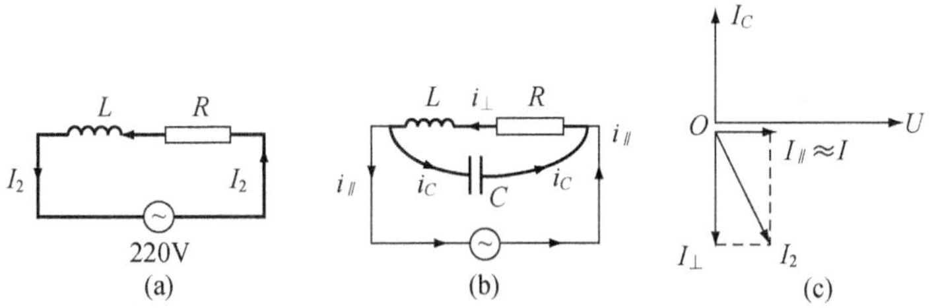

图 7.31 提高功率因数

(a) 一电感性电器； (b) 并联一电容， (c) 总电流 $I\approx I_{/\!/}$

这表明流经电源的总电流 I 中，仅有 50%是有用的或有功的，另有 50%是由无功电流 $I_{\perp}$ 伴随而来的，它对该电气的平均电功率没有贡献，却增加了电源的无为负担，其消极后果是增加了电源内阻的热耗散，也降低了电源提供的端电压些许. 此时如果外加一电容器 C，并联于该日光灯，为 $I_{\perp}$ 提供一旁路，让 $I_{\perp}$ 在(L,R,C)回路中自我循环，这使总电流 I 值显著减少，以至 $I=I_{/\!/}$，或 $I\approx I_{/\!/}$，与电压 U 相位一致或近似一致，即，提高了功率因数至 $\cos\varphi=1$ 或 $\cos\varphi=0.96$(设定). 简言之，并联一电容于电感性电器，可以提高该电路的功率因数，从而减少了电源的电流负担和内阻耗散；当然，也减少了用户的电费开支，须知电表是按电路中运行的实在电流 I 和工作电压及时间三者之乘积来计量的. 尚有一点值得明确，这并联电容并未改变这支日光灯的工作状态，包括其工作电压、电流、平均电功率和功率因数，它减少的是这个电路的工作电流，提高的是这个电路的功率因数.

其实，普遍而论，由(7.45′)式可知实际工作电流可表达为

$$I=\frac{P}{U\cos\varphi}.\tag{7.47}$$

在工作电压 U 和平均电功率 P 一定的情形下，I 与 $\cos\varphi$ 之间呈反比关系，提高 $\cos\varphi$ 值，可显著地减少 I 值，正如上述日光灯一例；尤其对于电网中的高压线，其传输路程很长，若能减少工作电流必将显著地减少沿途传输线的焦耳热耗散和电压损失，这都是有利的.

再从发电方面考量提高功率因数的意义. 拟将发电机组，连同其升压变压器并称为发电设备，其对外所供电压 U_E 由设计确定，比如 110 kV，或 220 kV，而其可允许的最大工作电流 I_M 即额定电流也由设计确定，比如 100 A，或 200 A；两者之乘积则为这台发电设备的设计发电能力（伏安数），也就是其视在功率 $S=U_E I_M$(VA)，而它工作时实际发挥的平均电功率即有功功率的最大值为

$$P_M = S\cos\varphi,$$

即

$$\cos\varphi = \frac{P_M}{S}. \tag{7.47$'$}$$

由此可见，在视在功率给定情形下，P_M 与 $\cos\varphi$ 之间呈正比关系；或者说，实用最大电功率（W 数）与设计发电能力（VA 数）之比值正是功率因数. 无疑，提高发电设备的功率因数，必将提高发电能力的利用率；其措施也是匹配一组高压电容器与之并联，以提高整机的 $\cos\varphi$ 值，因为发电设备内部有诸多绕组，呈现为电感性.

● 元件 Q 值与介质损耗角 δ

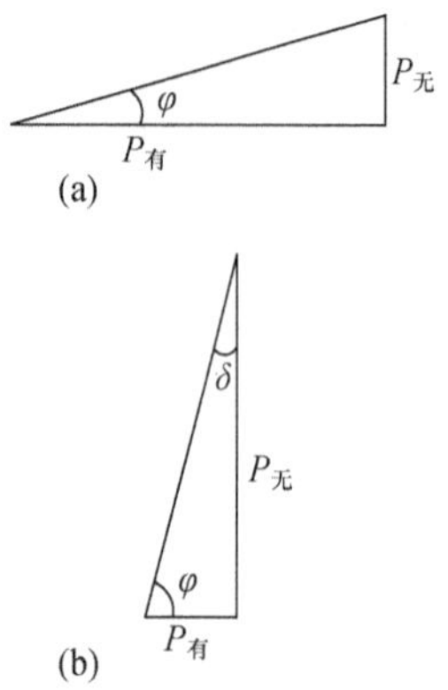

图 7.32　对功率因数的不同要求
(a) 在电气设备中；(b) 在电子线路中

对于不同类型或不同用途的交变电器，人们对功率因数 $\cos\varphi$ 值有着不同倾向性要求. 诚如前述，在电力系统和电气设备中，期望 $\cos\varphi$ 值大，以求得有功功率 $P_有$ 占有更大比率，最大限度地实现电能转换为其他形式的有用能量，此场合视无功功率 $P_无$ 为损耗. 而在电子线路中，期望 $\cos\varphi$ 值小，以求得 $P_无$ 占有更大比率，最大限度地实现电信号的有效传输和变换，比如，滤波、相移、放大和振荡，此场合视 $P_有$ 为损耗，参见图 7.32.

若以电阻、电抗和电流 (r,x,I) 表达 $P_有$ 和 $P_无$，则为

$$\tilde{Z} = r + \mathrm{j}x,\quad P_有 = I^2 r,\quad P_无 = I^2\,|\,x\,|. \tag{7.48}$$

为体现对无功功率 $P_无$ 的注重，特引入一元件的品质因数 Q，它被定义为

$$Q \equiv \frac{P_无}{P_有},$$

得

$$Q = \frac{|x|}{r} = \tan|\,\varphi\,|. \tag{7.48$'$}$$

对于实际电感元件(L,r)或电容元件(C,r)，其品质因数公式为

$$Q = \frac{\omega L}{r},\quad 或\quad Q = \frac{1}{r\omega C}. \tag{7.48$''$}$$

这里，r 为电感线圈的绕线电阻，或电容漏电的电阻；对于实际电容器，可以用 C,r 串联或

C,r 并联等效之,而其 Q 值表达式是相同的.

一元件品质因数的对立面是其损耗(因数),用损耗角 δ 之正切 $\tan\delta$ 给予度量,图 7.32 功率三角形显示,

$$\tan\delta = \frac{P_{有}}{P_{无}} = \frac{1}{Q} = \frac{r}{|x|}, \quad 且 \quad \delta + \varphi = \frac{\pi}{2}. \tag{7.49}$$

比如,对于一个漏电的平行板介质电容器,其电容和电阻可表达为

$$C = \varepsilon_r \varepsilon_0 \frac{A}{d}, \quad r = \rho \frac{d}{A}, \quad (A\ 为面积)$$

于是,其损耗因数为

$$\tan\delta = r\omega C = \omega\varepsilon_0\varepsilon_r\rho. \tag{7.49$'$}$$

该式表明,一元件的损耗因数与介质电性参数(ε_r,ρ)直接对应,两者之间呈简单的正比关系;可用交流电桥法测定(C,r,ω),从而推定 $\tan\delta$,进而确定介质相对介电常数 ε_r 和工作条件下的电阻率 ρ;基于此,称 δ 为损耗角,称 $\tan\delta$ 为介质损耗因数. 对于一般介质, $\tan\delta\sim(10^{-3}—10^{-1})$.

7.7 变压器 三相电

- 变压器工作原理
- 理想变压器及其等效电路
- 理想电压变比公式
- 理想电流变比公式
- 功率传输 电功率守恒
- 阻抗变换与阻抗匹配
- 三相交流电的产生与输送
- 三相负载的连接——Y 型与△形连接
- 三相电产生旋转磁场

● 变压器工作原理

变压器一般结构示于图 7.33(a),一边为输入端,由交流电源和初级线圈组成,形成初级回路 $\mathscr{L}_1$;另一边为输出端,由次级线圈和负载 Z_l 组成,形成次级回路 $\mathscr{L}_2$;而联系这两边的铁芯,是由高磁导的软磁材料比如硅钢片叠加而成,这铁芯极大地加强了 $\mathscr{L}_1$ 与 $\mathscr{L}_2$ 之间的互感,使磁场得以集中、强化和耦合,显著地减弱了漏磁.

在交变电动势 $\mathscr{E}$ 作用下,$\mathscr{L}_1$ 回路中产生交变电压、交变电流和交变磁通,即 $\widetilde{U}_1\to\tilde{I}_1\to\widetilde{\Psi}_1$;通过铁芯的强耦合,在 $\mathscr{L}_2$ 回路中产生交变磁通 $\widetilde{\Psi}_2\to\widetilde{U}_2\to\tilde{I}_2$. 经如此变换,输出电压 $\widetilde{U}_2$ 和电流 $\tilde{I}_2$,有别于输入($\widetilde{U}_1$,$\tilde{I}_1$),而实现变压或变流. 可见,变压器的工作原理就是电磁感应中的互感效应. 值得注意的是,$\mathscr{L}_2$ 回路中的负载 Z_l,将对 $\mathscr{L}_1$ 回路的工作状态有显著的反馈作用,即便交流电源 $\mathscr{E}$ 的内阻为零,这种反作用的影响依然明显.

在忽略漏磁条件下,原线圈的自感和匝数(L_1,N_1)和副线圈相应的(L_2,N_2)以及互感 M 的定量关系为

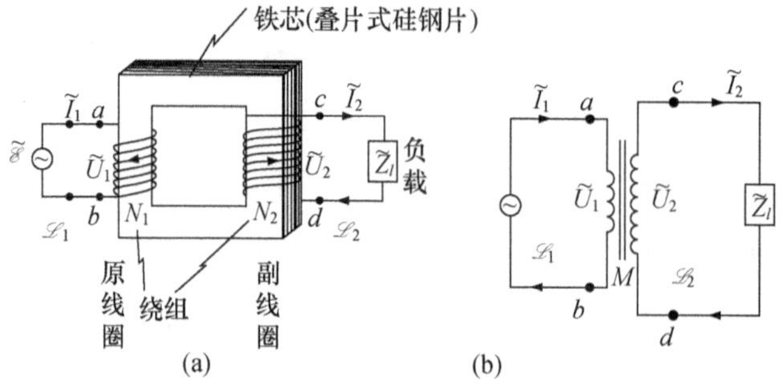

图 7.33　(a) 变压器一般结构，初级回路 $\mathscr{L}_1$，次级回路 $\mathscr{L}_2$；(b) 变压器等效电路

$$M=\frac{N_2}{N_1}L_1=\frac{N_1}{N_2}L_2,\quad 或\quad M=\sqrt{L_1L_2}. \tag{7.50}$$

- **理想变压器及其等效电路**

常采用变压器等效电路如图 7.33(b)，来考量其电压比或电流比. 在输入回路 $\mathscr{L}_1$ 中，复电压和复电流设为($\widetilde{U}_1$，$\widetilde{I}_1$)，在输出回路 $\mathscr{L}_2$ 中有($\widetilde{U}_2$，$\widetilde{I}_2$，$\widetilde{Z}_l$)，其间由互感系数 M 耦合之. 注意到，该等效电路 $\mathscr{L}_1$ 回路中未显示有电阻 R，这意味着它忽略了内部一切焦耳热耗散，包括绕组导线的电阻亦称铜损，铁芯的涡流损耗和磁滞损耗亦称铁损. 在变压器设计理论中，将这类三无变压器，即无漏磁、无铁损和无铜损的变压器，称为理想变压器，其性能为设计实际变压器提供重要依据. 本课程只讨论理想变压器.

- **理想电压变比公式**

注意图 7.33(b)等效电路中那四个黑点位置及其字母：(a,b)，(c,d). 其感生电动势 $\mathscr{E}_{ab}$ 和 $\mathscr{E}_{dc}$ 分别为

$$\mathscr{E}_{ab}=-\frac{\mathrm{d}\widetilde{\Psi}_1}{\mathrm{d}t}=-N_1\frac{\mathrm{d}\widetilde{\Phi}}{\mathrm{d}t},\quad \mathscr{E}_{dc}=-\frac{\mathrm{d}\widetilde{\Psi}_2}{\mathrm{d}t}=-N_2\frac{\mathrm{d}\widetilde{\Phi}}{\mathrm{d}t};$$

这里，$\widetilde{\Phi}$ 为任意一匝的交变磁通，因为无漏磁，$\widetilde{\Phi}$ 均同值. 相应的端电压分别为

$$\widetilde{U}_1\equiv\widetilde{U}_{ab}=-\mathscr{E}_{ab}=N_1\frac{\mathrm{d}\widetilde{\Phi}}{\mathrm{d}t},$$

$$\widetilde{U}_2\equiv\widetilde{U}_{cd}=-\mathscr{E}_{cd}=\mathscr{E}_{dc}=-N_2\frac{\mathrm{d}\widetilde{\Phi}}{\mathrm{d}t}.$$

于是，得到理想变压器的电压变比公式：

$$\frac{\widetilde{U}_2}{\widetilde{U}_1}=-\frac{N_2}{N_1},\quad 或\quad \frac{U_2}{U_1}=\frac{|\widetilde{U}_2|}{|\widetilde{U}_1|}=\frac{N_2}{N_1}. \tag{7.50$'$}$$

这结果表明，处于工作状态下的理想变压器，其输出端电压与输入端电压之比值简单地等于其匝数比，它并未告知 U_1，U_2 各自为多少，当电动势 $\mathscr{E}$ 给定时. 若 $N_2>N_1$，称之为升压变压器；若 $N_2<N_1$，称之为降压变压器. 比如，电力系统从发电机组开始，先是升压至

110 kV，或 220 kV，或更高电压，用高压线实现小电流远程传输，至用电场所再降压为市电 220 V，完成了配电任务.

式(7.50′)中的负号，说明此变压器的输出电压 $u_2(t)$ 与输入电压 $u_1(t)$ 之间相位差 π，这与图 7.33(a)中线圈如此环绕方向相对应. 倘若，其绕向反之，或 c,d 两点调换之，则变为正号.

● 理想电流变比公式

显然，输出电流 $\tilde{I}_2$ 与负载 $\tilde{Z}_l$ 有关，且 $\tilde{I}_2$ 反过来又影响着输入回路 $\mathscr{L}_1$ 中的电流 $\tilde{I}_1$.

先讨论空载情形，即 $\tilde{Z}_l\to\infty$. 这时，$\mathscr{L}_2$ 对 $\mathscr{L}_1$ 无互感效应，$\mathscr{L}_1$ 独成回路，情况就简单了，其电流 $\tilde{I}_0$ 仅决定于端电压 $\tilde{U}_1$，

$$\tilde{I}_0=\frac{\tilde{U}_1}{\mathrm{j}\omega L_1},\quad 或\quad \tilde{U}_1=\mathrm{j}\omega L_1\tilde{I}_0. \tag{7.51}$$

这里，$\tilde{I}_0$ 被称为空载电流，亦称为励磁电流，其意为在空载无电功率输出时，初级回路中依然有电流 I_0，以激励磁场待用. 实际上，由于自感 L_1 值很大，这励磁电流是很小的. 一个演示空载电流的实验如图 7.34 所示，先让 $\mathscr{L}_2$ 中电键 K_1，K_2 断开，当 $\mathscr{L}_1$ 中电键 K 合上时，灯泡 S 其灯丝就发红，发光微弱；合上 K_1，灯泡 S_1 发光，而灯泡 S 变得明亮；再合上 K_2，灯泡 S 则更加明亮. 这说明 $\mathscr{L}_2$ 中 $\tilde{I}_2$ 明显地影响着 $\tilde{I}_1$，且随 $\tilde{I}_2$ 同步增长. 这里，$\tilde{U}_1$ 为 $\mathscr{L}_1$ 的端电压，决定于交流电动势 $\tilde{\mathscr{E}}$，在忽略电源内阻的条件下，$\tilde{U}_1$ 维持不变而成为一恒压源，与 $\mathscr{L}_1$ 工作状态无关，这一点在下面讨论中要用到.

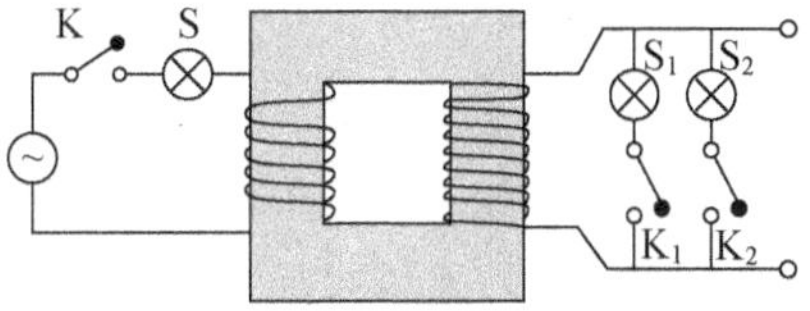

图 7.34 演示空载电流 $\tilde{I}_0$ 以及 $\tilde{I}_2$ 对 $\tilde{I}_1$ 的影响

再看有载 $\tilde{Z}_l$ 情形. 在 $\mathscr{L}_1$ 回路中列出复电压方程，

$$\tilde{U}_1=\mathrm{j}\omega L_1\tilde{I}_1+\mathrm{j}\omega M\tilde{I}_2,$$

又

$$\tilde{U}_1=\mathrm{j}\omega L_1\tilde{I}_0,\quad (恒压源)$$

得到

$$\mathrm{j}\omega L_1(\tilde{I}_1-\tilde{I}_0)+\mathrm{j}\omega M\tilde{I}_2=0,$$

$$\frac{\tilde{I}_2}{\tilde{I}_1-\tilde{I}_0}=-\frac{L_1}{M}=-\frac{N_1}{N_2},\quad (这里应用(7.50)式)$$

注意到空载电流 $\tilde{I}_0$ 甚小，而有载电流 $\tilde{I}_1\gg\tilde{I}_0$，作近似$(\tilde{I}_1-\tilde{I}_0)\approx\tilde{I}_1$，最终求得理想变压器的电流变比公式：

$$\frac{\tilde{I}_2}{\tilde{I}_1}=-\frac{N_1}{N_2},\quad 即\quad \frac{I_2}{I_1}=\frac{|\tilde{I}_2|}{|\tilde{I}_1|}=\frac{N_1}{N_2}. \tag{7.51′}$$

它表明输出电流与输入电流之比值反比于匝数比. 若 $N_2>N_1$，则 $I_2<I_1$，虽然，此时 $U_2>U_1$；反之，若 $N_2<N_1$，则 $I_2>I_1$，虽然 $U_2<U_1$.

● 功率传输　电功率守恒

从功率传输方面考量回路 $\mathscr{L}_1$ 与 $\mathscr{L}_2$ 中的电功率之关系. 不妨将(7.50′)与(7.51′)两式相乘,得

$$\frac{\tilde{I}_2\tilde{U}_2}{\tilde{I}_1\tilde{U}_1}=1,$$

即

$$\frac{I_2U_2}{I_1U_1}=1,\quad 或\quad I_2U_2=I_1U_1;\tag{7.52}$$

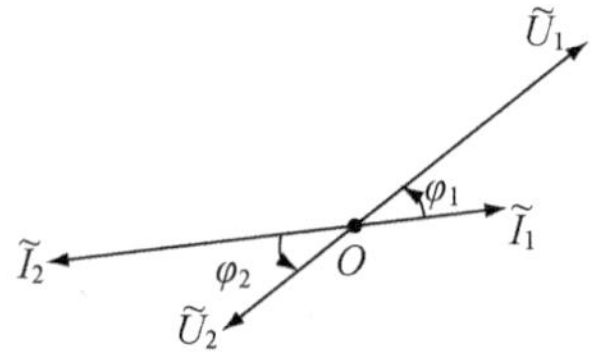

图 7.35　矢量图解说明电功率守恒

而且注意到,矢量图 7.35 所显示的 $\tilde{I}_2$ 与 $\tilde{I}_1$ 反向,$\tilde{U}_2$ 与 $\tilde{U}_1$ 反向,以致 $\varphi_1=\varphi_2$,即输出电压与电流之相位差 φ_2,等于输入电压与电流之相位差 φ_1,于是,

$$I_2U_2\cos\varphi_2=I_1U_1\cos\varphi_1,\quad I_2U_2\sin\varphi_2=I_1U_1\sin\varphi_1.\tag{7.52′}$$

这表明从回路 $\mathscr{L}_1$ 到 $\mathscr{L}_2$ 的功率传输满足守恒关系,包括有功功率守恒,无功功率守恒和视在功率守恒.

比如,焊接金属的电焊机,其所需低压电源是由一降压变压器供给的,它将 220 V 降为 10 V 或 6 V,即 $U_2\ll U_1$,则据功率守恒,得 $I_2\gg I_1$;又比如,真空电子器件显像管、X 光机之类,其所需高压是由一升压变压器供给的,它将 220 V 升至几千伏或几万伏,即 $U_2\gg U_1$,则 $I_2\ll I_1$. 故,在变压变流专业场合,有一句流行的行话:高压小电流,低压大电流. 这里,高、低、大和小,均是将输入与输出相比较而言,此乃功率守恒使然.

● 阻抗变换与阻抗匹配

变压器输入等效电路,如图 7.36(a)所示,其中空载电流 $\tilde{I}_0$ 得以保留,而等效阻抗 $\tilde{Z}_l'$ 与负载 $\tilde{Z}_l$ 息息相关,两者之关系可由电压变比公式结合电流变比公式而导出,在忽略 $\tilde{I}_0$ 条件下,参见图 7.36(b),有

$$\tilde{Z}_l'=\frac{\tilde{U}_1}{\tilde{I}_1}=\frac{\left(-\dfrac{N_1}{N_2}\right)\tilde{U}_2}{\left(-\dfrac{N_2}{N_1}\right)\tilde{I}_2}=\left(\frac{N_1}{N_2}\right)^2\tilde{Z}_l,\quad 即\quad \tilde{Z}_l'=\left(\frac{N_1}{N_2}\right)^2\tilde{Z}_l.\tag{7.53}$$

这等效阻抗 $\tilde{Z}_l'$,亦称为反射阻抗,意指它是输出回路中的实际负载 $\tilde{Z}_l$,映射到输入回路中的等效负载. 阻抗变换公式(7.53)可应用于阻抗匹配,以求得信号源的最大输出功率.

例题　扬声器的阻抗匹配. 参见图 7.36(c),设信号源的电动势 $\mathscr{E}=6$ V,内阻 $r=$

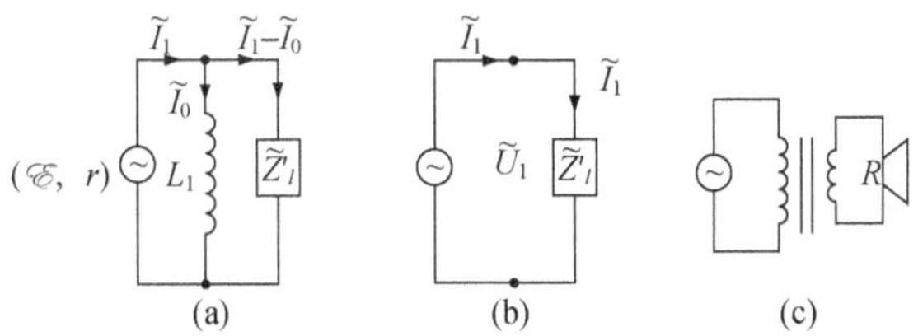

图 7.36 (a) 输入等效电路;(b) 忽略 $\tilde{I}_0$ 时的等效电路;(c) 为扬声器匹配阻抗

100 Ω,而扬声器的电阻仅为 $R=8\ \Omega$. 若将扬声器直接联在信号源上,则其所获得的使用功率为

$$P=\left(\frac{\mathscr{E}}{r+R}\right)^2 R=\left(\frac{6}{100+8}\right)^2\times 8\ \mathrm{mW}\approx 25\ \mathrm{mW}.$$

此场合常配用一个耦合变压器,以变换阻抗为 R',使 R'等于或近于内阻 r,便可获得最大或较大的使用功率,试设计 N_1-300 匝, $N_2=100$ 匝,则

$$R'=\left(\frac{300}{100}\right)^2 R=72\ \Omega,\quad P'=\left(\frac{6}{100+72}\right)^2\times 72\ \mathrm{mV}\approx 88\ \mathrm{mW}.$$

变压器的种类繁多,有大功率的电力变压器,小功率的电源变压器,还有在电子线路中用于信号传输和阻抗匹配的耦合变压器,等等. 有关变压器的设计理论和制造工艺,当属电气工程中的一个专业.

- **三相交流电的产生与输送**

三相交流发电机的核心装置如图 7.37(a),其心脏部位是一高速旋转的磁体,每分钟 3000 转;在这旋转磁场的激励下,其周边三组被对称安置的线圈(绕组),分别产生了三个感应电动势, $\mathscr{E}_{AX}$, $\mathscr{E}_{BY}$ 和 $\mathscr{E}_{CZ}$,三者峰值相等,频率相同,相位差依次为 $2\pi/3$,如图 7.37(b)所示,可写成

$$\mathscr{E}_{AX}(t)=\mathscr{E}_0\cos\omega t,\quad \mathscr{E}_{BY}(t)=\mathscr{E}_0\cos\left(\omega t-\frac{2\pi}{3}\right),\quad \mathscr{E}_{CZ}(t)=\mathscr{E}_0\cos\left(\omega t+\frac{2\pi}{3}\right).$$

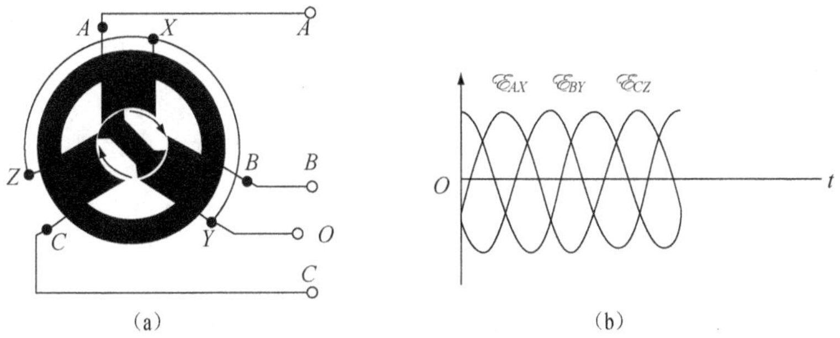

图 7.37 (a) 三相交流发电机核心装置;(b) 三相感应电动势 $\tilde{\mathscr{E}}_{AX}$, $\tilde{\mathscr{E}}_{BY}$, $\tilde{\mathscr{E}}_{CZ}$

这三个交流电源采用三线四线制对外输电，如图 7.38(a)，兹将三个绕组的对应端点 (X,Y,Z)，结合为一处，其引线 O 称为中线，俗称地线，它确实被深埋于发电厂当地的地下；三个绕组的另外三个端点 (A,B,C)，独立地向外引线 A,B 和 C，称其为端线，俗称火线. 于是，产生了两组共六个端电压，一组为 $\widetilde{U}_{AO}$，$\widetilde{U}_{BO}$ 和 $\widetilde{U}_{CO}$，称为相电压，用 U_φ 表示其幅值；另一组为 $\widetilde{U}_{AB}$，$\widetilde{U}_{BC}$ 和 $\widetilde{U}_{CA}$，称为线电压，用 U_l 表示其幅值. 简言之，火线间之电压为线电压，火线与地线间之电压为相电压.

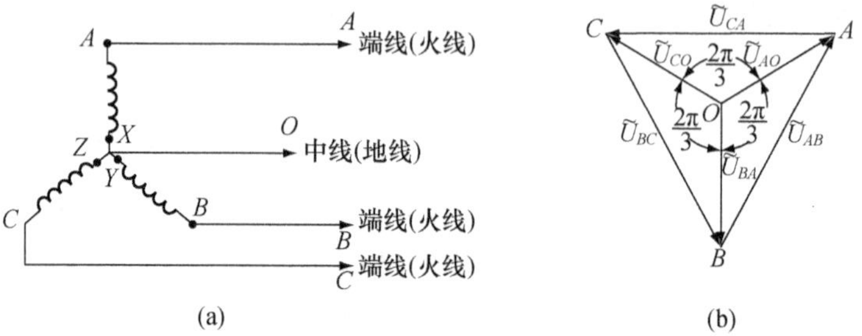

图 7.38　(a) 三相四线制；(b) 三个相电压和三个线电压之矢量关系

鉴于那三个相电压之相位差依次为 $2\pi/3$，故在电压矢量图中，这三者构成一个正星形，如图 7.38(b)所示；其三个端点 A,B,C 之间构成一个正三角形，其三个边矢量恰巧对应三个线电压 $\widetilde{U}_{AB}$，$\widetilde{U}_{BC}$ 和 $\widetilde{U}_{CA}$. 比如，在矢量三角形△AOB 中，

$$U_{AO}=U_{BO}+U_{AB},\quad 即\quad U_{AB}=U_{AO}-U_{BO}=U_{AO}+U_{OB},$$

这正反映了线路中这三个实际电压之关系，$u_{AB}(t)=u_{AO}(t)+u_{OB}(t)$.

电压矢量图表明，线电压与相电压的数值关系为

$$U_l=\sqrt{3}U_\varphi. \tag{7.54}$$

比如

$$线电压\ U_l=380\ \mathrm{V},\quad 则\quad 相电压\ U_\varphi=220\ \mathrm{V};$$

$$线电压\ U_l=220\ \mathrm{V},\quad 则\quad 相电压\ U_\varphi=127\ \mathrm{V}.$$

综上所述，三相交流电具有输电省电线、用电又方便的优点. 其三个交流电源，仅需三根高压线完成远程传输，既省电线又减能耗；却为用户提供两种电压，即相电压和线电压，方便选择. 顺便提及，三相发电机中那个高速旋转的磁体，或由水轮机驱动，或由内燃机驱动，即所谓水力发电或火力发电；电力系统(电网)中要确保那根中线牢靠接地，这是一项专业工程，不可怠慢.

- **三相负载的连接——Y 形与△形连接**

使用三相电源时，其负载可有两种连接方式，星形连接(Y 形)和三角形连接(△形)，如图 7.39(a)和(b). 对于星形连接，加于负载 $\widetilde{Z}_1$，$\widetilde{Z}_2$ 和 $\widetilde{Z}_3$ 的电压均为相电压 U_φ，当中线牢靠接地；对于三角形连接，加于负载的电压均为线电压 U_l. 故，对于这两种连接方式需要考量

的问题是其电流关系. 为此,首先交代两个名称术语:通过火线的电流 $\tilde{I}_A$,$\tilde{I}_B$ 和 $\tilde{I}_C$,称为线电流,以 I_l 表示其幅值;流经负载的电流 $\tilde{I}_1$,$\tilde{I}_2$ 和 $\tilde{I}_3$,称为相电流,以 I_φ 表示其幅值.

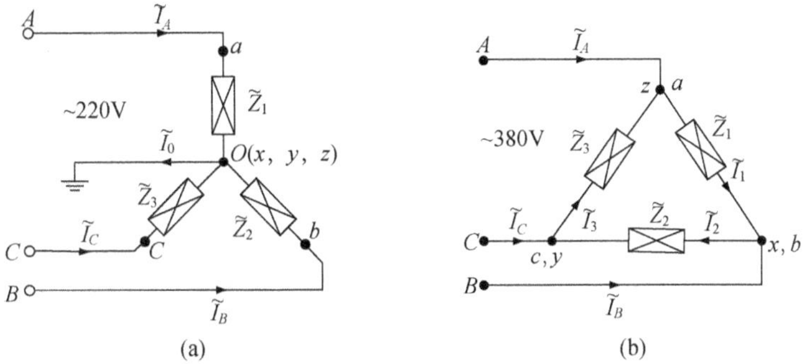

图 7.39 (a) 负载星形连接;(b) 负载三角形连接

星形连接. 从图中看出,此时相电流无异于线电流,即

$$\tilde{I}_1 = \tilde{I}_A, \quad \tilde{I}_2 = \tilde{I}_B, \quad \tilde{I}_3 = \tilde{I}_C,$$

而接地中线电流为

$$\tilde{I}_0 = \tilde{I}_1 + \tilde{I}_2 + \tilde{I}_3. \quad \text{(应用基尔霍夫节点电流方程)}$$

当三个负载相同,$\tilde{Z}_1 = \tilde{Z}_2 = \tilde{Z}_3$,称其为对称负载,这是特殊情形,比如,负载为电动机,其内部三个绕组几乎相同. 此时,上述三个相电流之相位差依次为 $2\pi/3$,且数值相等,故其合矢量$(\tilde{I}_1 + \tilde{I}_2 + \tilde{I}_3)$为零,则 $\tilde{I}_0 = 0$,此时接地中线无电流.

当三个负载不同,称其为非对称负载,这是一般情形,则三个相电流不等,且其间的相位差也不再维持为 $2\pi/3$ 关系,

$$\tilde{I}_1 = \frac{\tilde{U}_{AO}}{\tilde{Z}_1}, \quad \tilde{I}_2 = \frac{\tilde{U}_{BO}}{\tilde{Z}_2}, \quad \tilde{I}_3 = \frac{\tilde{U}_{CO}}{\tilde{Z}_3}.$$

于是,接地中线电流 $\tilde{I}_0 \neq 0$. 这条接地中线提供了一电流通道,以维持加于负载的三个相电压等于电网提供的固定电压;或者说,这条接地中线维持了节点 O 为零电势,不论那三个负载是多么的不对称.

特别值得提醒的是,一旦中线接地失灵,则节点 O 之电势将不再保持为零电势,这导致三个负载的电压 $\tilde{U}'_{AO}$,$\tilde{U}'_{BO}$ 和 $\tilde{U}'_{CO}$ 可能严重失衡,这种现象称为相电压漂移,而三个线电压依然由电网控制,维持等值 380 V,且相位关系为 $2\pi/3$,如图 7.40. 于是,加于负载的实际电压可能严重偏高正常使用电压 220 V,或高或低. 比如,图中 $\tilde{U}'_{AO} \approx 310$ V,$\tilde{U}'_{BO} \approx 130$ V,$\tilde{U}'_{CO} \approx 270$ V,设定为三个教室楼配电,将其三组负载以星形连接于电网,一旦接电失灵,就将可能出现一教灯光昏暗,而二教、三教灯光爆亮,这都是十分有害的. 出现这等电压失配或失衡情景,必是接地中线断了,应当及时抢修,以恢复正常供电.

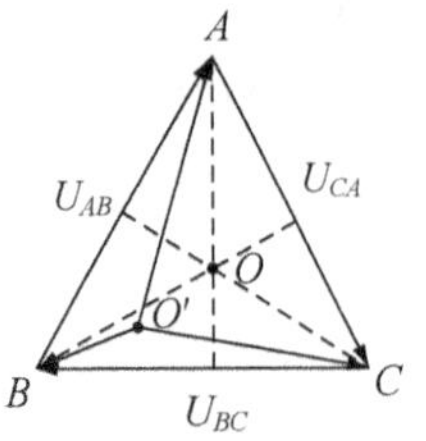

图 7.40　对于星形连接,一旦接地失灵,则三个相电压严重失衡

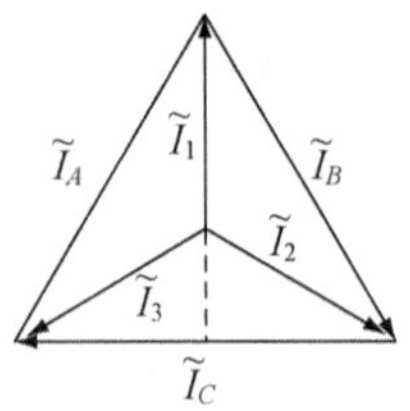

图 7.41　三角形连接对称负载时六个电流之矢量图

三角形连接. 从 7.39(b)图中看出,三个线电流与三个相电流的关系为

$$\tilde{I}_A=\tilde{I}_1-\tilde{I}_3,\quad \tilde{I}_B=\tilde{I}_2-\tilde{I}_1,\quad \tilde{I}_C=\tilde{I}_3-\tilde{I}_2.$$

在对称负载 $\tilde{Z}_1=\tilde{Z}_2=\tilde{Z}_3$ 情形下,三个相电流的数值相等,

$$I_1=I_2=I_3=I_\varphi=\frac{U_l}{Z},$$

而三个线电流的数值亦相等,且$\sqrt{3}$倍于相电流,参见电流矢量图 7.41,即

$$I_A=I_B=I_C=I_l,\quad 且\quad I_l=\sqrt{3}I_\varphi. \tag{7.54′}$$

在我国,一般家用电器的电灯,其使用电压均为 220 V. 而电动机,其内部有三个绕组作为负载,它们仨可以在 220 V 下运行,当选择星形连接;也可以在 380 V 下运行,当选择三角形连接. 为此,在电动机之机壳铭牌上,显示有六个接点,(z,x,y)及(a,b,c),且有一个活动接片,以便用户选择连接方式,如图 7.42(a)、(b)所示. 还有,与使用电动机配套的一个倒向电闸,如图 7.42(c)所示,以便用户选择电动机的转动方向是顺转还是逆转.

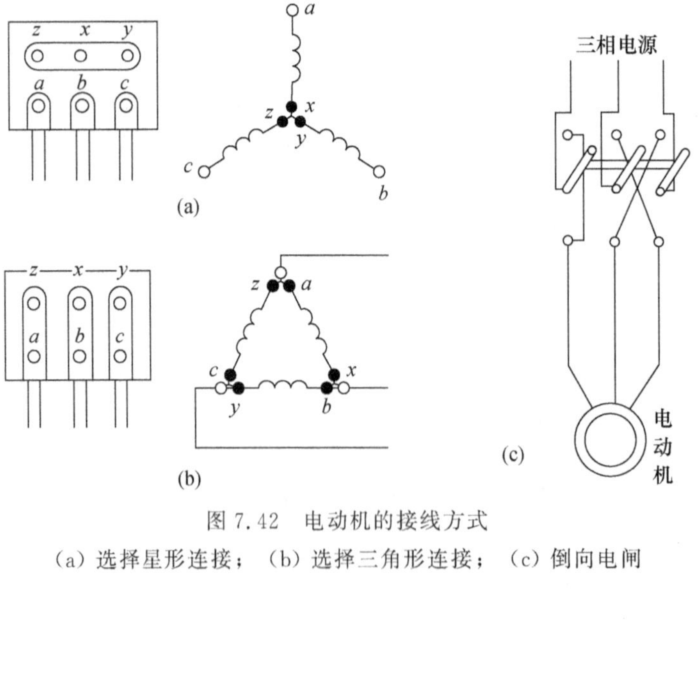

图 7.42　电动机的接线方式
(a) 选择星形连接;　(b) 选择三角形连接;　(c) 倒向电闸

● **三相电产生旋转磁场**

在三相感应电动机的核心装置中，有三组对称布局的线圈(ax)，(by)和(cz)，参见图7.43，将它们作为对称负载，连接于三相电源，便在中心区域分别产生三个磁场$\boldsymbol{B}_1(\boldsymbol{r},t)$，$\boldsymbol{B}_2(\boldsymbol{r},t)$和$\boldsymbol{B}_3(\boldsymbol{r},t)$. 注意到这三个磁场的空间取向不同，依次夹角为$2\pi/3$，其随时间变化的步调也不一致，依次相位差$2\pi/3$，显然，这两组$2\pi/3$的物理含义是不同的. 于是，中心区域的总磁场为

$$\boldsymbol{B}(\boldsymbol{r},t)=\boldsymbol{B}_1+\boldsymbol{B}_2+\boldsymbol{B}_3;\quad 或\quad \boldsymbol{B}(t)=\boldsymbol{B}_1(t)+\boldsymbol{B}_2(t)+\boldsymbol{B}_3(t).（针对中心点 O）$$

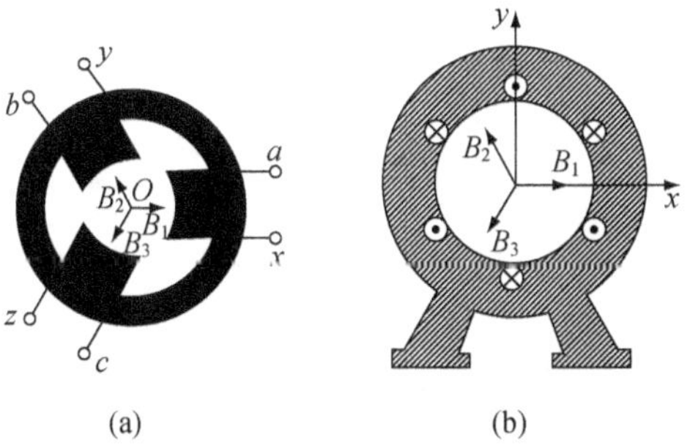

图 7.43 三相电产生旋转磁场

(a) 对称布局的三个绕组(原理性)； (b) 三个绕组的实际绕法

鉴于对称负载时其三个相电流的幅值相等、频率相同，仅依次相位差$2\pi/3$，故可将对应的三个磁场表示为如下形式，

$$\boldsymbol{B}_1(t)=\boldsymbol{B}_{10}\cos\omega t,\quad \boldsymbol{B}_2(t)=\boldsymbol{B}_{20}\cos\left(\omega t-\frac{2\pi}{3}\right),\quad \boldsymbol{B}_3(t)=\boldsymbol{B}_{30}\cos\left(\omega t-\frac{4\pi}{3}\right).$$

考虑到这三者的空间取向有异，不能简单地采用矢量图解法求其和. 兹采取正交分解，分量叠加的方法演算之，

$$\begin{cases}B_{1x}=B_1(t)=B_0\cos\omega t, \quad （注意 B_{10}=B_{20}=B_{30}，设为 B_0）\\ B_{2x}=B_2(t)\cdot\cos\dfrac{2\pi}{3}=-\dfrac{1}{2}B_0\cos\left(\omega t-\dfrac{2\pi}{3}\right),\\ B_{3x}=B_3(t)\cdot\cos\dfrac{4\pi}{3}=-\dfrac{1}{2}B_0\cos\left(\omega t-\dfrac{4\pi}{3}\right);\end{cases}$$

$$\begin{cases}B_{1y}=0,\\ B_{2y}=B_2(t)\cdot\sin\dfrac{2\pi}{3}=\dfrac{\sqrt{3}}{2}B_0\cos\left(\omega t-\dfrac{2\pi}{3}\right),\\ B_{3y}=B_3(t)\cdot\sin\dfrac{4\pi}{3}=-\dfrac{\sqrt{3}}{2}B_0\cos\left(\omega t-\dfrac{4\pi}{3}\right).\end{cases}$$

接着，可以借助平面三角学中和差化积的公式求出总磁场的两个分量，

$$B_x(t)=B_{1x}+B_{2x}+B_{3x};\quad B_y(t)=B_{1y}+B_{2y}+B_{3y}.$$

不过，对于三个同方向同频率的简谐量(B_{1x},B_{2x},B_{3x})之叠加，倒可以采用复数法或矢

量法求解，同理，对(B_{1y},B_{2y},B_{3y})之叠加也可如此处理. 现以复数法推演如下，

$$\begin{aligned}\widetilde{B}_x &= \widetilde{B}_{1x}+\widetilde{B}_{2x}+\widetilde{B}_{3x} \qquad (\text{可以略写 } \mathrm{e}^{\mathrm{j}\omega t})\\ &= B_0-\frac{1}{2}B_0\mathrm{e}^{-\mathrm{j}2\pi/3}-\frac{1}{2}B_0\mathrm{e}^{\mathrm{j}2\pi/3}\\ &= B_0-\frac{1}{2}B_0(\cos 120^\circ+\cos 120^\circ)=\frac{3}{2}B_0,\\ \widetilde{B}_y &= \widetilde{B}_{1y}+\widetilde{B}_{2y}+\widetilde{B}_{3y}\\ &= \frac{\sqrt{3}}{2}B_0(\mathrm{e}^{-\mathrm{j}2\pi/3}-\mathrm{e}^{\mathrm{j}2\pi/3})\\ &= \frac{\sqrt{3}}{2}B_0(-2\mathrm{j}\sin 120^\circ)=\frac{3}{2}B_0\mathrm{e}^{-\mathrm{j}\pi/2},\end{aligned}$$

其解最终表示为

$$\begin{cases}B_x(t)=\dfrac{3}{2}B_0\cos\omega t,\\ B_y(t)=\dfrac{3}{2}B_0\cos\left(\omega t-\dfrac{\pi}{2}\right).\end{cases} \tag{7.55}$$

在力学振动部分已获悉，两个同频率正交振动，当其振幅相等，且相位差为$\pi/2$时，则其合成运动的轨迹为一个圆周；而上述(B_x,B_y)正好满足这些条件. 换言之，电动机三个绕组的交变相电流所产生的磁场$\boldsymbol{B}(t)$为一旋转矢量场，其矢量长度B和旋转角速度ω_B为

$$B=\frac{3}{2}B_0;\quad \omega_B=\omega.\quad (\text{三相电角频率})$$

电动机中心区域安置绕组作为转子，它在旋转磁场$\boldsymbol{B}(t)$激励下，随之转动起来，且与$\boldsymbol{B}(t)$转向相同，这是电磁感应定律和楞次定则的必然结果. 具体地说，驱动转子运动的力矩是转子绕组中的感应电流受到磁场$\boldsymbol{B}(t)$施予的安培力所致. 当然，转子的角速度ω_{r}不可能加速至ω_B，否则，两者完全同步，无相对运动，就无感应电流和安培力；此时，由于摩擦阻力，转子就慢下来，自动调整为以略小于ω_B的角速度而稳定转动.

发电机，依靠旋转磁场而产生三相交流电，实现了机械能转化为电能；经远程传输到电动机，依靠三相电产生旋转磁场，使转子运动，实现了电能转化为机械能. 从发电、输电、配电到用电，充分地显示了三相电的优越性. 正如有首顺口溜所道，**三相电三相电，输电省电线，用电亦方便，旋转磁场来产生，电变机械好实现.**

习　　题

7.1　*LRC* 串联电路及其频率特性

如题图所示，三个基本元件(L,R,C)串联组合，信号源提供频率为f的电压 90 V，其阻抗之比值为$Z_L:Z_R:Z_C=2:3:4$.

(1) 求出电压U_L,U_R,U_C；电压U_{ad}和U_{be}.

(2) 求出$u_{ad}(t)$与总电压$u(t)$之相位差δ_1，$u_{be}(t)$与$u(t)$之相位差δ_2.

(3) 信号源工作频率改变为 $2f$，而总电压 U 不变依然为 90 V，求出电压 U_L，U_R 和 U_C.

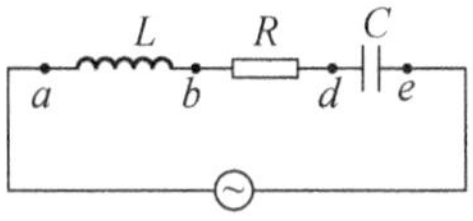

习题 7.1 图

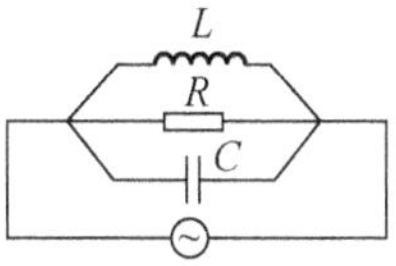

习题 7.2 图

7.2　*LRC* 并联电路及其频率特性

如题图所示，三个基本元件(L，R，C)并联组合，信号源提供频率为 f 的总电流为 90 mA，当工作频率为 f 时这三个阻抗之比值为

$$Z_L : Z_R : Z_C = 2 : 3 : 6.$$

(1) 求出三个支路之电流 I_L，I_R 和 I_C.

(2) 当信号源输出频率改变为 $2f$，而总电压维持不变，依然相同于(1)，因为此信号源是内阻为零的恒压源. 求出总电流 I，以及支路电流 I_L，I_R 和 I_C.

7.3　*RC* 组合的滤波功能

准备好一张坐标纸，描画出三个电压的波形图，即总电压 $u(t)$ 图，以及 $u_R(t)$ 图和 $u_C(t)$ 图，参见题图. 设信号源同时输入两个频率成分的电压，

$$u(t) = u_1(t) + u_2(t) = U_0 \cos \omega t + \frac{1}{5} U_0 \cos(5\omega t),$$

且
$$\omega = 2\pi \times 200 \text{ Hz(rad/s)}, \quad R = 70\,\Omega, \quad C = 25\,\mu\text{F}.$$

你从这三个图形的比较中获得什么认识?

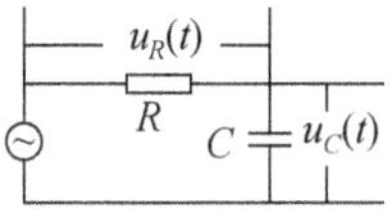

习题 7.3 图

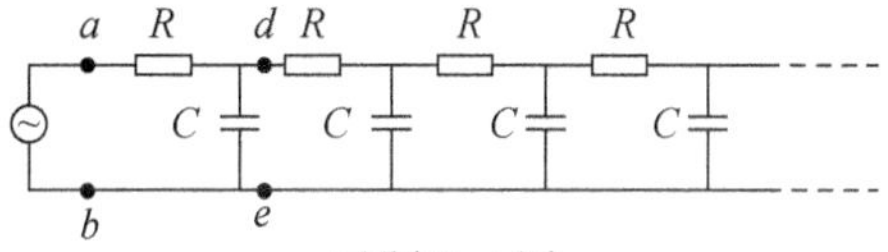

习题 7.4 图

7.4　*RC* 组合无穷网络

如题图所示，由(R，C)两个元件组成一个无穷网络，试求出其等效复阻抗 $\tilde{Z}$.

7.5　*RC* 组合

参见题图，从 AO 输入的信号中，含有直流电压 6 V，且有频率为 400 Hz 的交流电压. 现要求到达 BO 两端的信号中无直流成分，且交流成分达 90%以上，为此在 AB 段安置一个电容 C. 试问，电容 C 在此处起何作用? 其电容 C 值至少该选取多少 μF?

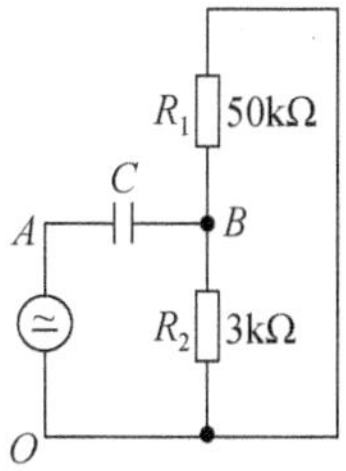

习题 7.5 图

7.6　*LC* 组合滤波功能

如题图所示，左端输入电压为 U_1，右端输出电压为 U_2.

(1) 你认为该电路具有何种滤波功能? 是高通或是低通?

(2) 对于频率 f 为 200 Hz 的信号，要求 $U_2 = U_1/10$，其电感 L 值应取多少 mH? 设 $C_1 = 10\,\mu\text{F}$，$C_2 = 20\,\mu\text{F}$.

(3) 此时输出电压 $u_2(t)$ 与输入电压 $u_1(t)$ 之相位差 $\delta = (\varphi_2 - \varphi_1)$ 为多少?

(4) 最后，试普遍导出本电路的电压传递函数

$$\tilde{\eta} \equiv \frac{\tilde{U}_2}{\tilde{U}_1} = \eta e^{i\delta},$$

并讨论其振幅传递函数 $\eta(\omega)$ 和相位传递函数 $\delta(\omega)$ 的频率特性. 可以预测到 $\eta(\omega)$ 和 $\delta(\omega)$ 函数曲线上将出现奇异点,这是因为本电路仅由两种性质相反的元件(L,C)组成,而无中性的电阻元件. 你意如何?

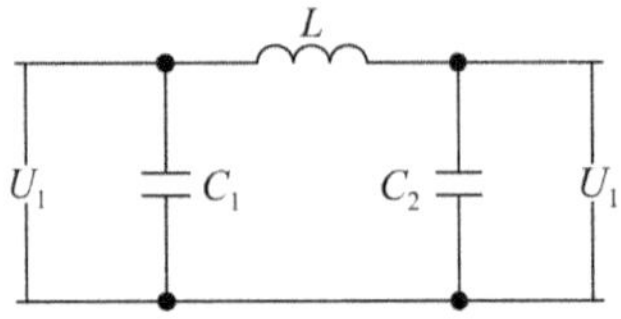

习题 7.6 图

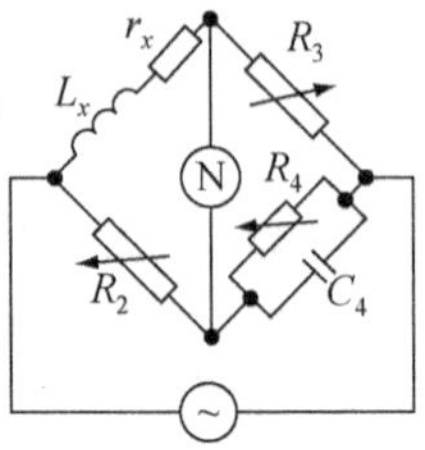

习题 7.7 图

7.7 交流电桥

参见本题图,它称为麦克斯韦 LC 电桥,用以测量实际电感元件的(L_x, r_x)及其损耗因数 $\tan\delta$,其它三臂的阻抗皆已知,且可调. 试求出 L_x, r_x 和损耗因数.

7.8 交流电桥

参见本题图,它是又一种交流电桥,用以测量实际电感元件的(L_x, r_x)和其损耗因素 $\tan\delta$,其中 R_s 和 C_s 是已知的标准电阻和电容,调节 R_1 和 R_2,使电桥达到平衡. 试求出 L_x, r_x 和损耗因数 $\tan\delta$.

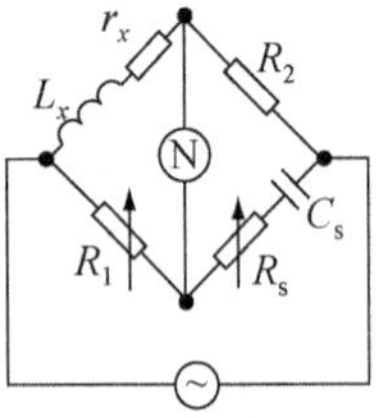

习题 7.8 图

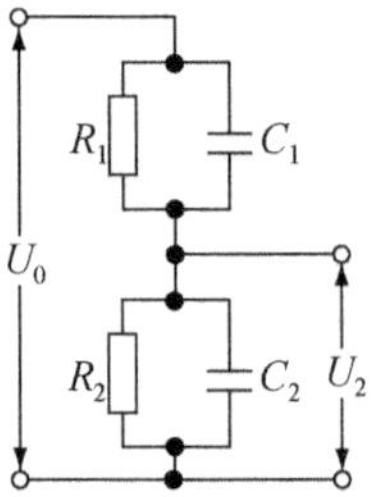

习题 7.9 图

7.9 RC 组合分压器

本题图是为消除分布电容的影响而设计的一种脉冲分压器. 当 C_1, C_2, R_1, R_2 满足一定条件时,这分压器就能和直流电路一样,使输入电压 U_1 与输出电压 U_2 之比等于电阻之比:

$$\frac{U_2}{U_0} = \frac{R_2}{R_1 + R_2},$$

而与频率无关. 试求 C_1, C_2, R_1, R_2 应满足的条件.

7.10 RC 组合的等效变换

计及可能存在的漏电损耗,实际电容器可等效于一个纯电容 C 与耗散电阻 r 的组合. 为尊重两者电压相同,通常采取(C', r')并联组合予以等效;也可以采取(C, r)串联组合予以等效,如本题图所示. 本题所要讨论的等效变换,指称(C', r')与(C, r)之变换关系,以保证两者复阻抗相等,或复导纳相等,即

$$\tilde{Z}' = \tilde{Z} \quad 或 \quad \tilde{Y}' = \tilde{Y}.$$

(1) 试导出 RC 组合的等效变换公式为

$$r' = \frac{1 + (\omega C r)^2}{\omega^2 C^2 r}, \quad C' = \frac{C}{1 + (\omega C r)^2}.$$

(2) 证明两种组合的品质因数相同,即

$$Q' = Q.$$

提示:电容性元件的品质因数 Q 被定义为其复阻抗的虚部与实部之比值,亦即其电抗 x 与其电阻 r 之比值.

(3) 设 $C=30\ \mu\text{F}$, $r=0.25\ \Omega$, $f=400\ \text{Hz}$,求出 r' 值,C' 值和 Q 值.

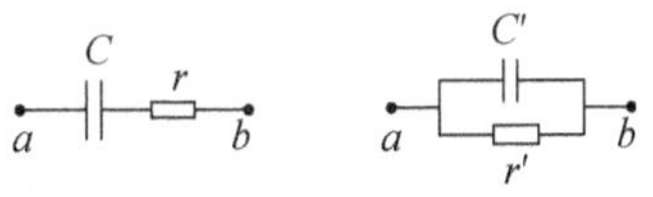

习题 7.10 图

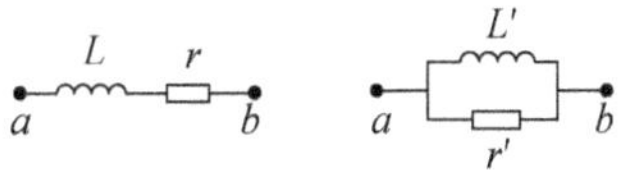

习题 7.11 图

7.11　LR 组合的等效变换

计及不免存在的绕线电阻,以及含铁芯电感的涡流损耗,实际电感器可等效于一个纯电感 L 与一耗散电阻 r 的组合. 为尊重两者电流相同,通常采取(L,r)串联组合予以等效,当然也可以采取(L',r')并联组合予以等效,如本题图所示. 本题讨论的等效变换,指称(L',r')与(L,r)之变换关系,以保证两者复阻抗相等,或复导纳相等,即

$$\tilde{Z}' = \tilde{Z} \quad 或 \quad \tilde{Y}' = \tilde{Y}.$$

联想到,复数相等同时包括实部相等与虚部相等两个方程,未知数或待定关系(L',r')也是两个,故其解存在且唯一.

(1) 试导出 LR 组合的等效变换公式为

$$r' = \frac{(\omega L)^2 + r^2}{r}, \quad \omega L' = \frac{(\omega L)^2 + r^2}{\omega L}.$$

(2) 证明两种等效组合的品质因素 Q 值不变,即 $Q'=Q$.

提示:电感性元件的品质因数 Q 值等于其电抗 x 与其电阻 r 之比值.

(3) 设串联组合中,$L=50\ \mu\text{H}$, $r=3.0\ \Omega$, $f=465\ \text{kHz}$,试算出 L' 值,r' 值和 Q 值.

7.12　并联谐振电路的特征频率

用于电子线路中具有选频功能的并联组合,如本题图(a)所示,其中耗散电阻 r 是实际电感线圈内含的,也包括外加的. 通过 7.11 题关于 LR 组合的等效变换,可将其变换为(L',r',C)三者的并联组合,如题图(b)所示,这对求解其特征频率也许有方便.

(1) 试导出其相位谐振频率,即该组合相位差为零时的特征频率 ω_0,用$(L,r;C)$表示.

(2) 试导出其阻抗谐振频率,即该组合阻抗为最大或导纳为最小时的特征频率 ω_r,用$(L,r;C)$表示.

(3) 在低耗散, $r^2 \ll L/C$ 条件下,给出 ω_0, ω_r 近似公式.

(4) 在收音机中有一个中频变压器,实际上它是一个并联谐振器,旁接一互感耦合器. 在我国收音机行业中,规定其谐振频率 f_0 为 $465\ \text{kHz}$. 设其电感值为 $2.0\ \text{mH}$,串联电阻 r 为 $80\ \Omega$. 算出其并联电容 C 为多少 pF(皮法,$1\ \text{pF}=10^{-12}\ \text{F}$),品质因数 Q 值,并审核低阻尼条件 $r^2 \ll L/C$ 是否得以满足.

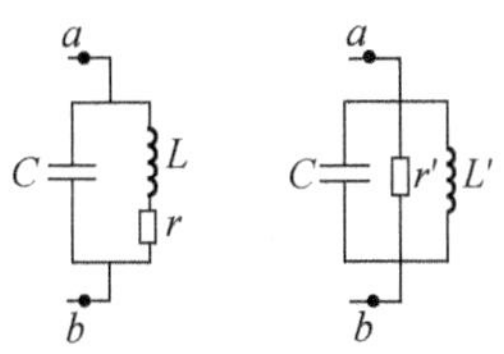

习题 7.12 图

7.13　互感耦合电路

在环形铁芯上绕有两个线圈，一个匝数为 N，接在电动势为 $\mathscr{E}$ 的交流电源上；另一个是均匀圆环，电阻为 R，自感很小，可略去不计. 在这环上有等距离的三点：a，b 和 c. G 是内阻为 r 的交流电流计.

(1) 如图(a)连接，求通过 G 的电流；

(2) 如图(b)连接，求通过 G 的电流.

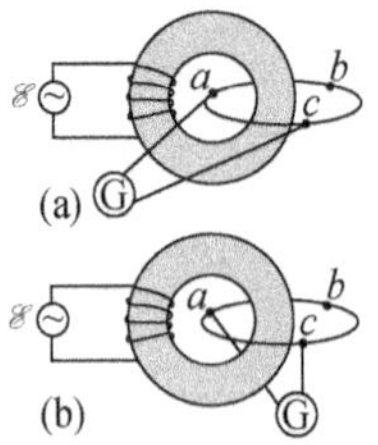

习题 7.13 图

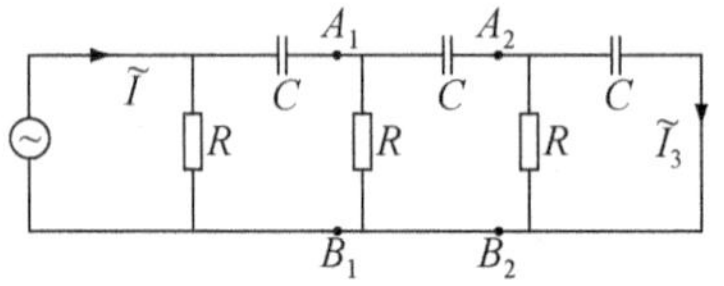

习题 7.14 图

7.14　三级 RC 相移电路

一个电流高通型三级 RC 相移电路如题图所示，设输入信号电流为 $i(t)=I\cos\omega t$，而输出电流可表示为 $i_3(t)=I_3\cos(\omega t+\varphi_3)$，则该电路的电流传递函数为

$$\tilde{\eta}\equiv\frac{\tilde{I}_3}{\tilde{I}_1}=\frac{I_3}{I_1}\mathrm{e}^{\mathrm{j}\varphi_3}.$$

(1) 首先定性判断该相移量 φ_3 是正值还是负值；

(2) 试导出

$$\tilde{\eta}_3=\frac{(\omega CR)^3}{\omega CR[(\omega CR)^2-5]+\mathrm{j}[1-6(\omega CR)^2]};$$

(3) 算出当 $\omega CR=1$ 时的相移量 φ_3 值和传递函数值 $|\tilde{\eta}|$；

(4) 证明，相移量 $\varphi_3=\pi$ 的频率条件为

$$f_0=\frac{1}{2\pi\sqrt{6}RC},\quad \eta(f_0)=\frac{1}{29};$$

(5) 试算出，$R=10\ \mathrm{k\Omega}$，$C=0.01\ \mu\mathrm{F}$ 条件下 f_0 值.

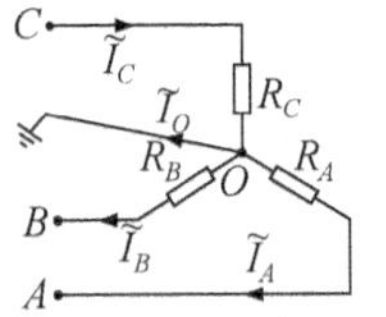

习题 7.15 图

7.15　三相交流电

如题图所示，三个纯电阻的负载作星形连接，线电压为 380 V，设 $R_A=10\ \Omega$，$R_B=20\ \Omega$，$R_C=30\ \Omega$.

(1) 求出中线电流 I_O；

(2) 若中线断开，三个相电压 U_A，U_B 和 U_C 各为多少？

7.16　三相交流电

电动机系一个三相对称负载，现将其作星形连接，三相电源的线电压为 380 V，每相负载的电阻 r 为 6.0 Ω，电抗 x 为 8.0 Ω.

(1) 求线电流 I_l 或相电流 I_φ；

(2) 求电动机消耗的功率 P；

(3) 如果将此电动机改换成三角形连接，求出线电流 I_l'、相电流 I_φ' 和电动机消耗功率 P'.

7.17　绕制电源变压器

现需绕制一个电源变压器，其输入端电压为 220 V，50 Hz，要求其输出电压分别有 6 V 和 40 V，试求出

原线圈匝数 N_0 和两组副线圈匝数 N_1 和 N_2. 已知其铁芯面积 S 为 8.0 cm^2，其最大磁感 B_M 为 1.2×10^4 Gs(作理想变压器近似).

7.18　*RC* 可调相移器

本题图所示为一个桥式 *RC* 可调相移器，其输入电压由一变压器次级绕组提供，从次级中心轴头 O 和 *RC* 串联点 D 之间得到其输出电压 $\widetilde{U}_{OD}$.

(1) 试证明，输出电压 $\widetilde{U}_{OD}$ 之相位随可调电阻 R 而变化，其数值 $|\widetilde{U}_{OD}|$ 却维持不变. 要求采用矢量图解和复数解法分别给出证明.

(2) 若抽头 O 点并非次级绕组的中点，上述命题是否成立？

(3) 若抽头 O 点在次级左侧 1/3 处，即 $\widetilde{U}_{BA}=3\widetilde{U}_{OA}$，且 $\omega CR=4$，输入电压 $U_{BA}=36$ V，试求出输出电压 $\widetilde{U}_{OD}$ 的数值，及其与输入电压之相位差(相移量)δ.

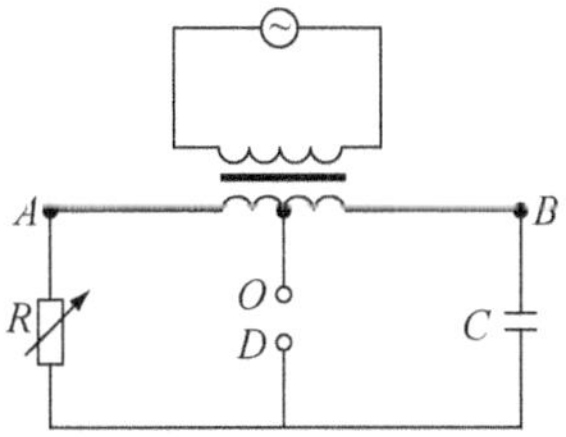

习题 7.18 图

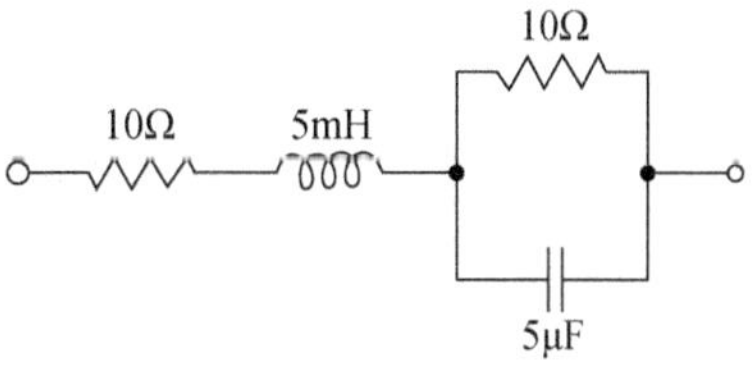

习题 7.19 图

7.19　元件阻抗的频率特性

如本题图所示，四个元件如此连接，其参数已给定在线路图上. 试讨论：

(1) 对于什么频率范围，该电路近似等效于电阻与电感串联；

(2) 对于什么频率范围，该电路近似等效于电阻与电容串联；

(3) 该电路等效于一个纯电阻的特征频率 f_0 为多少？

7.20　水银温度计读数的自动电子显示

水银温度计是用于精测温度既简单又廉价的一仪表. 然而，有很多环境和场合，水银温度计并不适用. 比如，一天 24 小时监测河底多处每分钟的温度，又如，读出并控制生产流程的温度. 为此设计出一种自动快速读出水银温度计的电子线路，如题图(a)所示，以实现自动的和远距离的读数.

其中，$\widetilde{U}_0$ 是一振荡器作为信号源，提供约 10 V，10 Hz 的交变电压. 包围温度计底部水银球的电极，形

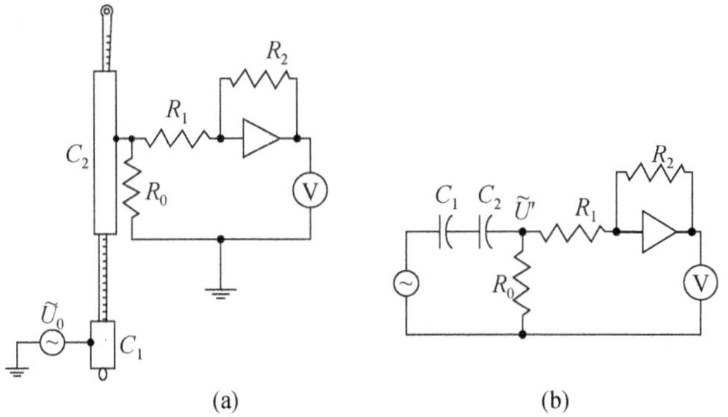

习题 7.20 图　(b)为(a)的等效电路

成一个较大电容 C_1；随温度线性增高的水银柱与其外部一个共轴电极之间，形成一个电容 C_2，电阻 R_0 上的电压 $\tilde{U}'$ 经右侧一放大器，最终由电压表 V 量度. 以下论题可以不理会这功能块.

(1) 在 $C_1 \gg C_2$ 条件下，求出电压 U' 作为电源电压 U_0，ω，C_2 和 R_0 的函数.

(2) 在什么条件下，电压 U' 随温度 T 作线性变化.

提示：共轴圆筒电容器 $C = 2\pi\varepsilon_0 l \Big/ \left(\ln \dfrac{R}{r}\right)$，当 $l \gg R$，这里 R 为 C_2 处外径；且 $l = l_0 + \alpha T$.

(3) 据你所了解的水银温度计，试估算电容 C_2 值. 一组可供参考的数据：$r \approx 0.5$ mm，外径 $R \approx 4.0$ mm，l 为 100～300 mm.

(4) 根据以上数据，并知道水银温度计其柱高 l 的温度系数 $\alpha \approx 0.7$ mm/℃，试给出电压 U' 所反映的测温灵敏度 $\mathrm{d}U'/\mathrm{d}T$，设电阻 $R_0 = 10$ MΩ.

7.21　并联谐振及其 Q 值

一个电感为 L，电阻为 R 的电感器与电容器 C 并联.

设 $L = 3.0$ mH，$C = 2.0$ μF，$R = 2.5$ Ω.

(1) 审核 $R^2 \ll L/C$ 是否成立？

(2) 在 $R^2 \ll L/C$ 条件下，谐振频率 ω_0 满足 $\omega_0^2 LC \approx 1$. 试算出本组合的 ω_0 值；

(3) 求出在谐振频率时的阻抗 $Z(\omega_0)$；

(4) 求出其品质因数 Q 值；

(5) 求出其通频带宽度 $\Delta\omega$(rad/s)；

(6) 算出通频带两侧，即 $\omega_1 = \left(\omega_0 - \dfrac{\Delta\omega}{2}\right)$，$\omega_2 = \left(\omega_0 + \dfrac{\Delta\omega}{2}\right)$，两个频率点的阻抗值 Z_1 和 Z_2.

7.22　功率因数的改进

一电感性负载工作于 800 V，50 Hz，有电流 90 A，而其功率因数为 0.65.

(1) 算出其有功功率为多少瓦？

(2) 计算该负载的阻抗 Z 值和相位差 φ；

(3) 计算该负载的电阻 r 值和电抗 x 值；

(4) 用以抵消无功电流，使功率因数改进为 1.00 的并联电容 C 应为多少？

7.23　荧光灯功率因数的改进

广泛用于照明的荧光灯，其玻璃管内涂荧光粉且被抽成真空，充有水银蒸气. 在管内两端电极间产生放电，放电产生的大部分能量集中于 253.7 nm 的紫外线. 荧光粉涂层吸收此紫外线，而又辐射出可见光. 通常串接一电感器和并接一辉光开关，用来产生瞬间高压，以触发水银蒸气电离而放电.

一个荧光灯，工作于 50 Hz，220 V，消耗功率 80 W，功率因数为 0.55.

(1) 求有功电流 $I_{/\!/}$、无功电流 $I_{\perp}$ 和视在电流 I；

(2) 为使功率因数改进为 1.00，与放电管和电感器并联的电容 C 应为多少？此时流过放电管的电流 I' 为多少？流过电源的电流 I'' 为多少？

7.24　钳形电流计

一钳形电流计如题图所示，环形磁轭由均分的两块做成，可绕铰链 A 旋转，打开夹片 C 能将载流导线夹在中间，绕组 S 的感应电压 U 正比于通过导线交变电流的幅值. 实际上它是一个简单的铁芯变压器，其初级就是载流导线，故这种变压器常称为电流变压器. 其优点是可测量的交流或脉冲电流的范围很宽，从 mA 量级达 10^2 A 量级.

(1) 设环形铁芯的平均直径 d 为 30 mm，横截面积 A 为 64 mm²，磁导率 μ_r 为 10^4，次级绕组 S 有 1000

匝. 当被测电流 $i(t)$ 为 50 Hz, 1 A 时, 计算电压 U.

(2) 给定仪表和电流 I, 你怎样增加电压 U 值?

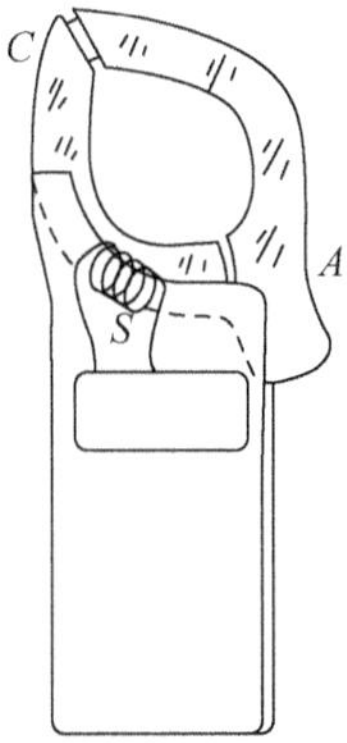

习题 7.24 图

7.25　焊接枪

焊接枪亦称点焊机, 其内有一降压变压器, 以获得大电流通过铜导线, 使接触点即焊点产生局域高温, 熔化焊料而密接工件. 一焊接机消耗在铜导线上的功率为 100 W, 铜导线的截面积为 4 mm^2, 长为 120 m, 铜质电导率 σ 为 $5.8\times10^7(\Omega\cdot\mathrm{m})^{-1}$.

(1) 求其次级电压 U 和电流 I;

(2) 如果此焊接枪是由 120 V 供电的, 求初级电流 I_0.

8

麦克斯韦电磁场理论

讲授视频：
安培环路定理
遇到的困难

本 章 概 述

麦克斯韦关于电磁场的动力学理论，最终凝聚为四个方程，它是宏观电磁场理论的至高总结．本章对于构建麦克斯韦方程组过程中的假设、推广，位移电流的引入，电荷守恒律的支持和理论自洽性的审视，作了系统的论述和推演，并给出磁单极子存在时的麦克斯韦方程组；对于自由空间电磁场运动所遵从的波动方程和电磁波具有的基本性质，作了系统的论述和推证；采用一种特别简明的方式，导出电磁场能量密度、电磁场能流密度矢量 $\boldsymbol{S}$ 和动量密度矢量 $\boldsymbol{G}$，并对光压和光镊作了介绍．

本章最后，对于电磁波的产生，赫兹实验，以及偶极振子近源区的非辐射场及远场区的辐射场之性质，作了详细的分析和描述．物理学崇尚理性崇尚实验之两大品格，在本章内容中得以生动而集中地体现，麦克斯韦电磁理论的建立，正是理性的魅力与实验的强力之完美结合，而成为物理学发展中的一个光辉典范．

8.1　位 移 电 流

- 引言
- 安培环路定理遭遇的困难
- 位移电流的假设
- 普遍的磁场规律
- 位移电流的内涵　极化电流密度
- 位移电流与传导电流之比值
- 讨论——电容器中的位移电流与电磁场

● 引言

立足于 19 世纪 60 年代初期那时节，来回望电磁场理论发展历程，则可见它起始于库仑定律，历经奥斯特实验、法拉第电磁感应定律和麦克斯韦涡旋电场概念，呈现于世人面前的电磁场理论图景是(见图 8.1)：

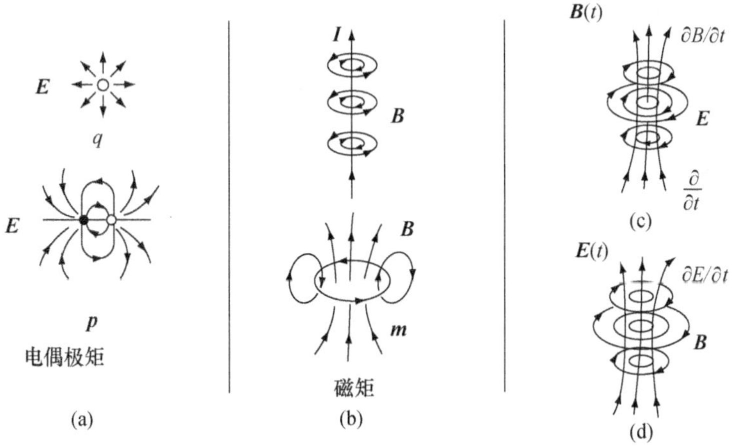

图 8.1 电磁场动力学基本图景

(a) 与电荷相联系的电场 $\boldsymbol{E}$； (b) 与电流相联系的磁场 $\boldsymbol{B}$；

(c) 与 $\partial\boldsymbol{B}/\partial t$ 相联系的涡旋电场 $\boldsymbol{E}_c$； (d) 与 $\partial\boldsymbol{E}/\partial t$ 相联系的涡旋磁场 $\boldsymbol{B}_c$

静电场：

$$\oiint \boldsymbol{D}\cdot \mathrm{d}\boldsymbol{S} = q_0, \quad 或 \quad \nabla\cdot\boldsymbol{D} = \rho_0; \tag{8.1}$$

$$\oint \boldsymbol{E}\cdot \mathrm{d}\boldsymbol{l} = 0, \quad 或 \quad \nabla\times\boldsymbol{E} = 0. \tag{8.1'}$$

静磁场：

$$\oiint \boldsymbol{B}\cdot \mathrm{d}\boldsymbol{S} = 0, \quad 或 \quad \nabla\cdot\boldsymbol{B} = 0; \tag{8.2}$$

$$\oint \boldsymbol{H}\cdot \mathrm{d}\boldsymbol{l} = I_0, \quad 或 \quad \nabla\times\boldsymbol{H} = \boldsymbol{j}_0. \tag{8.2'}$$

交变磁场产生涡旋电场 $\boldsymbol{E}_c$：

$$\oiint \boldsymbol{E}_c\cdot \mathrm{d}\boldsymbol{S} = 0, \quad 或 \quad \nabla\cdot\boldsymbol{E}_c = 0; \tag{8.3}$$

$$\oint \boldsymbol{E}_c\cdot \mathrm{d}\boldsymbol{l} = -\iint \frac{\partial\boldsymbol{B}}{\partial t}\cdot \mathrm{d}\boldsymbol{S}, \quad 或 \quad \nabla\times\boldsymbol{E}_c = -\frac{\partial\boldsymbol{B}}{\partial t}. \tag{8.3'}$$

面对这幅理论图景鉴赏之，审视思辨之，可以发现电与磁之间有着某种理论形式上的不对称性，比如，(8.3′)式表明，变化着的磁场将激发涡旋电场，而(8.2′)式表明磁场的旋度仅决定于传导电流，当然这只是静磁场情形. 那么，在交变电场情形下，磁场环路定理中是否也

将显露出一个 $\partial \boldsymbol{E}/\partial t$ 模样的因子来,这只是一种期望一种预想. 此时更值得关切的是,在交变电场情形下,(8.2′)形式的安培环路定理不再成立,它明显地失去了理论自洽性,换言之,在交变情形下安培环路定理遭遇到困难. 就在这思辨王国里,并借助法拉第倡导的力线图象,年青的J.C.麦克斯韦提出了位移电流的假设,使那困难得以消解,使那期望得以实现. 这是引言,随后陈述.

- **安培环路定理遭遇的困难**

业已知悉,恒定磁场的安培环路定理 $\nabla\times\boldsymbol{H}=\boldsymbol{j}_0$,与同时恒定的电流场之闭合性 $\nabla\cdot\boldsymbol{j}_0=0$,两者是共生共存的;的确如此,在证明安培环路定理的过程中,用到了 $\oiint \boldsymbol{j}_0\cdot \mathrm{d}\boldsymbol{S}=0$ 或 $\nabla\cdot\boldsymbol{j}_0=0$ 这一条件. 然而,在交变情形下,(8.2′)形式的环路定理明显地暴露出其不合理性.

一个典型实例是电容器充放电情形,参见图 8.2(b). 以积分环路 L 为边沿的曲面众多,比如,与传导电流 $I_0(t)$交截的 S 面,有电流 I_0 穿过它,而对于从电容器内部包围过来的曲面 S',却无传导电流穿过,显然,

$$I_0(t)=\iint_{(S)}\boldsymbol{j}_0\cdot \mathrm{d}\boldsymbol{S}\neq\iint_{(S')}\boldsymbol{j}_0\cdot \mathrm{d}\boldsymbol{S}=0,$$

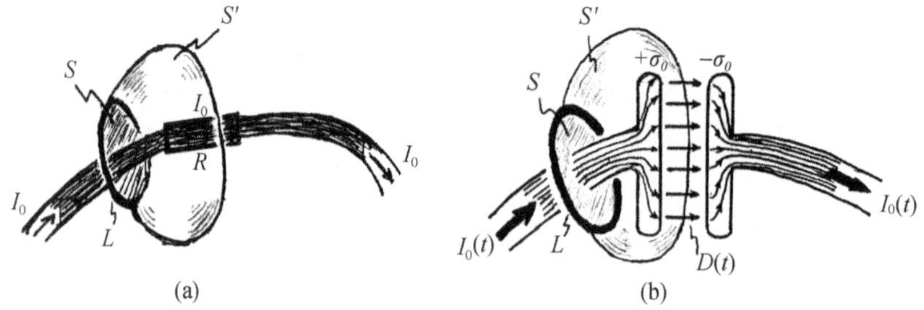

图 8.2 (a) 恒定电流的闭合性,$\oiint \boldsymbol{j}_0\cdot \mathrm{d}\boldsymbol{S}=0$;

(b)时变情形下,传导电流场不闭合,$\oiint \boldsymbol{j}_0\cdot \mathrm{d}\boldsymbol{S}\neq 0$,传导电流线终止于极板,

形成自由电荷积累,产生电场线于电容器内部空间

两者却相等于同一个环路积分值 $\oint \boldsymbol{H}\cdot \mathrm{d}\boldsymbol{l}$,这怎么可能呢. 简言之,在非恒定情形下,原来形式的安培环路定理不再成立,至少它在理论形式上就是不自洽的.

解脱这一理论窘境的一条可能出路是,寻找到一个新的物理量,下面以“(?)”或“$\overrightarrow{(?)}$”(矢量情形)表示,它具有闭合性,即其对任意闭合面的通量恒为零,

$$\oiint (?)\cdot \mathrm{d}\boldsymbol{S}=0,\quad 且要求恒定时\quad \overrightarrow{(?)}=\boldsymbol{j}_0;$$

如此,则磁场的环路定理,就可以被表达为

$$\oint_{(L)}\boldsymbol{H}\cdot \mathrm{d}\boldsymbol{l}=\iint_{(S)}\overrightarrow{(?)}\cdot \mathrm{d}\boldsymbol{S},$$

而 S 是以 L 为边沿的任一曲面，这一适用于交变情形的磁场环路定理之新形式，至少在理论上是自洽的.

● 位移电流的假设

电容器充电时所呈现的物理图象或力线图象是，在极板处电流 $\boldsymbol{j}_0$ 线中断了，而电位移 $\boldsymbol{D}$ 线却续接上了，因为有了自由电荷积累($\pm q_0$)，这是电荷守恒律的必然结果. 兹定量考察三者(I_0，$\boldsymbol{j}_0$；$\boldsymbol{D}$；q_0，ρ_0)之关系如下：

$$\oiint \boldsymbol{j}_0 \cdot \mathrm{d}\boldsymbol{S} = -\frac{\mathrm{d}}{\mathrm{d}t}\iiint \rho_0 \mathrm{d}V, \quad \text{（电荷守恒律(3.5)式）}$$

$$\oiint \boldsymbol{D} \cdot \mathrm{d}\boldsymbol{S} = q_0 = \iiint \rho_0 \mathrm{d}V; \quad \text{（重抄(8.1)式）}$$

于是，

$$\oiint \boldsymbol{j}_0 \cdot \mathrm{d}\boldsymbol{S} = -\frac{\mathrm{d}}{\mathrm{d}t}\oiint \boldsymbol{D} \cdot \mathrm{d}\boldsymbol{S} = -\oiint \frac{\partial \boldsymbol{D}}{\partial t} \cdot \mathrm{d}\boldsymbol{S},$$

即

$$\oiint \left(\boldsymbol{j}_0 + \frac{\partial \boldsymbol{D}}{\partial t}\right) \cdot \mathrm{d}\boldsymbol{S} = 0, \tag{8.4}$$

求得那个新物理量，

$$\vec{(?)} = \boldsymbol{j}_0 + \frac{\partial \boldsymbol{D}}{\partial t}. \tag{8.4$'$}$$

它包含两项，第一项 $\boldsymbol{j}_0$ 是我们熟悉的传导电流密度(A/m^2)；第二项 $\partial \boldsymbol{D}/\partial t$，被命名为位移电流密度，其单位相同于自由电荷面密度 σ_0 除以时间 t，即 C/(m^2 · s)＝A/m^2，与 $\boldsymbol{j}_0$ 单位自然是相同的.

最终，形成了普遍情形下的磁场环路定理为

$$\oint \boldsymbol{H} \cdot \mathrm{d}\boldsymbol{l} = \iint \left(\boldsymbol{j}_0 + \frac{\partial \boldsymbol{D}}{\partial t}\right) \cdot \mathrm{d}\boldsymbol{S}, \tag{8.5}$$

$$\text{传导电流 } I_0 = \iint \boldsymbol{j}_0 \cdot \mathrm{d}\boldsymbol{S}, \quad \text{位移电流 } I_D = \iint \frac{\partial \boldsymbol{D}}{\partial t} \cdot \mathrm{d}\boldsymbol{S}. \tag{8.5$'$}$$

如果采用微分形式进行上述推演，则显得更为轻巧：

电荷守恒律(3.6)式 $$\nabla \cdot \boldsymbol{j}_0 + \left(\frac{\partial \rho_0}{\partial t}\right) = 0;$$

电位移散度方程 $$\nabla \cdot \boldsymbol{D} = \rho_0,$$

有 $$\nabla \cdot \boldsymbol{j}_0 + \nabla \cdot \left(\frac{\partial \boldsymbol{D}}{\partial t}\right) = 0,$$

即 $$\nabla \cdot \left(\boldsymbol{j}_0 + \frac{\partial \boldsymbol{D}}{\partial t}\right) = 0. \tag{8.5$''$}$$

这表明，传导电流场与位移电流场之叠加场，才是一个无散场，其闭合面的通量恒为零，满足了普遍情形下磁场环路定理得以成立的必要条件.

● 普遍的磁场规律

位移电流的出现，有着十分巨大的出乎意料的物理意义，它表明了变化的电场 $\partial \boldsymbol{D}/\partial t$，宛如实物载流子形成的传导电流那样，也将在空间激发磁场($\boldsymbol{B},\boldsymbol{H}$)，且顺理成章地认定，它亦遵循毕奥-萨伐尔定律，即

$$\boldsymbol{j}_0(\boldsymbol{r},t)\rightarrow\boldsymbol{B}_0(\boldsymbol{r},t),\quad \frac{\partial\boldsymbol{D}}{\partial t}\rightarrow\boldsymbol{B}_D(\boldsymbol{r},t);$$

总磁场

$$\boldsymbol{B}=\boldsymbol{B}_0+\boldsymbol{B}_D,\quad \boldsymbol{H}=\frac{\boldsymbol{B}}{\mu_0}-\boldsymbol{M};$$

$$\oiint\boldsymbol{B}_0\cdot\mathrm{d}\boldsymbol{S}=0,\quad \oiint\boldsymbol{B}_D\cdot\mathrm{d}\boldsymbol{S}=0;\tag{8.5'''}$$

最终给出普遍情形下的磁场通量定理和环路定理为

$$\begin{cases}\oiint\boldsymbol{B}\cdot\mathrm{d}\boldsymbol{S}=0, & (8.6)\\ \oint\boldsymbol{H}\cdot\mathrm{d}\boldsymbol{l}=\iint\left(\boldsymbol{j}_0+\dfrac{\partial\boldsymbol{D}}{\partial t}\right)\cdot\mathrm{d}\boldsymbol{S}. & (8.6')\end{cases}$$

这里似需重申一点，在第4章证明 $\nabla\cdot\boldsymbol{B}=0$ 时，已经指出这个结论并不受限于恒定条件，它亦适用于非恒定情形，基于此遂得(8.5‴)式和(8.6)式.

● 位移电流的内涵　极化电流密度

已知悉，电位移、电场强度和电极化强度三者($\boldsymbol{D},\boldsymbol{E},\boldsymbol{P}$)，其普遍关系为

$$\boldsymbol{D}=\varepsilon_0\boldsymbol{E}+\boldsymbol{P},\qquad \left(\boldsymbol{P}=\sum\boldsymbol{p}_{子}/\Delta V\right)$$

于是，位移电流密度被展开为两项：

$$\frac{\partial\boldsymbol{D}}{\partial t}=\varepsilon_0\frac{\partial\boldsymbol{E}}{\partial t}+\frac{\partial\boldsymbol{P}}{\partial t},$$

其中，第一项 $\varepsilon_0\partial\boldsymbol{E}/\partial t$，才是纯粹电场 $\boldsymbol{E}$ 的时间变化率，当然在真空中仅有此项；而第二项 $\partial\boldsymbol{P}/\partial t$ 正是真实的极化电流密度 $\boldsymbol{j}_{\mathrm{p}}$. 当介质在交变电场 $\boldsymbol{E}(t)$ 中被反复极化时，其身上极化电荷便作相应的运动，而产生电流，这极化电流会产生焦耳热效应，微波炉加热原理就基于此.

兹证明极化电流密度 $\boldsymbol{j}_{\mathrm{p}}=\partial\boldsymbol{P}/\partial t$，如下：

$$\nabla\cdot\boldsymbol{j}_{\mathrm{p}}+\frac{\partial\rho'}{\partial t}=0,\quad (极化电荷守恒方程)\rightarrow\nabla\cdot\boldsymbol{j}_{\mathrm{p}}=-\frac{\partial\rho'}{\partial t},$$

$$\nabla\cdot\boldsymbol{P}=-\rho',\quad (抄录(2.24)式)\rightarrow\nabla\cdot\frac{\partial\boldsymbol{P}}{\partial t}=-\frac{\partial\rho'}{\partial t},$$

得

$$\boldsymbol{j}_{\mathrm{p}}=\frac{\partial\boldsymbol{P}}{\partial t}.\quad (\mathrm{A/m^2})\tag{8.7}$$

进而可以讨论 $\boldsymbol{j}_{\mathrm{p}}$ 产生的极化热功率体密度 $w_{\mathrm{p}}(\mathrm{W/m^3})$，值得注意的是，在交变情形下，$\boldsymbol{P}(t)$与$\boldsymbol{E}(t)$之变化步调将不一致，滞后相位 δ，这相位差 δ 对 w_{p} 结果有重要影响，即使对于线性介质也是如此. 设交变电场与极化强度分别为

$$E(t)=E_0\cos\omega t,\quad P(t)=P_0\cos(\omega t-\delta),$$

根据电功率体密度一般公式，

$$w=j\cdot E,\quad (体电流密度\ j\ 与电场强度\ E\ 之乘积)$$

目前有 $w_p(t) = j_p \cdot E = \dfrac{\partial P}{\partial t} \cdot E(t) = \omega P_0 \cos(\omega t - \delta + \dfrac{\pi}{2}) \cdot E_0 \cos\omega t$，

其时间平均值为

$$\overline{w}_p = \frac{1}{2}\omega P_0 E_0 \cos\left(\frac{\pi}{2} - \delta\right) = \frac{1}{2}\omega P_0 E_0 \sin\delta. \quad (8.8)$$

对于线性介质，

$$P_0 = \chi \varepsilon_0 E_0,\quad \text{平均极化热功率体密度 } \overline{w}_p = \frac{1}{2}\chi\varepsilon_0\omega E_0^2 \sin\delta. \quad (8.8')$$

这里，χ 为介质电极化率.顺便提及，相位差 δ 和 χ 均与频率有关，其 $\delta(\omega)$ 和 $\chi(\omega)$ 的频率特性因材而异，系介质极化的动力学机制问题，本课程不予深究.

- **位移电流与传导电流之比值**

参见图 8.3，在交变情形下，载流导体内部既有传导电流 $\boldsymbol{j}_0 = \sigma E(t)$，又有位移电流 $\boldsymbol{j}_D = \partial D(t)/\partial t$. 设其电导率为 σ，忽略其电极化效应，即取 $\chi = 0$，或 $\boldsymbol{P} = 0$. 在交变电压作用下，该段导体中的传导电流密度设为

$$j_0(t) = J_0 \cos\omega t,$$

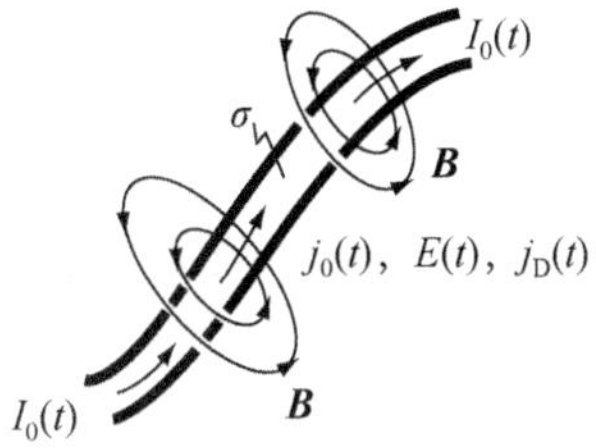

图 8.3 载流导体内部同时存在位移电流和传导电流

据导电介质的动力学方程，

$$j_0(t) = \sigma E(t),\quad \text{得}\quad E(t) = \frac{1}{\sigma} j_0(t) = \rho j_0(t),\quad (\rho\text{ 为电阻率})$$

于是，伴生的位移电流密度为

$$j_D(t) = \frac{\partial D}{\partial t} = \varepsilon_0 \frac{\partial E}{\partial t} = \varepsilon_0 \rho \frac{\partial j_0}{\partial t} = \varepsilon_0 \rho\omega J_0 \cos\left(\omega t + \frac{\pi}{2}\right),$$

故，位移电流与传导电流两者幅值之比值为

$$\frac{J_D}{J_0} = \varepsilon_0 \rho\omega.$$

试算出这比值的数量级. 其中 ε_0 为恒定常数，导体电阻率 ρ 约为 $10^{-7}\ \Omega\cdot\mathrm{m}$，设交变频率 f 为 100 kHz，则

$$\varepsilon_0 \rho\omega = (8.85 \times 10^{-12}) \times 10^{-7} \times (2\pi \times 10^5) \approx 6 \times 10^{-13}\,!$$

即便取 f 为 10^3 MHz，系微波频段，该比值为

$$\varepsilon_0 \rho\,\omega \approx 6 \times 10^{-9}\,!$$

可见,导电介质中位移电流及其磁效应,与同时同地传导电流相比较,真是微乎其微,许可忽略不计;这多少使人宽心些,先前只是考量传导电流 $I(t)$ 所贡献的磁场分布 $\boldsymbol{B}(\boldsymbol{r},t)$,并无失误,其结果相当准确,无需修正.

●【讨论】 电容器中的位移电流与电磁场

参见图 8.4,一平行板电容器,充满均匀的介质其相对介电常数为 ε_r,工作于交流电压 $u(t)=U_0\cos\omega t$. 讨论:

(1) 电容器内部的位移电流密度 $\partial\boldsymbol{D}/\partial t$.

(2) 电容器内部的磁场:$\boldsymbol{B},\boldsymbol{H}$.

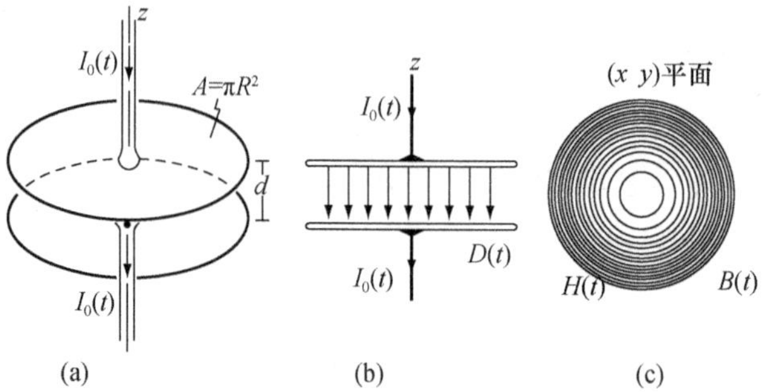

图 8.4　电容器内部的 $\boldsymbol{D}$, $\partial\boldsymbol{D}/\partial t$ 与 $\boldsymbol{B}(t)$, $\boldsymbol{H}(t)$

近似考量. (1) 极板半径 $R\gg d$,许可忽略边缘效应,内部电场($\boldsymbol{D},\boldsymbol{E}$)几近均匀. (2) 极板之电流引线沿中心轴即 z 轴且很长,以致磁场具有横向轴对称性,即 $B(r)$, $H(r)$,这里 r 为轴距. (3) 准恒条件得以满足.

分析推演.

(1) 电场 $\boldsymbol{E}(t)=\dfrac{u(t)}{d}\hat{\boldsymbol{z}}=E_0\cos\omega t\cdot\hat{\boldsymbol{z}}$, $E_0=\dfrac{U_0}{d}$,　(均匀)

电位移 $\boldsymbol{D}(t)=\varepsilon_r\varepsilon_0\boldsymbol{E}(t)=\varepsilon_r\varepsilon_0 E_0\cos\omega t\cdot\hat{\boldsymbol{z}}$,　(均匀)

位移电流密度 $\dfrac{\partial\boldsymbol{D}}{\partial t}=\omega\varepsilon_r\varepsilon_0 E_0\cos\left(\omega t+\dfrac{\pi}{2}\right)\cdot\hat{\boldsymbol{z}}$.　(均匀)

(2) 基于轴对称性,将普遍的安培环路定理(8.5)式,应用于电容器内部一个半径为 r 的圆周平面上,

$$\oint\boldsymbol{H}\cdot\mathrm{d}\boldsymbol{l}=2\pi rH(r),$$

又

$$\oint\boldsymbol{H}\cdot\mathrm{d}\boldsymbol{l}=\iint\frac{\partial\boldsymbol{D}}{\partial t}\cdot\mathrm{d}\boldsymbol{S}=\omega\varepsilon_r\varepsilon_0 E_0\cos\left(\omega t+\frac{\pi}{2}\right)(\pi r^2),$$

得

$$H(r)=\frac{1}{2}\omega\varepsilon_r\varepsilon_0 E_0\cos\left(\omega t+\frac{\pi}{2}\right)\cdot r,\quad(\text{沿圆周切线方向})$$

$$B(r)=\mu_0 H(r)=\frac{1}{2}\omega\mu_0\varepsilon_r\varepsilon_0 E_0\cos\left(\omega t+\frac{\pi}{2}\right)\cdot r.$$

进一步讨论. (1) 一周期内,($\boldsymbol{E}\times\boldsymbol{H}$)的方向是怎样变化的. (2) 如果计及介质的电导率 σ 和相对磁导率 μ_r,上述结果将有何变化.

8.2 电磁场的麦克斯韦方程组

- 普遍的电场规律
- 麦克斯韦方程组的微分形式
- 评述
- 介质方程
- 麦克斯韦方程组
- 普遍的电磁场边值关系
- 自由磁荷存在时的麦克斯韦方程组

● 普遍的电场规律

基于法拉第电磁感应定律,麦克斯韦提炼出涡旋电场概念,它不仅揭示了变化的磁场将激发电场这一片新天地,而且为构建普遍的电场规律开辟了一条通途. 对此,可以按以下思维方式推演之.

总电场源于两部分:与电荷 q 相联系的非旋电场 $\boldsymbol{E}_q$,与 $\partial\boldsymbol{B}/\partial t$ 相联系的涡旋电场 $\boldsymbol{E}_c$,即

$$q\rightarrow\boldsymbol{E}_q(\boldsymbol{r},t),\quad \frac{\partial\boldsymbol{B}}{\partial t}\rightarrow\boldsymbol{E}_c(\boldsymbol{r},t).$$

总电场

$$\boldsymbol{E}=\boldsymbol{E}_q+\boldsymbol{E}_c,\quad \boldsymbol{D}=\varepsilon_0\boldsymbol{E}+\boldsymbol{P};$$

于是,

$$\oiint\boldsymbol{E}_c\cdot\mathrm{d}\boldsymbol{S}=0,\quad\text{(基于涡旋电场线的闭合性)}\tag{8.9}$$

$$\oint\boldsymbol{E}_c\cdot\mathrm{d}\boldsymbol{l}=-\iint\frac{\partial\boldsymbol{B}}{\partial t}\cdot\mathrm{d}\boldsymbol{S},\quad\text{(基于电磁感应定律)}\tag{8.9$'$}$$

$$\oiint\boldsymbol{E}_q\cdot\mathrm{d}\boldsymbol{S}=\frac{1}{\varepsilon_0}(q_0+q'),\quad\text{(推广静电场通量定理)}\tag{8.9$''$}$$

$$\oint\boldsymbol{E}_q\cdot\mathrm{d}\boldsymbol{l}=0.\quad\text{(推广静电场环路定理)}\tag{8.9$'''$}$$

结合(8.9)、(8.9″)两式,导出总电场 $\boldsymbol{D}$ 的通量定理,

$$\oiint\boldsymbol{D}\cdot\mathrm{d}\boldsymbol{S}=\oiint\varepsilon_0\boldsymbol{E}_q\cdot\mathrm{d}\boldsymbol{S}+\oiint\varepsilon_0\boldsymbol{E}_c\cdot\mathrm{d}\boldsymbol{S}+\oiint\boldsymbol{P}\cdot\mathrm{d}\boldsymbol{S}=(q_0+q')+0+(-q')=q_0;$$

结合(8.9′)、(8.9‴)两式,导出总电场 $\boldsymbol{E}$ 的环路定理,

$$\oint\boldsymbol{E}\cdot\mathrm{d}\boldsymbol{l}=\oint\boldsymbol{E}_c\cdot\mathrm{d}\boldsymbol{l}+\oint\boldsymbol{E}_q\cdot\mathrm{d}\boldsymbol{l}=-\iint\frac{\partial\boldsymbol{B}}{\partial t}\cdot\mathrm{d}\boldsymbol{S}+0=-\iint\frac{\partial\boldsymbol{B}}{\partial t}\cdot\mathrm{d}\boldsymbol{S}.$$

最终确立了普遍的电场通量定理和环路定理,

$$\oiint\boldsymbol{D}\cdot\mathrm{d}\boldsymbol{S}=q_0,\quad\text{或}\quad\oiint\boldsymbol{D}\cdot\mathrm{d}\boldsymbol{S}=\iiint\rho_0\,\mathrm{d}V,\tag{8.10}$$

$$\oint\boldsymbol{E}\cdot\mathrm{d}\boldsymbol{l}=-\iint\frac{\partial\boldsymbol{B}}{\partial t}\cdot\mathrm{d}V.\tag{8.10$'$}$$

在此需要说明，一旦确立了上述普遍的电场规律，就不必区分电场 $\boldsymbol{E}_q$ 和电场 $\boldsymbol{E}_c$，这种区分已经失去意义，实际上也不可能，其理论目标是求解总电场($\boldsymbol{D},\boldsymbol{E}$). 同理，在普遍的磁场规律(8.6)，(8.6′)式中，无需区分 $\boldsymbol{B}_0$ 和 $\boldsymbol{B}_D$，求解的就是总磁场($\boldsymbol{B},\boldsymbol{H}$).

● 麦克斯韦方程组

将(8.6)，(8.6′)和(8.10)，(8.10′)四个方程并联，麦克斯韦最终建立了完备的电磁场动力学方程，世称麦克斯韦方程组，

$$\begin{cases}\oiint \boldsymbol{D}\cdot\mathrm{d}\boldsymbol{S}=\iiint\rho_0\,\mathrm{d}V, & (8.11\text{-}1)\\ \oint\boldsymbol{E}\cdot\mathrm{d}\boldsymbol{l}=-\iint\dfrac{\partial\boldsymbol{B}}{\partial t}\cdot\mathrm{d}\boldsymbol{S}, & (8.11\text{-}2)\\ \oiint\boldsymbol{B}\cdot\mathrm{d}\boldsymbol{S}=0, & (8.11\text{-}3)\\ \oint\boldsymbol{H}\cdot\mathrm{d}\boldsymbol{l}=\iint\boldsymbol{j}_0\cdot\mathrm{d}\boldsymbol{S}+\iint\dfrac{\partial\boldsymbol{D}}{\partial t}\cdot\mathrm{d}\boldsymbol{S}, & (8.11\text{-}4)\\ \boldsymbol{D}=\varepsilon_0\boldsymbol{E}+\boldsymbol{P}, & (8.11\text{-}5)\\ \boldsymbol{B}=\mu_0(\boldsymbol{H}+\boldsymbol{M}). & (8.11\text{-}6)\end{cases}$$

鉴于以上方程组中，其通量定理是以 $\boldsymbol{D}$ 或 $\boldsymbol{B}$ 来表达，其环路定理是以 $\boldsymbol{E}$ 或 $\boldsymbol{H}$ 来表达，故交代($\boldsymbol{D},\boldsymbol{E}$)之关系和($\boldsymbol{B},\boldsymbol{H}$)之关系是必需的，为此随方程之后列出(8.11-5,6)两式. 这是两个普遍成立的定义式，与介质物性无关；结合具体的介质方程，便可由这两式显现 $\boldsymbol{D}$ 与 $\boldsymbol{E}$ 之关系，$\boldsymbol{B}$ 与 $\boldsymbol{H}$ 之关系.

又及，审视电场 $\boldsymbol{E}$ 的环路定理(8.11-2)式，其成立的必要条件，乃是右方的面积分中那被积函数($\partial\boldsymbol{B}/\partial t$)应该具有闭合性，而(8.11-3)式即磁感 $\boldsymbol{B}$ 的通量恒为零，保证了这个条件. 换言之，麦克斯韦方程组中(8.11-2)式和(8.11-3)式在理论上是自洽的.

● 麦克斯韦方程组的微分形式

上列积分形式的方程是普遍的，将其积分域收缩到空域中一点，便导出相应的微分方程；将其积分域推移到介质界面两侧，便导出相应的场之边值关系. 麦克斯韦方程组的微分形式为

$$\nabla\cdot\boldsymbol{D}=\rho_0, \tag{8.12-1}$$

$$\nabla\times\boldsymbol{E}=-\frac{\partial\boldsymbol{B}}{\partial t}, \tag{8.12-2}$$

$$\nabla\cdot\boldsymbol{B}=0, \tag{8.12-3}$$

$$\nabla\times\boldsymbol{H}=\boldsymbol{j}_0+\frac{\partial\boldsymbol{D}}{\partial t}. \tag{8.12-4}$$

求解实际电磁场 $\boldsymbol{E}(\boldsymbol{r},t)$，$\boldsymbol{H}(\boldsymbol{r},t)$的主要数学方法，皆是从上列麦克斯韦微分方程组出发. 微分方程组求解所得是其通解，再由特定边界条件、边界形状和边值关系，最终给出定解

即特解.

在真空中，$\boldsymbol{D}=\varepsilon_0\boldsymbol{E}$，$\boldsymbol{B}=\mu_0\boldsymbol{H}$，且 $\rho_0=0$，$j_0=0$；于是，麦克斯韦方程组简化为

$$\nabla\cdot\boldsymbol{E}=0, \tag{8.13-1}$$

$$\nabla\times\boldsymbol{E}=-\mu_0\frac{\partial\boldsymbol{H}}{\partial t}, \tag{8.13-2}$$

$$\nabla\cdot\boldsymbol{H}=0, \tag{8.13-3}$$

$$\nabla\times\boldsymbol{H}=\varepsilon_0\frac{\partial\boldsymbol{E}}{\partial t}. \tag{8.13-4}$$

● 普遍的电磁场边值关系

应用通量定理于界面两侧，得到场的法向分量之边值关系；应用环路定理于界面两侧，得到场的切向分量之边值关系. 在导出过程中，注意到(8.11-2)和(8.11-4)式右方两个面积分值，在此场合均为无穷小量，可以忽略不计，即

$$-\iint\frac{\partial\boldsymbol{B}}{\partial t}\cdot\mathrm{d}\boldsymbol{S}=-\frac{\partial B}{\partial t}\Delta S\rightarrow 0,\quad \iint\frac{\partial\boldsymbol{D}}{\partial t}\cdot\mathrm{d}\boldsymbol{S}=\frac{\partial D}{\partial t}\Delta S\rightarrow 0.$$

这样一来，普遍的电磁场边值关系无异于恒定场的边值关系，即

$$\begin{cases}D_{2n}-D_{1n}=\sigma_0,\\ E_{2t}-E_{1t}=0,\\ B_{2n}-B_{1n}=0,\\ H_{2t}-H_{1t}=i_0;\end{cases}\quad\text{或}\quad\begin{cases}D_{2n}-D_{1n}=0\quad(\text{当 }\sigma_0=0), & (8.14\text{-}1)\\ E_{2t}-E_{1t}=0, & (8.14\text{-}2)\\ B_{2n}-B_{1n}=0, & (8.14\text{-}3)\\ H_{2t}-H_{1t}=0\quad(\text{当 }i_0=0). & (8.14\text{-}4)\end{cases}$$

这里，σ_0 为自由电荷面密度(C/m^2)，i_0 为传导面电流密度(A/m)；在非导电介质中，$\sigma_0=0$，$i_0=0$.

● 评述

(1) 19 世纪物理学最伟大的成果，是建立了完备的电磁场动力学方程组. 19 世纪最伟大的物理学家当推 M. 法拉第和 J. C. 麦克斯韦：一个特能实验、直觉和形象思维，另一个擅长数学、抽象和逻辑思维；完成于 1864 年的麦克斯韦方程组，正是两者的精妙结合. 其理论形式如此简洁，几近完美，历来受到物理学界超乎寻常的喜爱、欣赏和赞美. 爱因斯坦写道：这个理论从超距作用过渡到以场作为基本变量，以致成为一个革命性的理论；麦克斯韦的场方程乃是一种场的结构方程.

M. V. 劳厄在其《物理学史》一书中写道：尽管麦克斯韦理论具有内在的完美性并和一切经验相符合，但它只能逐渐地被物理学家们接受. 它的思想太不平常了，甚至像亥姆霍兹和玻尔兹曼这样有异常才能的人，为了理解它也花了几年的力气；直到赫兹在 1888 年关于电波的发现，才结束了一切怀疑，他直接从频率和波长来测定电波的传播速度，并发现它正好等于光速.

(2) 在麦克斯韦方程组中，场随空间分布与场随时间变化之间的关联，电场与磁场的交

织，显现得一目了然．一种高度抽象的理论形式，竟同时显现如此丰富而深刻的物理图景，跃然纸上，这在物理学理论宝库中，实属典范．这预示着，一旦局域出现电磁扰动，由于这种关联和交织，这电磁扰动就将由此及彼、由近及远而传播开来．麦克斯韦方程取得的最伟大的理论成果，是预言了电磁波的存在，并于 1865 年作出了电磁波具有光速的推论．

(3) 鉴赏麦克斯韦方程，不难发觉电场($\boldsymbol{D},\boldsymbol{E}$)规律与磁场($\boldsymbol{B},\boldsymbol{H}$)规律，两者在理论形式上稍有不对称性，(8.12-1)式表明电场 $\boldsymbol{D}$ 是一有散场，而(8.12-3)式表明磁感 $\boldsymbol{B}$ 总是一无散场．这一差别源于不存在自由磁荷 $\rho_{0\mathrm{m}}$．如果引入自由磁荷，则磁感 $\boldsymbol{B}$ 场将成为一有散场．

至于那"－"号，即($-\partial\boldsymbol{B}/\partial t$)对应($+\partial\boldsymbol{D}/\partial t$)，这正体现了电与磁的一个原则区别．倘若没有这"－"号的差异，就不会出现电磁振荡和电磁波，那电磁世界将是怎样的一种图景，真是难以想象．对称性诚可爱，非对称价更高，一切顺乎其然．

● 自由磁荷存在时的麦克斯韦方程组

自由磁荷亦称磁单极子(magnetic monopole)，它不依附于磁介质，它区别于磁介质身上的束缚磁荷，它可以正磁荷($+q_{0\mathrm{m}}$)或负磁荷($-q_{0\mathrm{m}}$)状态而单独存在，像自由电荷 q_0 那样；自由磁荷在空间的运动，形成传导磁流 $\boldsymbol{j}_{0\mathrm{m}}=\rho_{0\mathrm{m}}\boldsymbol{v}$，或称其为自由磁流，像传导电流 $\boldsymbol{j}_0$ 那样．

磁单极子概念是 P. A. M. 狄拉克于 1932 年提出，他从分析量子系统波函数相位因子的不确定性出发，指出现行理论可允许只带一种磁极性的粒子单独存在，并导出相应的量子化条件：设带电粒子的电荷为 q，带磁粒子即磁单极子的磁荷为 g，则

$$\frac{qg}{h}=\frac{n}{2},\quad n=1,2,3,\cdots,\quad (\text{狄拉克量子化条件})$$

它表明磁单极子的磁荷 g 与其它带电粒子的电荷 q 之乘积，必须等于整数或半整数倍于 h 值(普朗克常数)．$n=1$，对应基元磁荷和基元电荷；基元电荷，现行物理学公认为电子电荷 $e=1.610\times10^{-19}$ C，据此，可确定基元磁荷的理论值为 $e_{\mathrm{m}}=h/2e=2.068\times10^{-15}$ Wb(韦伯)．

如果磁单极子确定存在，则在一定程度上解释了目前实验上精确观测到的带电粒子的电荷量子化现象．狄拉克关于存在磁单极子的假设，引起了物理学界的广泛兴趣．实验物理学家们，先后精心设计了多种方案进行实验，旨在探测或捕获到磁单极子．比如，挖取深海沉积物的泥浆，注入置于 10 T 磁场中的一个管道，并令泥浆从管口近侧一孔中流出，希望此泥浆中的磁单极子在强磁场的吸引并加速下，获得极大速度去轰击前方一靶，以观测其磁效应；又比如，将 1 kg 的深海泥浆，由一传送带运行并通过一个超导螺线管，希望样品中磁单极子所形成的磁流，在含超导线圈的闭合回路中产生甚大的感应电流，然后切断电路，通过一个电阻器放磁，以造成一个甚高电压，而测量之．迄今为止，还尚未在实验室中得到证实．虽然曾经有实验小组宣布找到了磁单极子，但未被国际物理学界正式认同．

倘若存在自由磁荷 $q_{0\mathrm{m}}$ 或其体密度 $\rho_{0\mathrm{m}}$，则麦克斯韦方程组将要作适当变动，兹对此考量如下．诚如第 5 章 5.7 节所述，自由磁荷 $\rho_{0\mathrm{m}}$ 是以磁库仑定律为基础在空间产生磁场 $\boldsymbol{H}_{0\mathrm{m}}(\boldsymbol{r},t)$，故 $\boldsymbol{H}_{0\mathrm{m}}$ 场是一个有散非旋场，即

$$(\rho_{0\mathrm{m}})\rightarrow\boldsymbol{H}_{0\mathrm{m}},\quad \nabla\cdot\boldsymbol{H}_{0\mathrm{m}}=\frac{1}{\mu_0}\rho_{0\mathrm{m}},\quad \nabla\times\boldsymbol{H}_{0\mathrm{m}}=0.$$

由此可见,自由磁荷的存在,不改变原 $\boldsymbol{H}$ 场的旋度方程(8.12-4)式,却要改变原 $\boldsymbol{B}$ 场的散度方程(8.12-3)式,使之成为有散场,

$$\nabla\cdot\boldsymbol{B}=0\quad\rightarrow\quad\nabla\cdot\boldsymbol{B}=\rho_{0\mathrm{m}}.$$

随之而来,原电场 $\boldsymbol{E}$ 的旋度方程(8.12-2)式必须要修正,因为该式是以 $\nabla\cdot\boldsymbol{B}=0$ 为自己成立的必要条件.考量到自由磁荷亦满足磁荷守恒律,即

$$\nabla\cdot\boldsymbol{j}_{0\mathrm{m}}+\frac{\partial\rho_{0\mathrm{m}}}{\partial t}=0,\quad(\boldsymbol{j}_{0\mathrm{m}}\text{ 为传导磁流密度})$$

代入刚建立的 $\boldsymbol{B}$ 之散度方程,得

$$\nabla\cdot\boldsymbol{j}_{0\mathrm{m}}+\frac{\partial}{\partial t}\nabla\cdot\boldsymbol{B}=0,\quad\text{即}\quad\nabla\cdot\left(\boldsymbol{j}_{0\mathrm{m}}+\frac{\partial\boldsymbol{B}}{\partial t}\right)=0,$$

它表明,自由磁流存在时,$(\boldsymbol{j}_{0\mathrm{m}}+\partial\boldsymbol{B}/\partial t)$场必定是一无散场,而单独的 $\boldsymbol{j}_{0\mathrm{m}}$ 场或单独的 $\partial\boldsymbol{B}/\partial t$ 场未必是一无散场.换言之,(8.12-2)式应作以下修正才符合理论的自洽性,

$$\nabla\cdot\boldsymbol{E}=-\frac{\partial\boldsymbol{B}}{\partial t}\quad\rightarrow\quad\nabla\times\boldsymbol{E}=-\left(\boldsymbol{j}_{0\mathrm{m}}+\frac{\partial\boldsymbol{B}}{\partial t}\right).$$

综上所述,自由磁荷即磁单极子存在时的麦克斯韦方程组为

$$\begin{cases}\nabla\cdot\boldsymbol{D}=\rho_0,\\ \nabla\times\boldsymbol{E}=-\left(\boldsymbol{j}_{0\mathrm{m}}+\dfrac{\partial\boldsymbol{B}}{\partial t}\right),\\ \nabla\cdot\boldsymbol{B}=\rho_{0\mathrm{m}},\\ \nabla\times\boldsymbol{H}=\left(\boldsymbol{j}_0+\dfrac{\partial\boldsymbol{D}}{\partial t}\right);\end{cases}\qquad\begin{cases}\displaystyle\oint\!\!\!\!\oint\boldsymbol{D}\cdot\mathrm{d}\boldsymbol{S}=q_0, & (8.15\text{-}1)\\ \displaystyle\oint\boldsymbol{E}\cdot\mathrm{d}\boldsymbol{l}=-\iint\left(\boldsymbol{j}_{0\mathrm{m}}+\frac{\partial\boldsymbol{B}}{\partial t}\right)\cdot\mathrm{d}\boldsymbol{S}, & (8.15\text{-}2)\\ \displaystyle\oint\!\!\!\!\oint\boldsymbol{B}\cdot\mathrm{d}\boldsymbol{S}=q_{0\mathrm{m}}, & (8.15\text{-}3)\\ \displaystyle\oint\boldsymbol{H}\cdot\mathrm{d}\boldsymbol{l}=\iint\left(\boldsymbol{j}_0+\frac{\partial\boldsymbol{D}}{\partial t}\right)\cdot\mathrm{d}\boldsymbol{S}. & (8.15\text{-}4)\end{cases}$$

其中,(8.15-2)式格外令人注目,它表明了自由磁流的电效应,如同电流的磁效应那样;然而,在电流方向与其场方向上,两者有着明显差别,$\boldsymbol{j}_0$ 与 $\boldsymbol{H}$ 之方向关系符合右手螺旋定则,而 $\boldsymbol{j}_{0\mathrm{m}}$ 与 $\boldsymbol{E}$ 之方向关系却符合左手螺旋定则,如图 8.5(a),(b)所示.在这里,电现象与磁现象的联系和原则区别,又一次鲜明地显现之.

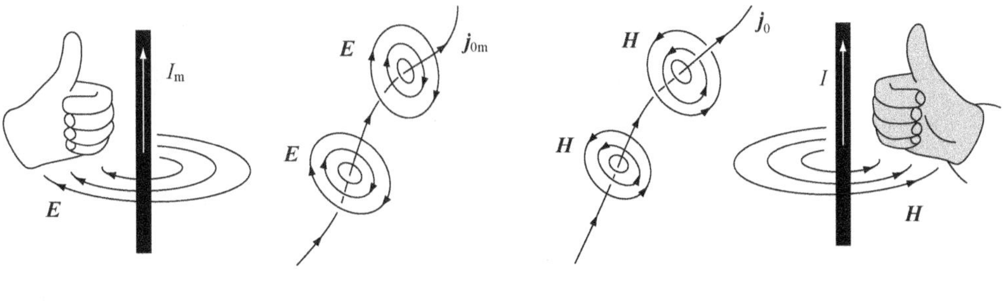

图 8.5 (a) 磁流的电效应符合左手定则;(b) 电流的磁效应符合右手定则

● 介质方程

与麦克斯韦方程组配套的有一组介质方程，以反映 $\boldsymbol{D}$-$\boldsymbol{E}$ 关系、$\boldsymbol{B}$-$\boldsymbol{H}$ 关系和 $\boldsymbol{j}_0$-$\boldsymbol{E}$ 关系. 体现物质电磁性能的物理参数有3个：ε_r，μ_r，σ，其中，相对介电常数 ε_r，体现介质的电极化性能；相对磁导率 μ_r，体现介质的磁化性能；电导率 σ，体现介质的导电性能. 这3个性能参数系宏观电磁参数，均可由实验测定. 对于各向同性线性介质，其方程最为简明，

$$\boldsymbol{D}=\varepsilon_r\varepsilon_0\boldsymbol{E},\quad \boldsymbol{B}=\mu_r\mu_0\boldsymbol{H},\quad \boldsymbol{j}_0=\sigma\boldsymbol{E}. \tag{8.16}$$

对于非线性介质或各向异性介质，则有相应的较为复杂形式的介质方程. 特别需要指出，一种新材料将有自己的一种新的介质方程，而麦克斯韦方程组(8.12-1,2,3,4)依然故我，即便这新材料的物性多么奇异，也是如此. 历经150年科学实验和技术实践的检验，作为宏观电磁场运动变化规律的至高总结，麦克斯韦方程组正确无误，毋庸置疑.

8.3　自由空间电磁场运动方程　电磁波性质

- 关于波动方程的准备知识
- 自由空间电磁场的运动方程
- 电磁波的传播速度
- 横波性
- 电磁场 $\boldsymbol{E}$，$\boldsymbol{H}$ 之关系——正交性、比例性与同步性
- 电磁波能流密度——坡印亭矢量
- 电磁场动量　光压与光镊
- 讨论——考察载流导体周围电磁能流与体内焦耳热功率之关系以及相应的能量传输速度 v

● 关于波动方程的准备知识[①]

对于一个物理量 $u(\boldsymbol{r},t)$，可以这样提出问题，其空间分布及其随时间变化，是否具有波动性，或者问，时空函数 $u(\boldsymbol{r},t)$ 满足怎样的方程，其解具有波动形式. 其结论是，当函数 $u(\boldsymbol{r},t)$ 满足

$$\frac{\partial^2 u}{\partial x^2}-\frac{1}{v^2}\frac{\partial^2 u}{\partial t^2}=0,\quad \text{（二阶线性偏微分方程）} \tag{8.17}$$

则 u 具有波动形式的解，其基元波函数为一列沿 x 方向或 $(-x)$ 方向传播的平面简谐波，参见图8.6(a)，

$$u_+(\boldsymbol{r},t)=A\cos(\omega t-kx),\quad \text{（沿 } x \text{ 轴正向传播）}$$

$$u_-(\boldsymbol{r},t)=A\cos(\omega t+kx),\quad \text{（沿 } x \text{ 轴反向传播）}$$

$$\text{且}\quad \frac{\omega}{k}=v,\quad \text{即}\quad \frac{k^2}{\omega^2}=\frac{1}{v^2}.$$

此种场合，常取复数形式表示波函数，以使推演简明，

---

① 可参阅钟锡华、周岳明，《大学物理通用教程・力学》(第二版)，9.2节波动方程，211页，北京大学出版社，2010年.

$$\tilde{u}_+(\boldsymbol{r},t)=A\mathrm{e}^{\mathrm{j}(\omega t-kx)},\quad \tilde{u}_-(\boldsymbol{r},t)=A\mathrm{e}^{\mathrm{j}(\omega t+kx)}.$$

不妨对上述平面简谐波函数是否满足波动方程(8.17)式予以审核：

$$\frac{\partial^2\tilde{u}}{\partial x^2}=(-\mathrm{j}k)^2\tilde{u}=-k^2\tilde{u},\quad \frac{1}{v^2}\frac{\partial^2 u}{\partial t^2}=\frac{1}{v^2}(\mathrm{j}\omega)^2\tilde{u}=-\frac{\omega^2}{v^2}\tilde{u};$$

故

$$\frac{\partial^2\tilde{u}}{\partial x^2}-\frac{1}{v^2}\frac{\partial^2\tilde{u}}{\partial t^2}=\left(-k^2+\frac{\omega^2}{v^2}\right)\tilde{u}=(-k^2+k^2)\tilde{u}=0.\quad(\text{成立})$$

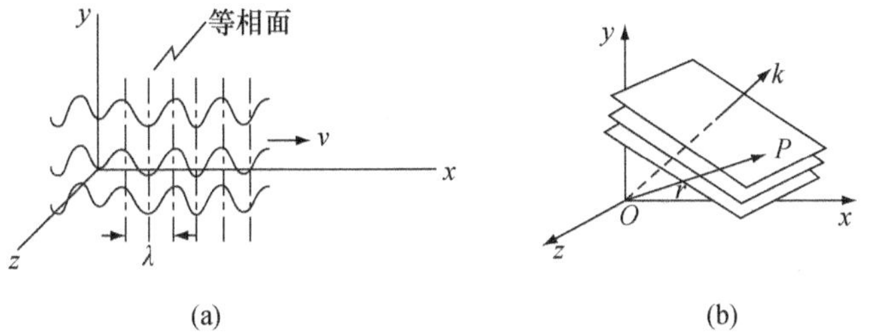

图 8.6　基元波

(a) 沿 x 轴传播的平面简谐波；(b) 沿任意方向传播的平面简谐波及其波矢 k

推广到三维情形，波动方程的一般形式为，

$$\left(\frac{\partial^2 u}{\partial x^2}+\frac{\partial^2 u}{\partial y^2}+\frac{\partial^2 u}{\partial z^2}\right)-\frac{1}{v^2}\frac{\partial^2 u}{\partial t^2}=0,$$

即

$$\nabla^2 u-\frac{1}{v^2}\frac{\partial^2 u}{\partial t^2}=0.\tag{8.18}$$

其基元波为平面波，平面简谐波函数的标准形式为

$$\tilde{u}(\boldsymbol{r},t)=A\mathrm{e}^{\mathrm{j}(\omega t-\boldsymbol{k}\cdot\boldsymbol{r})},\quad 且\quad \frac{\omega}{k}=v.\tag{8.18′}$$

其中，波矢 $\boldsymbol{k}$ 为一平面波的特征矢量，其方向指明平面波等相面的法线方向，即 $\boldsymbol{k}$ 方向表征该平面波的传播方向；其数值 $k=2\pi/\lambda$，波长 λ 反映该波列的空间周期性，参见图 8.6(b).

回头看，波动方程(8.17)或(8.18)的显著特点是，波函数 u 的空间变化率与其时间变化率之间直接关联，互相制约，遵从如此形式的一个方程，才形成波动；波速 v 可由方程中 $\partial^2 u/\partial t^2$ 项之系数立马得到，比如其系数为 K，则波速 $v=1/\sqrt{K}$；这是对 ω/k 的一个判定，但对角频率 ω 值和波矢 k 值各自为多少，波动方程并未限定；波动方程中那"－"号至关重要，若此处改为"＋"号，就不能形成波动，或者谨慎地说，不能形成正常的行波.

总之，波动方程的标准形式为

$$\nabla^2 u-K\frac{\partial^2 u}{\partial t^2}=0\ (K>0),\quad 对于标量波\ u(\boldsymbol{r},t);\tag{8.19}$$

$$\nabla^2\boldsymbol{A}-K\frac{\partial^2\boldsymbol{A}}{\partial t^2}=0,\quad 对于矢量波\ \boldsymbol{A}(\boldsymbol{r},t);\tag{8.19′}$$

$$波速\quad v=\frac{1}{\sqrt{K}}.\tag{8.19″}$$

● 自由空间电磁场的运动方程

自由空间指称充满均匀介质(ε_r,μ_r)的空间,真空是自由空间的一个简单特例. 在自由空间中,无自由电荷、无传导电流,即 $\rho_0=0$, $j_0=0$;但凭电场 $\boldsymbol{E}$ 和磁场 $\boldsymbol{H}$ 的关联交织,彼此激励又互相制约,而使电磁场得以存在和运动. 当然,最初可能有源电荷 $\rho_0(t)$ 和源电流 $j_0(t)$,像火花放电那样,历时相当短暂,即刻就消停了,但空间中的电磁场依然存在,遵循麦克斯韦方程所指引的规律而运动和变化. 本节段探讨的正是这个问题,即自由空间中电磁场的运动方程,及其运动特点.

先将 $\boldsymbol{D}=\varepsilon_r\varepsilon_0\boldsymbol{E}$, $\boldsymbol{B}=\mu_r\mu_0\boldsymbol{H}$, $\rho_0=0$ 和 $j_0=0$,代入(8.12)一组公式,立马得到自由空间麦克斯韦方程组,

$$\nabla\cdot\boldsymbol{E}=0, \tag{8.20-1}$$

$$\nabla\times\boldsymbol{E}+\mu_r\mu_0\frac{\partial\boldsymbol{H}}{\partial t}=0, \tag{8.20-2}$$

$$\nabla\cdot\boldsymbol{H}=0, \tag{8.20-3}$$

$$\nabla\times\boldsymbol{H}-\varepsilon_r\varepsilon_0\frac{\partial\boldsymbol{E}}{\partial t}=0. \tag{8.20-4}$$

试对(8.20-2)式作一旋度运算操作,以便吸纳(8.20-4)式,即

$$\nabla\times(\nabla\times\boldsymbol{E})+\mu_r\mu_0\frac{\partial}{\partial t}(\nabla\times\boldsymbol{H})=0,$$

$$\nabla\times(\nabla\times\boldsymbol{E})+\varepsilon_r\mu_r\varepsilon_0\mu_0\frac{\partial^2\boldsymbol{E}}{\partial t^2}=0,\quad(\text{代入(8.20-4)式})$$

借助数学场论中关于算符∇的一个运算公式,

$$\nabla\times(\nabla\times\boldsymbol{A})=\nabla(\nabla\cdot\boldsymbol{A})-\nabla^2\boldsymbol{A},$$

将上式第一项化简为

$$\nabla\times(\nabla\times\boldsymbol{E})=\nabla(\nabla\cdot\boldsymbol{E})-\nabla^2\boldsymbol{E}=-\nabla^2\boldsymbol{E},\quad(\text{因为}\nabla\cdot\boldsymbol{E}=0)$$

最终建立起针对电场 $\boldsymbol{E}(\boldsymbol{r},t)$的一个二阶偏微分方程,

$$\nabla^2\boldsymbol{E}-\varepsilon_r\mu_r\varepsilon_0\mu_0\frac{\partial^2\boldsymbol{E}}{\partial t^2}=0. \tag{8.21}$$

同理,考察 $\nabla\times(\nabla\times\boldsymbol{H})$,并应用(8.20-2,3,4)式,最终建立起针对磁场 $\boldsymbol{H}(\boldsymbol{r},t)$的一个二阶偏微分方程,

$$\nabla^2\boldsymbol{H}-\varepsilon_r\mu_r\varepsilon_0\mu_0\frac{\partial^2\boldsymbol{H}}{\partial t^2}=0. \tag{8.21$'$}$$

比对(8.19′)式,可见(8.21)式和(8.21′)式系标准的波动方程,这表明电磁场 $\boldsymbol{E}(\boldsymbol{r},t)$和 $\boldsymbol{H}(\boldsymbol{r},t)$其随空间分布、随时间变化具有波动形式——电磁波. 其解的基元成分为平面简谐电磁波,这基元波函数的一般形式为

$$\begin{cases}\boldsymbol{E}(\boldsymbol{r},t)=\boldsymbol{E}_0\exp(\omega t-\boldsymbol{k}\cdot\boldsymbol{r}+\varphi_E), & (8.22)\\ \boldsymbol{H}(\boldsymbol{r},t)=\boldsymbol{H}_0\exp(\omega t-\boldsymbol{k}\cdot\boldsymbol{r}+\varphi_H). & (8.22')\end{cases}$$

可以验证,这解是满足波动方程(8.21)或(8.21′)的. 得以满足的根源在于(8.22)、(8.22′)式中的因子$(\omega t-\boldsymbol{k}\cdot\boldsymbol{r})$,这个以时空变量为宗量的因子,称为传播因子. 正是它的存在,使$\boldsymbol{E}(\boldsymbol{r},t)$和$\boldsymbol{H}(\boldsymbol{r},t)$呈现出波动性.

必须指出,平面简谐矢量波的特征量有四个:$\boldsymbol{E}_0,\boldsymbol{H}_0;\omega,\boldsymbol{k};\varphi_E,\varphi_H$,即振幅矢量$\boldsymbol{E}_0$或$\boldsymbol{H}_0$,角频率$\omega$,波矢$\boldsymbol{k}$,初相位$\varphi_E$或$\varphi_H$;波动方程仅限定波速$v=\omega/k=1/\sqrt{K}$,而对其它几个特征量皆无限定. 换言之,(8.22)和(8.22′)给出波动方程的基元成分,它们的线性组合构成波动方程之通解的一般形式,再根据边界条件和初条件,最终才得到其特解. 这类事情,本课程不予处理. 然而,根据麦克斯韦方程组(8.20),可以进一步揭示这一列$(\boldsymbol{E},\boldsymbol{H})$波的内部关系,即$\boldsymbol{E}_0,\boldsymbol{H}_0$和$\boldsymbol{k}$之关系,$\omega$与$\boldsymbol{k}$之关系,$\varphi_E$与$\varphi_H$之关系,这些关系颇有价值,鲜明地体现出电磁波的特有性质,兹分述如下.

● 电磁波的传播速度

将电磁场波动方程(8.21)、(8.21′)与标准矢量波动方程(8.19′)比对,得$K=\varepsilon_r\mu_r\varepsilon_0\mu_0$,遂得电磁波在介质$(\varepsilon_r,\mu_r)$中的传播速度为

$$v=\frac{1}{\sqrt{\varepsilon_r\mu_r\varepsilon_0\mu_0}}=\frac{c}{\sqrt{\varepsilon_r\mu_r}};\tag{8.23}$$

这里,c为真空中电磁波速,

$$c=\frac{1}{\sqrt{\varepsilon_0\mu_0}},\quad 或\quad \varepsilon_0\mu_0c^2=1.\tag{8.23′}$$

必须指出,上式表明这真空中电磁波速c值是一个恒定常数,它与该平面电磁波的振幅,频率或波长,以及传播方向均无关,它是从波动方程中$\partial^2\boldsymbol{E}/\partial t^2$项或$\partial^2\boldsymbol{H}/\partial t^2$项的系数直接得到的,而不是从波动方程的特解中求出的.

麦克斯韦的电磁场动力学理论,其最伟大的成果乃是预言了电磁波的存在. 按当时给出的库仑定律中比例常数k_e和安培定律中比例常数k_m的实验数据,代入(8.23′)式推算出c值,它是一个巨数,竟接近真空中的光速3×10^8 m/s. 首个由地面实验室测出的真空光速值为$c=3.12\times10^8$ m/s,它是1849年由法国物理学家A. H. L. 斐索采用齿轮法得到的. 而麦克斯韦在英国皇家学会的集会上,宣读其《电磁场的动力学理论》重要论文之日子,是1864年12月8日.

现如今,真空中光速c值已成为一个规定值,$c=299\,792\,458$ m/s;真空磁导率μ_0值也成为一个规定值,$\mu_0=4\pi\times10^{-7}$ N/A^2;于是,真空介电常数ε_0可由(8.23′)式无限精确地推算出. $\varepsilon_0=8.854\,187\,817\,62\cdots\times10^{-12}$ F/m.

● 横波性

通常矢量波分为两类,横波和纵波. 凡波场中振幅矢量方向与波矢$\boldsymbol{k}$正交的,称为横波;凡振幅矢量与波矢$\boldsymbol{k}$方向一致的,称为纵波,比如空气中的声波就是一种纵波. 自由空间的电磁波,由于其$(\boldsymbol{E},\boldsymbol{H})$散度为零,使其成为一种横波,即

$$\nabla\cdot\boldsymbol{E}=0\quad\rightarrow\quad\boldsymbol{E}\cdot\boldsymbol{k}=0,\quad\text{即 }\boldsymbol{E}\perp\boldsymbol{k};\tag{8.24}$$

$$\nabla\cdot\boldsymbol{H}=0\quad\rightarrow\quad\boldsymbol{H}\cdot\boldsymbol{k}=0,\quad\text{即 }\boldsymbol{H}\perp\boldsymbol{k}.\tag{8.24'}$$

对此推证如下.从其基元波,即平面简谐电磁波函数 $\boldsymbol{E}(\boldsymbol{r},t)$ 出发,先将其振幅矢量 $\boldsymbol{E}_0$ 和传播因子 $\boldsymbol{k}\cdot\boldsymbol{r}$ 展开为直角坐标系的分量形式,

$$\boldsymbol{E}_0=E_{0x}\hat{\boldsymbol{x}}+E_{0y}\hat{\boldsymbol{y}}+E_{0z}\hat{\boldsymbol{z}},\quad \boldsymbol{k}\cdot\boldsymbol{r}=k_x x+k_y y+k_z z,$$

于是,

$$\frac{\partial E_x}{\partial x}=\frac{\partial}{\partial x}(E_{0x}\cdot e^{j(\omega t-\boldsymbol{k}\cdot\boldsymbol{r})})=(-jk_x)E_{0x}e^{j(\omega t-\boldsymbol{k}\cdot\boldsymbol{r})},$$

$$\frac{\partial E_y}{\partial y}=(-jk_y)E_{0y}e^{j(\omega t-\boldsymbol{k}\cdot\boldsymbol{r})},\quad \frac{\partial E_z}{\partial z}=(-jk_z)E_{0z}e^{j(\omega t-\boldsymbol{k}\cdot\boldsymbol{r})},$$

这三项之和正是 $\boldsymbol{E}$ 的散度值,

$$\nabla\cdot\boldsymbol{E}=\frac{\partial E_x}{\partial x}+\frac{\partial E_y}{\partial y}+\frac{\partial E_z}{\partial z}=-j(E_{0x}k_x+E_{0y}k_y+E_{0z}k_z)e^{j(\omega t-\boldsymbol{k}\cdot\boldsymbol{r})}$$

$$=-j(\boldsymbol{E}_0\cdot\boldsymbol{k})e^{j(\omega t-\boldsymbol{k}\cdot\boldsymbol{r})}=-j(\boldsymbol{E}\cdot\boldsymbol{k}),$$

而麦克斯韦方程(8.20-1)指明

$$\nabla\cdot\boldsymbol{E}=0,$$

故

$$\boldsymbol{E}\cdot\boldsymbol{k}=0.\quad\text{(横波性得以证明)}$$

同理,对于磁场 $\boldsymbol{H}(\boldsymbol{r},t)$,

$$\nabla\cdot\boldsymbol{H}=-j(\boldsymbol{H}\cdot\boldsymbol{k}),\quad\text{要求}\quad\nabla\cdot\boldsymbol{H}=0,\quad\text{得}\quad\boldsymbol{H}\cdot\boldsymbol{k}=0.$$

• 电磁场 $\boldsymbol{E},\boldsymbol{H}$ 之关系——正交性、比例性与同步性

根据麦克斯韦方程(8.20-2),可以确定 $\boldsymbol{E}$ 与 $\boldsymbol{H}$ 之间的定量关系为

$$\nabla\times\boldsymbol{E}=-\mu_r\mu_0\frac{\partial\boldsymbol{H}}{\partial t}\quad\longrightarrow\quad\mu_r\mu_0\boldsymbol{H}=\frac{1}{\omega}(\boldsymbol{k}\times\boldsymbol{E}).\tag{8.25}$$

对此推证如下.借助数学场论中关于算符 ∇ 的一个运算公式,

$$\nabla\times(u\boldsymbol{A})=\nabla u\times\boldsymbol{A}+u\nabla\times\boldsymbol{A},\quad(u\text{ 为标量场},\boldsymbol{A}\text{ 为矢量场})$$

令

$$u(\boldsymbol{r},t)=e^{j(\omega t-\boldsymbol{k}\cdot\boldsymbol{r}+\varphi_E)},\quad\boldsymbol{A}(\boldsymbol{r},t)=\boldsymbol{E}_0,\text{(常矢量)}$$

于是,

$$\nabla\times\boldsymbol{E}=\nabla\times(\boldsymbol{E}_0e^{j(\omega t-\boldsymbol{k}\cdot\boldsymbol{r}+\varphi_E)})$$

$$=\nabla e^{j(\omega t-\boldsymbol{k}\cdot\boldsymbol{r}+\varphi_E)}\times\boldsymbol{E}_0,\quad(\text{因为}\nabla\times\boldsymbol{E}_0=0)$$

其中,梯度场

$$\nabla e^{j(\omega t-\boldsymbol{k}\cdot\boldsymbol{r}+\varphi_E)}=-j(k_x\hat{\boldsymbol{x}}+k_y\hat{\boldsymbol{y}}+k_z\hat{\boldsymbol{z}})e^{j(\omega t-\boldsymbol{k}\cdot\boldsymbol{r}+\varphi_E)}=-j\boldsymbol{k}e^{j(\omega t-\boldsymbol{k}\cdot\boldsymbol{r}+\varphi_E)},$$

得

$$\nabla\times\boldsymbol{E}=-j\boldsymbol{k}e^{j(\omega t-\boldsymbol{k}\cdot\boldsymbol{r}+\varphi_E)}\times\boldsymbol{E}_0=-j\boldsymbol{k}\times\boldsymbol{E}.\tag{①}$$

而另一方面,

$$-\mu_r\mu_0\frac{\partial\boldsymbol{H}}{\partial t}=-\mu_r\mu_0\frac{\partial}{\partial t}\boldsymbol{H}_0e^{j(\omega t-\boldsymbol{k}\cdot\boldsymbol{r}+\varphi_H)}=-j\omega\mu_r\mu_0\boldsymbol{H}.\tag{②}$$

式①与式②相等,遂得(8.25)式.

其实,在(8.20)方程中,$\boldsymbol{E}$ 场与 $\boldsymbol{H}$ 场的地位相称;将(8.20-2)式与(8.20-4)作一对比,便能发现若作如下变换,

$$\boldsymbol{E} \longleftrightarrow \boldsymbol{H}, \quad (-)\mu_r\mu_0 \longleftrightarrow \varepsilon_r\varepsilon_0,$$

就可以由 $\boldsymbol{E}$ 的公式快捷地写出 $\boldsymbol{H}$ 的相应公式. 就目前而言,就可以由(8.25)式快捷地写出以下关系式,

$$\nabla \times \boldsymbol{H} = \varepsilon_r\varepsilon_0 \frac{\partial \boldsymbol{E}}{\partial t} \longrightarrow \varepsilon_r\varepsilon_0 \boldsymbol{E} = -\frac{1}{\omega}\boldsymbol{k} \times \boldsymbol{H} = \frac{1}{\omega}\boldsymbol{H} \times \boldsymbol{k}. \tag{8.25$'$}$$

关系式(8.25)或(8.25′)内涵丰富,兹分述如下.

(1) 正交性

(8.25)式表明

$$\boldsymbol{E} \perp \boldsymbol{H}, \quad 且 \quad (\boldsymbol{E} \times \boldsymbol{H}) /\!/ \boldsymbol{k}, \quad (符合右手定则)$$

结合($\boldsymbol{E}$,$\boldsymbol{H}$)的横波性,便构成一幅($\boldsymbol{E}$,$\boldsymbol{H}$,$\boldsymbol{k}$)三者两两正交的电磁波场图象,如图 8.7(a)所示.

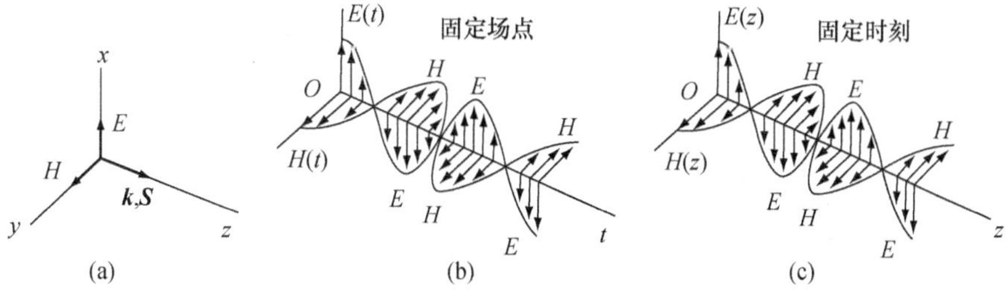

图 8.7 自由空间平面电磁波运动的时空图象

(a) ($\boldsymbol{E}$,$\boldsymbol{H}$,$\boldsymbol{k}$)三者两两正交,且 $\boldsymbol{S}/\!/\boldsymbol{k}$; (b) $\boldsymbol{E}(t)$与 $\boldsymbol{H}(t)$振荡的同步性;

(c) $\boldsymbol{E}(z)$与 $\boldsymbol{H}(z)$分布的同步性

(2) 比例性

由(8.25)式得到其数值关系为

$$\mu_r\mu_0 H(\boldsymbol{r},t) = \frac{k}{\omega}E(\boldsymbol{r},t),$$

即

$$\mu_r\mu_0 H_0 e^{j(\omega t - \boldsymbol{k}\cdot\boldsymbol{r} + \varphi_E)} = \frac{1}{v} \cdot E_0 e^{j(\omega t - \boldsymbol{k}\cdot\boldsymbol{r} + \varphi_H)}.$$

我们已知悉,两个相等复数,必定其模相等,且辐角相等. 故由上式得

$$\mu_r\mu_0 H_0 = \frac{1}{v}E_0, \quad 或 \quad \sqrt{\mu_r\mu_0}H_0 = \sqrt{\varepsilon_0\varepsilon_r}E_0. \tag{8.26}$$

这里已经用上 $1/v = \sqrt{\varepsilon_r\mu_r\varepsilon_0\mu_0}$. (8.26)式表明,自由空间平面电磁波,其电场幅值 E_0 与磁场幅值 H_0 之间,有一个简单的正比例关系.

(3) 同步性

同时得到其幅角相等,即相位相等关系,

$$(\omega t - \boldsymbol{k}\cdot\boldsymbol{r} + \varphi_E) = (\omega t - \boldsymbol{k}\cdot\boldsymbol{r} + \varphi_H), \quad 或 \quad \varphi_E = \varphi_H. \tag{8.26$'$}$$

这表明电磁波场中,对任意一个场点而言,其电场振荡与其磁场振荡之间无相位差,两者完全同步,如图 8.7(b)所示. 比如,当电场 $\boldsymbol{E}$ 反向,则磁场 $\boldsymbol{H}$ 亦反向,于是,($\boldsymbol{E}\times\boldsymbol{H}$)$/\!/\boldsymbol{k}$

依然成立.

(4) 综上所述,自由空间平面电磁波的两个角色 $\boldsymbol{E}(\boldsymbol{r},t)$ 与 $\boldsymbol{H}(\boldsymbol{r},t)$ 之间有着确定且简明的关系,即方向上的正交性、幅值的正比性和相位的一致性,此乃麦克斯韦方程所使然,正体现了电磁场两者之相互激励,又彼此制约的动力学机制. 应用这些确定关系,便可知其一而推其二. 比如,若已知电场 $\boldsymbol{E}(\boldsymbol{r},t)$,便可获悉磁场 $\boldsymbol{H}(\boldsymbol{r},t)$ 的全部信息. 在这个意义上,当考量电磁波与物质相互作用时,电磁波可推举一个量为代表,比如电场 $\boldsymbol{E}(\boldsymbol{r},t)$.

- **电磁波能流密度——坡印亭矢量**

泛论之,任何波动伴随着能量的传输. 表征波场能量传输或流动的物理量是能流密度矢量,这里用符号 $\boldsymbol{S}$ 表示,它定义为波场中单位时间内通过该处单位正截面的能量,即

$$\boldsymbol{S} = \frac{\Delta W}{\Delta t \cdot \Delta S_0}\hat{\boldsymbol{v}}, \quad [S] = \frac{\mathrm{J}}{\mathrm{s \cdot m^2}} = \frac{\mathrm{W}}{\mathrm{m^2}}.$$

这里,单位矢量 $\hat{\boldsymbol{v}}$ 的方向为该处波速的方向. 经推导获知,波场中能流密度等于波场能量体密度 ρ_{eng} 与波速 $\boldsymbol{v}$ 之乘积,即

$$\boldsymbol{S} = \rho_{\mathrm{eng}}\boldsymbol{v}, \quad [\rho_{\mathrm{eng}}] = \frac{\mathrm{J}}{\mathrm{m^3}}. \tag{8.27}$$

回到眼前电磁波场中. 感兴趣于 $(\boldsymbol{E},\boldsymbol{H})$ 之复合矢量 $(\boldsymbol{E}\times\boldsymbol{H})$,理由之一,是其方向平行于波矢 $\boldsymbol{k}$,即 $(\boldsymbol{E}\times\boldsymbol{H})$ 方向指明了该平面电磁波的传播方向;其理由之二, $(\boldsymbol{E}\times\boldsymbol{H})$ 之单位为 $[EH]=\frac{\mathrm{V}}{\mathrm{m}}\cdot\frac{\mathrm{A}}{\mathrm{m}}=\mathrm{W/m^2}$,这一致于能流密度 $\boldsymbol{S}$ 的单位. 那么, $(\boldsymbol{E}\times\boldsymbol{H})$ 是否真的表征了电磁能流密度 $\boldsymbol{S}$,试进一步考察之.

为摆平 $(\boldsymbol{E},\boldsymbol{H})$ 两者之对称地位,拟将 $(\boldsymbol{E}\times\boldsymbol{H})$ 改写为两项,

$$(\boldsymbol{E}\times\boldsymbol{H}) = \frac{1}{2}(\boldsymbol{E}\times\boldsymbol{H} - \boldsymbol{H}\times\boldsymbol{E}), \tag{①}$$

其中,

$$\boldsymbol{E}\times\boldsymbol{H} = \boldsymbol{E}\times\frac{1}{\mu_r\mu_0\omega}\boldsymbol{k}\times\boldsymbol{E}, \quad \text{(用上(8.25)式)} \tag{②}$$

$$\boldsymbol{H}\times\boldsymbol{E} = -\boldsymbol{H}\times\frac{1}{\varepsilon_r\varepsilon_0\omega}\boldsymbol{k}\times\boldsymbol{H}. \quad \text{(用上(8.25′)式)} \tag{③}$$

借助矢量代数中的一个公式,

$$\boldsymbol{a}\times\boldsymbol{b}\times\boldsymbol{c} = (\boldsymbol{a}\cdot\boldsymbol{c})\boldsymbol{b} - (\boldsymbol{a}\cdot\boldsymbol{b})\boldsymbol{c},$$

化简②、③为

$$\boldsymbol{E}\times\boldsymbol{H} = \frac{1}{\mu_r\mu_0}(\boldsymbol{E}\cdot\boldsymbol{E})\frac{\boldsymbol{k}}{\omega}, \quad \text{(用上横波性, } \boldsymbol{E}\cdot\boldsymbol{k}=0\text{)} \tag{④}$$

$$\boldsymbol{H}\times\boldsymbol{E} = -\frac{1}{\varepsilon_r\varepsilon_0}(\boldsymbol{H}\cdot\boldsymbol{H})\frac{\boldsymbol{k}}{\omega}. \quad \text{(用上 } \boldsymbol{H}\cdot\boldsymbol{k}=0\text{)} \tag{⑤}$$

联想起波速,

$$\boldsymbol{v} = \frac{\omega}{k}\cdot\frac{\boldsymbol{k}}{k}, \quad \text{得} \quad \frac{\boldsymbol{k}}{\omega} = \frac{k^2}{\omega^2}\boldsymbol{v} = \frac{1}{v^2}\boldsymbol{v}, \tag{⑥}$$

又

$$\frac{1}{v^2} = \varepsilon_r\mu_r\varepsilon_0\mu_0.$$

将⑥代入④，⑤，得

$$\boldsymbol{E}\times\boldsymbol{H}=\varepsilon_r\varepsilon_0(\boldsymbol{E}\cdot\boldsymbol{E})\boldsymbol{v},\quad \boldsymbol{H}\times\boldsymbol{E}=-\mu_r\mu_0(\boldsymbol{H}\cdot\boldsymbol{H})\boldsymbol{v}. \qquad ⑦$$

将⑦代入①，最终给出

$$(\boldsymbol{E}\times\boldsymbol{H})=\left(\frac{1}{2}\boldsymbol{D}\cdot\boldsymbol{E}+\frac{1}{2}\boldsymbol{B}\cdot\boldsymbol{H}\right)\boldsymbol{v}.\quad(\text{用上 }\boldsymbol{D}=\varepsilon_r\varepsilon_0\boldsymbol{E},\ \boldsymbol{B}=\mu_r\mu_0\boldsymbol{H})\qquad(8.27')$$

与 $\boldsymbol{S},\rho_{\mathrm{eng}},\boldsymbol{v}$ 三者关系的标准公式(8.27)比对，可见，(8.27′)式具有完全相同的理论形式. 故，以上考量一举三得. 一得确认了电场能量体密度 w_E 公式，二得确认了磁场能量体密度 w_m 公式，三得确认了电磁波能流密度 $\boldsymbol{S}$ 公式，即

$$w_E=\frac{1}{2}\boldsymbol{D}\cdot\boldsymbol{E},\quad w_m=\frac{1}{2}\boldsymbol{B}\cdot\boldsymbol{H};\qquad(8.27'')$$

$$\boldsymbol{S}=\boldsymbol{E}\times\boldsymbol{H}.\qquad(8.28)$$

世称 $\boldsymbol{S}$ 为坡印亭矢量(Poynting vector).

尚需指出，坡印亭矢量 $\boldsymbol{S}=\boldsymbol{E}\times\boldsymbol{H}$，并不受限于平面电磁波情形，它可以被推广到任意场合. 电磁场蕴含能量，以 w_E 和 w_m 表达其能量体密度；凡$(\boldsymbol{E},\boldsymbol{H})$共存的区域，皆有坡印亭矢量，以实现电磁能量的传输和转化. 即使在直流电路情形，电源中的能量并非通过电流传输到负载电阻，而是通过载流体周围电磁场所产生的坡印亭矢量，传输到负载去的，相应的定量审核亦证认这一观点. 总之，在各种电路中，在各种电磁耦合的器件中，在电磁波的传播和电磁辐射中，无一不是通过电磁能流即坡印亭矢量的途径，来实现电磁能量的传输和转化.

实际上关心一周期内平均电磁能流密度 $\overline{S}$，

$$\overline{S}=\frac{1}{T}\int_0^T S(t)\,\mathrm{d}t,\qquad(8.28')$$

考量到

$$S(t)=|\boldsymbol{E}(t)\times\boldsymbol{H}(t)|=E(t)\cdot H(t),\quad(\text{用上 }\boldsymbol{E},\boldsymbol{H}\text{ 正交性})$$

$$E(t)=E_0\cos(\omega t+\varphi_E),\quad H(t)=H_0\cos(\omega t+\varphi_H),\quad \varphi_E=\varphi_H,$$

最终得到

$$\overline{S}=\frac{1}{2}E_0H_0,\quad\text{或}\quad \overline{S}=\frac{1}{2}\sqrt{\frac{\varepsilon_r\varepsilon_0}{\mu_r\mu_0}}E_0^2.\qquad(\mathrm{W/m^2})\qquad(8.28'')$$

简称 $\overline{S}$ 为电磁波强度(波强)，在光学中称其为光强，它正比于电场振幅之平方.

比如，地面上夏季阳光的照度为 7×10^4 lx(勒克斯)，这相当于其光强为$\frac{1}{683}(7\times10^4)$ $\mathrm{W/m^2}$，据此可推算出夏日阳光在地面上的电场幅值 E_0：

$$E_0^2=2\sqrt{\frac{\mu_0}{\varepsilon_0}}\overline{S}=2\times\sqrt{\frac{4\pi\times10^{-7}}{8.85\times10^{-12}}}\times\left(\frac{7}{683}\times10^4\right)\mathrm{V^2/m^2}\approx7.72\times10^4\,\mathrm{V^2/m^2},$$

$$E_0=2.78\times10^2\,\mathrm{V/m}.$$ ①

① 这里仅算计人眼感受到的可见光波段所贡献的 E_0 值，若计及太阳辐射的全域波谱，从紫外波段、可见光到红外波段，则其到达地面的电场幅值 $E_0\approx10^3\,\mathrm{V/m}$，即约增强为 4 倍。

又比如，型号为 HX108 的收音机，其说明书中写明，灵敏度≤1.5 mV/m，据此可推算出它所能响应的最小电磁波强度值，

$$\overline{S}_{\mathrm{m}}=\frac{1}{2}\sqrt{\frac{\varepsilon_0}{\mu_0}}\cdot E_0^2=\frac{1}{2}\times(2.65\times10^{-3})\times(1.5\times10^{-3})^2\,\mathrm{W/m^2}$$
$$\approx 3\times10^{-9}\ \mathrm{W/m^2}.$$

● 电磁场动量 光压与光镊

电磁场($\boldsymbol{E},\boldsymbol{H}$)蕴含能量且有能流；联系相对论中质能互联关系 $E=mc^2$，可以认为电磁场同时具有质量和动量. 其动量体密度 $\boldsymbol{G}$，能量体密度 ρ_{eng}，质量体密度 ρ_{m} 以及能流密度 $\boldsymbol{S}$ 之间的关系分别有

$$\boldsymbol{G}=\rho_{\mathrm{m}}\boldsymbol{v},\quad \rho_{\mathrm{m}}\cdot c^2=\rho_{\mathrm{eng}},\quad \boldsymbol{S}=\rho_{\mathrm{eng}}\boldsymbol{v};$$

立马得到电磁场动量体密度公式为

$$\boldsymbol{G}=\frac{1}{c^2}\boldsymbol{S},\quad 或\quad \boldsymbol{G}=\frac{1}{c^2}(\boldsymbol{E}\times\boldsymbol{H}),\quad [\mathrm{G}]=\mathrm{N\cdot s/m^3}. \tag{8.29}$$

如此看来，电磁波场或光波场，既是能量流场，也是动量流场. 当一束光被镜面反射回来，其动量反向，必施于镜面一个反作用力，造成一个压强 p，称其为光压(light pressure). 可以导出正入射且全反射时镜面所受光压为

$$p=2c\overline{G}=\frac{2}{c}\overline{S},\quad [p]=\mathrm{N/m^2}. \tag{8.29$'$}$$

如果光束正入射于一个黑体即完全吸光体的表面，其光压则是上式的一半，即

$$p=\frac{\overline{S}}{c}.$$

比如，地面上夏日阳光的光强即平均电磁能流密度 $\overline{S}$ 约为 $1.3\times10^3\ \mathrm{W/m^2}$，据此算出相应的光压值(设为全反射)

$$p=\frac{2}{c}\overline{S}=\frac{2}{3\times10^8}\times1.3\times10^3\,\mathrm{N/m^2}\approx10^{-5}\ \mathrm{N/m^2}.$$

此光压值当然甚小，是地面标准大气压强的百亿分之一，即 10^{-10} 倍.

通常采取一束光照射一悬挂在真空中的薄片，以观察光压. 不过真空中残存的气体分子，在光束照射的那薄片表面处有较高温度，也会对薄片产生一个热差压强，称此为辐射计效应. 1899 年，俄国物理学家 П. Н. 列别捷夫成功地消除了辐射计效应，而观测到光压，并与理论相符.

在某些天文现象和天体物理中，可以看到光压效应. 当彗星通过太阳附近时，其所含微粒和气体分子受到强光的光压作用，而形成彗尾. 恒星体型的稳定，是靠内部的光压(离心)和分子热运动压强(离心)与万有引力(向心)三者之平衡，而得以实现.

用一细锐激光束射击一微小颗粒，光束在微粒表面的反射和折射，就意味着其动量的改变，从而产生一个光压力施予微粒使其位移，如图 8.8 所示. 这类光压效应，现如今发展为一门高精尖技术，名为光镊或光钳(optical tweezers). 普遍而言，光镊通过窄光束反射折射时

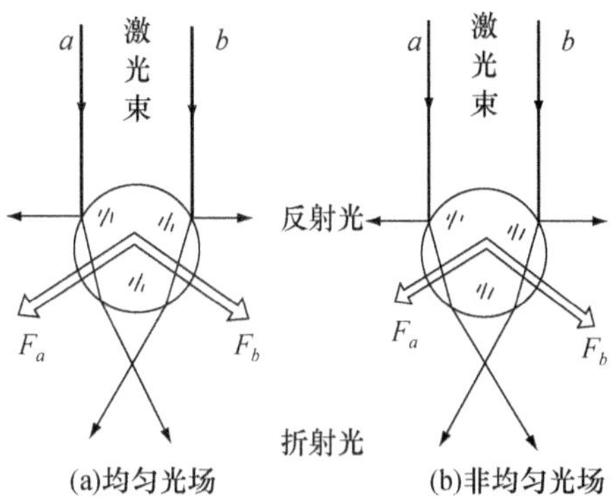

图 8.8 在微粒尺度 $d \gg \lambda$ 光波长的范围内,可用射线光学的反射折射来说明光镊原理

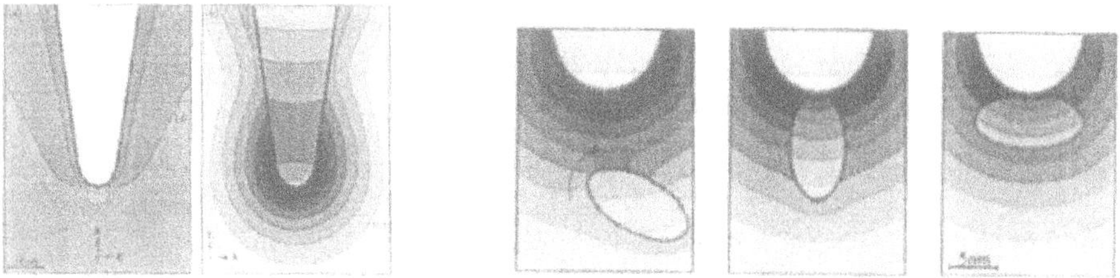

图 8.9 利用光纤探针尖端局域非匀场所产生的强梯度力来捕获纳米微粒

所产生的光辐射压力,或通过高度聚焦的激光束所产生的光场梯度力,来实现对透明介质微粒的操控,或移动或形变或捕获或禁闭,参见图 8.9.光镊技术可以用于移动细胞或病毒微粒,可以将细胞捏成不同形状,也可以用于冷却原子.由于光镊的力可以精准地直接作用于细胞或更小的目标,它在生物学和医学方面的应用越益广泛;它可以将亚微米级的颗粒移动亚纳米级的距离,故光镊常常被用于操控 DNA、蛋白质、酶,甚至单个分子,为分子生物学、分子医学研究提供了一种强有力的技术手段.

顺便提示,关于在非均匀电磁场中,电偶极子或小环流将受到一个梯度力,且梯度力指向强场区的结论,可参阅本书第 6 章 6.4 节末小环流与电偶极子性质的类比(一表格).

● **【讨论】 考察载流导体周围电磁能流与体内焦耳热功率之关系以及相应的能量传输速度 v**

参见图 8.10(a),以长直载流导体为对象,设其电导率为 σ,可选取长度为 Δl 一段导体.试讨论:

(1) 其周围电磁能流之方向和数值;该值是否等于这段导体的焦耳热功率.

(2) 可否求出与此电磁能流相对应的能量传输速度 v,且与真空中 c 值比较.

(3) 考察直流电源周围电磁能流状况,如参见图 8.10(b).

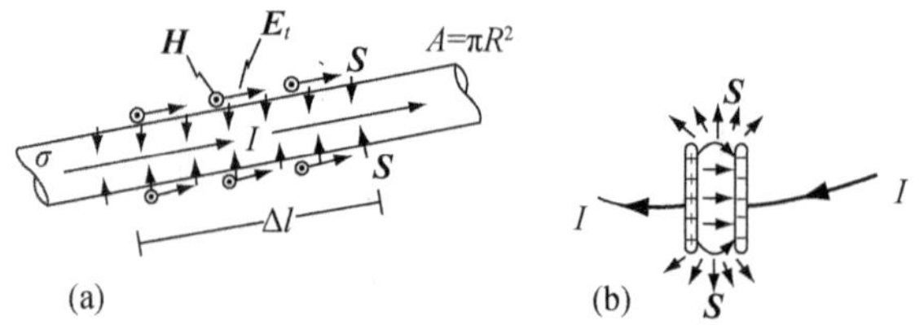

图 8.10　直流电路的坡印亭矢量 $\boldsymbol{S}$

(a) 载流导体周围之 $\boldsymbol{S}$；(b) 直流电源周围之 $\boldsymbol{S}$

(4) 导体外侧可能存在的电场之法向分量 $\boldsymbol{E}_n(R^+)$，将伴随怎样的能流

$$\boldsymbol{S}_{/\!/} = \boldsymbol{E}_n \times \boldsymbol{H}?$$

8.4　电磁波的产生

- 产生电磁波的必要条件
- 赫兹实验
- 电磁波的演示
- 偶极振子的辐射场
- 电磁波谱

● 产生电磁波的必要条件

在暂态电路和交流电路的学习中，已经获知：在无源(L,r,C)暂态电路中，只能呈现衰减振荡的电信号 $q(t)$，$i(t)$，以及相联系的交变场 $\boldsymbol{E}(t)$ 和 $\boldsymbol{B}(t)$，这是因为它没有能量补充，不可能维持稳定的等幅振荡. 在有源(L,r,C)交流电路中，外加电源及时补充能量，以支付电阻上的热耗散，维持了电信号和交变场的等幅振荡；虽然如此，交流电路仍无法有效地向四周空间辐射电磁波. 其原因之一，是电容器和电感器系集中性元件，分别集中了电场 $\boldsymbol{E}(t)$ 和磁场 $\boldsymbol{B}(t)$，其漏电和漏磁是很微弱的，使电场与磁场之间彼此激励的效应相当微弱，或者说，电场与磁场之间为弱耦合，这不可能产生显著的电磁辐射. 其原因之二，是这种集中性元件的电容 C 值和电感 L 值不可能很小，以致其振荡频率不高，受限于 $\omega_0=1/\sqrt{LC}$；而理论表明，电磁波辐射强度 $\overline{S}\propto\omega^4$（对于偶极振子），故，提高电磁振荡的频率，便可以显著地增强电磁辐射的强度.

总之，产生电磁波的必要条件是，电路充分开放，且频率足够高. 前者使交变电场与交变磁场共存于一个区域，彼此充分交织而互相激励，形成电磁波向外辐射，示意于图 8.11；后者使这电磁波有足够大的辐射强度，向远方传播. 图 8.12 显示了从闭合的 LC 振荡电路逐步过渡到完全开放的偶极振子，那一段导体及其两个端点就成为一根辐射天线，其分布电感值和电容值甚小，当它连接于脉冲式电压信号或高频振荡器时，就能向外有效地辐射电磁波.

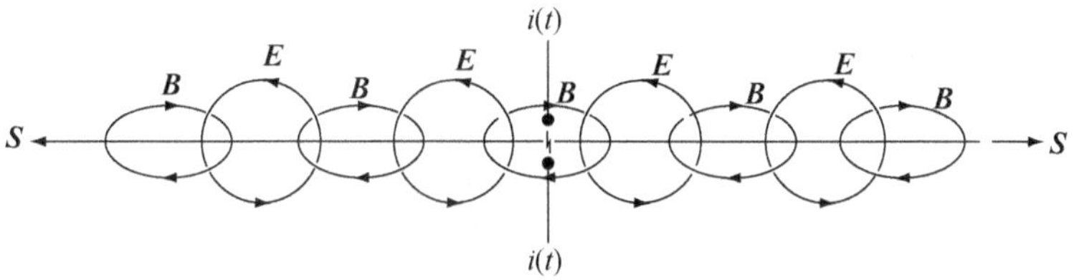

图 8.11　示意局域电磁扰动 $i(t)$，必将引发 $\boldsymbol{E}(\boldsymbol{r},t)$ 与 $\boldsymbol{B}(\boldsymbol{r},t)$ 彼此交织，互相激励，而产生电磁波向外辐射；即使间歇式火花放电停息了，它生发的电磁波仍在空间传播

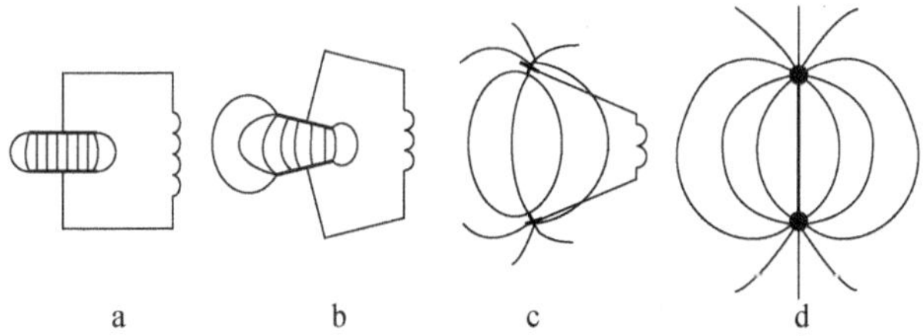

图 8.12　从 LC 振荡电路过渡到偶极振子

- **赫兹实验**

德国物理学家 H. R. 赫兹在物理学上的主要贡献是发现电磁波并测定了电磁波的性质. 赫兹在 1886—1888 年这三年的时间里，进行了关于电磁波的一系列实验研究，包括产生和探测电磁波，测定电磁波传播速度且证实其等于光速，以及电磁波的折射、反射、聚焦、干涉、衍射和偏振化. 这些实验结果充分地显示了电磁波具有与光波相同的性质，两者是相通的，只是频段不同而已. 赫兹的这一系列实验结果，使欧洲物理学家们对于电磁相互作用的认识，从瞬时超距作用的观点，很快地转变为电磁作用通过介质包括“以太”而传递的麦克斯韦观点.

赫兹实验时，利用一个与感应圈连接的未闭合电路，在间断处产生间歇性火花放电，再用一个简单的未闭合的无源回路作为探测器. 在黑暗的教室中进行实验，看见了探测器中呈现微弱火光，参见图 8.13.

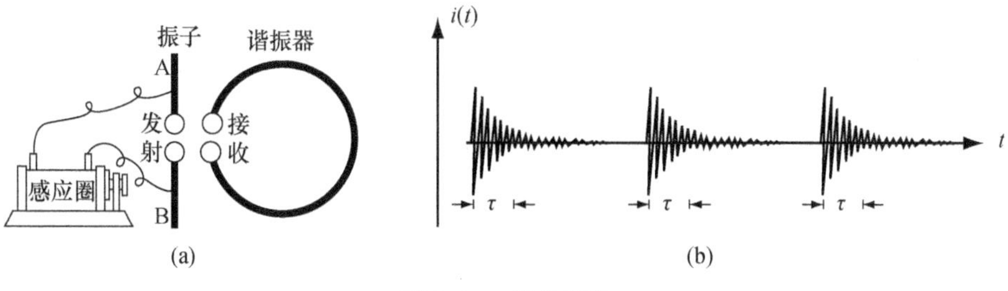

图 8.13　赫兹实验
(a) 实验装置；(b) 赫兹振子产生间歇性高频电流衰减振荡

现采用我们所熟悉的术语，对赫兹实验作进一步的说明. 先介绍那感应圈，它是由多匝较粗导线绕制而成，中含一软磁铁棒，其一侧连接一继电器作为一电磁自动开关，该回路由一个低压直流电源供电. 当这电源供电时，有较大电流经继电器而通过这感应圈，其中磁棒立马吸开继电器的一个动片，使电路中断；凭借电感线圈其电流的惰性，便在高阻两端产生一个脉冲高电压，目前这高阻就是那振子两端的一段空气；空气分子受高压强场作用被击穿；因击穿而电离，因电离而导电，因导电而碰撞，因碰撞而发光，称其为火花放电. 伴随火花放电所出现的脉冲高频大电流 $i(t)$，其持续时间 τ 非常短暂，约 $\tau=10^{-8}$ s，而相应的频谱相当宽，约 $\Delta f=1/\tau\approx10^{8}$ Hz，其中心频率 f_0 也是这个量级，即 $f_0\approx10^{2}$ MHz，它就是这个振子的谐振频率，因振子的分布电感和电容值甚小，以致其 $\omega_0=1/\sqrt{LC}$ 甚高. 火花放电，使振子成为一个电磁辐射源，向四周辐射以谐振频率 f_0 为中心的广谱电磁波；放电完毕，磁棒磁性消失，放开那接片，继电器重又接通电源回路，重启上述过程. 换言之，赫兹设计的这个含感应圈和振子的电磁波发生器，其核心处作为辐射源，产生间歇性的火花放电，此处存在间歇性的脉冲高频电流 $i(t)$，如图 8.13(b)所示，其间歇时间 Δt 或其重复频率 $1/\Delta t$，主要取决于那个继电器开关动作的敏捷性. 赫兹实验精妙之处还在于，采用相同结构的接收器——与发射振子相同的一对铜球、相同的间距和相同粗细的铜质连线，它实质上就是一个(L,r,C)谐振器，其固有谐振频率 f_0' 恰巧与发生器辐射的中心频率 f_0 相等或相近，以实现最大程度地接收振子发射的电磁波，产生最显著的谐振电流，使接收器气隙处几乎立马出现放电火花，此乃所谓共振吸收.

- **电磁波的演示**

一个可供教室中使用的电磁波演示装置，如图 8.14 所示，其左方图(a)是一发射器，其中直线振子仍由两段相同的粗铜棒组成，其间留有约 0.1 mm 的火花气隙；用一交流电源替代赫兹实验中的感应圈和继电器，该电源选用 50 Hz、500 V 的小型变压器，它提供一稳定的交流电压加于振子两端，使振子中心气隙处出现火花放电，而成为一个辐射源向外发射电磁波. 在此不妨估算一下，振子气隙处的电场幅值 $E_0=500\ \text{V}/0.1\ \text{mm}=5\times10^{3}\ \text{V/mm}$，它确实大于空气的击穿场强 $E_{\text{M}}\approx3\times10^{3}\ \text{V/mm}$. 该装置中有两个由匝数不多的线圈组成的扼流圈，它让来自变压器的低频电压绝大部分降落在振子两端，却阻挡振子火花放电时高频电流进入变压器. 综上所述，图(a)中的振子产生了间歇性脉冲高频大电流，而成为一个辐射源，其重复频率为 50 Hz.

其右方图(b)为接收振子(接收天线)，它由同样长度和间隙构成，连同一检波器、一扼流圈和一灵敏的直流电流计，而组成一个无源回路. 采取相同结构的接收天线，是为了与发射振子的谐振频率匹配，发生共振，以接收到这辐射场的最强信号；如此高频的振荡信号，必须通过单向导电的检波器和扼流圈的滤波，变成单向慢变的电流，方能被直流电流计显示.

凭借这个装置，在距离发射振子几米远以外范围，可以演示电磁波的诸多特性，参见图 8.13(c). 改变接收天线的距离 r，由近及远，以显示这偶极振子之辐射场$(\boldsymbol{E},\boldsymbol{H})\propto1/r$，$S\propto1/r^2$；保持 r 不变，而改变接收振子正向之方位角 θ，以显示该辐射场之非球对性，$(\boldsymbol{E},\boldsymbol{H})\propto$

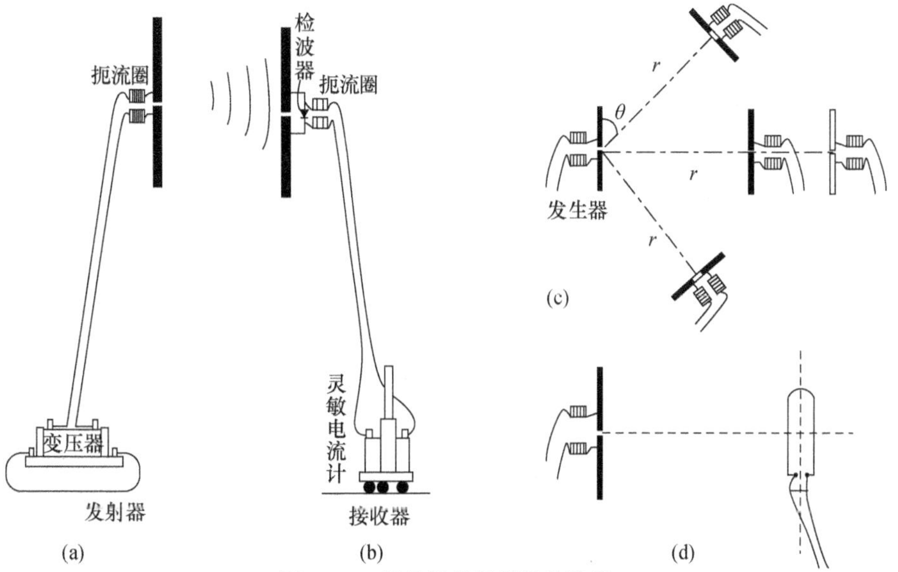

图 8.14 偶极振子辐射场的演示

(a) 发射器；(b) 接收器；(c) 演示实验；(d) 用一小灯管作为一简易接收器

$\sin\theta$，当 $\theta=0$，即接收天线转至发射天线的延长线方位，则电流计示零；保持 (r,θ) 不变，让接收天线绕矢径 $\boldsymbol{r}$ 轴转动，以显示该辐射场的横波性.

- **偶极振子的辐射场**

偶极振子，又称赫兹振子，特指其偶极矩 $\boldsymbol{p}(t)$ 随时间作周期性变化，其标准函数形式为

$$\boldsymbol{p}(t)=\boldsymbol{p}_0(t)\cos\omega t,\quad \boldsymbol{p}_0=q_0\boldsymbol{l}_0. \tag{8.30}$$

它可写成两种组合形式

$$\boldsymbol{p}(t)=q(t)\boldsymbol{l}_0=(q_0\cos\omega t)\cdot\boldsymbol{l}_0,\quad 或\quad \boldsymbol{p}(t)=q_0(\boldsymbol{l}_0\cos\omega t);$$

这两者表明的物理图象有所不同. 前者表示偶极间距矢量 $\boldsymbol{l}_0$ 不变，而偶极电荷 $q(t)$ 作周期性变化，时大时小，时正时负；后者表示偶极电荷量 q_0 不变，而其间距矢量 $\boldsymbol{l}(t)$ 作周期性变化，时长时短，时上时下. 当然，两者表示在理论上是等效的，只是变化图象及对其联系的电磁场之分析眼光不同而已，如果认为在变化情形下电偶极子的特征依然是其偶极矩的话.

偶极振子是一个局域电流源，其电流元应当表示为

$$\boldsymbol{j}\,\mathrm{d}V=\frac{\partial\boldsymbol{p}}{\partial t}=\omega\boldsymbol{p}_0\cos\left(\omega t+\frac{\pi}{2}\right), \tag{8.30'}$$

由于 $\dfrac{\partial\boldsymbol{p}}{\partial t}$ 为时变函数，使相应的电磁场 $\boldsymbol{E}(\boldsymbol{r},t)$，$\boldsymbol{H}(\boldsymbol{r},t)$ 变得复杂起来，尤其在近源区，其电磁场相当复杂，相对而言远离辐射源区域的电磁场要单纯些. 实际上的偶极振子，作为一种常用的典型的辐射源，它是有结构和尺度的，图 8.15 表示三种偶极振子模型.

(1) 虽然偶极振子的电磁场是复杂的，但有两点性质是可以肯定的. 第一，其 $(\boldsymbol{E},\boldsymbol{H})$ 具

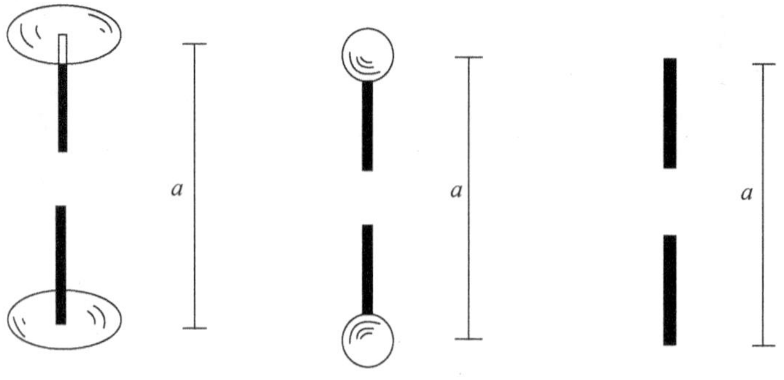

图 8.15　对称赫兹振子示意图,现今可用高频振荡器连接于振子两端

有轴对称性,它的对称轴就是沿偶极矩 $\boldsymbol{p}_0$ 方向的 z 轴. 拟取球坐标表征场点位矢 $\boldsymbol{r}(r,\theta,\varphi)$,如图 8.16(a)所示,包含 z 轴即极轴的平面称为子午面,$\widehat{MN}$圆弧线称为子午线,子午面均与赤道面即 xy 平面正交,凡平行于赤道面的一系列平面称为纬圈面,同一纬圈上各点的极角 θ 相同. 第二,由于偶极振子是一个定态的谐振源,故其相联系的$(\boldsymbol{E},\boldsymbol{H})$场,具有时空双重周期性,即各场点的电磁扰动具有与振源 $\boldsymbol{p}(t)$相同的角频率 ω,或相同周期 $T=2\pi/\omega$;同一时刻 $\boldsymbol{E}(\boldsymbol{r},t_0)$,$\boldsymbol{H}(\boldsymbol{r},t_0)$的空间分布具有周期性,相应的波长 $\lambda=2\pi c/\omega$,不过,这并不意味着,$(\boldsymbol{E},\boldsymbol{H})$波必定是一种行波,也许其$(\boldsymbol{E}\times\boldsymbol{H})$方向时有变更,时外时里,时上时下,甚至看起来有点乱.

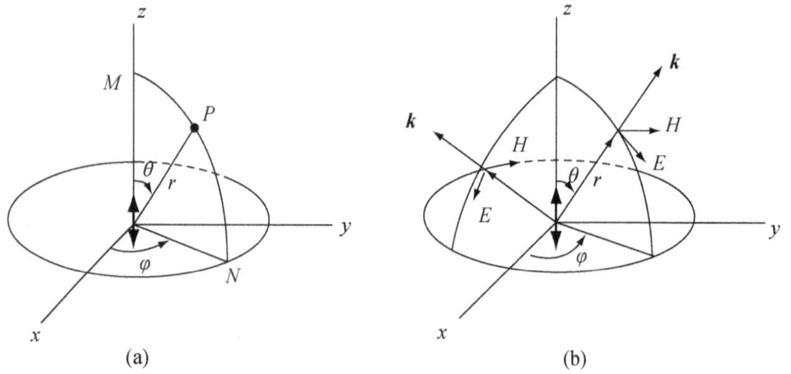

图 8.16　(a) 取坐标架表征场点位矢;　(b) 偶极振子远场区的辐射场

兹分别对近源区和远场区的偶极电磁场作较为详细的描述. 为了措词方便,姑且称源电流或源电荷直接相联系的电磁场为原生场或初级场,称与$(-\partial\boldsymbol{B}/\partial t)$和$(\partial\boldsymbol{E}/\partial t)$相联系的电磁场为诱发场或次级场.

(2) 近源区——复杂的非辐射场

称 $r\ll\lambda$ 区域为近源区. 在近源区中,准恒条件得以满足,即延时 $\tau=r/c\ll T$ 得以满足,故可用恒定磁场图象予以描述. 即,近源区磁场之主要成分是由电流元$(\partial\boldsymbol{p}/\partial t)$直接贡献的

原生磁场,

$$\boldsymbol{B}(\boldsymbol{r},t)=k_{\mathrm{m}}\frac{\frac{\partial\boldsymbol{p}}{\partial t}\times\hat{\boldsymbol{r}}}{r^2}=k_{\mathrm{m}}\omega\cos\left(\omega t+\frac{\pi}{2}\right)\frac{\boldsymbol{p}_0\times\hat{\boldsymbol{r}}}{r^2}. \tag{8.31}$$

其磁场线是一系列共轴的同心圆,且与纬圈面重合,如图 8.17(a)所示. 而近源区电场之主要成分,是由变化磁场 $\partial\boldsymbol{B}/\partial t$ 所诱发的涡旋电场 $\boldsymbol{E}_{\mathrm{c}}$,其闭合的电场线位于子午面内,如图 8.17(b)所示. 注意到

$$\frac{\partial\boldsymbol{B}}{\partial t}=k_{\mathrm{m}}\frac{\partial^2\boldsymbol{p}(t)}{\partial t^2}\times\frac{\hat{\boldsymbol{r}}}{r^2}=-k_{\mathrm{m}}\omega^2\cos\omega t\,\frac{\boldsymbol{p}_0\times\hat{\boldsymbol{r}}}{r^2}, \tag{8.31$'$}$$

据此并经近似计算可得与极轴正交方向即 $\theta=\pi/2$ 方向之电场分布为

$$\boldsymbol{E}(\boldsymbol{r},t)=\boldsymbol{E}_0+k_{\mathrm{m}}\omega^2\cos\omega t\,\frac{\boldsymbol{p}_0}{r},\quad(\boldsymbol{E}_0\ /\!/\ \boldsymbol{p}_0) \tag{8.31$''$}$$

这里,$\boldsymbol{E}_0$ 为原点之电场,沿极轴方向.

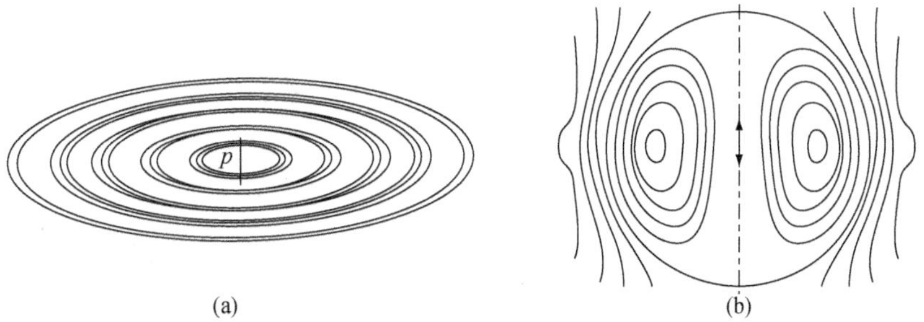

图 8.17　近源区的磁场线(a)和电场线(b)

让我们从能流角度考量近源区的坡印亭矢量 $\boldsymbol{S}$. 根据(8.31)和(8.31″)两式,可以导出赤道平面上,各处能流密度瞬时值为

$$S(r,t)=|\boldsymbol{E}\times\boldsymbol{H}|=\frac{1}{\mu_0}k_{\mathrm{m}}^2\omega^3\frac{P_0}{r^3}\cos\omega t\cdot\cos\left(\omega t+\frac{\pi}{2}\right), \tag{8.32}$$

由于两个余弦因子之间有 $\pi/2$ 的相位差,以致平均能流密度为零,即

$$\overline{S}(r)=0,$$

这表明赤道平面上各处之能流,时而向源,时而离源,无定向能流自振源向四周传播;最为单纯的赤道平面上能流尚且如此,其它纬圈上的能流状态就更为复杂无序了. 总之,偶极振子近源区的电磁场($\boldsymbol{E}(\boldsymbol{r},t)$,$\boldsymbol{H}(\boldsymbol{r},t)$)是一非辐射场.

辐射场被定义为,该波场中各点能流方向,在一周期内始终不变自源向外传输;对于球面波辐射场,其能流密度 $S\propto 1/r^2$,对于柱面波辐射场,其 $S\propto 1/r$;对于平面波辐射场,其 $S\propto r^0$,即 S 为一常数. 而(8.32)式显示 $S\propto 1/r^3$,表明近源区中某些区域有能量的积聚或能量的离散,这也证明偶极振子近源区的电磁场,不具有辐射场的能流态势.

(3) 远场区——偶极辐射场

称 $r\gg\lambda$ 区域为远场区. 注意到,实际的振子辐射源即偶极天线是有尺度 a 的,约几十厘

米，比如 $a\approx30\,\mathrm{cm}$，而其间隙放电的高频振荡频率 $f\approx10^8$ Hz，相应波长 $\lambda\approx300\,\mathrm{cm}$，故 $\lambda>a$，于是，在远场区 $r\gg\lambda>a$ 成立. 在远场区，与振子电流元 $\partial\boldsymbol{p}/\partial t$ 直接相联系的原生磁场是甚弱的，因为它以 r^2 反比律而下降；由于远离振源，其天线结构和尺度相联系的边界效应也是甚弱的，即可以不必考虑边界条件. 于是，远场区电磁场的主要成分系诱发场，即来自电场与磁场之间的互相诱发，$(-\partial\boldsymbol{B}/\partial t)\rightarrow\boldsymbol{E}$，$\partial\boldsymbol{E}/\partial t\rightarrow\boldsymbol{B}$，这就等同于 8.3 节讨论的自由空间中运动的电磁场. 有所不同的是，那里给出其基元波为平面简谐波，视它为通解的一种成分，而目前偶极振子系局域辐射源，其联系的电磁场具有中心辐射的球面波形式，辐射中心位于振源处（球坐标原点），所关切的是其特解.

电动力学理论，从偶极振子 $\boldsymbol{p}(t)=\boldsymbol{p}_0\mathrm{e}^{\mathrm{j}\omega t}$ 出发，先求出远场区的磁矢势 $\boldsymbol{A}(\boldsymbol{r},t)$，再据(4.26)式得到磁场 $\boldsymbol{B}(\boldsymbol{r},t)$，再由(8.25′)式，求出电场 $\boldsymbol{E}(\boldsymbol{r},t)$. 其结果罗列于下：

$$\boldsymbol{A}(\boldsymbol{r},t)=\mathrm{j}k_{\mathrm{m}}\omega\frac{1}{r}\mathrm{e}^{\mathrm{j}(\omega t-kr)}\cdot\boldsymbol{p}_0,\quad\left(k_{\mathrm{m}}=\frac{\mu_0}{4\pi}\right)$$

$$\boldsymbol{B}(\boldsymbol{r},t)=k_{\mathrm{m}}\omega\frac{1}{r}\mathrm{e}^{\mathrm{j}(\omega t-kr)}\boldsymbol{p}_0\times\boldsymbol{k},\tag{8.33}$$

$$\boldsymbol{E}(\boldsymbol{r},t)=\frac{1}{\varepsilon_0\omega}\boldsymbol{H}\times\boldsymbol{k},\quad(\boldsymbol{H}=\boldsymbol{B}/\mu_0)\tag{8.33′}$$

$$\overline{S}=\frac{c}{2\mu_0}B_0^2=\frac{\mu_0}{32\pi^2c}\cdot\frac{1}{r^2}\cdot\omega^4p_0^2\sin^2\theta,\quad(\mathrm{W/m^2})\tag{8.33″}$$

其中，波矢 $\boldsymbol{k}$ 平行于场点位矢 $\boldsymbol{r}$，用以表征该处局域电磁能流之方向. 兹将上述三式所反映的偶极辐射场的主要特征明确如下.

a. 其相位传播因子$(\omega t-kr)$具有球面波形式，即，偶极辐射场的等相面为一系列球面. 然而，同一球面上各点之幅值 $E_0(r,\theta)$，$B_0(r,\theta)$ 并不相等，具有轴对称性而非球对称性，其倾斜因子为 $\sin\theta$，即 $E_0\propto\sin\theta$，$B_0\propto\sin\theta$，与 φ 角无关，这一点与电流元 $I\mathrm{d}\boldsymbol{l}$ 产生的基元磁场相同. 同一极角 θ 方向，其幅值 $E_0\propto1/r$，$B_0\propto1/r$，而非 r^2 反比律变化，这预示着其能流密度 $S\propto1/r^2$，这正是一有心辐射场必备之品质.

b. 电场、磁场和波矢三者$(\boldsymbol{E},\boldsymbol{B},\boldsymbol{k})$之方向，两两正交，且$(\boldsymbol{E}\times\boldsymbol{B})\parallel\boldsymbol{k}$，依然呈现为横波性；电场 $\boldsymbol{E}$ 沿子午线的切线方向，磁场 $\boldsymbol{B}$ 或 $\boldsymbol{H}$ 沿纬圈的切线方向，而波矢 $\boldsymbol{k}$ 沿场点位矢 $\boldsymbol{r}$ 方向，如图 8.16(b)所示.

c. 偶极辐射场之平均能流密度 $\overline{S}$ 也称为辐射功率面密度，(8.33″)式中最为醒目的一点是 $\overline{S}\propto\omega^4$，可见辐射源的电磁振荡频率对辐射功率有着显著的影响，其频率提高一倍，则其辐射功率提高 16 倍.

● 电磁波谱

电磁波之频率或波长范围，从甚高至甚低按序排列，就形成一个电磁波谱. 不同波段的电磁波有着明显不同的产生方式和探测手段，特别是，不同波段的电磁波在与物质相互作用时，表现出明显不同的物理特性，或者说，不同物质包括生物和人体，对于电磁波的吸收、色散、散射和衍射，表现出明显不同的频率特性，从而决定了每个波段电磁波之应用领域. 兹将迄今为止人类认知的电磁波谱列于表 8.1，作为宏观电磁学通论一书的终曲. 其中，每个波段背后皆对应着一门学科、一门技术和一片应用天地，比如，光学、微波技术、X 射线衍射学和量子光学，等等.

表 8.1　电磁波谱一览表

序号	名称	波长	频率	宏观源	微观源
①	无线电波，长波，米波	10^3—1 m	300 kHz—300 MHz	高频振荡器，电子管，晶体管	
②	微波，厘米波，毫米波	10^3—1 mm	300 MHz—300 GHz	天体射电源，微波管，回旋管	电子自旋，核自旋
③	太赫兹波	3 mm—30 μm	0.1—10 THz	电子振荡辐射器，太赫兹激光器	
④	红外（亚毫米波）	30—1 μm	10^{13}—3×10^{14} Hz	太阳，激光器，热辐射源	分子振动，分子转动
⑤	可见光（亚微米波）	760—380 nm	4×10^{14}—8×10^{14} Hz	太阳，激光器，各种光源	外层电子
⑥	紫外（纳米波）	380—1 nm	8×10^{14}—3×10^{17} Hz	太阳，激光器	内、外层电子
⑦	X 射线（亚纳米波）	1—10^{-3} nm	3×10^{17}—3×10^{20} Hz	高压阴极射线管，X 光机	内层电子
⑧	γ 射线	10^{-2}—10^{-4} nm	3×10^{19}—3×10^{21} Hz	放射性辐射源	原子核

习　题

8.1　位移电流与传导电流

一静电高压导体球，因夏日空气湿热而缓慢地漏电. 设导体球半径 R 为 15 cm，初始电压 U_0 为 40 万伏（4×10^5 V），湿热大气的电导率 σ 约为 $10^{-14}(\Omega\cdot\text{m})^{-1}$. 忽略空气的电极化效应，采取准恒似稳近似.

(1) 求出其位移电流密度 $\boldsymbol{j}_D(\boldsymbol{r},t)$；

(2) 求出其传导电流密度 $\boldsymbol{j}_0(\boldsymbol{r},t)$，以及全电流密度 $\boldsymbol{j}=\boldsymbol{j}_0+\boldsymbol{j}_D$；

(3) 求出导体球电势降至初始值 1/e 的时间常数 τ，即 $U(\tau)=U_0\text{e}^{-1}$；

(4) 求出其磁场 $\boldsymbol{B}(\boldsymbol{r},t)$；

(5) 进一步思考，若计及空气的电极化效应 ε_r，τ 值是增还是减？

8.2　涡旋电流盘及其磁场

在半径为 a、厚度为 d 的圆盘面上，$d\ll a$，存在一涡旋状电流场，宛如一张 CD 片，设其电流密度 $j(r)=Kr^n$，$n>0$. 试讨论圆盘面上的磁场 $B(r)$.

(1) 证明圆盘中心 O 处的磁感公式为

$$B_0=\frac{1}{2}\mu_0\,\frac{d}{n}Kr^n. \qquad \text{(P8.1)}$$

(2) 证明盘面上磁感分布公式为

$$B(r) = B_0 - \mu_0 \frac{1}{n+1} K r^{n+1}. \tag{P8.2}$$

提示：盘面上的磁感方向与盘面正交；应用安培环路定理. 本题为随后有关涡旋电场或涡旋磁场的习题作一铺垫.

8.3　电容器内部的位移电流、涡旋磁场和涡旋电场

一平行板真空电容器，其极板为圆盘状、半径为 a，极板间距为 d，且 $d \ll a$，可忽视边缘效应；两极引线自盘心向外，相当长直，以使该电流场具有良好的轴对称性. 该电容器现工作于交变电压

$$u(t) = U\cos\omega t,$$

设 U 为 220 V，频率 $f=\omega/2\pi$ 为 50 Hz，d 为 2 mm，a 为 3 cm.

(1) 求出电容器内部的位移电流 $\boldsymbol{j}_D(r,t)$.

(2) 求出电容器内部的磁场 $\boldsymbol{B}(r,t)$，$\boldsymbol{H}(r,t)$.

(3) 求出与 $(-\partial \boldsymbol{B}/\partial t)$ 相伴生的涡旋电场 $\boldsymbol{E}_c(r,t)$，可称其为次生电场；而将与电压 $u(t)$ 相对应的电场 $\boldsymbol{E}_0(r,t)$ 称作原生电场.

提示：$\boldsymbol{B}$ 场为涡旋状，$(-\partial \boldsymbol{B}/\partial t)$ 也为涡旋状，可类比 8.2 题的处理方法，甚至可直接借用其中的 (P8.1) 式和 (P8.2) 式，只须作相应的变换，$\boldsymbol{j} \to (-\partial \boldsymbol{B}/\partial t)$，$\boldsymbol{B} \to \boldsymbol{E}_c$.

(4) 试将次生电场 $\boldsymbol{E}_c(r,t)$ 与原生电场 $E_0(r,t)$ 作一比较，求出两者幅值之比值，相位之差 $\Delta\varphi$.

8.4　电容器内部的电磁能流和能量转化

一平行板介质电容器，其圆盘状极板半径 a、间距 d、工作电压 $u(t)$ 和工作频率 f 等数据均相同于 8.3 题，仅是其内部并非真空，而是充满线性介质. 在工作频率 50 Hz 时，该介质的相对介电常数 ε_r 为 20，且其极化强度 $P(t)$ 与场强 $E(t)$ 之相位差为 $(-\pi/12)$.

(1) 求出该电容器内部位移电流密度 $j_D(t)$ 和极化电流密度 $j_P(t)$；进一步求出这介质空间中所生发的平均极化热功率 $\overline{W}_P$(W).

(2) 求出该电容器周边即 $r=a$ 处的坡印亭矢量 $\boldsymbol{S}(t)$，包括其方向和平均值 $\overline{S}$；进一步求出周边全面积 $(d\times 2\pi a)$ 上平均电磁能流之功率 $\overline{W}_S$(W).

(3) 审核 $\overline{W}_S = \overline{W}_P$ 是否成立.

(4) 若计及介质电容器的漏电效应，设其电阻率 ρ 为 $10^9\ \Omega\cdot$m，试求出该电容器的平均焦耳热功率 $\overline{W}_R$；并重新考量 $\overline{W}_S$ 和 $\overline{W}_P$ 值.

(5) 审核 $\overline{W}_S = \overline{W}_P + \overline{W}_R$ 是否成立.

8.5　电磁能流密度，能流速度

一长直圆柱形导体，通以恒定电流 I，其截面半径为 a，电导率为 σ.

(1) 导出载流体外侧电磁能流密度 S 公式；

(2) 证明该能流的传输速度公式为

$$v = \frac{4a\sigma}{4\varepsilon_0 + \mu_0 a^2\sigma^2} \approx \frac{4}{\mu_0 a\sigma};\quad (\text{通常 } \mu_0 a^2\sigma^2 \gg \varepsilon_0 \text{ 成立})$$

(3) 设电流 I 为 100 A，a 为 3 mm，σ 为 $10^7(\Omega\cdot\text{m})^{-1}$，试算出 S 值、v 值.

8.6　微波束强度及其电磁场

某雷达站发射一微波束，其总功率 W 为 10 kW，到达探测目标时波束截面 A 约 100 cm^2，试估算出该微波束作用于目标的电场幅值 E_0 和磁场幅值 H_0.

8.7　光照度与电磁场

工作台照明的照度其正常值约为 1000lx(勒克斯)，试求出相应的电场幅值 E_0. 注：1 lx＝(1/683) W/m^2.

8.8　聚焦光斑

一个 100 mW 氦氖激光束，经显微镜头被聚焦为 1 μm 直径的光斑，同时其光功率亏损为 75 mW.

(1) 试估算出该光斑中心的电场幅值 E_0.

(2) 这 E_0 值是否可能使空气电离. 提示：空气击穿场强 $E_d \approx 3\,kV/mm$.

(3) 如果将这光斑投射到某液面上，以进行有关的光学测量，然而由于光热效应和光压效应，可能导致液面局域蒸发和变形. 试估算该光斑对液面的光压 p 值(N/m^2)，设液面对光斑全反射，入射角 $\theta=30°$.

8.9　强光之光强与原子电离能

光作为一种电磁波，它与物质的相互作用就是电磁场与电子的相互作用. 当外来光强足够强大，可使电子脱离原子核的束缚而成为自由电子，同时使原子成为一价或多价离子(电离)，此等光强可称得上强光. 试以经典电磁学眼光估算出强光之光强 I_0 至少为多少.

提供以下两组数据是有帮助的. 元素或原子的电离能(一价)E_i 约为 10 eV(电子伏)，比如，H，13.598 eV；O，13.618 eV；Cu，7.726 eV. 原子半径 r 设为 0.2 nm，比如，H，0.46 nm；O，0.056 nm；Cu，0.128 nm.

(1) 拟将采取何种途径去估算 I_0？

(2) 有说 $I_0 \approx 10^{10}\ W/cm^2$，你认为此量级靠谱吗？

8.10　电磁波，电磁力

一列电磁波投射于一运动带电粒子(q, v)，后者将受到一库仑力 F_C 和一洛伦兹力 F_L.

(1) 试导出两力之比值公式为

$$\frac{F_C}{F_L}=\frac{c}{v}.\quad (c\ \text{为真空中电磁波速度})$$

(2) 以一束光波照射氢原子为例，其核外电子所受电场力与磁场力之比值约为多少？提示：氢原子的电离能 E_I 为 13.6 eV.

8.11　环形天线

一列 30 MHz 的平面电磁波在自由空间中传播，其峰值电场强度为 100 mV/m. 一圆环形天线接收这列电磁波，其面积 1.00 m^2，共有 10 匝，试算出此环形天线中感应电压的峰值. 设天线平面包含波矢 $\boldsymbol{k}$，且与电场 $\boldsymbol{E}$ 成 30°角.

8.12　磁单极子

理论上可预言，置于磁场中的磁荷 q_m，将受到一磁力 $q_m B/\mu_0$. 试算出在 10 T 的轴向磁场中，磁单极子通过 16 cm 的距离所获得的能量. 用千兆电子伏即 10^9 eV 表示你的答案.

8.13　磁单极子探测仪

一种磁单极子探测仪如图所示，超导线圈 C 与电键 SW 构成一闭合电路，样品盒 SA 内容也许存在磁单极子的深海泥浆，由传送带 P 将样品一次次通过超导线圈. 联想到，磁单极子的磁荷量 q_m 其单位与磁通 Φ 单位相同，均为 Wb(韦伯)，这意味着运动磁单极子带着磁通量 q_m 通过每匝线圈；另一方面，因为线圈材质是超导的，其电阻为零，故当线圈磁通一旦有变化，将立马感应出一个电流 I，以其产生的磁通来完全抵消掉外磁通，维持线圈全磁通(磁链)为零. 据此分析可推算感应电流 I 值.

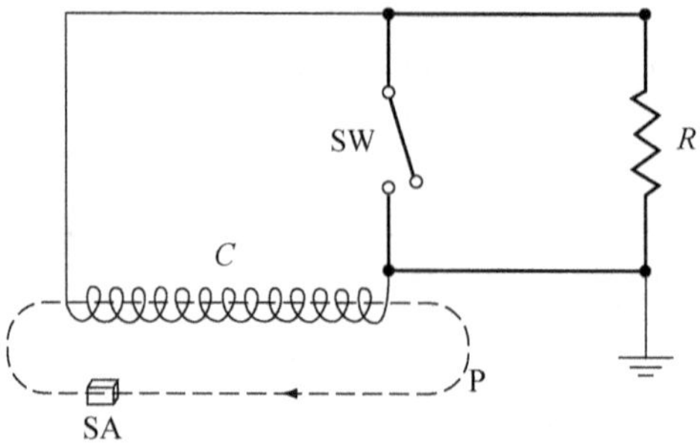

习题 8.13 图　磁单极子探测仪

实验开始时，电键 SW 闭合，在样品运行过程中，电路出现感应电流；经数百次运行后，断开 SW，凭借线圈电流的惰性，在右侧高阻元件 R 上产生电压降，用示波器观测之，以检测感应电流的存在及其数值. 迄今，所有测量皆为零结果.

试推算，一个磁单极子 q_m 通过 1200 匝、自感为 70 mH 超导线圈 300 次，出现的感应电流 I 值.